超超临界机组
投运前状态确认标准检查卡

Standard check card for state confirmation before operation of supercritical unit

国家电投集团河南电力有限公司沁阳发电分公司 编

中国电力出版社
CHINA ELECTRIC POWER PRESS

内 容 提 要

本书对汽轮机、锅炉、电气、除灰、化学和燃料等6个专业的120个系统设备投运前应具备的状态进行仔细分析，深入现场逐个核对设备，逐条核对操作，以表单的形式将设备投运前的状态进行汇总，并固化成表格的形式，供运行人员在工作中检查核对，避免因检查漏项而造成安全事故。

本书可供超超临界机组运行人员阅读使用，其他类型机组运行人员也可参考使用。

图书在版编目（CIP）数据

超超临界机组投运前状态确认标准检查卡 / 国家电投集团河南电力有限公司沁阳发电分公司编．—北京：中国电力出版社，2018.6

ISBN 978-7-5198-2080-0

Ⅰ.①超… Ⅱ.①国… Ⅲ.①超临界机组－设备－安全检查表 Ⅳ.①TM621.3

中国版本图书馆CIP数据核字（2018）第108218号

出版发行：中国电力出版社
地　　址：北京市东城区北京站西街19号（邮政编码100005）
网　　址：http://www.cepp.sgcc.com.cn
责任编辑：赵鸣志（010-63412385）
责任校对：常燕昆　闫秀英
装帧设计：赵姗姗
责任印制：蔺义舟

印　　刷：三河市百盛印装有限公司
版　　次：2018年6月第一版
印　　次：2018年6月北京第一次印刷
开　　本：787毫米×1092毫米　16开本
印　　张：37.25
字　　数：926千字
印　　数：0001—1000册
定　　价：138.00元

《超超临界机组投运前状态确认标准检查卡》
编审委员会

前　言

根据我国能源总体结构，火力发电厂仍是当前乃至今后一段时间内的电力供应主体。随着社会经济发展和技术水平的不断提高，高运行参数、高效环保、系统优化的超超临界参数机组逐渐成为火力发电的主力。这些电厂大量采用新技术和系统优化设计等手段，提高机组安全、经济运行水平。

但在实际工作中经常发现，大型机组由于系统、设备相对较多，再加上基建期的诸多不确定因素，给机组分部试运乃至后期调试工作带来较大问题。工作中经常出现因设备状态异常造成安装缺陷不能及时发现、设备试运工作受阻等情况，甚至出现试运、调试过程中设备损坏、人员伤亡的事故，给企业和国家造成重大损失。

国家电投集团河南电力有限公司所属的沁阳发电分公司，目前正在建设 2×1000MW 超超临界火力发电机组。该公司在设备调试过程中根据国家法律法规、行业规范标准、国家电投集团和河南公司的安全生产规章制度、设计文件及设备说明书等，结合河南公司多年以来安全生产管理的良好实践和经验反馈，组织生产技术人员对基建期间设备投运前应具备的状态进行仔细分析，深入现场逐个核对设备，逐条核对操作，以表单形式将设备系统投运前的状态进行汇总，编制完成《超超临界机组投运前状态确认标准检查卡》一书。全书分为 6 个专业 120 个系统，涵盖了所有重点场所和重要设备。本书可作为运行操作票的有效补充，便于运行人员在工作中落实，避免检查漏项造成的安全隐患，也可为同类型机组生产准备期间提供工作借鉴和人员培训的标准手册，为设备安全调试尽微薄之力。

本书为国家电投集团河南电力有限公司运行专家团队的倾力之作，在搜集整理、编辑过程中得到了相关专家的大力支持，在此表示衷心感谢！由于编者水平有限，书中难免有疏漏之处，恳请读者批评指正。

编者

2018 年 5 月

目　录

1 汽轮机专业

1.1 循环水冷却塔投运前状态确认标准检查卡

班组：　　　　　　　　　　　　　　　　　　　　　　　　　　　　编号：

工作任务	____号机循环水冷却塔投运前状态确认检查		
工作分工	就地：	盘前：	值长：

危险辨识与风险评估				
危险源	风险产生过程及后果	预控措施	预控情况	确认人
1．人员技能	工作人员技能不能满足系统投运操作要求造成人身伤害、设备损坏	1．检查就地及盘前操作人员具备相应岗位资格； 2．操作人员应熟悉系统、设备及工作原理，清晰理解工作任务； 3．操作人员应具备处理一般事故的能力		
2．人员生理、心理	人员情绪异常、精神不佳造成工作中人身伤害	1．班前会中准确了解人员情况； 2．当班期间值内、部门做好监督； 3．发现人员情绪等异常情况时，严禁操作		
3．人员行为	工作票未终结、隔离措施未恢复、人员未撤离造成工作中人身伤害；工器具遗留在操作现场造成设备损坏	1．查看工作票是否终结； 2．检修人员全部撤离； 3．确认安全隔离措施全部恢复到位； 4．操作完毕应检查所有的工器具已收回，确保无遗留物件		
4．照明	水塔循环水泵区域现场照明不足造成人身伤害	现场照明应充足，满足操作及监视需要，否则应及时补充或增加		
5．孔洞坑井沟道及障碍物	盖板缺损及水塔防护栏杆不全造成高处坠落；设备周围有障碍物影响设备运行和人身安全	1．工作场所的孔、洞、坑、井、沟道，必须覆以与地面齐平的坚固盖板。 2．发现洞口盖板缺失、损坏或未盖好时，必须立即填补、修复盖板并及时盖好。 3．所有升降口、大小孔洞、楼梯和平台，必须装设不低于1050mm高栏杆和不低于100mm高的脚部护板。离地高度高于20m的平台、通道及作业场所的防护栏杆不应低于1200mm。 4．清除设备周围影响设备运行和人身安全的障碍物		
6．高处落物	工作区域上方高处落物造成人身伤害	1．正确佩戴个人劳保防护用品； 2．进入现场要观察工作环境，发现有高处落物的可能时采取必要措施		
7．工器具	使用不合格工器具或未正确使用工器具造成工作中人身伤害	1．检查符合规定安全工器具； 2．不合格工器具禁止带入操作现场； 3．带全操作所需工器具、防护用品等（如对讲机、手电筒、耳塞等）； 4．操作中正确使用工器具		

续表

危险辨识与风险评估				
危险源	风险产生过程及后果	预控措施	预控情况	确认人
8．转动机械	标识缺损、防护罩缺损；断裂、超速、零部件脱落；肢体部位或饰品衣物、用具（包括防护用品）、工具接触转动部位	1．设备的转动部分必须装设防护罩，并标明旋转方向，露出的轴端必须装设护盖，转动设备的防护罩应完好； 2．检查设备的运行状态，保持设备的振动、温度、运行电流等参数符合标准，如发现参数超标及时处理； 3．衣服和袖口应扣好、不得戴围巾领带、长发必须盘在安全帽内，不准将用具、工器具接触设备的转动部位，不准在转动设备附近长时间停留； 4．转动设备试运行时所有人员应先远离，站在转动机械的轴向位置，并有一人站在事故按钮位置		
9．系统漏水	循环水冷却塔进水后，系统管道接口、阀门、法兰连接不严密处泄漏	循环水冷却塔进水后，对循环水系统管路、阀门全面检查，放空气阀见水后，及时关闭；如自动排气阀不严密时，及时关闭阀前隔离阀		
10．冷却塔冬季填料严重结冰，填料大量掉落	冬季室外温度过低，引起塔池及冷却塔喷嘴结冰，损坏喷淋装置	首台循环水泵启动时严禁回水上塔，打开回水旁路阀回水至塔池，待水池水温27℃切至上塔，调整冷却塔配水至外区运行方式，并调整配水量		
11．循环水前池滤网严重堵塞，损坏滤网	塔池内杂物过多或夏季塔池浮游生物过多堵塞前池滤网	塔池补水前检查塔池及流道无杂物，启动循环水泵后检查前池滤网水位差不大于300mm		

系统投运前状态确认标准检查卡					
序号	检查内容	标准状态	确认情况（√）	确认人	备注
1	循环水冷却塔区域所属热机、电气、热控检修工作票、缺陷联系单	循环水冷却塔区域热机、电气、热控检修工作票终结或押回，无影响系统启动的缺陷			
2	循环水塔区域热工、电气部分				
2.1	循环水塔区域热工表计及控制	1．压力表计一次门开启，温度表投入，塔池水位与前池水位与对应远传表计一致； 2．排污泵控制柜送电，指示灯清晰完备； 3．排污泵热工联锁试验正常。 热工确认人：____			
2.2	水塔区域电动阀门	按照远传阀门清单，传动试验完成。 热工确认人：____			

续表

系统投运前状态确认标准检查卡					
序号	检查内容	标准状态	确认情况（√）	确认人	备注
3	循环水外围系统				
3.1	水塔区域栏杆、阀门井	1．栏杆（水塔及前池栏杆，爬梯及步梯护栏）牢固完备； 2．各阀门井盖板齐全，内部无积水			
3.2	循环水补水系统	1．化学来补充水系统完备，补充水压力0.2～0.4MPa； 2．冷却水塔地表水直补方式，地表水来水压力0.2～0.4MPa			
3.3	消防水池溢流及低压开式水回水管道	管道完整且检查无水流			
3.4	循环水旁流系统	旁流水系统具备投入条件。 化学确认人：____			
3.5	循环水加药系统	加药系统具备投入条件。 化学确认人：____			
4	溢流放水系统				
4.1	塔池排污及溢流水池	1．塔池放水门关闭； 2．溢流水池水位计清晰完整； 3．溢流水池水位1000～1600mm			
4.2	排污泵	1．排污泵电机及泵本体完好，地脚螺栓牢固，对轮护罩完善； 2．阀门状态：进水门开，出水门关，充水排气结束，良好备用； 3．电机事故按钮在弹出位，按钮护罩齐全			
4.3	控制柜	电源已送电			
5	塔池本体				
5.1	塔池内部	1．清理彻底、干净无杂物； 2．底部溢流口无堵塞； 3．水位计清晰，塔池远传水位一致，水位1300～1700mm； 4．挡风墙隔板无破损			
5.2	塔池上部	1．填料完整，干净，无杂物； 2．喷嘴齐全，无堵塞； 3．内外围启闭机操作灵活； 4．水塔上部人孔门关闭			
5.3	塔池流道及前池	1．清理干净，无杂物； 2．拦污栅无缺损，无杂物； 3．循环水进口钢闸板已取出； 4．滤网质量合格、清洁，安装到位；			

续表

系统投运前状态确认标准检查卡					
序号	检查内容	标准状态	确认情况（√）	确认人	备注
5.3		5．前池水位与DCS远传水位一致，水位－1500～－500mm			
6	循环水泵后系统管道	循环水系统已按投运前状态确认标准检查卡检查完成			
7	系统整体检查	1．设备及管道外观整洁，无泄漏现象； 2．各电动机接线盒完好，接地线牢固； 3．管道、滤网外观完整，法兰等连接部位连接牢固； 4．回水观察窗表面完整、清洁、透明； 5．各阀门、设备标识牌无缺失，管道名称、色环、介质流向完整			

远动阀门检查卡							
序号	阀门名称	电源（√）	气源（√）	传动情况（√）	标准状态	确认人	备注
1	循环水回水至冷却塔水池电动门				关		运行方式决定
2	旁流回水至1号塔电动阀				开		
3	水库地表来水至1号塔补水电动阀				关		补水方式决定
4	化学补充来水至1号塔补水电动阀				关		补水方式决定
5	冷却塔塔池排污电动阀				关		

就地阀门检查卡				
序号	检查内容	标准状态	确认人	备注
1	循环水回水自动排气阀前手动门1	开		
2	循环水回水自动排气阀前隔离门2	开		
3	循环水进水自动排气阀前隔离门1	开		
4	循环水进水自动排气阀前隔离门2	开		
5	排污水池排水泵再循环手动门	关		
6	排污水池1号排水泵出口手动门	开		
7	排污水池2号排水泵出口手动门	开		
8	排污水池3号排水泵出口手动门	开		

设备送电确认卡					
序号	设备名称	标准状态	状态（√）	确认人	备注
1	排污水池1号排水泵电机	送电			
2	排污水池2号排水泵电机	送电			
3	排污水池3号排水泵电机	送电			

检查____号机组循环水冷却塔投运条件满足，已按冷却塔投运前状态确认标准检查卡检查设备完毕，冷却塔可以投运。

检查人：____________

执行情况复核（主值）：____________ 时间：____________

批准（值长）：____________ 时间：____________

1.2 循环水系统投运系统注水前状态确认标准检查卡

班组： 编号：

工作任务	____号机循环水系统投运系统注水前状态确认检查
工作分工	就地： 盘前： 值长：

危险辨识与风险评估				
危险源	风险产生过程及后果	预控措施	预控情况	确认人
1. 人员技能	工作人员技能不能满足系统投运操作要求造成人身伤害、设备损坏	1. 检查就地及盘前操作人员具备相应岗位资格； 2. 操作人员应熟悉系统、设备及工作原理，清晰理解工作任务； 3. 操作人员应具备处理一般事故的能力		
2. 人员生理、心理	人员情绪异常、精神不佳造成工作中人身伤害	1. 班前会中准确了解人员情况； 2. 当班期间值内、部门做好监督； 3. 发现人员情绪等异常情况时，严禁操作		
3. 人员行为	工作票未终结、隔离措施未恢复、人员未撤离造成工作中人身伤害；工器具遗留在操作现场造成设备损坏	1. 查看工作票是否终结； 2. 检修人员全部撤离； 3. 确认安全隔离措施全部恢复到位； 4. 操作完毕应检查所有的工器具已收回，确保无遗留物件		
4. 照明	现场照明不足造成人身伤害	现场照明应充足，满足操作及监视需要，否则应及时补充或增加		
5. 孔洞坑井沟道及障碍物	盖板缺损及平台防护栏杆不全造成高处坠落；设备周围有障碍物影响设备运行和人身安全	1. 工作场所的孔、洞、坑、井、沟道，必须覆以与地面齐平的坚固盖板。 2. 发现洞口盖板缺失、损坏或未盖好时，必须立即填补、修复盖板并及时盖好		

续表

危险辨识与风险评估				
危险源	风险产生过程及后果	预控措施	预控情况	确认人
5．孔洞坑井沟道及障碍物		3．所有升降口、大小孔洞、楼梯和平台，必须装设不低于1050mm高栏杆和不低于100mm高的脚部护板。离地高度高于20m的平台、通道及作业场所的防护栏杆不应低于1200mm。 4．清除设备周围影响设备运行和人身安全的障碍物		
6．高处落物	工作区域上方高处落物造成人身伤害	1．正确佩戴个人劳保防护用品； 2．进入现场要观察工作环境，发现有高处落物的可能时采取必要措施		
7．工器具	使用不合格工器具或未正确使用工器具造成工作中人身伤害	1．检查符合规定安全工器具； 2．不合格工器具禁止带入操作现场； 3．带全操作所需工器具、防护用品等（如对讲机、手电筒、耳塞等）； 4．操作中正确使用工器具		
8．触电	控制柜送电过程中人员误碰带电部位触电	1．熟悉控制柜电气回路； 2．电气操作时正确佩戴个人防护用品，正确使用合格的工器具		
9．油	油泄漏遇明火或高温物体造成火灾	1．油管道法兰、阀门及可能漏油部位附近不准有明火，必须明火作业时要采取有效措施； 2．尽量避免使用法兰连接，禁止使用铸铁阀门		
10．转动机械	标识缺损、防护罩缺损；断裂、超速、零部件脱落；肢体部位或饰品衣物、用具（包括防护用品）、工具接触转动部位	1．设备的转动部分必须装设防护罩，并标明旋转方向，露出的轴端必须装设护盖；转动设备的防护罩应完好。 2．检查设备的运行状态，保持设备的振动、温度、运行电流等参数符合标准，如发现参数超标及时处理。 3．衣服和袖口应扣好，不得戴围巾领带，长发必须盘在安全帽内；不准将用具、工器具接触设备的转动部位，不准在转动设备附近长时间停留。 4．转动设备试运行时所有人员应先远离，站在转动机械的轴向位置，并有一人站在事故按钮位置		
11．系统漏水	循环水泵启动后系统管道接口、阀门、法兰连接不严密处泄漏	循环水泵启动后对循环水系统管路、阀门全面检查，放空气阀见水后，及时关闭，循环水泵排气隔离阀检查开启		
12．水淹泵坑	循环水泵启动后凝汽器及管道放水门、放空气门未关闭造成水淹泵坑	启动循环水泵前试运排污泵运行正常，且检查各放水门关闭严密，放空气门连续水流后关闭		

续表

危险辨识与风险评估				
危险源	风险产生过程及后果	预控措施	预控情况	确认人
13．冷却塔冬季严重结冰，填料大量掉落	冬季室外温度过低，引起塔池及冷却塔喷嘴结冰，损坏喷淋装置	首台循环水泵启动时严禁回水上塔，打开回水旁路阀回水至塔池，待水池水温27℃切至上塔，调整冷却塔配水至外区运行方式，并调整配水量		

系统投运前状态确认标准检查卡					
序号	检查内容	标准状态	确认情况（√）	确认人	备注
1	循环水系统热机、电气、热控检修工作票、缺陷联系单	终结或押回，无影响系统启动的缺陷			
2	冷却塔及前池部分	已经按照冷却塔投运检查内容进行，塔池进水，前池水位＞－1500mm			
3	循环水塔区域热工、电气部分				
3.1	循环水系统所属热工表计及控制	压力表计一次门开启，温度表投入，塔池水位与前池水位与对应DCS远传表计一致			
3.2	循环水泵坑排污泵	1．循环水泵坑排污泵控制柜送电，指示灯清晰完备，控制开关在“自动”位； 2．泵坑排污泵热工联锁试验正常。 热工确认人：____			
4	循环泵出口液控蝶阀				
4.1	循环泵出口液控蝶阀井	1．蝶阀井盖板齐全内部无积水； 2．护栏牢靠，完整			
4.2	循环泵出口蝶阀	1．蝶阀液压油站就地控制柜送电，指示灯清晰、状态正确； 2．蝶阀液压油站油位____（1/2～2/3以上），油质合格； 3．液压油站蓄能器压力＞16MPa，液压油泵在停运状态			
5	循环水泵	已按照系统投运前状态确认标准检查卡检查完毕，具备启动条件			
6	循环水进出水管路				
6.1	进、出水管道	1．自动排空气阀一次门开启，处于自动位置； 2．循环水泵管路法兰、膨胀节、焊缝连接处无漏水			
6.2	开式水系统	1．循环水至高、低压侧开式水滤网进口阀关闭； 2．循环水至高、低压侧开式水补充水进口阀关闭			

续表

系统投运前状态确认标准检查卡					
序号	检查内容	标准状态	确认情况（√）	确认人	备注
7	高低压侧凝汽器				
7.1	凝汽器人孔	1．检查水侧人孔封闭良好； 2．凝汽器前后水室法兰无漏水			
7.2	汽侧水位计	水位计上下阀门开启，排污门关闭严密，与DCS远传信号对应一致			
7.3	凝汽器水侧放水门	高、低压侧凝汽器内外环进出水电动门前、后各放水门均关闭（4个），外环联络母管放水门关闭			
7.4	凝汽器水室放空气门	高低压侧凝汽器内外环进出水室前、后各放空气门均开启（8个）			
7.5	凝汽器胶球清洗装置	1．胶球清洗装置控制柜送电，控制开关在“就地”位； 2．胶球清洗装置退出，系统与凝汽器隔离完毕，收球室上盖在关闭位置			
7.6	凝汽器内、外环水侧收球网	打开位置，收球网电机送电			
8	凝汽器底部泵坑				
8.1	排污泵	1．就地控制柜已送电，控制开关在“自动”投入位； 2．1、2号排污泵联锁试验正常，确认人：____			
8.2	泵坑底部	照明良好，干净无杂物、排污池无高水位报警信号			
9	给水泵汽轮机凝汽器部分				
9.1	给水泵汽轮机凝汽器人孔	1．检查水侧人孔封闭良好； 2．凝汽器前后水室法兰无漏水			
9.2	给水泵汽轮机凝汽器汽侧水位计	水位计上下阀门开启，排污门关闭严密，与DCS远传信号对应一致			
9.3	给水泵汽轮机凝汽器水侧放水门	高、低压侧凝汽器内外环进出水电动门前、后各放水门均关闭（4个）			
9.4	给水泵汽轮机凝汽器水室放空气门	高低压侧凝汽器内外环进出水室前、后各放空气门均开启（4个）			
9.5	给水泵汽轮机凝汽器胶球清洗装置	1．胶球清洗装置控制柜送电，控制开关在“就地”位； 2．胶球清洗装置退出，系统与凝汽器隔离完毕，收球室上盖在关闭位置			
9.6	给水泵汽轮机凝汽器水侧收球网	打开位置，收球网电机送电			

续表

系统投运前状态确认标准检查卡					
序号	检查内容	标准状态	确认情况（√）	确认人	备注
10	给水泵汽轮机凝结水泵坑				
10.1	给水泵汽轮机凝结水泵坑底部	照明良好，干净无杂物，排污沟通畅			
11	系统整体检查	1．设备及管道外观整洁，无泄漏现象； 2．设备各地角螺栓、对轮及防护罩连接完好，无松动现象； 3．各电动机接线盒完好，接地线牢固； 4．管道、滤网外观完整，法兰等连接部位连接牢固； 5．回油观察窗表面完整、清洁、透明； 6．各阀门、设备标识牌无缺失，管道名称、色环、介质流向完整			

远动阀门检查卡							
序号	阀门名称	电源（√）	气源（√）	传动情况（√）	标准状态	确认人	备注
1	1号循环水泵出口液动蝶阀				关		
2	2号循环水泵出口液动蝶阀				关		
3	3号循环水泵出口液动蝶阀				关		
4	循环水至开式水高压侧进口电动门				关		
5	循环水至开式水低压侧进口电动门				关		
6	凝汽器循环水外环进口电动阀				关		
7	凝汽器循环水外环出口电动阀				关		
8	凝汽器循环水内环进口电动阀				关		
9	凝汽器循环水内环出口电动阀				关		
10	给水泵汽轮机凝汽器1号进水电动阀				关		
11	给水泵汽轮机凝汽器2号进水电动阀				关		
12	给水泵汽轮机凝汽器1号出水电动阀				关		
13	给水泵汽轮机凝汽器2号出水电动阀				关		
14	1号机凝汽器循环水回水至冷却塔电动门				开		
15	凝汽器循环水内环胶球室收球电动阀				开		收球时关闭
16	凝汽器循环水外环胶球室收球电动阀				开		收球时关闭

就地阀门检查卡				
序号	检查内容	标准状态	确认人	备注
一	机房内高、低背压凝汽器相关阀门			
1	1 号凝汽器内侧前水室放水门	关		
2	1 号凝汽器外侧前水室放水门	关		
3	1 号凝汽器内侧后水室放水门	关		
4	1 号凝汽器外侧后水室放水门	关		
5	2 号凝汽器内侧前水室放水门	关		
6	2 号凝汽器外侧前水室放水门	关		
7	2 号凝汽器内侧后水室放水门	关		
8	2 号凝汽器外侧后水室放水门	关		
9	1 号凝汽器内侧前水室放空气门	开		连续水流后关闭
10	1 号凝汽器外侧前水室放空气门	开		连续水流后关闭
11	1 号凝汽器外侧前水室放空气门	开		连续水流后关闭
12	1 号凝汽器内侧前水室放空气门	开		连续水流后关闭
13	2 号凝汽器内侧前水室放空气门	开		连续水流后关闭
14	2 号凝汽器外侧前水室放空气门	开		连续水流后关闭
15	2 号凝汽器内侧后水室放空气门	开		连续水流后关闭
16	2 号凝汽器外侧后水室放空气门	开		连续水流后关闭
17	1、2 号凝汽器外侧联络母管放水门	关		
18	1 号收球网放水门	关		
19	2 号收球网放水门	关		
20	1 号胶球室进水门	关		
21	1 号胶球室出水门	关		
22	1 号胶球室放水门	关		
23	1 号胶球室放空气门	关		
24	2 号胶球室进水门	关		
25	2 号胶球室出水门	关		
26	2 号胶球室放水	关		

续表

就地阀门检查卡				
序号	检查内容	标准状态	确认人	备注
27	2 号胶球室放空气门	关		
28	内环胶球泵收球 1 门	开		
29	内环胶球泵收球 2 门	开		
30	外环胶球泵收球 1 门	开		
31	外环胶球泵收球 2 门	开		
二	给水泵汽轮机循环水部分相关阀门			
32	给水泵汽轮机凝汽器进水电动蝶阀 1 后放水门	关		
33	给水泵汽轮机凝汽器进口电动蝶阀 2 后放水门	关		
34	给水泵汽轮机凝汽器出口电动蝶阀 1 前放水门	关		
35	给水泵汽轮机凝汽器出口电动蝶阀 2 前放水门	关		
36	给水泵汽轮机凝汽器前水室放水门 1	关		
37	给水泵汽轮机凝汽器前水室放水门 2	关		
38	给水泵汽轮机凝汽器后水室放水门 1	关		
39	给水泵汽轮机凝汽器后水室放水门 2	关		
40	给水泵汽轮机凝汽器水室放空气门 1	开		连续水流后关闭
41	给水泵汽轮机凝汽器水室放空气门 2	开		连续水流后关闭
42	给水泵汽轮机凝汽器水室放空气门 3	开		连续水流后关闭
43	给水泵汽轮机凝汽器水室放空气门 4	开		连续水流后关闭
44	给水泵汽轮机凝汽器 1 号收球网放水门	关		
45	给水泵汽轮机凝汽器 2 号收球网放水门	关		
46	给水泵汽轮机凝汽器 1 号胶球室进水门	关		
47	给水泵汽轮机凝汽器 1 号胶球室出水门	关		
48	给水泵汽轮机凝汽器 1 号胶球室放水门	关		
49	给水泵汽轮机凝汽器 1 号胶球室放空气门	关		
50	给水泵汽轮机凝汽器 2 号胶球室进水门	关		
51	给水泵汽轮机凝汽器 2 号胶球室出水门	关		
52	给水泵汽轮机凝汽器 2 号胶球室放水门	关		
53	给水泵汽轮机凝汽器 2 号胶球室放空气门	关		
54	1 号胶球泵收球 1 门	关		

续表

就地阀门检查卡				
序号	检查内容	标准状态	确认人	备注
55	1 号胶球泵收球 2 门	关		
56	2 号胶球泵收球 1 门	关		
57	2 号胶球泵收球 2 门	关		
58	循环泵坑 1 号排污泵出口门	开		
59	循环泵坑 2 号排污泵出口门	开		
60	1 号循环水泵出口压力表一次门	开		
61	1 号循环水泵出口压力变送器一次门	开		
62	2 号循环水泵出口压力表一次门	开		
63	2 号循环水泵出口压力变送器一次门	开		
64	3 号循环水泵出口压力表一次门	开		
65	3 号循环水泵出口压力变送器一次门	开		
66	1 号循环水泵冷却水滤网进口压力表一次门	开		
67	2 号循环水泵冷却水滤网进口压力表一次门	开		
68	3 号循环水泵冷却水滤网进口压力表一次门	开		
69	1 号循环水泵冷却水滤网出口压力表一次门	开		
70	2 号循环水泵冷却水滤网出口压力表一次门	开		
71	3 号循环水泵冷却水滤网出口压力表一次门	开		
72	1 号循环水泵冷却水滤网出口压力开关一次门	开		
73	2 号循环水泵冷却水滤网出口压力开关一次门	开		
74	3 号循环水泵冷却水滤网出口压力开关一次门	开		
75	1 号循环水泵前池液位变送器一次门	开		
76	2 号循环水泵前池液位变送器一次门	开		
77	3 号循环水泵前池液位变送器一次门	开		

设备送电确认卡					
序号	设备名称	标准状态	状态（√）	确认人	备注
1	1 号循环水泵电机	送电			
2	2 号循环水泵电机	送电			
3	3 号循环水泵电机	送电			
4	循环水泵坑 1 号排污泵电机	送电			

续表

设备送电确认卡					
序号	设备名称	标准状态	状态（√）	确认人	备注
5	循环水泵坑 2 号排污泵电机	送电			
6	凝结水泵坑 1 号排污泵电机	送电			
7	凝结水泵坑 2 号排污泵电机	送电			

检查____号机组循环水系统注水前条件满足，已按系统投运前状态确认标准检查卡检查设备完毕，系统可以投运。

检查人：____________

执行情况复核（主值）：__________　　　　时间：__________

批准（值长）：____________　　　　时间：__________

1.3　循环水系统投运前状态确认标准检查卡

班组：　　　　　　　　　　　　　　　　　　　　　　编号：

工作任务	____号机循环水系统投运前状态确认检查		
工作分工	就地：	盘前：	值长：

危险辨识与风险评估				
危险源	风险产生过程及后果	预控措施	预控情况	确认人
1．人员技能	工作人员技能不能满足系统投运操作要求造成人身伤害、设备损坏	1．检查就地及盘前操作人员具备相应岗位资格； 2．操作人员应熟悉系统、设备及工作原理，清晰理解工作任务； 3．操作人员应具备处理一般事故的能力		
2．人员生理、心理	人员情绪异常、精神不佳造成工作中人身伤害	1．班前会中准确了解人员情况； 2．当班期间值内、部门做好监督； 3．发现人员情绪等异常情况时，严禁操作		
3．人员行为	工作票未终结、隔离措施未恢复、人员未撤离造成工作中人身伤害，工器具遗留在操作现场造成设备损坏	1．查看工作票是否终结； 2．检修人员全部撤离； 3．确认安全隔离措施全部恢复到位； 4．操作完毕应检查所有的工器具已收回，确保无遗留物件		
4．照明	现场照明不足造成人身伤害	现场照明应充足，满足操作及监视需要，否则应及时补充或增加		
5．孔洞坑井沟道及障碍物	盖板缺损及平台防护栏杆不全造成高处坠落；设备周围有障碍物影响设备运行和人身安全	1．工作场所的孔、洞、坑、井、沟道，必须覆以与地面齐平的坚固盖板。 2．发现洞口盖板缺失、损坏或未盖好时，必须立即填补、修复盖板并及时盖好。		

续表

危险辨识与风险评估				
危险源	风险产生过程及后果	预控措施	预控情况	确认人
5．孔洞坑井沟道及障碍物		3．所有升降口、大小孔洞、楼梯和平台，必须装设不低于1050mm高栏杆和不低于100mm高的脚部护板；离地高度高于20m的平台、通道及作业场所的防护栏杆不应低于1200mm。 4．清除设备周围影响设备运行和人身安全的障碍物		
6．高处落物	工作区域上方高处落物造成人身伤害	1．正确佩戴个人劳保防护用品； 2．进入现场要观察工作环境，发现有高处落物的可能时采取必要措施		
7．工器具	使用不合格工器具或未正确使用工器具造成工作中人身伤害	1．检查符合规定安全工器具； 2．不合格工器具禁止带入操作现场； 3．带全操作需工器具、防护用品等（如对讲机、手电筒、耳塞等）； 4．操作中正确使用工器具		
8．触电	控制柜送电过程中人员误碰带电部位触电	1．熟悉控制柜电气回路； 2.电气操作时正确佩戴个人防护用品，正确使用合格的工器具		
9．油	油泄漏遇明火或高温物体造成火灾	1．油管道法兰、阀门及可能漏油部位附近不准有明火，必须明火作业时要采取有效措施； 2．尽量避免使用法兰连接，禁止使用铸铁阀门		
10．转动机械	标识缺损、防护罩缺损；断裂、超速、零部件脱落；肢体部位或饰品衣物、用具（包括防护用品）、工具接触转动部位	1.设备的转动部分必须装设防护罩，并标明旋转方向，露出的轴端必须装设护盖；转动设备的防护罩应完好。 2．检查设备的运行状态，保持设备的振动、温度、运行电流等参数符合标准，如发现参数超标及时处理。 3．衣服和袖口应扣好、不得戴围巾领带、长发必须盘在安全帽内，不准将用具、工器具接触设备的转动部位，不准在转动设备附近长时间停留。 4．转动设备试运行时所有人员应先远离，站在转动机械的轴向位置，并有一人站在事故按钮位置		
11．系统漏水	循环水泵启动后系统管道接口、阀门、法兰连接不严密处泄漏	循环水泵启动后对循环水系统管路、阀门全面检查，放空气阀见水后，及时关闭，循环水泵排气隔离阀检查开启		
12．循环水泵启动后管道发生水锤、异常振动	循环水系统存在大量空气，出口蝶阀卡涩或开、关过快引起水锤、振动	启动循环水泵前系统先充分注水排空气，就地试运出口蝶阀开关正常，检查开、关阀时间符合要求		

续表

危险辨识与风险评估				
危险源	风险产生过程及后果	预控措施	预控情况	确认人
13．电机及轴承冷却水未投入引起过热	循环水泵启动后引起电机及轴承温度过热烧毁	启动循环水泵前投入冷却水滤网，确认冷却水投入正常		
14．水淹泵坑	循环水泵启动后凝汽器及管道放水门、放空气门未关闭造成水淹泵坑	启动循环水泵前试运排污泵运行正常，且检查各放水门关闭严密，放空气门连续水流后关闭		
15．冷却塔冬季严重结冰，填料大量掉落	冬季室外温度过低，引起塔池及冷却塔喷嘴结冰，损坏喷淋装置	首台循环水泵启动时严禁回水上塔，打开回水旁路阀回水至塔池，待水池水温27℃切至上塔，调整冷却塔配水至外区运行方式，并调整配水量		
16．循环水前池滤网严重堵塞，损坏滤网	塔池内杂物过多或夏季塔池浮游生物过多堵塞前池滤网	塔池补水前检查塔池及流道无杂物，启动循环水泵后检查前池滤网水位差不大于300mm		

系统投运前状态确认标准检查卡					
序号	检查内容	标准状态	确认情况（√）	确认人	备注
1	循环水系统热机、电气、热控检修工作票、缺陷联系单	终结或押回，无影响系统启动的缺陷			
2	冷却塔及前池部分	已经按照冷却塔投运前状态确认标准检查卡内容进行检查，塔池进水前池水位＞－1500mm			
3	循环水塔区域热工、电气部分				
3.1	循环水系统所属热工表计及控制	压力表计一次门开启，温度表投入，塔池水位与前池水位与对应DCS远传表计一致			
3.2	循环水泵坑排污泵	1．循环水泵坑排污泵控制柜送电，指示灯清晰完备，控制开关在“自动”位； 2．泵坑排污泵热工联锁试验正常，热工确认人：______			
4	循环泵出口液控蝶阀				
4.1	循环泵出口液控蝶阀井	1．蝶阀井盖板齐全内部无积水； 2．护栏牢靠，完整			
4.2	循环泵出口蝶阀	1．蝶阀液压油站就地控制柜送电，指示灯清晰、状态正确； 2．蝶阀液压油站油位1/2～2/3以上，油质合格； 3．液压油站蓄能器压力＞16MPa，液压油泵在自动停运状态			

续表

系统投运前状态确认标准检查卡					
序号	检查内容	标准状态	确认情况（√）	确认人	备注
4.3	1 号循环水泵出口蝶阀	开时间____秒，关时间____秒，传动试验完成，阀门位置正确。 确认人：____			
	2 号循环水泵出口蝶阀	开时间____秒，关时间____秒，传动试验完成，阀门位置正确。 确认人：____			
	3 号循环水泵出口蝶阀	开时间____秒，关时间____秒，传动试验完成，阀门位置正确。 确认人：____			
5	循环水泵				
5.1	循环水泵冷却水系统	1．化学来循环水补水系统已经投入，压力＞0.2MPa； 2．冷却水滤网投入，进、出水门，回水门开启； 3．循环水泵下轴承冷却水充足，无漏水，积水			
5.2	1 号循环水泵所有热工仪表投入	已投入。 热工确认人：____			
	2 号循环水泵所有热工仪表投入	已投入。 热工确认人：____			
	3 号循环水泵所有热工仪表投入	已投入。 热工确认人：____			
5.3	1 号循环水泵联锁保护试验合格	已投入。 热工确认人：____			
	2 号循环水泵联锁保护试验合格	已投入。 热工确认人：____			
	3 号循环水泵联锁保护试验合格	已投入。 热工确认人：____			
5.4	1、2、3 号循环水泵推力轴承油池油位	推力轴承油位： 1 号循环水泵油池________（1/3～1/2）； 2 号循环水泵油池________（1/3～1/2）； 3 号循环水泵油池________（1/3～1/2）			
5.5	推力轴承油质	透明、清晰、无杂质			
5.6	循环水泵本体	1．泵本体攀爬楼梯牢固，螺丝无松动； 2．电机顶部护栏牢靠、齐全； 3．电机顶部干净，整洁，无漏、积油			
5.7	事故按钮	1、2、3 号循环水泵，事故按钮盖盒完好，均在弹出位			

续表

系统投运前状态确认标准检查卡					
序号	检查内容	标准状态	确认情况（√）	确认人	备注
6	循环水进出水管路				
6.1	进出水管道	1．自动排空气阀一次门开启，处于自动位置； 2．循环水泵管路法兰、膨胀节、焊缝连接处无漏水			
6.2	开式水系统	1．循环水至高、低压侧开式水滤网进口阀关闭； 2．循环水至高、低压侧开式水补充水进口阀关闭			
7	高低压侧凝汽器				
7.1	凝汽器人孔	1．检查水侧人孔封闭良好； 2．凝汽器前后水室法兰无漏水			
7.2	汽侧水位计	水位计上下阀门开启，排污门关闭严密，与 DCS 远传信号对应一致			
7.3	凝汽器水侧放水门	高、低压侧凝汽器内外环进出水电动门前、后各放水门均关闭（4 个），外环联络母管放水门关闭			
7.4	凝汽器水室放空气门	高低压侧凝汽器内外环进出水室前、后各放空气门均开启（8 个）			
7.5	凝汽器胶球清洗装置	1．胶球清洗装置控制柜送电，控制开关在“就地”位； 2．胶球清洗装置退出，系统与凝汽器隔离完毕，收球室上盖在关闭位置			
7.6	凝汽器内、外环水侧收球网	打开位置，收球网电机送电			
8	凝汽器底部泵坑				
8.1	排污泵	1．就地控制柜已送电，控制开关在“自动”投入位； 2．1、2 号排污泵联锁试验正常。 确认人：——			
8.2	泵坑底部	照明良好，干净无杂物、排污池无高水位报警信号			
9	给水泵汽轮机凝汽器部分				
9.1	给水泵汽轮机凝汽器人孔	1．检查水侧人孔封闭良好； 2．凝汽器前后水室法兰无漏水			
9.2	给水泵汽轮机凝汽器汽侧水位计	水位计上下阀门开启，排污门关闭严密，与 DCS 远传信号对应一致			

续表

系统投运前状态确认标准检查卡					
序号	检查内容	标准状态	确认情况（√）	确认人	备注
9.3	给水泵汽轮机凝汽器水侧放水门	高、低压侧凝汽器内外环进出水电动门前、后各放水门均关闭（4个）			
9.4	给水泵汽轮机凝汽器水室放空气门	高低压侧凝汽器内外环进出水室前、后各放空气门均开启（4个）			
9.5	给水泵汽轮机凝汽器胶球清洗装置	1. 胶球清洗装置控制柜送电，控制开关在“就地”位； 2. 胶球清洗装置退出，系统与凝汽器隔离完毕，收球室上盖在关闭位置			
9.6	给水泵汽轮机凝汽器水侧收球网	打开位置，收球网电机送电			
10	给水泵汽轮机凝结水泵坑				
10.1	给水泵汽轮机凝结水泵坑底部	照明良好，干净无杂物，排污沟通畅			
11	系统整体检查	1. 设备及管道外观整洁，无泄漏现象； 2. 设备各地角螺栓、对轮及防护罩连接完好，无松动现象； 3. 各电动机接线盒完好，接地线牢固； 4. 管道、滤网外观完整，法兰等连接部位连接牢固； 5. 回油观察窗表面完整、清洁、透明； 6. 各阀门、设备标识牌无缺失，管道名称、色环、介质流向完整			

远动阀门检查卡							
序号	阀门名称	电源（√）	气源（√）	传动情况（√）	标准状态	确认人	备注
1	1号循环水泵出口液动蝶阀				关		
2	2号循环水泵出口液动蝶阀				关		
3	3号循环水泵出口液动蝶阀				关		
4	循环水至开式水高压侧进口电动门				关		
5	循环水至开式水低压侧进口电动门				关		
6	循环水外环进口电动阀				关		
7	循环水外环出口电动阀				关		
8	循环水内环进口电动阀				关		
9	循环水内环出口电动阀				关		

续表

远动阀门检查卡							
序号	阀门名称	电源（√）	气源（√）	传动情况（√）	标准状态	确认人	备注
10	给水泵汽轮机凝汽器 1 号进水电动阀				关		
11	给水泵汽轮机凝汽器 2 号进水电动阀				关		
12	给水泵汽轮机凝汽器 1 号出水电动阀				关		
13	给水泵汽轮机凝汽器 2 号出水电动阀				关		
14	1 号循环水泵冷却水进水电动门				开		
15	2 号循环水泵冷却水进水电动门				开		
16	3 号循环水泵冷却水进水电动门				开		

就地阀门检查卡				
序号	检查内容	标准状态	确认人	备注
一	循环水泵部分相关阀门			
1	1 号循环水泵导向轴承润滑水门	开		
2	1 号循环水泵电机空冷器冷却水门	开		
3	1 号循环水泵电机推力轴承冷却水门	开		
4	2 号循环水泵导向轴承润滑水门	开		
5	2 号循环水泵电机空冷器冷却水门	开		
6	2 号循环水泵电机推力轴承冷却水门	开		
7	3 号循环水泵导向轴承润滑水门	开		
8	3 号循环水泵电机空冷器冷却水门	开		
9	3 号循环水泵电机推力轴承冷却水门	开		
10	1 号循环水泵自动排气阀前手动门	开		
11	2 号循环水泵自动排气阀前手动门	开		
12	3 号循环水泵自动排气阀前手动门	开		
13	1 号循环水泵冷却水回水手动门	开		
14	2 号循环水泵冷却水回水手动门	开		
15	3 号循环水泵冷却水回水手动门	开		
16	循环水系统注水门	关		
17	循环水至循环水泵冷却水入口总门	开		
18	化学补充水来至 1 号机循环水泵冷却水入口总门	开		

续表

就地阀门检查卡				
序号	检查内容	标准状态	确认人	备注
二	机房内高、低背压凝汽器相关阀门			
19	1 号凝汽器内侧前水室放水门	关		
20	1 号凝汽器外侧前水室放水门	关		
21	1 号凝汽器内侧后水室放水门	关		
22	1 号凝汽器外侧后水室放水门	关		
23	2 号凝汽器内侧前水室放水门	关		
24	2 号凝汽器外侧前水室放水门	关		
25	2 号凝汽器内侧后水室放水门	关		
26	2 号凝汽器外侧后水室放水门	关		
27	1 号凝汽器内侧前水室放空气门	开		连续水流后关闭
28	1 号凝汽器外侧前水室放空气门	开		连续水流后关闭
29	1 号凝汽器外侧前水室放空气门	开		连续水流后关闭
30	1 号凝汽器内侧前水室放空气门	开		连续水流后关闭
31	2 号凝汽器内侧前水室放空气门	开		连续水流后关闭
32	2 号凝汽器外侧前水室放空气门	开		连续水流后关闭
33	2 号凝汽器内侧后水室放空气门	开		连续水流后关闭
34	2 号凝汽器外侧后水室放空气门	开		连续水流后关闭
35	1、2 号凝汽器外侧联络母管放水门	关		
36	1 号收球网放水门	关		
37	2 号收球网放水门	关		
38	1 号胶球室进水门	关		
39	1 号胶球室出水门	关		
40	1 号胶球室放水门	关		
41	1 号胶球室放空气门	关		
42	2 号胶球室进水门	关		
43	2 号胶球室出水门	关		
44	2 号胶球室放水门	关		
45	2 号胶球室放空气门	关		
46	内环胶球泵收球 1 门	开		

续表

就地阀门检查卡				
序号	检查内容	标准状态	确认人	备注
47	内环胶球泵收球2门	开		
48	外环胶球泵收球1门	开		
49	外环胶球泵收球2门	开		
三	给水泵汽轮机循环水部分相关阀门			
50	给水泵汽轮机凝汽器进水电动蝶阀1后放水门	关		
51	给水泵汽轮机凝汽器进口电动蝶阀2后放水门	关		
52	给水泵汽轮机凝汽器出口电动蝶阀1前放水门	关		
53	给水泵汽轮机凝汽器出口电动蝶阀2前放水门	关		
54	给水泵汽轮机凝汽器前水室放水门1	关		
55	给水泵汽轮机凝汽器前水室放水门2	关		
56	给水泵汽轮机凝汽器后水室放水门1	关		
57	给水泵汽轮机凝汽器后水室放水门2	关		
58	给水泵汽轮机凝汽器水室放空气门1	开		连续水流后关闭
59	给水泵汽轮机凝汽器水室放空气门2	开		连续水流后关闭
60	给水泵汽轮机凝汽器水室放空气门3	开		连续水流后关闭
61	给水泵汽轮机凝汽器水室放空气门4	开		连续水流后关闭
62	给水泵汽轮机凝汽器1号收球网放水门	关		
63	给水泵汽轮机凝汽器2号收球网放水门	关		
64	给水泵汽轮机凝汽器1号胶球室进水门	关		
65	给水泵汽轮机凝汽器1号胶球室出水门	关		
66	给水泵汽轮机凝汽器1号胶球室放水门	关		
67	给水泵汽轮机凝汽器1号胶球室放空气门	关		
68	给水泵汽轮机凝汽器2号胶球室进水门	关		
69	给水泵汽轮机凝汽器2号胶球室出水门	关		
70	给水泵汽轮机凝汽器2号胶球室放水门	关		
71	给水泵汽轮机凝汽器2号胶球室放空气门	关		
72	1号胶球泵收球1门	关		
73	1号胶球泵收球2门	关		
74	2号胶球泵收球1门	关		

续表

就地阀门检查卡				
序号	检查内容	标准状态	确认人	备注
75	2号胶球泵收球2门	关		
76	循环泵坑1号排污泵出口门	开		
77	循环泵坑2号排污泵出口门	开		
78	1号循环水泵出口压力表一次门	开		
79	1号循环水泵出口压力变送器一次门	开		
80	2号循环水泵出口压力表一次门	开		
81	2号循环水泵出口压力变送器一次门	开		
82	3号循环水泵出口压力表一次门	开		
83	3号循环水泵出口压力变送器一次门	开		
84	1号循环水泵冷却水滤网进口压力表一次门	开		
85	2号循环水泵冷却水滤网进口压力表一次门	开		
86	3号循环水泵冷却水滤网进口压力表一次门	开		
87	1号循环水泵冷却水滤网出口压力表一次门	开		
88	2号循环水泵冷却水滤网出口压力表一次门	开		
89	3号循环水泵冷却水滤网出口压力表一次门	开		
90	1号循环水泵冷却水滤网出口压力开关一次门	开		
91	2号循环水泵冷却水滤网出口压力开关一次门	开		
92	3号循环水泵冷却水滤网出口压力开关一次门	开		
93	1号循环水泵前池液位变送器一次门	开		
94	2号循环水泵前池液位变送器一次门	开		
95	3号循环水泵前池液位变送器一次门	开		

设备送电确认卡					
序号	设备名称	标准状态	状态（√）	确认人	备注
1	1号循环水泵电机	送电			
2	2号循环水泵电机	送电			
3	3号循环水泵电机	送电			
4	循环水泵坑1号排污泵电机	送电			

续表

设备送电确认卡					
序号	设备名称	标准状态	状态（√）	确认人	备注
5	循环水泵坑2号排污泵电机	送电			
6	凝结水泵坑1号排污泵电机	送电			
7	凝结水泵坑2号排污泵电机	送电			
8	1号胶球泵电机	送电			
9	2号胶球泵电机	送电			
10	给水泵汽轮机1号胶球泵电机	送电			
11	给水泵汽轮机2号胶球泵电机	送电			

检查____号机组循环水系统启动条件满足，已按系统投运前状态确认标准检查卡检查设备完毕，系统可以投运。

检查人：____________________

执行情况复核（主值）：__________ 时间：__________

批准（值长）：________________ 时间：__________

1.4 循环水系统投运循环水泵启动前状态确认标准检查卡

班组： 编号：

工作任务	____号机循环水系统投运循环水泵启动前状态确认检查
工作分工	就地： 盘前： 值长：

危险辨识与风险评估				
危险源	风险产生过程及后果	预控措施	预控情况	确认人
1．人员技能	工作人员技能不能满足系统投运操作要求，造成人身伤害、设备损坏	1．检查就地及盘前操作人员具备相应岗位资格； 2．操作人员应熟悉系统、设备及工作原理，清晰理解工作任务； 3．操作人员应具备处理一般事故的能力		
2．人员生理、心理	人员情绪异常、精神不佳造成工作中人身伤害	1．班前会中准确了解人员情况； 2．当班期间值内、部门做好监督； 3．发现人员情绪等异常情况时，严禁操作		
3．人员行为	工作票未终结、隔离措施未恢复、人员未撤离造成工作中人身伤害；工器具遗留在操作现场造成设备损坏	1．查看工作票是否终结； 2．检修人员全部撤离； 3．确认安全隔离措施全部恢复到位； 4．操作完毕应检查所有的工器具已收回，确保无遗留物件		
4．照明	现场照明不足造成人身伤害	现场照明应充足，满足操作及监视需要，否则应及时补充或增加		

续表

危险辨识与风险评估				
危险源	风险产生过程及后果	预控措施	预控情况	确认人
5．孔洞坑井沟道及障碍物	盖板缺损及平台防护栏杆不全造成高处坠落；设备周围有障碍物影响设备运行和人身安全	1．工作场所的孔、洞、坑、井、沟道，必须覆以与地面齐平的坚固盖板。 2．发现洞口盖板缺失、损坏或未盖好时，必须立即填补、修复盖板并及时盖好。 3．所有升降口、大小孔洞、楼梯和平台，必须装设不低于1050mm高栏杆和不低于100mm高的脚部护板。离地高度高于20m的平台、通道及作业场所的防护栏杆不应低于1200mm。 4．清除设备周围影响设备运行和人身安全的障碍物		
6．高处落物	工作区域上方高处落物造成人身伤害	1．正确佩戴个人劳保防护用品； 2．进入现场要观察工作环境，发现有高处落物的可能时采取必要措施		
7．工器具	使用不合格工器具或未正确使用工器具造成工作中人身伤害	1．检查符合规定安全工器具； 2．不合格工器具禁止带入操作现场； 3．带全操作所需工器具、防护用品等（如对讲机、手电筒、耳塞等）； 4．操作中正确使用工器具		
8．触电	控制柜送电过程中人员误碰带电部位触电	1．熟悉控制柜电气回路； 2. 电气操作时正确佩戴个人防护用品，正确使用合格的工器具		
9．油	油泄漏遇明火或高温物体造成火灾	1．油管道法兰、阀门及可能漏油部位附近不准有明火，必须明火作业时要采取有效措施； 2．尽量避免使用法兰连接，禁止使用铸铁阀门		
10．转动机械	标识缺损、防护罩缺损；断裂、超速、零部件脱落；肢体部位或饰品衣物、用具（包括防护用品）、工具接触转动部位	1．设备的转动部分必须装设防护罩，并标明旋转方向，露出的轴端必须装设护盖；转动设备的防护罩应完好。 2．检查设备的运行状态，保持设备的振动、温度、运行电流等参数符合标准，如发现参数超标及时处理。 3．衣服和袖口应扣好，不得戴围巾领带，长发必须盘在安全帽内，不准将用具、工器具接触设备的转动部位，不准在转动设备附近长时间停留。 4．转动设备试运行时所有人员应先远离，站在转动机械的轴向位置，并有一人站在事故按钮位置		
11．系统漏水	循环水泵启动后系统管道接口、阀门、法兰连接不严密处泄漏	1. 循环水泵启动后对循环水系统管路、阀门全面检查，放空气阀见水后，及时关闭，循环水泵排气隔离阀检查开启；		

续表

危险辨识与风险评估				
危险源	风险产生过程及后果	预控措施	预控情况	确认人
11．系统漏水		2．启动循环水泵前系统先充分注水排空气，循环水泵启动后监视泵电机电流及电流返回时间正常		
12．循环水泵启动后管道发生水锤、异常振动	循环水系统存在大量空气，出口蝶阀卡涩或开、关速度过快引起水锤、振动	启动循环水泵前系统先充分注水排空气，就地试运出口蝶阀开关正常，检查开阀时间符合要求		
13．电机及轴承冷却水未投入引起过热	循环水泵启动后引起电机及轴承温度过热烧毁	启动循环水泵前投入冷却水滤网，确认冷却水投入正常		

系统投运前状态确认标准检查卡					
序号	检查内容	标准状态	确认情况（√）	确认人	备注
1	循环水系统热机、电气、热控检修工作票、缺陷联系单	终结或押回，无影响系统启动的缺陷			
2	冷却塔及前池部分	已经按照冷却塔投运检查内容进行，塔池进水，前池水位＞－1500mm			
3	循环水塔区域热工、电气部分				
3.1	循环水系统所属热工表计及控制	压力表计一次门开启，温度表投入，塔池水位与前池水位与对应DCS远传表计一致			
4	循环泵出口液控蝶阀				
4.1	循环泵出口液控蝶阀井	1．蝶阀井盖板齐全内部无积水； 2．护栏牢靠，完整			
4.2	循环泵出口蝶阀	1．蝶阀液压油站就地控制柜送电，指示灯清晰、状态正确； 2．蝶阀液压油站油位1/2～2/3以上，油质合格； 3．液压油站蓄能器压力＞16MPa，液压油泵在自动停运状态			
4.3	1号循环水泵出口蝶阀	开时间____s，关时间____s，传动试验完成，阀门位置正确。 确认人：____			
	2号循环水泵出口蝶阀	开时间____s，关时间____s，传动试验完成，阀门位置正确。 确认人：____			

续表

系统投运前状态确认标准检查卡					
序号	检查内容	标准状态	确认情况（√）	确认人	备注
	3 号循环水泵出口蝶阀	开时间____s，关时间____s，传动试验完成，阀门位置正确。 确认人：____			
5	循环水泵				
5.1	循环水泵冷却水系统	1．化学补充水来补水系统已经投入，压力＞0.2MPa； 2．冷却水滤网投入运行，进、出水门、回水门均开启； 3．循环水泵下轴承冷却水充足，无漏水，积水，回水畅通			
5.2	1 号循环水泵所有热控仪表投入	已投入正常。 热工专业确认人：____			
	2 号循环水泵所有热控仪表投入	已投入正常。 热工专业确认人：____			
	3 号循环水泵所有热控仪表投入	已投入正常。 热工专业确认人：____			
5.3	1 号循环水泵联锁保护试验合格	保护投入正常。 热工专业确认人：____			
	2 号循环水泵联锁保护试验合格	保护投入正常。 热工专业确认人：____			
	3 号循环水泵联锁保护试验合格	保护投入正常。 热工专业确认人：____			
5.4	1、2、3 号循环水泵推力轴承油池油位	1 号循环水泵油池油位 1/3～1/2； 2 号循环水泵油池油位 1/3～1/2； 3 号循环水泵油池油位 1/3～1/2。 确认人：____			
5.5	推力轴承油质	透明、清晰、无杂质			
5.6	循环水泵本体	1．泵本体攀爬楼梯牢固，固定螺丝无松动； 2．电机顶部护栏牢靠、齐全； 3．电机顶部干净，整洁，无漏、积油			
5.7	事故按钮	1、2、3 号循环水泵，事故按钮盖盒完好，均在弹出位			
6	系统整体检查	1．循环水泵设备及管道外观整洁，无泄漏现象； 2．设备各地角螺栓、对轮及防护罩连接完好，无松动现象； 3．各电动机接线盒完好，接地线牢固； 4．管道、滤网外观完整，法兰等连接部位连接牢固；			

续表

系统投运前状态确认标准检查卡					
序号	检查内容	标准状态	确认情况（√）	确认人	备注
6		5．回油观察窗表面完整、清洁、透明； 6．各阀门、设备标识牌无缺失，管道名称、色环、介质流向完整			

远动阀门检查卡							
序号	阀门名称	电源（√）	气源（√）	传动情况（√）	标准状态	确认人	备注
1	1号循环水泵出口蝶阀				关		
2	2号循环水泵出口蝶阀				关		
3	3号循环水泵出口蝶阀				关		
4	1号循环水泵冷却水进水电动门				开		
5	2号循环水泵冷却水进水电动门				开		
6	3号循环水泵冷却水进水电动门				开		

就地阀门检查卡				
序号	检查内容	标准状态	确认人	备注
1	1号循环水泵导向轴承润滑水门	开		
2	1号循环水泵电机空冷器冷却水门	开		
3	1号循环水泵电机推力轴承冷却水门	开		
4	2号循环水泵导向轴承润滑水门	开		
5	2号循环水泵电机空冷器冷却水门	开		
6	2号循环水泵电机推力轴承冷却水门	开		
7	3号循环水泵导向轴承润滑水门	开		
8	3号循环水泵电机空冷器冷却水门	开		
9	3号循环水泵电机推力轴承冷却水门	开		
10	1号循环水泵冷却水回水手动门	开		
11	2号循环水泵冷却水回水手动门	开		
12	3号循环水泵冷却水回水手动门	开		
13	循环水系统注水门	关		
14	循环水至循环水泵冷却水入口总门	关		循环水泵启动后开启

续表

就地阀门检查卡				
序号	检查内容	标准状态	确认人	备注
15	化学补充水来至1号机循环水泵冷却水入口总门	开		循环水泵启动后关闭
16	1号循环水泵出口压力表一次门	开		
17	1号循环水泵出口压力变送器一次门	开		
18	2号循环水泵出口压力表一次门	开		
19	2号循环水泵出口压力变送器一次门	开		
20	3号循环水泵出口压力表一次门	开		
21	3号循环水泵出口压力变送器一次门	开		
22	1号循环水泵冷却水滤网进口压力表一次门	开		
23	2号循环水泵冷却水滤网进口压力表一次门	开		
24	3号循环水泵冷却水滤网进口压力表一次门	开		
25	1号循环水泵冷却水滤网出口压力表一次门	开		
26	2号循环水泵冷却水滤网出口压力表一次门	开		
27	3号循环水泵冷却水滤网出口压力表一次门	开		
28	1号循环水泵冷却水滤网出口压力开关一次门	开		
29	2号循环水泵冷却水滤网出口压力开关一次门	开		
30	3号循环水泵冷却水滤网出口压力开关一次门	开		
31	1号循环水泵前池液位变送器一次门	开		
32	2号循环水泵前池液位变送器一次门	开		
33	3号循环水泵前池液位变送器一次门	开		

设备送电确认卡					
序号	设备名称	标准状态	状态（√）	确认人	备注
1	1号循环水泵电机	送电			
2	2号循环水泵电机	送电			
3	3号循环水泵电机	送电			

检查____号机组循环水泵启动前启动条件满足，已按系统投运前状态确认标准检查卡检查设备完毕，系统可以投运。

检查人：____________

执行情况复核（主值）：________　　时间：__________

批准（值长）：____________　　时间：__________

1.5 开式水系统投运前状态确认标准检查卡

班组：　　　　　　　　　　　　　　　　　　　　　　　　　编号：

工作任务	____号机开式水系统投运前状态确认检查
工作分工	就地：　　　　　　盘前：　　　　　　值长：

危险辨识与风险评估				
危险源	风险产生过程及后果	预控措施	预控情况	确认人
1．人员技能	工作人员技能不能满足系统投运操作要求造成人身伤害、设备损坏	1．检查就地及盘前操作人员具备相应岗位资格； 2．操作人员应熟悉系统、设备及工作原理，清晰理解工作任务； 3．操作人员应具备处理一般事故的能力		
2．人员生理、心理	人员情绪异常、精神不佳造成工作中人身伤害	1．班前会中准确了解人员情况； 2．当班期间值内、部门做好监督； 3．发现人员情绪等异常情况时，严禁操作		
3．人员行为	工作票未终结、隔离措施未恢复、人员未撤离造成工作中人身伤害；工器具遗留在操作现场造成设备损坏	1．查看工作票是否终结； 2．检修人员全部撤离； 3．确认安全隔离措施全部恢复到位； 4．操作完毕应检查所有的工器具已收回，确保无遗留物件		
4．照明	现场照明不足造成人身伤害	现场照明应充足，满足操作及监视需要，否则应及时补充或增加		
5．孔洞坑井沟道	盖板缺损及平台防护栏杆不全造成高处坠落	1．工作场所的孔、洞、坑、井、沟道，必须覆以与地面齐平的坚固盖板。 2．发现洞口盖板缺失、损坏或未盖好时，必须立即填补、修复盖板并及时盖好。 3．所有升降口、大小孔洞、楼梯和平台，必须装设不低于1050mm高栏杆和不低于100mm高的脚部护板。离地高度高于20m的平台、通道及作业场所的防护栏杆不应低于1200mm		
6．高处落物	工作区域上方高处落物造成人身伤害	1．正确佩戴个人劳保防护用品； 2．进入现场要观察工作环境，发现有高处落物的可能时采取必要措施		
7．工器具	使用不合格工器具或未正确使用工器具造成工作中人身伤害	1．检查符合规定安全工器具； 2．不合格工器具禁止带入操作现场； 3．带全操作所需工器具、防护用品等（如对讲机、手电筒、耳塞等）； 4．操作中正确使用工器具		
8．触电	控制柜送电过程中人员误碰带电部位触电	1．熟悉控制柜电气回路； 2．电气操作时正确佩戴个人防护用品，正确使用合格的工器具		

续表

危险辨识与风险评估				
危险源	风险产生过程及后果	预控措施	预控情况	确认人
9．转动机械	标识缺损、防护罩缺损；断裂、超速、零部件脱落；肢体部位或饰品衣物、用具（包括防护用品）、工具接触转动部位	1．设备的转动部分必须装设防护罩，并标明旋转方向，露出的轴端必须装设护盖；转动设备的防护罩应完好。 2．检查设备的运行状态，保持设备的振动、温度、运行电流等参数符合标准，如发现参数超标及时处理。 3．衣服和袖口应扣好，不得戴围巾领带，长发必须盘在安全帽内，不准将用具、工器具接触设备的转动部位，不准在转动设备附近长时间停留。 4．转动设备试运行时所有人员应先远离，站在转动机械的轴向位置，并有一人站在事故按钮位置		
10．系统漏水	开式水泵启动后开冷水自管道接口、阀门、法兰连接不严密处泄漏	开式水泵启动后对开式冷却水管路、设备、阀门全面检查		
11．开式水泵电机过载	开式水泵长期停运后，启动前未盘泵，机械部分卡涩	开式水泵长期停运后，启动前盘泵，轴承油脂符合要求，开式水泵启动后监视泵电机电流及电流返回时间正常		
12．开式水泵启动后管道异常振动，泵电流、压力频繁波动	开式水系统存在大量空气	启动开式水泵前系统先充分注水排空气		
13．电机轴承声音异常损坏	电机轴承油不合格，振动超标	启动前检查轴承油脂正常，启动后测量轴承振动合格，温升正常		

系统投运前状态确认标准检查卡					
序号	检查内容	标准状态	确认情况（√）	确认人	备注
1	____号机开式水系统热机、电气、热控检修工作票、缺陷联系单	终结或押回，无影响系统启动的缺陷			
2	开式水系统热工、电气部分				
2.1	开式水系统所有热工仪表	1．压力表计一次门开启，温度表投入。热工确认人：____ 2．高、低压电动滤水器控制柜送电，指示灯清晰完备，投入自动清洗			
2.2	开式水泵联锁保护试验	已完成后投入。热工专业确认人：____			

续表

系统投运前状态确认标准检查卡					
序号	检查内容	标准状态	确认情况（√）	确认人	备注
2.3	开式水系统高压侧电动滤水器	1．按照远传阀门清单，传动试验完成； 2．排污阀，排空气阀关闭			
2.4	开式水系统低压侧电动滤水器	1．按照远传阀门清单，传动试验完成； 2．排污阀，排空气阀关闭			
2.5	开式水高压侧电动滤水器控制柜	1．已送电，就地开关在“自动”投入状态； 2．滤网无差压报警信号			
2.6	开式水低压侧电动滤水器控制柜	1．已送电，就地开关在“自动”投入状态； 2．滤网无差压报警信号			
2.7	事故按钮	事故按钮在弹出位，护罩齐全			
3	辅助系统				
3.1	循环水系统	已按照循环水投运前状态确认标准检查卡内容进行，循环水泵投运正常，循环水压力＞0.16MPa			
3.2	开式水用户	确认开式水部分用户已投入（至少一个用户以上）			
3.3	邻机开式水系统	1、2 号机开式水母管联络阀关闭，系统已隔离			
4	开式水泵				
4.1	水泵本体	1．无漏水、泵体排空气结束，排空气门关闭严密； 2．对轮护罩良好，无松动； 3．盘动转子灵活			
4.2	电机	接地线良好，电机护罩无松动			
4.3	阀门	进水门开启、出口门关闭			
5	系统整体检查	1．设备及管道外观整洁； 2．设备各地角螺栓、对轮及防护罩连接完好； 3．管道、滤网外观完整，法兰等连接部位连接牢固； 4．各阀门、设备标识牌无缺失，管道名称、色环、介质流向完整；各电动机接线盒完好			

远动阀门检查卡							
序号	阀门名称	电源（√）	气源（√）	传动情况（√）	标准状态	确认人	备注
1	高压开式水电动滤水器进口电动阀				开		
2	高压开式水电动滤水器出口电动阀				开		

续表

远动阀门检查卡							
序号	阀门名称	电源（√）	气源（√）	传动情况（√）	标准状态	确认人	备注
3	高压开式水滤网旁路电动阀				关		
4	高压开式水电动滤水器电动放水阀				关		
5	循环水至高压开式水进口电动阀				开		
6	循环水补充水至高压侧进水电动阀				关		
7	低压开式水电动滤水器进口电动阀				开		
8	低压开式水电动滤水器出口电动阀				开		
9	低压开式水滤网旁路电动阀				关		
10	低压开式水电动滤水器电动放水阀				关		
11	循环水至低压开式水进口电动阀				开		
12	循环水补充水至低压侧进水电动阀				开		
13	循环水补充水来滤网前电动门				关		
14	1 号开式冷却水泵进水电动门				开		
15	2 号开式冷却水泵进水电动门				开		
16	1 号开式冷却水泵出水电动门				关		
17	2 号开式冷却水泵出水电动门				关		
18	给水泵汽轮机润滑油冷却器冷却水调阀前电动门				开		
19	给水泵汽轮机润滑油冷却器冷却水调阀				关		
20	给水泵汽轮机润滑油冷却器冷却水调阀后电动门				开		
21	定冷水调温阀前电动门				开		
22	定冷水调温阀				关		
23	发电机密封油冷却器调温阀前电动门				开		
24	发电机密封油冷却器调温阀				关		
25	发电机密封油冷却器调温阀后电动门				开		
26	1 号背压机冷油器回水调温阀前电动门				开		
27	1 号背压机冷油器回水调温阀				关		
28	1 号背压机冷油器回水调温阀后电动门				开		
29	2 号背压机冷油器回水调温阀前电动门				开		
30	2 号背压机冷油器回水调温阀				关		
31	2 号背压机冷油器回水调温阀后电动门				开		

续表

远动阀门检查卡							
序号	阀门名称	电源（√）	气源（√）	传动情况（√）	标准状态	确认人	备注
32	发电机氢冷器调温阀前电动门				开		
33	发电机氢冷器调温阀				关		
34	发电机氢冷器调温阀后电动门				开		
35	主机冷油器调温阀前电动门				开		
36	主机冷油器调温阀				关		
37	主机冷油器调温阀后电动门				开		

就地阀门检查卡				
序号	检查内容	标准状态	确认人	备注
1	高压开式水电动滤水器排气阀	开		连续水流后关闭
2	高压开式水电动滤水器手动放水阀	关		
3	低压开式水电动滤水器排气阀	开		连续水流后关闭
4	低压开式水电动滤水器手动放水阀	关		
5	1、2 号机开式水母管联络门 1	开		
6	1、2 号机开式水母管联络门 2	关		
7	开式水至真空泵 1、2 号冷却器进水门	开		
8	循环水补充水至真空泵 1、2 号冷却器进水门	开		
9	真空泵 1 号冷却器进水阀	开		
10	真空泵 1 号冷却器出水阀	开		
11	真空泵 2 号冷却器进水阀	开		
12	真空泵 2 号冷却器出水阀	开		
13	开式水至 3 号真空泵冷却器进水阀	开		
14	循环水补充水至 3 号真空泵冷却器进水阀	开		
15	3 号真空泵冷却器出水阀	开		
16	电泵电机冷却水进水阀	开		
17	电泵电机冷却水出水阀	开		
18	电泵油站冷却水进水阀	开		
19	电泵油站冷却水出水阀	开		
20	汽泵前置泵电机冷却水进水阀	开		

续表

就地阀门检查卡				
序号	检查内容	标准状态	确认人	备注
21	汽泵前置泵电机冷却水出水阀	开		
22	给水泵汽轮机润滑油冷却器冷却水调阀旁路门	开		
23	给水泵汽轮机 1 号润滑油冷却器进水阀	开		
24	给水泵汽轮机 1 号润滑油冷却器出水阀	开		
25	给水泵汽轮机 2 号润滑油冷却器进水阀	开		
26	给水泵汽轮机 2 号润滑油冷却器出水阀	开		
27	给水泵汽轮机真空泵 1 号冷却器进水阀	开		
28	给水泵汽轮机真空泵 1 号冷却器出水阀	开		
29	给水泵汽轮机真空泵 2 号冷却器进水阀	开		
30	给水泵汽轮机真空泵 2 号冷却器出水阀	开		
31	循环水补充水至给水泵汽轮机真空泵冷却器进水阀	开		
32	开式水至给水泵汽轮机真空泵冷却器进水阀	开		
33	1 号闭式冷却器开式水进口阀	开		
34	1 号闭式冷却器开式水出口阀	开		
35	2 号闭式冷却器开式水进口阀	开		
36	2 号闭式冷却器开式水出口阀	开		
37	定冷水调温阀旁路阀	开		
38	1 号定子冷却器进水阀	开		
39	1 号定子冷却器出水阀	开		
40	2 号定子冷却器进水阀	开		
41	2 号定子冷却器出水阀	开		
42	发电机密封油冷却器调温阀旁路阀	开		
43	发电机 1 号密封油冷却器进水阀	开		
44	发电机 1 号密封油冷却器出水阀	开		
45	发电机 2 号密封油冷却器进水阀	开		
46	发电机 2 号密封油冷却器出水阀	开		
47	凝结水泵电机 1 号冷却器进水阀	开		
48	凝结水泵电机 1 号冷却器出水阀	开		
49	凝结水泵电机 2 号冷却器进水阀	开		
50	凝结水泵电机 2 号冷却器出水阀	开		
51	1 号背压机 1 号冷油器进水阀	开		

续表

就地阀门检查卡				
序号	检查内容	标准状态	确认人	备注
52	1号背压机1号冷油器出水阀	开		
53	1号背压机2号冷油器进水阀	开		
54	1号背压机2号冷油器出水阀	开		
55	1号背压机冷油器回水调温阀旁路阀	开		
56	2号背压机1号冷油器进水阀	开		
57	2号背压机1号冷油器出水阀	开		
58	2号背压机2号冷油器进水阀	开		
59	2号背压机2号冷油器出水阀	开		
60	2号背压机冷油器回水调温阀旁路阀	开		
61	开式水至汽机房杂用水手动阀	开		
62	1号背压机发电机1号空气冷却器进水阀	开		
63	1号背压机发电机1号空气冷却器出水阀	开		
64	1号背压机发电机2号空气冷却器进水阀	开		
65	1号背压机发电机2号空气冷却器出水阀	开		
66	2号背压机发电机1号空气冷却器进水阀	开		
67	2号背压机发电机1号空气冷却器出水阀	开		
68	2号背压机发电机2号空气冷却器进水阀	开		
69	2号背压机发电机2号空气冷却器出水阀	开		
70	发电机氢冷器调温阀旁路手动门	开		
71	发电机1号氢冷器进水阀	开		
72	发电机1号氢冷器出水阀	开		
73	发电机2号氢冷器进水阀	开		
74	发电机2号氢冷器出水阀	开		
75	发电机3号氢冷器进水阀	开		
76	发电机3号氢冷器出水阀	开		
77	发电机4号氢冷器进水阀	开		
78	发电机4号氢冷器出水阀	开		
79	1号主机冷油器进水阀	开		
80	1号主机冷油器出水阀	开		
81	2号主机冷油器进水阀	开		
82	2号主机冷油器出水阀	开		

续表

就地阀门检查卡				
序号	检查内容	标准状态	确认人	备注
83	1号引风机油站1号冷却器进水阀	开		
84	1号引风机油站1号冷却器出水阀	开		
85	1号引风机油站2号冷却器进水阀	开		
86	1号引风机油站2号冷却器出水阀	开		
87	2号引风机油站1号冷却器进水阀	开		
88	2号引风机油站1号冷却器出水阀	开		
89	2号引风机油站2号冷却器进水阀	开		
90	2号引风机油站2号冷却器出水阀	开		
91	1号一次风机油站1号冷却器进水阀	开		
92	1号一次风机油站1号冷却器出水阀	开		
93	1号一次风机油站2号冷却器进水阀	开		
94	1号一次风机油站2号冷却器出水阀	开		
95	2号一次风机油站1号冷却器进水阀	开		
96	2号一次风机油站1号冷却器出水阀	开		
97	2号一次风机油站2号冷却器进水阀	开		
98	2号一次风机油站2号冷却器出水阀	开		
99	1号送风机油站1号冷却器进水阀	开		
100	1号送风机油站1号冷却器出水阀	开		
101	1号送风机油站2号冷却器进水阀	开		
102	1号送风机油站2号冷却器出水阀	开		
103	2号送风机油站1号冷却器进水阀	开		
104	2号送风机油站1号冷却器出水阀	开		
105	2号送风机油站2号冷却器进水阀	开		
106	2号送风机油站2号冷却器出水阀	开		
107	开式水至锅炉房杂用手动阀	开		
108	1号磨煤机高压油站进水阀	开		
109	1号磨煤机高压油站出水阀	开		
110	1号磨煤机润滑油站进水阀	开		
111	1号磨煤机润滑油站出水阀	开		
112	2号磨煤机高压油站进水阀	开		
113	2号磨煤机高压油站出水阀	开		

续表

就地阀门检查卡				
序号	检查内容	标准状态	确认人	备注
114	2 号磨煤机润滑油站进水阀	开		
115	2 号磨煤机润滑油站出水阀	开		
116	3 号磨煤机高压油站进水阀	开		
117	3 号磨煤机高压油站出水阀	开		
118	3 号磨煤机润滑油站进水阀	开		
119	3 号磨煤机润滑油站出水阀	开		
120	4 号磨煤机高压油站进水阀	开		
121	4 号磨煤机高压油站出水阀	开		
122	4 号磨煤机润滑油站进水阀	开		
123	4 号磨煤机润滑油站出水阀	开		
124	5 号磨煤机高压油站进水阀	开		
125	5 号磨煤机高压油站出水阀	开		
126	5 号磨煤机润滑油站进水阀	开		
127	5 号磨煤机润滑油站出水阀	开		
128	6 号磨煤机高压油站进水阀	开		
129	6 号磨煤机高压油站出水阀	开		
130	6 号磨煤机润滑油站进水阀	开		
131	6 号磨煤机润滑油站出水阀	开		
132	捞渣机冷却水进水阀	开		
133	捞渣机冷却水出水阀	开		
134	空预器顶部轴承 1 号冷却器进水阀	开		
135	空预器顶部轴承 1 号冷却器出水阀	开		
136	空预器顶部轴承 2 号冷却器进水阀	开		
137	空预器顶部轴承 2 号冷却器出水阀	开		

设备送电确认卡					
序号	设备名称	标准状态	状态（√）	确认人	备注
1	1 号开式冷却水泵电机	送电			
2	2 号开式冷却水泵电机	送电			
3	低压开式冷却水电动滤水器电机	送电			
4	高压开式冷却水电动滤水器电机	送电			

检查____号机组开式水系统启动条件满足，已按系统投运前状态确认标准检查卡检查设备完毕，系统可以投运。

检查人：____________

执行情况复核（主值）：____________　　时间：____________

批准（值长）：____________　　时间：____________

1.6 开式水系统高压侧注水前状态确认标准检查卡

班组：　　　　　　　　　　　　　　　　　　　　　　编号：

工作任务	____号机开式水系统高压侧注水前状态确认检查
工作分工	就地：　　　　　盘前：　　　　　值长：

危险辨识与风险评估				
危险源	风险产生过程及后果	预控措施	预控情况	确认人
1．人员技能	工作人员技能不能满足系统投运操作要求造成人身伤害、设备损坏	1．检查就地及盘前操作人员具备相应岗位资格； 2．操作人员应熟悉系统、设备及工作原理，清晰理解工作任务； 3．操作人员应具备处理一般事故的能力		
2．人员生理、心理	人员情绪异常、精神不佳造成工作中人身伤害	1．班前会中准确了解人员情况； 2．当班期间值内、部门做好监督； 3．发现人员情绪等异常情况时，严禁操作		
3．人员行为	工作票未终结、隔离措施未恢复、人员未撤离造成工作中人身伤害；工器具遗留在操作现场造成设备损坏	1．查看工作票是否终结； 2．检修人员全部撤离； 3．确认安全隔离措施全部恢复到位； 4．操作完毕应检查所有的工器具已收回，确保无遗留物件		
4．照明	现场照明不足造成人身伤害	现场照明应充足，满足操作及监视需要，否则应及时补充或增加		
5．孔洞坑井沟道	盖板缺损及平台防护栏杆不全造成高处坠落	1．工作场所的孔、洞、坑、井、沟道，必须覆以与地面齐平的坚固盖板。 2．发现洞口盖板缺失、损坏或未盖好时，必须立即填补、修复盖板并及时盖好。 3．所有升降口、大小孔洞、楼梯和平台，必须装设不低于1050mm高栏杆和不低于100mm高的脚部护板。离地高度高于20m的平台、通道及作业场所的防护栏杆不应低于1200mm		
6．高处落物	工作区域上方高处落物造成人身伤害	1．正确佩戴个人劳保防护用品； 2．进入现场要观察工作环境，发现有高处落物的可能时采取必要措施		

续表

危险辨识与风险评估				
危险源	风险产生过程及后果	预控措施	预控情况	确认人
7．工器具	使用不合格工器具或未正确使用工器具造成工作中人身伤害	1．检查符合规定安全工器具； 2．不合格工器具禁止带入操作现场； 3．带全操作所需工器具、防护用品等（如对讲机、手电筒、耳塞等）； 4．操作中正确使用工器具		
8．触电	控制柜送电过程中人员误碰带电部位触电	1．熟悉控制柜电气回路； 2．电气操作时正确佩戴个人防护用品，正确使用合格的工器具		
9．转动机械	标识缺损、防护罩缺损；断裂、超速、零部件脱落；肢体部位或饰品衣物、用具（包括防护用品）、工具接触转动部位	1．设备的转动部分必须装设防护罩，并标明旋转方向，露出的轴端必须装设护盖；转动设备的防护罩应完好。 2．检查设备的运行状态，保持设备的振动、温度、运行电流等参数符合标准，如发现参数超标及时处理。 3．衣服和袖口应扣好，不得戴围巾领带，长发必须盘在安全帽内，不准将用具、工器具接触设备的转动部位，不准在转动设备附近长时间停留。 4．转动设备试运行时所有人员应先远离，站在转动机械的轴向位置，并有一人站在事故按钮位置		
10．系统漏水	开式水泵启动后开冷水自管道接口、阀门、法兰连接不严密处泄漏	开式水泵启动后对开式冷却水管路、设备、阀门全面检查		
11．开式水泵电机过载	开式水泵长期停运后，启动前未盘泵，机械部分卡涩	开式水泵长期停运后，启动前盘泵，轴承油脂符合要求，开式水泵启动后监视泵电机电流及电流返回时间正常		
12．开式水泵启动后管道异常振动，泵电流、压力频繁波动	开式水系统存在大量空气	启动开式水泵前系统先充分注水排空气		
13．电机轴承声音异常损坏	电机轴承油不合格，振动超标	启动前检查轴承油脂正常，启动后测量轴承振动合格，温升正常		

系统投运前状态确认标准检查卡					
序号	检查内容	标准状态	确认情况（√）	确认人	备注
1	开式水系统热机、电气、热控检修工作票、缺陷联系单	终结或押回，无影响系统启动的缺陷			
2	开式水系统热工、电气部分				

续表

系统投运前状态确认标准检查卡					
序号	检查内容	标准状态	确认情况（√）	确认人	备注
2.1	开式水系统所有热工仪表	1．压力表计一次门开启，温度表投入。热工确认人： 2．高、低压电动滤水器控制柜送电，指示灯清晰完备，投入自动清洗			
2.2	开式水泵联锁保护试验	已完成后投入。 热工专业确认人：			
2.3	开式水系统高压侧电动滤水器	1．按照远传阀门清单，传动试验完成； 2．排污阀，排空气阀关闭			
2.4	开式水高压侧电动滤水器控制柜	1．已送电，就地开关在“自动”投入状态； 2．滤网无差压报警信号			
2.5	事故按钮	事故按钮在弹出位，护罩齐全			
3	辅助系统				
3.1	循环水系统	已按照循环水系统投运前状态确认标准检查卡内容进行，循环水泵投运正常，循环水压力＞0.16MPa			
3.2	开式水用户	确认高压侧开式水部分用户已投入（至少一个以上用户）			
3.3	邻机开式水系统	1、2 号机开式水母管联络阀关闭，系统已隔离			
4	开式水泵				
4.1	水泵本体	1．无漏水、泵体排空气结束； 2．对轮护罩良好，无松动； 3．盘动转子灵活			
4.2	电机	接地线良好，电机护罩无松动			
4.3	阀门	进水门开启、出水门关闭，联锁开关投入			
5	系统整体检查	1．设备及管道外观整洁； 2．设备各地角螺栓、对轮及防护罩连接完好； 3．管道、滤网外观完整，法兰等连接部位连接牢固； 4．各阀门、设备标识牌无缺失，管道名称、色环、介质流向完整；各电动机接线盒完好			

远动阀门检查卡							
序号	阀门名称	电源（√）	气源（√）	传动情况（√）	标准状态	确认人	备注
1	高压开式水电动滤水器进口电动阀				开		

续表

远动阀门检查卡							
序号	阀门名称	电源（√）	气源（√）	传动情况（√）	标准状态	确认人	备注
2	高压开式水电动滤水器出口电动阀				开		
3	高压开式水滤网旁路电动阀				关		
4	高压开式水电动滤水器电动放水阀				关		
5	循环水至高压开式水进口电动阀				开		
6	循环水补充水至高压侧进水电动阀				关		
7	循环水补充水来至高压侧滤网前电动门				关		
8	1 号开式冷却水泵进水电动门				开		
9	2 号开式冷却水泵进水电动门				开		
10	1 号开式冷却水泵出水电动门				关		
11	2 号开式冷却水泵出水电动门				关		
12	发电机氢冷器调温阀				关		
13	主机冷油器调温阀				关		

就地阀门检查卡				
序号	检查内容	标准状态	确认人	备注
1	高压开式水电动滤水器排气阀	开		连续水流后关闭
2	高压开式水电动滤水器手动放水阀	关		
3	1、2 号机开式水母管联络门 1	开		
4	1、2 号机开式水母管联络门 2	关		
5	开式水至汽机房杂用手动阀	开		
6	1 号背压机发电机 1 号空气冷却器进水阀	开		
7	1 号背压机发电机 1 号空气冷却器出水阀	开		
8	1 号背压机发电机 2 号空气冷却器进水阀	开		
9	1 号背压机发电机 2 号空气冷却器出水阀	开		
10	2 号背压机发电机 1 号空气冷却器进水阀	开		
11	2 号背压机发电机 1 号空气冷却器出水阀	开		
12	2 号背压机发电机 2 号空气冷却器进水阀	开		
13	2 号背压机发电机 2 号空气冷却器出水阀	开		
14	发电机氢冷器调温阀旁路手动门	开		
15	发电机 1 号氢冷器进水阀	开		

续表

就地阀门检查卡				
序号	检查内容	标准状态	确认人	备注
16	发电机 1 号氢冷器出水阀	开		
17	发电机 2 号氢冷器进水阀	开		
18	发电机 2 号氢冷器出水阀	开		
19	发电机 3 号氢冷器进水阀	开		
20	发电机 3 号氢冷器出水阀	开		
21	发电机 4 号氢冷器进水阀	开		
22	发电机 4 号氢冷器出水阀	开		
23	1 号主机润滑油冷油器进水阀	开		
24	1 号主机润滑油冷油器出水阀	开		
25	2 号主机润滑油冷油器进水阀	开		
26	2 号主机润滑油冷油器出水阀	开		
27	1 号引风机油站 1 号冷却器进水阀	开		
28	1 号引风机油站 1 号冷却器出水阀	开		
29	1 号引风机油站 2 号冷却器进水阀	开		
30	1 号引风机油站 2 号冷却器出水阀	开		
31	2 号引风机油站 1 号冷却器进水阀	开		
32	2 号引风机油站 1 号冷却器出水阀	开		
33	2 号引风机油站 2 号冷却器进水阀	开		
34	2 号引风机油站 2 号冷却器出水阀	开		
35	1 号一次风机油站 1 号冷却器进水阀	开		
36	1 号一次风机油站 1 号冷却器出水阀	开		
37	1 号一次风机油站 2 号冷却器进水阀	开		
38	1 号一次风机油站 2 号冷却器出水阀	开		
39	2 号一次风机油站 1 号冷却器进水阀	开		
40	2 号一次风机油站 1 号冷却器出水阀	开		
41	2 号一次风机油站 2 号冷却器进水阀	开		
42	2 号一次风机油站 2 号冷却器出水阀	开		
43	1 号送风机油站 1 号冷却器进水阀	开		
44	1 号送风机油站 1 号冷却器出水阀	开		
45	1 号送风机油站 2 号冷却器进水阀	开		
46	1 号送风机油站 2 号冷却器出水阀	开		

续表

就地阀门检查卡				
序号	检查内容	标准状态	确认人	备注
47	2 号送风机油站 1 号冷却器进水阀	开		
48	2 号送风机油站 1 号冷却器出水阀	开		
49	2 号送风机油站 2 号冷却器进水阀	开		
50	2 号送风机油站 2 号冷却器出水阀	开		
51	开式水至锅炉房杂用手动阀	开		
52	1 号磨煤机高压油站进水阀	开		
53	1 号磨煤机高压油站出水阀	开		
54	1 号磨煤机润滑油站进水阀	开		
55	1 号磨煤机润滑油站出水阀	开		
56	2 号磨煤机高压油站进水阀	开		
57	2 号磨煤机高压油站出水阀	开		
58	2 号磨煤机润滑油站进水阀	开		
59	2 号磨煤机润滑油站出水阀	开		
60	3 号磨煤机高压油站进水阀	开		
61	3 号磨煤机高压油站出水阀	开		
62	3 号磨煤机润滑油站进水阀	开		
63	3 号磨煤机润滑油站出水阀	开		
64	4 号磨煤机高压油站进水阀	开		
65	4 号磨煤机高压油站出水阀	开		
66	4 号磨煤机润滑油站进水阀	开		
67	4 号磨煤机润滑油站出水阀	开		
68	5 号磨煤机高压油站进水阀	开		
69	5 号磨煤机高压油站出水阀	开		
70	5 号磨煤机润滑油站进水阀	开		
71	5 号磨煤机润滑油站出水阀	开		
72	6 号磨煤机高压油站进水阀	开		
73	6 号磨煤机高压油站出水阀	开		
74	6 号磨煤机润滑油站进水阀	开		
75	6 号磨煤机润滑油站出水阀	开		
76	捞渣机冷却水进水阀	开		
77	捞渣机冷却水出水阀	开		

续表

就地阀门检查卡				
序号	检查内容	标准状态	确认人	备注
78	空气预热器顶部轴承 1 号冷却器进水阀	开		
79	空气预热器部轴承 1 号冷却器出水阀	开		
80	空气预热器顶部轴承 2 号冷却器进水阀	开		
81	空气预热器顶部轴承 2 号冷却器出水阀	开		

设备送电确认卡					
序号	设备名称	标准状态	状态（√）	确认人	备注
1	1 号开式冷却水泵电机	送电			
2	2 号开式冷却水泵电机	送电			
3	高压开式冷却水电动滤水器电机	送电			

检查____号机组开式水系统高压侧注水启动条件满足，已按系统投运前状态确认标准检查卡检查设备完毕，系统可以投运。

检查人：____________

执行情况复核（主值）：__________　　　时间：__________

批准（值长）：__________　　　时间：__________

1.7 开式水系统低压侧注水前状态确认标准检查卡

班组：　　　　　　　　　　　　　　　　　　　　编号：

工作任务	____号机开式水系统低压侧注水前状态确认检查		
工作分工	就地：	盘前：	值长：

危险辨识与风险评估				
危险源	风险产生过程及后果	预控措施	预控情况	确认人
1. 人员技能	工作人员技能不能满足系统投运操作要求造成人身伤害、设备损坏	1. 检查就地及盘前操作人员具备相应岗位资格； 2. 操作人员应熟悉系统、设备及工作原理，清晰理解工作任务； 3. 操作人员应具备处理一般事故的能力		
2. 人员生理、心理	人员情绪异常、精神不佳造成工作中人身伤害	1. 班前会中准确了解人员情况； 2. 当班期间值内、部门做好监督； 3. 发现人员情绪等异常情况时，严禁操作		
3. 人员行为	工作票未终结、隔离措施未恢复、人员未撤离造成工	1. 查看工作票是否终结； 2. 检修人员全部撤离；		

续表

危险辨识与风险评估				
危险源	风险产生过程及后果	预控措施	预控情况	确认人
3．人员行为	作中人身伤害；工器具遗留在操作现场造成设备损坏	3．确认安全隔离措施全部恢复到位； 4．操作完毕应检查所有的工器具已收回，确保无遗留物件		
4．照明	现场照明不足造成人身伤害	现场照明应充足，满足操作及监视需要，否则应及时补充或增加		
5．孔洞坑井沟道	盖板缺损及平台防护栏杆不全造成高处坠落	1．工作场所的孔、洞、坑、井、沟道，必须覆以与地面齐平的坚固盖板。 2．发现洞口盖板缺失、损坏或未盖好时，必须立即填补、修复盖板并及时盖好。 3．所有升降口、大小孔洞、楼梯和平台，必须装设不低于1050mm高栏杆和不低于100mm高的脚部护板。离地高度高于20m的平台、通道及作业场所的防护栏杆不应低于1200mm		
6．高处落物	工作区域上方高处落物造成人身伤害	1．正确佩戴个人劳保防护用品； 2．进入现场要观察工作环境，发现有高处落物的可能时采取必要措施		
7．工器具	使用不合格工器具或未正确使用工器具造成工作中人身伤害	1．检查符合规定安全工器具； 2．不合格工器具禁止带入操作现场； 3．带全操作所需工器具、防护用品等（如对讲机、手电筒、耳塞等）； 4．操作中正确使用工器具		
8．触电	控制柜送电过程中人员误碰带电部位触电	1．熟悉控制柜电气回路； 2．电气操作时正确佩戴个人防护用品，正确使用合格的工器具		
9．转动机械	标识缺损、防护罩缺损；断裂、超速、零部件脱落；肢体部位或饰品衣物、用具（包括防护用品）、工具接触转动部位	1．设备的转动部分必须装设防护罩，并标明旋转方向，露出的轴端必须装设护盖，转动设备的防护罩应完好； 2．检查设备的运行状态，保持设备的振动、温度、运行电流等参数符合标准，如发现参数超标及时处理； 3．衣服和袖口应扣好，不得戴围巾领带，长发必须盘在安全帽内，不准将用具、工器具接触设备的转动部位，不准在转动设备附近长时间停留； 4．转动设备试运行时所有人员应先远离，站在转动机械的轴向位置，并有一人站在事故按钮位置		
10．系统漏水	低压侧开式水自管道接口、阀门、法兰连接不严密处泄漏	循环水泵启动低压侧通水后，对低压侧开式冷却水管路、设备、阀门全面检查		

系统投运前状态确认标准检查卡					
序号	检查内容	标准状态	确认情况（√）	确认人	备注
1	号机开式水系统热机、电气、热控检修工作票、缺陷联系单	终结或押回，无影响系统启动的缺陷			
2	开式水系统热工、电气部分				
2.1	开式水系统所有热工仪表	1．压力表计一次门开启，温度表投入。 热工确认人：____。 2．高、低压电动滤水器控制柜送电，指示灯清晰完备，投入自动清洗			
2.2	开式水系统低压侧电动滤水器	1．按照远传阀门清单，传动试验完成； 2．排污阀，排空气阀关闭			
2.3	开式水低压侧电动滤水器控制柜	1．已送电，就地开关在“自动”投入状态； 2．滤网无差压报警信号			
3	辅助系统				
3.1	循环水系统	已按照循环水状态确认标准检查卡内容进行，循环水泵投运正常，循环水压力＞0.16MPa			
3.2	开式水用户	确认低压侧开式水部分用户已投入（至少一个用户以上）			
3.3	邻机开式水系统	1、2 号机开式水母管联络阀关闭，系统已隔离			
3.4	低压开式水侧阀门	已按照系统投运前状态标准检查卡确认开启			
4	系统整体检查	1．设备及管道外观整洁。 2．设备各地角螺栓、对轮及防护罩连接完好。 3．管道、滤网外观完整，法兰等连接部位连接牢固。 4．各阀门、设备标识牌无缺失，管道名称、色环、介质流向完整；各电动机接线盒完好			

远动阀门检查卡							
序号	阀门名称	电源（√）	气源（√）	传动情况（√）	标准状态	确认人	备注
1	低压开式水电动滤水器进口电动阀				开		
2	低压开式水电动滤水器出口电动阀				开		
3	低压开式水滤网旁路电动阀				关		

续表

远动阀门检查卡							
序号	阀门名称	电源（√）	气源（√）	传动情况（√）	标准状态	确认人	备注
4	低压开式水电动滤水器电动放水阀				关		
5	循环水至低压开式水进口电动阀				开		
6	循环水补充水至低压侧进水电动阀				关		
7	循环水补充水来低压侧滤网前电动门				关		
8	给水泵汽轮机机润滑油冷却器冷却水调阀				关		
9	定子冷却水调温阀				关		
10	发电机密封油冷却器调温阀				关		
11	1 号背压机冷油器回水调温阀				关		
12	2 号背压机冷油器回水调温阀				关		

就地阀门检查卡				
序号	检查内容	标准状态	确认人	备注
1	低压开式水电动滤水器排气阀	开		连续水流后关闭
2	低压开式水电动滤水器手动放水阀	关		
3	1、2 号机开式水母管联络门 1	开		
4	1、2 号机开式水母管联络门 2	关		
5	开式水至真空泵 1、2 号冷却器进水门	开		
6	循环水补充水至真空泵 1、2 号冷却器进水门	开		
7	1 号真空泵冷却器进水阀	开		
8	1 号真空泵冷却器出水阀	开		
9	2 号真空泵冷却器进水阀	开		
10	2 号真空泵冷却器出水阀	开		
11	开式水至 3 号真空泵冷却器进水阀	开		
12	循环水补充水至 3 号真空泵冷却器进水阀	开		
13	3 号真空泵冷却器出水阀	开		
14	电泵电机冷却水进水阀	开		
15	电泵电机冷却水出水阀	开		
16	电泵油站冷却器冷却水进水阀	开		
17	电泵油站冷却器冷却水出水阀	开		

续表

就地阀门检查卡				
序号	检查内容	标准状态	确认人	备注
18	汽泵前置泵电机冷却水进水阀	开		
19	汽泵前置泵电机冷却水出水阀	开		
20	给水泵汽轮机润滑油冷却器冷却水调阀旁路门	开		
21	给水泵汽轮机1号润滑油冷却器进水阀	开		
22	给水泵汽轮机1号润滑油冷却器出水阀	开		
23	给水泵汽轮机2号润滑油冷却器进水阀	开		
24	给水泵汽轮机2号润滑油冷却器出水阀	开		
25	给水泵汽轮机1号真空泵冷却器进水阀	开		
26	给水泵汽轮机1号真空泵冷却器出水阀	开		
27	给水泵汽轮机2号真空泵冷却器进水阀	开		
28	给水泵汽轮机2号真空泵冷却器出水阀	开		
29	循环水补充水至给水泵真空泵冷却器进水阀	开		
30	开式水至给水泵汽轮机真空泵冷却器进水阀	开		
31	1号闭式冷却器开式水进口阀	开		
32	1号闭式冷却器开式水出口阀	开		
33	2号闭式冷却器开式水进口阀	开		
34	2号闭式冷却器开式水出口阀	开		
35	定子冷却水调温阀旁路阀	开		
36	1号定子冷却器进水阀	开		
37	1号定子冷却器出水阀	开		
38	2号定子冷却器进水阀	开		
39	2号定子冷却器出水阀	开		
40	发电机密封油冷却器调温阀旁路阀	开		
41	发电机1号密封油冷却器进水阀	开		
42	发电机1号密封油冷却器出水阀	开		
43	发电机2号密封油冷却器进水阀	开		
44	发电机2号密封油冷却器出水阀	开		
45	凝结水泵电机1号冷却器进水阀	开		
46	凝结水泵电机1号冷却器出水阀	开		
47	凝结水泵电机2号冷却器进水阀	开		
48	凝结水泵电机2号冷却器出水阀	开		

续表

就地阀门检查卡				
序号	检查内容	标准状态	确认人	备注
49	1 号背压机 1 号冷油器进水阀	开		
50	1 号背压机 1 号冷油器出水阀	开		
51	1 号背压机 2 号冷油器进水阀	开		
52	1 号背压机 2 号冷油器出水阀	开		
53	1 号背压机冷油器回水调温阀旁路阀	开		
54	2 号背压机 1 号冷油器进水阀	开		
55	2 号背压机 1 号冷油器出水阀	开		
56	2 号背压机 2 号冷油器进水阀	开		
57	2 号背压机 2 号冷油器出水阀	开		
58	2 号背压机冷油器回水调温阀旁路阀	开		
59	开式水至汽机房杂用手动阀	开		

设备送电确认卡					
序号	设备名称	标准状态	状态（√）	确认人	备注
1	低压开式冷却水电动滤水器电机	送电			

检查____号机组开式水系统低压侧注水启动条件满足，已按系统投运前状态确认标准检查卡检查设备完毕，系统可以投运。

检查人：____________

执行情况复核（主值）：____________ 时间：____________

批准（值长）：____________ 时间：____________

1.8 闭式水系统投运前状态确认标准检查卡

班组： 编号：

工作任务	____号机闭式水系统投运前状态确认检查		
工作分工	就地：	盘前：	值长：

危险辨识与风险评估				
危险源	风险产生过程及后果	预控措施	预控情况	确认人
1. 人员技能	工作人员技能不能满足系统投运操作要求造成人身伤害、设备损坏	1. 检查就地及盘前操作人员具备相应岗位资格； 2. 操作人员应熟悉系统、设备及工作原理，清晰理解工作任务； 3. 操作人员应具备处理一般事故的能力		

续表

危险辨识与风险评估				
危险源	风险产生过程及后果	预控措施	预控情况	确认人
2．人员生理、心理	人员情绪异常、精神不佳造成工作中人身伤害	1．班前会中准确了解人员情况； 2．当班期间值内、部门做好监督； 3．发现人员情绪等异常情况时，严禁操作		
3．人员行为	工作票未终结、隔离措施未恢复、人员未撤离造成工作中人身伤害；工器具遗留在操作现场造成设备损坏	1．查看工作票是否终结； 2．检修人员全部撤离； 3．确认安全隔离措施全部恢复到位； 4．操作完毕应检查所有的工器具已收回，确保无遗留物件		
4．照明	现场照明不足造成人身伤害	现场照明应充足，满足操作及监视需要，否则应及时补充或增加		
5．孔洞坑井沟道	盖板缺损及平台防护栏杆不全造成高处坠落	1．工作场所的孔、洞、坑、井、沟道，必须覆以与地面齐平的坚固盖板。 2．发现洞口盖板缺失、损坏或未盖好时，必须立即填补、修复盖板并及时盖好。 3．所有升降口、大小孔洞、楼梯和平台，必须装设不低于1050mm高栏杆和不低于100mm高的脚部护板。离地高度高于20m的平台、通道及作业场所的防护栏杆不应低于1200mm		
6．高处落物	工作区域上方高处落物造成人身伤害	1．正确佩戴个人劳保防护用品； 2．进入现场要观察工作环境，发现有高处落物的可能时采取必要措施		
7．工器具	使用不合格工器具或未正确使用工器具造成工作中人身伤害	1．检查符合规定安全工器具； 2．不合格工器具禁止带入操作现场； 3．带全操作所需工器具、防护用品等（如对讲机、手电筒、耳塞等） 4．操作中正确使用工器具		
8．触电	控制柜送电过程中人员误碰带电部位触电	1．熟悉控制柜电气回路； 2．电气操作时正确佩戴个人防护用品，正确使用合格的工器具		
9．转动机械	标识缺损、防护罩缺损；断裂、超速、零部件脱落；肢体部位或饰品衣物、用具（包括防护用品）、工具接触转动部位	1．设备的转动部分必须装设防护罩，并标明旋转方向，露出的轴端必须装设护盖；转动设备的防护罩应完好。 2．检查设备的运行状态，保持设备的振动、温度、运行电流等参数符合标准，如发现参数超标及时处理。 3．衣服和袖口应扣好，不得戴围巾领带，长发必须盘在安全帽内；不准将用具、工器具接触设备的转动部位，不准在转动设备附近长时间停留。 4．转动设备试运行时所有人员应先远离，站在转动机械的轴向位置，并有一人站在事故按钮位置		

续表

危险辨识与风险评估				
危险源	风险产生过程及后果	预控措施	预控情况	确认人
10．系统漏水	闭式水泵启动后闭冷水自管道接口、阀门、法兰连接不严密处泄漏	闭式水泵启动后对闭式冷却水管路、设备、阀门全面检查		
11．闭式水泵电机过载	泵及电机检修后未盘动，轴承缺油损坏	启动闭式水泵前系统先充分注水排空气，送电前盘动灵活，闭式水泵启动后监视泵电机电流及电流返回时间正常		
12．管道异常振动，泵电流、压力频繁波动	闭式水系统存在大量空气	启动闭式水泵前系统先充分注水排空气		
13．电机轴承声音异常损坏	电机轴承油质不合格或缺油，引起轴承损坏或振动超标	启动前检查轴承油脂正常，启动后测量轴承振动合格，温升正常		
14．闭式水箱水位异常	闭式水箱水位假水位，造成闭式水泵启动后空转运行	启动闭式水泵运行前确认就地水箱水位正常，补水正常		

系统投运前状态确认标准检查卡					
序号	检查内容	标准状态	确认情况（√）	确认人	备注
1	闭式水系统热机、电气、热控检修工作票、缺陷联系单	终结或押回，无影响系统启动的缺陷			
2	闭式水热工、电气部分				
2.1	闭式水系统所有热工仪表	已投入。 热工专业确认人：____			
2.2	闭式水泵联锁保护试验	联锁保护试验正常。 热工专业确认人：____			
3	辅助系统				
3.1	开式水系统	已按照开式水投运前状态确认标准检查卡内容进行，开式水泵投运正常，低压开式水压力＞0.16MPa			
3.2	闭式水用户	启动闭式水泵前（确认至少两个用户以上处于投入状态），检查各用户进、出水门状态完毕，具备投入条件			
4	闭式水箱	1．就地水位计上下联通门开启，水位计排污门关闭，与远方DCS水位计对照一致； 2．水箱补水调阀关闭，投入自动			
4.1	水箱水位	水箱补水完成，水箱水位800～1800mm			

续表

系统投运前状态确认标准检查卡					
序号	检查内容	标准状态	确认情况（√）	确认人	备注
4.2	水箱上部	1．水箱爬梯牢固，无松动； 2．水箱上部排空气装置完整，阀门关闭严密，无漏水			
4.3	闭式水冷却器	1．一台投入运行，一台充压排空气后投入备用； 2．检查闭冷器表面、底部无渗漏水现象			
5	闭式水泵				
5.1	水泵本体	1．无漏水、泵体排空气结束； 2．对轮护罩良好，无松动； 3．盘动转子灵活			
5.2	电机	接地线良好，电机护罩无松动			
5.3	阀门	进水门开启、出水门关闭			
6	系统整体检查	1．设备及管道外观整洁。 2．设备各地角螺栓、对轮及防护罩连接完好。 3．管道、滤网外观完整，法兰等连接部位连接牢固。 4．各阀门、设备标识牌无缺失，管道名称、色环、介质流向完整；各电动机接线盒完好			

远动阀门检查卡							
序号	阀门名称	电源（√）	气源（√）	传动情况（√）	标准状态	确认人	备注
1	除盐水至闭式水箱补水气动调节阀				关		
2	1号闭式水泵出口电动阀				关		
3	2号闭式水泵出口电动阀				关		

就地阀门检查卡				
序号	检查内容	标准状态	确认人	备注
一	闭式水箱相关阀门			
1	除盐水至闭式水箱气动调阀前手动阀	开		
2	除盐水至闭式水箱气动调阀后手动阀	开		
3	除盐水至闭式水箱旁路阀	关		
4	闭式水箱放水手动门	关		

续表

就地阀门检查卡				
序号	检查内容	标准状态	确认人	备注
5	闭式水箱至闭式水进水手动阀	开		
6	闭式水膨胀水箱液位计上部手动门	开		
7	闭式水膨胀水箱液位计下部手动门	开		
二	闭式水泵相关阀门			
8	1 号闭式水泵进水手动阀	开		
9	2 号闭式水泵进水手动阀	开		
10	1 号闭式冷却水泵进水压力一次门	开		
11	1 号闭式冷却水泵出水压力一次门	开		
12	2 号闭式冷却水泵进水压力一次门	开		
13	2 号闭式冷却水泵出水压力一次门	开		
14	1 号闭式冷却水泵入口滤网差压变送器一次门	开		
15	2 号闭式冷却水泵入口滤网差压变送器一次门	开		
16	闭式冷却水泵出口母管压力一次门	开		
17	1 号闭式水冷却器进水压力一次门	开		
18	1 号闭式水冷却器出水压力一次门	开		
19	2 号闭式水冷却器进水压力一次门	开		
20	2 号闭式水冷却器出水压力一次门	开		
21	闭式冷却水供水母管压力变送器一次门	开		
三	闭式水冷却器相关阀门			
22	1 号闭式水冷却器进水手动阀	开		
23	1 号闭式水冷却器出水手动阀	关		放空气后开启
24	2 号闭式水冷却器进水手动阀	关		
25	2 号闭式水冷却器出水手动阀	开		
26	1 号闭式冷却器冷却水进水压力表一次门	开		
27	2 号闭式冷却器冷却水进水压力表一次门	开		
四	闭式水炉侧用户相关阀门			
28	脱硝系统冷却水进水阀	关		
29	脱硝系统冷却水回水阀	关		
30	锅炉再循环泵进水总阀	关		
31	炉再循环泵高压注水冲洗冷却器进水手动阀	关		
32	炉再循环泵高压注水冲洗冷却器回水手动阀	关		

续表

就地阀门检查卡				
序号	检查内容	标准状态	确认人	备注
33	炉循环泵外置高压热交换器进水手动阀	关		
34	炉循环泵外置高压热交换器回水手动阀	关		
五	闭式水机侧用户相关阀门			
35	汽水取样冷却装置进水手动阀	关		
36	汽水取样冷缺装置回水手动阀	关		
37	电泵机械密封及轴承冷却室冷却水进水手动阀	关		
38	电泵机械密封及轴承冷却室冷却水回水手动阀	关		
39	电泵前置泵机械密封冷却水回水手动阀	关		
40	电泵前置泵机械密封冷却水进水手动阀	关		
41	1 号机 EH 油冷却器进水手动阀	关		
42	1 号机 EH 油冷却器回水手动阀	关		
43	2 号机 EH 油冷却器进水手动阀	关		
44	2 号机 EH 油冷却器回水手动阀	关		
45	1 号低压加热器疏水泵机械密封冷却水进水手动阀	关		
46	1 号低压加热器疏水泵机械密封冷却水回水手动阀	关		
47	2 号低压加热器疏水泵机械密封冷却水进水手动阀	关		
48	2 号低压加热器疏水泵机械密封冷却水回水手动阀	关		
49	1 号凝结水泵轴承冷却水进水手动阀	关		
50	1 号凝结水泵轴承冷却水回水手动阀	关		
51	2 号凝结水泵轴承冷却水进水手动阀	关		
52	2 号凝结水泵轴承冷却水回水手动阀	关		
53	汽泵前置泵机械密封冷却水进水手动阀	关		
54	汽泵前置泵机械密封冷却水回水手动阀	关		

设备送电确认卡					
序号	设备名称	标准状态	状态（√）	确认人	备注
1	1 号闭式水泵电机	送电			
2	2 号闭式水泵电机	送电			

检查____号机组闭式水系统启动条件满足，已按系统投运前状态确认标准检查卡检查设备完毕，系统可以投运。

检查人：____________

执行情况复核（主值）：________　　时间：________

批准（值长）：____________　　时间：________

1.9　凝结水系统投运前状态确认标准检查卡

班组：　　　　　　　　　　　　　　　　　　　　　　　　　　　　　　编号：

工作任务	____号机凝结水系统投运前状态确认检查
工作分工	就地：　　　　　　　　盘前：　　　　　　　　值长：

危险辨识与风险评估				
危险源	风险产生过程及后果	预控措施	预控情况	确认人
1. 人员技能	工作人员技能不能满足系统投运操作要求造成人身伤害、设备损坏	1. 检查就地及盘前操作人员具备相应岗位资格； 2. 操作人员应熟悉系统、设备及工作原理，清晰理解工作任务； 3. 操作人员应具备处理一般事故的能力		
2. 人员生理、心理	人员情绪异常、精神不佳造成工作中人身伤害	1. 班前会中准确了解人员情况； 2. 当班期间值内、部门做好监督； 3. 发现人员情绪等异常情况时，严禁操作		
3. 人员行为	工作票未终结、隔离措施未恢复、人员未撤离造成工作中人身伤害；工器具遗留在操作现场造成设备损坏	1. 查看工作票是否终结； 2. 检修人员全部撤离； 3. 确认安全隔离措施全部恢复到位； 4. 操作完毕应检查所有的工器具已收回，确保无遗留物件		
4. 照明	现场照明不足造成人身伤害	现场照明应充足，满足操作及监视需要，否则应及时补充或增加		
5. 孔洞坑井沟道及障碍物	盖板缺损及平台防护栏杆不全造成高处坠落；设备周围有障碍物影响设备运行和人身安全	1. 工作场所的孔、洞、坑、井、沟道，必须覆以与地面齐平的坚固盖板。 2. 发现洞口盖板缺失、损坏或未盖好时，必须立即填补、修复盖板并及时盖好。 3. 所有升降口、大小孔洞、楼梯和平台，必须装设不低于1050mm高栏杆和不低于100mm高的脚部护板。离地高度高于20m的平台、通道及作业场所的防护栏杆不应低于1200mm。 4. 清除设备周围影响设备运行和人身安全的障碍物		
6. 高处落物	工作区域上方高处落物造成人身伤害	1. 正确佩戴个人劳保防护用品； 2. 进入现场要观察工作环境，发现有高处落物的可能时采取必要措施		
7. 工器具	使用不合格工器具或未正确使用工器具造成工作中人身伤害	1. 检查符合规定安全工器具； 2. 不合格工器具禁止带入操作现场； 3. 带全操作所需工器具、防护用品等（如对讲机、手电筒、耳塞等）； 4. 操作中正确使用工器具		

续表

危险辨识与风险评估				
危险源	风险产生过程及后果	预控措施	预控情况	确认人
8．触电	控制柜送电过程中人员误碰带电部位触电。	1．熟悉控制柜电气回路； 2．电气操作时正确佩戴个人防护用品，正确使用合格的工器具		
9．转动机械	标识缺损、防护罩缺损；断裂、超速、零部件脱落； 肢体部位或饰品衣物、用具（包括防护用品）、工具接触转动部位	1．设备的转动部分必须装设防护罩，并标明旋转方向，露出的轴端必须装设护盖；转动设备的防护罩应完好。 2．检查设备的运行状态，保持设备的振动、温度、运行电流等参数符合标准，如发现参数超标及时处理。 3．衣服和袖口应扣好，不得戴围巾领带，长发必须盘在安全帽内；不准将用具、工器具接触设备的转动部位，不准在转动设备附近长时间停留。 4．转动设备试运行时所有人员应先远离，站在转动机械的轴向位置，并有一人站在事故按钮位置		
10．系统漏水	管道连接法兰处刺漏，系统超压	管道充水放空气彻底，启泵后再关闭放空气门，切泵时减少双泵工频运行时间		
11．凝结水母管压力降低	凝结水泵启动切换时，另一台凝结水泵停运后出口逆止门回座不严密	立即就地敲打逆止门使其回座严密，否则重新启动该泵		
12．凝汽器水位异常升高	凝结水泵注水排气顺序错误，密封水不充足，甚至拉风，造成运行泵不上水	严格按照操作票所列操作顺序进行操作，调整密封水量		
13．凝结水管道振动	就地空气未放尽，启动后未及时调整流量，支吊架有缺陷	系统放尽空气，泵启动后及时调整再循环，检查支吊架完好再启动。		

系统投运前状态确认标准检查卡					
序号	检查内容	标准状态	确认情况（√）	确认人	备注
1	凝结水系统热机、电气、热控检修工作票	终结或押回，无影响系统启动的缺陷			
2	凝结水系统热工、电气部分				
2.1	凝结水系统热控表计	热控表计齐全，所有压力表计一次门开启，温度表计投入。 热控专业确认人：____			
2.2	凝结水泵联锁保护试验	试验已完成。 热控专业确认人：____			
2.3	电机事故按钮	按钮在弹出位，防护罩完好			

续表

系统投运前状态确认标准检查卡					
序号	检查内容	标准状态	确认情况（√）	确认人	备注
2.4	凝结水泵坑排污泵	1．联锁试验正常，就地水位正常，联锁投入； 2．排污泵控制箱电源指示正常，控制方式在自动位			
3	辅助系统				
3.1	除盐水系统	除盐水压力 0.4～0.5MPa			
3.2	开式水系统	系统已投入，低压开式水母管压力 0.16～0.3MPa			
3.3	闭式水系统	系统投入，闭式水母管压力 0.6～0.8MPa			
3.4	压缩空气系统	压缩空气压力 0.6MPa			
4	凝汽器				
4.1	凝汽器本体	1．汽、水侧人孔关闭严密，无渗漏； 2．凝汽器底部放水门关闭			
4.2	凝汽器水位	水位计上下联通门开启，凝汽器水位 700～900mm，就地与远方 DCS 对照一致			
4.3	凝结水泵坑水位	泵坑无积水、污水井无高水位报警信号			
5	凝结水泵				
5.1	凝结水泵轴承油位	油位在 1/2～2/3			
5.2	凝结水泵入口滤网	放水阀关闭，排空气门见连续水流后关闭，滤网差压＜50kPa			
5.3	凝结水泵再循环系统	再循环电动隔离阀、调阀传动试验完成，已开启			
5.4	电机冷却水系统	电机冷却器冷却水进、出水开启			
5.5	轴承冷却水系统	轴承冷却水进、出水开启，回水畅通			
5.6	机械密封水系统	密封水进水门开启，压力 0.2～0.4MPa			
5.7	抽空气系统	抽空气阀门开启			
5.8	设备各地角螺栓、对轮及防护罩	连接完好，无松动现象			
5.9	电动机接线盒	各接线盒完好，接地线牢固			
6	轴封加热器、低压加热器、疏水冷却器	按照系统投运前状态确认标准检查卡检查完成，各加热器水路注水放空气完成			
6.1	低压加热器	1．水位计投入，远方 DCS 与就地水位对照一致； 2．外观检查保温完好，无渗漏情况； 3．进出水门开启或水侧保持旁路运行方式			

续表

系统投运前状态确认标准检查卡					
序号	检查内容	标准状态	确认情况（√）	确认人	备注
6.2	系统注水	系统注水后压力＞0.06MPa			
6.3	疏水冷却器	单级U型水封注水完毕			
7	化学精处理	运行旁路或主路进水方式。 化学专业确认人：____			
8	凝结水用户	用户隔离，用户母管充水放空气后放空气门关闭			
9	管道外观	1．现场卫生清洁，检修设施拆除； 2．外观整洁，保温良好，无渗漏、缺损现象			
10	系统整体检查	1．各阀门、设备标识牌齐全无缺失； 2．管道名称、色环、介质流向完整； 3．系统设备完整、通道畅通，照明良好，消防设施齐全			

远动阀门检查卡							
序号	阀门名称	电源（√）	气源（√）	传动情况（√）	标准状态	确认人	备注
1	1号凝结水泵入口电动阀				开		
2	1号凝结水泵出口电动阀				关		
3	2号凝结水泵入口电动阀				开		
4	2号凝结水泵出口电动阀				关		
5	凝结水至化学精处理进水电动阀				关		
6	凝结水至化学精处理出水电动阀				关		
7	凝结水至化学精处理旁路电动阀				开		
8	汽封蒸汽冷却器进水电动阀				开		
9	汽封蒸汽冷却器出水电动阀				开		
10	汽封蒸汽冷却器旁路电动阀				关		
11	背压机轴封冷却器进水电动阀				关		
12	背压机轴封冷却器出水电动阀				关		
13	凝结水再循环旁路电动阀				关		
14	凝结水再循环调阀前电动阀				开		
15	凝结水再循环调阀后电动阀				开		
16	凝结水再循环调阀				开		

续表

远动阀门检查卡							
序号	阀门名称	电源（√）	气源（√）	传动情况（√）	标准状态	确认人	备注
17	除氧器水位调节阀前电动阀				关		
18	除氧器水位调节阀后电动阀				关		
19	除氧器水位调节阀				关		
20	除氧器上水旁路电动阀				关		
21	疏冷器进水电动阀				关		
22	疏冷器出水电动阀				关		
23	8 号低压加热器出水电动阀				关		
24	8、9 号低压加热器旁路电动阀				关		
25	8 号低压加热器入口至低温省煤器进水电动阀				关		
26	8 号低压加热器出口至低温省煤器进水电动阀				关		
27	锅炉低省至 9 号低压加热器入口电动阀				关		
28	7 号低压加热器进水电动阀				关		
29	7 号低压加热器出水电动阀				关		
30	7 号低压加热器水侧旁路电动阀				关		
31	6 号低压加热器进水电动阀				关		
32	6 号低压加热器出水电动阀				关		
33	6 号低压加热器水侧旁路电动阀				关		
34	5 号低压加热器进水电动阀				关		
35	5 号低压加热器出水电动阀				关		
36	5 号低压加热器水侧旁路电动阀				关		
37	锅炉低省至 7 号低压加热器电动阀				关		
38	5 号低压加热器出水电动阀前放水电动阀				关		
39	凝结水母管注水电动阀				关		
40	凝汽器热井补水旁路电动阀				关		
41	凝汽器热井补水主调阀				关		
42	凝汽器热井补水副调阀				关		
43	给水泵汽轮机低压缸喷水调阀				关		
44	至 1 号低压旁路减温水电动阀				关		
45	至 1 号低压旁路减温水调阀				关		
46	至 2 号低压旁路减温水电动阀				关		
47	至 2 号低压旁路减温水调阀				关		

续表

远动阀门检查卡							
序号	阀门名称	电源（√）	气源（√）	传动情况（√）	标准状态	确认人	备注
48	汽轮机侧水幕保护装置旁路阀				关		
49	汽轮机侧水幕保护装置调阀前电动阀				开		
50	汽轮机侧水幕保护装置调阀				关		
51	电机侧水幕保护装置旁路阀				关		
52	电机侧水幕保护装置调阀前电动阀				关		
53	电机侧水幕保护装置调阀				关		
54	电机侧疏扩减温水旁路电动阀				关		
55	电机侧疏扩减温水调阀前电动阀				开		
56	电机侧疏扩减温水调阀				关		
57	汽轮机侧疏扩减温水旁路电动阀				关		
58	汽轮机侧疏扩减温水调阀前电动阀				开		
59	汽轮机侧疏扩减温水调阀				关		
60	外置疏水扩容器减温水旁路阀				关		
61	外置疏水扩容器减温水调阀前电动阀				开		
62	外置疏水冷却器减温水调阀				关		
63	给水泵汽轮机凝汽器补水电动阀				关		
64	给水泵汽轮机 1 号凝结水泵进口电动阀				关		
65	给水泵汽轮机 1 号凝结水泵出口电动阀				关		
66	给水泵汽轮机 2 号凝结水泵进口电动阀				关		
67	给水泵汽轮机 2 号凝结水泵出口电动阀				关		
68	给水泵汽轮机凝结水再循环调阀前电动阀				开		
69	给水泵汽轮机凝结水再循环调阀				关		
70	给水泵汽轮机凝汽器水位调阀				关		
71	给水泵汽轮机凝汽器水位调阀前电动阀				开		
72	给水泵汽轮机凝汽器水位调阀旁路电动阀				关		
73	低压缸喷水减温调阀				关		

就地阀门检查卡				
序号	检查内容	标准状态	确认人	备注
1	1 号凝结水泵入口滤网排污门	关		
2	1 号凝结水泵入口滤网排空门	开		

续表

就地阀门检查卡				
序号	检查内容	标准状态	确认人	备注
3	1号凝结水泵除盐水至机械密封冷却水进水总门	开		凝结水泵启动后可将其隔离
4	1号凝结水泵机械密封冷却水进水门	开		
5	1号凝结水泵自供密封水进水门	开		
6	1号凝结水泵抽空气阀	开		
7	1号凝结水泵轴承冷却水进水手动门	开		
8	1号凝结水泵轴承冷却水回水手动门	开		
9	1号凝结水泵电机冷却器冷却水进水手动门	开		
10	1号凝结水泵电机冷却器冷却水回水手动门	开		
11	2号凝结水泵入口滤网排污门	关		
12	2号凝结水泵入口滤网排空气门	开		
13	2号凝结水泵除盐水至机械密封冷却水进水总门	开		凝结水泵启动后可将其隔离
14	2号凝结水泵机械密封冷却水进水门	开		
15	2号凝结水泵自供密封水进水门	开		
16	2号凝结水泵抽空气阀	开		
17	1号凝结水泵电机冷却器冷却水进水手动门	开		
18	1号凝结水泵电机冷却器冷却水回水手动门	开		
19	1号凝结水泵电机冷却器冷却水进水手动门	开		
20	1号凝结水泵电机冷却器冷却水回水手动门	开		
21	1号凝汽器热井放水一次阀	关		
22	1号凝汽器热井放水二次阀	关		
23	2号凝汽器热井放水一次阀	关		
24	2号凝汽器热井放水二次阀	关		
25	凝汽器热井补水主调阀前手动门	开		
26	凝汽器热井补水主调阀后手动门	开		
27	凝汽器热井补水副调阀前手动门	开		
28	凝汽器热井补水副调阀后手动门	开		
29	给水泵汽轮机低压缸喷水调阀前手动门	开		

续表

就地阀门检查卡				
序号	检查内容	标准状态	确认人	备注
30	给水泵汽轮机低压缸喷水调阀后手动门	开		
31	给水泵汽轮机低压缸喷水旁路门	关		
32	汽机侧水幕保护装置进水总门	开		
33	汽机侧水幕保护装置调阀后手动门	开		
34	电机侧水幕保护装置进水总门	开		
35	电机侧水幕保护装置调阀后手动门	开		
36	电机侧疏扩减温水调阀后手动门	开		
37	汽机侧疏扩减温水调阀后手动门	开		
38	外置疏水冷却器减温水调阀后手动门	开		
39	给水泵汽轮机凝汽器热井放水一次门	关		
40	给水泵汽轮机凝汽器热井放水二次门	关		
41	给水泵汽轮机 1 号凝结水泵进口滤网排污门	关		
42	给水泵汽轮机 2 号凝结水泵进口滤网排污门	关		
43	给水泵汽轮机凝结水再循环旁路手动门	关		
44	给水泵汽轮机凝结水再循环调阀后手动门	开		
45	给水泵汽轮机凝汽器水位调阀后手动门	开		
46	低压缸喷水减温调阀前手动门	开		
47	低压缸喷水减温调阀后手动门	开		
48	低压缸喷水减温旁路门	关		
49	1 号凝结水泵入口安全阀	关		
50	2 号凝结水泵入口安全阀	关		

设备送电确认卡					
序号	设备名称	标准状态	状态（√）	确认人	备注
1	1 号凝结水泵电机	送电			
2	2 号凝结水泵电机	送电			

检查____号机组凝结水系统启动条件满足，已按系统投运前状态确认标准检查卡检查设备完毕，系统可以投运。

检查人：____________

执行情况复核（主值）：____________　　时间：____________

批准（值长）：____________　　时间：____________

1.10 凝结水泵投运前状态确认标准检查卡

班组：　　　　　　　　　　　　　　　　　　　　　　　　　　　　　　编号：

工作任务	____号机____号凝结水泵投运前状态确认检查
工作分工	就地：　　　　　　　盘前：　　　　　　　值长：

危险辨识与风险评估				
危险源	风险产生过程及后果	预控措施	预控情况	确认人
1. 人员技能	工作人员技能不能满足系统投运操作要求造成人身伤害、设备损坏	1. 检查就地及盘前操作人员具备相应岗位资格； 2. 操作人员应熟悉系统、设备及工作原理，清晰理解工作任务； 3. 操作人员应具备处理一般事故的能力		
2. 人员生理、心理	人员情绪异常、精神不佳造成工作中人身伤害	1. 班前会中准确了解人员情况； 2. 当班期间值内、部门做好监督； 3. 发现人员情绪等异常情况时，严禁操作		
3. 人员行为	工作票未终结、隔离措施未恢复、人员未撤离造成工作中人身伤害；工器具遗留在操作现场造成设备损坏	1. 查看工作票是否终结； 2. 检修人员全部撤离； 3. 确认安全隔离措施全部恢复到位； 4. 操作完毕应检查所有的工器具已收回，确保无遗留物件		
4. 照明	现场照明不足造成人身伤害	现场照明应充足，满足操作及监视需要，否则应及时补充或增加		
5. 孔洞坑井沟道及障碍物	盖板缺损及平台防护栏杆不全造成高处坠落；设备周围有障碍物影响设备运行和人身安全	1. 工作场所的孔、洞、坑、井、沟道，必须覆以与地面齐平的坚固盖板。 2. 发现洞口盖板缺失、损坏或未盖好时，必须立即填补、修复盖板并及时盖好。 3. 所有升降口、大小孔洞、楼梯和平台，必须装设不低于1050mm高栏杆和不低于100mm高的脚部护板。离地高度高于20m的平台、通道及作业场所的防护栏杆不应低于1200mm。 4. 清除设备周围影响设备运行和人身安全的障碍物		
6. 高处落物	工作区域上方高处落物造成人身伤害	1. 正确佩戴个人劳保防护用品； 2. 进入现场要观察工作环境，发现有高处落物的可能时采取必要措施		
7. 工器具	使用不合格工器具或未正确使用工器具造成工作中人身伤害	1. 检查符合规定安全工器具； 2. 不合格工器具禁止带入操作现场； 3. 带全操作所需工器具、防护用品（如对讲机、手电筒、耳塞等）； 4. 操作中正确使用工器具		

续表

危险辨识与风险评估				
危险源	风险产生过程及后果	预控措施	预控情况	确认人
8．触电	控制柜送电过程中人员误碰带电部位触电	1．熟悉控制柜电气回路。 2.电气操作时正确佩戴个人防护用品，正确使用合格的工器具		
9．转动机械	标识缺损、防护罩缺损；断裂、超速、零部件脱落；肢体部位或饰品衣物、用具（包括防护用品）、工具接触转动部位	1．设备的转动部分必须装设防护罩，并标明旋转方向，露出的轴端必须装设护盖；转动设备的防护罩应完好。 2．检查设备的运行状态，保持设备的振动、温度、运行电流等参数符合标准，如发现参数超标及时处理。 3．衣服和袖口应扣好，不得戴围巾领带，长发必须盘在安全帽内；不准将用具、工器具接触设备的转动部位，不准在转动设备附近长时间停留。 4．转动设备试运行时所有人员应先远离，站在转动机械的轴向位置，并有一人站在事故按钮位置		
10．系统漏水	管道连接法兰处刺漏，系统超压	管道充水放空气彻底，启泵后再关闭放空气门，切泵时减少双泵工频运行时间		
11．凝结水母管压力降低	凝结水泵启动切换时，另一台凝结水泵停运后出口逆止门回座不严密	立即就地敲打逆止门使其回座严密，否则重新启动该泵		
12．凝汽器水位高	凝结水泵注水排气顺序错误，造成运行泵不上水	严格按照操作票所列操作顺序进行操作		
13．凝结水管道振动	就地空气未放尽，启动后未及时调整流量，支吊架有缺陷	系统放尽空气，泵启动后及时调整再循环，检查支吊架完好再启动		

系统投运前状态确认标准检查卡					
序号	检查内容	标准状态	确认情况（√）	确认人	备注
1	____号机____号凝结水泵热机、电气、热控检修工作票、联系单	终结或押回，无影响凝结水泵启动的缺陷			
2	凝结水泵热控、电气部分				
2.1	凝结水系统热控表计	热控表计齐全，所有压力表计一次门开启，温度表计投入。 热控专业确认人：____			
2.2	凝结水泵联锁保护试验	试验已完成。 热控专业确认人：____			
2.3	事故按钮	在弹出位，防护罩完好			

续表

系统投运前状态确认标准检查卡					
序号	检查内容	标准状态	确认情况（√）	确认人	备注
3	辅助系统				
3.1	循环水系统	已按照循环水状态确认标准检查卡内容进行，循环水泵投运正常，循环水压力＞0.16MPa			
3.2	除盐水系统	已投入运行，化学除盐水压力＞0.5MPa			
3.3	开式水系统	已按照开式水投运前状态确认标准检查卡内容进行，开式水泵投运正常，低压开式水压力＞0.16MPa			
3.4	压缩空气系统	仪用压缩空气压力＞0.4MPa			
3.5	凝汽器水位	凝汽器水位 700～900mm			
3.6	系统注水	凝结水系统注水后压力＞0.06MPa			
4	凝结水泵				
4.1	泵体	1．对轮连接良好，无松动； 2．盘动转子灵活			
4.2	电机	接地线良好，接线盒完整			
4.3	进口滤网	1．放水门、放空气阀关闭； 2．无差压报警信号			
4.4	机封密封水	密封水投入正常，压力＞0.2MPa（首台泵由化学除盐水供，凝结水泵启动后倒为自供方式）			
4.5	推力轴承油位	推力轴承油位在 1/2～2/3 处			
4.6	油质	油位计清晰，无浑浊、无水分			
4.7	电机冷风器冷却水	进、出水门开启			
4.8	轴承冷却水系统	进、出水门开启，回水畅通			
4.9	泵体抽空气系统	泵体抽空气阀开启			
5	凝结水泵变频装置				
5.1	变频器	1．变频器已送电，投入“备用”状态； 2．检查 DCS 上无变频器报警信号			
6	系统整体检查	1．设备及管道外观整洁； 2．设备各地角螺栓、对轮及防护罩连接完好； 3．管道、滤网外观完整，法兰等连接部位连接牢固； 4．各阀门、设备标识牌无缺失，管道名称、色环、介质流向完整；各电动机接线盒完好			

远动阀门检查卡							
序号	阀门名称	电源（√）	气源（√）	传动情况（√）	标准状态	确认人	备注
1	____号凝结水泵进口电动阀				开		
2	____号凝结水泵出口电动阀				关		
3	____号凝结水泵再循环调门前电动门				开		
4	____号凝结水泵再循环调门				关		

就地阀门检查卡				
序号	检查内容	标准状态	确认人	备注
1	____号凝结水泵密封水总阀	开		
2	化学除盐水至号凝结水泵密封水手动阀	开		
3	____号凝结水泵自供密封水手动阀	关		
4	____号凝结水泵抽空气阀	开		
5	____号凝泵进口滤网放空气阀	关		
6	____号凝泵进口滤网放水阀	关		
7	____号凝泵进口电动阀	开		
8	____号凝泵出口电动阀	关		
9	除盐水来密封水压力表一次门	开		
10	凝结水泵密封水压力表一次门	开		
11	凝结水泵出口压力表一次门	开		
12	闭式水至号凝结水泵轴承冷却水进水门	开		
13	闭式水至号凝结水泵轴承冷却水出水门	开		
14	开式水至号凝结水泵电机冷风器冷却水进水门	开		
15	开式水至号凝结水泵电机冷风器冷却水出水门	开		

设备送电确认卡					
序号	设备名称	标准状态	状态（√）	确认人	备注
1	1号凝结水泵电机	送电			
2	2号凝结水泵电机	送电			

检查____号凝结水泵启动条件满足，已按系统投运前状态确认标准检查卡检查设备完毕，系统可以投运。

检查人：____________

执行情况复核（主值）：______　　时间：______

批准（值长）：____________　　时间：______

1.11 主机润滑油系统投运前状态确认标准检查卡

班组：　　　　　　　　　　　　　　　　　　　　　　　　　　　编号：

工作任务	____号机主机润滑油系统投运前状态确认检查
工作分工	就地：　　　　　　　盘前：　　　　　　　值长：

危险辨识与风险评估				
危险源	风险产生过程及后果	预控措施	预控情况	确认人
1．人员技能	工作人员技能不能满足系统投运操作要求造成人身伤害、设备损坏	1．检查就地及盘前操作人员具备相应岗位资格； 2．操作人员应熟悉系统、设备及工作原理，清晰理解工作任务； 3．操作人员应具备处理一般事故的能力		
2．人员生理、心理	人员情绪异常、精神不佳造成工作中人身伤害	1．班前会中准确了解人员情况； 2．当班期间值内、部门做好监督； 3．发现人员情绪等异常情况时，严禁操作		
3．人员行为	工作票未终结、隔离措施未恢复、人员未撤离造成工作中人身伤害；工器具遗留在操作现场造成设备损坏	1．查看工作票是否终结； 2．检修人员全部撤离； 3．确认安全隔离措施全部恢复到位； 4．操作完毕应检查所有的工器具已收回，确保无遗留物件		
4．照明	现场照明不足造成人身伤害	现场照明应充足，满足操作及监视需要，否则应及时补充或增加		
5．孔洞坑井沟道及障碍物	盖板缺损及平台防护栏杆不全造成高处坠落；设备周围有障碍物影响设备运行和人身安全	1．工作场所的孔、洞、坑、井、沟道，必须覆以与地面齐平的坚固盖板。 2．发现洞口盖板缺失、损坏或未盖好时，必须立即填补、修复盖板并及时盖好。 3．所有升降口、大小孔洞、楼梯和平台，必须装设不低于1050mm高栏杆和不低于100mm高的脚部护板；离地高度高于20m的平台、通道及作业场所的防护栏杆不应低于1200mm。 4．清除设备周围影响设备运行和人身安全的障碍物		
6．高处落物	工作区域上方高处落物造成人身伤害	1．正确佩戴个人劳保防护用品； 2．进入现场要观察工作环境，发现有高处落物的可能时采取必要措施		
7．工器具	使用不合格工器具或未正确使用工器具造成工作中人身伤害	1．检查符合规定安全工器具； 2．不合格工器具禁止带入操作现场； 3．带全操作所需工器具、防护用品等（如对讲机、手电筒、耳塞等）； 4．操作中正确使用工器具		
8．触电	控制柜送电过程中人员误碰带电部位触电	1．熟悉控制柜电气回路； 2．电气操作时正确佩戴个人防护用品，正确使用合格的工器具		

续表

危险辨识与风险评估				
危险源	风险产生过程及后果	预控措施	预控情况	确认人
9．转动机械	标识缺损、防护罩缺损；断裂、超速、零部件脱落；肢体部位或饰品衣物、用具（包括防护用品）、工具接触转动部位	1．设备的转动部分必须装设防护罩，并标明旋转方向，露出的轴端必须装设护盖；转动设备的防护罩应完好。 2．检查设备的运行状态，保持设备的振动、温度、运行电流等参数符合标准，如发现参数超标及时处理。 3．衣服和袖口应扣好，不得戴围巾领带，长发必须盘在安全帽内；不准将用具、工器具接触设备的转动部位，不准在转动设备附近长时间停留。 4．转动设备试运行时所有人员应先远离，站在转动机械的轴向位置，并有一人站在事故按钮位置		
10．机械伤害	肢体部位或饰品衣物、用具（包括防护用品）、工具接触转动部位	转动设备试运行时所有人员应先远离，站在转动机械的轴向位置		
11．油质劣化	油箱内油质标号错误或油质因进水汽、粉尘等导致劣化	系统投运前联系化学化验油质符合要求，观察油质透明，无乳化和杂质		
12．系统漏油	润滑油泵启动后管道接口、阀门、法兰连接处泄漏，引起火灾事故	1．润滑油泵启动采用直流油泵充油放空气，启动后对润滑油管路、阀门全面检查； 2．油管道法兰、阀门及可能漏油部位附近不准有明火，必须明火作业时要采取有效措施； 3．尽量避免使用法兰连接，禁止使用铸铁阀门		

系统投运前状态确认标准检查卡					
序号	检查内容	标准状态	确认情况（√）	确认人	备注
1	____号机润滑油系统热机、电气、热控检修工作票、联系单	终结或押回，无影响系统启动的缺陷			
2	润滑油系统热控、电气部分				
2.1	润滑油系统热工表计	热工表计齐全，所有压力表计一次门开启，温度表计投入。 热工专业确认人：____			
2.2	润滑油交流油泵、直流油泵、顶轴油泵联锁保护试验	保护试验正常。 热工专业确认人：____			

续表

系统投运前状态确认标准检查卡					
序号	检查内容	标准状态	确认情况（√）	确认人	备注
2.3	润滑油交流油泵、直流油泵、顶轴油泵事故按钮	在弹出位，防护罩完好			
2.4	润滑油直流油泵	检查直流润滑油泵联启压板未投			
3	辅助系统				
3.1	密封油系统	1．密封油系统已按照系统投运前状态确认标准检查卡内容检查完毕，具备启动条件； 2．各油泵联锁试验已合格			
3.2	循环水系统	循环水系统已按照系统投运前状态确认标准检查卡内容检查完毕，已投入运行，循环水母管压力＞0.16MPa			
3.3	开式水系统	开式水系统已按照系统投运前状态确认标准检查卡内容检查完毕，已投入运行，开式水母管压力＞0.16MPa			
3.4	润滑油净化系统	润滑油净化系统已按照系统投运前状态确认标准检查卡内容检查完毕，具备投运条件			
3.5	油存储系统	油存储系统已按照系统投运前状态确认标准检查卡内容检查完毕，补油系统与主机润滑油系统确已隔离			
3.6	盘车装置	1．盘车机构润滑油门开启，盘车停运状态； 2．盘车电磁阀开启			
4	润滑油箱本体				
4.1	油箱电加热装置	就地控制柜已送电，就地开关在“自动”状态			
4.2	主油箱油位计	1．油位计上下联通门开启，就地油位与远方 DCS 油位对照一致； 2．主油箱油位（1450±100）mm。 确认人：____			
4.3	主油箱油温	主油箱油温 30～45℃			
4.4	主油箱油质	1．油箱底部放水检查无水、无浑浊，油质清晰； 2．油质化验达级。 化学化验确认人：____			
4.5	冷油器	保持一台运行、一台投备用，检查放油门关，排空气门关，充油结束			
4.6	润滑油过滤器	1．保持一台运行、一台投备用，检查放油门关，排空气门关，充油结束； 2．无差压报警信号			

续表

系统投运前状态确认标准检查卡					
序号	检查内容	标准状态	确认情况（√）	确认人	备注
4.7	顶轴油过滤器	1．保持一台运行、一台投备用，检查放油门关，排空气门关，充油结束； 2．无差压报警信号			
5	润滑油排烟风机				
5.1	1、2号排烟风机联锁保护试验合格	保护投入正常。 热控专业确认人：____			
5.2	排烟风机	1．排烟风机进口阀开启，油箱负压保持在－300～－500Pa； 2．一台运行、一台投入备用			
5.3	排烟风机排烟管道	1．排气口畅通，管道无堵塞； 2．排烟管道无积水			
5.4	油箱顶部	1．无漏油，无杂物； 2．爬梯无松动，油箱顶部栏杆完整、齐全			
6	油净化装置				
6.1	控制柜	已送电，投入“自动”状态			
6.2	装置	1．与润滑油箱隔离完毕； 2．根据实际情况决定是否投入			
7	系统整体检查	1．主机润滑油系统现场卫生清洁，临时设施拆除，无影响转机转动的物件； 2．附近所有通道保持平整畅通，照明充足，消防设施齐全； 3．各油泵地角螺栓、对轮连接完好，电动机接线完好，接地线牢固； 4．设备及管道外观整洁，无泄漏现象；各阀门、设备标识牌无缺失，管道名称、色环、介质流向完整			

远动阀门检查卡							
序号	阀门名称	电源（√）	气源（√）	传动情况（√）	标准状态	确认人	备注
1	顶轴油至液压盘车进口电磁阀				关		
2	输送油至主油箱回油电动阀1				关		
3	输送油至主油箱回油电动阀2				关		
4	润滑油压力试验电磁阀1				关		
5	润滑油压力试验电磁阀2				关		
6	主机润滑油泵联锁试验电磁阀				关		

就地阀门检查卡				
序号	检查内容	标准状态	确认人	备注
一	主油箱部分相关阀门			
1	主油箱事故放油手动阀 1		开	
2	主油箱事故放油手动阀 2		关	
3	主油箱事故放油手动阀 1 泄漏检测门		关	
4	主油箱事故放油手动阀 2 泄漏检测门		关	
5	主油箱至滤油机临时进油手动阀		关	
6	主油箱至污油箱手动阀		关	
7	主油箱油位计排污手动阀		关	
8	主油箱油位计联络手动阀上		开	
9	主油箱油位计联络手动阀下		开	
10	主油箱至油净化装置手动阀 1		关	油净化装置投运时开启
11	主油箱至油净化装置手动阀 2		关	油净化装置投运时开启
12	主油箱至润滑油储油箱手动阀		关	
13	油净化装置出油阀		关	
14	油净化装置放油阀		关	
15	主油箱临时滤油机回油手动阀 1		关	
16	主油箱临时滤油机回油手动阀 2		关	
二	交、直流润滑油泵，顶轴油泵、冷油器、滤网相关阀门			
17	1 号交流润滑油泵放空气阀		开	启动泵后关闭
18	2 号交流润滑油泵放空气阀		开	启动泵后关闭
19	直流事故润滑油泵放空气阀		开	启动泵后关闭
20	1 号顶轴油泵出口安全阀		完好	检修定值整定
21	2 号顶轴油泵出口安全阀		完好	检修定值整定
22	3 号顶轴油泵出口安全阀		完好	检修定值整定
23	1 号冷油器放油阀		关	
24	1 号冷油器放空气阀		关	油泵启动后应排空气
25	2 号冷油器放油阀		关	
26	2 号冷油器放空气阀		关	1 号冷油器运行
27	冷油器充油阀		关	
28	润滑油 1 号滤网放油阀 1		关	

续表

就地阀门检查卡				
序号	检查内容	标准状态	确认人	备注
29	润滑油 1 号滤网放油阀 2		关	
30	润滑油 1 号滤网放空气阀		关	油泵启动后应排空气
31	润滑油 2 号滤网放油阀 1		关	
32	润滑油 2 号滤网放油阀 2		关	
33	润滑油 2 号滤网放空气阀		关	排空后关闭
34	润滑油滤网充油阀		关	充压时开启
35	润滑油滤网差压阀前手动阀		开	
36	润滑油滤网差压阀后手动阀		开	
37	1 号顶轴油泵出口手动阀		开	
38	2 号顶轴油泵出口手动阀		开	
39	3 号顶轴油泵出口手动阀		开	
40	顶轴 1 号滤网放油一次阀		关	
41	顶轴 1 号滤网放油二次阀		关	
42	顶轴 2 号滤网放油一次阀		关	
43	顶轴 2 号滤网放油二次阀		关	
44	顶轴油滤网差压阀前手动阀		开	
45	顶轴油滤网差压阀后手动阀		开	
46	顶轴油滤网切换阀		开	至一侧滤网运行
47	顶轴油母管调压阀		完好	检修定值整定
48	润滑油冷油器进油三通阀		开	冷油器一侧运行，一侧备用
49	润滑油冷油器出油三通阀		开	冷油器一侧运行，一侧备用
50	润滑油温控阀		自动	自动调整温度
51	润滑油温控阀后放油阀		关	
52	润滑油 1 号滤网入口手动阀		开	润滑油 1 号滤网运行
53	润滑油 1 号滤网出口手动阀		开	润滑油 1 号滤网运行
54	润滑油 2 号滤网入口手动阀		关	
55	润滑油 2 号滤网出口手动阀		关	
三	主机润滑油供油顶轴油系统相关阀门			
56	润滑油至 1 号轴承供油手动阀		开	
57	润滑油至 2 号轴承供油手动阀		开	

续表

就地阀门检查卡				
序号	检查内容	标准状态	确认人	备注
58	润滑油至 3 号轴承供油手动阀		开	
59	润滑油至 4 号轴承供油手动阀		开	
60	润滑油至 5 号轴承供油手动阀		开	
61	润滑油至 6 号轴承供油手动阀		开	
62	润滑油至 7 号轴承供油手动阀		开	
63	润滑油至 8 号轴承供油手动阀		开	
64	顶轴油至 1 号轴承手动阀		开	
65	顶轴油至 2 号轴承手动阀		开	
66	顶轴油至 3 号轴承手动阀 1		开	
67	顶轴油至 3 号轴承手动阀 2		开	
68	顶轴油至 4 号轴承手动阀 1		开	
69	顶轴油至 4 号轴承手动阀 2		开	
70	顶轴油至 5 号轴承手动阀 1		开	
71	顶轴油至 5 号轴承手动阀 2		开	
72	顶轴油至 6 号轴承手动阀 1		开	
73	顶轴油至 6 号轴承手动阀 2		开	
74	顶轴油至 7 号轴承手动阀 1		开	
75	顶轴油至 7 号轴承手动阀 2		开	
76	1 号轴瓦排烟手动阀		开	
77	2 号轴瓦排烟手动阀		开	
78	3 号轴瓦排烟手动阀		开	
79	4 号轴瓦排烟手动阀		开	
80	5 号轴瓦排烟手动阀		开	
81	主油箱 1 号排烟风机手动阀		开	
82	主油箱 2 号排烟风机手动阀		开	
83	主油箱排烟风机出口溢流放油阀		开	
84	主油箱排烟风机出口 U 型管放油阀		关	
85	主油箱排烟手动阀		开	
86	顶轴油至液压盘车进口手动阀		关	投盘车时开启

设备送电确认卡					
序号	设备名称	标准状态	状态（√）	确认人	备注
1	1 号交流润滑油泵电机	送电			
2	2 号交流润滑油泵电机	送电			
3	直流润滑油泵电机	送电			检查直流润滑油泵联起压板未投
4	1 号排烟风机电机	送电			
5	2 号排烟风机电机	送电			
6	润滑油箱电加热	送电			
7	1 号顶轴油泵电机	送电			
8	2 号顶轴油泵电机	送电			
9	3 号顶轴油泵电机	送电			
10	润滑油油净化装置送电	送电			

检查____号机主机润滑油系统启动条件满足，已按系统投运前状态确认标准检查卡检查设备完毕，系统可以投运。

检查人：____________

执行情况复核（主值）：________　　　　时间：____________

批准（值长）：____________　　　　时间：____________

1.12 主机润滑油系统油箱补油前状态确认标准检查卡

班组：　　　　　　　　　　　　　　　　　　　　　　　　编号：

工作任务	____号机主机润滑油系统油箱补油前状态确认检查		
工作分工	就地：	盘前：	值长：

危险辨识与风险评估				
危险源	风险产生过程及后果	预控措施	预控情况	确认人
1．人员技能	工作人员技能不能满足系统投运操作要求造成人身伤害、设备损坏	1．检查就地及盘前操作人员具备相应岗位资格； 2．操作人员应熟悉系统、设备及工作原理，清晰理解工作任务； 3．操作人员应具备处理一般事故的能力		
2．人员生理、心理	人员情绪异常、精神不佳造成工作中人身伤害	1．班前会中准确了解人员情况； 2．当班期间值内、部门做好监督； 3．发现人员情绪等异常情况时，严禁操作		
3．人员行为	工作票未终结、隔离措施未恢复、人员未撤离造成工	1．查看工作票是否终结； 2．检修人员全部撤离；		

续表

危险辨识与风险评估				
危险源	风险产生过程及后果	预控措施	预控情况	确认人
3．人员行为	作中人身伤害；工器具遗留在操作现场造成设备损坏	3．确认安全隔离措施全部恢复到位； 4．操作完毕应检查所有的工器具已收回，确保无遗留物件		
4．照明	现场照明不足造成人身伤害	现场照明应充足，满足操作及监视需要，否则应及时补充或增加		
5．孔洞坑井沟道及障碍物	盖板缺损及平台防护栏杆不全造成高处坠落；设备周围有障碍物影响设备运行和人身安全	1．工作场所的孔、洞、坑、井、沟道，必须覆以与地面齐平的坚固盖板。 2．发现洞口盖板缺失、损坏或未盖好时，必须立即填补、修复盖板并及时盖好。 3．所有升降口、大小孔洞、楼梯和平台，必须装设不低于1050mm高栏杆和不低于100mm高的脚部护板；离地高度高于20m的平台、通道及作业场所的防护栏杆不应低于1200mm。 4．清除设备周围影响设备运行和人身安全的障碍物		
6．高处落物	工作区域上方高处落物造成人身伤害	1．正确佩戴个人劳保防护用品； 2．进入现场要观察工作环境，发现有高处落物的可能时采取必要措施		
7．工器具	使用不合格工器具或未正确使用工器具造成工作中人身伤害	1．检查符合规定安全工器具； 2．不合格工器具禁止带入操作现场； 3．带全操作所需工器具、防护用品等（如对讲机、手电筒、耳塞等）； 4．操作中正确使用工器具		
8．触电	控制柜送电过程中人员误碰带电部位触电	1．熟悉控制柜电气回路； 2．电气操作时正确佩戴个人防护用品，正确使用合格的工器具		
9．油	油泄漏遇明火或高温物体造成火灾	1．油管道法兰、阀门及可能漏油部位附近不准有明火，必须明火作业时要采取有效措施； 2．尽量避免使用法兰连接，禁止使用铸铁阀门		
10．高温高压介质	通过高温高压区域时高温、高压容器或管道突然断裂造成人员伤害	1．不准允许未泄压的设备进入检修状态； 2．不准在高温高压区域设长时间停留； 3．不准在未采取完善安全措施情况下擅自拆除设备上的安全防护设施； 4．操作高温高压系统时应按规定操作，并做好发生泄漏时的防范措施		
11．转动机械	标识缺损、防护罩缺损；断裂、超速、零部件脱落；肢体部位或饰品衣物、用	1．设备的转动部分必须装设防护罩，并标明旋转方向，露出的轴端必须装设护盖；转动设备的防护罩应完好。		

续表

危险辨识与风险评估				
危险源	风险产生过程及后果	预控措施	预控情况	确认人
11．转动机械	具（包括防护用品）、工具接触转动部位	2．检查设备的运行状态，保持设备的振动、温度、运行电流等参数符合标准，如发现参数超标及时处理。 3．衣服和袖口应扣好，不得戴围巾领带，长发必须盘在安全帽内；不准将用具、工器具接触设备的转动部位，不准在转动设备附近长时间停留； 4．转动设备试运行时所有人员应先远离，站在转动机械的轴向位置，并有一人站在事故按钮位置		
12．系统漏油	管道连接法兰处刺漏，系统超压；阀门开关状态不对导致系统跑油或超压	1．投运前，确认系统各阀门已按阀门操作卡置于正确位置； 2．管道充油放空气彻底，启泵后再关闭放空气门，切泵时减少双泵运行时间		
13．油泄漏遇高温物体	引起火灾事故	1．油管道法兰、阀门及可能漏油部位附近不准有明火，必须明火作业时要采取有效措施； 2．尽量避免使用法兰连接，禁止使用铸铁阀门		

系统投运前状态确认标准检查卡					
序号	检查内容	标准状态	确认情况（√）	确认人	备注
1	____号机润滑油系统热机、电气、热控检修工作票、联系单	终结或押回，无影响系统启动的缺陷			
2	润滑油系统热控、电气部分				
2.1	润滑油系统热工表计	热工表计齐全，所有压力表计一次门开启，温度表计投入。 热工专业确认人：____			
3	主机油箱部分				
3.1	油箱本体	1．系统设备完整，无积油、漏油； 2．油箱油位计上下联通门开启，油箱油位与远方 DCS 油位计对照一致			
3.2	1 号交流润滑油泵	已停电，联锁退出			
3.3	2 号交流润滑油泵	已停电，联锁退出			
3.4	润滑油直流油泵	已停电，检查直流润滑油泵联启压板未投			
3.5	1.2.3 号顶轴油泵	已停电，联锁退出			

续表

系统投运前状态确认标准检查卡					
序号	检查内容	标准状态	确认情况（√）	确认人	备注
3.6	盘车装置	盘车电磁阀已停电，盘车装置停运			
3.7	排烟风机	1、2 号油箱排烟风机停电，联锁退出			
3.8	主机油箱油净化装置	已停运，确认退出			
3.9	电加热装置	已确认退出			
3.10	主机各进、回油管道	系统管道法兰、焊缝检查无漏油，回油窗清晰			
3.11	油箱事故放油及取样门	确认已隔离完毕，无漏油			
4	辅助系统				
4.1	净油箱	1．补油前确认净油箱就地油位计投入，油箱油位____mm; 2．净油箱油质合格。 化学专业确认人____; 3．净油箱至用户手动补油总门开启			
4.2	污油箱	1．补油前确认净油箱就地油位计投入，油箱油位____mm; 2．污油箱至用户手动补油总门关闭			
4.3	油处理输送泵	测绝缘已合格，送电投入备用			
4.4	给水泵汽轮机油箱	1、2 号机给水泵汽轮机油箱补油电动门确认均已隔离			
4.5	背压机油箱	1、2 号机背压机油箱补油电动门确认均已隔离			
4.6	2 号机主油箱	2 号机主油箱补油电动门确认均已隔离			
5	系统整体检查	1．各相关阀门、设备标识牌、介质流向，附近所有通道保持平整畅通，照明充足，消防设施齐全; 2．设备及管道外观整洁、无渗漏现象			

远动阀门检查卡							
序号	阀门名称	电源（√）	气源（√）	传动情况（√）	标准状态	确认人	备注
1	主机油箱补油电动门				开		
2	给水泵汽轮机油箱补油电动门				关		
3	1 号背压机油箱补油电动门				关		
4	2 号背压机油箱补油电动门				关		

就地阀门检查卡				
序号	检查内容	标准状态	确认人	备注
1	1 号润滑油贮油箱输送泵进口门	开		
2	1 号润滑油贮油箱输送泵出口门	开		
3	2 号润滑油贮油箱输送泵进口门	开		
4	2 号润滑油贮油箱输送泵出口门	关		
5	1、2 号机输送泵出口补油联络门	关		
6	贮油净油箱至事故油坑放油总门	关		
7	贮油污油箱至事故油坑放油总门	关		
8	贮油净油箱至事故油坑放油二道门	关		
9	贮油污油箱至事故油坑放油二道门	关		
10	贮油净油箱至事故油坑放油总门后放水门	关		
11	贮油污油箱至事故油坑放油总门后放水门	关		
12	贮油净油箱至事故油坑放油二道门后检查门	关		
13	贮油污油箱至事故油坑放油二道门后检查门	关		
14	贮油箱至油净化装置进油门	关		
15	贮油箱至油净化装置出油门	关		
16	1 号机主油箱、给水泵汽轮机油箱补油总门	开		
17	1、2 号背压机油箱补油总门	关		
18	给水泵汽轮机油箱至事故放油坑放水门	关		
19	给水泵汽轮机油箱至事故放油坑检查门	关		
20	给水泵汽轮机油箱至事故放油坑放油总门	关		
21	给水泵汽轮机油箱至事故放油坑放油二道门	关		
22	1 号排烟风机出口阀	关		启动时调整开度
23	2 号排烟风机出口阀	关		

设备送电确认卡					
序号	设备名称	标准状态	状态（√）	确认人	备注
1	1 号润滑油贮油箱输送泵	送电			
2	2 号润滑油贮油箱输送泵	送电			

检查____号主机主油箱补油系统启动条件满足，按照系统投运前状态确认标准检查卡检查设备完毕，系统可以投运。

检查人：____________

执行情况复核（主值）：____________ 时间：____________

批准（值长）：____________ 时间：____________

1.13 主机顶轴油盘车投运前状态确认标准检查卡

班组：　　　　　　　　　　　　　　　　　　　　　　　　　　编号：

工作任务	____号机主机顶轴油盘车投运前状态确认检查		
工作分工	就地：	盘前：	值长：

危险辨识与风险评估				
危险源	风险产生过程及后果	预控措施	预控情况	确认人
1．人员技能	工作人员技能不能满足系统投运操作要求造成人身伤害、设备损坏	1．检查就地及盘前操作人员具备相应岗位资格； 2．操作人员应熟悉系统、设备及工作原理，清晰理解工作任务； 3．操作人员应具备处理一般事故的能力		
2．人员生理、心理	人员情绪异常、精神不佳造成工作中人身伤害	1．班前会中准确了解人员情况； 2．当班期间值内、部门做好监督； 3．发现人员情绪等异常情况时，严禁操作		
3．人员行为	工作票未终结、隔离措施未恢复、人员未撤离造成工作中人身伤害；工器具遗留在操作现场造成设备损坏	1．查看工作票是否终结； 2．检修人员全部撤离； 3．确认安全隔离措施全部恢复到位； 4．操作完毕应检查所有的工器具已收回，确保无遗留物件		
4．照明	现场照明不足造成人身伤害	现场照明应充足，满足操作及监视需要，否则应及时补充或增加		
5．孔洞坑井沟道及障碍物	盖板缺损及平台防护栏杆不全造成高处坠落；设备周围有障碍物影响设备运行和人身安全	1．工作场所的孔、洞、坑、井、沟道，必须覆以与地面齐平的坚固盖板。 2．发现洞口盖板缺失、损坏或未盖好时，必须立即填补、修复盖板并及时盖好。 3．所有升降口、大小孔洞、楼梯和平台，必须装设不低于1050mm高栏杆和不低于100mm高的脚部护板；离地高度高于20m的平台、通道及作业场所的防护栏杆不应低于1200mm。 4．清除设备周围影响设备运行和人身安全的障碍物		
6．高处落物	工作区域上方高处落物造成人身伤害	1．正确佩戴个人劳保防护用品； 2．进入现场要观察工作环境，发现有高处落物的可能时采取必要措施		
7．工器具	使用不合格工器具或未正确使用工器具造成工作中人身伤害	1．检查符合规定安全工器具； 2．不合格工器具禁止带入操作现场； 3．带全操作所需工器具、防护用品等（如对讲机、手电筒、耳塞等）； 4．操作中正确使用工器具		

续表

危险辨识与风险评估				
危险源	风险产生过程及后果	预控措施	预控情况	确认人
8．触电	控制柜送电过程中人员误碰带电部位触电	1．熟悉控制柜电气回路； 2．电气操作时正确佩戴个人防护用品，正确使用合格的工器具		
9．转动机械	标识缺损、防护罩缺损；断裂、超速、零部件脱落；肢体部位或饰品衣物、用具（包括防护用品）、工具接触转动部位	1．设备的转动部分必须装设防护罩，并标明旋转方向，露出的轴端必须装设护盖；转动设备的防护罩应完好。 2．检查设备的运行状态，保持设备的振动、温度、运行电流等参数符合标准，如发现参数超标及时处理。 3．衣服和袖口应扣好，不得戴围巾领带，长发必须盘在安全帽内；不准将用具、工器具接触设备的转动部位，不准在转动设备附近长时间停留。 4．转动设备试运行时所有人员应先远离，站在转动机械的轴向位置，并有一人站在事故按钮位置		
10．机械伤害	肢体部位或饰品衣物、用具（包括防护用品）、工具接触转动部位	转动设备试运行时所有人员应先远离，站在转动机械的轴向位置		
11．油质劣化	油箱内油质标号错误或油质因进水汽、粉尘等导致劣化	系统投运前联系化学化验油质符合要求，观察油质透明，无乳化和杂质		
12．系统漏油	润滑油泵启动后润滑油自管道接口、阀门、法兰连接不严密处泄漏	润滑油泵启动后对润滑油管路、阀门全面检查		
13．油泄漏遇高温物体	引起火灾事故	1．油管道法兰、阀门及可能漏油部位附近不准有明火，必须明火作业时要采取有效措施； 2．尽量避免使用法兰连接，禁止使用铸铁阀门		

系统投运前状态确认标准检查卡					
序号	检查内容	标准状态	确认情况（√）	确认人	备注
1	____号机润滑油系统热机、电气、热控检修工作票、联系单	终结或押回，无影响系统启动的缺陷			
2	润滑油系统热控、电气部分				
2.1	润滑油系统热工表计	热工表计齐全，所有压力表计一次门开启，温度表计投入。 热工专业确认人：____			

续表

系统投运前状态确认标准检查卡					
序号	检查内容	标准状态	确认情况（√）	确认人	备注
2.2	润滑油交流油泵、直流油泵、联锁保护试验	已完成后投入。 热工专业确认人：____			
2.3	顶轴油泵联锁保护试验	已完成后投入。 热工专业确认人：____			
2.4	润滑油交流油泵、直流油泵、顶轴油泵事故按钮	在弹出位，防护罩完好			
3	盘车装置	1．盘车润滑油门开启，盘车停运状态； 2．盘车电磁阀关闭			
4	润滑油泵	盘车运行前保持一台运行、一台投入联动备用，DCS 联锁在投入位置，检查直流润滑油泵联启压板已投			
5	润滑油箱本体				
5.1	油箱电加热装置	就地控制柜已送电，就地开关在“自动”状态			
5.2	主油箱油位计	1．油位计上下联通门开启，就地油位与远方 DCS 油位对照一致； 2．主油箱油位（1450±100）mm。 确认人：____			
5.3	主油箱油温	主油箱油温（30～45℃）			
5.4	主油箱油质	油质化验达级。 化学化验确认人：____			
5.5	冷油器	保持一台运行、一台投备用，检查放油门关，排空气门关，充油结束，本体无渗漏			
5.6	润滑油过滤器	1．保持一台运行、一台投备用，检查放油门关，排空气门关，充油结束； 2．无差压报警信号			
5.7	顶轴油过滤器	1．保持一台运行、一台投备用，检查放油阀关，排空气阀关，充油结束； 2．无差压报警信号			
6	润滑油排烟风机				
6.1	1、2 号排烟风机联锁保护试验合格	保护投入正常。 热控专业确认人：____			
6.2	排烟风机	1．排烟风机进口阀开启，油箱负压保持在－300～－500Pa； 2．一台运行、一台投入备用			
7	系统整体检查	1．主机顶轴油、盘车装置系统现场卫生清洁，临时设施拆除，无影响转机转动的物件；附近所有通道保持平整畅通，照明充足，消防设施齐全。			

续表

系统投运前状态确认标准检查卡					
序号	检查内容	标准状态	确认情况（√）	确认人	备注
7	系统整体检查	2．各油泵地角螺栓、对轮连接完好，电动机接线完好，接地线牢固。 3．设备及管道外观整洁，无泄漏现象；各阀门、设备标识牌无缺失，管道名称、色环、介质流向完整			

远动阀门检查卡							
序号	阀门名称	电源（√）	气源（√）	传动情况（√）	标准状态	确认人	备注
1	顶轴油至液压盘车进口电磁阀				关		

就地阀门检查卡				
序号	检查内容	标准状态	确认人	备注
1	1号顶轴油泵出口安全阀		完好	检修定值整定
2	2号顶轴油泵出口安全阀		完好	检修定值整定
3	3号顶轴油泵出口安全阀		完好	检修定值整定
4	1号顶轴油泵出口手动阀		开	
5	2号顶轴油泵出口手动阀		开	
6	3号顶轴油泵出口手动阀		开	
7	顶轴油1号滤网放油一次阀		关	
8	顶轴油1号滤网放油二次阀		关	
9	顶轴油2号滤网放油一次阀		关	
10	顶轴油2号滤网放油二次阀		关	
11	顶轴油滤网差压阀前手动阀		开	
12	顶轴油滤网差压阀后手动阀		开	
13	顶轴油滤网切换阀		开	至一侧滤网运行
14	顶轴油母管调压阀		完好	检修定值整定
15	顶轴油至1号轴承手动阀		开	
16	顶轴油至2号轴承手动阀		开	
17	顶轴油至3号轴承手动阀1		开	
18	顶轴油至3号轴承手动阀2		开	

续表

就地阀门检查卡				
序号	检查内容	标准状态	确认人	备注
19	顶轴油至4号轴承手动阀1		开	
20	顶轴油至4号轴承手动阀2		开	
21	顶轴油至5号轴承手动阀1		开	
22	顶轴油至5号轴承手动阀2		开	
23	顶轴油至6号轴承手动阀1		开	
24	顶轴油至6号轴承手动阀2		开	
25	顶轴油至7号轴承手动阀1		开	
26	顶轴油至7号轴承手动阀2		开	
27	1号轴瓦排烟手动阀		开	
28	2号轴瓦排烟手动阀		开	
29	3号轴瓦排烟手动阀		开	
30	4号轴瓦排烟手动阀		开	
31	5号轴瓦排烟手动阀		开	
32	顶轴油至液压盘车进口手动阀		关	投盘车时开启

设备送电确认卡					
序号	设备名称	标准状态	状态（√）	确认人	备注
1	1号顶轴油泵电机	送电			
2	2号顶轴油泵电机	送电			
3	3号顶轴油泵电机	送电			

检查____号机主机顶轴油、盘车系统启动条件满足，已按系统投运前状态确认标准检查卡检查设备完毕，系统可以投运。

检查人：________________

执行情况复核（主值）：________　　　　时间：__________

批准（值长）：______________　　　　时间：__________

1.14　主机油净化装置投运前状态确认标准检查卡

班组：　　　　　　　　　　　　　　　　　　编号：

工作任务	____号机主机油净化装置投运前状态确认检查
工作分工	就地：　　　　　　盘前：　　　　　　值长：

危险辨识与风险评估				
危险源	风险产生过程及后果	预控措施	预控情况	确认人
1．人员技能	工作人员技能不能满足系统投运操作要求造成人身伤害、设备损坏	1．检查就地及盘前操作人员具备相应岗位资格； 2．操作人员应熟悉系统、设备及工作原理，清晰理解工作任务； 3．操作人员应具备处理一般事故的能力		
2．人员生理、心理	人员情绪异常、精神不佳造成工作中人身伤害	1．班前会中准确了解人员情况； 2．当班期间值内、部门做好监督； 3．发现人员情绪等异常情况时，严禁操作		
3．人员行为	工作票未终结、隔离措施未恢复、人员未撤离造成工作中人身伤害；工器具遗留在操作现场造成设备损坏	1．查看工作票是否终结； 2．检修人员全部撤离； 3．确认安全隔离措施全部恢复到位； 4．操作完毕应检查所有的工器具已收回，确保无遗留物件		
4．照明	现场照明不足造成人身伤害	现场照明应充足，满足操作及监视需要，否则应及时补充或增加		
5．孔洞坑井沟道及障碍物	盖板缺损及平台防护栏杆不全造成高处坠落；设备周围有障碍物影响设备运行和人身安全	1．工作场所的孔、洞、坑、井、沟道，必须覆以与地面齐平的坚固盖板。 2．发现洞口盖板缺失、损坏或未盖好时，必须立即填补、修复盖板并及时盖好。 3．所有升降口、大小孔洞、楼梯和平台，必须装设不低于1050mm高栏杆和不低于100mm高的脚部护板；离地高度高于20m的平台、通道及作业场所的防护栏杆不应低于1200mm。 4．清除设备周围影响设备运行和人身安全的障碍物		
6．高处落物	工作区域上方高处落物造成人身伤害	1．正确佩戴个人劳保防护用品； 2．进入现场要观察工作环境，发现有高处落物的可能时采取必要措施		
7．工器具	使用不合格工器具或未正确使用工器具造成工作中人身伤害	1．检查符合规定安全工器具； 2．不合格工器具禁止带入操作现场； 3．带全操作所需工器具、防护用品等（如对讲机、手电筒、耳塞等）； 4．操作中正确使用工器具		
8．触电	控制柜送电过程中人员误碰带电部位触电	1．熟悉控制柜电气回路； 2．电气操作时正确佩戴个人防护用品，正确使用合格的工器具		
9．油	油泄漏遇明火或高温物体造成火灾	1．油管道法兰、阀门及可能漏油部位附近不准有明火，必须明火作业时要采取有效措施； 2．尽量避免使用法兰连接，禁止使用铸铁阀门		

续表

危险辨识与风险评估				
危险源	风险产生过程及后果	预控措施	预控情况	确认人
10．转动机械	标识缺损、防护罩缺损；断裂、超速、零部件脱落；肢体部位或饰品衣物、用具（包括防护用品）、工具接触转动部位	1．设备的转动部分必须装设防护罩，并标明旋转方向，露出的轴端必须装设护盖；转动设备的防护罩应完好。 2．检查设备的运行状态，保持设备的振动、温度、运行电流等参数符合标准，如发现参数超标及时处理。 3．衣服和袖口应扣好，不得戴围巾领带，长发必须盘在安全帽内；不准将用具、工器具接触设备的转动部位，不准在转动设备附近长时间停留。 4．转动设备试运行时所有人员应先远离，站在转动机械的轴向位置，并有一人站在事故按钮位置		
11．主机润滑油油箱油位低	油净化系统漏油导致主机润滑油泵出力下降	全面详细检查，存在漏油现象及时处理		
12．油质劣化	油箱内油质标号错误或油质因进水汽、粉尘等导致劣化	系统投运前联系化学化验油质符合要求，观察油质透明，无乳化和杂质		

系统投运前状态确认标准检查卡					
序号	检查内容	标准状态	确认情况（√）	确认人	备注
1	____号机主机油净化系统热机、电气、热控检修工作票、联系单	终结或押回，无影响系统启动的缺陷			
2	____号机主机油净化装置热控、电气部分				
2.1	各电磁阀电源、控制电源，信号指示正常，各类表计投入，各压力、流量表计一次门	热工表计齐全，所有压力表计一次门开启，温度表计投入，各电磁阀电源投入正常。 热工专业确认人：____			
2.2	主机油净化装置事故按钮	在弹出位，防护罩完好			
3	辅助系统				
3.1	主机润滑油系统运行情况及主机油箱油位	1．主机润滑油系统：运行（　　）或停止（　　）； 2．主油箱油位（1450±100）mm，油温30～45℃			
4	油净化装置				

续表

系统投运前状态确认标准检查卡					
序号	检查内容	标准状态	确认情况（√）	确认人	备注
4.1	油净化装置本体	油净化装置具备启动条件，各阀门状态正确			
4.2	油净化进出管阀	与主油箱管阀连接牢固无松动，无泄漏			
4.3	油净化泵	主机油净化泵外观检查正常，无泄漏			
4.4	凝聚分离器抽真空泵	凝聚分离器抽真空泵外观检查正常，无泄漏			
4.5	就地控制柜	1．主机油净化就地控制柜内空气开关合闸正常，控制柜状态指示灯显示正常； 2．开关在“自动”位置			
5	系统整体检查	1．主机油净化装置现场卫生清洁，临时设施拆除，无影响转机转动； 2．附近所有通道保持平整畅通，照明充足，消防设施齐全； 3．油净化装置各地角螺栓、对轮连接完好，电动机接线完好，接地线牢固； 4．设备及管道外观整洁，无泄漏现象；各阀门、设备标识牌无缺失，管道名称、色环、介质流向完整			

远动阀门检查卡							
序号	阀门名称	电源（√）	气源（√）	传动情况（√）	标准状态	确认人	备注
1	无						

就地阀门检查卡				
序号	检查内容	标准状态	确认人	备注
1	主油箱油净化装置旁路手动阀	关		
2	主油箱至油净化装置手动阀 1	开		
3	主油箱至油净化装置手动阀 2	开		
4	主油箱至临时滤油机入口手动门	关		
5	临时滤油机至油净化装置出口手动门	关		
6	主油箱临时滤油机回油手动阀 1	关		
7	主油箱临时滤油机回油手动阀 2	关		
8	输油系统至主油箱回油手动阀 1	关		
9	输油系统至主油箱回油手动阀 2	关		

续表

就地阀门检查卡				
序号	检查内容	标准状态	确认人	备注
10	主机油净化泵入口手动门	开		
11	主机油净化泵出口手动门	开		
12	主机油净化装置出口至润滑油回油母管手动门	开		
13	主机油净化泵出口取样门	关		
14	凝聚分离器抽真空泵油水分离器排水阀	关		

设备送电确认卡					
序号	设备名称	标准状态	状态（√）	确认人	备注
1	主机油净化泵电机	送电			
2	凝聚分离器抽真空泵电机	送电			
3	主机油净化就地控制柜	送电			

检查____号机主机油净化装置启动条件满足，已按系统投运前状态确认标准检查卡检查设备完毕，系统可以投运。

检查人：____________

执行情况复核（主值）：________　　时间：__________

批准（值长）：____________　　时间：__________

1.15　给水系统投运前状态确认标准检查卡

班组：　　　　　　编号：

工作任务	____号机给水系统投运前状态确认检查		
工作分工	就地：	盘前：	值长：

危险辨识与风险评估				
危险源	风险产生过程及后果	预控措施	预控情况	确认人
1．人员技能	工作人员技能不能满足系统投运操作要求造成人身伤害、设备损坏	1．检查就地及盘前操作人员具备相应岗位资格； 2．操作人员应熟悉系统、设备及工作原理，清晰理解工作任务； 3．操作人员应具备处理一般事故的能力		
2．人员生理、心理	人员情绪异常、精神不佳造成工作中人身伤害	1．班前会中准确了解人员情况； 2．当班期间值内、部门做好监督； 3．发现人员情绪等异常情况时，严禁操作		

续表

危险辨识与风险评估				
危险源	风险产生过程及后果	预控措施	预控情况	确认人
3．人员行为	工作票未终结、隔离措施未恢复、人员未撤离造成工作中人身伤害；工器具遗留在操作现场造成设备损坏	1．查看工作票是否终结； 2．检修人员全部撤离； 3．确认安全隔离措施全部恢复到位； 4．操作完毕应检查所有的工器具已收回，确保无遗留物件		
4．照明	现场照明不足造成人身伤害	现场照明应充足，满足操作及监视需要，否则应及时补充或增加		
5．孔洞坑井沟道及障碍物	盖板缺损及平台防护栏杆不全造成高处坠落；设备周围有障碍物影响设备运行和人身安全	1．工作场所的孔、洞、坑、井、沟道，必须覆以与地面齐平的坚固盖板。 2．发现洞口盖板缺失、损坏或未盖好时，必须立即填补、修复盖板并及时盖好。 3．所有升降口、大小孔洞、楼梯和平台，必须装设不低于1050mm高栏杆和不低于100mm高的脚部护板；离地高度高于20m的平台、通道及作业场所的防护栏杆不应低于1200mm。 4．清除设备周围影响设备运行和人身安全的障碍物		
6．高处落物	工作区域上方高处落物造成人身伤害	1．正确佩戴个人劳保防护用品； 2．进入现场要观察工作环境，发现有高处落物的可能时采取必要措施		
7．工器具	使用不合格工器具或未正确使用工器具造成工作中人身伤害	1．检查符合规定安全工器具； 2．不合格工器具禁止带入操作现场； 3．带全操作所需工器具、防护用品（如对讲机、手电筒、耳塞等）； 4．操作中正确使用工器具		
8．烫伤	现场操作身体触碰高温设备或管道，造成身体烫伤	穿着合格工作服，操作时观察清楚周围情况		
9．高温高压介质	通过高温高压区域时高温、高压容器或管道突然断裂造成人员伤害	1．不准允许未泄压的设备进入检修状态； 2．不准在高温高压区域设长时间停留； 3．不准在未采取完善安全措施情况下擅自拆除设备上的安全防护设施； 4．操作高温高压系统时应按规定操作，并做好发生泄漏时的防范措施		
10．转动机械	标识缺损、防护罩缺损；断裂、超速、零部件脱落；肢体部位或饰品衣物、用具（包括防护用品）、工具接触转动部位	1．设备的转动部分必须装设防护罩，并标明旋转方向，露出的轴端必须装设护盖；转动设备的防护罩应完好。 2．检查设备的运行状态，保持设备的振动、温度、运行电流等参数符合标准，如发现参数超标及时处理。		

续表

危险辨识与风险评估				
危险源	风险产生过程及后果	预控措施	预控情况	确认人
10．转动机械		3．衣服和袖口应扣好，不得戴围巾领带，长发必须盘在安全帽内；不准将用具、工器具接触设备的转动部位，不准在转动设备附近长时间停留。 4．转动设备试运行时所有人员应先远离，站在转动机械的轴向位置，并有一人站在事故按钮位置		
11．系统漏水	管道连接、法兰、阀门盘根处刺漏，系统超压	管道充水放空气应彻底，启泵后再关闭放空气门		
12．给水泵振动大	除氧器水位低或前置泵运行不正常，暖泵不充分或给水泵发生汽蚀	确认除氧器水位正常及前置泵运行正常，启动泵前应充分暖泵		

系统投运前状态确认标准检查卡					
序号	检查内容	标准状态	确认情况（√）	确认人	备注
1	给水系统热机、电气、热控检修工作票、缺陷联系单	终结或押回，无影响系统启动的缺陷			
2	给水系统热控、电气部分				
2.1	给水系统热工表计	热工表计齐全，所有压力表计一次门开启，温度表计投入，水位表计投入。 热工专业确认人：			
2.2	给水系统联锁保护试验	已完成后投入。 热工专业确认人：			
2.3	电机事故按钮	在弹出位，防护罩完好			
3	辅助系统				
3.1	开式水系统	系统已投入，低压开式水母管压力0.16～0.3MPa			
3.2	闭式水系统	系统已投入，闭式水母管压力0.6～0.8MPa			
3.3	凝结水系统	系统已投入，凝结水压力1.8～3.8MPa			
3.4	辅助蒸汽系统	辅助蒸汽系统已投入，压力0.8～1.0MPa，温度280～320℃			
3.5	循环水系统	系统已投入，循环水压力＞0.16～0.32MPa			
3.6	仪用压缩空气系统	仪用压缩空气压力＞0.4～0.6MPa			

续表

系统投运前状态确认标准检查卡					
序号	检查内容	标准状态	确认情况（√）	确认人	备注
4	除氧器系统	1．除氧器水位已补至2050～2450mm，底部加热已投入； 2．除氧器温度____℃、除氧器压力____MPa； 3．除氧器已按照系统投运前状态确认标准检查卡内容检查完毕，具备启动条件件件			
5	电动给水泵系统	1．电动给水泵油系统已投入运行； 2．主泵、前置泵暖泵结束； 3．所属设备已按照系统投运前状态确认标准检查卡内容检查完毕，具备启动条件			
6	汽动给水泵前置泵系统	1．汽动给水泵前置泵油系统已投入运行； 2．所属设备已按照系统投运前状态确认标准检查卡内容检查完毕，具备启动条件			
7	汽动给水泵系统	1．汽动给水泵油系统已投入运行； 2．泵体暖泵工作结束； 3．所属设备已按照系统投运前状态确认标准检查卡内容检查完毕，具备启动条件			
8	汽动给水泵汽轮机系统	1．汽动给水泵辅助油泵已运行，盘车装置投入连续； 2．所属设备已按照系统投运前状态确认标准检查卡内容检查完毕，具备启动条件			
9	高压加热器系统	1．高压加热器水侧进、出水阀强制手轮已确认开启，具备充压条件； 2．各高压加热器水位计投入，疏水门开启； 3．所属设备已按照系统投运前状态确认标准检查卡内容检查完毕，具备启动条件			
10	炉侧阀门系统				
10.1	主给水管路	主给水电动阀门开启，调门传动试验已完成，阀门已关闭，投入“自动”调整状态			
10.2	主给水旁路门	旁路调整门及前后电动门传动试验已完成，电动门调整门已关闭			
11	系统整体检查	1．主给水系统现场卫生清洁，临时设施拆除，无影响正常启动的因素； 2．附近所有通道保持平整畅通，照明充足，消防设施齐全； 3．所属辅助设备各地角螺栓、对轮连接完好，电动机接线完好，接地线牢固； 4．设备及管道外观整洁，无泄漏现象；各阀门、设备标识牌无缺失，管道名称、色环、介质流向完整			

远动阀门检查卡							
序号	阀门名称	电源（√）	气源（√）	传动情况（√）	标准状态	确认人	备注
1	电泵出口电动门				关		
2	汽动给水泵出口电动门				关		
3	高压加热器管系压力控制放水阀				开		
4	主给水电动门				关		
5	主给水旁路调整门				关		
6	主给水旁路调整门前电动门				关		
7	主给水旁路调整门后电动门				关		

就地阀门检查卡				
序号	检查内容	标准状态	确认人	备注
1	电泵出口旁路阀	关		
2	电泵出口电动阀后放水一次门	关		
3	电泵出口电动阀后放水二次门	关		
4	高压加热器进水阀前放空气一次门	关		
5	高压加热器进水阀前放空气二次门	关		
6	高压加热器压力控制阀放水一次门	关		
7	高压加热器压力控制阀放水二次门	关		
8	高压加热器管系注水一次门	关		
9	高压加热器管系注水二次门	关		
10	汽泵出口电动阀后放水一次门	关		
11	汽泵出口电动阀后放水二次门	开		
12	高压加热器出水阀后放空气一次门	开		
13	高压加热器出水阀后放空气二次门	关		
14	高压加热器出水阀后放水一次门	关		
15	高压加热器出水阀后放水二次门	关		
16	给水出口母管压力变送器一次门	开		
17	汽泵电动出口门后压力变送器一次门	开		
18	电泵电动出口门后压力变送器一次门	开		

设备送电确认卡					
序号	设备名称	标准状态	状态（√）	确认人	备注
1	电泵电机	送电			
2	汽前泵电机	送电			
3	汽前泵电机冷却风扇电机	送电			

检查____号机给水系统启动条件满足，已按系统投运前状态确认标准检查卡检查设备完毕，系统可以投运。

检查人：____________________

执行情况复核（主值）：__________ 时间：__________

批准（值长）：______________ 时间：__________

1.16 除氧器系统投运上水前状态确认标准检查卡

班组： 编号：

工作任务	____号机除氧器系统投运上水前状态确认检查		
工作分工	就地：	盘前：	值长：

危险辨识与风险评估				
危险源	风险产生过程及后果	预控措施	预控情况	确认人
1．人员技能	工作人员技能不能满足系统投运操作要求造成人身伤害、设备损坏	1．检查就地及盘前操作人员具备相应岗位资格； 2．操作人员应熟悉系统、设备及工作原理，清晰理解工作任务； 3．操作人员应具备处理一般事故的能力		
2．人员生理、心理	人员情绪异常、精神不佳造成工作中人身伤害	1．班前会中准确了解人员情况； 2．当班期间值内、部门做好监督； 3．发现人员情绪等异常情况时，严禁操作		
3．人员行为	工作票未终结、隔离措施未恢复、人员未撤离造成工作中人身伤害；工器具遗留在操作现场造成设备损坏	1．查看工作票是否终结； 2．检修人员全部撤离； 3．确认安全隔离措施全部恢复到位； 4．操作完毕应检查所有的工器具已收回，确保无遗留物件		
4．照明	现场照明不足造成人身伤害	现场照明应充足，满足操作及监视需要，否则应及时补充或增加		
5．孔洞坑井沟道及障碍物	盖板缺损及平台防护栏杆不全造成高处坠落；设备周围有障碍物影响设备运行和人身安全	1．工作场所的孔、洞、坑、井、沟道，必须覆以与地面齐平的坚固盖板。 2．发现洞口盖板缺失、损坏或未盖好时，必须立即填补、修复盖板并及时盖好。		

续表

危险辨识与风险评估				
危险源	风险产生过程及后果	预控措施	预控情况	确认人
5．孔洞坑井沟道及障碍物		3．所有升降口、大小孔洞、楼梯和平台，必须装设不低于1050mm高栏杆和不低于100mm高的脚部护板；离地高度高于20m的平台、通道及作业场所的防护栏杆不应低于1200mm。 4．清除设备周围影响设备运行和人身安全的障碍物		
6．高处落物	工作区域上方高处落物造成人身伤害	1．正确佩戴个人劳保防护用品； 2．进入现场要观察工作环境，发现有高处落物的可能时采取必要措施		
7．工器具	使用不合格工器具或未正确使用工器具造成工作中人身伤害	1．检查符合规定安全工器具； 2．不合格工器具禁止带入操作现场； 3．带全操作所需工器具、防护用品等（如对讲机、手电筒、耳塞等）； 4．操作中正确使用工器具		
8．高压介质	通过高温高压区域时高温、高压容器或管道突然断裂造成人员伤害	1．不准允许未泄压的设备进入检修状态； 2．不准在高温高压区域设长时间停留； 3．不准在未采取完善安全措施情况下擅自拆除设备上的安全防护设施； 4．操作高温高压系统时应按规定操作，并做好发生泄漏时的防范措施		
9．系统漏水	除氧器进水以后本体放水门未关严	进水以前对放水门进行检查，液位变送器与水位计投用，便于监视水位，升压过程中注意检查管道无泄漏		
10．振动	进汽管道及除氧器本体未充分疏水暖管或疏水门未开	在管道及除氧器进汽前保证疏水门打开，进行充分疏水暖管。除氧器水位正常		
11．水质不合格	由5号低压加热器出口来凝结水未冲洗合格，进入除氧器	对凝结水系统进行充分冲洗，并由化学人员进行水质化验，水质合格以后才能进行除氧器冲洗		
12．烫伤	投除氧器加热时，加热蒸汽管道漏汽或启动排气误开	加强加热蒸汽管道检查，及时发现漏点，投除氧器加热时人员注意做好安全防范		

系统投运前状态确认标准检查卡					
序号	检查内容	标准状态	确认情况（√）	确认人	备注
1	____号机除氧器系统热机、电气、热控检修工作票、缺陷联系单	终结或押回，无影响系统启动的缺陷			
2	除氧器系统热控、电气部分				

续表

系统投运前状态确认标准检查卡					
序号	检查内容	标准状态	确认情况（√）	确认人	备注
2.1	除氧器系统所有热工仪表	热工表计齐全，所有压力表计一次门开启，温度表计投入；水位表计投入。 热工专业确认人：____			
3	____号机除氧器联锁保护试验	已完成后投入。 热工专业确认人：____			
4	辅助系统				
4.1	凝结水系统	1．凝结水泵运行，系统投入正常，凝结水压力＞1.8～3.8MPa； 2．凝水水质化验合格，Fe＜500μg/kg，除氧器具备进水条件。 化学专业确认人：____			
4.2	闭式水系统	系统已投入，闭式水母管压力 0.6～0.8MPa			
5	除氧器系统				
5.1	除氧器本体	1．系统设备完整，保温完好； 2．人孔门关闭严密，筒体、法兰、焊缝无泄漏； 3．护栏完好无缺，爬梯牢固无松动			
5.2	除氧器平台	1．照明齐全、充足； 2．无杂物、无积水、无结冰			
5.3	除氧器水位计	除氧器水位计上下联通门开启，与 DCS 对照一致，除氧器水位 2050～2450mm			
5.4	除氧器温度、压力	除氧器温度____℃、除氧器压力____MPa			
5.5	除氧器安全阀	安全阀工作压力的 1.25 倍以上，阀门关闭严密。 汽机检修确认人：____			
5.6	除氧器阀门	1．各电动门、气动门传动试验正常； 2．除氧器充氮门已隔离； 3．除氧器加药门关闭			
5.7	除氧器溢流	除氧器溢流电动门关闭，除氧器溢流至电机侧疏扩电动门开启			
5.8	除氧器放水	除氧器事故放水电动门、除氧器放水至炉疏扩电动门关闭			
5.9	除氧器排气	1．除氧器启动排气阀开启； 2．除氧器连续排气阀关闭			
5.10	除氧器来汽	1．四抽至除氧器电动门关闭； 2．辅汽至除氧器电动门关闭； 3．锅炉暖风器疏水至除氧器手动门关闭			

续表

系统投运前状态确认标准检查卡					
序号	检查内容	标准状态	确认情况（√）	确认人	备注
5.11	除氧器底部	除氧器至电泵、至汽动给水泵前置泵进口门均关闭			
6	系统整体检查	1．除氧器系统现场卫生清洁，临时设施拆除，无影响正常启动的因素； 2．附近所有通道保持平整畅通，照明充足，消防设施齐全； 3．设备及管道外观整洁，无泄漏现象； 4．各阀门、设备标识牌无缺失，管道名称、色环、介质流向完整			

远动阀门检查卡							
序号	阀门名称	电源（√）	气源（√）	传动情况（√）	标准状态	确认人	备注
1	除氧器放水电动阀				关		
2	除氧器溢流电动阀				关		
3	除氧器至锅炉疏扩排污电动阀				关		
4	四抽至除氧器供汽电动阀				关		
5	辅汽至除氧器供汽电动阀				关		
6	除氧器进汽气动逆止阀				关		
7	除氧器溢流至疏扩电动阀				关		
8	除氧器右侧连续排气气动阀				关		
9	除氧器左侧连续排气气动阀				关		

就地阀门检查卡				
序号	检查内容	标准状态	确认人	备注
1	除氧器进汽气动逆止阀前放空气阀	关		
2	除氧器右侧连续排气气动阀前手动阀	开		
3	除氧器右侧连续排气气动阀后手动阀	开		
4	除氧器右侧启动排气手动阀	开		
5	除氧器左侧连续排气气动阀前手动阀	开		
6	除氧器左侧连续排气气动阀后手动阀	开		
7	除氧器左侧启动排气手动阀	开		
8	除氧器加药手动阀	关		

续表

就地阀门检查卡				
序号	检查内容	标准状态	确认人	备注
9	除氧器1号安全阀	关		校验定值合格
10	除氧器2号安全阀	关		校验定值合格
11	除氧器3号安全阀	关		校验定值合格
12	除氧器4号安全阀	关		校验定值合格
13	除氧器1号安全阀排大气管放水门	关		
14	除氧器2号安全阀排大气管放水门	关		
15	除氧器3号安全阀排大气管放水门	关		
16	除氧器4号安全阀排大气管放水门	关		
17	除氧器就地水位计1上部联通门	开		
18	除氧器就地水位计2上部联通门	开		
19	除氧器就地水位计1下部联通门	开		
20	除氧器就地水位计2下部联通门	开		
21	1号高压加热器连续排气一次阀	关		
22	1号高压加热器连续排气二次阀	关		
23	2号高压加热器连续排气一次阀	关		
24	2号高压加热器连续排气二次阀	关		
25	3号高压加热器连续排气一次阀	关		
26	3号高压加热器连续排气二次阀	关		
27	3号高压加热器正常疏水管放空气阀	关		
28	除氧器1号液位变送器一次阀	开		
29	除氧器2号液位变送器一次阀	开		
30	除氧器3号液位变送器一次阀	开		
31	除氧器1号就地压力表一次阀	开		
32	除氧器2号就地压力表一次阀	开		
33	除氧器3号就地压力表一次阀	开		
34	除氧器压力变送器一次阀	开		

设备送电确认卡					
序号	设备名称	标准状态	状态（√）	确认人	备注
	无				

检查____号机除氧器系统上水条件满足，已按系统投运前状态确认标准检查卡检查设备完毕，系统可以投运。

检查人：____________

执行情况复核（主值）：________ 时间：__________

批准（值长）：____________ 时间：__________

1.17 汽动给水泵系统投运前状态确认标准检查卡

班组： 编号：

工作任务	____号机汽动给水泵系统投运前状态确认检查
工作分工	就地： 盘前： 值长：

危险辨识与风险评估				
危险源	风险产生过程及后果	预控措施	预控情况	确认人
1. 人员技能	工作人员技能不能满足系统投运操作要求造成人身伤害、设备损坏	1. 检查就地及盘前操作人员具备相应岗位资格； 2. 操作人员应熟悉系统、设备及工作原理，清晰理解工作任务； 3. 操作人员应具备处理一般事故的能力		
2. 人员生理、心理	人员情绪异常、精神不佳造成工作中人身伤害	1. 班前会中准确了解人员情况； 2. 当班期间值内、部门做好监督； 3. 发现人员情绪等异常情况时，严禁操作		
3. 人员行为	工作票未终结、隔离措施未恢复、人员未撤离造成工作中人身伤害；工器具遗留在操作现场造成设备损坏	1. 查看工作票是否终结； 2. 检修人员全部撤离； 3. 确认安全隔离措施全部恢复到位； 4. 操作完毕应检查所有的工器具已收回，确保无遗留物件		
4. 照明	现场照明不足造成人身伤害	现场照明应充足，满足操作及监视需要，否则应及时补充或增加		
5. 孔洞坑井沟道及障碍物	盖板缺损及平台防护栏杆不全造成高处坠落；设备周围有障碍物影响设备运行和人身安全	1. 工作场所的孔、洞、坑、井、沟道，必须覆以与地面齐平的坚固盖板。 2. 发现洞口盖板缺失、损坏或未盖好时，必须立即填补、修复盖板并及时盖好。 3. 所有升降口、大小孔洞、楼梯和平台，必须装设不低于1050mm高栏杆和不低于100mm高的脚部护板；离地高度高于20m的平台、通道及作业场所的防护栏杆不应低于1200mm。 4. 清除设备周围影响设备运行和人身安全的障碍物		
6. 高处落物	工作区域上方高处落物造成人身伤害	1. 正确佩戴个人劳保防护用品； 2. 进入现场要观察工作环境，发现有高处落物的可能时采取必要措施		

续表

危险辨识与风险评估				
危险源	风险产生过程及后果	预控措施	预控情况	确认人
7．工器具	使用不合格工器具或未正确使用工器具造成工作中人身伤害	1．检查符合规定安全工器具； 2．不合格工器具禁止带入操作现场； 3．带全操作所需工器具、防护用品等（如对讲机、手电筒、耳塞等）； 4．操作中正确使用工器具		
8．烫伤	现场操作身体触碰高温设备或管道，造成身体烫伤	穿着合格工作服，操作时观察清楚周围情况		
9．高压介质	通过高温高压区域时高温、高压容器或管道突然断裂造成人员伤害	1．不准允许未泄压的设备进入检修状态； 2. 不准在高温高压区域设长时间停留； 3．不准在未采取完善安全措施情况下擅自拆除设备上的安全防护设施； 4. 操作高温高压系统时应按规定操作，并做好发生泄漏时的防范措施		
10．转动机械	标识缺损、防护罩缺损；断裂、超速、零部件脱落；肢体部位或饰品衣物、用具（包括防护用品）、工具接触转动部位	1．设备的转动部分必须装设防护罩，并标明旋转方向，露出的轴端必须装设护盖；转动设备的防护罩应完好。 2．检查设备的运行状态，保持设备的振动、温度、运行电流等参数符合标准，如发现参数超标及时处理。 3．衣服和袖口应扣好，不得戴围巾领带，长发必须盘在安全帽内；不准将用具、工器具接触设备的转动部位，不准在转动设备附近长时间停留。 4．转动设备试运行时所有人员应先远离，站在转动机械的轴向位置，并有一人站在事故按钮位置		
11．系统漏油	管道连接法兰处刺漏，系统超压。 阀门开关状态不对导致系统跑油或憋压	投运前，确认系统各阀门已按阀门操作卡置于正确位置。管道充油放空气彻底，启泵后再关闭放空气门，切泵时减少双泵工频运行时间		
12．轴瓦损坏	油质异常导致轴承进异物，损坏轴瓦	1．系统投运前，给水泵汽轮机油箱应先清理、排污，并联系化学运行人员化验油质是否合格，在油质不合格情况下严禁启动； 2．油净化装置应随系统一并投运并连续运行； 3．大修时给水泵汽轮机润滑油系统检修须进行油循环且化验油质合格后，给水泵汽轮机各轴承方可进油		
13．泵体温差大	保温不全，暖泵阀门故障	根据温差，提前暖泵		
14．密封水压力低	密封水系统阀门状态异常，密封水调节阀卡涩，凝结水压力过低	加强阀门就地检查，确认系统各阀门状态正确，确认密封水调节阀传动试验合格		

续表

危险辨识与风险评估				
危险源	风险产生过程及后果	预控措施	预控情况	确认人
15．密封水压力高	密封水调节阀调节异常，密封水旁路阀误开	加强阀门就地检查，确认系统各阀门状态正确，确认密封水调节阀传动试验合格		

系统投运前状态确认标准检查卡					
序号	检查内容	标准状态	确认情况（√）	确认人	备注
一、	汽动给水泵				
1	____号机汽动给水泵系统热机、电气、热控检修工作票、缺陷联系单	终结或押回，无影响系统启动的缺陷			
2	汽泵系统热控、电气部分				
2.1	汽动给水泵系统热工表计	所有压力表计一次门开启，温度表计已投入。 确认人：			
2.2	除氧器水位保护试验	已完成后投入。 确认人：____			
2.3	油泵联锁试验	联锁试验正常。 确认人：____			
3	汽泵辅助系统				
3.1	开式水系统	系统已投入，低压开式水母管压力0.16～0.30MPa			
3.2	除盐水系统	系统已投入，除盐水母管压力0.2～0.4MPa			
3.3	凝结水系统	凝结水压力1.8～3.8MPa			
4	汽泵密封冷却系统				
4.1	机械密封、冷却系统	汽泵密封水滤网完整投入，系统阀门按照阀门表清单状态检查完成			
4.2	汽泵密封水回水	切至地沟（待凝汽器真空建立后切至凝汽器）			
4.3	卸荷水系统	管阀连接完好			
5	汽泵油站				
5.1	油箱本体	1．系统设备完整，无积油、漏油； 2．油箱油位计投入，液位935±75mm； 3．电加热器完好，油温35～45℃； 4．油质合格（油质等级＞7级）。 化学专业确认人：____			

续表

系统投运前状态确认标准检查卡					
序号	检查内容	标准状态	确认情况（√）	确认人	备注
5.2	油箱工作油泵	已送电，启动后系统润滑油压力 0.25MPa			
5.3	油箱辅助油泵	正常备用，联锁投入正常			
5.4	油箱直流油泵	正常备用，联锁投入正常			
5.5	排烟风机	已送电，启动后油箱压力−3～−1kPa，保持一台运行、一台备用			
5.6	冷油器	1．保持一台运行、一台备用，冷油器表面无渗漏油； 2．冷油器进、出水门开启			
5.7	过滤器	1．保持一侧运行、一侧备用； 2．滤网差压＜35kPa，无报警信号			
5.8	汽泵各进回油管道	系统管道联接良好，无渗漏油，回油窗清晰			
6	汽泵水系统				
6.1	除氧器	就地水位计与远方 DCS 对照一致，除氧器水位 2050～2450mm			
6.2	前置泵入口滤网	放水门关闭，滤网差压无报警信号			
6.3	汽动给水泵入口滤网	放水门关闭，滤网差压无报警信号			
6.4	泵组放水排气系统	汽动给水泵泵体放水门关闭，管道放空气阀充水放空气连续水流后关闭			
6.5	泵组再循环	再循环电动隔离阀、调阀传动试验完成，已开启			
6.6	中间抽头	中间抽头电动阀关闭			
6.7	汽泵暖泵系统	暖泵放水门开启，放空气门放尽空气后关闭			
7	汽动给水泵前置泵				
7.1	汽动给水泵前置泵热机、电气、热控检修工作票、缺陷联系单	终结或押回，无影响系统启动的缺陷			
7.2	汽动给水泵前置泵热工表计	所有压力表计一次门开启，温度表计已投入。 热工专业确认人：____			
7.3	事故按钮	完好在弹出位，盖盒齐全			
8	汽动给水泵前置泵辅助系统				
8.1	开式水系统	系统已投入，低压开式水母管压力 0.16～0.30MPa			

续表

系统投运前状态确认标准检查卡					
序号	检查内容	标准状态	确认情况（√）	确认人	备注
8.2	闭式水系统	系统已投入，闭式水母管压力≥0.6MPa			
8.3	汽动给水泵前置泵机械密封、冷却系统	汽动给水泵前置泵密封水滤网完整投入，系统阀门按照阀门表清单状态检查完成			
9	前置泵油站	1．油站投入运行，滤网差压＜10kPa，油压0.1～0.15MPa，油位＞400mm； 2．冷油器一侧运行，一侧备用； 3．滤网一台运行，一台备用			
10	前置泵本体	泵体放水门关，放空气门放空气后关闭			
10.1	前置泵电机	1．电机冷却风扇电机送电，测绝缘合格； 2．电机轴承回油管道连接无渗漏，回油畅通			
11	系统整体检查	1．汽动给水泵泵组系统现场卫生清洁，临时设施拆除，无影响正常启动的因素； 2．附近所有通道保持平整畅通，照明充足，消防设施齐全； 3．设备及管道外观整洁，无泄漏现象； 4．各阀门、设备标识牌无缺失，管道名称、色环、介质流向完整			

远动阀门检查卡							
序号	阀门名称	电源（√）	气源（√）	传动情况（√）	标准状态	确认人	备注
1	汽动给水泵自由端密封水气动调整门				关		
2	汽动给水泵传动端密封水气动调整门				关		
3	汽动给水泵前置泵入口电动门				开		
4	汽动给水泵中间抽头电动门				关		
5	汽动给水泵出口电动门				关		
6	汽动给水泵再循环进口电动门				开		
7	汽动给水泵再循环调节门				关		

就地阀门检查卡				
序号	检查内容	标准状态	确认人	备注
一	汽动给水泵			
1	汽动给水泵工作油泵出口阀	开		
2	汽动给水泵辅助油泵出口阀	开		

续表

就地阀门检查卡				
序号	检查内容	标准状态	确认人	备注
3	汽动给水泵直流油泵出口阀	开		
4	汽动给水泵润滑油滤网切换阀切至1号侧	正常		
5	汽动给水泵润滑油冷油器切换阀切至1号侧	正常		
6	汽动给水泵润滑油冷油器注油阀	微开		注油结束后关闭
7	汽动给水泵润滑油1号冷油器排气阀	开		注油结束后关闭
8	汽动给水泵润滑油2号冷油器排气阀	开		注油结束后关闭
9	汽动给水泵润滑油1号冷油器进水阀	开		
10	汽动给水泵润滑油1号冷油器出水阀	开		
11	汽动给水泵润滑油2号冷油器进水阀	开		水侧注水结束后关闭
12	汽动给水泵润滑油2号冷油器出水阀	开		
13	汽动给水泵控制油滤网切换阀切至1号	正常		
14	汽动给水泵控制油滤网注油阀	微开		注油结束后关闭
15	汽动给水泵控制油1号滤网排气阀	开		注油结束后关闭
16	汽动给水泵控制油2号滤网排气阀	开		注油结束后关闭
17	汽动给水泵控制油第一组蓄能器进油阀	开		
18	汽动给水泵控制油第二组蓄能器进油阀	开		
19	1号排烟风机出口挡板	调节		
20	2号排烟风机出口挡板	调节		
21	给水泵汽轮机顶轴油泵入口手动阀	开		
22	油箱取样阀	关		
23	给水泵汽轮机油箱至油净化门	关		
24	油净化至给水泵汽轮机油箱门	关		
25	事故放油门	关		
26	给水泵汽轮机油箱液位计上手动门	开		
27	给水泵汽轮机油箱液位计上手动门	开		
28	给水泵汽轮机工作油泵出口压力变送器一次阀	开		
29	给水泵汽轮机辅助油泵出口压力变送器一次阀	开		
30	给水泵汽轮机直流油泵出口压力变送器一次阀	开		
31	给水泵汽轮机润滑油冷油器出口压力变送器一次阀	开		
32	给水泵汽轮机润滑油供油母管压力变送器一次阀	开		
33	给水泵汽轮机控制油滤网前压力表一次阀	开		

续表

就地阀门检查卡				
序号	检查内容	标准状态	确认人	备注
34	给水泵汽轮机控制油滤网后压力变送器一次阀	开		
35	汽动给水泵密封水进水总门	开		
36	汽动给水泵密封水 1 号滤网进口门	开		
37	汽动给水泵密封水 1 号滤网出口门	开		
38	汽动给水泵密封水 2 号滤网进口门	关		
39	汽动给水泵密封水 2 号滤网出口门	关		
40	汽动给水泵自由端密封水进口门	开		
41	汽动给水泵自由端密封水出口门	开		
42	汽动给水泵自由端密封水旁路门	关		
43	汽动给水泵传动端密封水进口门	开		
44	汽动给水泵传动端密封水出口门	开		
45	汽动给水泵传动端密封水旁路门	关		
46	汽动给水泵自由端密封水回水旁路放空气门	开		充压放空气后关闭
47	汽动给水泵传动端密封水回水旁路放空气门	开		充压放空气后关闭
48	汽动给水泵泵体放水一次门	关		
49	汽动给水泵泵体放水二次门	关		
50	汽动给水泵密封水回水至 U 形水封进水门	开		
51	汽动给水泵密封水回水至 U 形水封出水门	关		凝汽器建立真空后开启
52	汽动给水泵密封水回水至无压放水门	开		凝汽器建立真空后关闭
53	密封水回水 U 形水封注水门	开		注水充压后关闭
54	凝结水至密封水母管压力表一次阀	开		
55	传动端密封水调节阀后压力表一次阀	开		
56	传动端密封水调节阀后压力变送器一次阀	开		
57	自由端密封水调节阀后压力表一次阀	开		
58	自由端密封水调节阀后压力变送器一次阀	开		
二	汽动给水泵前置泵			
59	汽动给水泵前置泵冷油器冷却水进水门	开		
60	汽动给水泵前置泵冷油器冷却水出水门	开		
61	汽动给水泵前置泵润滑油母管放油阀	关		
62	汽动给水泵前置泵润滑油冷却器油侧进油阀	开		

续表

就地阀门检查卡				
序号	检查内容	标准状态	确认人	备注
63	汽动给水泵前置泵润滑油冷却器油侧出油阀	开		
64	汽动给水泵前置泵润滑油冷却器油侧旁路阀	关		
65	汽动给水泵前置泵润滑油母管稳压阀	调整位		
66	汽动给水泵前置泵润滑油滤网进、出口三通阀切至 1 号侧	正常		
67	汽动给水泵前置泵轴头油泵进口手动阀	开		
68	汽动给水泵前置泵润滑油滤网注油阀	微开		注油结束后关闭
69	汽动给水泵前置泵润滑油泵出口母管压力表一次阀	开		
70	汽动给水泵前置泵润滑油泵出口母管压力变送器一次阀	开		
71	汽动给水泵前置泵润滑油滤网前差压变送器一次阀	开		
72	汽动给水泵前置泵润滑油滤网后差压变送器一次阀	开		
73	汽动给水泵前置泵冷油器后压力表一次阀	开		
74	汽动给水泵前置泵润滑油供油母管 1 号压力变送器一次阀	开		
75	汽动给水泵前置泵润滑油供油母管 2 号压力变送器一次阀	开		
76	汽动给水泵前置泵润滑油供油母管 3 号压力变送器一次阀	开		
77	汽动给水泵前置泵润滑油供油母管压力表一次阀	开		
78	汽前泵机械密封水冷却水进水总门	开		
79	汽前泵机械密封水冷却水回水总门	开		
80	汽前泵自由端机械密封排空气门	开		
81	汽前泵自由端机械密封滤网前手动门	开		
82	汽前泵自由端机械密封滤网后手动门	开		
83	汽前泵自由端机械密封滤网旁路门	关		
84	汽前泵传动端机械密封排空气门	开		
85	汽前泵传动端机械密封滤网前手动门	开		
86	汽前泵传动端机械密封滤网后手动门	开		
87	汽前泵传动端机械密封滤网旁路门	关		
88	汽前泵自由端机械密封冷却器冷却水回水门	开		
89	汽前泵传动端机械密封冷却器冷却水回水门	开		

设备送电确认卡					
序号	设备名称	标准状态	状态（√）	确认人	备注
1	汽动给水泵前置泵辅助油泵电机	送电			
2	1 号排烟风机电机	送电			
3	2 号排烟风机电机	送电			
4	汽动给水泵润滑油工作油泵电机	送电			
5	汽动给水泵润滑油辅助油泵电机	送电			
6	汽动给水泵润滑油直流油泵电机	送电			
7	汽动给水泵顶轴油泵	送电			

检查____号机汽动给水泵系统启动条件满足，已按系统投运前状态确认标准检查卡检查设备完毕，系统可以投运。

检查人：____________

执行情况复核（主值）：__________ 时间：__________

批准（值长）：______________ 时间：

1.18 给水泵汽轮机投运前状态确认标准检查卡

班组： 编号：

工作任务	____号机给水泵汽轮机投运前状态确认检查		
工作分工	就地：	盘前：	值长：

危险辨识与风险评估				
危险源	风险产生过程及后果	预控措施	预控情况	确认人
1. 人员技能	工作人员技能不能满足系统投运操作要求造成人身伤害、设备损坏	1. 检查就地及盘前操作人员具备相应岗位资格； 2. 操作人员应熟悉系统、设备及工作原理，清晰理解工作任务； 3. 操作人员应具备处理一般事故的能力		
2. 人员生理、心理	人员情绪异常、精神不佳造成工作中人身伤害	1. 班前会中准确了解人员情况； 2. 当班期间值内、部门做好监督； 3. 发现人员情绪等异常情况时，严禁操作		
3. 人员行为	工作票未终结、隔离措施未恢复、人员未撤离造成工作中人身伤害；工器具遗留在操作现场造成设备损坏	1. 查看工作票是否终结； 2. 检修人员全部撤离； 3. 确认安全隔离措施全部恢复到位； 4. 操作完毕应检查所有的工器具已收回，确保无遗留物件		
4. 照明	现场照明不足造成人身伤害	现场照明应充足，满足操作及监视需要，否则应及时补充或增加		

续表

危险辨识与风险评估				
危险源	风险产生过程及后果	预控措施	预控情况	确认人
5．孔洞坑井沟道及障碍物	盖板缺损及平台防护栏杆不全造成高处坠落；设备周围有障碍物影响设备运行和人身安全	1．工作场所的孔、洞、坑、井、沟道，必须覆以与地面齐平的坚固盖板。 2．发现洞口盖板缺失、损坏或未盖好时，必须立即填补、修复盖板并及时盖好。 3．所有升降口、大小孔洞、楼梯和平台，必须装设不低于1050mm高栏杆和不低于100mm高的脚部护板；离地高度高于20m的平台、通道及作业场所的防护栏杆不应低于1200mm。 4．清除设备周围影响设备运行和人身安全的障碍物		
6．高处落物	工作区域上方高处落物造成人身伤害	1．正确佩戴个人劳保防护用品； 2．进入现场要观察工作环境，发现有高处落物的可能时采取必要措施		
7．工器具	使用不合格工器具或未正确使用工器具造成工作中人身伤害	1．检查符合规定安全工器具； 2．不合格工器具禁止带入操作现场； 3．带全操作所需工器具、防护用品等（如对讲机、手电筒、耳塞等）； 4．操作中正确使用工器具		
8．触电	控制柜送电过程中人员误碰带电部位触电	1．熟悉控制柜电气回路； 2．电气操作时正确佩戴个人防护用品，正确使用合格的工器具		
9．油	油泄漏遇明火或高温物体造成火灾	1．油管道法兰、阀门及可能漏油部位附近不准有明火，必须明火作业时要采取有效措施； 2．尽量避免使用法兰连接，禁止使用铸铁阀门		
10．高压介质	通过高温高压区域时高温、高压容器或管道突然断裂造成人员伤害	1．不准允许未泄压的设备进入检修状态； 2．不准在高温高压区域设长时间停留； 3．不准在未采取完善安全措施情况下擅自拆除设备上的安全防护设施； 4．操作高温高压系统时应按规定操作，并做好发生泄漏时的防范措施		
11．转动机械	标识缺损、防护罩缺损；断裂、超速、零部件脱落；肢体部位或饰品衣物、用具（包括防护用品）、工具接触转动部位	1．设备的转动部分必须装设防护罩，并标明旋转方向，露出的轴端必须装设护盖；转动设备的防护罩应完好。 2．检查设备的运行状态，保持设备的振动、温度、运行电流等参数符合标准，如发现参数超标及时处理。 3．衣服和袖口应扣好，不得戴围巾领带，长发必须盘在安全帽内；不准将用具、工器具接触设备的转动部位，不准在转动设备附近长时间停留。		

续表

危险辨识与风险评估				
危险源	风险产生过程及后果	预控措施	预控情况	确认人
11．转动机械		4．转动设备试运行时所有人员应先远离，站在转动机械的轴向位置，并有一人站在事故按钮位置		
12．系统漏油	管道连接法兰处刺漏，系统超压。 阀门开关状态不对导致系统跑油或憋压	投运前，确认系统各阀门已按阀门操作卡置于正确位置。管道充油放空气彻底，启泵后再关闭放空气门，切泵时减少双泵工频运行时间		
13．轴瓦损坏	油质异常导致轴承进异物，损坏轴瓦	1．系统投运前，小机油箱应先清理、排污，并联系化学运行人员化验油质是否合格，在油质不合格情况下严禁启动； 2．油净化装置应随系统一并投运并连续运行； 3．大修时小机润滑油系统检修须进行油循环且化验油质合格后，小机各轴承方可进油		
14．油压下降	逆止门关闭不严导致系统油压下降	主油泵运行时，备用油泵出口压力表应指示为零，否则需联系检修人员处理其出口逆止门后方可开机		
15．虚假油位	油位计指示不准导致出现虚假油位，造成误判断	1．定期进行油位计活动试验； 2．油位计故障，及时联系检修人员处理		
16．轴封温度过高	轴封减温水自动异常，供汽过热度过高	1．加强监视并定期校验轴封温度测点正确； 2．轴封减温水自动必须可靠投入，保证轴封供汽过热度在规程规定范围		
17．轴封温度过低	轴封系统投运未充分暖管、疏水	轴封系统投运前充分暖管、疏水；定期对高中低压轴封进汽滤网疏水		
18．转子热弯曲	向静止的转子供轴封蒸汽导致转子局部受热发生热弯曲	轴封供汽前必须启动盘车连续运行		
19．轴封处冒汽	轴封供汽压力过大，轴封件损坏	加强轴封压力监视并及时调整。确认轴封件损坏及时停小机检修		
20．轴封管道振动	轴封系统投运未充分暖管、疏水	轴封系统投运前充分暖管、疏水		
21．真空泵工作异常	真空泵汽水分离器水位异常导致真空泵工作异常，真空泵冷却器堵塞（污脏），水温过高	1．加强真空泵汽水分离器水位的巡视； 2．若发现真空泵汽水分离器自动补水阀不能控制正常水位，及时联系维护处理； 3．因水位异常而不能维持运行时，应及时倒泵； 4．加强水温监视		

续表

危险辨识与风险评估				
危险源	风险产生过程及后果	预控措施	预控情况	确认人
22. 停备用真空泵真空异常	真空泵入口蝶阀开关不到位	确认备用真空泵运行正常、入口蝶阀已经完全开启后，方可停运原运行真空泵。停运原运行真空泵前，应确认该泵入口蝶阀已经完全关闭真空系统吸入异物		

系统投运前状态确认标准检查卡					
序号	检查内容	标准状态	确认情况（√）	确认人	备注
1	汽动给水泵汽轮机系统热机、电气、热控检修工作票、缺陷联系单	终结或押回，无影响系统启动的缺陷			
2	汽动给水泵汽轮机系统热控、电气部分				
2.1	汽动给水泵汽轮机系统热工表计	所有压力表计一次门开启，温度表计已投入。 热工专业确认人：____			
2.2	阀门静态试验	试验合格。 热工专业确认人：____			
2.3	联锁保护通道	传动合格。 热工专业确认人：____			
2.4	号机汽动给水泵 1、2号润滑油泵联锁保护试验合格	保护投入正常。 热工专业确认人：____			
2.5	直流油泵联锁保护试验合格	保护投入正常。 热工专业确认人：____			
2.6	停机按钮	完好，在弹出位			
3	辅助系统				
3.1	循环水系统	系统已投入，凝汽器循环水侧人孔关闭严密，具备进水条件，主机循环水母管压力＞0.16MPa			
3.2	开式水系统	系统已投入，低压开式水母管压力＞0.16MPa			
3.3	除盐水系统	系统已投入，除盐水母管压力 0.3～0.6MPa			
3.4	给水泵汽轮机凝汽器本体	1．凝汽器底部放水关，人孔关闭严密； 2．水位计完好，具备进水条件或水位＞300mm			
3.5	凝坑排污水泵	本体完好，在自动位			

续表

系统投运前状态确认标准检查卡					
序号	检查内容	标准状态	确认情况（√）	确认人	备注
3.6	给水泵汽轮机凝结水泵	1．测绝缘合格已经送电。 2．自密封水门开启，再循环隔离阀开启。 3．凝结水泵轴承油质合格，油位 1/2			
3.7	辅汽系统压力、温度	辅汽母管压力＞0.8MPa，温度 280～300℃			
3.8	四抽供汽	机组负荷 30MW，四抽压力、温度正常			
3.9	疏水系统	阀门联锁投入正常			
4	给水泵汽轮机油站				
4.1	油箱本体	1．系统设备完整，无积油、漏油； 2．油位计投入，就地油箱油位（1005±75mm）与远方 DCS 油位对照一致； 3．电加热器完好，油温 35～45℃； 4．油质合格（油质等级＞7 级）。 化学专业确认人：____			
4.2	工作油泵	送电，油泵启动后系统润滑油压 0.25MPa，调节油压 0.8MPa			
4.3	辅助油泵	送电备用，联锁投入正常			
4.4	直流油泵	送电备用，联锁投入正常			
4.5	1 号排烟风机	送电，一台运行，一台备用，启动后油箱压力－3～－1kPa			
4.6	2 号排烟风机	送电，联锁投入正常			
4.7	冷油器	1．一台保持运行，一台备用； 2．冷油器表面无渗漏油，冷却器进、出水门开启			
4.8	过滤器	1．一侧运行、一侧备用； 2．滤网差压＜35kPa，无差压报警信号			
4.9	回油管道	系统管道连接完整，无渗漏油，回油窗清晰			
5	给水泵汽轮机轴封系统				
5.1	主机轴封系统	系统正常，轴封母管压力 3.5kPa			
5.2	1 号轴加风机	送电，一台运行，一台备用，风机启动后油箱压力正常（－3kPa）			
5.3	2 号轴加风机	送电，联锁投入正常			
5.4	辅汽联箱	辅汽联箱压力 0.6～1.0MPa，温度 280～320℃			

续表

系统投运前状态确认标准检查卡					
序号	检查内容	标准状态	确认情况（√）	确认人	备注
6	真空系统				
6.1	1号真空泵	1．汽水分离器液位122～165mm； 2．泵组完好，事故按钮在弹出位，护罩齐全； 3．长期停运，盘动转子灵活			
6.2	2号真空泵	1．汽水分离器液位122～165mm； 2．泵组完好，事故按钮在弹出位，护罩齐全； 3．长期停运，盘动转子灵活			
6.3	给水泵汽轮机凝汽器	1．人孔关闭严密； 2．热井水位计投入（122～165mm），就地与远方DCS对照水位一致； 3．抽真空阀开启； 4．真空破坏阀完好，注水已完成			
7	系统整体检查	1．给水泵汽轮机系统现场卫生清洁，临时设施拆除，无影响正常启动的因素； 2．附近所有通道保持平整畅通，照明充足，消防设施齐全； 3．设备及管道外观整洁，无泄漏现象； 4．各阀门、设备标识牌无缺失，管道名称、色环、介质流向完整			

远动阀门检查卡							
序号	阀门名称	电源（√）	气源（√）	传动情况（√）	标准状态	确认人	备注
1	辅汽联箱至给水泵汽轮机轴封供汽管道调整门前疏水气动门				关		
2	辅汽联箱至给水泵汽轮机轴封供汽气动调门				关		
3	辅汽联箱至给水泵汽轮机轴封进汽管道调整门后疏水气动门				关		
4	高压辅汽联箱至给水泵汽轮机机供汽电动调门				关		
5	四抽至给水泵汽轮机机供汽电动门前疏水电动门				关		
6	四抽至给水泵汽轮机机供汽电动门				关		
7	四抽至给水泵汽轮机机供汽逆止门后疏水电动门				关		
8	给水泵汽轮机机进汽管道疏水电动门				关		

续表

远动阀门检查卡							
序号	阀门名称	电源（√）	气源（√）	传动情况（√）	标准状态	确认人	备注
9	给水泵汽轮机机进汽 1 号速关阀				关		
10	给水泵汽轮机机进汽 2 号速关阀				关		
11	给水泵汽轮机机进汽 1 号主调阀				关		
12	给水泵汽轮机机进汽 2 号主调阀				关		
13	五段抽汽至给水泵汽轮机机补汽主汽阀				关		
14	五段抽汽至给水泵汽轮机机补汽主调阀				关		
15	除盐水至给水泵汽轮机机减温水电磁阀				关		
16	速关阀壳体疏水 1 至疏扩气动门				关		
17	速关阀壳体疏水 2 至疏扩气动门				关		
18	给水泵汽轮机机本体高压疏水气动门				关		
19	给水泵汽轮机机本体低压疏水气动门				关		
20	给水泵汽轮机凝汽器真空破坏阀				关		
21	给水泵汽轮机 1 号真空泵入口气动快关阀				关		
22	给水泵汽轮机 2 号真空泵入口气动快关阀				关		
23	给水泵汽轮机 1 号真空泵气水分离器补水电磁阀				关		
24	给水泵汽轮机 2 号真空泵气水分离器补水电磁阀				关		

就地阀门检查卡				
序号	检查内容	标准状态	确认人	备注
1	给水泵汽轮机工作油泵出口阀	开		
2	给水泵汽轮机辅助油泵出口阀	开		
3	给水泵汽轮机直流油泵出口阀	开		
4	给水泵汽轮机润滑油滤网切换阀切至 1 号侧	正常		
5	给水泵汽轮机润滑油冷油器切换阀切至 1 号侧	正常		
6	给水泵汽轮机润滑油冷油器注油阀	微开		注油结束后关闭
7	给水泵汽轮机润滑油 1 号冷油器排气阀	开		注油结束后关闭
8	给水泵汽轮机润滑油 2 号冷油器排气阀	开		注油结束后关闭
9	给水泵汽轮机润滑油 1 号冷油器进水阀	开		

续表

就地阀门检查卡				
序号	检查内容	标准状态	确认人	备注
10	给水泵汽轮机润滑油 1 号冷油器出水阀	开		
11	给水泵汽轮机润滑油 2 号冷油器进水阀	开		水侧注水结束后关闭
12	给水泵汽轮机润滑油 2 号冷油器出水阀	开		
13	给水泵汽轮机控制油滤网切换阀切至 1 号	正常		
14	给水泵汽轮机控制油滤网注油阀	微开		注油结束后关闭
15	给水泵汽轮机控制油 1 号滤网排气阀	开		注油结束后关闭
16	给水泵汽轮机控制油 2 号滤网排气阀	开		注油结束后关闭
17	给水泵汽轮机控制油第一组蓄能器进油阀	开		
18	给水泵汽轮机控制油第二组蓄能器进油阀	开		
19	1 号排烟风机出口挡板	调节		
20	2 号排烟风机出口挡板	调节		
21	给水泵汽轮机顶轴油泵入口手动阀	开		
22	油箱取样阀	关		
23	给水泵汽轮机油箱至油净化门	关		
24	油净化至给水泵汽轮机油箱门	关		
25	事故放油门	关		
26	给水泵汽轮机油箱液位计上手动门	开		
27	给水泵汽轮机油箱液位计上手动门	开		
28	给水泵汽轮机工作油泵出口压力变送器一次阀	开		
29	给水泵汽轮机辅助油泵出口压力变送器一次阀	开		
30	给水泵汽轮机直流油泵出口压力变送器一次阀	开		
31	给水泵汽轮机润滑油冷油器出口压力变送器一次阀	开		
32	给水泵汽轮机润滑油供油母管压力变送器一次阀	开		
33	给水泵汽轮机控制油滤网前压力表一次阀	开		
34	给水泵汽轮机控制油滤网后压力变送器一次阀	开		
35	辅汽联箱至给水泵汽轮机轴封供汽调整门前手动门	开		
36	辅汽联箱至给水泵汽轮机轴封供汽调整门后手动门	开		
37	辅汽联箱至给水泵汽轮机轴封供汽管道调整门前疏水手动门	开		
38	辅汽联箱至给水泵汽轮机轴封供汽旁路手动门	关		
39	辅汽联箱至给水泵汽轮机轴封进汽管道调整门后疏水手动门	开		

续表

就地阀门检查卡				
序号	检查内容	标准状态	确认人	备注
40	给水泵汽轮机轴封排汽至轴封加热器手动门	开		
41	辅汽联箱至给水泵汽轮机轴封供汽调整门前压力变送器一次阀	开		
42	给水泵汽轮机轴封供汽母管压力表一次阀	开		
43	给水泵汽轮机轴封供汽母管压力变送器一次阀	开		
44	高压辅汽联箱至给水泵汽轮机机供汽手动门	开		
45	四抽至给水泵汽轮机机供汽电动门前疏水手动门	开		
46	四抽至给水泵汽轮机机供汽逆止门后疏水手动门	开		
47	给水泵汽轮机机进汽管道疏水手动门	开		
48	除盐水至给水泵汽轮机机减温水电磁阀后手动门	开		
49	除盐水至给水泵汽轮机机减温水电磁阀前手动门	开		
50	除盐水至给水泵汽轮机机减温水旁路手动门	关		
51	除盐水至给水泵汽轮机机减温水节流阀	开		检修整定数值
52	四抽至给水泵汽轮机机供汽电动门前压力表一次阀	开		
53	四抽至给水泵汽轮机机供汽逆止门后压力表一次阀	开		
54	五抽至给水泵汽轮机机补汽主汽阀前 1 号压力表一次阀	开		
55	五抽至给水泵汽轮机机补汽主汽阀前 2 号压力表一次阀	开		
56	除盐水至给水泵汽轮机机减温水电磁阀前压力表一次阀	开		
57	除盐水至给水泵汽轮机机减温水电磁阀后压力表一次阀	开		
58	速关阀壳体疏水 1 至疏扩手动门	开		
59	速关阀壳体疏水 2 至疏扩手动门	开		
60	给水泵汽轮机机本体高压疏水手动门	开		
61	五段抽汽至给水泵汽轮机机补汽管道疏水器前手动门	开		
62	五段抽汽至给水泵汽轮机机补汽管道疏水器后手动门	开		
63	五段抽汽至给水泵汽轮机机补汽管道疏水器旁路手动门	关		
64	给水泵汽轮机机本体低压疏水手动门	开		
65	给水泵汽轮机凝汽器 1 号抽空气隔离阀	开		
66	给水泵汽轮机凝汽器 2 号抽空气隔离阀	开		

续表

就地阀门检查卡				
序号	检查内容	标准状态	确认人	备注
67	给水泵汽轮机凝汽器真空破坏阀密封水溢流阀	开		注水后调整节流
68	给水泵汽轮机凝汽器真空破坏阀密封水进水阀	开		注水后调整节流
69	给水泵汽轮机 1 号真空泵入口手动隔离阀	开		
70	给水泵汽轮机 2 号真空泵入口手动隔离阀	开		
71	给水泵汽轮机 1 号真空泵泵体放水手动门	关		
72	给水泵汽轮机 2 号真空泵泵体放水手动门	关		
73	给水泵汽轮机 1 号真空泵气水分离器液位计上手动门	开		
74	给水泵汽轮机 1 号真空泵气水分离器液位计下手动门	开		
75	给水泵汽轮机 2 号真空泵气水分离器液位计上手动门	开		
76	给水泵汽轮机 2 号真空泵气水分离器液位计下手动门	开		
77	给水泵汽轮机 1 号真空泵气水分离器放水门	关		
78	给水泵汽轮机 2 号真空泵气水分离器放水门	关		
79	给水泵汽轮机 1 号真空泵气水分离器补水旁路门	关		
80	给水泵汽轮机 1 号真空泵气水分离器补水手动门	开		
81	给水泵汽轮机 2 号真空泵气水分离器补水旁路门	关		
82	给水泵汽轮机 2 号真空泵气水分离器补水手动门	开		
83	给水泵汽轮机 1 号真空泵工作液至泵体密封手动门	开		
84	给水泵汽轮机 2 号真空泵工作液至泵体密封手动门	开		
85	给水泵汽轮机 1 号真空泵冷却器工作水侧放水门	关		
86	给水泵汽轮机 2 号真空泵冷却器工作水侧放水门	关		
87	给水泵汽轮机 1 号真空泵工作水至填料密封手动门	开		
88	给水泵汽轮机 2 号真空泵工作水至填料密封手动门	开		
89	给水泵汽轮机1号真空泵入口气动快关阀后压力表一次阀	开		
90	给水泵汽轮机 2 号真空泵入口气动快关阀后压力表一次阀	开		
91	给水泵汽轮机 1 号真空泵入口气动快关阀前差压开关一次阀	开		
92	给水泵汽轮机 1 号真空泵入口气动快关阀后差压开关一次阀	开		
93	给水泵汽轮机 2 号真空泵入口气动快关阀前差压开关一次阀	开		
94	给水泵汽轮机 2 号真空泵入口气动快关阀后差压开关一次阀	开		

设备送电确认卡					
序号	设备名称	标准状态	状态（√）	确认人	备注
1	凝结水泵坑排污泵电机	送电			
2	1号排烟风机电机	送电			
3	2号排烟风机电机	送电			
4	给水泵汽轮机润滑油1号油泵电机	送电			
5	给水泵汽轮机润滑2号油泵电机	送电			
6	给水泵汽轮机润滑油直流油泵电机	送电			
7	给水泵汽轮机顶轴油泵	送电			
8	给水泵汽轮机1号真空泵电机	送电			
9	给水泵汽轮机2号真空泵电机	送电			
10	给水泵汽轮机1号真空泵汽水分离器循环泵	送电			
11	给水泵汽轮机2号真空泵汽水分离器循环泵	送电			

检查____号机汽动给水泵汽轮机系统启动条件满足，系统投运前状态确认标准检查卡检查设备完毕，系统可以投运。

检查人：__________

执行情况复核（主值）：__________ 时间：__________

批准（值长）：__________ 时间：__________

1.19 给水泵汽轮机凝结水系统投运前状态确认标准检查卡

班组： 编号：

工作任务	____号机给水泵汽轮机凝结水系统投运状态确认检查
工作分工	就地： 盘前： 值长：

危险辨识与风险评估				
危险源	风险产生过程及后果	预控措施	预控情况	确认人
1. 人员技能	工作人员技能不能满足系统投运操作要求造成人身伤害、设备损坏	1. 检查就地及盘前操作人员具备相应岗位资格； 2. 操作人员应熟悉系统、设备及工作原理，清晰理解工作任务； 3. 操作人员应具备处理一般事故的能力		
2. 人员生理、心理	人员情绪异常、精神不佳造成工作中人身伤害	1. 班前会中准确了解人员情况； 2. 当班期间值内、部门做好监督； 3. 发现人员情绪等异常情况时，严禁操作		

续表

危险辨识与风险评估				
危险源	风险产生过程及后果	预控措施	预控情况	确认人
3．人员行为	工作票未终结、隔离措施未恢复、人员未撤离造成工作中人身伤害；工器具遗留在操作现场造成设备损坏	1．查看工作票是否终结； 2．检修人员全部撤离； 3．确认安全隔离措施全部恢复到位； 4．操作完毕应检查所有的工器具已收回，确保无遗留物件		
4．照明	现场照明不足造成人身伤害	现场照明应充足，满足操作及监视需要，否则应及时补充或增加		
5．孔洞坑井沟道及障碍物	盖板缺损及平台防护栏杆不全造成高处坠落；设备周围有障碍物影响设备运行和人身安全	1．工作场所的孔、洞、坑、井、沟道，必须覆以与地面齐平的坚固盖板。 2．发现洞口盖板缺失、损坏或未盖好时，必须立即填补、修复盖板并及时盖好。 3．所有升降口、大小孔洞、楼梯和平台，必须装设不低于1050mm高栏杆和不低于100mm高的脚部护板；离地高度高于20m的平台、通道及作业场所的防护栏杆不应低于1200mm。 4．清除设备周围影响设备运行和人身安全的障碍物		
6．高处落物	工作区域上方高处落物造成人身伤害	1．正确佩戴个人劳保防护用品； 2．进入现场要观察工作环境，发现有高处落物的可能时采取必要措施		
7．工器具	使用不合格工器具或未正确使用工器具造成工作中人身伤害	1．检查符合规定安全工器具； 2．不合格工器具禁止带入操作现场； 3．带全操作所需工器具、防护用品等（如对讲机、手电筒、耳塞等）； 4．操作中正确使用工器具		
8．触电	控制柜送电过程中人员误碰带电部位触电	1．熟悉控制柜电气回路； 2．电气操作时正确佩戴个人防护用品，正确使用合格的工器具		
9．油	油泄漏遇明火或高温物体造成火灾	1．油管道法兰、阀门及可能漏油部位附近不准有明火，必须明火作业时要采取有效措施； 2．尽量避免使用法兰连接，禁止使用铸铁阀门		
10．高压介质	通过高温高压区域时高温、高压容器或管道突然断裂造成人员伤害	1．不准允许未泄压的设备进入检修状态； 2．不准在高温高压区域设长时间停留； 3．不准在未采取完善安全措施情况下擅自拆除设备上的安全防护设施； 4．操作高温高压系统时应按规定操作，并做好发生泄漏时的防范措施		
11．转动机械	标识缺损、防护罩缺损；断裂、超速、零部件脱落；肢体部位或饰品衣物、用具	1．设备的转动部分必须装设防护罩，并标明旋转方向，露出的轴端必须装设护盖；转动设备的防护罩应完好。		

续表

危险辨识与风险评估				
危险源	风险产生过程及后果	预控措施	预控情况	确认人
11．转动机械	（包括防护用品）、工具接触转动部位	2．检查设备的运行状态，保持设备的振动、温度、运行电流等参数符合标准，如发现参数超标及时处理。 3．衣服和袖口应扣好，不得戴围巾领带，长发必须盘在安全帽内；不准将用具、工器具接触设备的转动部位，不准在转动设备附近长时间停留。 4．转动设备试运行时所有人员应先远离，站在转动机械的轴向位置，并有一人站在事故按钮位置		
12．凝结水母管压力降低	凝结水泵启动切换时，另一台凝结水泵停运后出口逆止门回座不严密	立即就地敲打逆止门使其回座严密，否则重新启动该泵		
13．凝汽器水位高	凝结水泵漏入空气	凝结水泵在定期切换时严格按照操作票进行		
14．凝结水管道振动	就地空气未放尽，启动后未及时调整流量，支吊架有缺陷	系统放尽空气，泵启动后及时调整再循环，检查支吊架完好再启动		

系统投运前状态确认标准检查卡					
序号	检查内容	标准状态	确认情况（√）	确认人	备注
1	____号机汽动给水泵汽轮机系统热机、电气、热控检修工作票、缺陷联系单	终结或押回，无影响系统启动的缺陷			
2	汽动给水泵汽轮机系统热控、电气部分				
2.1	汽动给水泵汽轮机系统热工表计	所有压力表计一次门开启，温度表计已投入。 热工专业确认人：____			
2.2	阀门静态传动试验	试验合格。 热工专业确认人：____			
2.3	联锁保护通道	传动合格。 热工专业确认人：____			
3	辅助系统				
3.1	循环水系统	循环水已投运，凝汽器循环水侧人孔关，具备进水条件，主机循环水母管压力＞0.16MPa			
3.2	开式水系统	系统已投入，低压开式水母管压力＞0.16MPa			

续表

系统投运前状态确认标准检查卡					
序号	检查内容	标准状态	确认情况（√）	确认人	备注
3.3	除盐水系统	系统已投入，除盐水母管压力 0.3～0.6MPa			
3.4	小机凝汽本体	1．凝汽器汽侧放水门关闭，人孔关闭严密，固定螺栓紧固； 2．水位计上下联通门开启，就地水位与远方 DCS 对照一致，凝汽器热井具备进水条件			
3.5	凝结水泵坑排污泵	1．本体完好，就地开关柜送电，就地开关在“自动”投入位； 2．排污槽无堵塞，无杂物			
4	给水泵汽轮机凝结水泵	1．电机测绝缘合格已经送电； 2．自密封水门开启，再循环隔离阀开启； 3．进口滤网无差压报警信号			
4.1	事故按钮	按钮在弹出位，防护罩完好			
4.2	凝结水泵入口滤网	放水阀关闭，排空气门见连续水流后关闭，滤网差压＜50kPa			
4.3	机械密封水	设备完整，泵体注水空气门连续水流后关闭			
4.4	轴承油位	轴承油位在 1/2 或 2/3，油质清澈，透明			
4.5	泵坑	基础台座无积水积油、无杂物			
5	系统整体检查	1．给水泵汽轮机凝结水系统现场卫生清洁，临时设施拆除，无影响正常启动的因素； 2．附近所有通道保持平整畅通，照明充足，消防设施齐全； 3．设备及管道外观整洁，无泄漏现象； 4．各阀门、设备标识牌无缺失，管道名称、色环、介质流向完整			

远动阀门检查卡							
序号	阀门名称	电源（√）	气源（√）	传动情况（√）	标准状态	确认人	备注
1	给水泵汽轮机凝汽器补水电动阀				关		
2	给水泵汽轮机 1 号凝结水泵进口电动阀				关		
3	给水泵汽轮机 1 号凝结水泵出口电动阀				关		
4	给水泵汽轮机 2 号凝结水泵进口电动阀				关		
5	给水泵汽轮机 2 号凝结水泵出口电动阀				关		
6	给水泵汽轮机凝结水再循环调阀前电动阀				开		

续表

远动阀门检查卡							
序号	阀门名称	电源（√）	气源（√）	传动情况（√）	标准状态	确认人	备注
7	给水泵汽轮机凝结水再循环调阀				关		
8	给水泵汽轮机凝汽器水位调阀				关		
9	给水泵汽轮机凝汽器水位调阀前电动阀				开		
10	给水泵汽轮机凝汽器水位调阀旁路电动阀				关		

就地阀门检查卡				
序号	检查内容	标准状态	确认人	备注
1	给水泵汽轮机低压缸喷水调阀前手动门	开		
2	给水泵汽轮机低压缸喷水调阀后手动门	开		
3	给水泵汽轮机低压缸喷水旁路门	关		
4	给水泵汽轮机凝汽器热井放水一次门	关		
5	给水泵汽轮机凝汽器热井放水二次门	关		
6	给水泵汽轮机 1 号凝结水泵进口滤网排污门	关		
7	给水泵汽轮机 2 号凝结水泵进口滤网排污门	关		
8	给水泵汽轮机凝结水再循环旁路手动门	关		
9	给水泵汽轮机凝结水再循环调阀后手动门	开		
10	给水泵汽轮机凝汽器水位调阀后手动门	开		

设备送电确认卡					
序号	设备名称	标准状态	状态（√）	确认人	备注
1	凝坑排污泵电机	送电			
2	1 号给水泵汽轮机凝结水泵电机	送电			
3	2 号给水泵汽轮机凝结水泵电机	送电			

检查____号机给水泵汽轮机凝结水系统启动条件满足，已按系统投运前状态确认标准检查卡检查设备完毕，系统可以投运。

检查人：____________________

执行情况复核（主值）：________　　　　　时间：____________

批准（值长）：________________　　　　　时间：____________

1.20 给水泵汽轮机真空系统投运前状态确认标准检查卡

班组： 编号：

工作任务	____号机给水泵汽轮机真空系统投运状态确认检查
工作分工	就地： 盘前： 值长：

危险辨识与风险评估				
危险源	风险产生过程及后果	预控措施	预控情况	确认人
1．人员技能	工作人员技能不能满足系统投运操作要求造成人身伤害、设备损坏	1．检查就地及盘前操作人员具备相应岗位资格； 2．操作人员应熟悉系统、设备及工作原理，清晰理解工作任务； 3．操作人员应具备处理一般事故的能力		
2．人员生理、心理	人员情绪异常、精神不佳造成工作中人身伤害	1．班前会中准确了解人员情况； 2．当班期间值内、部门做好监督； 3．发现人员情绪等异常情况时，严禁操作		
3．人员行为	工作票未终结、隔离措施未恢复、人员未撤离造成工作中人身伤害；工器具遗留在操作现场造成设备损坏	1．查看工作票是否终结； 2．检修人员全部撤离； 3．确认安全隔离措施全部恢复到位； 4．操作完毕应检查所有的工器具已收回，确保无遗留物件		
4．照明	现场照明不足造成人身伤害	现场照明应充足，满足操作及监视需要，否则应及时补充或增加		
5．孔洞坑井沟道及障碍物	盖板缺损及平台防护栏杆不全造成高处坠落；设备周围有障碍物影响设备运行和人身安全	1．工作场所的孔、洞、坑、井、沟道，必须覆以与地面齐平的坚固盖板。 2．发现洞口盖板缺失、损坏或未盖好时，必须立即填补、修复盖板并及时盖好。 3．所有升降口、大小孔洞、楼梯和平台，必须装设不低于1050mm高栏杆和不低于100mm高的脚部护板；离地高度高于20m的平台、通道及作业场所的防护栏杆不应低于1200mm。 4．清除设备周围影响设备运行和人身安全的障碍物		
6．高处落物	工作区域上方高处落物造成人身伤害	1．正确佩戴个人劳保防护用品； 2．进入现场要观察工作环境，发现有高处落物的可能时采取必要措施		
7．工器具	使用不合格工器具或未正确使用工器具造成工作中人身伤害	1．检查符合规定安全工器具； 2．不合格工器具禁止带入操作现场； 3．带全操作所需工器具、防护用品等（如对讲机、手电筒、耳塞等）； 4．操作中正确使用工器具		

续表

危险辨识与风险评估				
危险源	风险产生过程及后果	预控措施	预控情况	确认人
8．触电	控制柜送电过程中人员误碰带电部位触电	1．熟悉控制柜电气回路； 2．电气操作时正确佩戴个人防护用品，正确使用合格的工器具		
9．油	油泄漏遇明火或高温物体造成火灾	1．油管道法兰、阀门及可能漏油部位附近不准有明火，必须明火作业时要采取有效措施； 2．尽量避免使用法兰连接，禁止使用铸铁阀门		
10．高温高压介质	通过高温高压区域时高温、高压容器或管道突然断裂造成人员伤害	1．不准允许未泄压的设备进入检修状态； 2．不准在高温高压区域设长时间停留； 3．不准在未采取完善安全措施情况下擅自拆除设备上的安全防护设施； 4．操作高温高压系统时应按规定操作，并做好发生泄漏时的防范措施		
11．转动机械	标识缺损、防护罩缺损；断裂、超速、零部件脱落；肢体部位或饰品衣物、用具（包括防护用品）、工具接触转动部位	1．设备的转动部分必须装设防护罩，并标明旋转方向，露出的轴端必须装设护盖；转动设备的防护罩应完好。 2．检查设备的运行状态，保持设备的振动、温度、运行电流等参数符合标准，如发现参数超标及时处理。 3．衣服和袖口应扣好，不得戴围巾领带，长发必须盘在安全帽内；不准将用具、工器具接触设备的转动部位，不准在转动设备附近长时间停留。 4．转动设备试运行时所有人员应先远离，站在转动机械的轴向位置，并有一人站在事故按钮位置		
12．轴封温度过高	轴封减温水自动异常，轴封供汽温度过高	1．加强监视并定期校验轴封温度测点正确； 2．轴封减温水自动必须可靠投入，保证轴封供汽过热度在规程规定范围		
13．轴封温度过低	轴封系统投运前未充分暖管、疏水，引起轴封供汽带水	轴封系统投运前充分暖管、疏水		
14．转子热弯曲	向静止的转子供轴封蒸汽导致转子局部受热发生热弯曲	轴封供汽前必须启动盘车连续运行		
15．轴封冒汽	轴封供汽压力过高，轴封部件损坏，引起润滑油质恶化	加强轴封压力监视并及时调整供气压力		
16．轴封管道振动	轴封系统投运未充分暖管、疏水	轴封系统投运前充分暖管、疏水		

续表

危险辨识与风险评估				
危险源	风险产生过程及后果	预控措施	预控情况	确认人
17．真空泵工作异常	真空泵汽水分离器水位异常导致真空泵工作异常，真空泵冷却器堵塞（污脏），水温过高	1．加强真空泵汽水分离器水位的巡视； 2．若发现真空泵汽水分离器自动补水阀不能控制正常水位，及时联系维护处理； 3．因水位异常而不能维持运行时，应及时倒泵； 4．加强水温监视		

系统投运前状态确认标准检查卡					
序号	检查内容	标准状态	确认情况（√）	确认人	备注
1	____号机组汽动给水泵汽轮机系统热机、电气、热控检修工作票、缺陷联系单	终结或押回，无影响系统启动的缺陷			
2	汽动给水泵汽轮机系统热控、电气部分				
2.1	汽动给水泵汽轮机系统热工表计	所有压力表计一次门开启，温度表计已投入。 热工确认人：____			
3	给水泵汽轮机本体	1．汽动给水泵汽轮机主汽阀、主调阀均在关闭位置； 2．五段抽汽至汽动给水泵汽轮机补气阀在关闭位置			
3.1	给水泵汽轮机油系统	润滑油系统已投入运行，盘车连续运行状态，转速100r/min			
3.2	给水泵汽轮机本体疏水	相关阀门联锁投入，疏水已排至本体疏水扩容器			
4	辅助系统				
4.1	循环水系统	凝汽器水侧人孔关，具备进水条件，主机循环水母管压力＞0.16MPa			
4.2	开式水系统	系统已投入，低压开式水母管压力＞0.16MPa			
4.3	除盐水系统	系统已投入，除盐水母管压力 0.3～0.6MPa			
5	轴封供汽系统	主机轴封系统已正常，轴封母管压力＞3.5kPa			
5.1	轴封加热器风机	已送电，轴封加热器风机一台运行，一台备用，启动风机后轴封加热器回汽压力＞－1kPa			

续表

系统投运前状态确认标准检查卡					
序号	检查内容	标准状态	确认情况（√）	确认人	备注
6	辅助蒸汽系统	辅助蒸汽联箱压力 0.6～1.0MPa，温度280～320℃			
7	给水泵汽轮机凝汽器本体	1．凝汽器汽侧放水门关闭严密，人孔关闭严密； 2．水位计上下联通门已开启；具备进水条件或水位已补至＞300mm； 3．凝汽器抽真空阀开启			
7.1	真空破坏阀	已关闭，阀门上部滤网洁净无杂物，水封已注水完毕			
8	给水泵汽轮机凝结水泵	1．测绝缘合格已经送电，自密封水门开启，再循环隔离阀开启； 2．一台运行，一台投入备用，联锁已投入			
9	给水泵汽轮机真空泵				
9.1	1 号给水泵汽轮机真空泵	1．汽水分离器液位＞122～165mm，补水电磁阀送电，投入自动； 2．泵组完好，事故按钮在弹出位，护罩齐全； 3．盘动转子灵活； 4．汽水分离器工作液循环泵已送电			
9.2	2 号给水泵汽轮机真空泵	1．汽水分离器液位＞122～165mm，补水电磁阀送电，投入自动； 2．泵组完好，事故按钮在弹出位，护罩齐全； 3．盘动转子灵活； 4．汽水分离器工作液循环泵已送电			
10	系统整体检查	1．给水泵汽轮机真空系统现场卫生清洁，临时设施拆除，无影响正常启动的因素； 2．附近所有通道保持平整畅通，照明充足，消防设施齐全； 3．设备及管道外观整洁，无泄漏现象； 4．各阀门、设备标识牌无缺失，管道名称、色环、介质流向完整			

远动阀门检查卡							
序号	阀门名称	电源（√）	气源（√）	传动情况（√）	标准状态	确认人	备注
1	辅汽联箱至给水泵汽轮机轴封供汽管道调整门前疏水气动门				关		
2	辅汽联箱至给水泵汽轮机轴封供汽气动调门				关		

续表

远动阀门检查卡							
序号	阀门名称	电源（√）	气源（√）	传动情况（√）	标准状态	确认人	备注
3	辅汽联箱至给水泵汽轮机轴封进汽管道调整门后疏水气动门				关		
4	给水泵汽轮机机进汽 1 号速关阀				关		
5	给水泵汽轮机机进汽 2 号速关阀				关		
6	给水泵汽轮机机进汽 1 号主调阀				关		
7	给水泵汽轮机机进汽 2 号主调阀				关		
8	五段抽汽至给水泵汽轮机机补汽主汽阀				关		
9	五段抽汽至给水泵汽轮机机补汽主调阀				关		
10	给水泵汽轮机机本体高压疏水气动门				关		
11	给水泵汽轮机机本体低压疏水气动门				关		
12	给水泵汽轮机凝汽器真空破坏阀				关		
13	给水泵汽轮机 1 号真空泵入口气动快关阀				关		
14	给水泵汽轮机 2 号真空泵入口气动快关阀				关		
15	给水泵汽轮机 1 号真空泵汽水分离器补水电磁阀				关		
16	给水泵汽轮机 2 号真空泵汽水分离器补水电磁阀				关		

就地阀门检查卡				
序号	检查内容	标准状态	确认人	备注
1	汽动给水泵汽轮机本体高压疏水手动门	开		
2	汽动给水泵汽轮机本体低压疏水手动门	开		
3	给水泵汽轮机凝汽器 1 号抽空气隔离阀	开		
4	给水泵汽轮机凝汽器 2 号抽空气隔离阀	开		
5	给水泵汽轮机凝汽器真空破坏阀密封水溢流阀	开		注水后调整节流
6	给水泵汽轮机凝汽器真空破坏阀密封水进水阀	开		注水后调整节流
7	给水泵汽轮机 1 号真空泵入口手动隔离阀	开		
8	给水泵汽轮机 2 号真空泵入口手动隔离阀	开		
9	给水泵汽轮机 1 号真空泵泵体放水手动门	关		
10	给水泵汽轮机 2 号真空泵泵体放水手动门	关		

续表

就地阀门检查卡				
序号	检查内容	标准状态	确认人	备注
11	给水泵汽轮机1号真空泵汽水分离器液位计上手动门	开		
12	给水泵汽轮机1号真空泵汽水分离器液位计下手动门	开		
13	给水泵汽轮机2号真空泵汽水分离器液位计上手动门	开		
14	给水泵汽轮机2号真空泵汽水分离器液位计下手动门	开		
15	给水泵汽轮机1号真空泵汽水分离器放水门	关		
16	给水泵汽轮机2号真空泵汽水分离器放水门	关		
17	给水泵汽轮机1号真空泵汽水分离器补水旁路门	关		
18	给水泵汽轮机1号真空泵汽水分离器补水手动门	开		
19	给水泵汽轮机2号真空泵汽水分离器补水旁路门	关		
20	给水泵汽轮机2号真空泵汽水分离器补水手动门	开		
21	给水泵汽轮机1号真空泵工作液至泵体密封手动门	开		
22	给水泵汽轮机2号真空泵工作液至泵体密封手动门	开		
23	给水泵汽轮机1号真空泵冷却器工作水侧放水门	关		
24	给水泵汽轮机2号真空泵冷却器工作水侧放水门	关		
25	给水泵汽轮机1号真空泵工作水至填料密封手动门	开		
26	给水泵汽轮机2号真空泵工作水至填料密封手动门	开		
27	给水泵汽轮机1号真空泵入口气动快关阀后压力表一次阀	开		
28	给水泵汽轮机2号真空泵入口气动快关阀后压力表一次阀	开		
29	给水泵汽轮机1号真空泵入口气动快关阀前差压开关一次阀	开		
30	给水泵汽轮机1号真空泵入口气动快关阀后差压开关一次阀	开		
31	给水泵汽轮机2号真空泵入口气动快关阀前差压开关一次阀	开		
32	给水泵汽轮机2号真空泵入口气动快关阀后差压开关一次阀	开		

设备送电确认卡					
序号	设备名称	标准状态	状态（√）	确认人	备注
1	给水泵汽轮机1号真空泵电机	送电			
2	给水泵汽轮机2号真空泵电机	送电			

续表

设备送电确认卡					
序号	设备名称	标准状态	状态（√）	确认人	备注
3	给水泵汽轮机1号真空泵汽水分离器循环泵	送电			
4	给水泵汽轮机2号真空泵汽水分离器循环泵	送电			

检查____号机汽动给水泵汽轮机真空系统启动条件满足，已按系统投运前状态确认标准检查卡检查设备完毕，系统可以投运。

检查人：____________

执行情况复核（主值）：________ 时间：________

批准（值长）：____________ 时间：________

1.21 给水泵汽轮机油系统投运前状态确认标准检查卡

班组： 编号：

工作任务	____号机给水泵汽轮机油系统投运前状态确认检查
工作分工	就地： 盘前： 值长：

危险辨识与风险评估				
危险源	风险产生过程及后果	预控措施	预控情况	确认人
1. 人员技能	工作人员技能不能满足系统投运操作要求造成人身伤害、设备损坏	1. 检查就地及盘前操作人员具备相应岗位资格； 2. 操作人员应熟悉系统、设备及工作原理，清晰理解工作任务； 3. 操作人员应具备处理一般事故的能力		
2. 人员生理、心理	人员情绪异常、精神不佳造成工作中人身伤害	1. 班前会中准确了解人员情况； 2. 当班期间值内、部门做好监督； 3. 发现人员情绪等异常情况时，严禁操作		
3. 人员行为	工作票未终结、隔离措施未恢复、人员未撤离造成工作中人身伤害；工器具遗留在操作现场造成设备损坏	1. 查看工作票是否终结； 2. 检修人员全部撤离； 3. 确认安全隔离措施全部恢复到位； 4. 操作完毕应检查所有的工器具已收回，确保无遗留物件		
4. 照明	现场照明不足造成人身伤害	现场照明应充足，满足操作及监视需要，否则应及时补充或增加		
5. 孔洞坑井沟道及障碍物	盖板缺损及平台防护栏杆不全造成高处坠落；设备周围有障碍物影响设备运行和人身安全	1. 工作场所的孔、洞、坑、井、沟道，必须覆以与地面齐平的坚固盖板。 2. 发现洞口盖板缺失、损坏或未盖好时，必须立即填补、修复盖板并及时盖好。		

续表

危险辨识与风险评估				
危险源	风险产生过程及后果	预控措施	预控情况	确认人
5．孔洞坑井沟道及障碍物		3．所有升降口、大小孔洞、楼梯和平台，必须装设不低于1050mm高栏杆和不低于100mm高的脚部护板；离地高度高于20m的平台、通道及作业场所的防护栏杆不应低于1200mm。 4．清除设备周围影响设备运行和人身安全的障碍物		
6．高处落物	工作区域上方高处落物造成人身伤害	1．正确佩戴个人劳保防护用品； 2．进入现场要观察工作环境，发现有高处落物的可能时采取必要措施		
7．工器具	使用不合格工器具或未正确使用工器具造成工作中人身伤害	1．检查符合规定安全工器具； 2．不合格工器具禁止带入操作现场； 3．带全操作所需工器具、防护用品等（如对讲机、手电筒、耳塞等）； 4．操作中正确使用工器具		
8．触电	控制柜送电过程中人员误碰带电部位触电	1．熟悉控制柜电气回路； 2.电气操作时正确佩戴个人防护用品，正确使用合格的工器具		
9．油	油泄漏遇明火或高温物体造成火灾	1．油管道法兰、阀门及可能漏油部位附近不准有明火，必须明火作业时要采取有效措施； 2．尽量避免使用法兰连接，禁止使用铸铁阀门		
10．高压介质	通过高温高压区域时高温、高压容器或管道突然断裂造成人员伤害	1．不准允许未泄压的设备进入检修状态； 2．不准在高温高压区域设长时间停留； 3．不准在未采取完善安全措施情况下擅自拆除设备上的安全防护设施； 4.操作高温高压系统时应按规定操作，并做好发生泄漏时的防范措施		
11．转动机械	标识缺损、防护罩缺损； 断裂、超速、零部件脱落；肢体部位或饰品衣物、用具（包括防护用品）、工具接触转动部位	1．设备的转动部分必须装设防护罩，并标明旋转方向，露出的轴端必须装设护盖；转动设备的防护罩应完好。 2．检查设备的运行状态，保持设备的振动、温度、运行电流等参数符合标准，如发现参数超标及时处理。 3．衣服和袖口应扣好，不得戴围巾领带，长发必须盘在安全帽内；不准将用具、工器具接触设备的转动部位，不准在转动设备附近长时间停留。 4．转动设备试运行时所有人员应先远离，站在转动机械的轴向位置，并有一人站在事故按钮位置		

续表

危险辨识与风险评估				
危险源	风险产生过程及后果	预控措施	预控情况	确认人
12．系统漏油	管道连接法兰处刺漏，系统超压；阀门开关状态不对导致系统跑油或憋压	投运前，确认系统各阀门已按阀门操作卡置于正确位置。管道充油放空气彻底，启泵后再关闭放空气门，切泵时减少双泵工频运行时间		
13．轴瓦损坏	油质异常导致轴承进异物，损坏轴瓦	1．系统投运前，小机油箱应先清理、排污，并联系化学运行人员化验油质是否合格，在油质不合格情况下严禁启动； 2．油净化装置应随系统一并投运并连续运行； 3．大修时小机润滑油系统检修须进行油循环且化验油质合格后，小机各轴承方可进油		
14．油压下降	逆止门关闭不严导致系统油压下降	主油泵运行时，备用油泵出口压力表应指示为零，否则需联系检修人员处理其出口逆止门后方可开机		
15．虚假油位	油位计指示不准导致出现虚假油位，造成误判断	1．定期进行油位计活动试验； 2．油位计故障，及时联系检修人员处理		

系统投运前状态确认标准检查卡					
序号	检查内容	标准状态	确认情况（√）	确认人	备注
1	____号机汽动给水泵汽轮机系统热机、电气、热控检修工作票、缺陷联系单	终结或押回，无影响系统启动的缺陷			
2	汽动给水泵汽轮机系统热控、电气部分				
2.1	汽动给水泵汽轮机系统热工表计	所有压力表计一次门开启，温度表计已投入。 热工确认人：____			
2.2	阀门静态试验	试验合格。 热工确认人：____			
2.3	联锁保护通道	传动合格。 热工确认人：____			
2.4	号机汽动给水泵 1、2 号润滑油泵联锁保护试验	试验正常。 热工确认人：____			
2.5	直流油泵联锁保护试验合格	检查直流润滑油泵联起压板暂时退出，保护投入正常。 热工专业确认人：____			

续表

系统投运前状态确认标准检查卡					
序号	检查内容	标准状态	确认情况（√）	确认人	备注
3	辅助系统				
3.1	循环水系统	凝汽器水侧人孔关，具备进水条件，主机循环水母管压力＞0.16MPa			
3.2	开式水系统	系统投入，低压开式水母管压力＞0.16MPa			
4	给水泵汽轮机油站				
4.1	油箱本体	1．系统设备完整，无积油、漏油； 2．滤油装置确认退出			
4.2	油箱油位	1．油箱油位计上下联通门开启，油箱油位（1005±75）mm 与远方 DCS 油位对照一致； 2．油质合格（＜8 级）。 化学专业确认人：____			
4.3	电加热装置	已送电，就地在“自动”位置，投备用状态，油温 35℃～45℃			
4.4	工作油泵	测绝缘已合格，送电			
4.5	辅助油泵	测绝缘已合格，送电后联锁投入备用			
4.6	直流油泵	测绝缘已合格，送电后联锁投入备用			
4.7	油箱排烟风机	送电后一台投入运行，一台备用，风机启动后油箱压力－1～－0.5kPa			
4.8	冷油器	1．一台运行，一台备用； 2．冷油器表面无渗漏油，冷却器进出水门开启			
4.9	润滑油过滤器	一侧运行、一侧投入备用，滤网差压＜35kPa			
4.10	控制油过滤器	一侧运行、一侧投入备用，滤网差压＜35kPa			
4.11	进回油管道	系统管道完整无漏油，回油窗清晰			
5	盘车装置	顶轴油泵入口手动阀开启，盘车已送电			
6	系统整体检查	1．给水泵汽轮机油系统现场卫生清洁，临时设施拆除，无影响正常启动的因素； 2．附近所有通道保持平整畅通，照明充足，消防设施齐全； 3．设备及管道外观整洁，无泄漏现象； 4．各阀门、设备标识牌无缺失，管道名称、色环、介质流向完整			

远动阀门检查卡							
序号	阀门名称	电源（√）	气源（√）	传动情况（√）	标准状态	确认人	备注
1	给水泵汽轮机进汽1号速关阀				关		
2	给水泵汽轮机机进汽2号速关阀				关		
3	给水泵汽轮机机进汽1号主调阀				关		
4	给水泵汽轮机机进汽2号主调阀				关		
5	五段抽汽至给水泵汽轮机机补汽主汽阀				关		
6	五段抽汽至给水泵汽轮机机补汽主调阀				关		

就地阀门检查卡				
序号	检查内容	标准状态	确认人	备注
1	给水泵汽轮机工作油泵出口阀	开		
2	给水泵汽轮机辅助油泵出口阀	开		
3	给水泵汽轮机直流油泵出口阀	开		
4	给水泵汽轮机润滑油滤网切换阀切至1号侧	正常		
5	给水泵汽轮机润滑油冷油器切换阀切至1号侧	正常		
6	给水泵汽轮机润滑油冷油器注油阀	微开		注油结束后关闭
7	给水泵汽轮机润滑油1号冷油器排气阀	开		注油结束后关闭
8	给水泵汽轮机润滑油2号冷油器排气阀	开		注油结束后关闭
9	给水泵汽轮机润滑油1号冷油器进水阀	开		
10	给水泵汽轮机润滑油1号冷油器出水阀	开		
11	给水泵汽轮机润滑油2号冷油器进水阀	开		水侧注水结束后关闭
12	给水泵汽轮机润滑油2号冷油器出水阀	开		
13	给水泵汽轮机控制油滤网切换阀切至1号	正常		
14	给水泵汽轮机控制油滤网注油阀	微开		注油结束后关闭
15	给水泵汽轮机控制油1号滤网排气阀	开		注油结束后关闭
16	给水泵汽轮机控制油2号滤网排气阀	开		注油结束后关闭
17	给水泵汽轮机控制油第一组蓄能器进油阀	开		
18	给水泵汽轮机控制油第二组蓄能器进油阀	开		
19	1号排烟风机出口挡板	调节		
20	2号排烟风机出口挡板	调节		
21	给水泵汽轮机顶轴油泵入口手动阀	开		

续表

就地阀门检查卡				
序号	检查内容	标准状态	确认人	备注
22	油箱取样阀	关		
23	给水泵汽轮机油箱至油净化门	关		
24	油净化至给水泵汽轮机油箱门	关		
25	事故放油门	关		
26	给水泵汽轮机油箱液位计上手动门	开		
27	给水泵汽轮机油箱液位计上手动门	开		
28	给水泵汽轮机工作油泵出口压力变送器一次阀	开		
29	给水泵汽轮机辅助油泵出口压力变送器一次阀	开		
30	给水泵汽轮机直流油泵出口压力变送器一次阀	开		
31	给水泵汽轮机润滑油冷油器出口压力变送器一次阀	开		
32	给水泵汽轮机润滑油供油母管压力变送器一次阀	开		
33	给水泵汽轮机控制油滤网前压力表一次阀	开		
34	给水泵汽轮机控制油滤网后压力变送器一次阀	开		

设备送电确认卡					
序号	设备名称	标准状态	状态（√）	确认人	备注
1	1 号排烟风机电机	送电			
2	2 号排烟风机电机	送电			
3	给水泵汽轮机润滑油 1 号油泵电机	送电			
4	给水泵汽轮机润滑 2 号油泵电机	送电			
5	给水泵汽轮机润滑油直流油泵电机	送电			
6	给水泵汽轮机顶轴油泵	送电			

检查____号机汽动给水泵汽轮机油系统启动条件满足，已按系统投运前状态确认标准检查卡检查设备完毕，系统可以投运。

检查人：________________

执行情况复核（主值）：________　　　　时间：________

批准（值长）：________　　　　时间：________

1.22 给水泵汽轮机油系统油箱补油状态确认标准检查卡

班组：　　　　　　　　　　　　编号：

工作任务	____号机给水泵汽轮机油系统油箱补油状态确认检查
工作分工	就地：　　　　盘前：　　　　值长：

危险辨识与风险评估				
危险源	风险产生过程及后果	预控措施	预控情况	确认人
1．人员技能	工作人员技能不能满足系统投运操作要求造成人身伤害、设备损坏	1．检查就地及盘前操作人员具备相应岗位资格； 2．操作人员应熟悉系统、设备及工作原理，清晰理解工作任务； 3．操作人员应具备处理一般事故的能力		
2．人员生理、心理	人员情绪异常、精神不佳造成工作中人身伤害	1．班前会中准确了解人员情况； 2．当班期间值内、部门做好监督； 3．发现人员情绪等异常情况时，严禁操作		
3．人员行为	工作票未终结、隔离措施未恢复、人员未撤离造成工作中人身伤害；工器具遗留在操作现场造成设备损坏	1．查看工作票是否终结； 2．检修人员全部撤离； 3．确认安全隔离措施全部恢复到位； 4．操作完毕应检查所有的工器具已收回，确保无遗留物件		
4．照明	现场照明不足造成人身伤害	现场照明应充足，满足操作及监视需要，否则应及时补充或增加		
5．孔洞坑井沟道及障碍物	盖板缺损及平台防护栏杆不全造成高处坠落；设备周围有障碍物影响设备运行和人身安全	1．工作场所的孔、洞、坑、井、沟道，必须覆以与地面齐平的坚固盖板。 2．发现洞口盖板缺失、损坏或未盖好时，必须立即填补、修复盖板并及时盖好。 3．所有升降口、大小孔洞、楼梯和平台，必须装设不低于1050mm高栏杆和不低于100mm高的脚部护板；离地高度高于20m的平台、通道及作业场所的防护栏杆不应低于1200mm。 4．清除设备周围影响设备运行和人身安全的障碍物		
6．高处落物	工作区域上方高处落物造成人身伤害	1．正确佩戴个人劳保防护用品； 2．进入现场要观察工作环境，发现有高处落物的可能时采取必要措施		
7．工器具	使用不合格工器具或未正确使用工器具造成工作中人身伤害	1．检查符合规定安全工器具； 2．不合格工器具禁止带入操作现场； 3．带全操作所需工器具、防护用品等（如对讲机、手电筒、耳塞等）； 4．操作中正确使用工器具		
8．触电	控制柜送电过程中人员误碰带电部位触电	1．熟悉控制柜电气回路； 2.电气操作时正确佩戴个人防护用品，正确使用合格的工器具		
9．油	油泄漏遇明火或高温物体造成火灾	1．油管道法兰、阀门及可能漏油部位附近不准有明火，必须明火作业时要采取有效措施； 2．尽量避免使用法兰连接，禁止使用铸铁阀门		

续表

危险辨识与风险评估				
危险源	风险产生过程及后果	预控措施	预控情况	确认人
10．补油时造成相邻油箱油位异常升高	油箱补油时，切换系统错误，阀门误开关，造成相邻油箱油位异常升高，跑油	投运前，确认系统各阀门已按阀门操作卡置于正确位置，补油时注意监视油箱油位		
11．虚假油位	油位计指示不准导致出现虚假油位，造成误判断	1．定期进行油位计活动试验； 2．油位计故障，及时联系检修人员处理		

系统投运前状态确认标准检查卡					
序号	检查内容	标准状态	确认情况（√）	确认人	备注
1	____号机汽动给水泵汽轮机系统热机、电气、热控检修工作票、缺陷联系单	终结或押回，无影响系统启动的缺陷			
2	汽动给水泵汽轮机系统热控、电气部分				
2.1	汽动给水泵汽轮机系统热工表计	所有压力表计一次门开启，温度表计已投入。 热工专业确认人：____			
3	给水泵汽轮机油站				
3.1	油箱本体	1．系统设备完整，无积油、漏油； 2．油箱油位计上下联通门开启，油箱油位与远方DCS油位计对照一致			
3.2	工作油泵	已停电，联锁退出			
3.3	辅助油泵	已停电，联锁退出			
3.4	直流油泵	已停电，检查直流润滑油泵联启压板已退出			
3.5	排烟风机	1、2号油箱排烟风机停电，联锁退出			
3.6	电加热装置	已确认退出			
3.7	各进回油管道	系统管道法兰、焊缝检查无漏油，回油窗清晰			
4	辅助系统				
4.1	净油箱	1．补油前确认净油箱就地油位计投入，油箱油位____mm； 2．净油箱油质合格； 化学专业确认人：____ 3．净油箱至用户手动补油总门开启			
4.2	污油箱	1．补油前确认净油箱就地油位计投入，油箱油位____mm； 2．污油箱至用户手动补油总门关闭			

续表

系统投运前状态确认标准检查卡					
序号	检查内容	标准状态	确认情况（√）	确认人	备注
4.3	油净化装置	确认已停运，与系统隔离			
4.4	油处理输送泵	测绝缘已合格，送电投入备用			
4.5	主油箱	1、2 号机主油箱补油电动门确认均已隔离			
4.6	背压机油箱	1、2 号机背压机油箱补油电动门确认均已隔离			
5	系统整体检查	1．现场卫生清洁，临时设施拆除，无影响正常启动的因素； 2．附近所有通道保持平整畅通，照明充足，消防设施齐全； 3．设备及管道外观整洁，无泄漏现象； 4．各阀门、设备标识牌无缺失，管道名称、色环、介质流向完整			

远动阀门检查卡							
序号	阀门名称	电源（√）	气源（√）	传动情况（√）	标准状态	确认人	备注
1	主机油箱补油电动门				关		
2	给水泵汽轮机油箱补油电动门				开		
3	1 号背压机油箱补油电动门				关		
4	2 号背压机油箱补油电动门				关		

就地阀门检查卡				
序号	检查内容	标准状态	确认人	备注
1	1 号润滑油贮油箱输送泵进口门	开		
2	1 号润滑油贮油箱输送泵出口门	开		
3	2 号润滑油贮油箱输送泵进口门	开		
4	2 号润滑油贮油箱输送泵出口门	关		
5	1、2 号机输送泵出口补油联络门	关		
6	贮油净油箱至事故油坑放油总门	关		
7	贮油污油箱至事故油坑放油总门	关		
8	贮油净油箱至事故油坑放油二道门	关		

续表

就地阀门检查卡				
序号	检查内容	标准状态	确认人	备注
9	贮油污油箱至事故油坑放油二道门	关		
10	贮油净油箱至事故油坑放油总门后放水门	关		
11	贮油污油箱至事故油坑放油总门后放水门	关		
12	贮油净油箱至事故油坑放油二道门后检查门	关		
13	贮油污油箱至事故油坑放油二道门后检查门	关		
14	贮油箱至油净化装置进油门	关		
15	贮油箱至油净化装置出油门	关		
16	1 号机主油箱、给水泵汽轮机油箱补油总门	开		
17	1、2 号背压机油箱补油总门	关		
18	给水泵汽轮机油箱至事故放油坑放水门	关		
19	给水泵汽轮机油箱至事故放油坑检查门	关		
20	给水泵汽轮机油箱至事故放油坑放油总门	关		
21	给水泵汽轮机油箱至事故放油坑放油二道门	关		
22	1 号排烟风机出口阀	关		启动时调整开度
23	2 号排烟风机出口阀	关		

设备送电确认卡					
序号	设备名称	标准状态	状态（√）	确认人	备注
1	1 号润滑油贮油箱输送泵	送电			
2	2 号润滑油贮油箱输送泵	送电			

检查____号机汽动给水泵汽轮机补油系统启动条件满足，系统投运前状态确认标准检查卡检查设备完毕，系统可以投运。

检查人：____________________

执行情况复核（主值）：__________　　　　时间：__________

批准（值长）：________________　　　　时间：__________

1.23 给水泵汽轮机油净化装置投运前状态确认标准检查卡

班组：　　　　　　　　　　　　　　　　　　编号：

工作任务	____号机给水泵汽轮机油净化装置投运前状态确认检查
工作分工	就地：　　　　　　盘前：　　　　　　值长：

危险辨识与风险评估				
危险源	风险产生过程及后果	预控措施	预控情况	确认人
1．人员技能	工作人员技能不能满足系统投运操作要求造成人身伤害、设备损坏	1．检查就地及盘前操作人员具备相应岗位资格； 2．操作人员应熟悉系统、设备及工作原理，清晰理解工作任务； 3．操作人员应具备处理一般事故的能力		
2．人员生理、心理	人员情绪异常、精神不佳造成工作中人身伤害	1．班前会中准确了解人员情况； 2．当班期间值内、部门做好监督； 3．发现人员情绪等异常情况时，严禁操作		
3．人员行为	工作票未终结、隔离措施未恢复、人员未撤离造成工作中人身伤害；工器具遗留在操作现场造成设备损坏	1．查看工作票是否终结； 2．检修人员全部撤离； 3．确认安全隔离措施全部恢复到位； 4．操作完毕应检查所有的工器具已收回，确保无遗留物件		
4．照明	现场照明不足造成人身伤害	现场照明应充足，满足操作及监视需要，否则应及时补充或增加		
5．孔洞坑井沟道及障碍物	盖板缺损及平台防护栏杆不全造成高处坠落；设备周围有障碍物影响设备运行和人身安全	1．工作场所的孔、洞、坑、井、沟道，必须覆以与地面齐平的坚固盖板。 2．发现洞口盖板缺失、损坏或未盖好时，必须立即填补、修复盖板并及时盖好。 3．所有升降口、大小孔洞、楼梯和平台，必须装设不低于1050mm高栏杆和不低于100mm高的脚部护板；离地高度高于20m的平台、通道及作业场所的防护栏杆不应低于1200mm。 4．清除设备周围影响设备运行和人身安全的障碍物		
6．高处落物	工作区域上方高处落物造成人身伤害	1．正确佩戴个人劳保防护用品； 2．进入现场要观察工作环境，发现有高处落物的可能时采取必要措施		
7．工器具	使用不合格工器具或未正确使用工器具造成工作中人身伤害	1．检查符合规定安全工器具； 2．不合格工器具禁止带入操作现场； 3．带全操作所需工器具、防护用品等（如对讲机、手电筒、耳塞等）； 4．操作中正确使用工器具		
8．触电	控制柜送电过程中人员误碰带电部位触电	1．熟悉控制柜电气回路； 2. 电气操作时正确佩戴个人防护用品，正确使用合格的工器具		
9．油	油泄漏遇明火或高温物体造成火灾	1．油管道法兰、阀门及可能漏油部位附近不准有明火，必须明火作业时要采取有效措施； 2．尽量避免使用法兰连接，禁止使用铸铁阀门		

续表

危险辨识与风险评估				
危险源	风险产生过程及后果	预控措施	预控情况	确认人
10．转动机械	标识缺损、防护罩缺损；断裂、超速、零部件脱落；肢体部位或饰品衣物、用具（包括防护用品）、工具接触转动部位	1．设备的转动部分必须装设防护罩，并标明旋转方向，露出的轴端必须装设护盖；转动设备的防护罩应完好。 2．检查设备的运行状态，保持设备的振动、温度、运行电流等参数符合标准，如发现参数超标及时处理。 3．衣服和袖口应扣好，不得戴围巾领带，长发必须盘在安全帽内；不准将用具、工器具接触设备的转动部位，不准在转动设备附近长时间停留。 4．转动设备试运行时所有人员应先远离，站在转动机械的轴向位置，并有一人站在事故按钮位置		
11．油箱油位低	油净化系统漏油导致油泵出力下降	全面详细检查，存在漏油现象及时处理		

系统投运前状态确认标准检查卡					
序号	检查内容	标准状态	确认情况（√）	确认人	备注
1	给水泵汽轮机油净化系统热机、电气、热控检修工作票、联系单	终结或押回，无影响系统启动的缺陷			
2	给水泵汽轮机油净化装置所有热工仪表投入	已投入。 热工专业确认人：____			
3	确认各电磁阀电源、控制电源，信号指示正常，各类表计投入，各压力、流量表计一次门	已经投入各压力、流量表计一次门开启			
4	给水泵汽轮机润滑油系统	给水泵汽轮机油系统状态：运行（　　）或停止（　　）			
5	给水泵汽轮机油箱油位	1．油箱油位（1005±75）mm； 2．油温30～45℃			
6	油净化装置	1．与油箱相连的管道。阀门已处于开启状态； 2．设备表面无渗漏油现象			
6.1	油净化装置事故按钮	在弹出位，防护罩完好			
6.2	油净化泵	油净化泵外观检查正常，无泄漏			
6.3	凝聚分离器抽真空泵	凝聚分离器抽真空泵外观检查正常，无泄漏			

续表

系统投运前状态确认标准检查卡					
序号	检查内容	标准状态	确认情况（√）	确认人	备注
6.4	就地控制柜	1．主机油净化就地控制柜内空气开关合闸正常，控制柜状态指示灯显示正常。 2．开关在“自动”位置			
7	系统整体检查	1．汽动给水泵汽轮机油净化系统现场卫生清洁，临时设施拆除，无影响正常启动的因素； 2．附近所有通道保持平整畅通，照明充足，消防设施齐全； 3．设备及管道外观整洁，无泄漏现象； 4．各阀门、设备标识牌无缺失，管道名称、色环、介质流向完整			

远动阀门检查卡							
序号	阀门名称	电源（√）	气源（√）	传动情况（√）	标准状态	确认人	备注
1	无						

就地阀门检查卡				
序号	检查内容	标准状态	确认人	备注
1	给水泵油净化系统入口手动门	开		
2	凝聚分离器底部至油净化泵入口手动门	关		
3	油净化泵出口三通阀	“脱水”侧		
4	凝聚分离器出口至小机油箱手动门	开		
5	油净化泵出口取样门	关		
6	凝聚分离器底部排水电磁阀前手动门	开		
7	凝聚分离器顶部放气阀	关		充油结束关闭
8	凝聚分离器出口取样门	关		
9	凝聚分离器底部手动排水阀	关		
10	凝聚分离器出口至油净化泵入口手动门	关		

设备送电确认卡					
序号	设备名称	标准状态	状态（√）	确认人	备注
1	给水泵汽轮机油净化泵	送电			
2	给水泵汽轮机油净化就地控制柜	送电			
3	自动排水电磁阀	送电			

检查____号机给水泵油净化装置启动条件满足，已按系统投运前状态确认标准检查卡检查设备完毕，系统可以投运。

检查人：______________

执行情况复核（主值）：__________　　　　　　时间：__________

批准（值长）：______________　　　　　　时间：__________

1.24 电动给水泵投运前状态确认标准检查卡

班组：　　　　　　　　　　　　　　　　　　　　　　　　编号：

工作任务	____号机电动给水泵投运前状态确认检查		
工作分工	就地：	盘前：	值长：

危险辨识与风险评估				
危险源	风险产生过程及后果	预控措施	预控情况	确认人
1．人员技能	工作人员技能不能满足系统投运操作要求造成人身伤害、设备损坏	1．检查就地及盘前操作人员具备相应岗位资格； 2．操作人员应熟悉系统、设备及工作原理，清晰理解工作任务； 3．操作人员应具备处理一般事故的能力		
2．人员生理、心理	人员情绪异常、精神不佳造成工作中人身伤害	1．班前会中准确了解人员情况； 2．当班期间值内、部门做好监督； 3．发现人员情绪等异常情况时，严禁操作		
3．人员行为	工作票未终结、隔离措施未恢复、人员未撤离造成工作中人身伤害；工器具遗留在操作现场造成设备损坏	1．查看工作票是否终结； 2．检修人员全部撤离； 3．确认安全隔离措施全部恢复到位； 4．操作完毕应检查所有的工器具已收回，确保无遗留物件		
4．照明	现场照明不足造成人身伤害	现场照明应充足，满足操作及监视需要，否则应及时补充或增加		
5．孔洞坑井沟道及障碍物	盖板缺损及平台防护栏杆不全造成高处坠落；设备周围有障碍物影响设备运行和人身安全	1．工作场所的孔、洞、坑、井、沟道，必须覆以与地面齐平的坚固盖板。 2．发现洞口盖板缺失、损坏或未盖好时，必须立即填补、修复盖板并及时盖好。 3．所有升降口、大小孔洞、楼梯和平台，必须装设不低于1050mm高栏杆和不低于100mm高的脚部护板；离地高度高于20m的平台、通道及作业场所的防护栏杆不应低于1200mm。 4．清除设备周围影响设备运行和人身安全的障碍物		
6．高处落物	工作区域上方高处落物造成人身伤害	1．正确佩戴个人劳保防护用品； 2．进入现场要观察工作环境，发现有高处落物的可能时采取必要措施		

续表

危险辨识与风险评估				
危险源	风险产生过程及后果	预控措施	预控情况	确认人
7．工器具	使用不合格工器具或未正确使用工器具造成工作中人身伤害	1．检查符合规定安全工器具； 2．不合格工器具禁止带入操作现场； 3．带全操作所需工器具、防护用品等（如对讲机、手电筒、耳塞等）； 4．操作中正确使用工器具		
8．油	油泄漏遇明火或高温物体造成火灾	1．油管道法兰、阀门及可能漏油部位附近不准有明火，必须明火作业时要采取有效措施； 2．尽量避免使用法兰连接，禁止使用铸铁阀门		
9．高压介质	通过高温高压区域时高温、高压容器或管道突然断裂造成人员伤害	1. 不准允许未泄压的设备进入检修状态； 2. 不准在高温高压区域设长时间停留； 3．不准在未采取完善安全措施情况下擅自拆除设备上的安全防护设施； 4. 操作高温高压系统时应按规定操作，并做好发生泄漏时的防范措施		
10．转动机械	标识缺损、防护罩缺损；断裂、超速、零部件脱落；肢体部位或饰品衣物、用具（包括防护用品）、工具接触转动部位	1．设备的转动部分必须装设防护罩，并标明旋转方向，露出的轴端必须装设护盖；转动设备的防护罩应完好。 2．检查设备的运行状态，保持设备的振动、温度、运行电流等参数符合标准，如发现参数超标及时处理。 3．衣服和袖口应扣好，不得戴围巾领带，长发必须盘在安全帽内；不准将用具、工器具接触设备的转动部位，不准在转动设备附近长时间停留。 4．转动设备试运行时所有人员应先远离，站在转动机械的轴向位置，并有一人站在事故按钮位置		
11．机械密封冷却水未投入引起过热	电动给水泵启动后引起电机及轴承温度过热烧毁	启动电动给水泵前确认冷却水投入，检查回水正常，启动泵后要多次密封水排空气		
12．电动给水泵油站未投运或润滑油温、油质不正常引起轴承过热烧毁	电动给水泵启动后引起电机及泵轴承温度过热烧毁	启动电动给水泵前确认电动给水泵油站投运正常，检查润滑油温、油质、油压正常		
13．给水管道振动	管道内空气积聚未放尽，启动电动给水泵后未及时调整流量，支吊架有缺陷	启动电动给水泵前，系统应充分放尽空气，电动给水泵启动后及时调整再循环流量，检查支吊架完好		
14．电动给水泵电机启动电流过载	电动给水泵长时间停运后，启动前未进行盘泵，引起机械卡涩，启动后电机电流过载	启动电动给水泵前要盘动转子灵活无卡涩，启动泵后注意监视电机电流及电流返回时间正常		

系统投运前状态确认标准检查卡					
序号	检查内容	标准状态	确认情况（√）	确认人	备注
1	电动给水泵系统热机、电气、热控检修工作票、缺陷联系单	终结或押回，无影响系统启动的缺陷			
2	电动给水泵系统热控、电气部分				
2.1	电动给水泵系统热工表计	热工表计齐全，所有压力表计一次门开启，温度表计投入			
2.2	电泵联锁保护试验	已完成后投入。 确认人：____			
2.3	事故按钮	在弹出位，防护罩完好			
3	辅助系统				
3.1	开式水系统	系统已投入，低压开式水母管压力 0.15～0.3MPa			
3.2	闭式水系统	系统已投入，闭式水母管压力 0.6～0.8MPa			
3.3	凝结水系统	系统已投入，凝结水压力 1.8～3.8MPa			
4	泵组冷却系统				
4.1	电机冷却系统	电机冷却器冷却水进、出水开启，回水观察窗完整、清晰			
4.1.1	闭式水来密封冷却水系统	按照阀门表清单，检查位置状态正确			
4.1.2	机械密封滤网	主泵与前置泵两端密封水滤网完整，滤网前后截门开启，旁路门关闭			
4.1.3	机械密封冷却器	设备完整，闭式水来进水门开启，放空气门充水排空气后关闭			
5	电动给水泵稀油站				
5.1	油箱本体	1．系统设备完整，无积油、漏油； 2．油箱油位计投入，就地（635mm±185mm）与远方 DCS 油位指示一致； 3．电加热器送电完好； 4．油箱油温 35～45℃； 5．油质合格（＜7 级）。 化学专业确认人：____			
5.2	辅助油泵	电机送电，启动后系统润滑油压力 0.1～0.15MPa			
5.3	冷油器	设备完整表面无渗漏油，冷却器进出水门开启			
5.4	润滑油过滤器	1．一侧运行、一侧备用； 2．滤网差压（＜10kPa），无报警信号			

续表

系统投运前状态确认标准检查卡					
序号	检查内容	标准状态	确认情况（√）	确认人	备注
6	升速箱	设备完整，基座无积油、渗漏油，呼吸排气孔畅通			
7	泵组各进回油管道	系统管道完整无漏油，回油窗清晰			
8	电动给水泵水系统				
8.1	除氧器	除氧器水位正常（2050～2450mm）			
8.2	前置泵及主泵入口滤网	放水门关闭，滤网差压＜50kPa，无差压报警			
8.3	泵组放水排气系统	泵组泵体放水阀关闭，放空气阀充水放空气后关闭			
8.4	泵组再循环	再循环电动隔离阀、调阀传动试验完成，电动隔离阀开启			
8.5	中间抽头	中间抽头电动阀关闭			
9	给水系统设备及相关阀门	高压加热器及炉侧系统阀门设备按照给水系统投运前状态确认标准检查卡检查完成，系统具备进水条件			
10	泵组转子	长期停运后，启前盘动转子灵活无卡涩			
11	系统整体检查	1. 电动给水泵系统现场卫生清洁，临时设施拆除，无影响正常启动的因素； 2. 附近所有通道保持平整畅通，照明充足，消防设施齐全； 3. 设备及管道外观整洁，无泄漏现象； 4. 各阀门、设备标识牌无缺失，管道名称、色环、介质流向完整			

远动阀门检查卡							
序号	阀门名称	电源（√）	气源（√）	传动情况（√）	标准状态	确认人	备注
1	电动给水泵前置泵入口电动门				开		注水时微开
2	电动给水泵中间抽头电动门				关		
3	电动给水泵出口电动门				关		
4	电动给水泵再循环进口电动门				开		
5	电动给水泵再循环调节门				开		

就地阀门检查卡				
序号	检查内容	标准状态	确认人	备注
一	电动给水泵给水管道相关阀门			
1	电动给水泵前置泵入口滤网放水手动一次门	关		

续表

就地阀门检查卡				
序号	检查内容	标准状态	确认人	备注
2	电动给水泵前置泵入口滤网放水手动二次门	关		
3	电动给水泵入口滤网放水手动一次门	关		
4	电动给水泵入口滤网放水手动二次门	关		
5	电动给水泵出口旁路门	关		
6	电动给水泵出口电动门前放水一次门	关		
7	电动给水泵出口电动门前放水二次门	关		
8	电动给水泵出口电动门后放水一次门	关		
9	电动给水泵出口电动门后放水二次门	关		
10	电动给水泵再循环门后手动隔离阀	开		
11	电动前置泵入口滤网前压力表一次门	开		
12	电动前置泵入口滤网后压力表一次门	开		
13	电动前置泵入口滤网差压变送器一次门	开		
14	电动前置泵出口压力表一次门	开		
15	电动前置泵出口压力变送器一次门	开		
16	电动给水泵入口流量变送器一次门	开		
17	电动给水泵入口流量表一次门	开		
18	电动给水泵入口滤网前压力表一次门	开		
19	电动给水泵入口滤网前压力表一次门	开		
20	电动给水泵入口滤网差压变送器一次门	开		
21	电动给水泵入口滤网后压力表一次门	开		
22	电动给水泵入口滤网后压力变送器一次门	开		
23	电动给水泵中间抽头压力表一次门	开		
24	电动给水泵出口压力表一次门	开		
25	电动给水泵出口压力变送器 1 一次门	开		
26	电动给水泵出口压力变送器 2 一次门	开		
二	电动给水泵稀油站系统相关阀门			
27	电动给水泵齿轮箱油泵入口门	开		
28	电动给水泵润滑油滤网前切换阀	开		切至 1 号侧或 2 号侧
29	电动给水泵润滑油冷油器进油手动门	开		
30	电动给水泵润滑油冷油器出口手动门	开		
31	电动给水泵冷油器旁路门	关		

续表

就地阀门检查卡				
序号	检查内容	标准状态	确认人	备注
32	电动给水泵润滑油母管稳压阀	开		整定完毕
33	电动给水泵润滑油压调压阀	开		整定完毕
34	开式水至电动给水泵稀油站冷却水进水手动门	开		
35	开式水至电动给水泵稀油站冷却水出水手动门	开		
36	电动给水泵稀油站放油手动门 1	关		
37	电动给水泵稀油站放油手动门 2	关		
38	电动给水泵推力及自由端支持轴承进油门	开		
39	电动给水泵传动端支持轴承进油门	开		
40	电动给水泵辅助油泵/齿轮箱油泵出口压力表一次门	开		
41	电动给水泵润滑油冷油器后压力表一次门	开		
42	电动给水泵润滑油供油母管压力表一次门	开		
43	电动给水泵润滑油滤网差压变送器一次门	开		
三	电动给水泵冷却水系统相关阀门			
44	电动给水泵冷却水进水总门	开		
45	电动给水泵前置泵冷却水进水总门	开		
46	闭式水至电动给水泵自由端机械密封冷却水进水门	开		
47	闭式水至电动给水泵自由端机械密封冷却腔室进水门	开		
48	电动给水泵自由端机械密封滤网后截止门	开		
49	电动给水泵自由端机械密封滤网前截止门	开		
50	电动给水泵自由端机械密封滤网旁路门	关		
51	闭式水至电动给水泵传动端机械密封冷却水进水门	开		
52	闭式水至电动给水泵传动端机械密封冷却腔室进水门	开		
53	电动给水泵传动端机械密封放空门	关		
54	电动给水泵传动端机械密封滤网后截止门	开		
55	电动给水泵传动端机械密封滤网前截止门	开		
56	电动给水泵传动端机械密封滤网旁路门	关		
57	闭式水至电动给水泵前置泵传动端轴承冷却水进水门	开		
58	闭式水至电动给水泵前置泵传动端机械密封冷却水进水门	开		
59	电动给水泵前置泵传动端机械密封放空门	关		
60	电动给水泵前置泵传动端机械密封滤网后截止门	开		
61	电动给水泵前置泵传动端机械密封滤网前截止门	开		

续表

就地阀门检查卡				
序号	检查内容	标准状态	确认人	备注
62	电动给水泵前置泵传动端机械密封滤网旁路门	关		
63	闭式水至电动给水泵前置泵传动端机械密封冷却腔室进水门	开		
64	闭式水至电动给水泵前置泵自由端机械密封冷却腔室进水门	开		
65	闭式水至电动给水泵前置泵自由端机械密封冷却水进水门	开		
66	闭式水至电动给水泵前置泵自由端轴承冷却水进水门	开		
67	电动给水泵前置泵自由端机械密封放空门	关		
68	电动给水泵前置泵自由端机械密封滤网后截止门	开		
69	电动给水泵前置泵自由端机械密封滤网前截止门	开		
70	电动给水泵前置泵自由端机械密封滤网旁路门	关		
71	电动给水泵前置泵机械密封冷却水回水总门	开		
72	电动给水泵机械密封冷却水回水总门	开		
73	电动给水泵前置泵泵体放空气门	关		
74	电动给水泵前置泵泵体放水门	关		
75	电动给水泵泵体平衡管及泵体放水门	关		
76	电动给水泵泵体放空气门	关		
77	闭式水至电动给水泵机械密封冷却水母管压力表一次门	开		
78	电动给水泵自由端机械密封放空气门	关		

设备送电确认卡					
序号	设备名称	标准状态	状态（√）	确认人	备注
1	电动给水泵电机	送电			
2	电动给水泵辅助油泵电机	送电			
3	电动给水泵电机电加热	送电			

检查____号机电动给水泵启动条件满足，已按系统投运前状态确认标准检查卡检查设备完毕，系统可以投运。

检查人：____________

执行情况复核（主值）：________　　时间：________

批准（值长）：____________　　时间：________

1.25 真空系统投运前状态确认标准检查卡

班组：　　　　　　　　　　　　　　　　　　　　　　　　　　　　　　　　编号：

工作任务	____号机真空系统投运前状态确认检查
工作分工	就地：　　　　　　盘前：　　　　　　值长：

危险辨识与风险评估				
危险源	风险产生过程及后果	预控措施	预控情况	确认人
1．人员技能	工作人员技能不能满足系统投运操作要求造成人身伤害、设备损坏	1．检查就地及盘前操作人员具备相应岗位资格； 2．操作人员应熟悉系统、设备及工作原理，清晰理解工作任务； 3．操作人员应具备处理一般事故的能力		
2．人员生理、心理	人员情绪异常、精神不佳造成工作中人身伤害	1．班前会中准确了解人员情况； 2．当班期间值内、部门做好监督； 3．发现人员情绪等异常情况时，严禁操作		
3．人员行为	工作票未终结、隔离措施未恢复、人员未撤离造成工作中人身伤害；工器具遗留在操作现场造成设备损坏	1．查看工作票是否终结； 2．检修人员全部撤离； 3．确认安全隔离措施全部恢复到位； 4．操作完毕应检查所有的工器具已收回，确保无遗留物件		
4．照明	现场照明不足造成人身伤害	现场照明应充足，满足操作及监视需要，否则应及时补充或增加		
5．孔洞坑井沟道及障碍物	盖板缺损及平台防护栏杆不全造成高处坠落；设备周围有障碍物影响设备运行和人身安全	1．工作场所的孔、洞、坑、井、沟道，必须覆以与地面齐平的坚固盖板。 2．发现洞口盖板缺失、损坏或未盖好时，必须立即填补、修复盖板并及时盖好。 3．所有升降口、大小孔洞、楼梯和平台，必须装设不低于1050mm高栏杆和不低于100mm高的脚部护板；离地高度高于20m的平台、通道及作业场所的防护栏杆不应低于1200mm。 4．清除设备周围影响设备运行和人身安全的障碍物		
6．高处落物	工作区域上方高处落物造成人身伤害	1．正确佩戴个人劳保防护用品； 2．进入现场要观察工作环境，发现有高处落物的可能时采取必要措施		
7．工器具	使用不合格工器具或未正确使用工器具造成工作中人身伤害	1．检查符合规定安全工器具； 2．不合格工器具禁止带入操作现场； 3．带全操作所需工器具、防护用品等（如对讲机、手电筒、耳塞等）； 4．操作中正确使用工器具		

续表

危险辨识与风险评估				
危险源	风险产生过程及后果	预控措施	预控情况	确认人
8．触电	控制柜送电过程中人员误碰带电部位触电	1．熟悉控制柜电气回路； 2.电气操作时正确佩戴个人防护用品，正确使用合格的工器具		
9．转动机械	标识缺损、防护罩缺损；断裂、超速、零部件脱落；肢体部位或饰品衣物、用具（包括防护用品）、工具接触转动部位	1．设备的转动部分必须装设防护罩，并标明旋转方向，露出的轴端必须装设护盖；转动设备的防护罩应完好。 2．检查设备的运行状态，保持设备的振动、温度、运行电流等参数符合标准，如发现参数超标及时处理。 3．衣服和袖口应扣好，不得戴围巾领带，长发必须盘在安全帽内；不准将用具、工器具接触设备的转动部位，不准在转动设备附近长时间停留。 4．转动设备试运行时所有人员应先远离，站在转动机械的轴向位置，并有一人站在事故按钮位置		
10．汽水分离器水位异常	真空泵振动大	1.加强真空泵汽水分离器水位的巡视； 2．若发现真空泵汽水分离器自动补水阀不能控制正常水位，进行手动补水，及时联系处理		
11．真空泵冷却器堵塞	真空泵水温高，真空缓慢下降	1．真空泵冷却水管路冲洗合格； 2．调试时加强检查真空泵冷却器外表温度及温降情况是否正常； 3．确认真空泵冷却器堵塞（污脏）时，应联系电建人员进行清洗		
12．真空泵启停	真空泵启停时掉真空	1．真空泵启动时应检查汽水分离器水位正常，检查泵体放水门在关闭状态，先启动泵后再开启入口气动门； 2．真空泵停运时先关闭入口气动门； 3．真空泵故障，应及时切换备用真空泵运行		
13．真空泵启动时过负荷跳闸	真空泵入口管道存水，启动时过负荷跳闸	1．调试时凝汽器汽侧经灌水查漏后，真空泵入口存水，启动前必须对管道放水； 2．凝汽器抽空气管道安装不合理，埋入过深，抽吸凝结水		

系统投运前状态确认标准检查卡					
序号	检查内容	标准状态	确认情况（√）	确认人	备注
1	真空系统热机、电气、热控检修工作票、缺陷联系单	终结或押回，无影响系统启动的缺陷			

续表

系统投运前状态确认标准检查卡					
序号	检查内容	标准状态	确认情况（√）	确认人	备注
2	真空系统热工联锁				
2.1	1、2、3 号真空泵热工仪表	所有热工仪表投入。 热工专业确认人：___			
2.2	1、2、3 号真空泵阀门	传动试验正常，阀门位置正确			
2.3	1、2、3 号真空泵联锁保护试验	保护投入正常。 热工专业确认人：___			
2.4	事故按钮	事故按钮在弹出位，盖盒完好			
3	辅助系统				
3.1	循环水系统	循环水系统投入正常，循环水压力 0.16～0.4MPa			
3.2	开式水系统	开式水系统投入正常，开式水压力 0.15～0.3MPa			
3.3	轴封系统	轴封系统投入正常，轴封压力 3～3.5kPa，轴封温度 280～320℃			
3.4	除盐水补水系统	除盐水母管压力 0.4～0.6MPa			
3.5	仪用压缩空气系统	压缩空气压力 0.65～0.8MPa			
3.6	主再热蒸汽系统	1．高中压主汽阀、调阀、补气阀均在关闭位置； 2．高排通风阀开启； 3．高中低压各疏水至凝汽器疏水扩容器阀门均在开启状态			
4	凝汽器				
4.1	水位计	水位计上下联通门开启，排污门关闭，水位与 DCS 远方水位对照一致			
4.2	人孔	汽、水侧各人孔门关闭严密			
4.3	真空破坏阀	真空破坏阀已关闭，水封注水结束，水封水位监视正常			
4.4	凝汽器热水井	汽侧放水阀关闭，热井水位 400～1080mm			
5	真空泵				
5.1	补水电磁阀	均已送电，DCS 投入“自动”状态			
5.2	1 号真空泵汽水分离器液位	汽水分离器液位 120～125mm			
5.3	2 号真空泵汽水分离器液位	汽水分离器液位 130～250mm			

续表

系统投运前状态确认标准检查卡					
序号	检查内容	标准状态	确认情况（√）	确认人	备注
5.4	3 号真空泵汽水分离器液位	汽水分离器液位 130～250mm			
5.5	真空泵冷却器	进出水门开启，投入运行			
5.6	真空泵变速箱	1．变速箱油位在 1/2 处（±10mm）； 2．变速箱无渗漏油，油质清晰			
5.7	1、2、3 号真空泵工作液循环泵	分别送电，可正常随真空泵启动后投入			
5.8	真空泵基座	固定螺栓紧固无松动，无积水、积油			
5.9	电机	1．测电机绝缘合格，电机送电； 2．电机接线盒完整			
5.10	真空泵转子	1．对轮连接良好，对轮罩无松动； 2．盘动转子灵活			
6	系统整体检查	1．凝汽器真空系统投运前设备及管道外观整洁、无污损； 2．设备各地角螺栓、对轮及防护罩无松动； 3．管道、冷却器、滤网外观完整，法兰等连接部位完整、齐全，无渗漏； 4．各阀门、设备标识牌无缺失，管道名称、色环、介质流向完整			

远动阀门检查卡							
序号	阀门名称	电源（√）	气源（√）	传动情况（√）	标准状态	确认人	备注
1	1 号真空泵抽气管道气动阀				关		
2	1 号真空泵汽水分离器补水电磁阀				关		
3	2 号真空泵抽气管道气动阀				关		
4	2 号真空泵汽水分离器补水电磁阀				关		
5	3 号真空泵抽气管道气动阀				关		
6	3 号真空泵汽水分离器补水电磁阀				关		
7	1、2 号抽真空母管气动联络门				关		
8	2、3 号抽真空母管气动联络门				关		
9	1 号凝汽器真空破坏阀				关		
10	2 号凝汽器真空破坏阀				关		

就地阀门检查卡				
序号	检查内容	标准状态	确认人	备注
一	凝汽器部分相关阀门			
1	1 号凝汽器真空破坏阀密封水进水阀	开		
2	1 号凝汽器真空破坏阀密封水检漏阀	开		
3	2 号凝汽器真空破坏阀密封水进水阀	开		
4	2 号凝汽器真空破坏阀密封水检漏阀	开		
5	1 号凝汽器空气抽出口隔离阀（内环）	开		
6	1 号凝汽器空气抽出口隔离阀（外环）	开		
7	2 号凝汽器空气抽出口隔离阀（内环）	开		
8	2 号凝汽器空气抽出口隔离阀（外环）	开		
二	真空泵部分相关阀门			
9	1 号真空泵抽气管道隔离阀	开		
10	1 号真空泵泵体放水门	关		
11	1 号真空泵工作水至填料密封手动门	开		
12	1 号真空泵汽水分离器补水手动总门	开		
13	1 号真空泵汽水分离器补水旁路门	关		
14	1 号真空泵汽水分离器放水门	关		
15	1 号真空泵冷却器水侧至无压放水门	关		
16	2 号真空泵抽气管道隔离阀	开		
17	2 号真空泵泵体放水门	关		
18	2 号真空泵工作水至填料密封手动门	开		
19	2 号真空泵汽水分离器补水手动总门	开		
20	2 号真空泵汽水分离器补水旁路门	关		
21	2 号真空泵汽水分离器放水门	关		
22	2 号真空泵冷却器水侧至无压放水门	关		
23	3 号真空泵抽气管道隔离阀	开		
24	3 号真空泵泵体放水门	关		
25	3 号真空泵工作水至填料密封手动门	开		
26	3 号真空泵汽水分离器补水手动总门	开		
27	3 号真空泵汽水分离器补水旁路门	关		
28	3 号真空泵汽水分离器放水门	关		
29	3 号真空泵冷却器水侧至无压放水门	关		

设备送电确认卡					
序号	设备名称	标准状态	状态（√）	确认人	备注
1	1号真空泵电机	送电			
2	2号真空泵电机	送电			
3	3号真空泵电机	送电			
4	1号真空泵工作液循环泵电机	送电			
5	2号真空泵工作液循环泵电机	送电			
6	3号真空泵工作液循环泵电机	送电			

检查____号机真空系统启动条件满足，已按系统投运前状态确认标准检查卡检查设备完毕，系统可以投运。

检查人：____________

执行情况复核（主值）：__________　　时间：__________

批准（值长）：____________　　时间：__________

1.26 真空系统真空泵启动前状态确认标准检查卡

班组：　　　　　　　　　　　　编号：

工作任务	____号机真空系统真空泵启动前状态确认检查
工作分工	就地：　　　　盘前：　　　　值长：

危险辨识与风险评估				
危险源	风险产生过程及后果	预控措施	预控情况	确认人
1. 人员技能	工作人员技能不能满足系统投运操作要求造成人身伤害、设备损坏	1. 检查就地及盘前操作人员具备相应岗位资格； 2. 操作人员应熟悉系统、设备及工作原理，清晰理解工作任务； 3. 操作人员应具备处理一般事故的能力		
2. 人员生理、心理	人员情绪异常、精神不佳造成工作中人身伤害	1. 班前会中准确了解人员情况； 2. 当班期间值内、部门做好监督； 3. 发现人员情绪等异常情况时，严禁操作		
3. 人员行为	工作票未终结、隔离措施未恢复、人员未撤离造成工作中人身伤害；工器具遗留在操作现场造成设备损坏	1. 查看工作票是否终结； 2. 检修人员全部撤离； 3. 确认安全隔离措施全部恢复到位； 4. 操作完毕应检查所有的工器具已收回，确保无遗留物件		
4. 照明	现场照明不足造成人身伤害	现场照明应充足，满足操作及监视需要，否则应及时补充或增加		

续表

危险辨识与风险评估				
危险源	风险产生过程及后果	预控措施	预控情况	确认人
5．孔洞坑井沟道及障碍物	盖板缺损及平台防护栏杆不全造成高处坠落；设备周围有障碍物影响设备运行和人身安全	1．工作场所的孔、洞、坑、井、沟道，必须覆以与地面齐平的坚固盖板。 2．发现洞口盖板缺失、损坏或未盖好时，必须立即填补、修复盖板并及时盖好。 3．所有升降口、大小孔洞、楼梯和平台，必须装设不低于1050mm高栏杆和不低于100mm高的脚部护板；离地高度高于20m的平台、通道及作业场所的防护栏杆不应低于1200mm。 4．清除设备周围影响设备运行和人身安全的障碍物		
6．高处落物	工作区域上方高处落物造成人身伤害	1．正确佩戴个人劳保防护用品； 2．进入现场要观察工作环境，发现有高处落物的可能时采取必要措施		
7．工器具	使用不合格工器具或未正确使用工器具造成工作中人身伤害	1．检查符合规定安全工器具； 2．不合格工器具禁止带入操作现场； 3．带全操作所需工器具、防护用品等（如对讲机、手电筒、耳塞等）； 4．操作中正确使用工器具		
8．触电	控制柜送电过程中人员误碰带电部位触电	1．熟悉控制柜电气回路； 2.电气操作时正确佩戴个人防护用品，正确使用合格的工器具		
9．转动机械	标识缺损、防护罩缺损；断裂、超速、零部件脱落；肢体部位或饰品衣物、用具（包括防护用品）、工具接触转动部位	1．设备的转动部分必须装设防护罩，并标明旋转方向，露出的轴端必须装设护盖；转动设备的防护罩应完好。 2．检查设备的运行状态，保持设备的振动、温度、运行电流等参数符合标准，如发现参数超标及时处理。 3．衣服和袖口应扣好，不得戴围巾领带，长发必须盘在安全帽内；不准将用具、工器具接触设备的转动部位，不准在转动设备附近长时间停留。 4．转动设备试运行时所有人员应先远离，站在转动机械的轴向位置，并有一人站在事故按钮位置		
10．汽水分离器水位异常	真空泵内部异常声响，且振动增大	1.加强真空泵汽水分离器水位的监视； 2．若发现真空泵汽水分离器自动补水阀不能控制正常水位，应及时进行手动补水，联系检修处理		
11．真空泵冷却器堵塞	真空泵工作水温高，造成真空缓慢下降	1．加强检查真空泵冷却器温度及温降情况是否正常； 2．确认真空泵冷却器堵塞（污脏）时，应及时切换进行清洗； 3．若发生凝汽器真空降低应及时查找原因和处理		

续表

危险辨识与风险评估				
危险源	风险产生过程及后果	预控措施	预控情况	确认人
12．真空泵启动时过负荷跳闸	凝汽器汽侧灌水查漏后，真空泵入口管道存水，启动泵时过负荷跳闸，凝汽器抽空气管道安装不合理，埋入过深，抽吸凝结水	凝汽器汽侧灌水查漏后，应将真空泵入口管道存水放尽，启动前必须对管道充分放水并监视真空泵电流返回时间		

系统投运前状态确认标准检查卡					
序号	检查内容	标准状态	确认情况（√）	确认人	备注
1	真空系统热机、电气、热控检修工作票、缺陷联系单	终结或押回，无影响系统启动的缺陷			
2	真空系统热控、电气部分				
2.1	1、2、3号真空泵热工仪表	所有热工仪表投入。 热工专业确认人：____			
2.2	1、2、3号真空泵阀门	传动试验正常.阀门位置正确			
2.3	1、2、3号真空泵联锁保护试验	保护投入正常。 热工专业确认人：____			
2.4	事故按钮	事故按钮在弹出位，盖盒完好			
2.5	补水电磁阀	已送电，DCS投入“自动”状态			
3	真空泵				
3.1	1号真空泵汽水分离器液位	汽水分离器液位120～125mm			
3.2	2号真空泵汽水分离器液位	汽水分离器液位130～250mm			
3.3	3号真空泵汽水分离器液位	汽水分离器液位130～250mm			
3.4	真空泵冷却器	进、出水门开启，投入运行			
3.5	真空泵变速箱	1．变速箱油位1/2处； 2．变速箱无渗漏油，油质清晰			
3.6	1、2、3号真空泵工作液循环泵	分别送电，可正常随真空泵启动后投入			
3.7	真空泵基座	固定螺栓紧固无松动，无积水，机封冷却排水漏斗通畅			
3.8	电机	1．接地线良好，对轮罩无松动； 2．电机接线盒完整			

续表

系统投运前状态确认标准检查卡					
序号	检查内容	标准状态	确认情况（√）	确认人	备注
3.9	真空泵转子	1．对轮连接良好，护罩齐全； 2．盘动转子灵活			
4	系统整体检查	1．主机真空泵投运前设备及管道外观整洁，无污损，无渗漏； 2．设备各地角螺栓、对轮及防护罩无松动； 3．管道、冷却器、滤网外观完整，法兰等连接部位无缺失； 4．各阀门、设备标识牌无缺失，管道名称、色环、介质流向完整			

远动阀门检查卡							
序号	阀门名称	电源（√）	气源（√）	传动情况（√）	标准状态	确认人	备注
1	1 号真空泵抽气管道气动阀				关		
2	1 号真空泵汽水分离器补水电磁阀				关		
3	2 号真空泵抽气管道气动阀				关		
4	2 号真空泵汽水分离器补水电磁阀				关		
5	3 号真空泵抽气管道气动阀				关		
6	3 号真空泵汽水分离器补水电磁阀				关		
7	1、2 号抽真空母管气动联络门				关		
8	2、3 号抽真空母管气动联络门				关		

就地阀门检查卡				
序号	检查内容	标准状态	确认人	备注
1	1 号真空泵抽气管道隔离阀	开		
2	1 号真空泵泵体放水手动门	关		
3	1 号真空泵工作水至填料密封手动门	开		
4	1 号真空泵汽水分离器补水手动总门	开		
5	1 号真空泵汽水分离器补水旁路手动门	关		
6	1 号真空泵汽水分离器放水手动门	关		
7	1 号真空泵冷却器水侧至无压放水手动门	关		
8	2 号真空泵抽气管道隔离阀	开		
9	2 号真空泵泵体放水手动门	关		

续表

就地阀门检查卡				
序号	检查内容	标准状态	确认人	备注
10	2 号真空泵工作水至填料密封手动门	开		
11	2 号真空泵汽水分离器补水手动总门	开		
12	2 号真空泵汽水分离器补水旁路手动门	关		
13	2 号真空泵汽水分离器放水手动门	关		
14	2 号真空泵冷却器水侧至无压放水手动门	关		
15	3 号真空泵抽气管道隔离阀	开		
16	3 号真空泵泵体放水手动门	关		
17	3 号真空泵工作水至填料密封手动门	开		
18	3 号真空泵汽水分离器补水手动总门	开		
19	3 号真空泵汽水分离器补水旁路手动门	关		
20	3 号真空泵汽水分离器放水手动门	关		
21	3 号真空泵冷却器水侧至无压放水手动门	关		

设备送电确认卡					
序号	设备名称	标准状态	状态（√）	确认人	备注
1	1 号真空泵电机	送电			
2	2 号真空泵电机	送电			
3	3 号真空泵电机	送电			
4	1 号真空泵工作液循环泵电机	送电			
5	2 号真空泵工作液循环泵电机	送电			
6	3 号真空泵工作液循环泵电机	送电			

检查____号机真空系统真空泵启动条件满足，已按系统投运前状态确认标准检查卡检查设备完毕，系统可以投运。

检查人：________________

执行情况复核（主值）：________　　　　　　时间：________

批准（值长）：________________　　　　　　时间：________

1.27 高压加热器系统投运前状态确认标准检查卡

班组：　　　　　　　　　　　　　　　　　　　　　　编号：

工作任务	____号机高压加热器系统投运前状态确认检查
工作分工	就地：　　　　　　盘前：　　　　　　值长：

危险辨识与风险评估				
危险源	风险产生过程及后果	预控措施	预控情况	确认人
1．人员技能	工作人员技能不能满足系统投运操作要求造成人身伤害、设备损坏	1．检查就地及盘前操作人员具备相应岗位资格； 2．操作人员应熟悉系统、设备及工作原理，清晰理解工作任务； 3．操作人员应具备处理一般事故的能力		
2．人员生理、心理	人员情绪异常、精神不佳造成工作中人身伤害	1．班前会中准确了解人员情况； 2．当班期间值内、部门做好监督； 3．发现人员情绪等异常情况时，严禁操作		
3．人员行为	工作票未终结、隔离措施未恢复、人员未撤离造成工作中人身伤害；工器具遗留在操作现场造成设备损坏	1．查看工作票是否终结； 2．检修人员全部撤离； 3．确认安全隔离措施全部恢复到位； 4．操作完毕应检查所有的工器具已收回，确保无遗留物件		
4．照明	现场照明不足造成人身伤害	现场照明应充足，满足操作及监视需要，否则应及时补充或增加		
5．孔洞坑井沟道及障碍物	盖板缺损及平台防护栏杆不全造成高处坠落；设备周围有障碍物影响设备运行和人身安全	1．工作场所的孔、洞、坑、井、沟道，必须覆以与地面齐平的坚固盖板。 2．发现洞口盖板缺失、损坏或未盖好时，必须立即填补、修复盖板并及时盖好。 3．所有升降口、大小孔洞、楼梯和平台，必须装设不低于1050mm高栏杆和不低于100mm高的脚部护板；离地高度高于20m的平台、通道及作业场所的防护栏杆不应低于1200mm。 4．清除设备周围影响设备运行和人身安全的障碍物		
6．高处落物	工作区域上方高处落物造成人身伤害	1．正确佩戴个人劳保防护用品； 2．进入现场要观察工作环境，发现有高处落物的可能时采取必要措施		
7．工器具	使用不合格工器具或未正确使用工器具造成工作中人身伤害	1．检查符合规定安全工器具； 2．不合格工器具禁止带入操作现场； 3．带全操作所需工器具、防护用品等（如对讲机、手电筒、耳塞等）； 4．操作中正确使用工器具		
8．高温高压介质	通过高温高压区域时高温、高压容器或管道突然断裂造成人员伤害	1．不准允许未泄压的设备进入检修状态； 2．不准在高温高压区域长时间停留； 3．不准在未采取完善安全措施情况下擅自拆除设备上的安全防护设施； 4．操作高温高压系统设备和阀门时应按规定操作，并做好发生泄漏时的防范措施		

续表

危险辨识与风险评估				
危险源	风险产生过程及后果	预控措施	预控情况	确认人
9．烫伤	现场操作时，身体触碰高温设备或管道，造成身体烫伤	穿着合格工作服，操作时观察清楚周围情况		
10．系统漏水	管道接口、阀门、法兰连接不严密处泄漏	系统排空后及时关闭放空气门，升压过程中注意检查管道无泄漏		
11．给水流量低，触发MFT	管道未注水，或管道注水升压不够	严格进行注水排空，待升压至主给水压力后，再进行主旁路切换		
12．系统投运后管道发生异常振动	系统存在大量空气或疏水未充分排净，引起容器或管道振动	投运系统前充分注水、暖管、排空气		

系统投运前状态确认标准检查卡					
序号	检查内容	标准状态	确认情况（√）	确认人	备注
1	____号机高压加热器系统热机、电气、热控检修工作票	终结或押回，无影响系统启动的缺陷			
2	高压加热器系统热控、电气部分				
2.1	高压加热器所有热控仪表	热工表计齐全，所有压力表计一次门开启，温度表计投入。 热工专业确认人：____			
2.2	高压加热器水位保护	试验完成，已投入。 热控专业确认人：____			
2.3	高压加热器水位计	1．检查各高压加热器水位计投入，上下联通门开启； 2．就地水位与DCS远方对照一致			
3	辅助系统				
3.1	压缩空气系统	仪用压缩空气系统投运，压缩空气压力0.65～0.80MPa			
3.2	给水系统	给水系统运行正常，给水压力＞6MPa，给水走旁路运行			
4	高压加热器本体				
4.1	化学清洗及充氮系统	阀门均已关闭，确认与系统隔离			
4.2	人孔门	人孔门关闭严密，螺栓紧固，无泄漏现象			
4.3	高压加热器水侧	水侧放水门关闭，疏水隔离阀开启			
4.4	高压加热器汽侧	检查启动排气门开启，连续排气门关闭			

续表

系统投运前状态确认标准检查卡					
序号	检查内容	标准状态	确认情况（√）	确认人	备注
4.5	高压加热器进出口三通阀	检查强制手轮开启，压力快速开启阀在开启位置			
4.6	抽汽系统	确认抽汽系统阀门与各高加隔离完毕，各管道疏水门开启			
5	系统整体检查	1．高压加热器系统投运前设备及管道外观整洁，无污损，无渗漏； 2．设备各地角螺栓、吊架及防护罩无松动； 3．管道、筒体、法兰等连接部位外观完整，保温完好，无缺失； 4．各阀门、设备标识牌无缺失，管道名称、色环、介质流向完整； 5．现场照明齐全，良好，消防设施齐全			

远动阀门检查卡							
序号	阀门名称	电源（√）	气源（√）	传动情况（√）	标准状态	确认人	备注
1	0 号高压加热器进汽旁路气动调节阀				关		
2	0 号高压加热器进汽旁路电动阀				关		
3	0 号高压加热器进汽旁路气动逆止阀				关		
4	0 号高压加热器进汽气动调节阀				关		
5	0 号高压加热器进汽电动阀				关		
6	0 号高压加热器进汽气动逆止阀				关		
7	0 号高压加热器进汽气动调阀前疏水调节阀				关		
8	0 号高压加热器进汽电动阀前疏水调节阀				关		
9	0 号高压加热器进汽逆止阀后疏水调节阀				关		
10	0 号高压加热器进汽逆止阀前疏水调节阀				关		
11	0 号高压加热器进汽气动调节阀后电动阀				关		
12	一段抽汽电动阀				关		
13	一段抽汽逆止阀				关		
14	一段抽汽逆止阀前疏水气动阀				开		
15	一段抽汽电动阀前疏水气动阀				关		
16	一段抽汽电动阀后疏水气动阀				关		
17	二段抽汽电动阀				关		

续表

远动阀门检查卡							
序号	阀门名称	电源（√）	气源（√）	传动情况（√）	标准状态	确认人	备注
18	二段抽汽逆止阀				关		
19	二段抽汽逆止阀前疏水气动阀				开		
20	二段抽汽电动阀前疏水气动阀				关		
21	二段抽汽电动阀后疏水气动阀				关		
22	三段抽汽电动阀				关		
23	三段抽汽逆止阀				关		
24	三段抽汽逆止阀前疏水气动阀				开		
25	三段抽汽电动阀前疏水气动阀				关		
26	三段抽汽电动阀后疏水气动阀				关		

就地阀门检查卡				
序号	检查内容	标准状态	确认人	备注
1	高压加热器水侧注水手动阀一次门	关		水侧充压时开启，冲压后关闭
2	高压加热器水侧注水手动阀二次门	关		水侧充压时开启，冲压后关闭
3	高压加热器水侧进口三通阀	关		水侧充压后开启
4	高压加热器水侧出口三通阀	关		水侧充压后开启
5	0 号高压加热器进汽气动调阀前疏水手动阀	开		
6	0 号高压加热器进汽电动阀前疏水手动阀	开		
7	0 号高压加热器进汽逆止阀后疏水手动阀	开		
8	0 号高压加热器进汽逆止阀前疏水手动阀	开		
9	一段抽汽逆止阀前疏水手动阀	开		
10	一段抽汽电动阀前疏水一次阀	关		
11	一段抽汽电动阀后疏水手动阀	开		
12	二段抽汽逆止阀前疏水手动阀	开		
13	二段抽汽气动逆止阀后疏水手动阀	开		
14	二段抽汽电动阀后疏水手动阀	开		
15	三段抽汽气动逆止阀前疏水手动阀	开		
16	三段抽汽气动逆止阀后疏水手动阀	开		
17	三段抽汽电动阀后疏水手动阀	开		

续表

就地阀门检查卡				
序号	检查内容	标准状态	确认人	备注
18	0号高压加热器右侧管道放气二次门	开		
19	0号高压加热器右侧管道放气一次门	关		充压时将其开启，连续水流后关闭
20	0号高压加热器水侧启动放气充氮手动阀	关		
21	0号高压加热器连续排气手动二次门	关		
22	0号高压加热器连续排气手动一次门	关		
23	0号高压加热器汽侧右侧安全阀	关		定值合格
24	0号高压加热器汽侧启动放气充氮手动阀	关		
25	0号高压加热器汽侧右侧启动放气二次门	开		
26	0号高压加热器汽侧右侧启动放气一次门	开		
27	0号高压加热器汽侧左侧安全阀	关		定值合格
28	0号高压加热器汽侧左侧启动放气二次门	开		
29	0号高压加热器汽侧左侧启动放气一次门	开		
30	0号高压加热器汽侧左侧管道放气充氮手动阀	关		
31	0号高压加热器左侧管道放气一次门	关		充压时将其开启，连续水流后关闭
32	0号高压加热器左侧管道放气二次门	关		
33	0号高压加热器汽侧右侧放水一次门	关		
34	0号高压加热器汽侧右侧放水二次门	关		
35	0号高压加热器汽侧左侧放水一次门	关		
36	0号高压加热器汽侧左侧放水二次门	关		
37	0号高压加热器危急疏水旁路手动阀	开		
38	1号高压加热器右侧启动放气充氮手动阀	关		
39	1号高压加热器右侧启动放气手动二次门	开		
40	1号高压加热器右侧启动放气手动一次门	开		
41	1号高压加热器汽侧安全阀	关		定值合格
42	1号高压加热器连续排气手动二次门	关		
43	1号高压加热器连续排气手动一次门	关		
44	1号高压加热器左侧启动放气手动二次门	开		
45	1号高压加热器左侧启动放气手动一次门	开		

续表

就地阀门检查卡				
序号	检查内容	标准状态	确认人	备注
46	1 号高压加热器水侧管道放气充氮手动阀	关		
47	1 号高压加热器水侧放空气一次门			充压时将其开启，连续水流后关闭
48	1 号高压加热器水侧放空气二次门	关		
49	1 号高压加热器汽侧放水一次门	关		
50	1 号高压加热器汽侧放水二次门	关		
51	1 号高压加热器水侧放水一次门	关		
52	1 号高压加热器水侧放水二次门	关		
53	2 号高压加热器右侧启动放气充氮手动阀	关		
54	2 号高压加热器右侧启动放气手动一次门	开		充压时将其开启，连续水流后关闭
55	2 号高压加热器右侧启动放气手动二次门	关		同一次门
56	2 号高压加热器汽侧安全阀	关		定值合格
57	2 号高压加热器连续排气手动二次门	关		
58	2 号高压加热器连续排气手动一次门	关		
59	2 号高压加热器左侧启动放气手动二次门	开		
60	2 号高压加热器左侧启动放气手动一次门	开		
61	2 号高压加热器水侧管道放气充氮手动阀	关		
62	2 号高压加热器水侧放空气一次门	关		充压时将其开启，连续水流后关闭
63	2 号高压加热器水侧放空气二次门	关		同一次门
64	2 号高压加热器汽侧放水一次门	关		
65	2 号高压加热器汽侧放水二次门	关		
66	2 号高压加热器水侧放水一次门	关		
67	2 号高压加热器水侧放水二次门	关		
68	3 号高压加热器外置蒸汽冷却器 U 型水封后放水一次门	关		
69	3 号高压加热器外置蒸汽冷却器 U 型水封后放水二次门	关		
70	3 号高压加热器外置蒸汽冷却器 U 型水封底部放水一次门	关		

续表

就地阀门检查卡				
序号	检查内容	标准状态	确认人	备注
71	3号高压加热器外置蒸汽冷却器U型水封底部放水二次门	关		
72	3号高压加热器外置蒸汽冷却器U型水封注水二次门	关		
73	3号高压加热器外置蒸汽冷却器U型水封注水一次门	关		U型水封注水时开启
74	3号高压加热器外置蒸汽冷却器壳侧安全阀	关		定值合格
75	3号高压加热器外置蒸汽冷却器汽侧启动放气充氮手动阀	关		
76	3号高压加热器外置蒸汽冷却器启动放气一次门	开		
77	3号高压加热器外置蒸汽冷却器启动放气二次门	开		
78	3号高压加热器外置蒸汽冷却器水侧管道放气充氮手动阀	关		
79	3号高压加热器外置蒸汽冷却器水侧管道放空气一次门	关		充压时将其开启，连续水流后关闭
80	3号高压加热器外置蒸汽冷却器水侧管道放空气二次门	关		
81	3号高压加热器外置蒸汽冷却器壳侧放水一次门	关		
82	3号高压加热器外置蒸汽冷却器壳侧放水二次门	关		
83	3号高压加热器外置蒸汽冷却器短接放水一次门	关		
84	3号高压加热器外置蒸汽冷却器短接放水二次门	关		
85	3号高压加热器外置蒸汽冷却器水侧放水一次门	关		
86	3号高压加热器外置蒸汽冷却器水侧放水二次门	关		
87	3号高压加热器右侧启动放气充氮手动阀	关		
88	3号高压加热器右侧启动放气手动二次门	开		
89	3号高压加热器右侧启动放气手动一次门	开		

续表

就地阀门检查卡				
序号	检查内容	标准状态	确认人	备注
90	3 号高压加热器汽侧安全阀	关		定值合格
91	3 号高压加热器连续排气手动二次门	关		
92	3 号高压加热器连续排气手动一次门	关		
93	3 号高压加热器左侧启动放气手动二次门	开		
94	3 号高压加热器左侧启动放气手动一次门	开		
95	3 号高压加热器水侧管道放气充氮手动阀	关		
96	3 号高压加热器水侧放空气一次门	关		充压时将其开启，连续水流后关闭
97	3 号高压加热器水侧放空气二次门	关		
98	3 号高压加热器汽侧放水一次门	关		
99	3 号高压加热器汽侧放水二次门	关		
100	3 号高压加热器水侧放水一次门	关		
101	3 号高压加热器水侧放水二次门	关		
102	高压加热器进水三通重置快速开启阀放水一次门	关		高压加热器水侧注水前将其开启
103	高压加热器进水三通重置快速开启阀放水二次门	关		高压加热器水侧注水前将其开启

设备送电确认卡					
序号	设备名称	标准状态	状态（√）	确认人	备注
	无				

检查____号机高压加热器系统启动条件满足，已按系统投运前状态确认标准检查卡检查设备完毕，系统可以投运。

检查人：____________

执行情况复核（主值）：________　　　　时间：________

批准（值长）：____________　　　　时间：________

1.28 低压加热器系统投运前状态确认标准检查卡

班组：　　　　　　　　　　　　　　　　　　编号：

工作任务	____号机低压加热器系统投运前状态确认检查
工作分工	就地：　　　　　　盘前：　　　　　　值长：

危险辨识与风险评估				
危险源	风险产生过程及后果	预控措施	预控情况	确认人
1. 人员技能	工作人员技能不能满足系统投运操作要求造成人身伤害、设备损坏	1. 检查就地及盘前操作人员具备相应岗位资格； 2. 操作人员应熟悉系统、设备及工作原理，清晰理解工作任务； 3. 操作人员应具备处理一般事故的能力		
2. 人员生理、心理	人员情绪异常、精神不佳造成工作中人身伤害	1. 班前会中准确了解人员情况； 2. 当班期间值内、部门做好监督； 3. 发现人员情绪等异常情况时，严禁操作		
3. 人员行为	工作票未终结、隔离措施未恢复、人员未撤离造成工作中人身伤害；工器具遗留在操作现场造成设备损坏	1. 查看工作票是否终结； 2. 检修人员全部撤离； 3. 确认安全隔离措施全部恢复到位； 4. 操作完毕应检查所有的工器具已收回，确保无遗留物件		
4. 照明	现场照明不足造成人身伤害	现场照明应充足，满足操作及监视需要，否则应及时补充或增加		
5. 孔洞坑井沟道及障碍物	盖板缺损及平台防护栏杆不全造成高处坠落；设备周围有障碍物影响设备运行和人身安全	1. 工作场所的孔、洞、坑、井、沟道，必须覆以与地面齐平的坚固盖板。 2. 发现洞口盖板缺失、损坏或未盖好时，必须立即填补、修复盖板并及时盖好。 3. 所有升降口、大小孔洞、楼梯和平台，必须装设不低于1050mm高栏杆和不低于100mm高的脚部护板；离地高度高于20m的平台、通道及作业场所的防护栏杆不应低于1200mm。 4. 清除设备周围影响设备运行和人身安全的障碍物		
6. 高处落物	工作区域上方高处落物造成人身伤害	1. 正确佩戴个人劳保防护用品； 2. 进入现场要观察工作环境，发现有高处落物的可能时采取必要措施		
7. 工器具	使用不合格工器具或未正确使用工器具造成工作中人身伤害	1. 检查符合规定安全工器具； 2. 不合格工器具禁止带入操作现场； 3. 带全操作所需工器具、防护用品等（如对讲机、手电筒、耳塞等）； 4. 操作中正确使用工器具		
8. 油	油泄漏遇明火或高温物体造成火灾	1. 油管道法兰、阀门及可能漏油部位附近不准有明火，必须明火作业时要采取有效措施； 2. 尽量避免使用法兰连接，禁止使用铸铁阀门		
9. 高压介质	通过高温高压区域时高温、高压容器或管道突然断裂造成人员伤害	1. 不准允许未泄压的设备进入检修状态； 2. 不准在高温高压区域设长时间停留；		

续表

危险辨识与风险评估				
危险源	风险产生过程及后果	预控措施	预控情况	确认人
9．高压介质		3．不准在未采取完善安全措施情况下擅自拆除设备上的安全防护设施； 4．操作高温高压系统时应按规定操作，并做好发生泄漏时的防范措施		
10．转动机械	标识缺损、防护罩缺损；断裂、超速、零部件脱落；肢体部位或饰品衣物、用具（包括防护用品）、工具接触转动部位	1．设备的转动部分必须装设防护罩，并标明旋转方向，露出的轴端必须装设护盖；转动设备的防护罩应完好。 2．检查设备的运行状态，保持设备的振动、温度、运行电流等参数符合标准，如发现参数超标及时处理。 3．衣服和袖口应扣好，不得戴围巾领带，长发必须盘在安全帽内；不准将用具、工器具接触设备的转动部位，不准在转动设备附近长时间停留。 4．转动设备试运行时所有人员应先远离，站在转动机械的轴向位置，并有一人站在事故按钮位置		
11．低压加热器疏水泵电机过载	低压加热器疏水泵系统设备、管道未注水或长期停运后启动前未进行盘泵，机械部分卡涩不灵活	启动低压加热器疏水泵前系统先充分注水排空气，启动疏水泵前盘动转子灵活，低压加热器疏水泵启动后监视泵电机电流及电流返回时间正常		
12．机械密封冷却水未投入引起过热	低压加热器疏水泵启动后引起轴承、机械密封温度过热烧毁	启动低压加热器疏水泵前确认冷却水投入，检查回水正常		
13．低压加热器管道发生水锤、异常振动	就地空气未放尽，启动后未及时调整凝结水流量，支吊架有缺陷	放尽系统空气，凝结水泵启动后及时调整再循环，全面检查支吊架完好后再投运低压加热器系统		
14．低压加热器放水门不严密真空下降	低压加热器放水门不严密，漏入空气导致真空下降	凝汽器真空下降，检查各放水门关闭严密		
15．单级水封进空气	单级水封进入空气，导致疏水冷却器排水不畅	若疏水冷却器排水不畅，凝汽器真空下降，检查U型水封及时注水		
16．疏水泵振动大	疏水泵运行中振动过大	疏水泵再循环门及时开启，疏水泵及时进行变频调节		

系统投运前状态确认标准检查卡					
序号	检查内容	标准状态	确认情况（√）	确认人	备注
1	低压加热器系统热机、电气、热控检修工作票、缺陷联系单	终结或押回，无影响系统启动的缺陷			

续表

系统投运前状态确认标准检查卡					
序号	检查内容	标准状态	确认情况（√）	确认人	备注
2	低压加热器系统热控、电气部分				
2.1	低压加热器系统热工表计	热工表计齐全，所有压力表计一次门开启，温度表计投入			
2.2	低压加热器联锁保护试验	已完成后投入。 热工专业确认人：____			
2.3	低压加热器疏水泵电机事故按钮	在弹出位。防护罩完好			
3	辅助系统				
3.1	闭式水系统	系统已投入，闭式水母管压力 0.6～0.8MPa			
3.2	除盐水系统	除盐水压力 0.2～0.4MPa			
3.3	凝结水系统	若凝结水系统已经运行走低压加热器旁路，检查压力＞1.8MPa			
4	低压加热器疏水泵				
4.1	疏水泵冷却系统	冷却水进、出水开启，回水观察窗完整、清晰			
4.2	闭式水来密封冷却水系统	按照阀门表清单，检查位置状态正确			
4.3	机械密封冷却器	设备完整，闭式水来进水门开启，放空气门充水排气后关闭			
4.4	泵组自供密封水系统	自供密封水系统自供密封水门开启			
4.5	泵组再循环	再循环电动隔离阀传动试验完成，已开启			
4.6	泵组转子	1．对轮罩无松动； 2．长期停运后，启前盘动转子灵活无卡涩			
4.7	泵体及电机	1．疏水泵及电机本体接线盒完整； 2．地脚螺栓牢固，无杂物			
5	低压加热器系统设备及相关阀门	按照低压加热器系统投运前状态确认标准检查卡检查完成，系统具备进水条件			
5.1	低压加热器排气系统	1．启动排气门开启； 2．连续排气门关闭			
5.2	低压加热器疏水系统	1．正常疏水门关闭； 2．危急疏水门开启			
6	低压加热器本体部分				
6.1	低压加热器水位计	水位计无卡涩，就地与DCS远传水位一致			

续表

系统投运前状态确认标准检查卡					
序号	检查内容	标准状态	确认情况（√）	确认人	备注
6.2	本体	保温完好，人孔紧固，无漏水漏汽			
7	系统整体检查	1．低压加热器系统投运前设备及管道外观整洁，无污损、无渗漏； 2．设备各地角螺栓、吊架及防护罩无松动； 3．管道、筒体、法兰等连接部位外观完整，保温完好，无缺失； 4．各阀门、设备标识牌无缺失，管道名称、色环、介质流向完整； 5．现场照明齐全，良好，消防设施齐全			

远动阀门检查卡							
序号	阀门名称	电源（√）	气源（√）	传动情况（√）	标准状态	确认人	备注
1	5 号低压加热器水侧旁路电动阀				关		
2	5 号低压加热器出水电动阀				关		凝水合格后开启
3	5 号低压加热器进水电动阀				开		
4	6 号低压加热器水侧旁路电动阀				关		
5	6 号低压加热器出水电动阀				开		
6	6 号低压加热器进水电动阀				开		
7	7 号低压加热器水侧旁路电动阀				关		
8	7 号低压加热器出水电动阀				开		
9	7 号低压加热器进水电动阀				开		
10	低压加热器疏水冷却器进水电动阀				开		
11	8 号低压加热器出水电动阀				开		
12	8、9 号低压加热器旁路电动阀				关		
13	8 号低压加热器入口至低温省煤器进水电动阀				关		随机启动开启
14	8 号低压加热器出口至低温省煤器进水电动阀				关		随机启动开启
15	锅炉低温省煤器至 7 号低压加热器出口电动阀				关		随机启动开启
16	锅炉低温省煤器至 9 号低压加热器出口电动阀				关		随机启动开启
17	5 号低压加热器出水电动阀前放水电动门				关		
18	五段抽汽气动逆止阀				关		
19	五段抽汽电动阀				关		

续表

远动阀门检查卡							
序号	阀门名称	电源（√）	气源（√）	传动情况（√）	标准状态	确认人	备注
20	五段抽汽气动逆止阀疏水调节阀				关		
21	五段抽汽电动阀前气动疏水阀				关		
22	五段抽汽电动阀后疏水调节阀				关		
23	五号低压加热器进汽管道气动调节阀				关		
24	五段抽汽至给水泵汽轮机补汽阀供汽电动阀				关		
25	五段抽汽至给水泵汽轮机补汽阀供汽逆止阀				关		
26	五段抽汽至给水泵汽轮机补汽阀供汽逆止阀后疏水调节阀				关		
27	五段抽汽至给水泵汽轮机补汽阀供汽电动阀后疏水调节阀				关		
28	六段抽汽气动逆止阀				关		
29	六段抽汽电动阀				关		
30	六段抽汽电动阀后疏水调节阀				关		
31	六段抽汽气动逆止阀后疏水调节阀				关		
32	六段抽汽气动逆止阀前疏水调节阀				关		
33	七段抽汽气动逆止阀				关		
34	七段抽汽电动阀				关		
35	七段抽汽气动逆止阀后疏水调节阀				关		
36	七段抽汽气动逆止阀前疏水调节阀				开		
37	七段抽汽电动阀后疏水调节阀				关		
38	低压加热器疏水泵出口母管气动调节阀				开		
39	1 号低压加热器疏水泵出口电动阀				开		
40	1 号低压加热器疏水泵进口电动阀				开		
41	2 号低压加热器疏水泵出口电动阀				开		
42	2 号低压加热器疏水泵进口电动阀				开		
43	低压加热器疏水泵再循环调节阀前电动门				开		
44	低压加热器疏水泵再循环调节阀				关		
45	5 号低压加热器正常疏水电动门				开		
46	5 号低压加热器正常疏水气动调节门				关		
47	5 号低压加热器危急疏水气动调节阀				关		

续表

远动阀门检查卡							
序号	阀门名称	电源（√）	气源（√）	传动情况（√）	标准状态	确认人	备注
48	5号低压加热器危急疏水电动真空阀				关		
49	6号低压加热器正常疏水电动门				开		
50	6号低压加热器正常疏水气动调节门				关		
51	6号低压加热器危急疏水气动调节阀				关		
52	7号低压加热器正常疏水电动门				开		
53	7号低压加热器正常疏水气动调节门				关		
54	7号低压加热器危急疏水气动调节阀				关		
55	8、9号低压加热器危急疏水至疏扩气动门				关		
56	8、9号低压加热器危急疏水至疏扩电动门				开		

就地阀门检查卡				
序号	检查内容	标准状态	确认人	备注
1	五段抽汽气动逆止阀前疏水手动阀	开		
2	五段抽汽电动阀前疏水手动阀	开		
3	五段抽汽电动阀后疏水手动阀	开		
4	五号低压加热器进汽管道疏水手动阀	开		
5	五段抽汽至给水泵汽轮机补汽阀供汽逆止阀后疏水手动阀	开		
6	五段抽汽至给水泵汽轮机补汽阀供汽电动阀后疏水手动阀	开		
7	六段抽汽电动阀后疏水手动阀	开		
8	六段抽汽气动逆止阀后疏水手动阀	开		
9	六段抽汽气动逆止阀前疏水手动阀	开		
10	七段抽汽气动逆止阀后疏水手动阀	开		
11	七段抽汽气动逆止阀前疏水手动阀	开		
12	七段抽汽电动阀后疏水手动阀	开		
13	低压加热器疏水泵出口母管调节阀后手动门	开		
14	疏水泵再循环调节阀后手动门	开		
15	5号低压加热器化学清洗隔离门	关		
16	5号低压加热器运行排气手动门1	关		
17	5号低压加热器运行排气手动门2	关		

续表

就地阀门检查卡				
序号	检查内容	标准状态	确认人	备注
18	5 号低压加热器汽侧安全阀	关		定值合格
19	5 号低压加热器启动排气一次门	关		
20	5 号低压加热器启动排气二次门	关		
21	5 号低压加热器水侧排气一次门	开		
22	5 号低压加热器水侧排气二次门	关		
23	5 号低压加热器汽侧放水手动门 1	开		
24	5 号低压加热器汽侧放水手动门 2	关		
25	5 号低压加热器水侧放水一次门	关		
26	5 号低压加热器水侧放水二次门	关		
27	6 号低压加热器化学清洗隔离门	关		
28	6 号低压加热器运行排气手动门 1	关		
29	6 号低压加热器运行排气手动门 2	关		
30	6 号低压加热器汽侧安全阀	关		定值合格
31	6 号低压加热器启动排气一次门	关		
32	6 号低压加热器启动排气二次门	关		
33	6 号低压加热器水侧排气一次门	开		
34	6 号低压加热器水侧排气二次门	关		
35	6 号低压加热器汽侧放水手动门 1	开		
36	6 号低压加热器汽侧放水手动门 2	关		
37	6 号低压加热器水侧放水一次门	关		
38	6 号低压加热器水侧放水二次门	关		
39	7 号低压加热器化学清洗隔离门	关		
40	7 号低压加热器运行排气手动门 1	关		
41	7 号低压加热器运行排气手动门 2	关		
42	7 号低压加热器汽侧安全阀	关		校验合格
43	7 号低压加热器启动排气一次门	关		
44	7 号低压加热器启动排气二次门	关		
45	7 号低压加热器水侧排气一次门	开		
46	7 号低压加热器水侧排气二次门	关		
47	7 号低压加热器汽侧放水手动门 1	开		
48	7 号低压加热器汽侧放水手动门 2	关		

续表

就地阀门检查卡				
序号	检查内容	标准状态	确认人	备注
49	7 号低压加热器水侧放水一次门	关		
50	7 号低压加热器水侧放水二次门	关		
51	8 号低压加热器水侧安全阀	关		校验合格
52	8 号低压加热器水侧排气二次阀	关		
53	8 号低压加热器水侧排气一次阀	开		
54	8 号低压加热器水侧充氮气门	关		
55	8 号低压加热器启动排气阀	关		
56	8 号低压加热器运行排气阀 1	关		
57	8 号低压加热器运行排气阀 2	关		
58	8 号低压加热器汽侧放水阀	开		
59	9 号低压加热器运行排气阀 1	关		
60	9 号低压加热器运行排气阀 2	关		
61	9 号低压加热器启动排气阀	开		
62	9 号低压加热器水侧安全阀	关		校验合格
63	9 号低压加热器水侧排气二次门	关		
64	9 号低压加热器水侧排气一次门	开		
65	9 号低压加热器水侧充氮气门	关		
66	9 号低压加热器汽侧放水门	关		
67	低压加热器疏水冷却器排气一次门 1	关		
68	低压加热器疏水冷却器排气一次门 2	关		
69	低压加热器疏水冷却器排气二次门 1	开		
70	低压加热器疏水冷却器排气二次门 2	关		
71	低压加热器疏水冷却器充氮气门	关		
72	低压加热器疏水冷却器疏水侧放水一次门 1	关		
73	低压加热器疏水冷却器疏水侧放水一次门 2	关		
74	低压加热器疏水冷却器疏水侧放水二次门 1	关		
75	低压加热器疏水冷却器疏水侧放水二次门 2	关		
76	低压加热器疏水冷却器凝结水侧放水门	关		
77	低压加热器疏水冷却器单级水封溢流手动门	关		
78	化学除盐水来疏水冷却器注水手动门	关		U 型水封注水时开启
79	精处理前凝结水压力变送器一次门	开		

续表

就地阀门检查卡				
序号	检查内容	标准状态	确认人	备注
80	精处理后凝结水压力变送器一次门	开		
81	精处理前凝结水温度变送器一次门	开		
82	精处理后凝结水温度变送器一次门	开		
83	汽封蒸汽冷却器前压力表一次门	开		
84	汽封蒸汽冷却器前温度表一次门	开		
85	汽封蒸汽冷却器后压力表一次门	开		
86	汽封蒸汽冷却器后温度表一次门	开		
87	背压机轴封冷却器前温度表一次门	开		
88	背压机轴封冷却器前压力表一次门	开		
89	凝汽器再循环调门前流量变送器一次门	开		
90	9 号低压加热器前就地压力表一次门	开		
91	9 号低压加热器前就地温度表一次门	开		
92	9 号低压加热器后就地温度表一次门	开		
93	9 号低压加热器后就地压力表一次门	开		
94	8 号低压加热器前就地温度表一次门	开		
95	8 号低压加热器前就地压力表一次门	开		
96	8 号低压加热器后就地温度表一次门	开		
97	8 号低压加热器后就地压力表一次门	开		
98	7 号低压加热器前就地压力表一次门	开		
99	7 号低压加热器前就地温度表一次门	开		
100	7 号低压加热器后就地压力表一次门	开		
101	7 号低压加热器后就地温度表一次门	开		
102	6 号低压加热器前就地压力表一次门	开		
103	6 号低压加热器前就地温度表一次门	开		
104	6 号低压加热器后就地压力表一次门	开		
105	6 号低压加热器后就地温度表一次门	开		
106	5 号低压加热器前就地压力表一次门	开		
107	5 号低压加热器前就地温度表一次门	开		
108	5 号低压加热器后就地压力表一次门	开		
109	5 号低压加热器后就地温度表一次门	开		
110	5 号低压加热器出口流量变送器一次门	开		

续表

就地阀门检查卡				
序号	检查内容	标准状态	确认人	备注
111	除氧器进水逆止门前压力表一次门	开		
112	除氧器进水逆止门前温度变送器一次门	开		

设备送电确认卡					
序号	设备名称	标准状态	状态（√）	确认人	备注
1	1号低压加热器疏水泵电机	送电			
2	2号低压加热器疏水泵电机	送电			

检查____号机低压加热器系统启动条件满足，已按系统投运前状态确认标准检查卡检查设备完毕，系统可以投运。

检查人：__________

执行情况复核（主值）：__________ 时间：__________

批准（值长）：__________ 时间：__________

1.29 高、低压旁路系统投运前状态确认标准检查卡

班组： 编号：

工作任务	____号机高、低压旁路系统投运前状态确认检查
工作分工	就地： 盘前： 值长：

危险辨识与风险评估				
危险源	风险产生过程及后果	预控措施	预控情况	确认人
1．人员技能	工作人员技能不能满足系统投运操作要求造成人身伤害、设备损坏	1．检查就地及盘前操作人员具备相应岗位资格； 2．操作人员应熟悉系统、设备及工作原理，清晰理解工作任务； 3．操作人员应具备处理一般事故的能力		
2．人员生理、心理	人员情绪异常、精神不佳造成工作中人身伤害	1．班前会中准确了解人员情况； 2．当班期间值内、部门做好监督； 3．发现人员情绪等异常情况时，严禁操作		
3．人员行为	工作票未终结、隔离措施未恢复、人员未撤离造成工作中人身伤害；工器具遗留在操作现场造成设备损坏	1．查看工作票是否终结； 2．检修人员全部撤离； 3．确认安全隔离措施全部恢复到位； 4．操作完毕应检查所有的工器具已收回，确保无遗留物件		
4．照明	现场照明不足造成人身伤害	现场照明应充足，满足操作及监视需要，否则应及时补充或增加		

续表

危险辨识与风险评估				
危险源	风险产生过程及后果	预控措施	预控情况	确认人
5．孔洞坑井沟道及障碍物	盖板缺损及平台防护栏杆不全造成高处坠落；设备周围有障碍物影响设备运行和人身安全	1．工作场所的孔、洞、坑、井、沟道，必须覆以与地面齐平的坚固盖板。 2．发现洞口盖板缺失、损坏或未盖好时，必须立即填补、修复盖板并及时盖好。 3．所有升降口、大小孔洞、楼梯和平台，必须装设不低于1050mm高栏杆和不低于100mm高的脚部护板；离地高度高于20m的平台、通道及作业场所的防护栏杆不应低于1200mm。 4．清除设备周围影响设备运行和人身安全的障碍物		
6．高处落物	工作区域上方高处落物造成人身伤害	1．正确佩戴个人劳保防护用品； 2．进入现场要观察工作环境，发现有高处落物的可能时采取必要措施		
7．工器具	使用不合格工器具或未正确使用工器具造成工作中人身伤害	1．检查符合规定安全工器具； 2．不合格工器具禁止带入操作现场； 3．带全操作所需工器具、防护用品等（如对讲机、手电筒、耳塞等）； 4．操作中正确使用工器具		
8．高压介质	通过高温高压区域时高温、高压容器或管道突然断裂造成人员伤害	1. 不准允许未泄压的设备进入检修状态； 2. 不准在高温高压区域设长时间停留； 3．不准在未采取完善安全措施情况下擅自拆除设备上的安全防护设施； 4. 操作高温高压系统时应按规定操作，并做好发生泄漏时的防范措施		
9．烫伤	现场操作身体触碰高温设备或管道，造成身体烫伤	穿着合格工作服，操作时观察清楚周围情况		
10．控制异常	蓄能器压力小于9.3MPa或入口门未开	检查蓄能器压力正常，管路阀门状态正确		
11．旁路管道震动	高旁减温水内漏和管路疏水暖管不畅	旁路关闭后做好减温水隔离，远方就地阀门状态一致，就地测量疏水管道稳度正常		
12．阀门卡涩	阀门受热不均或执行机构油压偏低	投运前油站油压正常		
13．液压油站漏油	系统漏油引起火灾	启动前做好管路，阀门检查，过压阀调试合格		

系统投运前状态确认标准检查卡					
序号	检查内容	标准状态	确认情况（√）	确认人	备注
1	____号机高、低压旁路系统热机、电气、热控检修工作票、缺陷联系单	终结或押回，无影响系统启动的缺陷			

续表

系统投运前状态确认标准检查卡					
序号	检查内容	标准状态	确认情况（√）	确认人	备注
2	高、低压旁路系统热控、电气部分				
2.1	高压旁路油站控制柜	1．高压旁路控制柜已送电，指示灯亮，转换开关在“远方”位； 2．供油系统无报警显示			
2.2	低压旁路油站控制柜	1．低压旁路控制柜已送电，指示灯亮，转换开关在“远方”位； 2．供油系统无报警显示			
2.3	高、低压旁路联锁自动控制系统	已投入。 热工确认人：____			
3	辅助系统				
3.1	循环水系统	已投入运行，循环水压力＞0.16MPa			
3.2	凝结水系统	已投入运行，凝结水压力＞1.8MPa			
3.3	给水系统	已投入运行，给水压力＞6MPa			
3.4	凝汽器真空系统	凝汽器真空已建立＞－86kPa			
3.5	主再热蒸汽系统	检查高、中压主汽阀、调阀关闭严密，高排通风阀开启			
3.6	凝汽器	1．凝汽器已经通水； 2．水幕保护装置已投入			
4	高压旁路油站				
4.1	高压旁路油站油位	1．无漏油，油质清晰； 2．油箱油位计在1/2处			
4.2	高压旁路油站蓄能器	进油阀开，放油门关，蓄能器氮气压力＞9.3MPa			
4.3	高压旁路油站冷却风机	送电投入运行，电机无异音			
4.4	高压旁路油站液压油泵	油站液压油泵投入连续运行，一台运行，一台备用			
5	低压旁路油站				
5.1	1号低压旁路油站油位	1．无漏油，无积油，油质清晰； 2．油箱油位计在1/2处			
5.2	1号低压旁路油站蓄能器	进油门开启，放油关闭，蓄能器氮气压力＞9.3MPa			
5.3	1号低压旁路油站冷却风机	送电投入运行，电机无异音			
5.4	1号低压旁路油站液压油泵	油站液压油泵投入连续运行，一台运行，一台备用			

续表

系统投运前状态确认标准检查卡					
序号	检查内容	标准状态	确认情况（√）	确认人	备注
5.5	2 号低压旁路油站油位	1. 无漏油，无积油，油质清晰； 2. 油箱油位计在 1/2 处			
5.6	2 号低压旁路油站蓄能器	进油门开启，放油关闭，蓄能器氮气压力＞9.3MPa			
5.7	2 号低压旁路油站冷却风机	送电投入运行，电机无异音			
5.8	2 号低压旁路油站液压油泵	油站液压油泵投入连续运行，一台投入运行，一台备用			
6	系统整体检查	1. 高、低压旁路系统现场卫生清洁，临时设施拆除，无影响转机转动的物件；附近所有通道保持平整畅通，照明充足，消防设施齐全； 2. 设备及管道外观整洁，无泄漏现象；各阀门、设备标识牌无缺失，管道名称、色环、介质流向完整			

远动阀门检查卡							
序号	阀门名称	电源（√）	气源（√）	传动情况（√）	标准状态	确认人	备注
1	高压旁路阀				关		
2	高压旁路减温水液动截止阀				关		
3	高压旁路减温水液动调阀				关		
4	1 号低压旁路阀				关		
5	1 号低压旁路减温水液动截止阀				关		
6	1 号低压旁路侧减温水液动调阀				关		
7	1 号低压旁路前疏水电动阀				关		
8	1 号低压旁路前疏水气动阀				关		
9	2 号低压旁路阀				关		
10	2 号低压旁路减温水液动截止阀				关		
11	2 号低压旁路侧减温水液动调阀				关		
12	2 号低压旁路前疏水电动阀				关		
13	2 号低压旁路前疏水气动阀				关		

就地阀门检查卡				
序号	检查内容	标准状态	确认人	备注
1	高压旁路减温水管道放水一次阀	关		
2	高压旁路减温水管道放水二次阀	关		
3	1 号低压旁路侧减温水液动调阀后放水一次阀	关		
4	1 号低压旁路侧减温水液动调阀后放水二次阀	关		
5	2 号低压旁路侧减温水液动调阀后放水一次阀	关		
6	2 号低压旁路侧减温水液动调阀后放水二次阀	关		
7	高压旁路油站 1 号蓄能器隔离阀	开		
8	高压旁路油站 1 号蓄能器放油阀	关		
9	高压旁路油站 1 号蓄能器压力表阀	开		
10	高压旁路油站 2 号蓄能器隔离阀	开		
11	高压旁路油站 2 号蓄能器放油阀	关		
12	高压旁路油站 2 号蓄能器压力表阀	开		
13	低压旁路油站 1 号蓄能器隔离阀	开		
14	低压旁路油站 1 号蓄能器放油阀	关		
15	低压旁路油站 1 号蓄能器压力表阀	开		
16	低压旁路油站 2 号蓄能器隔离阀	开		
17	低压旁路油站 2 号蓄能器放油阀	关		
18	低压旁路油站 2 号蓄能器压力表阀	开		

设备送电确认卡					
序号	设备名称	标准状态	状态（√）	确认人	备注
1	高压旁路油站液压油泵	送电			
2	1 号低压旁路油站液压油泵	送电			
3	2 号低压旁路油站液压油泵	送电			

检查____号机高、低压旁路系统启动条件满足，已按系统投运前状态确认标准检查卡检查设备完毕，系统可以投运。

检查人：____________

执行情况复核（主值）：________　　　　时间：________

批准（值长）：____________　　　　时间：________

1.30 高、低压旁路系统油站投运前状态确认标准检查卡

班组：　　　　　　　　　　　　　　　　编号：

工作任务	____号机高、低压旁路系统油站投运前状态确认检查		
工作分工	就地：	盘前：	值长：

危险辨识与风险评估				
危险源	风险产生过程及后果	预控措施	预控情况	确认人
1．人员技能	工作人员技能不能满足系统投运操作要求造成人身伤害、设备损坏	1．检查就地及盘前操作人员具备相应岗位资格； 2．操作人员应熟悉系统、设备及工作原理，清晰理解工作任务； 3．操作人员应具备处理一般事故的能力		
2．人员生理、心理	人员情绪异常、精神不佳造成工作中人身伤害	1．班前会中准确了解人员情况； 2．当班期间值内、部门做好监督； 3．发现人员情绪等异常情况时，严禁操作		
3．人员行为	工作票未终结、隔离措施未恢复、人员未撤离造成工作中人身伤害；工器具遗留在操作现场造成设备损坏	1．查看工作票是否终结； 2．检修人员全部撤离； 3．确认安全隔离措施全部恢复到位； 4．操作完毕应检查所有的工器具已收回，确保无遗留物件		
4．照明	现场照明不足造成人身伤害	现场照明应充足，满足操作及监视需要，否则应及时补充或增加		
5．孔洞坑井沟道及障碍物	盖板缺损及平台防护栏杆不全造成高处坠落；设备周围有障碍物影响设备运行和人身安全	1．工作场所的孔、洞、坑、井、沟道，必须覆以与地面齐平的坚固盖板。 2．发现洞口盖板缺失、损坏或未盖好时，必须立即填补、修复盖板并及时盖好。 3．所有升降口、大小孔洞、楼梯和平台，必须装设不低于1050mm高栏杆和不低于100mm高的脚部护板；离地高度高于20m的平台、通道及作业场所的防护栏杆不应低于1200mm。 4．清除设备周围影响设备运行和人身安全的障碍物		
6．高处落物	工作区域上方高处落物造成人身伤害	1．正确佩戴个人劳保防护用品； 2．进入现场要观察工作环境，发现有高处落物的可能时采取必要措施		
7．工器具	使用不合格工器具或未正确使用工器具造成工作中人身伤害	1．检查符合规定安全工器具； 2．不合格工器具禁止带入操作现场； 3．带全操作所需工器具、防护用品等（如对讲机、手电筒、耳塞等）； 4．操作中正确使用工器具		
8．高压介质	通过高温高压区域时高温、高压容器或管道突然断裂造成人员伤害	1．不准允许未泄压的设备进入检修状态； 2.不准在高温高压区域设长时间停留； 3．不准在未采取完善安全措施情况下擅自拆除设备上的安全防护设施； 4.操作高温高压系统时应按规定操作，并做好发生泄漏时的防范措施		

续表

危险辨识与风险评估				
危险源	风险产生过程及后果	预控措施	预控情况	确认人
9．烫伤	现场操作身体触碰高温设备或管道，造成身体烫伤	穿着合格工作服，操作时观察清楚周围情况		
10．控制异常	蓄能器压力小于 9.3MPa 或入口门未开	检查蓄能器压力正常，管路阀门状态正确		
11．旁路管道振动	高旁减温水内漏和管路疏水暖管不畅	旁路关闭后做好减温水隔离，远方就地阀门状态一致，监测疏水管道阀前、后温度正常		
12．阀门卡涩	阀门受热不均或执行机构油压偏低	投运前监视油站油压正常		
13．液压油站漏油	系统漏油引起火灾	启动前做好管路，阀门检查是否漏油		

系统投运前状态确认标准检查卡					
序号	检查内容	标准状态	确认情况（√）	确认人	备注
1	____号机高、低压旁路系统热机、电气、热控检修工作票、缺陷联系单	终结或押回，无影响系统启动的缺陷			
2	高、低压旁路系统热控、电气部分				
2.1	高压旁路油站控制柜	1．高压旁路控制柜已送电，指示灯亮，转换开关在“远方”位； 2．供油系统无报警显示			
2.2	低压旁路油站控制柜	1．低压旁路控制柜已送电，指示灯亮，转换开关在“远方”位； 2．供油系统无报警显示			
2.3	高、低压旁路联锁自动控制系统	已投入。 热工确认人：____			
3	高压旁路油站				
3.1	____号机高压旁路油站油位	1．无漏油，油质清晰； 2．油箱油位计在 1/2 处			
3.2	高压旁路油站蓄能器	进油阀开，放油门关，蓄能器氮气压力＞9.3MPa			
3.3	高压旁路油站冷却风机	送电投入运行，电机无异音			
3.4	高压旁路油站液压油泵	油站液压油泵投入连续运行			
4	低压旁路油站				

续表

系统投运前状态确认标准检查卡					
序号	检查内容	标准状态	确认情况（√）	确认人	备注
4.1	____号机1号低压旁路油站油位	1．无漏油，无积油，油质清晰； 2．油箱油位计在1/2处			
4.2	1号低压旁路油站蓄能器	进油门开启，放油关闭，蓄能器氮气压力＞9.3MPa			
4.3	1号低压旁路油站冷却风机	送电投入运行，电机无异音			
4.4	1号低压旁路油站液压油泵	油站液压油泵投入连续运行			
4.5	____号机2号低压旁路油站油位	1．无漏油，无积油，油质清晰； 2．油箱油位计在1/2处			
4.6	2号低压旁路油站蓄能器	进油门开启，放油关闭，蓄能器氮气压力＞9.3MPa			
4.7	2号低压旁路油站冷却风机	送电投入运行，电机无异音			
4.8	2号低压旁路油站液压油泵	油站液压油泵投入连续运行			
5	高、低压旁路阀	就地与远方DCS对照均在关闭位			
6	系统整体检查	1．高、低压旁路油站现场卫生清洁，临时设施拆除，无影响转机转动的物件； 2．附近所有通道保持平整畅通，照明充足，消防设施齐全； 3．设备及管道外观整洁，无泄漏现象；各阀门、设备标识牌无缺失，管道名称、色环、介质流向完整			

远动阀门检查卡							
序号	阀门名称	电源（√）	气源（√）	传动情况（√）	标准状态	确认人	备注
1	高压旁路阀				关		
2	1号低压旁路阀				关		
3	2号低压旁路阀				关		

就地阀门检查卡				
序号	检查内容	标准状态	确认人	备注
1	高压旁路油站1号蓄能器隔离阀	开		
2	高压旁路油站1号蓄能器放油阀	关		

续表

就地阀门检查卡				
序号	检查内容	标准状态	确认人	备注
3	高压旁路油站 1 号蓄能器压力表阀	开		
4	高压旁路油站 2 号蓄能器隔离阀	开		
5	高压旁路油站 2 号蓄能器放油阀	关		
6	高压旁路油站 2 号蓄能器压力表阀	开		
7	低压旁路油站 1 号蓄能器隔离阀	开		
8	低压旁路油站 1 号蓄能器放油阀	关		
9	低压旁路油站 1 号蓄能器压力表阀	开		
10	低压旁路油站 2 号蓄能器隔离阀	开		
11	低压旁路油站 2 号蓄能器放油阀	关		
12	低压旁路油站 2 号蓄能器压力表阀	开		

设备送电确认卡					
序号	设备名称	标准状态	状态（√）	确认人	备注
1	高压旁路油站液压油泵	送电			
2	1 号低压旁路油站液压油泵	送电			
3	2 号低压旁路油站液压油泵	送电			

检查____号机高、低压旁路系统油站启动条件满足，已按系统投运前状态确认标准检查卡检查设备完毕，系统可以投运。

检查人：____________

执行情况复核（主值）：____________ 时间：____________

批准（值长）：____________ 时间：____________

1.31 氢气系统投运前状态确认标准检查卡

班组： 编号：

工作任务	____号机氢气系统投运前状态确认检查		
工作分工	就地：	盘前：	值长：

危险辨识与风险评估				
危险源	风险产生过程及后果	预控措施	预控情况	确认人
1．人员技能	工作人员技能不能满足系统投运操作要求造成人身伤害、设备损坏	1．检查就地及盘前操作人员具备相应岗位资格； 2．操作人员应熟悉系统、设备及工作原理，清晰理解工作任务； 3．操作人员应具备处理一般事故的能力		

续表

危险辨识与风险评估				
危险源	风险产生过程及后果	预控措施	预控情况	确认人
2. 人员生理、心理	人员情绪异常、精神不佳造成工作中人身伤害	1. 班前会中准确了解人员情况； 2. 当班期间值内、部门做好监督； 3. 发现人员情绪等异常情况时，严禁操作		
3. 人员行为	工作票未终结、隔离措施未恢复、人员未撤离造成工作中人身伤害；工器具遗留在操作现场造成设备损坏	1. 查看工作票是否终结； 2. 检修人员全部撤离； 3. 确认安全隔离措施全部恢复到位； 4. 操作完毕应检查所有的工器具已收回，确保无遗留物件		
4. 照明	现场照明不足造成人身伤害	现场照明应充足，满足操作及监视需要，否则应及时补充或增加		
5. 孔洞坑井沟道及障碍物	盖板缺损及平台防护栏杆不全造成高处坠落；设备周围有障碍物影响设备运行和人身安全	1. 工作场所的孔、洞、坑、井、沟道，必须覆以与地面齐平的坚固盖板。 2. 发现洞口盖板缺失、损坏或未盖好时，必须立即填补、修复盖板并及时盖好。 3. 所有升降口、大小孔洞、楼梯和平台，必须装设不低于 1050mm 高栏杆和不低于 100mm 高的脚部护板；离地高度高于 20m 的平台、通道及作业场所的防护栏杆不应低于 1200mm。 4. 清除设备周围影响设备运行和人身安全的障碍物		
6. 高处落物	工作区域上方高处落物造成人身伤害	1. 正确佩戴个人劳保防护用品； 2. 进入现场要观察工作环境，发现有高处落物的可能时采取必要措施		
7. 工器具	使用不合格工器具或未正确使用工器具造成工作中人身伤害	1. 检查符合规定安全工器具； 2. 不合格工器具禁止带入操作现场； 3. 带全操作所需工器具、防护用品等（如对讲机、手电筒、耳塞等）； 4. 操作中正确使用工器具		
8. 系统泄漏	管道接口、阀门、法兰连接不严密处泄漏	系统投运前对管路、阀门全面检查		
9. 着火或爆炸	系统泄漏的氢气遇明火	防止氢气泄漏，操作选择铜质板钩，保持通风，禁止明火		

系统投运前状态确认标准检查卡					
序号	检查内容	标准状态	确认情况（√）	确认人	备注
1	____号机氢气系统热机、电气、热控检修工作票、缺陷联系单	终结或押回，无影响系统启动的缺陷			

续表

系统投运前状态确认标准检查卡					
序号	检查内容	标准状态	确认情况（√）	确认人	备注
2	氢气系统热工、电气部分				
2.1	氢气系统所有热工仪表	已投入。 热工确认人：____			
2.2	氢气系统循环风机	按照远传阀门清单，传动试验完成。 热工确认人：____			
3	辅助系统				
3.1	主机润滑油系统	主机润滑油系统已投运，主机润滑油压0.35～0.38MPa			
3.2	主机密封油系统	主机密封油系统已投运，密封油氢差压（120±10）kPa			
3.3	开式水系统	开式水投入，压力0.35～0.4MPa			
3.4	氢冷器	氢冷器放空气完毕，水侧投入			
3.5	氢气干燥器装置	排污阀关，系统在自动位，循环风机及控制柜送电			
3.6	气体纯度分析仪	进出气阀门已经开启投入，排污门关闭			
3.7	发电机绝缘监测装置	发电机绝缘监测装置进出气阀已开启投入，绝缘监测装置指针指示正常位置			
3.8	漏氢监测装置	漏氢监测装置投入正常，巡回检查显示无泄漏			
3.9	检漏计装置	各部位检漏装置进气阀开启，装置投入正常。检漏计显示无漏液			
4	发电机严密性试验	发电机漏氢量＜$18m^3/d$			
5	储氢站氢气数量	氢气储备$1000m^3$以上。 化学确认人：____			
6	系统整体检查	1．氢气系统设备及管道外观整洁，无污损； 2．设备及管道连接部分完好，无渗漏现象； 3．系统区域照明齐全，充足，消防设施完好； 4．二氧化碳、氢气置换区域无积水、积油，气瓶摆放齐整			

远动阀门检查卡							
序号	阀门名称	电源（√）	气源（√）	传动情况（√）	标准状态	确认人	备注
1	氢干燥器进气切换阀547				关		
2	氢干燥器出气切换阀548				关		

就地阀门检查卡				
序号	检查内容	标准状态	确认人	备注
1	发电机检漏计 41A 进口阀 550	开		
2	发电机检漏计 41B 进口阀 551	开		
3	发电机检漏计 41C 进口阀 552	开		
4	发电机检漏计 41 排污阀 553	开		
5	发电机检漏计 42 进口阀 554	开		
6	发电机 H2 死角排气阀 567	关		
7	发电机检漏计 42 排污阀 555	关		
8	发电机检漏计 43 进口阀 556	开		
9	发电机检漏计 43 排污阀 557	关		
10	发电机检漏计 44A 进口阀 558	开		
11	发电机检漏计 44 排污阀 561	关		
12	发电机检漏计 44B 进口阀 559	开		
13	发电机检漏计 44C 进口阀 560	开		
14	发电机检漏计 45 进口阀 562	开		
15	发电机检漏计 45 排污阀 563	关		
16	发电机排气总管排污门 571	关		
17	发电机 46 排污阀 565	关		
18	发电机氢气系统排污阀	关		
19	发电机氢气纯度仪排气阀 531	开		
20	发电机上部至氢气纯度仪取样 529	开		
21	发电机下部至氢气纯度仪取样 530	开		
22	气体置换二氧化碳取样门 568	关		
23	气体置换氢气取样门 569	关		
24	氢气压力母管安全阀	关		
25	发电机充氢调压阀排气阀	关		
26	发电机充 CO_2 总阀（528）	关		
27	发电机 CO_2 排气阀（发电机底部排气门 557）	关		
28	发电机排气总阀（发电机排气门 515）	关		
29	发电机 H_2 排气阀（发电机顶部排气门 514）	关		
30	发电机充 H_2 总阀（发电机充气隔离阀 512）	关		
31	发电机充排管道排污阀 572	关		
32	发电机 H_2 流量计出口阀 510	关		

续表

就地阀门检查卡				
序号	检查内容	标准状态	确认人	备注
33	发电机 H_2 流量计旁路阀 511	关		
34	发电机 H_2 流量计进口阀 509	关		
35	发电机充 H_2 调压 1A 出口阀 504	关		
36	发电机充 H_2 调压 1A 进口阀 506	关		
37	发电机充 H_2 调压 1B 出口阀 507	关		
38	发电机充 H_2 调压 1B 进口阀 505	关		
39	发电机充 H_2 调压旁路阀	关		
40	发电机供氢总阀	关		
41	厂区 1 号氢气管道至 2 号机组氢气控制装置手动阀 501	开		
42	厂区 2 号氢气管道至 2 号机组氢气控制装置手动阀 502	开		
43	厂区 1 号氢气管道供氢手动阀 601	开		
44	厂区 2 号氢气管道供氢手动阀 602	开		
45	发电机 CO_2 瓶 1 出口阀 517	关		
46	发电机 CO_2 瓶 1 出口阀 518	关		
47	发电机 CO_2 瓶 1 出口阀 519	关		
48	发电机 CO_2 瓶 1 出口阀 520	关		
49	发电机 CO_2 瓶 1 出口阀 521	关		
50	发电机 CO_2 瓶 1 出口阀 522	关		
51	发电机 CO_2 瓶 1 出口阀 523	关		
52	发电机 CO_2 瓶 1 出口阀 524	关		
53	发电机 CO_2 瓶 1 出口阀 525	关		
54	发电机 CO_2 瓶 1 出口阀 526	关		
55	CO_2 汇流排出口阀 527	关		
56	发电机绝缘过热检测仪排气阀 566	关		
57	发电机绝缘过热检测仪进口阀 536	关		
58	发电机绝缘过热检测仪出口阀 534	关		
59	H_2 干燥器出气总阀	关		
60	发电机绝缘过热检测仪进口管道排污阀 535	关		
61	发电机绝缘过热检测仪出口管道排污阀 537	关		
62	1 号氢循环风机进气阀 538	关		

续表

就地阀门检查卡				
序号	检查内容	标准状态	确认人	备注
63	氢循环风机1号滤网排污阀	关		
64	氢循环风机2号滤网排污阀	关		
65	氢循环风机滤网排污总阀	关		
66	2号氢循环风机进气阀539	关		
67	氢循环风机旁路阀542	关		
68	氢循环风机A出气阀	关		
69	氢循环风机B出气阀	关		
70	氢循环风机出气总阀	关		
71	氢干燥器分离器排污阀549	关		
72	发电机充H_2调压阀A	关		
73	发电机充H_2调压阀B	关		
74	发电机充压缩空气总阀516	关		

设备送电确认卡					
序号	设备名称	标准状态	状态（√）	确认人	备注
1	1号氢气循环风机电机	送电			
2	2号氢气循环风机电机	送电			

检查____号机氢气系统启动条件满足，已按系统投运前状态确认标准检查卡检查设备完毕，系统可以投运。

检查人：________________

执行情况复核（主值）：________________ 时间：________________

批准（值长）：________________ 时间：________________

1.32 定子冷却水系统投运前状态确认标准检查卡

班组： 编号：

工作任务	____号机定子冷却水系统投运前状态确认检查
工作分工	就地： 盘前： 值长：

危险辨识与风险评估				
危险源	风险产生过程及后果	预控措施	预控情况	确认人
1．人员技能	工作人员技能不能满足系统投运操作要求造成人	1．检查就地及盘前操作人员具备相应岗位资格；		

续表

危险辨识与风险评估				
危险源	风险产生过程及后果	预控措施	预控情况	确认人
1．人员技能	身伤害、设备损坏	2．操作人员应熟悉系统、设备及工作原理，清晰理解工作任务； 3．操作人员应具备处理一般事故的能力		
2．人员生理、心理	人员情绪异常、精神不佳造成工作中人身伤害	1．班前会中准确了解人员情况； 2．当班期间值内、部门做好监督； 3．发现人员情绪等异常情况时，严禁操作		
3．人员行为	工作票未终结、隔离措施未恢复、人员未撤离造成工作中人身伤害；工器具遗留在操作现场造成设备损坏	1．查看工作票是否终结； 2．检修人员全部撤离； 3．确认安全隔离措施全部恢复到位； 4．操作完毕应检查所有的工器具已收回，确保无遗留物件		
4．照明	现场照明不足造成人身伤害	现场照明应充足，满足操作及监视需要，否则应及时补充或增加		
5．孔洞坑井沟道及障碍物	盖板缺损及平台防护栏杆不全造成高处坠落；设备周围有障碍物影响设备运行和人身安全	1．工作场所的孔、洞、坑、井、沟道，必须覆以与地面齐平的坚固盖板。 2．发现洞口盖板缺失、损坏或未盖好时，必须立即填补、修复盖板并及时盖好。 3．所有升降口、大小孔洞、楼梯和平台，必须装设不低于1050mm高栏杆和不低于100mm高的脚部护板；离地高度高于20m的平台、通道及作业场所的防护栏杆不应低于1200mm。 4．清除设备周围影响设备运行和人身安全的障碍物		
6．高处落物	工作区域上方高处落物造成人身伤害	1．正确佩戴个人劳保防护用品； 2．进入现场要观察工作环境，发现有高处落物的可能时采取必要措施		
7．工器具	使用不合格工器具或未正确使用工器具造成工作中人身伤害	1．检查符合规定安全工器具； 2．不合格工器具禁止带入操作现场； 3．带全操作所需工器具、防护用品等（如对讲机、手电筒、耳塞等）； 4．操作中正确使用工器具		
8．触电	控制柜送电过程中人员误碰带电部位触电	1．熟悉控制柜电气回路； 2．电气操作时正确佩戴个人防护用品，正确使用合格的工器具		
9．转动机械	标识缺损、防护罩缺损；断裂、超速、零部件脱落；肢体部位或饰品衣物、用具（包括防护用品）、工具接触转动部位	1．设备的转动部分必须装设防护罩，并标明旋转方向，露出的轴端必须装设护盖；转动设备的防护罩应完好。 2．检查设备的运行状态，保持设备的振动、温度、运行电流等参数符合标准，如发现参数超标及时处理。		

续表

危险辨识与风险评估				
危险源	风险产生过程及后果	预控措施	预控情况	确认人
9．转动机械		3．衣服和袖口应扣好，不得戴围巾领带，长发必须盘在安全帽内；不准将用具、工器具接触设备的转动部位，不准在转动设备附近长时间停留。 4．转动设备试运行时所有人员应先远离，站在转动机械的轴向位置，并有一人站在事故按钮位置		
10．系统漏水	定子冷却水泵启动后，定子冷却水自管道接口、阀门、法兰连接不严密处泄漏	定子冷却水泵启动后对定子冷却水管路、阀门全面检查		
11．定子冷却水泵电机过载	定子冷却水系统轴承缺油，定子冷却水泵机械卡涩	启动定子冷却水泵前系统先充分注水排空气，定子冷却水泵启动后监视泵电机电流及电流返回时间正常		
12．定子冷却水泵启动后管道异常振动	定子冷却水系统存在大量空气	启动定子冷却水泵前系统先充分注水排空气		
13．电机轴承损坏	电机轴承油质不合格，振动不合格	启动前检查轴承油脂正常，启动后测量轴承振动合格，温升正常		
14．发电机气塞	定子冷却水系统存在空气	按照充水顺序对系统反复排空气		

系统投运前状态确认标准检查卡					
序号	检查内容	标准状态	确认情况（√）	确认人	备注
1	____号机定子冷却水系统热机、电气、热控检修工作票、联系单	终结或押回，无影响系统启动的缺陷			
2	定子冷却水系统热工、电气部分				
2.1	定子冷却水系统热工表计	热工表计齐全，所有压力表计一次门开启，温度表计投入。 热工专业确认人：____			
2.2	定子冷却水泵联锁保护试验	已完成后投入。 热工专业人：____			
2.3	事故按钮	在弹出位，防护罩完好			
3	辅助系统				
3.1	除盐水系统	除盐水压力＞0.4MPa			
3.2	补水再生装置	补水再生装置投入，控制流量为 $0.1m^3/h$			

续表

系统投运前状态确认标准检查卡					
序号	检查内容	标准状态	确认情况（√）	确认人	备注
3.3	循环水系统	系统已投入，循环水压力＞0.16MPa			
3.4	开式水系统	系统已投入，低压开式水压力＞0.16MPa			
3.5	发电机本体	发电机定子线圈具备进水条件，进出水门开启，反冲洗进出水门关闭			
4	定子冷却水系统				
4.1	高位水箱	1．水位计上下联通门开启，进回水窗清晰； 2．定子冷却水箱水位＞300mm； 3．水箱顶部排大气管道畅通			
4.2	定子冷却水冷却器	1．本体无泄漏，一台投入运行，一台备用； 2．放水门关闭，排空气门连续水流后关闭			
4.3	定子冷却水滤网	1．本体无泄漏，一台投入运行，一台备用； 2．放水门关闭，排空气门连续水流后关闭； 3．无差压报警信号			
4.4	离子交换器	排污门关闭、排大气门充压放空气连续水流后关闭，已投入			
4.5	定子冷却水水质	化验定子冷却水电导度不大于 1μS/cm。 化学专业确认人：——			
4.6	定子冷却水补水滤网	无差压报警信号			
4.7	蒸汽加热	辅助蒸汽至定子冷却水箱加热隔离			
5	定子冷却水泵				
5.1	水泵本体	1．无漏水、泵体排空气结束； 2．对轮护罩良好，无松动； 3．盘动转子灵活			
5.2	电机	接地线良好，电机护罩无松动			
5.3	轴承油位	轴承油位在 1/2～2/3			
5.4	轴承油质	油质清晰透明、无浑浊			
6	系统整体检查	1．定子冷却水系统各设备及管道外观整洁，无泄漏现象； 2．设备各地角螺栓、对轮及防护罩连接完好，无松动现象； 3．各电动机接线盒完好，接地线牢固； 4．管道、冷却器、滤网外观完整，法兰等连接部位连接牢固；			

续表

系统投运前状态确认标准检查卡					
序号	检查内容	标准状态	确认情况（√）	确认人	备注
6		5．各阀门、设备标识牌无缺失，管道名称、色环、介质流向完整			

远动阀门检查卡							
序号	阀门名称	电源（√）	气源（√）	传动情况（√）	标准状态	确认人	备注
1	定子冷却水补水调节阀				关		
2	定子冷却水温度调节阀				关		

就地阀门检查卡				
序号	检查内容	标准状态	确认人	备注
一	定子冷却水相关阀门			
1	定子冷却水高位水箱回水阀	关		
2	1 号定子冷却水泵进口手动阀	开		
3	1 号定子冷却水泵放水阀	关		
4	1 号定子冷却水泵出口手动阀	开		
5	2 号定子冷却水泵进口手动阀	开		
6	2 号定子冷却水泵放水阀	关		
7	2 号定子冷却水泵出口手动阀	开		
8	1 号定子冷却水泵出口压力变送器一次门	开		
9	2 号定子冷却水泵出口压力变送器一次门	开		
10	定子冷却水母管压力表一次门	开		
11	定子冷却水电导率表进口一次门	开		
12	定子冷却水电导率表出口一次门	开		
13	定子线圈进出水差压变送器一次门	开		
14	定子冷却水滤网三通阀	开		一侧运行，一侧备用
15	定子冷却水滤网进注水阀	关		注水时开启
16	定子冷却水滤网出注水阀	关		注水时开启
17	定子冷却水 1 号滤网排污阀	关		
18	定子冷却水 2 号滤网排污阀	关		
19	定子冷却水 1 号滤网放空气阀	关		充压放空气后关闭

续表

就地阀门检查卡				
序号	检查内容	标准状态	确认人	备注
20	定子冷却水 2 号滤网放空气阀	关		充压放空气后关闭
21	定子冷却水调压阀	开		压力整定
22	定子冷却水定子绕组进水阀	关		注水时开启
23	定子冷却水定子绕组出水阀	关		注水时开启
24	定子冷却水定子绕组反冲洗进水阀	关		
25	定子冷却水定子绕组反冲洗出水阀	关		
26	定子冷却水定子绕组进水放空气阀	开		充压放空气后关闭
27	定子冷却水定子绕组出水放空气阀	开		充压放空气后关闭
28	定子冷却水回水放水阀	关		
29	定子冷却水过滤器差压变送器一次门	开		
30	发电机定子线圈进水压力变送器一次门	开		
二	定子冷却器相关阀门			
31	定子冷却水定冷器三通阀	开		一侧运行，一侧备用
32	定子冷却水 1 号冷却器放空气阀	开		充压放空气后关闭
33	定子冷却水 2 号冷却器放空气阀	开		充压放空气后关闭
34	定子冷却水冷却器放空气总阀	开		
35	定子冷却水 1 号冷却器放水阀	关		
36	定子冷却水 2 号冷却器放水阀	关		
37	定子冷却水冷却器放水总阀	关		
38	定子冷却水蒸汽加热进汽阀	关		
39	定子冷却水蒸汽加热回汽阀	关		
40	定子冷却水定子冷却水箱冲氮阀	关		
41	定子冷却水高位水箱水位计上部手动阀	开		
42	定子冷却水高位水箱水位计下部手动阀	开		
三	定子冷却水补水相关阀门			
43	定子冷却水补水手动阀	开		
44	定子冷却水补水调节阀前手动阀	开		
45	定子冷却水补水调节阀	关		
46	定子冷却水补水调节阀后手动阀	开		
47	定子冷却水补水旁路手动阀	关		
48	定子冷却水补水管放水阀	关		

续表

就地阀门检查卡				
序号	检查内容	标准状态	确认人	备注
49	定子冷却水补水安全阀	关		整定合格
50	定子冷却水补水滤网排污阀	关		
51	定子冷却水补水离子交换器前手动阀	开		
52	定子冷却水补水离子交换器后手动阀	开		
53	离子交换器树脂捕捉器后出口阀	开		
54	定子冷却水补水离子交换器旁路阀	关		
55	定子冷却水补水离子交换器放水阀	关		
56	定子冷却水补水离子交换器放空气阀	开		充压放空气后关闭
57	定子冷却水补充水压力表一次门	开		
58	定子冷却水补充水过滤器差压变送器一次门	开		

设备送电确认卡					
序号	设备名称	标准状态	状态（√）	确认人	备注
1	1号定子冷却水泵电机	送电			
2	2号定子冷却水泵电机	送电			

检查____号机发电机定子冷却水启动条件满足，已按系统投运前状态确认标准检查卡检查设备完毕，系统可以投运。

检查人：____________

执行情况复核（主值）：____________　　时间：____________

批准（值长）：____________　　时间：____________

1.33　密封油系统投运前状态确认标准检查卡

班组：　　　　编号：

工作任务	____号机密封油系统投运前状态确认检查
工作分工	就地：　　　盘前：　　　值长：

危险辨识与风险评估				
危险源	风险产生过程及后果	预控措施	预控情况	确认人
1. 人员技能	工作人员技能不能满足系统投运操作要求造成人身伤害、设备损坏	1. 检查就地及盘前操作人员具备相应岗位资格； 2. 操作人员应熟悉系统、设备及工作原理，清晰理解工作任务； 3. 操作人员应具备处理一般事故的能力		

续表

危险辨识与风险评估				
危险源	风险产生过程及后果	预控措施	预控情况	确认人
2．人员生理、心理	人员情绪异常、精神不佳造成工作中人身伤害	1．班前会中准确了解人员情况； 2．当班期间值内、部门做好监督； 3．发现人员情绪等异常情况时，严禁操作		
3．人员行为	工作票未终结、隔离措施未恢复、人员未撤离造成工作中人身伤害；工器具遗留在操作现场造成设备损坏	1．查看工作票是否终结； 2．检修人员全部撤离； 3．确认安全隔离措施全部恢复到位； 4．操作完毕应检查所有的工器具已收回，确保无遗留物件		
4．照明	现场照明不足造成人身伤害	现场照明应充足，满足操作及监视需要，否则应及时补充或增加		
5．孔洞坑井沟道及障碍物	盖板缺损及平台防护栏杆不全造成高处坠落；设备周围有障碍物影响设备运行和人身安全	1．工作场所的孔、洞、坑、井、沟道，必须覆以与地面齐平的坚固盖板。 2．发现洞口盖板缺失、损坏或未盖好时，必须立即填补、修复盖板并及时盖好。 3．所有升降口、大小孔洞、楼梯和平台，必须装设不低于1050mm高栏杆和不低于100mm高的脚部护板；离地高度高于20m的平台、通道及作业场所的防护栏杆不应低于1200mm。 4．清除设备周围影响设备运行和人身安全的障碍物		
6．高处落物	工作区域上方高处落物造成人身伤害	1．正确佩戴个人劳保防护用品； 2．进入现场要观察工作环境，发现有高处落物的可能时采取必要措施		
7．工器具	使用不合格工器具或未正确使用工器具造成工作中人身伤害	1．检查符合规定安全工器具； 2．不合格工器具禁止带入操作现场； 3．带全操作所需工器具、防护用品等（如对讲机、手电筒、耳塞等）； 4．操作中正确使用工器具		
8．油	油泄漏遇明火或高温物体造成火灾	1．油管道法兰、阀门及可能漏油部位附近不准有明火，必须明火作业时要采取有效措施； 2．尽量避免使用法兰连接，禁止使用铸铁阀门		
9．高压介质	通过高温高压区域时高温、高压容器或管道突然断裂造成人员伤害	1．不准允许未泄压的设备进入检修状态； 2．不准在高温高压区域设长时间停留； 3．不准在未采取完善安全措施情况下擅自拆除设备上的安全防护设施； 4．操作高温高压系统时应按规定操作，并做好发生泄漏时的防范措施		

续表

危险辨识与风险评估				
危险源	风险产生过程及后果	预控措施	预控情况	确认人
10．转动机械	标识缺损、防护罩缺损；断裂、超速、零部件脱落；肢体部位或饰品衣物、用具（包括防护用品）、工具接触转动部位	1．设备的转动部分必须装设防护罩，并标明旋转方向，露出的轴端必须装设护盖；转动设备的防护罩应完好。 2．检查设备的运行状态，保持设备的振动、温度、运行电流等参数符合标准，如发现参数超标及时处理。 3．衣服和袖口应扣好，不得戴围巾领带，长发必须盘在安全帽内；不准将用具、工器具接触设备的转动部位，不准在转动设备附近长时间停留。 4．转动设备试运行时所有人员应先远离，站在转动机械的轴向位置，并有一人站在事故按钮位置		
11．油质劣化	油箱内油质标号错误或油质因进水汽、温度过高等因素导致劣化	系统投运前联系化学化验油质符合要求，观察油质透明，无乳化和杂质		
12．发电机进油	油压波动或油氢差压过大，导致差压阀调节幅度过大或调节不及时	投运前保证发电机内有20～30kPa的压力，投运过程应平缓，防止油压波动过大		
13．差压阀失灵	差压阀机械故障，发电机内部进油，氢气外漏	投运前应确认汽端、励端油氢差压阀良好		

系统投运前状态确认标准检查卡					
序号	检查内容	标准状态	确认情况（√）	确认人	备注
1	密封油系统热机、电气、热控检修工作票、缺陷联系单	终结或押回，无影响系统启动的缺陷			
2	密封油系统热工仪表	压力一次门开启，温度表投入，DCS画面上各测点指示正确。 热工专业确认人：____			
3	密封油系统联锁保护	已投入。 热工专业确认人：____			
4	密封油系统阀门	按照系统投运前标准检查卡检查完毕，送电、送气正常，传动试验合格，阀门状态正确			
5	密封油系统辅助系统				
5.1	开式水系统	系统已投入，低压开式水母管压力0.16～0.3MPa			
5.2	润滑油系统	系统已运行，润滑油母管压力0.35～0.38MPa，油箱油位无报警，至润滑油系统回油畅通			

续表

系统投运前状态确认标准检查卡					
序号	检查内容	标准状态	确认情况（√）	确认人	备注
6	密封油系统本体设备检查				
6.1	密封油系统装置	密封油装置底部无积油、积水现象，各部机构完整，支撑牢固			
6.2	油泵	测绝缘合格，已送电			
6.3	密封油系统各油箱	1. 真空油箱油位在观察窗 1/3～2/3 之间，无渗漏油； 2. 氢侧油箱油位 300～450mm，无渗漏油； 3. 密封油贮油箱油位 400～700mm，无渗漏油			
6.4	密封油各油泵及电机	1. 交流（直流）密封油泵与电机连接紧固，对轮罩无松动。 2. 电机外壳清洁无脏污；电机接线完整，无电缆裸露，断线情况；电机外壳接地良好			
6.5	密封油系统冷油器	1. ____号密封油冷油器运行，油侧注油排气结束，水侧注水排气结束； 2. ____号密封油冷油器备用			
6.6	密封油系统滤网	号滤网密封油运行，油侧注油排气结束，号密封油滤网备用			
6.7	真空油箱真空泵	真空泵进出口油气分离器完好，真空油泵控制开关在位（首次启动打至“0”位，正常时打至“1”位）			
6.8	排烟风机	1. 排烟风机集中装置底部无积油； 2. 一台运行，一台投入备用			
7	系统整体检查	1. 密封油系统各设备及管道外观整洁，无泄漏现象； 2. 设备各地角螺栓、对轮及防护罩连接完好，无松动现象； 3. 各电动机接线盒完好，接地线牢固； 4. 管道、冷油器、滤网外观完整，法兰等连接部位连接牢固； 5. 各阀门、设备标识牌无缺失，管道名称、色环、介质流向完整			

远动阀门检查卡							
序号	阀门名称	电源（√）	气源（√）	传动情况（√）	标准状态	确认人	备注
1	发电机密封油冷却器调温阀				关		

就地阀门检查卡				
序号	检查内容	标准状态	确认人	备注
一	贮油箱、真空油箱、氢侧回油箱、部分相关阀门			
1	密封油贮油箱回油至主机润滑油箱U型管底部排污门	关		
2	密封油贮油箱至真空油箱及氢侧油箱手动总门	开		
3	真空油箱放油门	关		
4	贮油箱放油手动阀	关		
5	贮油箱U型管放油手动阀	关		
6	贮油箱出油手动总阀	开		
7	密封油贮油箱至直流密封油泵手动总门	开		
8	密封油氢侧回油消泡箱U型管放气手动阀	关		需要放空气时开启
9	密封油氢侧回油消泡箱U型管放油手动阀	关		
10	密封油氢侧回油消泡箱放油总阀	关		
11	氢侧回油箱出油浮球阀	关		根据油位自动调整
12	氢侧回油箱补排油手动阀	开		
13	氢侧回油箱补排油旁路手动阀	关		
14	氢侧回油箱油位计上联通门	开		
15	氢侧回油箱油位计下联通门	开		
16	密封油真空泵进气手动阀	开		
17	密封油真空泵进气调节阀	关		检修整定数值
18	密封油真空泵旁路手动阀	关		
19	密封油真空油箱进油手动阀	开		
20	密封油真空油箱进油浮球阀	关		根据油位自动调整
21	发电机油气排污手动阀	关		
22	真空油箱压力变送器一次门	开		
二	交、直流密封油泵、冷油器、滤网部分相关阀门			
23	1号交流密封油泵入口手动门	开		
24	2号交流密封油泵入口手动门	开		
25	直流密封油泵入口手动门	开		
26	1号交流密封油泵出口手动门	开		
27	2号交流密封油泵出口手动门	开		
28	直流密封油泵出口手动门	开		
29	1号交流密封油泵出口压力调节阀后手动门	开		
30	2号交流密封油泵出口压力调节阀后手动门	开		

续表

就地阀门检查卡				
序号	检查内容	标准状态	确认人	备注
31	直流密封油泵出口压力调节阀后手动门	开		
32	1 号交流密封油泵出口压力调节阀	关		整定位
33	2 号交流密封油泵出口压力调节阀	关		整定位
34	直流密封油泵出口压力调节阀	关		整定位
35	密封油系统紧急排油阀	关		
36	1 号密封油冷却器进油手动阀	稍开		注油结束全开
37	1 号密封油冷却器出油手动阀	关		投入冷却器时开启
38	1 号密封油冷却器油侧放气手动阀	关		注油排气时开启
39	2 号密封油冷却器进油手动阀	关		
40	2 号密封油冷却器出油手动阀	关		
41	2 号密封油冷却器油侧放气手动阀	开		放空气结束关闭
42	密封油冷却器进口注油手动阀	关		注油充压时开启
43	密封油冷油器出口注油手动阀	开		注油充压结束关闭
44	1 号密封油冷却器放油手动阀	关		
45	2 号密封油冷却器放油手动阀	关		
46	1 号密封油冷却器进水手动阀	关		需要注水时开启
47	1 号密封油冷却器出水手动阀	关		投入冷却器前开启
48	2 号密封油冷却器进水手动阀	关		需要注水时开启
49	2 号密封油冷却器出水手动阀	关		投入冷却器前开启
50	发电机密封油冷却器调温阀前手动门	开		
51	发电机密封油冷却器调温阀前手动门	开		
52	发电机密封油冷却器调温阀旁路门	关		
53	励端密封油调压阀进口手动阀	开		
54	励端密封油调压阀	关		整定位
55	励端密封油调压阀出口手动阀	开		
56	汽端密封油调压阀进口手动阀	开		
57	汽端密封油调压阀	关		整定位
58	汽端密封油调压阀出口手动阀	开		
59	励端密封油调压阀进氢手动阀	开		
60	励端密封油调压阀进油手动阀	开		
61	汽端密封油调压阀进氢手动阀	开		

续表

就地阀门检查卡				
序号	检查内容	标准状态	确认人	备注
62	汽端密封油调压阀进油手动阀	开		
63	励端浮动油调压阀进口手动阀	开		
64	励端浮动油调压阀	关		整定位
65	励端浮动油调压阀出口手动阀	开		
66	励端浮动油调压阀旁路手动阀	关		
67	汽端浮动油调压阀进口手动阀	开		
68	汽端浮动油调压阀	关		整定位
69	汽端浮动油调压阀出口手动阀	开		
70	汽端浮动油调压阀旁路手动阀	关		
71	密封油排烟风机入口管道放油阀	关		
72	1 号密封油排烟风机入口手动阀	开		整定位
73	2 号密封油排烟风机入口手动阀	开		整定位
74	密封油排烟风机出口滤网放油总阀	关		
75	1 号交流密封油泵安全阀	关		整定位
76	2 号交流密封油泵安全阀	关		整定位
77	直流密封油泵安全阀	关		整定位
78	1 号交流密封油泵出口压力变送器一次门	开		
79	2 号交流密封油泵出口压力变送器一次门	开		
80	直流密封油泵出口压力变送器一次门	开		
81	密封油滤网差压变送器正压侧一次门	开		
82	密封油滤网差压变送器负压侧一次门	开		
83	密封油滤网出口压力变送器一次门	开		
84	密封油差压阀出口母管压力开关一次门	开		
85	氢侧回油消泡箱液位计上下一次门	开		

设备送电确认卡					
序号	设备名称	标准状态	状态（√）	确认人	备注
1	密封油真空油箱真空油泵电机	送电			
2	1 号交流密封油泵电机	送电			
3	2 号交流密封油泵电机	送电			
4	直流密封油泵电机	送电			

续表

设备送电确认卡					
序号	设备名称	标准状态	状态（√）	确认人	备注
5	1号排烟风机电机	送电			
6	2号排烟风机电机	送电			

检查____号机密封油系统启动条件满足，已按系统投运前状态确认标准检查卡检查设备完毕，系统可以投运。

检检查人：____________

执行情况复核（主值）：__________　　　　时间：__________

批准（值长）：__________　　　　时间：__________

1.34 EH油系统投运前状态确认标准检查卡

班组：　　　　　　　　　　　　　　　　　　　　编号：

工作任务	____号机EH油系统投运前状态确认检查
工作分工	就地：　　　　盘前：　　　　值长：

危险辨识与风险评估				
危险源	风险产生过程及后果	预控措施	预控情况	确认人
1．人员技能	工作人员技能不能满足系统投运操作要求造成人身伤害、设备损坏	1．检查就地及盘前操作人员具备相应岗位资格； 2．操作人员应熟悉系统、设备及工作原理，清晰理解工作任务； 3．操作人员应具备处理一般事故的能力		
2．人员生理、心理	人员情绪异常、精神不佳造成工作中人身伤害	1．班前会中准确了解人员情况； 2．当班期间值内、部门做好监督； 3．发现人员情绪等异常情况时，严禁操作		
3．人员行为	工作票未终结、隔离措施未恢复、人员未撤离造成工作中人身伤害；工器具遗留在操作现场造成设备损坏	1．查看工作票是否终结； 2．检修人员全部撤离； 3．确认安全隔离措施全部恢复到位； 4．操作完毕应检查所有的工器具已收回，确保无遗留物件		
4．照明	现场照明不足造成人身伤害	现场照明应充足，满足操作及监视需要，否则应及时补充或增加		
5．孔洞坑井沟道及障碍物	盖板缺损及平台防护栏杆不全造成高处坠落；设备周围有障碍物影响设备运行和人身安全	1．工作场所的孔、洞、坑、井、沟道，必须覆以与地面齐平的坚固盖板。 2．发现洞口盖板缺失、损坏或未盖好时，必须立即填补、修复盖板并及时盖好。		

续表

危险辨识与风险评估				
危险源	风险产生过程及后果	预控措施	预控情况	确认人
5．孔洞坑井沟道及障碍物		3．所有升降口、大小孔洞、楼梯和平台，必须装设不低于1050mm高栏杆和不低于100mm高的脚部护板；离地高度高于20m的平台、通道及作业场所的防护栏杆不应低于1200mm。 4．清除设备周围影响设备运行和人身安全的障碍物		
6．高处落物	工作区域上方高处落物造成人身伤害	1．正确佩戴个人劳保防护用品； 2．进入现场要观察工作环境，发现有高处落物的可能时采取必要措施		
7．工器具	使用不合格工器具或未正确使用工器具造成工作中人身伤害	1．检查符合规定安全工器具； 2．不合格工器具禁止带入操作现场； 3．带全操作所需工器具、防护用品等（如对讲机、手电筒、耳塞等）； 4．操作中正确使用工器具		
8．触电	控制柜送电过程中人员误碰带电部位触电	1．熟悉控制柜电气回路； 2.电气操作时正确佩戴个人防护用品，正确使用合格的工器具		
9．油	油泄漏遇明火或高温物体造成火灾	1．油管道法兰、阀门及可能漏油部位附近不准有明火，必须明火作业时要采取有效措施； 2．尽量避免使用法兰连接，禁止使用铸铁阀门		
10．转动机械	标识缺损、防护罩缺损；断裂、超速、零部件脱落；肢体部位或饰品衣物、用具（包括防护用品）、工具接触转动部位	1．设备的转动部分必须装设防护罩，并标明旋转方向，露出的轴端必须装设护盖；转动设备的防护罩应完好。 2．检查设备的运行状态，保持设备的振动、温度、运行电流等参数符合标准，如发现参数超标及时处理。 3．衣服和袖口应扣好，不得戴围巾领带，长发必须盘在安全帽内；不准将用具、工器具接触设备的转动部位，不准在转动设备附近长时间停留。 4．转动设备试运行时所有人员应先远离，站在转动机械的轴向位置，并有一人站在事故按钮位置		
11．油质劣化	油箱内油质标号错误或油质因进水汽等导致劣化	系统投运前联系化学化验油质符合要求，观察油质透明，无乳化和杂质		
12．高中压进汽阀状态异常	伺服阀、方向阀、跳闸电磁阀卡涩	1．按照油循环方案，先管路后阀板再阀门的方案油质冲洗合格，不合格或将近合格，禁止系统调试，加强滤油； 2．控制EH油温防止EH油质恶化		

续表

危险辨识与风险评估				
危险源	风险产生过程及后果	预控措施	预控情况	确认人
13. EH 油压波动	蓄能器未投入，导致系统油压不稳	1. 启动前各蓄能器氮气压力调试合格、全部投入； 2. 备用油泵出口逆止阀完好，过压阀调试合格		
14. EH 油系统泄漏，危害人身	过压阀压力调试未完成，系统阀门位置异常，系统超压	1. 过压阀压力调试合格、动作可靠，系统不超压，高中压进汽阀门漏油盘报警调试正常； 2. 重点巡视管道是否有振动、就地压力表、伺服阀、卸荷阀，电磁阀功能块结合面是否有泄漏； 3. 加强通风防止人员吸入中毒		

系统投运前状态确认标准检查卡					
序号	检查内容	标准状态	确认情况（√）	确认人	备注
1	____号机 EH 油系统热机、电气、热控检修工作票、缺陷联系单	已终结或押回，无影响系统启动的缺陷			
2	EH 油系统热控、电气部分				
2.1	EH 油系统热工仪表	已投入。 热工确认人：____			
2.2	号机 1、2 号 EH 油泵联锁保护试验	试验已合格。 热工专业确认人：____			
2.3	号机 1、2 号 EH 循环油泵联锁保护试验	试验已合格。 热工专业确认人：____			
3	辅助系统				
3.1	闭式水系统	闭式水系统投运，闭式水压力 0.6～0.8MPa			
4	EH 油泵				
4.1	控制柜	电源已送，就地开关在“远方”状态			
4.2	EH 油泵本体	1. EH 油泵本体无漏油； 2. 油泵进油门开启			
4.3	电机	接地线良好，护罩无松动			
4.4	油泵	一台运行，一台投入备用			
5	EH 油循环泵	一台运行，一台投入备用，油泵进油门、出口门开启状态			
5.1	油泵本体	无漏油，地脚螺丝紧固无松动			
5.2	电机	接地良好，护罩无松动			

续表

系统投运前状态确认标准检查卡					
序号	检查内容	标准状态	确认情况（√）	确认人	备注
6	EH 油站				
6.1	EH 油箱油位	1．油位计上下联通门开启，就地油位与远方 DCS 油位对照一致； 2．EH 油箱油位＞437mm，无油位报警			
6.2	油箱油温	主油箱油温 35～55℃			
6.3	油箱油质	油质化验达级。 化学化验确认人：____			
6.4	冷油器	一台运行、一台投备用，检查放油阀关，排空气阀关，充油排空工作结束			
6.5	电加热装置	油温＜10℃投入，油温＞60℃退出，DCS 联锁投入“自动”状态			
6.6	EH 油蓄能器	进口门开启，放油门关闭，氮气压力＞9.3MPa			
6.7	EH 油滤网	1．一台运行、一台投入备用； 2．无差压报警信号			
7	EH 油再生装置	再生装置投入			
8	外接滤油装置	外接滤油装置进、出油门均关闭，确认与 EH 油箱已隔离			
9	高中压主汽阀及补汽阀	1．高、中压主汽阀、补汽阀均在关闭位置； 2．油动机漏油检测装置完好			
10	系统整体检查	1．EH 油系统所属设备及管道外观整洁； 2．设备各地角螺栓、对轮及防护罩连接完好； 3．管道、冷油器、滤网外观完整，法兰等连接部位连接牢固； 4．各阀门、设备标识牌无缺失，管道名称、色环、介质流向完整			

远动阀门检查卡							
序号	阀门名称	电源（√）	气源（√）	传动情况（√）	标准状态	确认人	备注
	无						

就地阀门检查卡					
序号	检查内容	标准状态	确认人	备注
1	EH 油箱底部放油门	关		
2	EH 油箱取样门	关		

续表

就地阀门检查卡				
序号	检查内容	标准状态	确认人	备注
3	EH 油箱至滤油装置手动阀	关		滤油开启
4	EH 油箱油位计上部门	开		
5	EH 油箱油位计下部门	开		
6	1 号 EH 油泵进口手动门	开		
7	2 号 EH 油泵进口手动门	开		
8	1 号 EH 油泵出口滤网前手动门	开		
9	2 号 EH 油泵出口滤网前手动门	开		
10	1 号 EH 油泵出口滤网后手动门	开		
11	2 号 EH 油泵出口滤网后手动门	开		
12	1 号 EH 油蓄能器进油阀	开		
13	1 号 EH 油蓄能器放油阀	关		
14	2 号 EH 油蓄能器进油阀	开		
15	2 号 EH 油蓄能器放油阀	关		
16	3 号 EH 油蓄能器进油阀	开		
17	3 号 EH 油蓄能器放油阀	关		
18	4 号 EH 油蓄能器进油阀	开		
19	4 号 EH 油蓄能器放油阀	关		
20	5 号 EH 油蓄能器进油阀	开		
21	5 号 EH 油蓄能器放油阀	关		
22	6 号 EH 油蓄能器进油阀	开		
23	6 号 EH 油蓄能器放油阀	关		
24	1 号 EH 油循环泵进口手动门	开		
25	2 号 EH 油循环泵进口手动门	开		
26	1 号 EH 油冷却器冷却水进水一道门	开		
27	2 号 EH 油冷却器冷却水进水一道门	开		
28	1 号 EH 油冷却器冷却水进水二道门	关		
29	2 号 EH 油冷却器冷却水进水二道门	关		
30	1 号 EH 油冷却器冷却水出水手动门	开		
31	2 号 EH 油冷却器冷却水出水手动门	开		
32	EH 油再生滤网前进油手动门	开		
33	EH 油再生滤网旁路手动门	关		

续表

就地阀门检查卡				
序号	检查内容	标准状态	确认人	备注
34	EH 油箱油位变送器一次门	开		
35	EH 油箱油位变送开关一次门（高）	开		
36	EH 油箱油位变送开关一次门（低）	开		
37	1 号 EH 油泵出口压力变送器一次门	开		
38	2 号 EH 油泵出口压力变送器一次门	开		
39	1 号 EH 循环油泵出口就低压力表一次门	开		
40	2 号 EH 循环油泵出口就低压力表一次门	开		
41	1 号 EH 循环油泵出口压力变送器一次门	开		
42	2 号 EH 循环油泵出口压力变送器一次门	开		
43	EH 油母管压力变送器一次门	开		
44	EH 油母管就地压力表一次门	开		
45	1 号 EH 油蓄能器进口压力表一次门	开		
46	2 号 EH 油蓄能器进口压力表一次门	开		
47	3 号 EH 油蓄能器进口压力表一次门	开		
48	4 号 EH 油蓄能器进口压力表一次门	开		
49	5 号 EH 油蓄能器进口压力表一次门	开		
50	6 号 EH 油蓄能器进口压力表一次门	开		
51	1 号 EH 油泵出口流量表一次门	开		
52	2 号 EH 油泵出口流量表一次门	开		
53	1 号高压主汽阀、调节阀进油阀	开		
54	2 号高压主汽阀、调节阀进油阀	开		
55	1 号中压主汽阀、调节阀进油阀	开		
56	2 号中压主汽阀、调节阀进油阀	开		
57	补汽阀进油阀	开		
58	补汽阀回油阀	开		
59	1 号高压主汽阀、调节阀回油阀	开		
60	2 号高压主汽阀、调节阀回油阀	开		
61	1 号中压主汽阀、调节阀回油阀	开		
62	2 号中压主汽阀、调节阀回油阀	开		

设备送电确认卡					
序号	设备名称	标准状态	状态（√）	确认人	备注
1	1号EH油泵电机	送电			
2	2号EH油泵电机	送电			
3	1号循环油泵电机	送电			
4	2号循环油泵电机	送电			
5	油箱电加热器	送电			

检查____号机主机EH油系统启动条件满足，已按系统投运前状态确认标准检查卡检查设备完毕，系统可以投运。

检查人：__________

执行情况复核（主值）：__________　　时间：__________

批准（值长）：__________　　时间：__________

1.35 主机轴封系统投运前状态确认标准检查卡

班组：　　　　　　　　　　　　　　　　编号：

工作任务	____号机主机轴封系统投运前状态确认检查		
工作分工	就地：	盘前：	值长：

危险辨识与风险评估				
危险源	风险产生过程及后果	预控措施	预控情况	确认人
1. 人员技能	工作人员技能不能满足系统投运操作要求造成人身伤害、设备损坏	1. 检查就地及盘前操作人员具备相应岗位资格； 2. 操作人员应熟悉系统、设备及工作原理，清晰理解工作任务； 3. 操作人员应具备处理一般事故的能力		
2. 人员生理、心理	人员情绪异常、精神不佳造成工作中人身伤害	1. 班前会中准确了解人员情况； 2. 当班期间值内、部门做好监督； 3. 发现人员情绪等异常情况时，严禁操作		
3. 人员行为	工作票未终结、隔离措施未恢复、人员未撤离造成工作中人身伤害；工器具遗留在操作现场造成设备损坏	1. 查看工作票是否终结； 2. 检修人员全部撤离； 3. 确认安全隔离措施全部恢复到位； 4. 操作完毕应检查所有的工器具已收回，确保无遗留物件		
4. 照明	现场照明不足造成人身伤害	现场照明应充足，满足操作及监视需要，否则应及时补充或增加		
5. 孔洞坑井沟道及障碍物	盖板缺损及平台防护栏杆不全造成高处坠落；设备周围有障碍物影响设备运行和人身安全	1. 工作场所的孔、洞、坑、井、沟道，必须覆以与地面齐平的坚固盖板。 2. 发现洞口盖板缺失、损坏或未盖好时，必须立即填补、修复盖板并及时盖好。		

续表

危险辨识与风险评估				
危险源	风险产生过程及后果	预控措施	预控情况	确认人
5．孔洞坑井沟道及障碍物		3．所有升降口、大小孔洞、楼梯和平台，必须装设不低于1050mm高栏杆和不低于100mm高的脚部护板；离地高度高于20m的平台、通道及作业场所的防护栏杆不应低于1200mm。 4．清除设备周围影响设备运行和人身安全的障碍物		
6．高处落物	工作区域上方高处落物造成人身伤害	1．正确佩戴个人劳保防护用品； 2．进入现场要观察工作环境，发现有高处落物的可能时采取必要措施		
7．工器具	使用不合格工器具或未正确使用工器具造成工作中人身伤害	1．检查符合规定安全工器具； 2．不合格工器具禁止带入操作现场； 3．带全操作所需工器具、防护用品等（如对讲机、手电筒、耳塞等）； 4．操作中正确使用工器具		
8．高温高压介质	通过高温高压区域时高温、高压容器或管道突然断裂造成人员伤害	1．不准允许未泄压的设备进入检修状态； 2. 不准在高温高压区域设长时间停留； 3．不准在未采取完善安全措施情况下擅自拆除设备上的安全防护设施； 4. 操作高温高压系统时应按规定操作，并做好发生泄漏时的防范措施		
9．烫伤	现场操作身体触碰高温设备或管道，造成身体烫伤	穿着合格工作服，操作时观察清楚周围情况		
10．系统漏汽	投运时过快，引起系统超压，管道连接法兰处泄漏	投运时注意控制轴封汽源压力，将溢流阀及时投入自动，确保轴封母管压力正常		
11．轴封供汽温度过高或过低	大轴抱死，闭锁供汽调阀，轴封供汽中断	轴封减温水自动投入，电加热装置投入自动		
12．轴封带水	汽轮机进水，造成水冲击	轴封充分疏水，启动前打开各部分管道疏水阀		
13．轴封管道振动	轴封温度太高与缸温不匹配引起局部变形	冷、热态启动时，严格按规程规定，控制轴封汽源温度		
14．轴加风机有积水	轴加风机损坏	启动轴加风机前，彻底疏水		

系统投运前状态确认标准检查卡					
序号	检查内容	标准状态	确认情况（√）	确认人	备注
1	轴封系统热机、电气、热控检修工作票、缺陷联系单	终结或押回，无影响系统启动的缺陷			

续表

系统投运前状态确认标准检查卡					
序号	检查内容	标准状态	确认情况（√）	确认人	备注
2	轴封系统热控、电气部分				
2.1	轴封系统热工表计	热工表计齐全，所有压力表计一次门开启，温度表计投入，水位表计投入。 热工专业确认人：____			
2.2	轴封系统联锁保护试验	已完成后投入。 热工专业确认人：____			
3	轴封供汽阀门	1．辅助联箱至轴封供汽总门开启，传动试验合格； 2．辅汽至汽动给水泵汽轮机调阀、前后手动阀关闭，传动试验合格； 3．辅汽至主机轴封供汽调阀关闭，DCS上投“自动”，旁路电动阀关闭			
3.1	轴封供汽溢流	轴封供汽溢流调阀传动试验合格，阀门关闭，DCS上投“自动”			
3.2	轴封供汽阀门前后疏水阀	已开启			
4	轴封供汽电加热装置	就地控制柜送电，压力设定值0.8～1.3MPa，温度设定值280～320℃			
5	轴封加热器				
5.1	轴封加热器本体及管路	1. 本体及管道保温完好，法兰连接无泄漏； 2．排大气管路通畅，无堵塞			
5.2	轴加风机	1．保持一台运行，一台备用，联锁开关投入； 2．进口挡板开启，启动风机后调整压力在－1～－3kPa			
5.3	轴加水位计	上下联通门开启，已投入			
5.4	轴加U型水封筒	注水完成，已和凝汽器导通			
6	辅助系统				
6.1	凝结水系统	系统已投入，凝结水压力1.8～3.8MPa			
6.2	循环水系统	系统已投入，循环水压力＞0.16MPa			
6.3	开式水系统	系统已投入，低压开式水母管压力0.15～0.3MPa			
6.4	压缩空气系统	压缩空气压力＞0.4MPa			
6.5	真空系统	真空系统具备投入条件			
6.6	辅助蒸汽系统	辅助蒸汽系统压力0.8～1.0MPa，温度280～320℃			

续表

系统投运前状态确认标准检查卡					
序号	检查内容	标准状态	确认情况（√）	确认人	备注
7	盘车装置系统				
7.1	盘车	盘车电磁阀已开启，盘车投入连续运行，机组转速 50～60r/min。 专业确认人：____			
7.2	润滑油系统	系统投入正常，润滑油压力＞0.5MPa，润滑油温度 35～45℃			
7.3	顶轴油系统	系统投入，顶轴油母管压力不小于 12.5～16MPa			
7.4	密封油系统	1．密封油系统压力＞0.8MPa； 2．密封油温度 35～45℃			
8	轴封减温水	减温水电动隔离阀、调整阀传动试验完成，可以投入			
8.1	轴封供汽减温减压器	保温完好			
8.2	轴封减温水阀门	减温水电动隔离阀开启、调阀关闭，传动试验完成			
9	系统整体检查	1．主机轴封系统所属设备及管道外观整洁，无缺损； 2．设备各地角螺栓、对轮及防护罩连接完好，无松动； 3．管道、筒体、滤网外观完整，法兰等连接部位连接牢固，无渗漏现象； 4．各阀门、设备标识牌无缺失，管道名称、色环、介质流向完整； 5．现场照明情况良好，消防设施齐全			

远动阀门检查卡							
序号	阀门名称	电源（√）	气源（√）	传动情况（√）	标准状态	确认人	备注
1	辅汽联箱至轴封供汽电动总门				开		
2	辅汽至轴封供汽调节阀				关		
3	凝结水至轴封供汽减温水电动阀				开		
4	凝结水至轴封用汽减温水气动调节阀				关		
5	轴封溢流调阀				关		
6	轴封系统疏水至本体疏扩气动门				关		
7	轴封供汽调阀前疏水气动门				开		暖体后关闭
8	高压轴封漏汽至中低压连接管疏水至扩容器气动门				开		疏水后关闭

就地阀门检查卡				
序号	检查内容	标准状态	确认人	备注
1	辅汽至轴封供汽调阀前手动阀	开		
2	辅汽至轴封供汽调阀后手动阀	开		
3	辅汽至轴封供汽调阀旁路手动门	关		
4	凝结水至轴封供汽减温水手动阀	开		
5	辅汽至轴封供汽电动阀后疏水器前手动阀	关		暖体疏水后开启
6	辅汽至轴封供汽电动阀后疏水器后手动阀	关		暖体疏水后开启
7	辅汽至轴封供汽电动阀后疏水器旁路阀	开		暖体疏水后关闭
8	辅汽至轴封供汽电动阀后疏水至无压手动阀	开		暖体疏水后关闭
9	轴封供汽调阀前疏水总阀	开		
10	轴封供汽调阀前疏水节流板前截止阀	关		暖体疏水后开启
11	轴封溢流调阀前手动门	开		
12	轴封溢流调阀后手动门	开		
13	轴封溢流调阀旁路手动门	关		
14	轴封系统疏水至本体疏扩手动门	开		
15	高压缸汽端轴封回汽手动门	开		
16	高压缸励端轴封回汽手动门	开		
17	中压缸汽端轴封回汽手动门	开		
18	中压缸励端轴封回汽手动门	开		
19	1 号低压缸轴封汽端回汽手动门	开		
20	1 号低压缸轴封励端回汽手动门	开		
21	2 号低压缸轴封汽端回汽手动门	开		
22	2 号低压缸轴封励端回汽手动门	开		
23	轴封回汽至轴封加热器旁路手动门	关		
24	轴封回汽至轴封加热器手动总门	开		
25	1 号轴封加热器风机进口手动门	开		
26	2 号轴封加热器风机进口手动门	开		
27	轴封加热器汽侧疏水至凝汽器手动门	开		
28	轴封加热器水封注水手动门	开		注水完毕后关闭
29	轴封加热器水封注水检查阀	开		注水完毕后关闭
30	轴封加热器汽侧疏水至凝结水泵坑手动门	关		
31	轴封加热器水侧放水至凝结水泵坑手动门	关		
32	轴封加热器风机进口疏水手动门	开		启风机前开启，正常后关闭

续表

就地阀门检查卡				
序号	检查内容	标准状态	确认人	备注
33	高压轴封漏汽至中低压连接管疏水至扩容器手动门	开		
34	1 号轴封加热器风机入口手动门	关		风机启动后根据负压调整开度
35	2 号轴封加热器风机入口手动门	关		风机启动后根据负压调整开度

设备送电确认卡					
序号	设备名称	标准状态	状态（√）	确认人	备注
1	轴封电加热装置 PLC 控制柜	送电			
2	1 号轴加风机电机	送电			
3	2 号轴加风机电机	送电			

检查____号机主机轴封系统启动条件满足，已按系统投运前状态确认标准检查卡检查设备完毕，系统可以投运。

检查人：____________

执行情况复核（主值）：________　　时间：________

批准（值长）：____________　　时间：________

1.36 辅助蒸汽系统投运前状态确认标准检查卡

班组：　　　　　　　　　　　　　　　　编号：

工作任务	____号机辅助蒸汽系统投运前状态确认检查
工作分工	就地：　　　　盘前：　　　　值长：

危险辨识与风险评估				
危险源	风险产生过程及后果	预控措施	预控情况	确认人
1．人员技能	工作人员技能不能满足系统投运操作要求造成人身伤害、设备损坏	1．检查就地及盘前操作人员具备相应岗位资格； 2．操作人员应熟悉系统、设备及工作原理，清晰理解工作任务； 3．操作人员应具备处理一般事故的能力		
2．人员生理、心理	人员情绪异常、精神不佳造成工作中人身伤害	1．班前会中准确了解人员情况； 2．当班期间值内、部门做好监督； 3．发现人员情绪等异常情况时，严禁操作		

续表

危险辨识与风险评估				
危险源	风险产生过程及后果	预控措施	预控情况	确认人
3. 人员行为	工作票未终结、隔离措施未恢复、人员未撤离造成工作中人身伤害；工器具遗留在操作现场造成设备损坏	1. 查看工作票是否终结； 2. 检修人员全部撤离； 3. 确认安全隔离措施全部恢复到位； 4. 操作完毕应检查所有的工器具已收回，确保无遗留物件		
4. 照明	现场照明不足造成人身伤害	现场照明应充足，满足操作及监视需要，否则应及时补充或增加		
5. 孔洞坑井沟道及障碍物	盖板缺损及平台防护栏杆不全造成高处坠落；设备周围有障碍物影响设备运行和人身安全	1. 工作场所的孔、洞、坑、井、沟道，必须覆以与地面齐平的坚固盖板。 2. 发现洞口盖板缺失、损坏或未盖好时，必须立即填补、修复盖板并及时盖好。 3. 所有升降口、大小孔洞、楼梯和平台，必须装设不低于 1050mm 高栏杆和不低于 100mm 高的脚部护板；离地高度高于 20m 的平台、通道及作业场所的防护栏杆不应低于 1200mm。 4. 清除设备周围影响设备运行和人身安全的障碍物		
6. 高处落物	工作区域上方高处落物造成人身伤害	1. 正确佩戴个人劳保防护用品； 2. 进入现场要观察工作环境，发现有高处落物的可能时采取必要措施		
7. 工器具	使用不合格工器具或未正确使用工器具造成工作中人身伤害	1. 检查符合规定安全工器具； 2. 不合格工器具禁止带入操作现场； 3. 带全操作所需工器具、防护用品等（如对讲机、手电筒、耳塞等）； 4. 操作中正确使用工器具		
8. 烫伤	现场操作身体触碰高温设备或管道，造成身体烫伤	穿着合格工作服，操作时观察清楚周围情况		
9. 高压介质	通过高温高压区域时高温、高压容器或管道突然断裂造成人员伤害	1. 不准允许未泄压的设备进入检修状态； 2. 不准在高温高压区域设长时间停留； 3. 不准在未采取完善安全措施情况下擅自拆除设备上的安全防护设施； 4. 操作高温高压系统时应按规定操作，并做好发生泄漏时的防范措施		
10. 系统投运后管道发生异常振动	系统存有积水引起振动	启动临机加热前系统先充分暖管疏水		
11. 系统漏汽	系统投运后辅助蒸汽相关管道接口、阀门、法兰连接不严密处泄漏	辅助蒸汽投运后对辅助蒸汽管路、阀门全面检查，若内漏危及其他系统安全时，立即手紧隔离		

系统投运前状态确认标准检查卡					
序号	检查内容	标准状态	确认情况（√）	确认人	备注
1	____号机辅汽蒸汽系统热机、电气、热控检修工作票	终结或押回，无影响系统启动的缺陷			
2	辅汽蒸汽系统所有热工仪表	压力表计一次门已开启，所有温度表计投入。 热工专业确认人：____			
3	辅助系统				
3.1	仪用空气系统	仪用压缩空气压力＞0.65MPa			
3.2	冷端再热系统	冷端再热至辅汽联箱供汽有效隔离			
3.3	抽汽系统	四抽至辅汽电动门已关闭，确认已隔离			
3.4	凝汽器真空系统	1．真空系统检查已按照投运前状态确认标准检查卡进行，具备启动条件； 2．如果排至凝汽器，检查机组真空＞－60kPa			
4	辅汽联箱各用户				
4.1	邻机辅汽联箱来汽	邻机辅汽联箱母管压力 0.5～1.0MPa，1、2 号机辅汽联络母管电动阀关闭，管道疏水完毕，具备投运条件			
4.2	启动锅炉来汽	1．启动锅炉已按照启动状态确认标准检查卡进行，具备启动条件； 2．启动锅炉来汽至辅汽联箱进汽电动隔离阀确认关闭，管道疏水完毕，具备投运条件			
4.3	辅汽联箱至锅炉供汽	辅汽联箱至锅炉用汽母管电动阀确认关闭，隔离完毕			
4.4	辅汽联箱至给水泵汽轮机供汽	辅汽联箱至给水泵汽轮机供汽电动阀确认关闭，隔离完毕			
5	辅汽联箱本体				
5.1	辅汽联箱疏水	1．凝汽器真空建立开启至凝汽器疏水； 2．无真空状态下至无压疏水打开			
5.2	辅汽联箱安全阀	安全阀工作压力的 1.25 倍以上，阀门关闭严密。 汽机检修确认人：____			
6	系统整体检查	1．辅汽联箱及管道外观整洁，保温良好，无泄漏现象，现场卫生清洁； 2．照明良好、临时设施拆除； 3．各阀门、设备标识牌无缺失，管道名称、色环、介质流向完整			

远动阀门检查卡							
序号	阀门名称	电源（√）	气源（√）	传动情况（√）	标准状态	确认人	备注
1	启动炉至1、2号机辅汽联箱进汽总隔离阀前自动疏水器旁路门				关		
2	启动炉至1、2号机辅汽联箱进汽电动总隔离阀后自动疏水器旁路门				关		
3	启动炉至____号机辅汽联箱进汽电动阀前自动疏水器旁路门				关		
4	辅汽联箱疏水器旁路门				关		
5	启动炉至1、2号辅汽联箱进汽电动总隔离阀				关		
6	启动炉至____号机辅汽联箱进汽电动阀				关		
7	____号机四抽至辅汽联箱电动隔离阀				关		
8	____号机辅汽联箱至锅炉用汽母管电动总阀				关		
9	____号机辅汽至轴封用汽电动阀				关		
10	____号机冷再至辅汽联箱进汽电动阀				关		
11	____号机冷再至辅汽联箱进汽气动调节阀				关		
12	____号机辅汽联箱至除氧器电动阀				关		
13	____号机辅汽联箱至除氧器气动调节阀				关		
14	____号机辅汽至给水泵汽轮机电动隔离阀				关		
15	____号机辅汽至给水泵汽轮机启动快开阀				关		

就地阀门检查卡				
序号	检查内容	标准状态	确认人	备注
1	____号机辅汽联箱疏水器前手动阀	关		真空正常后开启
2	____号机辅汽联箱疏水器后手动阀	关		真空正常后开启
3	____号机辅汽联箱疏水手动总阀	开		
4	____号机辅汽联箱至无压放水手动阀	开		真空正常后关闭
5	____号机辅汽联箱疏水母管至疏水扩容器手动隔离阀	关		真空正常后开启
6	启动炉至1、2号机辅汽联箱进汽总隔离阀前疏水总门	开		

续表

就地阀门检查卡				
序号	检查内容	标准状态	确认人	备注
7	启动炉至 1、2 号机辅汽联箱进汽总隔离阀前自动疏水器前手动门	关		厂用疏水母管正常后开启
8	启动炉至 1、2 号机辅汽联箱进汽总隔离阀前自动疏水器后手动门	关		厂用疏水母管正常后开启
9	启动炉至 1、2 号机辅汽联箱进汽总隔离阀前疏水至无压放水手动门	开		疏水正常后关闭
10	启动炉至 1、2 号机辅汽联箱进汽总隔离阀后疏水总门	开		
11	启动炉至 1、2 号机辅汽联箱进汽总隔离阀后自动疏水器前手动门	关		厂用疏水母管正常后开启
12	启动炉至 1、2 号机辅汽联箱进汽总隔离阀后自动疏水器后手动门	关		厂用疏水母管正常后开启
13	启动炉至 1、2 号机辅汽联箱进汽总隔离阀后疏水至无压放水手动门	开		疏水正常后关闭
14	启动炉至____号机辅汽联箱进汽电动阀前疏水总门	开		
15	启动炉至____号机辅汽联箱进汽电动阀前自动疏水器前手动门	关		厂用疏水母管正常后开启
16	启动炉至____号机辅汽联箱进汽电动阀前自动疏水器后手动门	关		厂用疏水母管正常后开启
17	启动炉至____号机辅汽联箱进汽电动阀前疏水至无压放水手动门	开		疏水正常后关闭
18	启动炉至辅汽联箱蒸汽母管自动疏水器前手动门	关		厂用疏水母管正常后开启
19	启动炉至辅汽联箱蒸汽母管自动疏水器后手动门	关		厂用疏水母管正常后开启
20	启动炉至辅汽联箱蒸汽母管疏水总门	开		
21	启动炉至辅汽联箱蒸汽母管疏水至无压防水手动门	开		疏水正常后关闭
22	____号机辅助蒸汽至脱硝吹扫用汽手动隔离阀	关		
23	____号机辅助蒸汽至采暖加热站用汽手动隔离阀	关		
24	____号机辅汽联箱 1 号备用接口隔离阀	关		加堵板
25	____号机辅汽联箱 2 号备用接口隔离阀	关		加堵板
26	____号机冷再至辅汽联箱手动阀	关		

续表

就地阀门检查卡				
序号	检查内容	标准状态	确认人	备注
27	____号机辅汽联箱 1 号安全阀	关		校验合格
28	____号机辅汽联箱 2 号安全阀	关		校验合格
29	____号机辅汽至除氧器手动阀	关		

设备送电确认卡					
序号	设备名称	标准状态	状态（√）	确认人	备注
	无				

检查____号机辅助蒸汽系统启动条件满足，已按系统投运前状态确认标准检查卡检查设备完毕，系统可以投运。

检查人：____________________

执行情况复核（主值）：________ 时间：__________

批准（值长）：________________ 时间：__________

1.37 汽轮机冷态启动前状态确认标准检查卡

班组： 编号：

工作任务	____号机汽轮机冷态启动前状态确认检查
工作分工	就地： 盘前： 值长：

危险辨识与风险评估				
危险源	风险产生过程及后果	预控措施	预控情况	确认人
1．人员技能	工作人员技能不能满足系统投运操作要求造成人身伤害、设备损坏	1．检查就地及盘前操作人员具备相应岗位资格； 2．操作人员应熟悉系统、设备及工作原理，清晰理解工作任务； 3．操作人员应具备处理一般事故的能力		
2．人员生理、心理	人员情绪异常、精神不佳造成工作中人身伤害	1．班前会中准确了解人员情况； 2．当班期间值内、部门做好监督； 3．发现人员情绪等异常情况时，严禁操作		
3．人员行为	工作票未终结、隔离措施未恢复、人员未撤离造成工作中人身伤害；工器具遗留在操作现场造成设备损坏	1．查看工作票是否终结； 2．检修人员全部撤离； 3．确认安全隔离措施全部恢复到位； 4．操作完毕应检查所有的工器具已收回，确保无遗留物件		

续表

危险辨识与风险评估				
危险源	风险产生过程及后果	预控措施	预控情况	确认人
4．照明	现场照明不足造成人身伤害	现场照明应充足，满足操作及监视需要，否则应及时补充或增加		
5．孔洞坑井沟道及障碍物	盖板缺损及平台防护栏杆不全造成高处坠落；设备周围有障碍物影响设备运行和人身安全	1．工作场所的孔、洞、坑、井、沟道，必须覆以与地面齐平的坚固盖板。 2．发现洞口盖板缺失、损坏或未盖好时，必须立即填补、修复盖板并及时盖好。 3．所有升降口、大小孔洞、楼梯和平台，必须装设不低于1050mm高栏杆和不低于100mm高的脚部护板；离地高度高于20m的平台、通道及作业场所的防护栏杆不应低于1200mm。 4．清除设备周围影响设备运行和人身安全的障碍物		
6．高处落物	工作区域上方高处落物造成人身伤害	1．正确佩戴个人劳保防护用品； 2．进入现场要观察工作环境，发现有高处落物的可能时采取必要措施		
7．工器具	使用不合格工器具或未正确使用工器具造成工作中人身伤害	1．检查符合规定安全工器具； 2．不合格工器具禁止带入操作现场； 3．带全操作所需工器具、防护用品等（如对讲机、手电筒、耳塞等）； 4．操作中正确使用工器具		
8．烫伤	现场操作身体触碰高温设备或管道，造成身体烫伤	穿着合格工作服，操作时观察清楚周围情况		
9．主汽、再热系统管道振动	主再热系统管道疏水阀门状态异常未发现，系统未充分暖管疏水，引起水击振动	严格执行机组疏水系统投运前状态确认标准检查卡，核对阀门状态远方就地一致，检查疏水管道温度＞120℃		
10．机组振动	机组启动过程中未严格执行走步程序、强制过多条件进行走步，机组暖机不彻底	严格按照机组升温升压曲线控制机组应力，禁止强制进行走步程序		
11．辅机系统恢复不正常	辅机轴承温度高，辅助系统压力、温度异常，影响主机启动	严格按照各系统启动前检查标准确认表及操作票，恢复各系统到正常状态		
12．机组启动DEH工作异常	蓄能器压力不正常，机组转速控制异常，超速	检查蓄能器压力＞9.3MPa，DEH试验正常		
13．机组启动后真空低	主机真空系统严重漏空气	对负压系统疏、放水阀门认真检查到位，检查大气安全阀完好		

续表

危险辨识与风险评估				
危险源	风险产生过程及后果	预控措施	预控情况	确认人
14．轴承振动大	机组振动大，未及时停运，轴承、通流部分损坏	严格按照规程规定，振动超过跳闸值未跳闸，及时手动停机		

系统投运前状态确认标准检查卡					
序号	检查内容	标准状态	确认情况（√）	确认人	备注
1	机组所属汽轮机、锅炉、电气、化学岗位相关系统	1．影响机组启动的所有检修工作结束，工作票已终结； 2．无影响机组启动的缺陷			
2	楼梯、栏杆、平台 通道 各种临时设施	1．完整； 2．畅通无杂物； 3．已拆除			
3	汽轮机本体、管道及设备保温	完好无缺损			
4	机房各支吊架、支承弹簧等	完好			
5	汽轮机主机及主再热管膨胀指示	指示正常，汽轮机滑销各部件能自由膨胀			
6	汽轮机侧各容器人孔门	全部关闭			
7	汽轮机及相关区域照明	良好，事故照明正常可随时投运			
8	通信系统及设备 计算机系统	1．正常可用；正常联网； 2．完好，功能正常			
9	集控室和就地各控制盘柜	完整，内部控制电源均应送上且正常，各指示记录仪表、报警装置、操作、控制开关完好			
10	汽轮机 SCS、MCS、DEH、MEH、TSI、ETS 系统	工作正常。 热工专业确认人：____			
11	机组各相关联锁试验（MFT、ETS、大联锁试验、发电机整组试验等）；汽轮机防进水保护正常	合格，高、中、低压各疏水手动隔离阀开启，疏水控制阀动作正确。 热工专业确认人：____			
12	确认主机直流事故油泵、给水泵汽轮机、背压汽轮机直流事故油泵、发电机直流密封油泵就地控制柜控制方式	在“远方”位置			

续表

系统投运前状态确认标准检查卡					
序号	检查内容	标准状态	确认情况（√）	确认人	备注
13	汽轮机各油系统自动消防设施	设备完好在自动状态，消防水稳压压力＞0.2MPa。 消防确认人：____			
14	汽轮机系统各容器水位、温度、压力、流量变送器、开关等测量、保护仪表	正常完好，系统有关一次阀开启。 热工专业确认人：____			
15	公用系统及设施				
15.1	工业水系统	完好可投或已投运，工业水母管压力＞0.16MPa			
15.2	厂用采暖系统及空调系统	完好可投或已投运			
15.3	除盐水系统	完好可投，除盐水储存水量＞5000t			
15.4	化学用药量	满足机组启动需要。 大班化验室确认人：____			
15.5	全厂供水系统	水源充足。 补水水源：____			
15.6	压缩空气系统	完好可投，已按照系统系统投运前状态确认标准检查卡检查完毕；或已投运，仪用/检修气压力＞0.65MPa			
15.7	凝、循坑排污系统	排污坑水位正常，排污泵在自动位			
16	汽轮机各分系统				
16.1	循环水补充水系统	化学原水泵、补充水泵具备启动条件，系统检查正常；水塔水位已经补水＞1.30m。 化学运行确认人：____			
16.2	循环水处理系统	投入。 化学确认人：____			
16.3	闭式水系统	符合启动条件，按照系统投运前状态确认准检查卡已经检查完毕，或系统已经运行，水箱水位＞800mm			
16.4	开式水系统	符合启动条件，按照系统投运前状态确认标准检查卡已经检查完毕，系统已经充水完毕			
16.5	主机、给水泵汽轮机凝结水系统	符合启动条件，按照主机、给水泵汽轮机凝结水系统投运前状态确认标准检查卡均已经检查完毕			

续表

系统投运前状态确认标准检查卡					
序号	检查内容	标准状态	确认情况（√）	确认人	备注
16.6	高低压加热器及疏水排气系统	符合启动条件，按照系统投运前状态确认标准检查卡已经检查完毕，疏水隔离阀均开启			
16.7	主机润滑油、顶轴油及盘车系统	符合启动条件，按照系统投运前状态确认标准检查卡已经检查完毕，油箱油位（1450±100）mm，油质合格			
16.8	主机 EH 油系统	符合启动条件，按照系统投运前状态确认标准检查卡已经检查完毕，EH 油箱油位无报警，油质合格			
16.9	电泵系统	符合启动条件，按照系统投运前状态确认标准检查卡已经检查完毕，油系统已经投运			
16.10	给水泵汽轮机前置泵系统	符合启动条件，按照系统投运前状态确认标准检查卡已经检查完毕，或油系统已经投运			
16.11	给水及给水泵汽轮机密封水系统	符合启动条件，按照系统投运前状态确认标准检查卡已经检查完毕，或油系统已经投运			
16.12	高、低压旁路系统	符合启动条件，按照系统投运前状态确认标准检查卡已经检查完毕，旁路油站投入			
16.13	主机及给水泵汽轮机轴封与真空系统	符合启动条件，按照系统投运前状态确认标准检查卡已经检查完毕，主机及给水泵汽轮机真空泵均具备启动条件，主机轴封电加热器完好			
16.14	背压机油系统	油箱油位____mm，油质____级			
16.15	背压机及供热系统	符合启动条件，按照系统投运前状态确认标准检查卡已经检查完毕			
16.16	辅助蒸汽系统	符合启动条件，按照系统投运前状态确认标准检查卡已经检查完毕，汽源为启动炉（　）/ 邻机（　）			
16.17	邻机加热系统	符合启动条件，按照系统投运前状态确认标准检查卡已经检查完毕			
16.18	发电机密封油	符合启动条件，按照系统投运前状态确认标准检查卡已经检查完毕，差压阀调整灵活			
16.19	发电机氢气系统	符合启动条件，按照系统投运前状态确认标准检查卡已经检查完毕，二氧化碳____瓶，氢气母管压力____MPa			

续表

系统投运前状态确认标准检查卡					
序号	检查内容	标准状态	确认情况（√）	确认人	备注
16.20	定子冷却水系统	符合启动条件，按照系统投运前状态确认标准检查卡已经检查完毕，补水系统的再生装置已经完好，定子冷却水箱水位____mm			
17	机组系统整体检查	1．机组各系统设备、管道外观整洁，保温良好，无泄漏现象，现场卫生清洁； 2．照明良好、临时设施拆除； 3．各阀门、设备标识牌无缺失，管道名称、色环、介质流向完整			

检查____号汽轮机冷态启动条件满足，已按系统投运前状态确认标准检查卡检查设备完毕，系统可以投运。

检查人：________________

执行情况复核（主值）：________　　　　时间：__________

批准（值长）：____________　　　　时间：__________

1.38　外供汽系统投运前状态确认标准检查卡

班组：　　　　　　　　　　　　　　　　　　　　　　编号：

工作任务	____号机外供汽系统投运前状态确认检查
工作分工	就地：　　　　　　盘前：　　　　　　值长：

危险辨识与风险评估				
危险源	风险产生过程及后果	预控措施	预控情况	确认人
1．人员技能	工作人员技能不能满足系统投运操作要求造成人身伤害、设备损坏	1．检查就地及盘前操作人员具备相应岗位资格； 2．操作人员应熟悉该系统、设备及工作原理，清晰理解工作任务； 3．操作人员应具备处理一般事故的能力		
2. 人员生理、心理	人员情绪异常、精神不佳造成工作中人身伤害	1．班前会中准确了解人员情况； 2．当班期间值内、部门做好监督； 3．发现人员情绪等异常情况时，严禁操作		
3．人员行为	工作票未终结、隔离措施未恢复、人员未撤离造成工作中人身伤害；工器具遗留在操作现场造成设备损坏	1．查看工作票是否终结； 2．检修人员全部撤离； 3．确认安全隔离措施全部恢复到位； 4．操作完毕应检查所有的工器具已收回，确保无遗留物件		
4．照明	现场照明不足造成人身伤害	现场照明应充足，满足操作及监视需要，否则应及时补充或增加		

续表

危险辨识与风险评估				
危险源	风险产生过程及后果	预控措施	预控情况	确认人
5. 孔洞坑井沟道及障碍物	盖板缺损及平台防护栏杆不全造成高处坠落；设备周围有障碍物影响设备运行和人身安全	1. 工作场所的孔、洞、坑、井、沟道，必须覆以与地面齐平的坚固盖板。 2. 发现洞口盖板缺失、损坏或未盖好时，必须立即填补、修复盖板并及时盖好。 3. 所有升降口、大小孔洞、楼梯和平台，必须装设不低于1050mm高栏杆和不低于100mm高的脚部护板；离地高度高于20m的平台、通道及作业场所的防护栏杆不应低于1200mm。 4. 清除设备周围影响设备运行和人身安全的障碍物		
6. 高处落物	工作区域上方高处落物造成人身伤害	1. 正确佩戴个人劳保防护用品； 2. 进入现场要观察工作环境，发现有高处落物的可能时采取必要措施		
7. 工器具	使用不合格工器具或未正确使用工器具造成工作中人身伤害	1. 检查符合规定安全工器具； 2. 不合格工器具禁止带入操作现场； 3. 带全操作所需工器具、防护用品等（如对讲机、手电筒、耳塞等）； 4. 操作中正确使用工器具		
8. 高压介质	通过高温高压区域时高温、高压容器或管道突然断裂造成人员伤害	1. 不准允许未泄压的设备进入检修状态； 2. 不准在高温高压区域设长时间停留； 3. 不准在未采取完善安全措施情况下擅自拆除设备上的安全防护设施； 4. 操作高温高压系统时应按规定操作，并做好发生泄漏时的防范措施		
9. 烫伤	现场操作身体触碰高温设备或管道，造成身体烫伤	穿着合格工作服，操作时观察清楚周围情况		
10. 系统漏汽	管道连接法兰处刺漏，管道振动	管道充分暖管疏水		
11. 系统超压	调门动作不正常或背压机工作不正常，引起供热联箱超压	严格进行阀门传动，操作时缓慢进行，严密监视背压机工作情况，防止超压		

系统投运前状态确认标准检查卡					
序号	检查内容	标准状态	确认情况（√）	确认人	备注
1	____号机外供汽系统热机、电气、热控检修工作票、联系单	终结或押回，无影响系统启动的缺陷			

续表

系统投运前状态确认标准检查卡					
序号	检查内容	标准状态	确认情况（√）	确认人	备注
2	外供热系统热工、电气部分				
2.1	外供热供汽系统所有热工仪表	热工表计齐全，所有压力表计一次门开启，温度表计投入。 热工专业确认人：____			
2.2	外供热供汽系统联锁保护试验，背压机系统联锁保护试验	联锁试验正常，保护已投入。 热工专业确认人：____			
3	辅助系统				
3.1	机组运行情况与外部供热系统	1．机组负荷＞300MW； 2．外部供热系统具备受热条件			
3.2	背压机	按照背压机系统投运前状态确认标准检查卡检查			
3.3	减温水系统	减温器完好，减温水压力 1.8～3.8MPa			
3.4	压缩空气系统	系统投运，压缩空气压力＞0.4MPa			
4	供热联箱	管阀完好，排污阀关闭，安全阀已经整定			
5	对空排汽系统	对空排汽系统设备完整，阀门传动正常			
6	系统整体检查	1．外供热供汽管道外观整洁，保温良好，无泄漏现象，现场卫生清洁； 2．照明良好、临时设施拆除； 3．各阀门、设备标识牌无缺失，管道名称、色环、介质流向完整			

远动阀门检查卡							
序号	阀门名称	电源（√）	气源（√）	传动情况（√）	标准状态	确认人	备注
1	1 号背压机排汽至供热联箱减温水调门前电动门				关		
2	1 号背压机排汽至供热联箱减温水电动调门				关		
3	1 号背压机排汽至供热联箱减温水调门后电动门				关		
4	1 号背压机排汽至供热联箱减温器后疏水气动门				开		

续表

远动阀门检查卡							
序号	阀门名称	电源（√）	气源（√）	传动情况（√）	标准状态	确认人	备注
5	1号背压机排汽至供热联箱电动隔离门				关		
6	1号机冷端再热器至供热联箱电动隔离门1前疏水气动门				关		
7	1号机冷端再热器至供热联箱电动隔离门1				关		
8	1号机冷端再热器至供热联箱电动隔离门2				关		
9	1号机冷端再热器至供热联箱减温水旁路手动门				关		
10	1号机冷端再热器至供热联箱减温水调门前电动门				关		
11	1号机冷端再热器至供热联箱减温水气动调门				关		
12	1号机冷端再热器至供热联箱减温水调门后电动门				关		
13	1号机冷端再热器至供热联箱减温器后疏水气动门				关		
14	1号机冷端再热器至供热联箱逆止门前疏水气动门				关		
15	1号机冷端再热器至供热联箱电动隔离总门				关		
16	2号机冷端再热器至供热联箱电动隔离门1前疏水气动门				关		
17	2号机冷端再热器至供热联箱减温水调门后电动隔离门				关		
18	2号机冷端再热器至供热联箱减温水气动调门				关		
19	2号机冷端再热器至供热联箱减温水调门前电动隔离门				关		
20	2号机冷端再热器至供热联箱减温器后疏水气动门				关		
21	2号机冷端再热器至供热联箱逆止门后疏水气动门				关		
22	2号机冷端再热器至供热联箱电动阀				关		
23	2号背压机排汽至供热联箱减温水调门后电动门				关		

续表

远动阀门检查卡							
序号	阀门名称	电源（√）	气源（√）	传动情况（√）	标准状态	确认人	备注
24	2 号背压机排汽至供热联箱减温水调门				关		
25	2 号背压机排汽至供热联箱减温水调门前电动门				关		
26	2 号背压机排汽至供热联箱减温器后疏水气动门				关		
27	2 号背压机排汽至供热联箱电动阀				关		
28	供热联箱至工业热用户电动阀前疏水气动门				关		
29	供热联箱至工业热用户电动阀				关		
30	供热联箱至工业热用户电动阀后疏水气动门				关		
31	供热联箱至工业热用户母管疏水气动门				关		
32	供热联箱疏水气动门				关		

就地阀门检查卡				
序号	检查内容	标准状态	确认人	备注
1	1 号背压机排汽至供热联箱减温水旁路手动门	关		
2	1 号背压机排汽至供热联箱减温器后疏水手动门	关		
3	1 号背压机排汽至供热联箱减温器后疏水器后手动门	开		
4	1 号背压机排汽至供热联箱减温器后疏水器前手动门	开		
5	1 号机冷端再热器至供热联箱电动隔离门 1 前疏水手动总门	开		
6	1 号机冷端再热器至供热联箱电动隔离门 1 前多级节流孔板前手动门	关		疏水正常后开启
7	1 号机冷端再热器至供热联箱电动隔离门 1 前多级节流孔板后手动门	开		
8	1 号机冷端再热器至供热联箱电动隔离门 1 前疏水至无压放水手动门	开		疏水正常后关闭
9	1 号机冷端再热器至供热联箱减温器安全阀	关		检修整定数值
10	1 号机冷端再热器至供热联箱减温器后疏水手动门	开		
11	1 号机冷端再热器至供热联箱减温器后疏水器前手动门	开		

续表

就地阀门检查卡				
序号	检查内容	标准状态	确认人	备注
12	1号机冷端再热器至供热联箱减温器后疏水器后手动门	开		
13	1号机冷端再热器至供热联箱逆止门前疏水手动门	开		
14	2号机冷端再热器至供热联箱电动隔离门1前疏水手动总门	开		
15	2号机冷端再热器至供热联箱电动隔离门1前多级节流孔板前手动门	关		疏水正常后开启
16	2号机冷端再热器至供热联箱电动隔离门1前多级节流孔板后手动门	开		
17	2号机冷端再热器至供热联箱电动隔离门1前疏水至无压放水手动门	开		疏水正常后关闭
18	2号机冷端再热器至供热联箱电动隔离门1	关		
19	2号机冷端再热器至供热联箱电动隔离门2	关		
20	2号机冷端再热器至供热联箱减温水旁路手动门	关		
21	2号机冷端再热器至供热联箱减温器安全阀	关		检修整定数值
22	2号机冷端再热器至供热联箱减温器后疏水手动门	开		
23	2号机冷端再热器至供热联箱减温器后疏水器前手动门	开		
24	2号机冷端再热器至供热联箱减温器后疏水器后手动门	开		
25	2号机冷端再热器至供热联箱逆止门后疏水手动门	开		
26	2号背压机排汽至供热联箱减温水旁路手动门	关		
27	2号背压机排汽至供热联箱减温器后疏水手动门	开		
28	2号背压机排汽至供热联箱减温器后疏水器前手动门	开		
29	2号背压机排汽至供热联箱减温器后疏水器后手动门	开		
30	供热联箱至工业热用户电动阀前疏水手动门	开		
31	供热联箱至工业热用户电动阀前疏水器前手动门	开		
32	供热联箱至工业热用户电动阀前疏水器后手动门	开		
33	供热联箱至工业热用户电动阀前疏水至1号机辅气疏水母管手动门	开		
34	供热联箱至工业热用户电动阀前疏水至2号机辅气疏水母管手动门	开		
35	供热联箱至工业热用户电动阀后疏水手动门	开		

续表

就地阀门检查卡				
序号	检查内容	标准状态	确认人	备注
36	供热联箱至工业热用户电动阀后疏水器前手动门	开		
37	供热联箱至工业热用户电动阀后疏水器后手动门	开		
38	供热联箱至工业热用户电动阀后疏水至 1 号机辅气疏水母管手动门	开		
39	供热联箱至工业热用户电动阀后疏水至 2 号机辅气疏水母管手动门	开		
40	供热联箱至工业热用户母管疏水手动门	开		
41	供热联箱至工业热用户母管疏水器前手动门	开		
42	供热联箱至工业热用户母管疏水器后手动门	开		
43	供热联箱至工业热用户母管疏水至 1 号机辅气疏水母管手动门	开		
44	供热联箱至工业热用户母管疏水至 2 号机辅气疏水母管手动门	开		
45	供热联箱至 1 号机本体疏水扩容器手动门	开		
46	供热联箱至 2 号机本体疏水扩容器手动门	开		
47	供热联箱疏水器后手动门	开		
48	供热联箱疏水器前手动门	开		
49	供热联箱疏水总门后至无压放水手动门	关		
50	供热联箱疏水手动总门	开		
51	供热联箱 1 号安全阀	关		检修整定数值
52	供热联箱 2 号安全阀	关		检修整定数值

设备送电确认卡					
序号	设备名称	标准状态	状态（√）	确认人	备注
1	1 号背压机 1 号主油泵电机	送电			
2	1 号背压机 2 号主油泵电机	送电			
3	1 号背压机直流事故油泵电机	送电			
4	1 号背压机润滑油站 1 号排烟风机电机	送电			
5	1 号背压机润滑油站 2 号排烟风机电机	送电			
6	1 号背压机润滑油站电加热	送电			
7	1 号背压机 1 号轴加风机电机	送电			
8	1 号背压机 2 号轴加风机电机	送电			

检查____号机外供热系统启动条件满足，已按系统投运前状态确认标准检查卡检查设备完毕，系统可以投运。

检查人：____________

执行情况复核（主值）：________　　时间：________

批准（值长）：____________　　时间：________

1.39　邻机加热系统投运前状态确认标准检查卡

班组：　　　　　　　　　　　　　　　　　　　编号：

工作任务	____号机邻机加热系统投运前状态确认检查
工作分工	就地：　　　　盘前：　　　　值长：

危险辨识与风险评估				
危险源	风险产生过程及后果	预控措施	预控情况	确认人
1．人员技能	工作人员技能不能满足系统投运操作要求造成人身伤害、设备损坏	1．检查就地及盘前操作人员具备相应岗位资格； 2．操作人员应熟悉系统、设备及工作原理，清晰理解工作任务； 3．操作人员应具备处理一般事故的能力		
2．人员生理、心理	人员情绪异常、精神不佳造成工作中人身伤害	1．班前会中准确了解人员情况； 2．当班期间值内、部门做好监督； 3．发现人员情绪等异常情况时，严禁操作		
3．人员行为	工作票未终结、隔离措施未恢复、人员未撤离造成工作中人身伤害；工器具遗留在操作现场造成设备损坏	1．查看工作票是否终结； 2．检修人员全部撤离； 3．确认安全隔离措施全部恢复到位； 4．操作完毕应检查所有的工器具已收回，确保无遗留物件		
4．照明	现场照明不足造成人身伤害	现场照明应充足，满足操作及监视需要，否则应及时补充或增加		
5．孔洞坑井沟道及障碍物	盖板缺损及平台防护栏杆不全造成高处坠落，设备周围有障碍物影响设备运行和人身安全	1．工作场所的孔、洞、坑、井、沟道，必须覆以与地面齐平的坚固盖板。 2．发现洞口盖板缺失、损坏或未盖好时，必须立即填补、修复盖板并及时盖好。 3．所有升降口、大小孔洞、楼梯和平台，必须装设不低于1050mm高栏杆和不低于100mm高的脚部护板；离地高度高于20m的平台、通道及作业场所的防护栏杆不应低于1200mm。 4．清除设备周围影响设备运行和人身安全的障碍物		

续表

危险辨识与风险评估				
危险源	风险产生过程及后果	预控措施	预控情况	确认人
6．高处落物	工作区域上方高处落物造成人身伤害	1．正确佩戴个人劳保防护用品； 2．进入现场要观察工作环境，发现有高处落物的可能时采取必要措施		
7．工器具	使用不合格工器具或未正确使用工器具造成工作中人身伤害	1．检查符合规定安全工器具； 2．不合格工器具禁止带入操作现场； 3．带全操作所需工器具、防护用品等（如对讲机、手电筒、耳塞等）； 4．操作中正确使用工器具		
8．烫伤	现场操作身体触碰高温设备或管道，造成身体烫伤	穿着合格工作服，操作时观察清楚周围情况		
9．高压介质	通过高温高压区域时高温、高压容器或管道突然断裂造成人员伤害	1．不准允许未泄压的设备进入检修状态； 2. 不准在高温高压区域设长时间停留； 3．不准在未采取完善安全措施情况下擅自拆除设备上的安全防护设施； 4. 操作高温高压系统时应按规定操作，并做好发生泄漏时的防范措施		
10．系统投运后管道发生异常振动	系统存有积水未放尽，疏水不畅通引起振动	启动邻机加热前系统先充分暖管疏水		

系统投运前状态确认标准检查卡					
序号	检查内容	标准状态	确认情况（√）	确认人	备注
1	____号机邻机加热系统热机、电气、热控检修工作票、缺陷联系单	终结或押回，无影响系统启动的缺陷			
2	邻机加热系统热工仪表	热工仪表齐全，压力表一次门开启，温度表计已投入。 热工专业确认人：____			
3	邻机加热系统电动门传动试验	按照阀门清单传动试验完成。 热工确认人：____			
4	辅助系统				
4.1	给水系统	高压加热器水侧投运			
4.2	凝结水系统	凝结水系统已投运，凝结水压力1.8～3.8MPa			
4.3	凝汽器循环水系统	凝汽器循环水系统投运，循环水压力0.16～0.30MPa			
4.4	真空系统	真空系统已投运，凝汽器的真空＞－76kPa			

续表

系统投运前状态确认标准检查卡					
序号	检查内容	标准状态	确认情况（√）	确认人	备注
4.5	2 号高压加热器汽侧	与本机 2 号高压加热器相关的汽侧全部恢复，包括 1 号高压加热器、3 号高压加热器汽侧全部恢复，防止正常疏水不严密造成泄漏			
5	邻机 2 号高压加热器系统及邻机加热管道疏水系统	邻机 2 号高压加热器在投，邻机加热管道积水放尽，疏水暖管完成，疏水器在投			
6	投入临机加热时	2 号高压加热器出水温升率＜2℃/min，1h 内温升＜100℃			
7	系统整体检查	1．邻机加热系统设备及管道外观整洁，保温良好，无泄漏现象； 2．现场卫生清洁，检修安全设施拆除，无影响启动的因素； 3．各阀门、设备标识牌无缺失，管道名称、色环、介质流向完整； 4．现场照明情况良好，无缺损，现场消防设施完好			

远动阀门检查卡							
序号	阀门名称	电源（√）	气源（√）	传动情况（√）	标准状态	确认人	备注
1	冷端再热器至邻机加热电动阀				关		
2	邻机冷端再热器至本机邻机加热电动阀门				关		
3	本机二段抽气电动门				开		
4	本机 2 号高压加热器进汽电动门				开		
5	邻机加热电动阀后疏水气动阀				关		
6	邻机至本机邻机加热电动阀后疏水气动阀				关		

就地阀门检查卡				
序号	检查内容	标准状态	确认人	备注
1	邻机加热电动阀后疏水手动阀	开		
2	1、2 号机邻机加热联络管疏水手动一道阀	关		
3	1、2 号机邻机加热联络管疏水手动二道阀	关		
4	邻机至本机邻机加热电动阀后疏水手动阀	开		

设备送电确认卡					
序号	设备名称	标准状态	状态（√）	确认人	备注
	无				

检查____号机邻机加热系统启动条件满足，已按系统投运前状态确认标准检查卡检查设备完毕，系统可以投运。

检查人：____________

执行情况复核（主值）：________　　　　时间：________

批准（值长）：____________　　　　时间：________

2 锅炉专业

2.1 仪用空气压缩机投运前状态确认标准检查卡

班组： 编号：

工作任务	____号仪用空气压缩机投运前状态确认检查
工作分工	就地： 盘前： 值长：

危险辨识与风险评估				
危险源	风险产生过程及后果	预控措施	预控情况	确认人
1．人员技能	工作人员技能不能满足系统投运操作要求造成人身伤害、设备损坏	1．检查就地及盘前操作人员具备相应岗位资格； 2．操作人员应熟悉系统、设备及工作原理，清晰理解工作任务； 3．操作人员应具备处理一般事故的能力		
2．人员生理、心理	人员情绪异常、精神不佳造成工作中人身伤害	1．班前会中准确了解人员情况； 2．当班期间值内、部门做好监督； 3．发现人员情绪等异常情况时，严禁操作		
3．人员行为	工作票未终结、隔离措施未恢复、人员未撤离造成工作中人身伤害；工器具遗留在操作现场造成设备损坏	1．查看工作票是否终结； 2．检修人员全部撤离； 3．确认安全隔离措施全部恢复到位； 4．操作完毕应检查所有的工器具已收回，确保无遗留物件		
4．照明	现场照明不足造成人身伤害	现场照明应充足，满足操作及监视需要，否则应及时补充或增加		
5．噪声、粉尘	警示标识不全或进入噪声区域时、使用高噪声工具时未正确使用防护用品造成工作人员职业病	进入噪声、粉尘区域时必须正确使用防护用品		
6．孔洞坑井沟道及障碍物	盖板缺损及平台防护栏杆不全造成高处坠落，设备周围有障碍物影响设备运行和人身安全	1．工作场所的孔、洞、坑、井、沟道，必须覆以与地面齐平的坚固盖板。 2．发现洞口盖板缺失、损坏或未盖好时，必须立即填补、修复盖板并及时盖好。 3．所有升降口、大小孔洞、楼梯和平台，必须装设不低于 1050mm 高栏杆和不低于 100mm 高的脚部护板；离地高度高于 20m 的平台、通道及作业场所的防护栏杆不应低于 1200mm。 4．清除设备周围影响设备运行和人身安全的障碍物		
7．高处落物	工作区域上方高处落物造成人身伤害	1．正确佩戴个人劳保防护用品； 2．进入现场要观察工作环境，发现有高处落物的可能时采取必要措施		

续表

危险辨识与风险评估				
危险源	风险产生过程及后果	预控措施	预控情况	确认人
8．工器具	使用不合格工器具或未正确使用工器具造成工作中人身伤害	1．检查符合规定安全工器具； 2．不合格工器具禁止带入操作现场； 3．带全操作所需工器具、防护用品等（如对讲机、手电筒、耳塞等）； 4．操作中正确使用工器具		
9．触电	控制柜送电过程中人员误碰带电部位触电	1．熟悉控制柜电气回路； 2．电气操作时正确佩戴个人防护用品，正确使用合格的工器具		
10．转动机械	标识缺损、防护罩缺损，断裂、超速、零部件脱落，肢体部位或饰品衣物、用具（包括防护用品）、工具接触转动部位	1．设备的转动部分必须装设防护罩，并标明旋转方向，露出的轴端必须装设护盖；转动设备的防护罩应完好。 2．检查设备的运行状态，保持设备的振动、温度、运行电流等参数符合标准，如发现参数超标及时处理。 3．衣服和袖口应扣好，不得戴围巾领带，长发必须盘在安全帽内；不准将用具、工器具接触设备的转动部位，不准在转动设备附近长时间停留。 4．转动设备试运行时所有人员应先远离，站在转动机械的轴向位置，并有一人站在事故按钮位置		
11．油质劣化	油箱内油质标号错误或油质因进水汽、粉尘等导致劣化	1．系统投运前联系化学化验油质符合要求，观察油质透明，无乳化和杂质； 2．油面镜上无水汽和水珠		

系统投运前状态确认标准检查卡					
序号	检查内容	标准状态	确认情况（√）	确认人	备注
1	仪用空气压缩机系统热机、电气、热控检修工作票，缺陷联系单	终结或押回，无影响系统启动的缺陷			
2	与本系统投运相关系统	无禁止仪用空气压缩机系统投运的检修工作			
2.1	____号仪用干燥器	系统处于备用状态，见《仪用干燥器投运前状态确认标准检查卡》。 编号：____			
2.2	仪用气储气罐	无检修工作，具备进气条件			
2.3	全厂仪用压缩空气系统	无检修工作，具备进气条件			
2.4	工业水系统	1．系统投运正常； 2．母管供水压力大于0.15MPa			

续表

系统投运前状态确认标准检查卡					
序号	检查内容	标准状态	确认情况（√）	确认人	备注
3	系统常规检查项目				
3.1	热工仪表	投入，就地表计及 DCS 画面上各测点指示正确。 热工专业确认人：____			
3.2	热工保护	投入。 热工确认人：____			
3.3	阀门	送电、送气正常，传动合格，位置正确（见《远动阀门检查卡》《就地阀门检查卡》）			
3.4	系统外部检查	1．现场卫生清洁，临时设施拆除，无影响转机转动的物品； 2．所有通道保持平整畅通，照明充足，消防设施齐全			
3.5	系统整体检查	1．设备及管道外观整洁，无泄漏现象； 2．设备各地角螺栓、对轮及防护罩连接完好，无松动现象； 3．各电动机接线盒完好，接地线牢固； 4．管道、冷油器、滤网外观完整，法兰等连接部位连接牢固； 5．各阀门、设备标识牌无缺失，管道名称、色环、介质流向完整			
4	空气压缩机本体	1．外观整洁，无漏油现象； 2．油气分离器油位在 1/2～2/3，通过油位计处观察油质透明，无乳化和杂质，油面镜上无水汽和水珠； 3．化学化验润滑油（KPI-8000）油质合格； 化学化验人及分析日期：____ 4．入口滤网清理干净，风道畅通； 5．出口气水分离装置工作正常，分离器内无存水			
5	控制柜	外观完整，送电正常，PLC 屏幕无故障信号，控制方式在远方状态			
6	冷却水系统	1．系统外观完整，管道、冷却器等无泄漏现象； 2．增压泵控制柜送电正常，开关及指示正确，控制方式在远方状态			

远动阀门检查卡							
序号	阀门名称	电源（√）	气源（√）	传动情况（√）	标准状态	确认人	备注
	无						

就地阀门检查卡				
序号	检查内容	标准状态	确认人	备注
1	仪用空气压缩机房冷却水 1 号滤网入口门	开		
2	仪用空气压缩机房冷却水 1 号滤网出口门	开		
3	仪用空气压缩机房冷却水 2 号滤网入口门	关		
4	仪用空气压缩机房冷却水 2 号滤网出口门	关		
5	仪用空气压缩机房冷却水进水滤网旁路门	关		
6	1 号仪用空气压缩机房冷却水升压泵入口门	开		
7	1 号仪用空气压缩机房冷却水升压泵出口门	开		
8	1 号仪用空气压缩机房冷却水升压泵出口放水门	关		
9	2 号仪用空气压缩机房冷却水升压泵入口门	开		
10	2 号仪用空气压缩机房冷却水升压泵出口门	开		
11	2 号仪用空气压缩机房冷却水升压泵出口放水门	关		
12	仪用空气压缩机房冷却水母管压力变送器一次门	开		
13	仪用空气压缩机房冷却水母管压力表一次门	开		
14	仪用空气压缩机放水门	关		彻底放水后关闭
15	仪用空气压缩机冷却水进水手动门	开		
16	仪用空气压缩机冷却水进水压力表一次门	开		
17	仪用空气压缩机冷却水回水手动门	开		
18	仪用空气压缩机出口手动门	开		
19	仪用空气压缩机出口母管压力变送器一次门	开		
20	仪用空气压缩机出口母管压力表一次门	开		

设备送电确认卡					
序号	设备名称	标准状态	状态（√）	确认人	备注
1	____号仪用空气压缩机电机	送电			
2	____号仪用空气压缩机冷却风扇	送电			
3	____号仪用空气压缩机控制柜	送电			
4	____号升压泵控制柜	送电			
5	仪用空气压缩机房冷却水 1 号升压泵	送电			
6	仪用空气压缩机房冷却水 2 号升压泵	送电			

检查____号仪用空气压缩机启动条件满足，已按投运前状态确认标准检查卡检查设备完毕，系统可以投运。

检查人：________________

执行情况复核（主值）：________　　　　时间：________

批准（值长）：____________　　　　时间：________

2.2 仪用干燥器投运前状态确认标准检查卡

班组：　　　　　　　　　　　　　　　　　　　　　　　　编号：

工作任务	____号仪用干燥器投运前状态确认检查
工作分工	就地：　　　　　　　盘前：　　　　　　　值长：

危险辨识与风险评估				
危险源	风险产生过程及后果	预控措施	预控情况	确认人
1．人员技能	工作人员技能不能满足系统投运操作要求造成人身伤害、设备损坏	1．检查就地及盘前操作人员具备相应岗位资格； 2．操作人员应熟悉系统、设备及工作原理，清晰理解工作任务； 3．操作人员应具备处理一般事故的能力		
2．人员生理、心理	人员情绪异常、精神不佳造成工作中人身伤害	1．班前会中准确了解人员情况； 2．当班期间值内、部门做好监督； 3．发现人员情绪等异常情况时，严禁操作		
3．人员行为	工作票未终结、隔离措施未恢复、人员未撤离造成工作中人身伤害；工器具遗留在操作现场造成设备损坏	1．查看工作票是否终结； 2．检修人员全部撤离； 3．确认安全隔离措施全部恢复到位； 4．操作完毕应检查所有的工器具已收回，确保无遗留物件		
4．照明	现场照明不足造成人身伤害	现场照明应充足，满足操作及监视需要，否则应及时补充或增加		
5．孔洞坑井沟道及障碍物	盖板缺损及平台防护栏杆不全造成高处坠落；设备周围有障碍物影响设备运行和人身安全	1．工作场所的孔、洞、坑、井、沟道，必须覆以与地面齐平的坚固盖板。 2．发现洞口盖板缺失、损坏或未盖好时，必须立即填补、修复盖板并及时盖好。 3．所有升降口、大小孔洞、楼梯和平台，必须装设不低于 1050mm 高栏杆和不低于 100mm 高的脚部护板；离地高度高于 20m 的平台、通道及作业场所的防护栏杆不应低于 1200mm。 4．清除设备周围影响设备运行和人身安全的障碍物		
6．工器具	使用不合格工器具或未正确使用工器具造成工作中人身伤害	1．检查符合规定安全工器具； 2．不合格工器具禁止带入操作现场； 3．带全操作所需工器具、防护用品等（如对讲机、手电筒、耳塞等）； 4．操作中正确使用工器具		

续表

危险辨识与风险评估				
危险源	风险产生过程及后果	预控措施	预控情况	确认人
7．触电	控制柜送电过程中人员误碰带电部位触电	1．熟悉控制柜电气回路； 2．电气操作时正确佩戴个人防护用品，正确使用合格的工器具		
8．设备损坏	压缩机转向不正确或压缩机油加热器未加热时开机	1．干燥器启动后检查冷媒低压表逐渐下降或冷媒高压表逐渐上升； 2．设备首次使用开机前必须加热 8h 以上，以保证压缩机油腔内的油温至少高于环境温度 10℃		

系统投运前状态确认标准检查卡					
序号	检查内容	标准状态	确认情况（√）	确认人	备注
1	仪用干燥器热机、电气、热控检修工作票，缺陷联系单	终结或押回，无影响系统启动的缺陷			
2	仪用干燥器相关系统	无禁止仪用干燥器启动的检修工作			
2.1	仪用空气压缩机	系统处于备用状态，见《仪用空压机投运前状态确认标准检查卡》。 编号：____			
2.2	仪用气储气罐	无检修工作，具备进气条件或已运行			
2.3	全厂仪用压缩空气系统	无检修工作，具备进气条件或已运行			
2.4	空气压缩机房冷却水系统	1．系统投运正常； 2．母管供水压力大于 0.3MPa			
3	系统常规检查项目				
3.1	热工仪表	投入，就地表计及 DCS 画面上各测点指示正确。 热工确认人：____			
3.2	热工保护	投入。 热工确认人：____			
3.3	阀门	位置正确（见《就地阀门检查卡》）			
3.4	系统外部检查	1．现场卫生清洁，临时设施拆除，无影响转机转动的物品； 2．所有通道保持平整畅通，照明充足，消防设施齐全			
3.5	系统整体检查	1．设备及管道外观整洁，无破损现象； 2．管道、滤网外观整洁，法兰等连接部位连接牢固； 3．各阀门、设备标识牌无缺失，管道名称、色环、介质流向完整			

续表

系统投运前状态确认标准检查卡					
序号	检查内容	标准状态	确认情况（√）	确认人	备注
4	干燥器本体	1．冷却水系统投入正常，冷却器及管道无泄漏现象； 2．检查设备仪表板上冷媒高、低压表读数在 0.5～1.2MPa； 3．过滤器工作正常，短时稍开过滤器放水手动门检查过滤器内无存水； 4．再生塔及出口消音器外观完好			
5	控制柜	外观完整，送电正常，PLC 屏幕无故障信号，控制方式在远方状态			

远动阀门检查卡							
序号	阀门名称	电源（√）	气源（√）	传动情况（√）	标准状态	确认人	备注
	无						

就地阀门检查卡				
序号	检查内容	标准状态	确认人	备注
1	仪用干燥器入口门	关		
2	仪用干燥器除油过滤器放水门	开		
3	仪用干燥器放水门 1	关		
4	仪用干燥器放水门 2	关		
5	仪用干燥器冷却水进水手动门	开		冬季开机后打开
6	仪用干燥器冷却水回水手动门	开		冬季开机后打开
7	仪用干燥器后置过滤器放水门	开		
8	仪用干燥器出口门	关		
9	仪用干燥器出口母管压力变送器一次门	开		
10	仪用气储气罐进口门	开		
11	仪用气储气罐出口门	开		
12	仪用气储气罐安全阀	关		
13	检修用干燥器出口至仪用气联络门	关		
14	仪用气储气罐底部放水门	关		
15	仪用气储气罐压力变送器一次门	开		

续表

就地阀门检查卡				
序号	检查内容	标准状态	确认人	备注
16	仪用气储气罐压力表一次门	开		
17	仪用压缩空气母管压力变送器1一次门	开		
18	仪用压缩空气母管压力变送器2一次门	开		

设备送电确认卡					
序号	设备名称	标准状态	状态（√）	确认人	备注
1	____号仪用干燥器压缩机	送电			
2	____号仪用干燥器控制柜	送电			

检查____号仪用干燥器启动条件满足，已按系统投运前状态确认标准检查卡检查设备完毕，系统可以投运。

检查人：____________

执行情况复核（主值）：________　　时间：__________

批准（值长）：__________　　时间：__________

2.3 燃油系统投运前状态确认标准检查卡

班组：　　　　编号：

工作任务	燃油系统投运前状态确认检查
工作分工	就地：　　盘前：　　值长：

危险辨识与风险评估				
危险源	风险产生过程及后果	预控措施	预控情况	确认人
1．人员技能	工作人员技能不能满足系统投运操作要求造成人身伤害、设备损坏	1．检查就地及盘前操作人员具备相应岗位资格； 2．操作人员应熟悉系统、设备及工作原理，清晰理解工作任务； 3．操作人员应具备处理一般事故的能力		
2．人员生理、心理	人员情绪异常、精神不佳造成工作中人身伤害	1．班前会中准确了解人员情况； 2．当班期间值内、部门做好监督； 3．发现人员情绪等异常情况时，严禁操作		
3．人员行为	工作票未终结、隔离措施未恢复、人员未撤离造成工作中人身伤害；工器具遗留在操作现场造成设备损坏	1．查看工作票是否终结； 2．检修人员全部撤离； 3．确认安全隔离措施全部恢复到位； 4．操作完毕应检查所有的工器具已收回，确保无遗留物件		

续表

危险辨识与风险评估				
危险源	风险产生过程及后果	预控措施	预控情况	确认人
4．照明	现场照明不足造成人身伤害	现场照明应充足，满足操作及监视需要，否则应及时补充或增加		
5．孔洞坑井沟道及障碍物	盖板缺损及平台防护栏杆不全造成高处坠落，设备周围有障碍物影响设备运行和人身安全	1．工作场所的孔、洞、坑、井、沟道，必须覆以与地面齐平的坚固盖板。 2．发现洞口盖板缺失、损坏或未盖好时，必须立即填补、修复盖板并及时盖好。 3．所有升降口、大小孔洞、楼梯和平台，必须装设不低于 1050mm 高栏杆和不低于 100mm 高的脚部护板；离地高度高于 20m 的平台、通道及作业场所的防护栏杆不应低于 1200mm。 4．清除设备周围影响设备运行和人身安全的障碍物		
6．高处落物	工作区域上方高处落物造成人身伤害	1．正确佩戴个人劳保防护用品； 2．进入现场要观察工作环境，发现有高处落物的可能时采取必要措施		
7．工器具	使用不合格工器具或未正确使用工器具造成工作中人身伤害	1．检查符合规定安全工器具； 2．不合格工器具禁止带入操作现场； 3．带全操作所需工器具、防护用品等（如对讲机、手电筒、耳塞等）； 4．操作中正确使用工器具		
8．触电	控制柜送电过程中人员误碰带电部位触电	1．熟悉控制柜电气回路； 2．电气操作时正确佩戴个人防护用品，正确使用合格的工器具		
9．油	油泄漏遇明火或高温物体造成火灾	1．油管道法兰、阀门及可能漏油部位附近不准有明火，必须明火作业时要采取有效措施； 2．尽量避免使用法兰连接，禁止使用铸铁阀门		
10．转动机械	标识缺损、防护罩缺损；断裂、超速、零部件脱落；肢体部位或饰品衣物、用具（包括防护用品）、工具接触转动部位	1．设备的转动部分必须装设防护罩，并标明旋转方向；露出的轴端必须装设护盖，转动设备的防护罩应完好。 2．检查设备的运行状态，保持设备的振动、温度、运行电流等参数符合标准，如发现参数超标及时处理。 3．衣服和袖口应扣好，不得戴围巾领带，长发必须盘在安全帽内；不准将用具、工器具接触设备的转动部位，不准在转动设备附近长时间停留。 4．转动设备试运行时所有人员应先远离，站在转动机械的轴向位置，并有一人站在事故按钮位置		

续表

危险辨识与风险评估				
危险源	风险产生过程及后果	预控措施	预控情况	确认人
11．火灾	环境温度高、油气浓度大、有明火或其他火种，未使用铜质工具或携带能产生静电的工具	加强燃油系统温度监视，控制油温正常。禁止携带火种进入油库区。使用铜制工具，禁止穿戴反光背心、携带通信设备，防止静电		
12．油罐油质问题	油箱内油质标号错误或油质劣化	系统投运前联系化学化验油质符合 0 号轻柴油油质要求，通过油位计处观察油质透明，无乳化		
13．吹扫蒸汽相关阀门不严	燃油进入吹扫管道	加强监视油压、流量无异常		

系统投运前状态确认标准检查卡					
序号	检查内容	标准状态	确认情况（√）	确认人	备注
1	确认燃油系统检修热机、电气、热控检修工作票，缺陷联系单	终结或押回，无影响系统启动的缺陷			
2	燃油相关系统	无禁止燃油系统启动的检修工作			
2.1	炉侧辅汽系统	1．辅汽系统投运正常； 2．压力大于 0.6MPa； 3．温度大于 300℃			
2.2	消防水系统	1．消防水系统运行正常； 2．消防水压力大于 0.3MPa			
3	系统常规检查项目				
3.1	热工仪表	投入，就地表计及 DCS 画面上各测点指示正确。 热工专业确认人：____			
3.2	热工保护	投入。 热工专业确认人：____			
3.3	阀门	送电、送气正常，传动合格，位置正确（见《远动阀门检查卡》《就地阀门检查卡》）			
3.4	系统外部检查	1．现场卫生清洁，临时设施拆除，无影响转机转动的物品； 2．所有通道保持平整畅通，照明充足，消防设施齐全； 3．各设备平台护栏、步梯、盖板、格栅板完好无缺失现象			
3.5	系统整体检查	1．设备及管道外观整洁，无泄漏现象； 2．设备各地角螺栓、对轮及防护罩连接完好，无松动现象；			

续表

系统投运前状态确认标准检查卡					
序号	检查内容	标准状态	确认情况（√）	确认人	备注
3.5		3．各电动机接线盒完好，接地线牢固； 4．管道、冷油器、滤网外观完整，法兰等连接部位连接牢固； 5．回油观察窗表面完整、清洁、透明； 6．各阀门、设备标识牌无缺失，管道名称、色环、介质流向完整			
4	油罐	1．油罐现场清洁无泄漏，护栏完好，安全标志醒目； 2．泡沫消防及喷淋装置外观良好，无泄漏现象； 3．储油充足，就地油位：____； 4．化学化验燃油（0 号柴油）油质合格； 燃点：____，闭口闪点：____； 化学化验人及分析日期：____			
5	供油泵	1．轴承油位在 1/2～2/3，通过油位计处观察油质透明，无乳化和杂质，油面镜上无水汽和水珠； 2．化学化验润滑油（46 号汽轮机油）油质合格。 化验人及分析日期：____ 3．控制柜送电正常，开关和信号指示正确，切换开关在“远方”位			
6	污油泵	1．控制柜送电正常，开关和信号指示正确，切换开关在“远方”位； 2．污油坑无积液			
7	泡沫消防系统	1．消防系统各阀门无内漏，管道、阀门连接部位无泄漏； 2．检查泡沫储罐压力大于 0.8MPa			

远动阀门检查卡							
序号	阀门名称	电源（√）	气源（√）	传动情况（√）	标准状态	确认人	备注
1	供油压力调节阀				关		
2	1 号油罐温度调节阀				关		
3	2 号油罐温度调节阀				关		

就地阀门检查卡				
序号	阀门名称	阀门状态	确认人	备注
1	投用____号油罐检查以下阀门			

续表

就地阀门检查卡				
序号	阀门名称	阀门状态	确认人	备注
2	____号油罐就地液位计油侧一次门	开		
3	____号油罐供油手动门 1	关		
4	____号油罐供油手动门 2	关		
5	____号油罐供油管放空气门	开		
6	回油母管至号油罐手动门 1	关		
7	回油母管至号油罐排空一次门	开		
8	回油母管至号油罐排空二次门	开		
9	回油母管至号油罐手动门 2	关		
10	____号油罐伴热手动门	关		
11	____号油罐伴热排空门	开		
12	____号油罐排污管道吹扫门	关		
13	____号油罐进油门 1	关		
14	____号油罐进油门 1 后排空门	开		
15	____号油罐进油门 2	关		
16	____号油罐排污门 1	关		
17	____号油罐排污门 1 后排空门	开		
18	____号油罐排污门 2	关		
19	____号油罐倒油手动门 2	关		
20	____号油罐倒油管排空门	开		
21	____号油罐倒油手动门 1	关		
22	____号油罐伴热疏水器旁路门	关		
23	____号油罐伴热疏水器前手动门	开		
24	____号油罐伴热疏水器后手动门	开		
25	未投用的____号油罐检查以下阀门			
26	____号油罐就地液位计油侧一次门	开		
27	____号油罐供油手动门 1	关		
28	____号油罐供油手动门 2	关		
29	____号油罐供油管放空气门	关		
30	回油母管至号油罐手动门 1	关		
31	回油母管至号油罐排空一次门	关		
32	回油母管至号油罐排空二次门	关		

续表

就地阀门检查卡				
序号	阀门名称	阀门状态	确认人	备注
33	回油母管至号油罐手动门 2	关		
34	____号油罐伴热手动门	关		
35	____号油罐伴热排空门	关		
36	____号油罐排污管道吹扫门	关		
37	____号油罐进油门 1	关		
38	____号油罐进油门 1 后排空门	关		
39	____号油罐进油门 2	关		
40	____号油罐排污门 1	关		
41	____号油罐排污门 1 后排空门	关		
42	____号油罐排污门 2	关		
43	____号油罐倒油手动门 2	关		
44	____号油罐倒油管排空门	关		
45	____号油罐倒油手动门 1	关		
46	____号油罐伴热疏水器组	关		
47	倒油母管排空门	关		
48	污油泵出口手动门	关		
49	污油泵出口至倒油母管手动门	关		
50	污油泵出口至油水处理装置手动门	关		
51	油罐伴热母管疏水器旁路门	关		
52	油罐伴热母管疏水器前手动门	开		
53	油罐伴热母管疏水器后手动门	开		
54	油罐供油母管排空门	开		
55	供油母管放油门	关		
56	回油母管放油一次门	关		
57	回油母管放油二次门	关		
58	回油母管排空一次门	开		
59	回油母管排空二次门	开		
60	油罐伴热母管总门前压力变送器一次门	开		
61	油罐伴热母管总门	关		
62	油罐区域管道吹扫总门 1	关		
63	油罐区域管道吹扫总门 2	关		

续表

就地阀门检查卡				
序号	阀门名称	阀门状态	确认人	备注
64	油罐伴热母管排空门	关		
65	油罐区域回油母管吹扫门	关		
66	油罐区域供油母管吹扫门	关		
67	油罐区域卸油出口母管吹扫门	关		
68	油罐区域污油母管吹扫门	关		
69	油罐区域倒油母管吹扫门	关		
70	污油管排空门	关		
71	1 号细滤油器放油门 1	关		
72	1 号细滤油器放油门 2	关		
73	1 号细滤油器吹扫门	关		
74	1 号细滤油器进口门	关		
75	1 号细滤油器排空气门	开		
76	1 号细滤油器出口门	关		
77	1 号细滤油器滤网差压变送器正压侧一次门	开		
78	1 号细滤油器滤网差压变送器负压侧一次门	开		
79	1 号细滤油器放油门 2 后吹扫门	关		
80	1 号细滤油器放油门 1 后吹扫门	关		
81	2 号细滤油器放油门 1	关		
82	2 号细滤油器放油门 2	关		
83	2 号细滤油器吹扫门	关		
84	2 号细滤油器进口门	关		
85	2 号细滤油器排空气门	开		
86	2 号细滤油器出口门	关		
87	2 号细滤油器滤网差压变送器正压侧一次门	开		
88	2 号细滤油器滤网差压变送器负压侧一次门	开		
89	2 号细滤油器放油门 2 后吹扫门	关		
90	2 号细滤油器放油门 1 后吹扫门	关		
91	3 号细滤油器放油门 1	关		
92	3 号细滤油器放油门 2	关		
93	3 号细滤油器吹扫门	关		
94	3 号细滤油器进口门	关		

续表

就地阀门检查卡				
序号	阀门名称	阀门状态	确认人	备注
95	3 号细滤油器排空气门	开		
96	3 号细滤油器出口门	关		
97	3 号细滤油器滤网差压变送器正压侧一次门	开		
98	3 号细滤油器滤网差压变送器负压侧一次门	开		
99	3 号细滤油器放油门 2 后吹扫门	关		
100	3 号细滤油器放油门 1 后吹扫门	关		
101	细滤油器出口母管放油一次门	关		
102	细滤油器出口母管放油二次门	关		
103	1 号供油泵入口门	关		
104	1 号供油泵入口空气门	开		
105	1 号供油泵溢流门	关		
106	1 号供油泵出口逆止门旁路门	关		
107	1 号供油泵出口门	关		
108	1 号供油泵入口吹扫门	关		
109	1 号供油泵放油管吹扫门	关		
110	1 号供油泵出口门后吹扫门	关		
111	1 号供油泵出口放油管道吹扫门	关		
112	1 号供油泵出口放油门 1	关		
113	1 号供油泵出口放油门 2	关		
114	1 号供油泵出口压力表一次门	开		
115	1 号供油泵出口压力变送器一次门	开		
116	2 号供油泵入口门	关		
117	2 号供油泵入口空气门	开		
118	2 号供油泵溢流门	关		
119	2 号供油泵出口逆止门旁路门	关		
120	2 号供油泵出口门	关		
121	2 号供油泵入口吹扫门	关		
122	2 号供油泵放油管吹扫门	关		
123	2 号供油泵出口门后吹扫门	关		
124	2 号供油泵出口放油管道吹扫门	关		
125	2 号供油泵出口放油门 1	关		

续表

就地阀门检查卡				
序号	阀门名称	阀门状态	确认人	备注
126	2 号供油泵出口放油门 2	关		
127	2 号供油泵出口压力表一次门	开		
128	2 号供油泵出口压力变送器一次门	开		
129	3 号供油泵入口门	关		
130	3 号供油泵入口空气门	开		
131	3 号供油泵溢流门	关		
132	3 号供油泵出口逆止门旁路门	关		
133	3 号供油泵出口门	关		
134	3 号供油泵入口吹扫门	关		
135	3 号供油泵放油管吹扫门	关		
136	3 号供油泵出口门后吹扫门	关		
137	3 号供油泵出口放油管道吹扫门	关		
138	3 号供油泵出口放油门 1	关		
139	3 号供油泵出口放油门 2	关		
140	3 号供油泵出口压力表一次门	开		
141	3 号供油泵出口压力变送器一次门	开		
142	供油母管压力变送器一次门	开		
143	供油母管压力表一次门	开		
144	供油再循环调门前手动门	开		
145	供油再循环调门后手动门	开		
146	供油再循环调门旁路门	关		
147	供油再循环调门旁路门前吹扫门	关		
148	供油再循环调门旁路门后吹扫门	关		
149	蒸汽吹扫至供油再循环管路吹扫门	关		
150	燃油泵房吹扫蒸汽手动一次门	关		
151	燃油泵房吹扫蒸汽手动二次门	关		
152	1 号卸油管吹扫门	关		
153	1 号卸油管卸油手动门	关		
154	2 号卸油管吹扫门	关		
155	2 号卸油管卸油手动门	关		
156	3 号卸油管吹扫门	关		

续表

就地阀门检查卡				
序号	阀门名称	阀门状态	确认人	备注
157	3 号卸油管卸油手动门	关		
158	4 号卸油管吹扫门	关		
159	4 号卸油管卸油手动门	关		
160	卸油母管逆止门	关		
161	卸油管路吹扫总门 1	关		
162	卸油管路吹扫总门 2	关		
163	卸油入口母管放油门	关		
164	卸油入口母管放空气门	关		
165	1 号粗滤油器入口门	关		
166	1 号粗滤油器空气门	关		
167	1 号粗滤油器吹扫门	关		
168	1 号粗滤油器出口门	关		
169	1 号粗滤油器差压变送器正压测一次门	开		
170	1 号粗滤油器差压变送器负压测一次门	开		
171	1 号粗滤油器放油门 2	关		
172	1 号粗滤油器放油门 1	关		
173	1 号粗滤油器放油门 2 后吹扫门	关		
174	1 号粗滤油器放油门 1 后吹扫门	关		
175	2 号粗滤油器入口门	关		
176	2 号粗滤油器空气门	关		
177	2 号粗滤油器吹扫门	关		
178	2 号粗滤油器出口门	关		
179	2 号粗滤油器差压变送器正压测一次门	开		
180	2 号粗滤油器差压变送器负压测一次门	开		
181	2 号粗滤油器放油门 2	关		
182	2 号粗滤油器放油门 1	关		
183	2 号粗滤油器放油门 2 后吹扫门	关		
184	2 号粗滤油器放油门 1 后吹扫门	关		
185	粗滤油器出口母管放空气门 1	关		
186	粗滤油器出口母管放空气门 2	关		
187	卸油泵入口门	关		

续表

就地阀门检查卡				
序号	阀门名称	阀门状态	确认人	备注
188	卸油泵出口逆止门旁路门	关		
189	卸油泵出口门	关		
190	粗滤至卸油泵出口管逆止门旁路门	关		
191	卸油泵出口门前吹扫门	关		
192	卸油泵出口门后吹扫门	关		
193	卸油泵入口压力表计一次门	开		
194	卸油泵出口压力变送器一次门	开		
195	卸油泵出口母管（流量计前）排空门	关		
196	卸油泵出口母管流量计前手动门	开		
197	卸油泵出口母管流量计后手动门	开		
198	卸油泵出口母管流量计旁路门	关		
199	卸油泵出口母管放油门	关		
200	卸油管路吹扫疏水器旁路门	关		
201	卸油管路吹扫疏水器前手动门	开		
202	卸油管路吹扫疏水器后手动门	开		
203	燃油泵房吹扫蒸汽疏水器旁路门	关		
204	燃油泵房吹扫蒸汽疏水器前手动门	开		
205	燃油泵房吹扫蒸汽疏水器后手动门	开		
206	燃油吹扫母管扩建端疏水器旁路门	关		
207	燃油吹扫母管扩建端疏水器前手动门	开		
208	燃油吹扫母管扩建端疏水器后手动门	开		
209	1 号炉低辅至油库手动门	开		
210	1 号炉低辅至油库管道疏水器旁路门	关		
211	1 号炉低辅至油库管道疏水器前手动门	开		
212	1 号炉低辅至油库管道疏水器后手动门	开		
213	2 号炉低辅至油库手动门	开		
214	2 号炉低辅至油库管道疏水器旁路门	关		
215	2 号炉低辅至油库管道疏水器前手动门	开		
216	2 号炉低辅至油库管道疏水器后手动门	开		
217	厂区辅汽至启动锅炉油管道吹扫门	关		
218	启动锅炉房供油管道蒸汽吹扫门	关		

续表

就地阀门检查卡				
序号	阀门名称	阀门状态	确认人	备注
219	启动锅炉房回油管道蒸汽吹扫门	关		
220	启动锅炉回油总门	关		
221	启动锅炉供油总门	关		
222	启动锅炉吹扫总门	关		
223	供油母管至 2 号炉燃油系统隔离门	开		
224	回油母管至 2 号炉燃油系统隔离门	开		
225	燃油辅汽至 2 号炉燃油吹扫隔离门	开		
226	供油母管至扩建端隔离门	关		
227	回油母管至扩建端隔离门	关		
228	燃油辅汽至扩建端隔离门	关		
229	供油母管扩建端吹扫门	关		
230	回油母管扩建端吹扫门	关		
231	燃油辅汽至扩建端隔离门前吹扫门 1	关		
232	燃油辅汽至扩建端隔离门前吹扫门 2	关		

设备送电确认卡					
序号	设备名称	标准状态	状态（√）	确认人	备注
1	1 号供油泵控制柜	送电			
2	2 号供油泵控制柜	送电			
3	3 号供油泵控制柜	送电			
4	污油泵控制柜	送电			
5	1 号供油泵	送电			
6	2 号供油泵	送电			
7	3 号供油泵	送电			
8	污油泵	送电			

检查燃油系统注油投运条件满足，已按系统投运前状态确认标准检查卡检查设备完毕，系统可以投运。

检查人：____________

执行情况复核（主值）：________　　　　时间：________

批准（值长）：________　　　　时间：________

2.4 启动锅炉投运前状态确认标准检查卡

班组：　　　　　　　　　　　　　　　　　　　　　　　　　　　　　编号：

工作任务	____号启动锅炉投运前状态确认检查
工作分工	就地：　　　　　　盘前：　　　　　　值长：

危险辨识与风险评估				
危险源	风险产生过程及后果	预控措施	预控情况	确认人
1．人员技能	工作人员技能不能满足系统投运操作要求造成人身伤害、设备损坏	1．检查就地及盘前操作人员具备相应岗位资格； 2．操作人员应熟悉系统、设备及工作原理，清晰理解工作任务； 3．操作人员应具备处理一般事故的能力		
2．人员生理、心理	人员情绪异常、精神不佳造成工作中人身伤害	1．班前会中准确了解人员情况； 2．当班期间值内、部门做好监督； 3．发现人员情绪等异常情况时，严禁操作		
3．人员行为	工作票未终结、隔离措施未恢复、人员未撤离造成工作中人身伤害；工器具遗留在操作现场造成设备损坏	1．查看工作票是否终结； 2．检修人员全部撤离； 3．确认安全隔离措施全部恢复到位； 4．操作完毕应检查所有的工器具已收回，确保无遗留物件		
4．照明	现场照明不足造成人身伤害	现场照明应充足，满足操作及监视需要，否则应及时补充或增加		
5．噪声	警示标识不全或进入噪声区域时、使用高噪声工具时未正确使用防护用品造成工作人员职业病	进入噪声区域时必须正确使用防护用品		
6．孔洞坑井沟道及障碍物	盖板缺损及平台防护栏杆不全造成高处坠落；设备周围有障碍物影响设备运行和人身安全	1．工作场所的孔、洞、坑、井、沟道，必须覆以与地面齐平的坚固盖板。 2．发现洞口盖板缺失、损坏或未盖好时，必须立即填补、修复盖板并及时盖好。 3．所有升降口、大小孔洞、楼梯和平台，必须装设不低于1050mm高栏杆和不低于100mm高的脚部护板；离地高度高于20m的平台、通道及作业场所的防护栏杆不应低于1200mm。 4．清除设备周围影响设备运行和人身安全的障碍物		
7．高处落物	工作区域上方高处落物造成人身伤害	1．正确佩戴个人劳保防护用品； 2．进入现场要观察工作环境，发现有高处落物的可能时采取必要措施		

续表

危险辨识与风险评估				
危险源	风险产生过程及后果	预控措施	预控情况	确认人
8. 工器具	使用不合格工器具或未正确使用工器具造成工作中人身伤害	1. 检查符合规定安全工器具； 2. 不合格工器具禁止带入操作现场； 3. 带全操作所需工器具、防护用品等（如对讲机、手电筒、耳塞等）； 4. 操作中正确使用工器具		
9. 触电	控制柜送电过程中人员误碰带电部位触电	1. 熟悉控制柜电气回路； 2. 电气操作时正确佩戴个人防护用品，正确使用合格的工器具		
10. 油	油泄漏遇明火或高温物体造成火灾	1. 油管道法兰、阀门及可能漏油部位附近不准有明火，必须明火作业时要采取有效措施； 2. 尽量避免使用法兰连接，禁止使用铸铁阀门		
11. 转动机械	标识缺损、防护罩缺损；断裂、超速、零部件脱落；肢体部位或饰品衣物、用具（包括防护用品）、工具接触转动部位	1. 设备的转动部分必须装设防护罩，并标明旋转方向；露出的轴端必须装设护盖；转动设备的防护罩应完好。 2. 检查设备的运行状态，保持设备的振动、温度、运行电流等参数符合标准，如发现参数超标及时处理。 3. 衣服和袖口应扣好，不得戴围巾领带，长发必须盘在安全帽内；不准将用具、工器具接触设备的转动部位，不准在转动设备附近长时间停留。 4. 转动设备试运行时所有人员应先远离，站在转动机械的轴向位置，并有一人站在事故按钮位置		
12. 水质不合格	锅炉上水用水必须使用除盐水	用除盐水或冷凝水，并保证除盐水中氯离子含量＜25mg/L。锅炉上水后要进行水质化验，水质不合格，要进行冷态清洗直到水质合格		

系统投运前状态确认标准检查卡					
序号	检查内容	标准状态	确认情况（√）	确认人	备注
1	本系统热机、电气、热控检修工作票、缺陷联系单	终结或押回、无影响本系统启动的缺陷			
2	与本系统启动相关联系统	无禁止启动锅炉投运的检修工作			
2.1	燃油系统	1. 燃油系统运行正常； 2. 燃油压力大于2.5MPa			
3	系统常规检查项目				

续表

系统投运前状态确认标准检查卡					
序号	检查内容	标准状态	确认情况（√）	确认人	备注
3.1	热工仪表	投入，就地表计及 PLC 画面上各测点指示正确。 热工专业确认人：____			
3.2	热工保护和联锁	投入。 热工专业确认人：____			
3.3	阀门	送电正常，传动合格，位置正确（见《远动阀门检查卡》《就地阀门检查卡》）			
3.4	系统外部检查	1．现场卫生清洁，临时设施拆除，无影响转机转动的物品； 2．所有通道保持平整畅通，照明充足，消防设施齐全； 3．各设备平台护栏、步梯、盖板、格栅板完好无缺失现象			
3.5	系统整体检查	1．设备及管道外观整洁，保温完整，无泄漏现象； 2．设备各地角螺栓、对轮及防护罩连接完好，无松动现象； 3．各电动机接线盒完好，接地线牢固； 4．管道外观完整，法兰、伸缩节等部位连接牢固； 5．各阀门、设备标识牌无缺失，管道名称、色环、介质流向完整； 6．各人孔门、检查孔、取样孔关闭严密； 7．汽水管道各支吊架完整无松动			
4	锅炉本体	1．外观完整，无泄漏现象； 2．汽包前、后各就地水位计、平衡容器投入正常； 3．锅炉防爆门密封严密			
5	送风机	外观完整，送电正常，入口滤网清洁、无杂物			
6	除盐水储水箱	1．外观完整，无泄漏现象。 2．通知化学化验储水箱水质；若水质不合格，应放尽水箱内存水并重新补水直至水质合格。 3．就地水位计指示正确，水位大于 1/2			
7	燃烧器	1．外观完整，设备及管道无泄漏现象； 2．看火孔镜面干净透明； 3．风油分配器动作正常			
8	启动锅炉至辅汽联箱沿线管道	1．管道外观完整、保温完好，管道无泄漏现象； 2．沿线各点疏水器投入正常			

远动阀门检查卡							
序号	阀门名称	电源（√）	气源（√）	传动情况（√）	标准状态	确认人	备注
1	紧急放水电动门				关		
2	启动炉主蒸汽电动门				关		
3	主给水调整门				关		
4	减温水调整门				关		
5	对空排气电动门				关		

就地阀门检查卡				
序号	检查内容	标准状态	确认人	备注
1	除盐水箱出口门	开		
2	除盐水箱水位计上部进水门	开		
3	除盐水箱水位计下部进水门	开		
4	除盐水箱水位计放水门	关		
5	1 号给水泵进口门	开		
6	2 号给水泵进口门	开		
7	3 号给水泵进口门	开		
8	1 号给水泵出口门	关		
9	1 号给水泵出口就地压力表一次门	开		
10	2 号给水泵出口门	关		
11	2 号给水泵出口就地压力表一次门	开		
12	3 号给水泵出口门	关		
13	3 号给水泵出口就地压力表一次门	开		
14	给水泵再循环手动门	开		
15	给水泵进口母管放水门	关		
16	主给水调门前手动门	开		
17	主给水流量计正压侧一次门	开		
18	主给水流量计负压侧一次门	开		
19	主给水调门后手动门	开		
20	主给水旁路门	关		
21	省煤器进口门	开		
22	省煤器入口联箱放水门	关		

续表

就地阀门检查卡				
序号	检查内容	标准状态	确认人	备注
23	定排母管放水门	关		
24	定排总门	关		
25	减温器调整门前手动门	开		
26	减温水进口管路就地压力表一次门	开		
27	减温器调整门后手动门	开		
28	减温器旁路门	关		
29	省煤器出口门	开		
30	省煤器出口就地压力表一次门	开		
31	炉水取样一次门	开		
32	炉水取样二次门	开		
33	省煤器再循环手动门	关		
34	连排一次门	开		
35	连排二次门	关		
36	紧急放水手动门	开		
37	过热器出口就地压力表一次门	开		
38	过热器出口压力变送器一次门	开		
39	汽包前端双色水位计进水一次门	开		
40	汽包前端双色水位计进水二次门	开		
41	汽包前端双色水位计进汽一次门	开		
42	汽包前端双色水位计进汽二次门	开		
43	汽包前端双色水位计放水门	关		
44	汽包前端双室平衡水位计进水门	开		
45	汽包前端双室平衡水位计进汽门	开		
46	汽包前端电接点水位计放水门	关		
47	汽包前端双室平衡水位计正压侧一次门	开		
48	汽包前端双室平衡水位计负压侧一次门	开		
49	汽包后端双色水位计进水一次门	开		
50	汽包后端双色水位计进水二次门	开		
51	汽包后端双色水位计进汽一次门	开		
52	汽包后端双色水位计进汽二次门	开		
53	汽包后端双色水位计放水门	关		

续表

就地阀门检查卡				
序号	检查内容	标准状态	确认人	备注
54	汽包后端双室平衡水位计进水门	开		
55	汽包后端双室平衡水位计进汽门	开		
56	汽包后端双室平衡水位计正压侧一次门	开		
57	汽包后端双室平衡水位计负压侧一次门	开		
58	左侧下锅筒前段定排一次门	关		
59	左侧下锅筒前段定排二次门	关		
60	右侧下锅筒前段定排一次门	关		
61	右侧下锅筒前段定排二次门	关		
62	左侧下锅筒后段定排一次门	关		
63	左侧下锅筒后段定排二次门	关		
64	右侧下锅筒后段定排一次门	关		
65	右侧下锅筒后段定排二次门	关		
66	汽包排汽二次门	开		
67	汽包排汽一次门	开		
68	饱和蒸汽取样一次门	开		
69	饱和蒸汽取样二次门	开		
70	汽包加药门	开		
71	启动炉主蒸汽电动门旁路门	关		
72	启动炉主蒸汽管道疏水门	开		
73	过热蒸汽取样一次门	开		
74	过热蒸汽取样二次门	开		
75	启动炉主蒸汽管道安全阀	关		
76	对空排气一次门	开		
77	过热器反冲洗门	关		
78	启动炉进油总门	开		
79	启动炉回油总门	开		
80	启动炉进油就地压力表一次门	开		
81	启动炉回油就地压力表一次门	开		
82	启动炉进油手动一次门	关		
83	启动炉进油手动二次门	关		
84	启动炉回油门	关		

续表

就地阀门检查卡				
序号	检查内容	标准状态	确认人	备注
85	启动锅炉进回油再循环门	关		
86	启动炉油枪回油手动门	关		
87	启动锅炉进油管放油门	关		
88	启动锅炉回油管放油门	关		
89	启动炉进油压力变送器一次门	开		

设备送电确认卡					
序号	设备名称	标准状态	状态（√）	确认人	备注
1	启动锅炉送风机控制柜	送电			
2	启动锅炉给水泵控制柜	送电			
3	1 号启动锅炉送风机	送电			
4	2 号启动锅炉送风机	送电			
5	1 号启动锅炉给水泵	送电			
6	2 号启动锅炉给水泵	送电			
7	3 号启动锅炉给水泵	送电			
8	____号启动锅炉燃烧器控制柜	送电			

检查____号启动锅炉投运条件已满足，已按系统投运前状态确认标准检查卡检查设备完毕，系统可以投运。

检查人：

执行情况复核（主值）：____________ 时间：____________

批准（值长）：____________ 时间：____________

2.5 炉侧辅汽系统投运前状态确认标准检查卡

班组： 编号：

工作任务	____号炉炉侧辅汽系统投运前状态确认检查
工作分工	就地： 盘前： 值长：

危险辨识与风险评估				
危险源	风险产生过程及后果	预控措施	预控情况	确认人
1．人员技能	工作人员技能不能满足系统投运操作要求造成人身伤害、设备损坏	1．检查就地及盘前操作人员具备相应岗位资格； 2．操作人员应熟悉系统、设备及工作		

续表

危险辨识与风险评估				
危险源	风险产生过程及后果	预控措施	预控情况	确认人
1．人员技能		原理，清晰理解工作任务； 3．操作人员应具备处理一般事故的能力		
2．人员生理、心理	人员情绪异常、精神不佳造成工作中人身伤害	1．班前会中准确了解人员情况； 2．当班期间值内、部门做好监督； 3．发现人员情绪等异常情况时，严禁操作		
3．人员行为	工作票未终结、隔离措施未恢复、人员未撤离造成工作中人身伤害；工器具遗留在操作现场造成设备损坏	1．查看工作票是否终结； 2．检修人员全部撤离； 3．确认安全隔离措施全部恢复到位； 4．操作完毕应检查所有的工器具已收回，确保无遗留物件		
4．照明	现场照明不足造成人身伤害	现场照明应充足，满足操作及监视需要，否则应及时补充或增加		
5．孔洞坑井沟道及障碍物	盖板缺损及平台防护栏杆不全造成高处坠落；设备周围有障碍物影响设备运行和人身安全	1．工作场所的孔、洞、坑、井、沟道，必须覆以与地面齐平的坚固盖板。 2．发现洞口盖板缺失、损坏或未盖好时，必须立即填补、修复盖板并及时盖好。 3．所有升降口、大小孔洞、楼梯和平台，必须装设不低于1050mm高栏杆和不低于100mm高的脚部护板；离地高度高于20m的平台、通道及作业场所的防护栏杆不应低于1200mm。 4．清除设备周围影响设备运行和人身安全的障碍物		
6．高处落物	工作区域上方高处落物造成人身伤害	1．正确佩戴个人劳保防护用品； 2．进入现场要观察工作环境，发现有高处落物的可能时采取必要措施		
7．工器具	使用不合格工器具或未正确使用工器具造成工作中人身伤害	1．检查符合规定安全工器具； 2．不合格工器具禁止带入操作现场； 3．带全操作所需工器具、防护用品等（如对讲机、手电筒、耳塞等）； 4．操作中正确使用工器具		
8．高压介质	通过高温高压区域时高温、高压容器或管道突然断裂造成人员伤害	1．不准允许未泄压的设备进入检修状态； 2．不准在高温高压区域处长时间停留； 3．不准在未采取完善安全措施情况下擅自拆除设备上的安全防护设施； 4．操作高温高压系统时应按规定操作，并做好发生泄漏时的防范措施		
9．阀门卡涩	系统投入时阀门未做传动试验造成阀门开关不畅或卡涩	1．系统投入前，检查炉辅汽系统各阀门确认风门开关灵活； 2．加强就地检查，确保阀门无锈蚀，无积灰，无破损，无脱扣，发现异常，及时联系检修处理		

系统投运前状态确认标准检查卡					
序号	检查内容	标准状态	确认情况（√）	确认人	备注
1	辅汽系统投运热机、电气、热控检修工作票，缺陷联系单	终结或押回，无影响系统启动的缺陷			
2	炉侧辅汽相关系统	无禁止辅汽系统投运的检修工作			
2.1	凝结水系统	1．投运正常； 2．凝结水母管压力大于 1.5MPa			
2.2	汽机辅汽系统	1．投运正常； 2．压力大于 0.6MPa； 3．温度大于 250℃			
2.3	疏放水系统	处于备用状态，见《锅炉疏放水系统投运前状态确认标准检查卡》。 编号：____			
3	系统常规检查项目				
3.1	热工仪表	投入，就地表计及 DCS 画面上各测点指示正确。 热工专业确认人：____			
3.2	热工保护和联锁	投入。 热工专业确认人：____			
3.3	阀门	送电、送气正常，传动合格，位置正确（见《远动阀门检查卡》《就地阀门检查卡》）			
3.4	系统外部检查	1．现场卫生清洁，临时设施拆除； 2．所有通道保持平整畅通，照明充足，消防设施齐全			
3.5	系统整体检查	1．设备及管道外观整洁，保温完整，无泄漏现象； 2．管道外观完整，法兰、伸缩节等部位连接牢固，各支吊架完整无松动； 3．各阀门、设备标识牌无缺失，管道名称、色环、介质流向完整			

远动阀门检查卡							
序号	阀门名称	电源（√）	气源（√）	传动情况（√）	标准状态	确认人	备注
1	辅汽联箱至炉侧辅气电动门				关		
2	低温辅助蒸汽电动门				关		
3	高温辅助蒸汽母管疏水器旁路气动门				关		
4	低温省煤器吹灰蒸汽电动门				关		

续表

远动阀门检查卡							
序号	阀门名称	电源（√）	气源（√）	传动情况（√）	标准状态	确认人	备注
5	辅汽至空预热器吹灰电动门				关		
6	空气预热器吹灰疏水电动门				关		
7	1 号磨煤机消防蒸汽电磁阀				关		
8	1 号磨煤机消防蒸汽疏水器旁路气动门				关		
9	2 号磨煤机消防蒸汽电磁阀				关		
10	2 号磨煤机消防蒸汽疏水器旁路气动门				关		
11	3 号磨煤机消防蒸汽电磁阀				关		
12	3 号磨煤机消防蒸汽疏水器旁路气动门				关		
13	4 号磨煤机消防蒸汽电磁阀				关		
14	4 号磨煤机消防蒸汽疏水器旁路气动门				关		
15	5 号磨煤机消防蒸汽电磁阀				关		
16	5 号磨煤机消防蒸汽疏水器旁路气动门				关		
17	6 号磨煤机消防蒸汽电磁阀				关		
18	6 号磨煤机消防蒸汽疏水器旁路气动门				关		
19	低温辅助蒸汽至燃油泵房供汽疏水器旁路气动门				关		

就地阀门检查卡				
序号	检查内容	标准状态	确认人	备注
1	少油点火吹扫蒸汽手动门	关		
2	少油点火吹扫蒸汽疏水手动门 1	关		
3	少油点火吹扫蒸汽疏水手动门 2	关		
4	低温省煤器吹扫蒸汽手动门	关		
5	低温省煤器吹扫蒸汽疏水手动门 1	关		
6	低温省煤器吹扫蒸汽疏水手动门 2	关		
7	炉前燃油吹扫蒸汽手动门	关		
8	辅汽至空气预热器吹灰手动门	关		

续表

就地阀门检查卡				
序号	检查内容	标准状态	确认人	备注
9	辅汽至空气预热器吹灰手动门	关		
10	本体吹灰蒸汽至空气预热器吹灰手动门	关		
11	空气预热器吹灰疏水手动门	关		
12	高温辅助蒸汽母管放空气门	关		
13	高温辅助蒸汽母管疏水手动总门	关		
14	高温辅助蒸汽母管疏水器前手动门	关		
15	高温辅助蒸汽母管疏水器后手动门	关		
16	高温辅助蒸汽母管疏水至地沟手动门	关		
17	1 号磨煤机消防蒸汽手动门	关		
18	1 号磨煤机消防蒸汽疏水手动总门	关		
19	1 号磨煤机消防蒸汽疏水器前手动门	关		
20	1 号磨煤机消防蒸汽疏水器后手动门	关		
21	1 号磨煤机消防蒸汽疏水至地沟手动门	关		
22	2 号磨煤机消防蒸汽手动门	关		
23	2 号磨煤机消防蒸汽疏水手动总门	关		
24	2 号磨煤机消防蒸汽疏水器前手动门	关		
25	2 号磨煤机消防蒸汽疏水器后手动门	关		
26	2 号磨煤机消防蒸汽疏水至地沟手动门	关		
27	3 号磨煤机消防蒸汽手动门	关		
28	3 号磨煤机消防蒸汽疏水手动总门	关		
29	3 号磨煤机消防蒸汽疏水器前手动门	关		
30	3 号磨煤机消防蒸汽疏水器后手动门	关		
31	3 号磨煤机消防蒸汽疏水至地沟手动门	关		
32	4 号磨煤机消防蒸汽手动门	关		
33	4 号磨煤机消防蒸汽疏水手动总门	关		
34	4 号磨煤机消防蒸汽疏水器前手动门	关		
35	4 号磨煤机消防蒸汽疏水器后手动门	关		
36	4 号磨煤机消防蒸汽疏水至地沟手动门	关		
37	5 号磨煤机消防蒸汽手动门	关		
38	5 号磨煤机消防蒸汽疏水手动总门	关		
39	5 号磨煤机消防蒸汽疏水器前手动门	关		

续表

就地阀门检查卡				
序号	检查内容	标准状态	确认人	备注
40	5号磨煤机消防蒸汽疏水器后手动门	关		
41	5号磨煤机消防蒸汽疏水至地沟手动门	关		
42	6号磨煤机消防蒸汽手动门	关		
43	6号磨煤机消防蒸汽疏水手动总门	关		
44	6号磨煤机消防蒸汽疏水器前手动门	关		
45	6号磨煤机消防蒸汽疏水器后手动门	关		
46	6号磨煤机消防蒸汽疏水至地沟手动门	关		
47	低温辅助蒸汽至燃油泵房供汽手动门	关		
48	低温辅助蒸汽至燃油泵房供汽疏水手动总门	关		
49	低温辅助蒸汽至燃油泵房供汽疏水器前手动门	关		
50	低温辅助蒸汽至燃油泵房供汽疏水器后手动门	关		
51	低温辅助蒸汽至燃油泵房供汽疏水至地沟手动门	关		

设备送电确认卡					
序号	设备名称	标准状态	状态（√）	确认人	备注
	无				

检查____号炉辅汽系统启动条件满足，已按系统投运前状态确认标准检查卡检查设备完毕，系统可以投运。

检查人：____________________

执行情况复核（主值）：__________　　　　　　时间：__________

批准（值长）：______________　　　　　　时间：__________

2.6 炉前油系统投运前状态确认标准检查卡

班组：　　　　　　　　　　　　　　　　　　　　　　　　编号：

工作任务	____号炉炉前燃油系统投运前状态确认检查
工作分工	就地：　　　　　　盘前：　　　　　　值长：

危险辨识与风险评估				
危险源	风险产生过程及后果	预控措施	预控情况	确认人
1. 人员技能	工作人员技能不能满足系统投运操作要求造成人身伤害、设备损坏	1. 检查就地及盘前操作人员具备相应岗位资格； 2. 操作人员应熟悉系统、设备及工作		

续表

危险辨识与风险评估				
危险源	风险产生过程及后果	预控措施	预控情况	确认人
1．人员技能		原理，清晰理解工作任务； 3．操作人员应具备处理一般事故的能力		
2．人员生理、心理	人员情绪异常、精神不佳造成工作中人身伤害	1．班前会中准确了解人员情况； 2．当班期间值内、部门做好监督； 3．发现人员情绪等异常情况时，严禁操作		
3．人员行为	工作票未终结、隔离措施未恢复、人员未撤离造成工作中人身伤害；工器具遗留在操作现场造成设备损坏	1．查看工作票是否终结； 2．检修人员全部撤离； 3．确认安全隔离措施全部恢复到位； 4．操作完毕应检查所有的工器具已收回，确保无遗留物件		
4．照明	现场照明不足造成人身伤害	现场照明应充足，满足操作及监视需要，否则应及时补充或增加		
5．孔洞坑井沟道及障碍物	盖板缺损及平台防护栏杆不全造成高处坠落；设备周围有障碍物影响设备运行和人身安全	1．工作场所的孔、洞、坑、井、沟道，必须覆以与地面齐平的坚固盖板。 2．发现洞口盖板缺失、损坏或未盖好时，必须立即填补、修复盖板并及时盖好。 3．所有升降口、大小孔洞、楼梯和平台，必须装设不低于 1050mm 高栏杆和不低于 100mm 高的脚部护板；离地高度高于 20m 的平台、通道及作业场所的防护栏杆不应低于 1200mm。 4．清除设备周围影响设备运行和人身安全的障碍物		
6．高处落物	工作区域上方高处落物造成人身伤害	1．正确佩戴个人劳保防护用品； 2．进入现场要观察工作环境，发现有高处落物的可能时采取必要措施		
7．工器具	使用不合格工器具或未正确使用工器具造成工作中人身伤害	1．检查符合规定安全工器具； 2．不合格工器具禁止带入操作现场； 3．带全操作所需工器具、防护用品等（如对讲机、手电筒、耳塞等）； 4．操作中正确使用工器具		
8．触电	控制柜送电过程中人员误碰带电部位触电	1．熟悉控制柜电气回路； 2. 电气操作时正确佩戴个人防护用品，正确使用合格的工器具		
9．油	油泄漏遇明火或高温物体造成火灾	1．油管道法兰、阀门及可能漏油部位附近不准有明火，必须明火作业时要采取有效措施； 2．尽量避免使用法兰连接，禁止使用铸铁阀门		

续表

危险辨识与风险评估				
危险源	风险产生过程及后果	预控措施	预控情况	确认人
10．高压介质	通过高温高压区域时高温、高压容器或管道突然断裂造成人员伤害	1．不准允许未泄压的设备进入检修状态； 2．不准在高温高压区域设长时间停留； 3．不准在未采取完善安全措施情况下擅自拆除设备上的安全防护设施； 4．操作高温高压系统时应按规定操作，并做好发生泄漏时的防范措施		
11．燃油漏入吹扫蒸汽系统	逆止阀不严或者燃油压力过高	加强检查，控制燃油压力在正常范围内，燃油流量计应指示正确。接班时核对油位指示，发现异常变化及时检查是否存在漏油点		
12．火灾	燃油系统压力高泄漏或油泄漏试验不合格，附近有火源	加强检查，控制燃油压力在正常范围内，避免泄漏，燃油系统附近禁止一切火源		
13．油枪故障	机械卡涩或雾化不良	油枪投运前检查油压正常，试投时确保油枪及点火枪进退到位、中间无卡涩		

系统投运前状态确认标准检查卡					
序号	检查内容	标准状态	确认情况（√）	确认人	备注
1	本系统热机、电气、热控检修工作票，缺陷联系单	终结或押回，无影响系统启动的缺陷			
2	与本系统启动相关联系统	无禁止炉前油系统启动的检修工作			
2.1	燃油系统	1．燃油系统运行正常； 2．燃油压力大于2.6MPa			
2.2	火检冷却风系统	1．火检冷却风系统运行正常； 2．冷却风母管压力大于6kPa			
2.3	一次风系统	1．一次风机运行正常； 2．一次风母管压力大于7kPa			
2.4	炉侧辅汽系统	1．辅汽系统投运正常； 2．压力大于0.6MPa； 3．温度大于300℃			
2.5	仪用压缩空气系统	1．系统投运正常； 2．母管空气压力大于0.5MPa			
3	系统常规检查项目				
3.1	热工仪表	投入，就地表计及DCS画面上各测点指示正确。 热工专业确认人：____			

续表

系统投运前状态确认标准检查卡					
序号	检查内容	标准状态	确认情况（√）	确认人	备注
3.2	热工保护和阀门联锁	投入。 热工专业确认人：____			
3.3	阀门	送电、送气正常，传动合格，位置正确（见《远动阀门检查卡》《就地阀门检查卡》）			
3.4	系统外部检查	1．现场卫生清洁，临时设施拆除； 2．所有通道保持平整畅通，照明充足，消防设施齐全； 3．平台护栏、盖板、格栅板、步梯完好无缺失现象			
3.5	系统整体检查	1．设备及管道外观整洁，保温完整，无泄漏现象； 2．设备各地角螺栓、对轮及防护罩连接完好，无松动现象； 3．法兰、伸缩节等连接部位连接牢固，各支吊架完整无松动； 4．各阀门、设备标识牌无缺失，管道名称、色环、介质流向完整			
4	油枪	1．油枪外观完整，点火油枪气源投入正常，油枪及点火枪在退出位。少油油枪冷却风投入正常； 2．高能点火器接线盒完整，接线良好； 3．控制柜送电正常，开关及指示正确，切换开关在“远方”位； 4．点火油火检投入正常，冷却风管道无泄漏现象			
5	燃油平台	1．蓄能器工作正常，无泄漏现象； 2．吹扫蒸汽管道疏水正常，疏水阀门杆温度大于150℃后关闭； 3．自力式调节阀外观正常			

远动阀门检查卡							
序号	阀门名称	电源（√）	气源（√）	传动情况（√）	标准状态	确认人	备注
1	炉前油进油快关阀				关		
2	油泄漏试验阀				关		
3	炉前油回油调节阀				关		
4	炉前油回油快关阀				关		
5	11～18号油枪进油气动门				关		
6	11～18号油枪吹扫蒸汽气动门				关		

续表

远动阀门检查卡							
序号	阀门名称	电源（√）	气源（√）	传动情况（√）	标准状态	确认人	备注
7	41～48 号油枪进油气动门				关		
8	41～48 号油枪吹扫蒸汽气动门				关		
9	51～58 号油枪进油气动门				关		
10	51～58 号油枪吹扫蒸汽气动门				关		
11	21～28 号油枪进油气动门				关		
12	21～28 号油枪吹扫蒸汽气动门				关		
13	31～38 号油枪进油气动门				关		
14	31～38 号油枪吹扫蒸汽气动门				关		
15	61～68 号油枪进油气动门				关		
16	61～68 号油枪吹扫蒸汽气动门				关		

就地阀门检查卡				
序号	检查内容	标准状态	确认人	备注
1	前墙进油母管放空气门	关		
2	后墙进油母管放空气门	关		
3	11～18 号点火油枪进油手动门	关		
4	11～18 号点火油枪吹扫蒸汽手动门	关		
5	11～18 号点火油枪气源门	开		
6	41～48 号点火油枪进油手动门	关		
7	41～48 号点火油枪吹扫蒸汽手动门	关		
8	41～48 号点火油枪气源门	开		
9	51～58 号点火油枪进油手动门	关		
10	51～58 号点火油枪吹扫蒸汽手动门	关		
11	51～58 号点火油枪气源门	开		
12	21～28 号点火油枪进油手动门	关		
13	21～28 号点火油枪吹扫蒸汽手动门	关		
14	21～28 号点火油枪气源门	开		
15	31～38 号少油油枪进油手动门	关		
16	31～38 号少油油枪吹扫蒸汽手动门	关		
17	61～68 号少油油枪进油手动门	关		
18	61～68 号少油油枪吹扫蒸汽手动门	关		
19	少油进油母管放空气门	关		
20	炉前油进油母管放油一次门	关		
21	炉前油进油母管放油二次门	关		

续表

就地阀门检查卡				
序号	检查内容	标准状态	确认人	备注
22	炉前油回油母管放油一次门	关		
23	炉前油回油母管放油二次门	关		
24	炉前油进油 1 号滤网前手动门	关		
25	炉前油进油 1 号滤网后手动门	关		
26	炉前油进油 2 号滤网前手动门	关		
27	炉前油进油 2 号滤网后手动门	关		
28	炉前油进油流量计前手动门	开		
29	炉前油进油流量计后手动门	开		
30	炉前油进油流量计旁路门	关		
31	炉前油进油蓄能器隔离阀	开		
32	炉前油进油快关阀后手动门	开		
33	炉前油回油流量计前手动门	开		
34	炉前油回油流量计后手动门	开		
35	炉前油回油流量计旁路门	关		
36	炉前油回油调节阀前手动门	开		
37	炉前油回油调节阀后手动门	开		
38	炉前油回油调节阀旁路门	关		
39	炉前油回油总门	开		
40	炉前油进油滤网前就地压力表一次门	开		
41	炉前油进油滤网差压变送器正压侧一次门	开		
42	炉前油进油滤网差压变送器负压侧一次门	开		
43	炉前油进油快关阀后就地压力表一次门	开		
44	炉前油进油快关阀后压力变送器一次门	开		
45	炉前油进油快关阀后压力开关 1 一次门	开		
46	炉前油进油快关阀后压力开关 2 一次门	开		
47	炉前油进油快关阀后压力开关 3 一次门	开		
48	炉前油进油快关阀后压力开关 4 一次门	开		
49	炉前油进油快关阀后压力开关 5 一次门	开		
50	炉前油回油母管就地压力表一次门	开		
51	少油吹扫蒸汽手动门	开		
52	少油进油 1 号滤网前手动门	开		

续表

就地阀门检查卡				
序号	检查内容	标准状态	确认人	备注
53	少油进油1号滤网后手动门	开		
54	少油进油1号滤网旁路门	关		
55	少油进油2号滤网前手动门	开		
56	少油进油2号滤网后手动门	开		
57	少油进油2号滤网旁路门	关		
58	少油进油自力式调节阀前手动门	开		
59	少油进油自力式调节阀后手动门	开		
60	少油进油自力式调节阀	开		
61	少油进油自力式调节阀旁路门	关		
62	少油母管回油手动门	开		
63	少油进油母管滤网前就地压力表一次门	开		
64	少油进油调节阀前就地压力表一次门	开		
65	少油进油调节阀后就地压力表一次门	开		
66	供油母管至炉前燃油系统手动总门	开		
67	炉前燃油系统至回油母管手动总门	开		
68	炉前油吹扫蒸汽母管疏水一次门	开，疏水结束关		
69	炉前油吹扫蒸汽母管疏水二次门	开，疏水结束关		
70	少油吹扫蒸汽母管疏水一次门	开，疏水结束关		
71	少油吹扫蒸汽母管疏水二次门	开，疏水结束关		
72	炉前油吹扫蒸汽手动门	开		
73	炉前油进油母管吹扫手动门	关		

设备送电确认卡					
序号	设备名称	标准状态	状态（√）	确认人	备注
1	31/32号少油油枪控制柜电源	送电			
2	33/34号少油油枪控制柜电源	送电			
3	35/36号少油油枪控制柜电源	送电			
4	37/38号少油油枪控制柜电源	送电			
5	61/62号少油油枪控制柜电源	送电			
6	63/64号少油油枪控制柜电源	送电			
7	65/66号少油油枪控制柜电源	送电			
8	67/68号少油油枪控制柜电源	送电			

续表

设备送电确认卡					
序号	设备名称	标准状态	状态（√）	确认人	备注
9	21/22 号点火油油枪控制柜电源	送电			
10	23/24 号点火油油枪控制柜电源	送电			
11	25/26 号点火油油枪控制柜电源	送电			
12	27/28 号点火油油枪控制柜电源	送电			
13	51/52 号点火油油枪控制柜电源	送电			
14	53/54 号点火油油枪控制柜电源	送电			
15	55/56 号点火油油枪控制柜电源	送电			
16	57/58 号点火油油枪控制柜电源	送电			
17	11/12 号点火油油枪控制柜电源	送电			
18	13/14 号点火油油枪控制柜电源	送电			
19	15/16 号点火油油枪控制柜电源	送电			
20	17/18 号点火油油枪控制柜电源	送电			
21	41/42 号点火油油枪控制柜电源	送电			
22	43/44 号点火油油枪控制柜电源	送电			
23	45/46 号点火油油枪控制柜电源	送电			
24	47/48 号点火油油枪控制柜电源	送电			

检查____号炉炉前燃油系统启动条件满足，已按系统投运前状态确认标准检查卡检查设备完毕，系统可以投运。

检查人：____________

执行情况复核（主值）：____________　　时间：____________

批准（值长）：____________　　时间：____________

2.7　空气预热器投运前状态确认标准检查卡

班组：　　　　　　　　编号：

工作任务	____号炉号空气预热器投运前状态确认检查
工作分工	就地：　　　盘前：　　　值长：

危险辨识与风险评估				
危险源	风险产生过程及后果	预控措施	预控情况	确认人
1．人员技能	工作人员技能不能满足系统投运操作要求造成人身伤害、设备损坏	1．检查就地及盘前操作人员具备相应岗位资格； 2．操作人员应熟悉系统、设备及工作原理，清晰理解工作任务；		

续表

危险辨识与风险评估				
危险源	风险产生过程及后果	预控措施	预控情况	确认人
1．人员技能		3．操作人员应具备处理一般事故的能力		
2．人员生理、心理	人员情绪异常、精神不佳造成工作中人身伤害	1．班前会中准确了解人员情况； 2．当班期间值内、部门做好监督； 3．发现人员情绪等异常情况时，严禁操作		
3．人员行为	工作票未终结、隔离措施未恢复、人员未撤离造成工作中人身伤害；工器具遗留在操作现场造成设备损坏	1．查看工作票是否终结； 2．检修人员全部撤离； 3．确认安全隔离措施全部恢复到位； 4．操作完毕应检查所有的工器具已收回，确保无遗留物件		
4．照明	现场照明不足造成人身伤害	现场照明应充足，满足操作及监视需要，否则应及时补充或增加		
5．孔洞坑井沟道及障碍物	盖板缺损及平台防护栏杆不全造成高处坠落；设备周围有障碍物影响设备运行和人身安全	1．工作场所的孔、洞、坑、井、沟道，必须覆以与地面齐平的坚固盖板。 2．发现洞口盖板缺失、损坏或未盖好时，必须立即填补、修复盖板并及时盖好。 3．所有升降口、大小孔洞、楼梯和平台，必须装设不低于 1050mm 高栏杆和不低于 100mm 高的脚部护板；离地高度高于 20m 的平台、通道及作业场所的防护栏杆不应低于 1200mm。 4．清除设备周围影响设备运行和人身安全的障碍物		
6．高处落物	工作区域上方高处落物造成人身伤害	1．正确佩戴个人劳保防护用品； 2．进入现场要观察工作环境，发现有高处落物的可能时采取必要措施		
7．工器具	使用不合格工器具或未正确使用工器具造成工作中人身伤害	1．检查符合规定安全工器具； 2．不合格工器具禁止带入操作现场； 3．带全操作所需工器具、防护用品等（如对讲机、手电筒、耳塞等）； 4．操作中正确使用工器具		
8．触电	控制柜送电过程中人员误碰带电部位触电	1．熟悉控制柜电气回路； 2.电气操作时正确佩戴个人防护用品，正确使用合格的工器具		
9．油	油泄漏遇明火或高温物体造成火灾	1．油管道法兰、阀门及可能漏油部位附近不准有明火，必须明火作业时要采取有效措施； 2．尽量避免使用法兰连接，禁止使用铸铁阀门		

续表

危险辨识与风险评估				
危险源	风险产生过程及后果	预控措施	预控情况	确认人
10．转动机械	标识缺损、防护罩缺损；断裂、超速、零部件脱落；肢体部位或饰品衣物、用具（包括防护用品）、工具接触转动部位	1．设备的转动部分必须装设防护罩，并标明旋转方向；露出的轴端必须装设护盖；转动设备的防护罩应完好。 2．检查设备的运行状态，保持设备的振动、温度、运行电流等参数符合标准，如发现参数超标及时处理。 3．衣服和袖口应扣好，不得戴围巾领带，长发必须盘在安全帽内；不准将用具、工器具接触设备的转动部位，不准在转动设备附近长时间停留。 4．转动设备试运行时所有人员应先远离，站在转动机械的轴向位置，并有一人站在事故按钮位置		
11．间隙调节不当	空气预热器密封片损坏	1．空气预热器启动前联系维护单位确认空气预热器动静部分间隙符合规定； 2．启动前必须进行手动盘车正常； 3．启动过程中发现有异音或系统漏风量过大，停运后应检查是否由动静部分间隙不合适引起		
12．消防水内漏	空气预热器换热效率降低，进出口差压增大	空气预热器试运前先投入消防水系统，检查就地无泄漏		

系统投运前状态确认标准检查卡					
序号	检查内容	标准状态	确认情况（√）	确认人	备注
1	空气预热器热机、电气、热控检修工作票，缺陷联系单	终结或押回，无影响系统启动的缺陷			
2	空气预热器相关系统	无禁止空气预热器启动的检修工作			
2.1	开式冷却水系统	1．系统投运正常； 2．母管供水压力大于0.4MPa			
2.2	仪用压缩空气系统	1．系统投运正常； 2．母管空气压力大于0.5MPa			
2.3	消防水系统	1．系统投运正常； 2．母管供水压力大于0.3MPa			
2.4	炉侧辅汽系统	1．辅汽系统投运正常； 2．压力大于0.6MPa； 3．温度大于300℃			
2.5	工业水系统	1．系统投运正常； 2．母管供水压力大于0.16MPa			
3	系统常规检查项目				

续表

系统投运前状态确认标准检查卡					
序号	检查内容	标准状态	确认情况（√）	确认人	备注
3.1	热工仪表	投入，就地表计及 DCS 画面上各测点指示正确。 热工专业确认人：____			
3.2	热工保护和阀门联锁	投入。 热工专业确认人：____			
3.3	阀门	送电、送气正常，传动合格，位置正确（见《远动阀门检查卡》《就地阀门检查卡》）			
3.4	系统外部检查	1．现场卫生清洁，临时设施拆除； 2．所有通道保持平整畅通，照明充足，消防设施齐全； 3．平台护栏、盖板、格栅板、步梯完好无缺失现象			
3.5	系统整体检查	1．设备及管道外观整洁，保温完整，无泄漏现象； 2．设备各地角螺栓、对轮及防护罩连接完好，无松动现象； 3．电动机接线盒完好，接地线牢固； 4．法兰、伸缩节等连接部位连接牢固，各支吊架完整无松动； 5．各阀门、设备标识牌无缺失，管道名称、色环、介质流向完整； 6．各人孔门、检查孔关闭严密			
4	支撑轴承	1．外观整洁，无漏油现象； 2．注油孔封闭严密； 3．油位计油位在 1/2～2/3，通过油位计处观察油质透明，无乳化和杂质，油面镜上无水汽和水珠； 4．化学化验润滑油（合成油 ISOVG1000）油质合格。 化验人及分析日期：____			
5	导向轴承	1．外观整洁，冷却水投入正常； 2．无泄漏现象； 3．失速报警装置外观完整； 4．化学化验润滑油（合成油 ISOVG1000）油质合格。 化验人及分析日期：____			
6	减速箱	1．外观整洁，无漏油现象； 2．注油孔封闭严密； 3．减速箱油位正常（在油尺刻度内），油质透明； 4．化学化验润滑油（合成油 ISOVG320）油质合格。 化验人及分析日期：____			

续表

系统投运前状态确认标准检查卡					
序号	检查内容	标准状态	确认情况（√）	确认人	备注
7	吹灰器	1．检查吹灰器本体、阀门和阀门启闭机构及行程机构完好，跑车传动齿轮与齿条啮合正常； 2．吹灰器限位开关完整无损坏，弹簧门关闭正常，吹灰管无弯曲变形； 3．检查各吹灰器电气接线和就地控制柜完整，控制柜已送电，开关和信号指示正确，切换开关在“远方”位； 4．检查吹灰器均已完全退出			
8	空预器变频控制柜	控制柜外观完整，送电正常，开关和信号指示正确，切换开关在“远方”位			
9	消防水系统	消防阀关闭严密无内漏现象，管道及阀门无泄漏			
10	冲洗水系统	1．系统各阀门关闭严密无内漏现象，管道、阀门、滤网等部位无泄漏； 2．就地控制柜外观完整，控制柜送电正常，开关和信号指示正确			

远动阀门检查卡							
序号	阀门名称	电源（√）	气源（√）	传动情况（√）	标准状态	确认人	备注
1	空气预热器入口烟气挡板				关		
2	空气预热器出口热一次风挡板				关		
3	空气预热器出口二次风挡板				关		
4	空气预热器顶部高压冲洗水电动门				关		
5	空气预热器底部高压冲洗水电动门				关		
6	辅汽至空气预热器吹灰电动门				关		
7	空气预热器吹灰母管疏水电动门				关		
8	空气预热器烟气侧底部放水电动门 1				关		
9	空气预热器烟气侧底部放水电动门 2				关		
10	空气预热器高压冲洗水进水电动门				关		
11	空气预热器高压冲洗水泵出口排水门				关		
12	空气预热器消防水雨淋阀				关		

就地阀门检查卡				
序号	检查内容	标准状态	确认人	备注
1	空气预热器火灾报警探头 1 冷却风门	开		
2	空气预热器火灾报警探头 2 冷却风门	开		
3	空气预热器火灾报警探头 3 冷却风门	开		
4	空气预热器火灾报警探头 4 冷却风门	开		
5	空气预热器火灾报警探头 5 冷却风门	开		
6	空气预热器火灾报警探头 6 冷却风门	开		
7	空气预热器火灾报警探头 7 冷却风门	开		
8	空气预热器火灾报警探头 8 冷却风门	开		
9	空气预热器导向轴承冷却水进水门	开		
10	空气预热器导向轴承冷却水回水门	开		
11	炉本体吹灰蒸汽至空气预热器吹灰手动门	关		
12	辅汽至空气预热器吹灰手动门	开		
13	空气预热器进口冷一次风压力变送器一次门	开		
14	空气预热器出口热一次风压力变送器一次门	开		
15	空气预热器进口二次风压力变送器一次门	开		
16	空气预热器出口热二次风压力变送器一次门	开		
17	空气预热器进口烟气压力变送器一次门	开		
18	空气预热器出口烟气压力变送器一次门	开		
19	空气预热器吹灰母管疏水手动门	开		
20	空气预热器顶部吹灰进汽压力变送器一次门	开		
21	空气预热器底部吹灰进汽压力变送器一次门	开		
22	空气预热器二次风侧底部放水门	关		
23	空气预热器高压水前置管道泵进口门	关		
24	空气预热器高压冲洗水进水手动门	关		
25	空气预热器一次风侧底部放水门	关		
26	空气预热器高压冲洗水泵出口压力表一次门	开		
27	空气预热器高压冲洗水泵入口压力表一次门	开		
28	空气预热器高压冲洗管道安全门	关		校验定值合格
29	空气预热器高压冲洗水泵进口滤网差压开关一次门	开		
30	空气预热器高压冲洗水泵进口压力开关一次门	开		
31	空气预热器高压冲洗水泵进口压力变送器一次门	开		
32	空气预热器高压冲洗水泵出口压力开关一次门	开		
33	空气预热器高压冲洗水泵出口滤网差压开关一次门	开		

续表

就地阀门检查卡				
序号	检查内容	标准状态	确认人	备注
34	空气预热器高压冲洗水泵出口压力变送器一次门	开		
35	空气预热器消防水雨淋阀前手动门	开		
36	空气预热器消防水雨淋阀后手动门	开		

设备送电确认卡					
序号	设备名称	标准状态	状态（√）	确认人	备注
1	空气预热器就地控制柜	送电			
2	空气预热器主驱动电机	送电			
3	空气预热器辅驱动电机	送电			
4	空气预热器顶部吹灰控制柜	送电			
5	空气预热器顶部吹灰器	送电			
6	空气预热器底部吹灰控制柜	送电			
7	空气预热器底部吹灰器	送电			
8	空气预热器高压水冲洗装置控制柜	停电			
9	空气预热器高压水冲洗水泵	停电			
10	空气预热器高压水冲洗前置管道泵	停电			

检查____号炉____号空气预热器启动条件满足，已按系统投运前状态确认标准检查卡检查设备完毕，系统可以投运。

检查人：________

执行情况复核（主值）：________　　时间：________

批准（值长）：________　　时间：________

2.8 引风机油站投运前状态确认标准检查卡

班组：　　　　编号：

工作任务	____号炉____号引风机油站投运前状态确认检查
工作分工	就地：　　盘前：　　值长：

危险辨识与风险评估				
危险源	风险产生过程及后果	预控措施	预控情况	确认人
1．人员技能	工作人员技能不能满足系统投运操作要求造成人身伤害、设备损坏	1．检查就地及盘前操作人员具备相应岗位资格； 2．操作人员应熟悉系统、设备及工作		

续表

危险辨识与风险评估				
危险源	风险产生过程及后果	预控措施	预控情况	确认人
1．人员技能		原理，清晰理解工作任务； 3．操作人员应具备处理一般事故的能力		
2．人员生理、心理	人员情绪异常、精神不佳造成工作中人身伤害	1．班前会中准确了解人员情况； 2．当班期间值内、部门做好监督； 3．发现人员情绪等异常情况时，严禁操作		
3．人员行为	工作票未终结、隔离措施未恢复、人员未撤离造成工作中人身伤害；工器具遗留在操作现场造成设备损坏	1．查看工作票是否终结； 2．检修人员全部撤离； 3．确认安全隔离措施全部恢复到位； 4．操作完毕应检查所有的工器具已收回，确保无遗留物件		
4．照明	现场照明不足造成人身伤害	现场照明应充足，满足操作及监视需要，否则应及时补充或增加		
5．噪声	警示标识不全或进入噪声区域时、使用高噪声工具时未正确使用防护用品造成工作人员职业病	进入噪声区域时必须正确使用防护用品		
6．孔洞坑井沟道及障碍物	盖板缺损及平台防护栏杆不全造成高处坠落；设备周围有障碍物影响设备运行和人身安全	1．工作场所的孔、洞、坑、井、沟道，必须覆以与地面齐平的坚固盖板。 2．发现洞口盖板缺失、损坏或未盖好时，必须立即填补、修复盖板并及时盖好。 3．所有升降口、大小孔洞、楼梯和平台，必须装设不低于 1050mm 高栏杆和不低于 100mm 高的脚部护板；离地高度高于 20m 的平台、通道及作业场所的防护栏杆不应低于 1200mm。 4．清除设备周围影响设备运行和人身安全的障碍物		
7．高处落物	工作区域上方高处落物造成人身伤害	1．正确佩戴个人劳保防护用品； 2．进入现场要观察工作环境，发现有高处落物的可能时采取必要措施		
8．工器具	使用不合格工器具或未正确使用工器具造成工作中人身伤害	1．检查符合规定安全工器具； 2．不合格工器具禁止带入操作现场； 3．带全操作所需工器具、防护用品等（如对讲机、手电筒、耳塞等）； 4．操作中正确使用工器具		
9．触电	控制柜送电过程中人员误碰带电部位触电	1．熟悉控制柜电气回路； 2．电气操作时正确佩戴个人防护用品，正确使用合格的工器具		

续表

危险辨识与风险评估				
危险源	风险产生过程及后果	预控措施	预控情况	确认人
10．油	油泄漏遇明火或高温物体造成火灾	1．油管道法兰、阀门及可能漏油部位附近不准有明火，必须明火作业时要采取有效措施； 2．尽量避免使用法兰连接，禁止使用铸铁阀门		
11．转动机械	标识缺损、防护罩缺损；断裂、超速、零部件脱落；肢体部位或饰品衣物、用具（包括防护用品）、工具接触转动部位	1．设备的转动部分必须装设防护罩，并标明旋转方向；露出的轴端必须装设护盖；转动设备的防护罩应完好。 2．检查设备的运行状态，保持设备的振动、温度、运行电流等参数符合标准，如发现参数超标及时处理。 3．衣服和袖口应扣好，不得戴围巾领带，长发必须盘在安全帽内；不准将用具、工器具接触设备的转动部位，不准在转动设备附近长时间停留。 4．转动设备试运行时所有人员应先远离，站在转动机械的轴向位置，并有一人站在事故按钮位置		
12．油质劣化	油箱内油质标号错误或油质因进水汽、粉尘等导致劣化	系统投运前联系化学化验油质符合要求，观察油质透明，无乳化和杂质；油面镜上无水汽和水珠		

系统投运前状态确认标准检查卡					
序号	检查内容	标准状态	确认情况（√）	确认人	备注
1	引风机油站热机、电气、热控检修工作票，缺陷联系单	终结或押回，无影响系统启动的缺陷			
2	引风机油站相关系统	无禁止油站启动的检修工作			
2.1	引风机本体	无检修工作，轴承及动叶可调装置具备进油条件			
2.2	引风机电机	无检修工作，轴承具备进油条件			
2.3	开式冷却水系统	1．系统投运正常。 2．母管供水压力大于0.4MPa（油站短时试转时除外）			
3	系统常规检查项目				
3.1	热工仪表	投入，就地表计及DCS画面上各测点指示正确。 热工专业确认人：____			
3.2	热工保护	投入。 热工确认人：____			

续表

系统投运前状态确认标准检查卡					
序号	检查内容	标准状态	确认情况（√）	确认人	备注
3.3	阀门	送电、送气正常，传动合格，位置正确（见《远动阀门检查卡》《就地阀门检查卡》）			
3.4	系统外部检查	1. 现场卫生清洁，临时设施拆除，无影响转机转动的物品； 2. 所有通道保持平整畅通，照明充足，消防设施齐全			
3.5	系统整体检查	1. 设备及管道外观整洁，无泄漏现象； 2. 设备各地角螺栓、对轮及防护罩连接完好，无松动现象； 3. 各电动机接线盒完好，接地线牢固； 4. 管道、冷油器、滤网外观完整，法兰等连接部位连接牢固； 5. 回油观察窗表面完整、清洁、透明； 6. 各阀门、设备标识牌无缺失，管道名称、色环、介质流向完整			
4	油箱检查	1. 油箱外观整洁，无漏油现象； 2. 注油孔封闭严密，呼吸器外观清洁，无堵塞现象； 3. 电加热装置接线盒外观完整； 4. 油位在 1/2～2/3，通过油位计处观察油质透明，无乳化和杂质，油面镜上无水汽和水珠； 5. 化学化验润滑油（L-TSA46）油质合格； 化学化验人及分析日期：____ 6. 油温大于 15℃（低于 15℃投入电加热）			
5	就地控制柜	送电正常，开关和信号指示正确，油泵启停开关在停止位，油泵远方/就地切换开关在“远方”位			

远动阀门检查卡							
序号	阀门名称	电源（√）	气源（√）	传动情况（√）	标准状态	确认人	备注
	无						

就地阀门检查卡				
序号	检查内容	标准状态	确认人	备注
1	油箱放油门	关		
2	润滑油泵出口母管压力调节阀	调节位		

续表

就地阀门检查卡				
序号	检查内容	标准状态	确认人	备注
3	润滑油泵出口滤网入口三通阀	任一侧		
4	润滑油泵出口滤网出口三通阀	任一侧		
5	润滑油冷油器切换阀	任一侧		
6	1 号冷油器回水手动门	关		
7	1 号冷油器进水手动门	关		
8	1 号冷油器放水门	关		
9	2 号冷油器回水手动门	关		
10	2 号冷油器进水手动门	关		
11	2 号冷油器放水门	关		
12	引风机轴承进油流量调节阀	调节位		
13	引风机电机轴承进油流量调节阀	调节位		
14	电机前轴承进油针型阀	开		
15	电机后轴承进油针型阀	开		
16	EHA 循环油供油门	开		
17	EHA 循环油压力调节阀	调节位		
18	EHA 电磁换向阀	送电		
19	直供油电磁阀	送电		
20	油泵出口母管就地压力表一次门	开		
21	油泵出口滤网差压开关正压侧一次门	开		
22	油泵出口滤网差压开关负压侧一次门	开		
23	油站滤网后就地压力表一次门	开		
24	润滑油温控阀后就地压力表一次门	开		
25	引风机轴承进油流量调节阀后就地压力表一次门	开		
26	引风机电机轴承进油流量调节阀后就地压力表一次门	开		
27	油站液位开关一次门	开		

设备送电确认卡					
序号	设备名称	标准状态	状态（√）	确认人	备注
1	引风机油站就地控制柜	送电			
2	1 号润滑油泵	送电			
3	2 号润滑油泵	送电			

续表

设备送电确认卡					
序号	设备名称	标准状态	状态（√）	确认人	备注
4	EHA 油泵	送电			
5	引风机油站电加热器	送电	,		

检查____号炉____号引风机油站 1、2 号油泵，EHA 油泵启动条件满足，已按系统投运前状态确认标准检查卡检查设备完毕，系统可以投运。

检查人：____________

执行情况复核（主值）：________　　时间：________

批准（值长）：____________　　时间：________

2.9 引风机投运前状态确认标准检查卡

班组：　　　　　　　　　　　　　　　　编号：

工作任务	____号炉____号引风机投运前状态确认检查
工作分工	就地：　　　　盘前：　　　　值长：

危险辨识与风险评估				
危险源	风险产生过程及后果	预控措施	预控情况	确认人
1．人员技能	工作人员技能不能满足系统投运操作要求造成人身伤害、设备损坏	1．检查就地及盘前操作人员具备相应岗位资格； 2．操作人员应熟悉系统、设备及工作原理，清晰理解工作任务； 3．操作人员应具备处理一般事故的能力		
2．人员生理、心理	人员情绪异常、精神不佳造成工作中人身伤害	1．班前会中准确了解人员情况； 2．当班期间值内、部门做好监督； 3．发现人员情绪等异常情况时，严禁操作		
3．人员行为	工作票未终结、隔离措施未恢复、人员未撤离造成工作中人身伤害；工器具遗留在操作现场造成设备损坏	1．查看工作票是否终结； 2．检修人员全部撤离； 3．确认安全隔离措施全部恢复到位； 4．操作完毕应检查所有的工器具已收回，确保无遗留物件		
4．照明	现场照明不足造成人身伤害	现场照明应充足，满足操作及监视需要，否则应及时补充或增加		
5．噪声、粉尘	警示标识不全或进入噪声区域时、使用高噪声工具时未正确使用防护用品造成工作人员职业病	进入噪声、粉尘区域时必须正确使用防护用品		

续表

危险辨识与风险评估				
危险源	风险产生过程及后果	预控措施	预控情况	确认人
6．孔洞坑井沟道及障碍物	盖板缺损及平台防护栏杆不全造成高处坠落；设备周围有障碍物影响设备运行和人身安全	1．工作场所的孔、洞、坑、井、沟道，必须覆以与地面齐平的坚固盖板。 2．发现洞口盖板缺失、损坏或未盖好时，必须立即填补、修复盖板并及时盖好。 3．所有升降口、大小孔洞、楼梯和平台，必须装设不低于1050mm高栏杆和不低于100mm高的脚部护板；离地高度高于20m的平台、通道及作业场所的防护栏杆不应低于1200mm。 4．清除设备周围影响设备运行和人身安全的障碍物		
7．高处落物	工作区域上方高处落物造成人身伤害	1．正确佩戴个人劳保防护用品； 2．进入现场要观察工作环境，发现有高处落物的可能时采取必要措施		
8．工器具	使用不合格工器具或未正确使用工器具造成工作中人身伤害	1．检查符合规定安全工器具； 2．不合格工器具禁止带入操作现场； 3．带全操作所需工器具、防护用品等（如对讲机、手电筒、耳塞等）； 4．操作中正确使用工器具		
9．触电	控制柜送电过程中人员误碰带电部位触电	1．熟悉控制柜电气回路； 2．电气操作时正确佩戴个人防护用品，正确使用合格的工器具		
10．转动机械	标识缺损、防护罩缺损；断裂、超速、零部件脱落；肢体部位或饰品衣物、用具（包括防护用品）、工具接触转动部位	1．设备的转动部分必须装设防护罩，并标明旋转方向，露出的轴端必须装设护盖；转动设备的防护罩应完。 2．检查设备的运行状态，保持设备的振动、温度、运行电流等参数符合标准，如发现参数超标及时处理。 3．衣服和袖口应扣好，不得戴围巾领带，长发必须盘在安全帽内；不准将用具、工器具接触设备的转动部位，不准在转动设备附近长时间停留。 4．转动设备试运行时所有人员应先远离，站在转动机械的轴向位置，并有一人站在事故按钮位置		
11．炉膛负压波动过大	炉膛负压波动大，影响燃烧稳定	启动前检查入口挡板、动叶必须关闭		
12．风机喘振	风机喘振跳闸送风机跳闸，炉膛压力高MFT	启动风机后，及时开启风机入口挡板，监视风机振动情况，避免风机长时间低负荷运行		
13．轴流风机动叶故障（卡涩、连杆弯曲）	风机动叶指令与反馈不相符，影响机组运行及负荷调节	1．风机启动前，确认油站投运正常，动叶远传试验合格，连杆动作灵活，远方就地指示正确； 2．风机试运过程中进行风量调节时，应就地观察执行机构动作情况，发现异常及时联系热工人员处理		

系统投运前状态确认标准检查卡					
序号	检查内容	标准状态	确认情况（√）	确认人	备注
1	引风机热机、电气、热控检修工作票，缺陷联系单	终结或押回，无影响系统启动的缺陷			
2	引风机相关系统	无禁止引风机启动的检修工作			
2.1	引风机油站	1．系统运行正常； 2．润滑油压力大于0.12MPa； 3．控制油压力大于7MPa			
2.2	空气预热器系统	任一侧空气预热器运行正常			
2.3	送风机系统	任一侧送风机处于备用状态，见《锅炉送风机投运前状态确认标准检查卡》。 编号：____			
2.4	捞渣机系统	炉底灰斗水封投入正常，捞渣机运行正常。 除灰专业确认人：____			
2.5	电除尘系统	无禁止引风机启动的检修工作。 除灰专业确认人：____			
2.6	脱硫系统	无禁止引风机启动的检修工作。 烟气通道畅通，脱硫专业确认人：____			
2.7	脱硝系统	无禁止引风机启动的检修工作。 脱硝专业确认人：____			
2.8	一级低温省煤器系统	一级低温省煤器系统处于备用状态，见《一级低温省煤器系统投运前状态确认标准检查卡》。 编号：____			
2.9	二级低温省煤器系统	二级低温省煤器系统处于备用状态，见《二级低温省煤器系统投运前状态确认标准检查卡》。 编号：____			
2.10	锅炉本体烟风道及受热面	无检修工作，各部人孔封闭，保温完好			
3	系统常规检查项目				
3.1	热工仪表	投入，就地表计及DCS画面上各测点指示正确。 热工专业确认人：____			
3.2	热工保护和联锁	投入。 热工专业确认人：____			
3.3	阀门	送电、送气正常，传动合格，位置正确（见《远动阀门检查卡》《就地阀门检查卡》）			

续表

系统投运前状态确认标准检查卡					
序号	检查内容	标准状态	确认情况（√）	确认人	备注
3.4	系统外部检查	1．现场卫生清洁，临时设施拆除； 2．所有通道保持平整畅通，照明充足，消防设施齐全； 3．平台护栏、盖板、格栅板、步梯完好无缺失现象			
3.5	系统整体检查	1．设备及烟道外观整洁，保温完整，无泄漏现象； 2．风机及密封风机各地角螺栓、对轮及防护罩连接完好，无松动现象； 3．风机及密封风机电动机接线盒完好，接地线牢固； 4．法兰、伸缩节等连接部位连接牢固，各支吊架完整无松动； 5．各阀门、设备标识牌无缺失，管道名称、色环、介质流向完整； 6．各人孔门、检查孔关闭严密； 7．就地事故按钮已复位，保护罩完好			

远动阀门检查卡							
序号	阀门名称	电源（√）	气源（√）	传动情况（√）	标准状态	确认人	备注
1	后墙上层燃尽风层左侧二次风调节挡板				开度大于30%		
2	后墙上层燃尽风层右侧二次风调节挡板				开度大于30%		
3	前墙上层燃尽风层左侧二次风调节挡板				开度大于30%		
4	前墙上层燃尽风层右侧二次风调节挡板				开度大于30%		
5	前墙下层燃尽风层左侧二次风调节挡板				开度大于30%		
6	前墙下层燃尽风层右侧二次风调节挡板				开度大于30%		
7	后墙下层燃尽风层左侧二次风调节挡板				开度大于30%		
8	后墙下层燃尽风层右侧二次风调节挡板				开度大于30%		

续表

远动阀门检查卡							
序号	阀门名称	电源（√）	气源（√）	传动情况（√）	标准状态	确认人	备注
9	1～6 层燃烧器左侧二次风调节挡板				开度大于30%		
10	1～6 层燃烧器右侧二次风调节挡板				开度大于30%		
11	过热器烟气调节挡板				开度大于60%		
12	再热器烟气调节挡板				开度大于60%		
13	空气预热器出口二次风挡板				开		
14	空气预热器入口烟气挡板				开		
15	引风机入口挡板				关		
16	引风机入口联络挡板				开		
17	引风机动叶调节装置				关		
18	引风机出口挡板				开		
19	____号送风机动叶				开		
20	____号送风机出口挡板				开		
21	____号引风机动叶（第一台引风机启动时）				关		
22	____号引风机入口挡板（第一台引风机启动时）				关		

就地阀门检查卡				
序号	检查内容	标准状态	确认人	备注
1	引风机出口压力变送器一次门	开		
2	引风机入口压力变送器一次门	开		
3	空气预热器出口母管烟气压力变送器一次门	开		
4	空气预热器入口烟气压力变送器一次门	开		
5	11～18 号燃烧器外二次风门	调整位		
6	11～18 号燃烧器内二次风门	调整位		
7	11～18 号燃烧器中心风门	开		
8	21～28 号燃烧器外二次风门	调整位		
9	21～28 号燃烧器内二次风门	调整位		
10	21～28 号燃烧器中心风门	开		

续表

就地阀门检查卡				
序号	检查内容	标准状态	确认人	备注
11	31～38 号燃烧器外二次风门	调整位		
12	31～38 号燃烧器内二次风门	调整位		
13	31～38 号燃烧器中心风门	开		
14	41～48 号燃烧器外二次风门	调整位		
15	41～48 号燃烧器内二次风门	调整位		
16	41～48 号燃烧器中心风门	开		
17	51～58 号燃烧器外二次风门	调整位		
18	51～58 号燃烧器内二次风门	调整位		
19	51～58 号燃烧器中心风门	开		
20	61～68 号燃烧器外二次风门	调整位		
21	61～68 号燃烧器内二次风门	调整位		
22	61～68 号燃烧器中心风门	开		
23	前墙上层燃烬风 1～8 号燃烧器外二次风门	调整位		
24	前墙上层燃烬风 1～8 号燃烧器中心风门	开		
25	前墙下层燃烬风 1～8 号燃烧器外二次风门	调整位		
26	前墙下层燃烬风 1～8 号燃烧器中心风门	开		
27	前墙还原风风 1～8 号燃烧器调整门	调整位		
28	后墙上层燃烬风 1～8 号燃烧器外二次风门	调整位		
29	后墙上层燃烬风 1～8 号燃烧器中心风门	开		
30	后墙下层燃烬风 1～8 号燃烧器外二次风门	调整位		
31	后墙下层燃烬风 1～8 号燃烧器中心风门	开		
32	后墙还原风风 1～8 号燃烧器调整门	调整位		
33	前墙上层左侧贴壁风调节挡板	调整位		
34	前墙上层右侧贴壁风调节挡板	调整位		
35	前墙中层左侧贴壁风调节挡板	调整位		
36	前墙中层右侧贴壁风调节挡板	调整位		
37	前墙下层左侧贴壁风调节挡板	调整位		
38	前墙下层右侧贴壁风调节挡板	调整位		
39	后墙上层左侧贴壁风调节挡板	调整位		
40	后墙上层右侧贴壁风调节挡板	调整位		
41	后墙中层左侧贴壁风调节挡板	调整位		

续表

就地阀门检查卡				
序号	检查内容	标准状态	确认人	备注
42	后墙中层右侧贴壁风调节挡板	调整位		
43	后墙下层左侧贴壁风调节挡板	调整位		
44	后墙下层右侧贴壁风调节挡板	调整位		

设备送电确认卡					
序号	设备名称	标准状态	状态（√）	确认人	备注
1	引风机电机	送电			
2	引风机 1 号密封冷却风机	送电			
3	引风机 2 号密封冷却风机	送电			
4	引风机电机电加热器	送电			

检查____号炉____号引风机启动条件满足，已按系统投运前状态确认标准检查卡检查设备完毕，系统可以投运。

检查人：__________

执行情况复核（主值）：__________　　　　时间：__________

批准（值长）：__________　　　　时间：__________

2.10　送风机油站投运前状态确认标准检查卡

班组：　　　　　　　　　　　　　　　　　　　　　　编号：

工作任务	____号送风机油站投运前状态确认检查
工作分工	就地：　　　　　　盘前：　　　　　　值长：

危险辨识与风险评估				
危险源	风险产生过程及后果	预控措施	预控情况	确认人
1．人员技能	工作人员技能不能满足系统投运操作要求造成人身伤害、设备损坏	1．检查就地及盘前操作人员具备相应岗位资格； 2．操作人员应熟悉系统、设备及工作原理，清晰理解工作任务； 3．操作人员应具备处理一般事故的能力		
2．人员生理、心理	人员情绪异常、精神不佳造成工作中人身伤害	1．班前会中准确了解人员情况； 2．当班期间值内、部门做好监督； 3．发现人员情绪等异常情况时，严禁操作		

续表

危险辨识与风险评估				
危险源	风险产生过程及后果	预控措施	预控情况	确认人
3．人员行为	工作票未终结、隔离措施未恢复、人员未撤离造成工作中人身伤害；工器具遗留在操作现场造成设备损坏	1．查看工作票是否终结； 2．检修人员全部撤离； 3．确认安全隔离措施全部恢复到位； 4．操作完毕应检查所有的工器具已收回，确保无遗留物件		
4．照明	现场照明不足造成人身伤害	现场照明应充足，满足操作及监视需要，否则应及时补充或增加		
5．噪声	警示标识不全或进入噪声区域时、使用高噪声工具时未正确使用防护用品造成工作人员职业病	进入噪声区域时必须正确使用防护用品		
6．孔洞坑井沟道及障碍物	盖板缺损及平台防护栏杆不全造成高处坠落；设备周围有障碍物影响设备运行和人身安全	1．工作场所的孔、洞、坑、井、沟道，必须覆以与地面齐平的坚固盖板。 2．发现洞口盖板缺失、损坏或未盖好时，必须立即填补、修复盖板并及时盖好。 3．所有升降口、大小孔洞、楼梯和平台，必须装设不低于 1050mm 高栏杆和不低于 100mm 高的脚部护板；离地高度高于 20m 的平台、通道及作业场所的防护栏杆不应低于 1200mm。 4．清除设备周围影响设备运行和人身安全的障碍物		
7．高处落物	工作区域上方高处落物造成人身伤害	1．正确佩戴个人劳保防护用品； 2．进入现场要观察工作环境，发现有高处落物的可能时采取必要措施		
8．工器具	使用不合格工器具或未正确使用工器具造成工作中人身伤害	1．检查符合规定安全工器具； 2．不合格工器具禁止带入操作现场； 3．带全操作所需工器具、防护用品等（如对讲机、手电筒、耳塞等）； 4．操作中正确使用工器具		
9．触电	控制柜送电过程中人员误碰带电部位触电	1．熟悉控制柜电气回路； 2．电气操作时正确佩戴个人防护用品，正确使用合格的工器具		
10．油	油泄漏遇明火或高温物体造成火灾	1．油管道法兰、阀门及可能漏油部位附近不准有明火，必须明火作业时要采取有效措施； 2．尽量避免使用法兰连接，禁止使用铸铁阀门		
11．转动机械	标识缺损、防护罩缺损；断裂、超速、零部件脱落；肢体部位或饰品衣物、用具（包括防护用品）、工具接触转动部位	1．设备的转动部分必须装设防护罩，并标明旋转方向，露出的轴端必须装设护盖；转动设备的防护罩应完好。 2．检查设备的运行状态，保持设备的振动、温度、运行电流等参数符合标准，		

续表

危险辨识与风险评估				
危险源	风险产生过程及后果	预控措施	预控情况	确认人
11．转动机械		如发现参数超标及时处理。 3．衣服和袖口应扣好，不得戴围巾领带，长发必须盘在安全帽内；不准将用具、工器具接触设备的转动部位，不准在转动设备附近长时间停留。 4．转动设备试运行时所有人员应先远离，站在转动机械的轴向位置，并有一人站在事故按钮位置		
12．油质劣化	油箱内油质标号错误或油质因进水汽、粉尘等导致劣化	系统投运前联系化学化验油质符合要求，观察油质透明，无乳化和杂质；油面镜上无水汽和水珠		

系统投运前状态确认标准检查卡					
序号	检查内容	标准状态	确认情况（√）	确认人	备注
1	送风机油站热机、电气、热控检修工作票，缺陷联系单	终结或押回，无影响系统启动的缺陷			
2	送风机油站相关系统	无禁止油站启动的检修工作			
2.1	送风机本体	无检修工作，轴承及动叶可调装置具备进油条件			
2.2	送风机电机	无检修工作，轴承具备进油条件			
2.3	开式冷却水系统	1．系统投运正常； 2．母管供水压力大于0.4MPa（油站短时试转时除外）			
3	系统常规检查项目				
3.1	热工仪表	投入，就地表计及DCS画面上各测点指示正确。 热工专业确认人：＿＿			
3.2	热工保护	投入。 热工专业确认人：＿＿			
3.3	阀门	送电、送气正常，传动合格，位置正确（见《远动阀门检查卡》《就地阀门检查卡》）			
3.4	系统外部检查	1．现场卫生清洁，临时设施拆除，无影响转机转动的物品； 2．所有通道保持平整畅通，照明充足，消防设施齐全			
3.5	系统整体检查	1．设备及管道外观整洁，无泄漏现象； 2．设备各地角螺栓、对轮及防护罩连接完好，无松动现象；			

续表

系统投运前状态确认标准检查卡					
序号	检查内容	标准状态	确认情况（√）	确认人	备注
3.5		3．各电动机接线盒完好，接地线牢固； 4．管道、冷油器、滤网外观完整，法兰等连接部位连接牢固； 5．回油观察窗表面完整、清洁、透明； 6．各阀门、设备标识牌无缺失，管道名称、色环、介质流向完整			
4	油箱检查	1．油箱外观整洁，无漏油现象； 2．注油孔封闭严密，呼吸器外观清洁，无堵塞现象； 3．电加热装置接线盒外观完整； 4．油位在 1/2～2/3，通过油位计处观察油质透明，无乳化和杂质，油面镜上无水汽和水珠； 5．化学化验润滑油（L-TSA46）油质合格； 化学化验人及分析日期：＿＿ 6. 油温大于15℃（低于15℃投入电加热）			
5	就地控制柜	送电正常，开关和信号指示正确，油泵启停开关在停止位，油泵远方/就地切换开关在“远方”位			

远动阀门检查卡							
序号	阀门名称	电源（√）	气源（√）	传动情况（√）	标准状态	确认人	备注
	无						

就地阀门检查卡				
序号	检查内容	标准状态	确认人	备注
1	油箱放油门	关		
2	油泵出口滤网入口三通阀	任一侧		
3	1 号冷油器进口门	开		
4	1 号冷油器出口门	开		
5	2 号冷油器进口门	开		
6	2 号冷油器出口门	开		
7	1 号冷油器回水手动门	关		
8	1 号冷油器进水手动门	关		
9	2 号冷油器回水手动门	关		

续表

就地阀门检查卡				
序号	检查内容	标准状态	确认人	备注
10	2 号冷油器进水手动门	关		
11	动叶控制油调节阀	调节位		
12	高压油至润滑油调节阀	调节位		
13	润滑油供油母管压力调节阀	调节位		
14	风机轴承润滑油供油管道调节阀	调节位		
15	电机轴承润滑油供油管道调节阀	调节位		
16	风机前轴承润滑油供油调节阀	调节位		
17	风机后轴承润滑油供油调节阀	调节位		
18	电机前轴承润滑油供油调节阀	调节位		
19	电机后轴承润滑油供油调节阀	调节位		
20	油泵出口母管就地压力表一次门	开		
21	油泵出口滤网差压变送器正压侧一次门	开		
22	油泵出口滤网差压变送器负压侧一次门	开		
23	油站控制油压力开关一次门	开		
24	油站控制油就地压力表一次门	开		
25	送风机润滑油压力开关一次门	开		
26	送风机润滑油就地压力表一次门	开		
27	送风机电机润滑油压力开关一次门	开		
28	送风机电机润滑油就地压力表一次门	开		
29	油站润滑油母管就地压力表一次门	开		
30	油站冷油器前润滑油就地压力表一次门	开		

设备送电确认卡					
序号	设备名称	标准状态	状态（√）	确认人	备注
1	送风机油站就地控制柜	送电			
2	送风机油站 1 号油泵	送电			
3	送风机油站 2 号油泵	送电			
4	送风机油站电加热器	送电			

检查____号炉____号送风机油站 1、2 号油泵启动条件满足，已按系统投运前状态确认标准检查卡检查设备完毕，系统可以投运。

检查人：____________

执行情况复核（主值）：________　　时间：________

批准（值长）：____________　　时间：________

2.11 送风机投运前状态确认标准检查卡

班组： 编号：

工作任务	____号炉____号送风机投运前状态确认检查
工作分工	就地： 盘前： 值长：

危险辨识与风险评估				
危险源	风险产生过程及后果	预控措施	预控情况	确认人
1．人员技能	工作人员技能不能满足系统投运操作要求造成人身伤害、设备损坏	1．检查就地及盘前操作人员具备相应岗位资格； 2．操作人员应熟悉系统、设备及工作原理，清晰理解工作任务； 3．操作人员应具备处理一般事故的能力		
2．人员生理、心理	人员情绪异常、精神不佳造成工作中人身伤害	1．班前会中准确了解人员情况； 2．当班期间值内、部门做好监督； 3．发现人员情绪等异常情况时，严禁操作		
3．人员行为	工作票未终结、隔离措施未恢复、人员未撤离造成工作中人身伤害；工器具遗留在操作现场造成设备损坏	1．查看工作票是否终结； 2．检修人员全部撤离； 3．确认安全隔离措施全部恢复到位； 4．操作完毕应检查所有的工器具已收回，确保无遗留物件		
4．照明	现场照明不足造成人身伤害	现场照明应充足，满足操作及监视需要，否则应及时补充或增加		
5．噪声、粉尘	警示标识不全或进入噪声区域时、使用高噪声工具时未正确使用防护用品造成工作人员职业病	进入噪声、粉尘区域时必须正确使用防护用品		
6．孔洞坑井沟道及障碍物	盖板缺损及平台防护栏杆不全造成高处坠落；设备周围有障碍物影响设备运行和人身安全	1．工作场所的孔、洞、坑、井、沟道，必须覆以与地面齐平的坚固盖板。 2．发现洞口盖板缺失、损坏或未盖好时，必须立即填补、修复盖板并及时盖好。 3．所有升降口、大小孔洞、楼梯和平台，必须装设不低于 1050mm 高栏杆和不低于 100mm 高的脚部护板；离地高度高于 20m 的平台、通道及作业场所的防护栏杆不应低于 1200mm。 4．清除设备周围影响设备运行和人身安全的障碍物		
7．高处落物	工作区域上方高处落物造成人身伤害	1．正确佩戴个人劳保防护用品； 2．进入现场要观察工作环境，发现有高处落物的可能时采取必要措施		

续表

危险辨识与风险评估				
危险源	风险产生过程及后果	预控措施	预控情况	确认人
8．工器具	使用不合格工器具或未正确使用工器具造成工作中人身伤害	1．检查符合规定安全工器具； 2．不合格工器具禁止带入操作现场； 3．带全操作所需工器具、防护用品等（如对讲机、手电筒、耳塞等）； 4．操作中正确使用工器具		
9．触电	控制柜送电过程中人员误碰带电部位触电	1．熟悉控制柜电气回路； 2．电气操作时正确佩戴个人防护用品，正确使用合格的工器具		
10．转动机械	标识缺损、防护罩缺损；断裂、超速、零部件脱落；肢体部位或饰品衣物、用具（包括防护用品）、工具接触转动部位	1．设备的转动部分必须装设防护罩，并标明旋转方向，露出的轴端必须装设护盖；转动设备的防护罩应完好。 2．检查设备的运行状态，保持设备的振动、温度、运行电流等参数符合标准，如发现参数超标及时处理。 3．衣服和袖口应扣好，不得戴围巾领带，长发必须盘在安全帽内；不准将用具、工器具接触设备的转动部位，不准在转动设备附近长时间停留。 4．转动设备试运行时所有人员应先远离，站在转动机械的轴向位置，并有一人站在事故按钮位置		
11．炉膛负压波动过大	炉膛负压波动大，影响燃烧稳定	启动前检查入口挡板、动叶必须关闭		
12．风机喘振	风机喘振跳闸，炉膛压力波动甚至MFT	启动风机后，及时开启风机入口挡板，监视风机振动情况，避免风机长时间低负荷运行		
13．轴流风机动叶故障（卡涩、连杆弯曲）	风机动叶指令与反馈不相符，影响机组运行及负荷调节	1．风机启动前，确认油站投运正常，动叶远传试验合格，连杆动作灵活，远方就地指示正确； 2．风机试运过程中进行风量调节时，应就地观察执行机构动作情况，发现异常及时联系热工人员处理		

系统投运前状态确认标准检查卡					
序号	检查内容	标准状态	确认情况（√）	确认人	备注
1	送风机热机、电气、热控检修工作票，缺陷联系单	终结或押回，无影响系统启动的缺陷			
2	送风机相关系统	无禁止送风机启动的检修工作			
2.1	送风机油站	1．系统运行正常； 2．润滑油压力大于0.12MPa； 3．控制油压力大于1.8MPa			

续表

系统投运前状态确认标准检查卡					
序号	检查内容	标准状态	确认情况（√）	确认人	备注
2.2	空预器系统	任一侧空气预热器运行正常			
2.3	引风机系统	任一侧引风机运行正常，维持炉膛负压－100Pa左右			
2.4	锅炉本体烟风道、受热面及二次风箱	无检修工作，各部人孔封闭，保温完好			
3	系统常规检查项目				
3.1	热工仪表	投入，就地表计及DCS画面上各测点指示正确。 热工专业确认人：____			
3.2	热工保护和联锁	投入。 热工专业确认人：____			
3.3	阀门	送电、送气正常，传动合格，位置正确（见《远动阀门检查卡》《就地阀门检查卡》）			
3.4	系统外部检查	1．现场卫生清洁，临时设施拆除； 2．所有通道保持平整畅通，照明充足，消防设施齐全； 3．平台护栏、盖板、格栅板、步梯完好无缺失现象			
3.5	系统整体检查	1．设备及烟道外观整洁，保温完整，无泄漏现象； 2．风机及密封风机各地角螺栓、对轮及防护罩连接完好，无松动现象； 3．风机及密封风机电动机接线盒完好，接地线牢固； 4．法兰、伸缩节等连接部位连接牢固，各支吊架完整无松动； 5．各阀门、设备标识牌无缺失，管道名称、色环、介质流向完整； 6．各人孔门、检查孔关闭严密； 7．就地事故按钮已复位，保护罩完好			

远动阀门检查卡							
序号	阀门名称	电源（√）	气源（√）	传动情况（√）	标准状态	确认人	备注
1	____号空气预热器二次风出口挡板				开		
2	送风机动叶调节装置				关		
3	送风机出口挡板				关		
4	送风机出口联络挡板				关		

就地阀门检查卡				
序号	检查内容	标准状态	确认人	备注
1	前墙上燃尽风压力变送器一次门	开		
2	后墙上燃尽风压力变送器一次门	开		
3	前墙下燃尽风压力变送器一次门	开		
4	后墙下燃尽风压力变送器一次门	开		
5	后墙 4 层燃烧器二次风压力变送器一次门	开		
6	前墙 1 层燃烧器二次风压力变送器一次门	开		
7	前墙 2 层燃烧器二次风压力变送器一次门	开		
8	后墙 5 层燃烧器二次风压力变送器一次门	开		
9	后墙 6 层燃烧器二次风压力变送器一次门	开		
10	前墙 3 层燃烧器二次风压力变送器一次门	开		
11	前墙大风箱左侧入口压力变送器一次门	开		
12	前墙大风箱右侧入口压力变送器一次门	开		
13	后墙大风箱左侧入口压力变送器一次门	开		
14	后墙大风箱右侧入口压力变送器一次门	开		
15	空气预热器二次风入口压力变送器一次门	开		
16	空气预热器二次风出口压力变送器一次门	开		
17	送风机出口压力变送器一次门	开		

设备送电确认卡					
序号	设备名称	标准状态	状态（√）	确认人	备注
1	送风机电机	送电			
2	送风机电机电加热器	送电			

检查____号炉____号送风机启动条件满足，已按系统投运前状态确认标准检查卡检查设备完毕，系统可以投运。

检查人：________________

执行情况复核（主值）：________　　　　时间：________

批准（值长）：____________　　　　时间：________

2.12　一次风机油站投运前状态确认标准检查卡

班组：　　　　　　　　　　　　　　　　　　　　编号：

工作任务	____号一次风机油站投运前状态确认检查
工作分工	就地：　　　　盘前：　　　　值长：

危险辨识与风险评估				
危险源	风险产生过程及后果	预控措施	预控情况	确认人
1．人员技能	工作人员技能不能满足系统投运操作要求造成人身伤害、设备损坏	1．检查就地及盘前操作人员具备相应岗位资格； 2．操作人员应熟悉系统、设备及工作原理，清晰理解工作任务； 3．操作人员应具备处理一般事故的能力		
2．人员生理、心理	人员情绪异常、精神不佳造成工作中人身伤害	1．班前会中准确了解人员情况； 2．当班期间值内、部门做好监督； 3．发现人员情绪等异常情况时，严禁操作		
3．人员行为	工作票未终结、隔离措施未恢复、人员未撤离造成工作中人身伤害；工器具遗留在操作现场造成设备损坏	1．查看工作票是否终结； 2．检修人员全部撤离； 3．确认安全隔离措施全部恢复到位； 4．操作完毕应检查所有的工器具已收回，确保无遗留物件		
4．照明	现场照明不足造成人身伤害	现场照明应充足，满足操作及监视需要，否则应及时补充或增加		
5．噪声	警示标识不全或进入噪声区域时、使用高噪声工具时未正确使用防护用品造成工作人员职业病	进入噪声区域时必须正确使用防护用品		
6．孔洞坑井沟道及障碍物	盖板缺损及平台防护栏杆不全造成高处坠落；设备周围有障碍物影响设备运行和人身安全	1．工作场所的孔、洞、坑、井、沟道，必须覆以与地面齐平的坚固盖板。 2．发现洞口盖板缺失、损坏或未盖好时，必须立即填补、修复盖板并及时盖好。 3．所有升降口、大小孔洞、楼梯和平台，必须装设不低于 1050mm 高栏杆和不低于 100mm 高的脚部护板；离地高度高于 20m 的平台、通道及作业场所的防护栏杆不应低于 1200mm。 4．清除设备周围影响设备运行和人身安全的障碍物		
7．高处落物	工作区域上方高处落物造成人身伤害	1．正确佩戴个人劳保防护用品； 2．进入现场要观察工作环境，发现有高处落物的可能时采取必要措施		
8．工器具	使用不合格工器具或未正确使用工器具造成工作中人身伤害	1．检查符合规定安全工器具； 2．不合格工器具禁止带入操作现场； 3．带全操作所需工器具、防护用品等（如对讲机、手电筒、耳塞等）； 4．操作中正确使用工器具		
9．触电	控制柜送电过程中人员误碰带电部位触电	1．熟悉控制柜电气回路； 2. 电气操作时正确佩戴个人防护用品，正确使用合格的工器具		

续表

危险辨识与风险评估				
危险源	风险产生过程及后果	预控措施	预控情况	确认人
10．油	油泄漏遇明火或高温物体造成火灾	1．油管道法兰、阀门及可能漏油部位附近不准有明火，必须明火作业时要采取有效措施； 2．尽量避免使用法兰连接，禁止使用铸铁阀门		
11．转动机械	标识缺损、防护罩缺损；断裂、超速、零部件脱落；肢体部位或饰品衣物、用具（包括防护用品）、工具接触转动部位	1．设备的转动部分必须装设防护罩，并标明旋转方向，露出的轴端必须装设护盖；转动设备的防护罩应完好。 2．检查设备的运行状态，保持设备的振动、温度、运行电流等参数符合标准，如发现参数超标及时处理。 3．衣服和袖口应扣好，不得戴围巾领带，长发必须盘在安全帽内；不准将用具、工器具接触设备的转动部位，不准在转动设备附近长时间停留。 4．转动设备试运行时所有人员应先远离，站在转动机械的轴向位置，并有一人站在事故按钮位置		
12．油质劣化	油箱内油质标号错误或油质因进水汽、粉尘等导致劣化	系统投运前联系化学化验油质符合要求，观察油质透明，无乳化和杂质；油面镜上无水汽和水珠		

系统投运前状态确认标准检查卡					
序号	检查内容	标准状态	确认情况（√）	确认人	备注
1	一次风机油站热机、电气、热控检修工作票，缺陷联系单	终结或押回，无影响系统启动的缺陷			
2	一次风机油站相关系统	无禁止油站启动的检修工作			
2.1	一次风机本体	无检修工作，轴承及动叶可调装置具备进油条件			
2.2	一次风机电机	无检修工作，轴承具备进油条件			
2.3	开式冷却水系统	1．系统投运正常； 2．母管供水压力大于0.4MPa（油站短时试转时除外）			
3	系统常规检查项目				
3.1	热工仪表	投入，就地表计及DCS画面上各测点指示正确。 热工专业确认人：____			

续表

系统投运前状态确认标准检查卡					
序号	检查内容	标准状态	确认情况（√）	确认人	备注
3.2	热工保护	投入。 热工专业确认人：____			
3.3	阀门	送电、送气正常，传动合格，位置正确（见《远动阀门检查卡》《就地阀门检查卡》）			
3.4	系统外部检查	1．现场卫生清洁，临时设施拆除，无影响转机转动的物品； 2．所有通道保持平整畅通，照明充足，消防设施齐全			
3.5	系统整体检查	1．设备及管道外观整洁，无泄漏现象； 2．设备各地角螺栓、对轮及防护罩连接完好，无松动现象； 3．各电动机接线盒完好，接地线牢固； 4．管道、冷油器、滤网外观完整，法兰等连接部位连接牢固； 5．回油观察窗表面完整、清洁、透明； 6．各阀门、设备标识牌无缺失，管道名称、色环、介质流向完整			
4	油箱检查	1．油箱外观整洁，无漏油现象； 2．注油孔封闭严密，呼吸器外观清洁，无堵塞现象； 3．电加热装置接线盒外观完整； 4．油位在 1/2～2/3，通过油位计处观察油质透明，无乳化和杂质，油面镜上无水汽和水珠； 5．化学化验润滑油（L-TSA46）油质合格； 化学化验人及分析日期：____ 6. 油温大于 15℃（低于 15℃投入电加热）			
5	就地控制柜	送电正常，开关和信号指示正确，油泵启停开关在停止位，油泵远方/就地切换开关在“远方”位			

远动阀门检查卡							
序号	阀门名称	电源（√）	气源（√）	传动情况（√）	标准状态	确认人	备注
	无						

就地阀门检查卡				
序号	检查内容	标准状态	确认人	备注
1	油箱放油门	关		

续表

就地阀门检查卡				
序号	检查内容	标准状态	确认人	备注
2	油泵出口滤网入口三通阀	任一侧		
3	1 号冷油器进口门	开		
4	1 号冷油器出口门	开		
5	2 号冷油器进口门	开		
6	2 号冷油器出口门	开		
7	1 号冷油器回水手动门	关		
8	1 号冷油器进水手动门	关		
9	2 号冷油器回水手动门	关		
10	2 号冷油器进水手动门	关		
11	动叶控制油调节阀	调节位		
12	高压油至润滑油调节阀	调节位		
13	润滑油供油母管压力调节阀	调节位		
14	风机轴承润滑油供油管道调节阀	调节位		
15	电机轴承润滑油供油管道调节阀	调节位		
16	风机前轴承润滑油供油调节阀	调节位		
17	风机后轴承润滑油供油调节阀	调节位		
18	电机前轴承润滑油供油调节阀	调节位		
19	电机后轴承润滑油供油调节阀	调节位		
20	油泵出口母管就地压力表一次门	开		
21	油泵出口滤网差压变送器正压侧一次门	开		
22	油泵出口滤网差压变送器负压侧一次门	开		
23	油站控制油压力开关一次门	开		
24	油站控制油就地压力表一次门	开		
25	一次风机润滑油压力开关一次门	开		
26	一次风机润滑油就地压力表一次门	开		
27	一次风机电机润滑油压力开关一次门	开		
28	一次风机电机润滑油就地压力表一次门	开		
29	油站润滑油母管就地压力表一次门	开		
30	油站冷油器前润滑油就地压力表一次门	开		

设备送电确认卡					
序号	设备名称	标准状态	状态（√）	确认人	备注
1	一次风机油站就地控制柜	送电			
2	一次风机油站 1 号油泵	送电			
3	一次风机油站 2 号油泵	送电			
4	一次风机油站电加热器	送电			

检查____号炉____号一次风机油站 1、2 号油泵启动条件满足，已按系统投运前状态确认标准检查卡检查设备完毕，系统可以投运。

检查人：________________

执行情况复核（主值）：________　　　　　时间：__________

批准（值长）：______________　　　　　时间：__________

2.13　一次风机投运前状态确认标准检查卡

班组：　　　　　　　　　　　　　　　　　　　　　　　　编号：

工作任务	____号炉____号一次风机投运前状态确认检查
工作分工	就地：　　　　　　盘前：　　　　　　值长：

危险辨识与风险评估				
危险源	风险产生过程及后果	预控措施	预控情况	确认人
1. 人员技能	工作人员技能不能满足系统投运操作要求造成人身伤害、设备损坏	1. 检查就地及盘前操作人员具备相应岗位资格； 2. 操作人员应熟悉系统、设备及工作原理，清晰理解工作任务； 3. 操作人员应具备处理一般事故的能力		
2. 人员生理、心理	人员情绪异常、精神不佳造成工作中人身伤害	1. 班前会中准确了解人员情况； 2. 当班期间值内、部门做好监督； 3. 发现人员情绪等异常情况时，严禁操作		
3. 人员行为	工作票未终结、隔离措施未恢复、人员未撤离造成工作中人身伤害；工器具遗留在操作现场造成设备损坏	1. 查看工作票是否终结； 2. 检修人员全部撤离； 3. 确认安全隔离措施全部恢复到位； 4. 操作完毕应检查所有的工器具已收回，确保无遗留物件		
4. 照明	现场照明不足造成人身伤害	现场照明应充足，满足操作及监视需要，否则应及时补充或增加		

续表

危险辨识与风险评估				
危险源	风险产生过程及后果	预控措施	预控情况	确认人
5．噪声、粉尘	警示标识不全或进入噪声区域时、使用高噪声工具时未正确使用防护用品造成工作人员职业病	进入噪声、粉尘区域时必须正确使用防护用品		
6．孔洞坑井沟道及障碍物	盖板缺损及平台防护栏杆不全造成高处坠落；设备周围有障碍物影响设备运行和人身安全	1．工作场所的孔、洞、坑、井、沟道，必须覆以与地面齐平的坚固盖板。 2．发现洞口盖板缺失、损坏或未盖好时，必须立即填补、修复盖板并及时盖好。 3．所有升降口、大小孔洞、楼梯和平台，必须装设不低于 1050mm 高栏杆和不低于 100mm 高的脚部护板；离地高度高于 20m 的平台、通道及作业场所的防护栏杆不应低于 1200mm。 4．清除设备周围影响设备运行和人身安全的障碍物		
7．高处落物	工作区域上方高处落物造成人身伤害	1．正确佩戴个人劳保防护用品； 2．进入现场要观察工作环境，发现有高处落物的可能时采取必要措施		
8．工器具	使用不合格工器具或未正确使用工器具造成工作中人身伤害	1．检查符合规定安全工器具； 2．不合格工器具禁止带入操作现场； 3．带全操作所需工器具、防护用品等（如对讲机、手电筒、耳塞等）； 4．操作中正确使用工器具		
9．触电	控制柜送电过程中人员误碰带电部位触电	1．熟悉控制柜电气回路； 2. 电气操作时正确佩戴个人防护用品，正确使用合格的工器具		
10．转动机械	标识缺损、防护罩缺损；断裂、超速、零部件脱落；肢体部位或饰品衣物、用具（包括防护用品）、工具接触转动部位	1．设备的转动部分必须装设防护罩，并标明旋转方向，露出的轴端必须装设护盖；转动设备的防护罩应完好。 2．检查设备的运行状态，保持设备的振动、温度、运行电流等参数符合标准，如发现参数超标及时处理。 3．衣服和袖口应扣好，不得戴围巾领带，长发必须盘在安全帽内；不准将用具、工器具接触设备的转动部位，不准在转动设备附近长时间停留。 4．转动设备试运行时所有人员应先远离，站在转动机械的轴向位置，并有一人站在事故按钮位置		
11．炉膛负压波动过大	炉膛负压波动大，影响燃烧稳定	启动前检查入口挡板、动叶必须关闭		
12．风机喘振	风机喘振跳闸造成燃烧不稳甚至锅炉灭火	启动风机后，及时开启风机入口挡板，监视风机振动情况，避免风机长时间低负荷运行		

危险辨识与风险评估				
危险源	风险产生过程及后果	预控措施	预控情况	确认人
13．轴流风机动叶故障（卡涩、连杆弯曲）	风机动叶指令与反馈不相符，影响机组运行及负荷调节	1．风机启动前，确认油站投运正常，动叶远传试验合格，连杆动作灵活，远方就地指示正确； 2．风机试运过程中进行风量调节时，应就地观察执行机构动作情况，发现异常及时联系热工人员处理		

系统投运前状态确认标准检查卡					
序号	检查内容	标准状态	确认情况（√）	确认人	备注
1	一次风机热机、电气、热控检修工作票，缺陷联系单	终结或押回，无影响系统启动的缺陷			
2	一次风机相关系统	无禁止一次风机启动的检修工作			
2.1	一次风机油站	1．系统运行正常； 2．润滑油压力大于0.12MPa； 3．控制油压力大于1.8MPa			
2.2	空气预热器系统	任一侧空气预热器运行正常			
2.3	引风机系统	任一侧引风机运行正常，维持炉膛负压－100Pa左右			
2.4	制粉系统	任一制粉系统处于备用状态，见《锅炉制粉系统投运前状态确认标准检查卡》。 编号：____			
3	系统常规检查项目				
3.1	热工仪表	投入，就地表计及DCS画面上各测点指示正确。 热工专业确认人：____			
3.2	热工保护和联锁	投入。 热工专业确认人：____			
3.3	阀门	送电、送气正常，传动合格，位置正确（见《远动阀门检查卡》《就地阀门检查卡》）			
3.4	系统外部检查	1．现场卫生清洁，临时设施拆除； 2．所有通道保持平整畅通，照明充足，消防设施齐全； 3．平台护栏、盖板、格栅板、步梯完好无缺失现象			
3.5	系统整体检查	1．设备及烟道外观整洁，保温完整，无泄漏现象； 2．风机及密封风机各地角螺栓、对轮及防护罩连接完好，无松动现象；			

续表

系统投运前状态确认标准检查卡					
序号	检查内容	标准状态	确认情况（√）	确认人	备注
3.5	系统整体检查	3．风机及密封风机电动机接线盒完好，接地线牢固； 4．法兰、伸缩节等连接部位连接牢固，各支吊架完整无松动； 5．各阀门、设备标识牌无缺失，管道名称、色环、介质流向完整； 6．各人孔门、检查孔关闭严密； 7．就地事故按钮已复位，保护罩完好			
4	一次风暖风器	当 1 号一次风机投运前需对一次风暖风器进行常规项目检查			

远动阀门检查卡							
序号	阀门名称	电源（√）	气源（√）	传动情况（√）	标准状态	确认人	备注
1	____号磨煤机 1～8 号燃烧器冷却风门				关		
2	锅炉一次风暖风器旁路挡板				开		
3	锅炉一次风暖风器出口挡板				关		
4	锅炉一次风暖风器入口挡板				关		
5	锅炉一次风暖风器进汽电动门				关		
6	一次风机出口冷风挡板				开		
7	____号磨煤机 1～4 号出口气动关断门				开		
8	____号磨煤机入口冷一次风关断门				开		
9	____号磨煤机入口热一次风关断门				关		
10	____号磨煤机入口冷一次风调节门				开		
11	____号磨煤机入口热一次风调节门				关		
12	一次风机动叶调节装置				关		
13	一次风机出口挡板				关		

就地阀门检查卡				
序号	检查内容	标准状态	确认人	备注
1	____号磨煤机 1～8 号燃烧器进粉关断门	开		
2	锅炉一次风暖风器疏水总门	关		
3	锅炉一次风暖风器疏水器前手动门	关		
4	锅炉一次风暖风器疏水器后手动门	关		

续表

就地阀门检查卡				
序号	检查内容	标准状态	确认人	备注
5	锅炉一次风暖风器疏水器旁路门	关		
6	____号一次风机出口压力变送器一次门	开		

设备送电确认卡					
序号	设备名称	标准状态	状态（√）	确认人	备注
1	____号一次风机电机	送电			
2	____号一次风机电机电加热器	送电			

检查____号炉____号一次风机启动条件满足，已按系统投运前状态确认标准检查卡检查设备完毕，系统可以投运。

检查人：____________

执行情况复核（主值）：____________　　时间：____________

批准（值长）：____________　　时间：____________

2.14 密封风系统投运前状态确认标准检查卡

班组：　　　　编号：

工作任务	____号炉密封风系统投运前状态确认检查		
工作分工	就地：	盘前：	值长：

危险辨识与风险评估				
危险源	风险产生过程及后果	预控措施	预控情况	确认人
1. 人员技能	工作人员技能不能满足系统投运操作要求造成人身伤害、设备损坏	1. 检查就地及盘前操作人员具备相应岗位资格； 2. 操作人员应熟悉系统、设备及工作原理，清晰理解工作任务； 3. 操作人员应具备处理一般事故的能力		
2. 人员生理、心理	人员情绪异常、精神不佳造成工作中人身伤害	1. 班前会中准确了解人员情况； 2. 当班期间值内、部门做好监督； 3. 发现人员情绪等异常情况时，严禁操作		
3. 人员行为	工作票未终结、隔离措施未恢复、人员未撤离造成工作中人身伤害；工器具遗留在操作现场造成设备损坏	1. 查看工作票是否终结； 2. 检修人员全部撤离； 3. 确认安全隔离措施全部恢复到位； 4. 操作完毕应检查所有的工器具已收回，确保无遗留物件		

续表

危险辨识与风险评估				
危险源	风险产生过程及后果	预控措施	预控情况	确认人
4．照明	现场照明不足造成人身伤害	现场照明应充足，满足操作及监视需要，否则应及时补充或增加		
5．孔洞坑井沟道及障碍物	盖板缺损及平台防护栏杆不全造成高处坠落；设备周围有障碍物影响设备运行和人身安全	1．工作场所的孔、洞、坑、井、沟道，必须覆以与地面齐平的坚固盖板。 2．发现洞口盖板缺失、损坏或未盖好时，必须立即填补、修复盖板并及时盖好。 3．所有升降口、大小孔洞、楼梯和平台，必须装设不低于 1050mm 高栏杆和不低于 100mm 高的脚部护板；离地高度高于 20m 的平台、通道及作业场所的防护栏杆不应低于 1200mm。 4．清除设备周围影响设备运行和人身安全的障碍物		
6．高处落物	工作区域上方高处落物造成人身伤害	1．正确佩戴个人劳保防护用品； 2．进入现场要观察工作环境，发现有高处落物的可能时采取必要措施		
7．工器具	使用不合格工器具或未正确使用工器具造成工作中人身伤害	1．检查符合规定安全工器具； 2．不合格工器具禁止带入操作场； 3．带全操作所需工器具、防护用品等（如对讲机、手电筒、耳塞等）； 4．操作中正确使用工器具		
8．触电	控制柜送电过程中人员误碰带电部位触电	1．熟悉控制柜电气回路； 2.电气操作时正确佩戴个人防护用品，正确使用合格的工器具		
9．转动机械	标识缺损、防护罩缺损；断裂、超速、零部件脱落；肢体部位或饰品衣物、用具（包括防护用品）、工具接触转动部位	1．设备的转动部分必须装设防护罩，并标明旋转方向，露出的轴端必须装设护盖；转动设备的防护罩应完好。 2．检查设备的运行状态，保持设备的振动、温度、运行电流等参数符合标准，如发现参数超标及时处理。 3．衣服和袖口应扣好、不得戴围巾领带、长发必须盘在安全帽内，不准将用具、工器具接触设备的转动部位，不准在转动设备附近长时间停留。 4．转动设备试运行时所有人员应先远离，站在转动机械的轴向位置，并有一人站在事故按钮位置		
10．出口换向挡板卡涩	出口换向挡板卡涩造成风机切换异常或备用风机倒转	启动前试验阀门完好，切换灵活，启动后确认备用风机无倒转		
11．进口滤网脏污	造成风机启动后母管压力低	启动前进行进口滤网的检查，及时清洁		

系统投运前状态确认标准检查卡					
序号	检查内容	标准状态	确认情况（√）	确认人	备注
1	密封风系统热机、电气、热控检修工作票，缺陷联系单	终结或押回，无影响系统启动的缺陷			
2	密封风相关系统	无禁止密封风机启动的检修工作			
2.1	一次风系统	1．系统运行正常； 2．一次风母管压力大于 7kPa			
2.2	制粉系统	任一制粉系统处于备用状态，见《锅炉制粉系统投运前状态确认标准检查卡》。 编号：____			
3	系统常规检查项目				
3.1	热工仪表	投入，就地表计及 DCS 画面上各测点指示正确。 热工专业确认人：____			
3.2	热工保护	投入。 热工专业确认人：____			
3.3	阀门	送电、送气正常，传动合格，位置正确（见《远动阀门检查卡》《就地阀门检查卡》）			
3.4	系统外部检查	1．现场卫生清洁，临时设施拆除，无影响转机转动的物品； 2．所有通道保持平整畅通，照明充足，消防设施齐全			
3.5	系统整体检查	1．设备及管道外观整洁，无破损现象； 2．设备各地角螺栓、对轮及防护罩连接完好，无松动现象； 3．各电动机接线盒完好，接地线牢固； 4．管道、滤网外观整洁，法兰等连接部位连接牢固，各支吊架完整无松动； 5．各阀门、设备标识牌无缺失，管道名称、色环、介质流向完整			

远动阀门检查卡							
序号	阀门名称	电源（√）	气源（√）	传动情况（√）	标准状态	确认人	备注
1	1 号密封风机入口电动门				开		
2	1 号密封风机入口调节挡板				关		
3	2 号密封风机入口电动门				开		
4	2 号密封风机入口调节挡板				关		
5	____号磨煤机密封风气动插板门				开		

就地阀门检查卡				
序号	检查内容	标准状态	确认人	备注
1	1号密封风机进口滤网差压变送器正压侧一次门	开		
2	1号密封风机进口滤网差压变送器负压侧一次门	开		
3	2号密封风机进口滤网差压变送器正压侧一次门	开		
4	2号密封风机进口滤网差压变送器负压侧一次门	开		
5	密封风机出口母管压力变送器一次门	开		
6	密封风机出口母管压力开关一次门	开		
7	____号磨煤机密封风手动门	开		
8	____号磨煤机拉杆密封风手动门	开		
9	____号磨煤机下架体密封风手动门	开		
10	____号磨煤机分离器密封风手动门	开		
11	____号磨煤机密封风和一次风差压变送器正压侧一次门	开		
12	____号磨煤机密封风和一次风差压变送器负压侧一次门	开		

设备送电确认卡					
序号	设备名称	标准状态	状态（√）	确认人	备注
1	1号密封风机电机	送电			
2	2号密封风机电机	送电			

检查____号炉1号、2号密封风机启动条件满足，已按系统投运前状态确认标准检查卡检查设备完毕，系统可以投运。

检查人：____________

执行情况复核（主值）：________　　　　时间：____________

批准（值长）：____________　　　　时间：____________

2.15 火检冷却风系统投运前状态确认标准检查卡

班组：　　　　　　　　　　　　　　　　　　　编号：

工作任务	____号炉火检冷却风系统投运前状态确认检查
工作分工	就地：　　　　　盘前：　　　　　值长：

危险辨识与风险评估				
危险源	风险产生过程及后果	预控措施	预控情况	确认人
1. 人员技能	工作人员技能不能满足系统投运操作要求造成人身伤害、设备损坏	1. 检查就地及盘前操作人员具备相应岗位资格； 2. 操作人员应熟悉系统、设备及工作		

续表

危险辨识与风险评估				
危险源	风险产生过程及后果	预控措施	预控情况	确认人
1．人员技能	工作人员技能不能满足系统投运操作要求造成人身伤害、设备损坏	原理，清晰理解工作任务； 3．操作人员应具备处理一般事故的能力		
2．人员生理、心理	人员情绪异常、精神不佳造成工作中人身伤害	1．班前会中准确了解人员情况； 2．当班期间值内、部门做好监督； 3．发现人员情绪等异常情况时，严禁操作		
3．人员行为	工作票未终结、隔离措施未恢复、人员未撤离造成工作中人身伤害；工器具遗留在操作现场造成设备损坏	1．查看工作票是否终结； 2．检修人员全部撤离； 3．确认安全隔离措施全部恢复到位； 4．操作完毕应检查所有的工器具已收回，确保无遗留物件		
4．照明	现场照明不足造成人身伤害	现场照明应充足，满足操作及监视需要，否则应及时补充或增加		
5．孔洞坑井沟道及障碍物	盖板缺损及平台防护栏杆不全造成高处坠落；设备周围有障碍物影响设备运行和人身安全	1．工作场所的孔、洞、坑、井、沟道，必须覆以与地面齐平的坚固盖板。 2．发现洞口盖板缺失、损坏或未盖好时，必须立即填补、修复盖板并及时盖好。 3．所有升降口、大小孔洞、楼梯和平台，必须装设不低于 1050mm 高栏杆和不低于 100mm 高的脚部护板；离地高度高于 20m 的平台、通道及作业场所的防护栏杆不应低于 1200mm。 4．清除设备周围影响设备运行和人身安全的障碍物		
6．高处落物	工作区域上方高处落物造成人身伤害	1．正确佩戴个人劳保防护用品； 2．进入现场要观察工作环境，发现有高处落物的可能时采取必要措施		
7．工器具	使用不合格工器具或未正确使用工器具造成工作中人身伤害	1．检查符合规定安全工器具； 2．不合格工器具禁止带入操作现场； 3．带全操作所需工器具、防护用品等（如对讲机、手电筒、耳塞等）； 4．操作中正确使用工器具		
8．触电	控制柜送电过程中人员误碰带电部位触电	1．熟悉控制柜电气回路； 2. 电气操作时正确佩戴个人防护用品，正确使用合格的工器具		
9．转动机械	标识缺损、防护罩缺损；断裂、超速、零部件脱落；肢体部位或饰品衣物、用具（包括防护用品）、工具接触转动部位	1．设备的转动部分必须装设防护罩，并标明旋转方向，露出的轴端必须装设护盖；转动设备的防护罩应完好。 2．检查设备的运行状态，保持设备的振动、温度、运行电流等参数符合标准，如发现参数超标及时处理。 3．衣服和袖口应扣好，不得戴围巾领带，长发必须盘在安全帽内；不准将用具、		

续表

危险辨识与风险评估				
危险源	风险产生过程及后果	预控措施	预控情况	确认人
9. 转动机械	标识缺损、防护罩缺损；断裂、超速、零部件脱落；肢体部位或饰品衣物、用具（包括防护用品）、工具接触转动部位	工器具接触设备的转动部位，不准在转动设备附近长时间停留。 4. 转动设备试运行时所有人员应先远离，站在转动机械的轴向位置，并有一人站在事故按钮位置		
10. 出口换向挡板卡涩	出口换向挡板卡涩造成风机切换异常或备用风机倒转	启动前试验阀门完好，切换灵活，启动后确认备用风机无倒转		

系统投运前状态确认标准检查卡					
序号	检查内容	标准状态	确认情况（√）	确认人	备注
1	火检冷却风系统热机、电气、热控检修工作票，缺陷联系单	终结或押回，无影响系统启动的缺陷			
2	火检冷却风相关系统	无禁止火检风机启动的检修工作			
3	系统常规检查项目				
3.1	热工仪表	投入，就地表计及 DCS 画面上各测点指示正确。 热工专业确认人：____			
3.2	热工保护	投入。 热工专业确认人：____			
3.3	阀门	位置正确（见《就地阀门检查卡》）			
3.4	系统外部检查	1. 现场卫生清洁，临时设施拆除，无影响转机转动的物品； 2. 所有通道保持平整畅通，照明充足，消防设施齐全			
3.5	系统整体检查	1. 设备及管道外观整洁，无破损现象； 2. 设备各地角螺栓、对轮及防护罩连接完好，无松动现象； 3. 各电动机接线盒完好，接地线牢固； 4. 管道、滤网外观整洁，法兰等连接部位连接牢固，各支吊架完整无松动； 5. 各阀门、设备标识牌无缺失，管道名称、色环、介质流向完整			

远动阀门检查卡							
序号	阀门名称	电源（√）	气源（√）	传动情况（√）	标准状态	确认人	备注
	无						

就地阀门检查卡				
序号	检查内容	标准状态	确认人	备注
1	1号火检冷却风机进口滤网差压变送器正压侧一次门	开		
2	1号火检冷却风机进口滤网差压变送器负压侧一次门	开		
3	1号火检冷却风机出口压力变送器一次门	开		
4	1号火检冷却风机出口母管压力开关一次门	开		
5	2号火检冷却风机进口滤网差压变送器正压侧一次门	开		
6	2号火检冷却风机进口滤网差压变送器负压侧一次门	开		
7	2号火检冷却风机出口压力变送器一次门	开		
8	2号火检冷却风机出口母管压力开关一次门	开		

设备送电确认卡					
序号	设备名称	标准状态	状态（√）	确认人	备注
1	火检冷却风机控制柜	送电			
2	1号火检冷却风机电机	送电			
3	2号火检冷却风机电机	送电			

检查____号炉火检冷却系统已按系统投运前状态确认标准检查卡检查设备完毕，系统可以投运。

检查人：____________

执行情况复核（主值）：________ 时间：________

批准（值长）：________ 时间：________

2.16 炉水循环泵注水投运前状态确认标准检查卡

班组： 编号：

工作任务	____号炉炉水循环泵注水投运前状态确认检查		
工作分工	就地：	盘前：	值长：

危险辨识与风险评估				
危险源	风险产生过程及后果	预控措施	预控情况	确认人
1．人员技能	工作人员技能不能满足系统投运操作要求造成人身伤害、设备损坏	1．检查就地及盘前操作人员具备相应岗位资格； 2．操作人员应熟悉系统、设备及工作原理，清晰理解工作任务； 3．操作人员应具备处理一般事故的能力		

续表

危险辨识与风险评估				
危险源	风险产生过程及后果	预控措施	预控情况	确认人
2. 人员生理、心理	人员情绪异常、精神不佳造成工作中人身伤害	1. 班前会中准确了解人员情况； 2. 当班期间值内、部门做好监督； 3. 发现人员情绪等异常情况时，严禁操作		
3. 人员行为	工作票未终结、隔离措施未恢复、人员未撤离造成工作中人身伤害；工器具遗留在操作现场造成设备损坏	1. 查看工作票是否终结； 2. 检修人员全部撤离； 3. 确认安全隔离措施全部恢复到位； 4. 操作完毕应检查所有的工器具已收回，确保无遗留物件		
4. 照明	现场照明不足造成人身伤害	现场照明应充足，满足操作及监视需要，否则应及时补充或增加		
5. 孔洞坑井沟道及障碍物	盖板缺损及平台防护栏杆不全造成高处坠落； 设备周围有障碍物影响设备运行和人身安全	1. 工作场所的孔、洞、坑、井、沟道，必须覆以与地面齐平的坚固盖板。 2. 发现洞口盖板缺失、损坏或未盖好时，必须立即填补、修复盖板并及时盖好。 3. 所有升降口、大小孔洞、楼梯和平台，必须装设不低于 1050mm 高栏杆和不低于 100mm 高的脚部护板；离地高度高于 20m 的平台、通道及作业场所的防护栏杆不应低于 1200mm。 4. 清除设备周围影响设备运行和人身安全的障碍物		
6. 高处落物	工作区域上方高处落物造成人身伤害	1. 正确佩戴个人劳保防护用品； 2. 进入现场要观察工作环境，发现有高处落物的可能时采取必要措施		
7. 工器具	使用不合格工器具或未正确使用工器具造成工作中人身伤害	1. 检查符合规定安全工器具； 2. 不合格工器具禁止带入操作现场； 3. 带全操作所需工器具、防护用品等（如对讲机、手电筒、耳塞等）； 4. 操作中正确使用工器具		
8. 炉水循环泵系统注水、冲洗不良造成设备损坏	注水前冲洗水质未达标即向电机注水造成电机损坏	1. 炉水循环泵系统注水前必须确认系统冲洗合格，按照阀门检查卡检查各阀门位置；开启注水门前应核对阀门名称，防止开错水源。 2. 注水时应开启泵体放气阀，保证排尽电机内部的空气；电机排水电导率达到 0.5μS/cm 时方可结束注水；在锅炉上水结束后方可关闭注水手动门停止注水		

系统投运前状态确认标准检查卡					
序号	检查内容	标准状态	确认情况（√）	确认人	备注
1	本系统热机、电气、热控检修工作票，缺陷联系单	终结或押回，无影响系统启动的缺陷			

续表

系统投运前状态确认标准检查卡					
序号	检查内容	标准状态	确认情况（√）	确认人	备注
2	与本系统启动相关联系统	无禁止炉水循环泵注水的检修工作			
2.1	锅炉疏放水系统	系统处于备用状态，见《锅炉疏放水系统投运前状态确认标准检查卡》。 编号：____			
2.2	闭式水系统	1．闭式水系统运行正常； 2．压力大于 0.5MPa； 3．温度小于 45℃			
2.3	凝结水系统	1．凝结水系统运行正常，凝结水压力大于 0.13MPa； 2．水温 21～50℃，最低不低于 4℃； 3．导电度：不大于 0.5μS/cm； 4．pH 值≥6.5； 5．浊度＜0.25ppm。 化学专业确认人：____			
3	系统常规检查项目				
3.1	热工仪表	投入，就地表计及 DCS 画面上各测点指示正确。 热工专业确认人：____			
3.2	热工保护和联锁	投入。 热工专业确认人：____			
3.3	阀门	送电、送气正常，传动合格，位置正确（见《远动阀门检查卡》《就地阀门检查卡》）			
3.4	系统外部检查	1．现场卫生清洁，临时设施拆除，无影响转机转动的物品； 2．所有通道保持平整畅通，照明充足，消防设施齐全； 3．各设备平台护栏、盖板、格栅板完好无缺失现象			
3.5	系统整体检查	1．设备及管道外观整洁，保温完整，无泄漏现象； 2．管道外观完整，法兰、伸缩节等部位连接牢固； 3．汽水管道各支吊架完整无松动，液压式阻尼器工作正常，无漏油现象； 4．电动机接线盒完好，接地线牢固； 5．各阀门、设备标识牌无缺失，管道名称、色环、介质流向完整； 6．就地事故按钮已复位，保护罩完好			
4	炉水循环泵泵冷却水系统	高压冷却器和注水冷却器外观完整			

远动阀门检查卡							
序号	阀门名称	电源（√）	气源（√）	传动情况（√）	标准状态	确认人	备注
1	炉水循环泵过冷管路电动门 1				关		
2	炉水循环泵过冷管路电动门 2				关		
3	炉水循环泵过冷管路疏水电动门 1				关		
4	炉水循环泵过冷管路疏水电动门 2				关		
5	炉水循环泵再循环电动门				关		
6	再循环管路流量电动调节阀				关		
7	炉水循环泵出口电动门				关		
8	炉水循环泵出口电动门后疏水 1				关		
9	炉水循环泵出口电动门后疏水 2				关		
10	炉水循环泵出口电动门前疏水 1				关		
11	炉水循环泵出口电动门前疏水 2				关		
12	炉水循环泵入口电动门				关		
13	炉水循环泵进口管道放气电动门				开		
14	361 阀进口电动门				关		
15	1 号 361 阀				关		
16	2 号 361 阀				关		
17	3 号 361 阀				关		
18	储水罐下部出口管道疏水电动门 1				关		
19	储水罐下部出口管道疏水电动门 2				关		
20	361 阀阀前管道疏水电动门 1				关		
21	361 阀阀前管道疏水电动门 2				关		
22	再循环泵及储水罐水位调节阀暖管阀				关		

就地阀门检查卡				
序号	检查内容	标准状态	确认人	备注
1	分离器储水罐至过热器二级减温水手动门	关		
2	储水罐取样一次门	开		
3	储水罐取样二次门	开		
4	炉水循环泵再循环电动门平衡阀	关		
5	炉水循环泵出口就地压力表一次门	开		
6	360 阀前压力表一次门	开		

续表

就地阀门检查卡				
序号	检查内容	标准状态	确认人	备注
7	360 阀后压力表一次门	开		
8	炉水循环泵出口电动门平衡阀	关		
9	炉水循环泵出口流量计正压侧一次门	开		
10	炉水循环泵出口流量计负压侧一次门	开		
11	炉水循环泵进口管路放气手动门	开		
12	炉水循环泵入口电动门平衡门	关		
13	炉水循环泵入口就地压力表一次门	开		
14	361 阀进口电动门平衡阀	关		
15	炉水循环泵暖泵暖管手动门 1	关		
16	炉水循环泵暖泵暖管手动门 2	关		
17	361 暖管暖阀手动门	关		
18	1 号 361 阀暖阀水进水门	关		
19	2 号 361 阀暖阀水进水门	关		
20	3 号 361 阀暖阀水进水门	关		
21	1 号 361 阀暖阀水出水门	关		
22	2 号 361 阀暖阀水出水门	关		
23	3 号 361 阀暖阀水出水门	关		
24	炉水循环泵给水注水门	关		
25	炉水循环泵凝结水注水门	关		
26	炉水循环泵注水滤网前手动门	开		
27	炉水循环泵注水滤网后手动门	开		
28	炉水循环泵注水滤网旁路门	关		
29	炉水循环泵注水滤网放水门 1	关		
30	炉水循环泵注水滤网放水门 2	关		
31	炉水循环泵注水冷却器出口门	开		
32	炉水循环泵注水管道压力表一次门	开		
33	炉水循环泵注水管道放水一次门	开		
34	炉水循环泵注水管道放水二次门	开		
35	炉水循环泵注水一次门	关		
36	炉水循环泵注水二次门	关		
37	炉水循环泵泵体放水一次门	开		
38	炉水循环泵泵体放水二次门	开		

续表

就地阀门检查卡				
序号	检查内容	标准状态	确认人	备注
39	闭冷水至炉水循环泵冷却水手动总门	关		
40	炉水循环泵冷却水母管压力表一次门	开		
41	炉水循环泵高压冷却器冷却水放空气门 1	开		
42	炉水循环泵高压冷却器冷却水放空气门 2	开		
43	炉水循环泵高压冷却器冷却水进水门	开		
44	炉水循环泵高压冷却器冷却水回水门	开		
45	炉水循环泵低压冷却器冷却水放空气门 1	开		
46	炉水循环泵低压冷却器冷却水放空气门 2	开		
47	炉水循环泵低压冷却器冷却水进水门	开		
48	炉水循环泵低压冷却器冷却水回水门	开		
49	炉水循环泵高压冷却器冷却水流量计正压侧门	开		
50	炉水循环泵高压冷却器冷却水流量计负压侧门	开		

设备送电确认卡					
序号	设备名称	标准状态	状态（√）	确认人	备注
	无				

检查____号炉炉水循环泵注水条件满足，已按系统投运前状态确认标准检查卡检查设备完毕，系统可以投运。

检查人：____________

执行情况复核（主值）：________　　时间：________

批准（值长）：____________　　时间：________

2.17 炉水循环泵投运前状态确认标准检查卡

班组：　　　　编号：

工作任务	____号炉炉水循环泵投运前状态确认检查
工作分工	就地：　　　盘前：　　　值长：

危险辨识与风险评估				
危险源	风险产生过程及后果	预控措施	预控情况	确认人
1. 人员技能	工作人员技能不能满足系统投运操作要求造成人身伤害、设备损坏	1. 检查就地及盘前操作人员具备相应岗位资格； 2. 操作人员应熟悉系统、设备及工作		

续表

危险辨识与风险评估				
危险源	风险产生过程及后果	预控措施	预控情况	确认人
1．人员技能		原理，清晰理解工作任务； 3．操作人员应具备处理一般事故的能力		
2．人员生理、心理	人员情绪异常、精神不佳造成工作中人身伤害	1．班前会中准确了解人员情况； 2．当班期间值内、部门做好监督； 3．发现人员情绪等异常情况时，严禁操作		
3．人员行为	工作票未终结、隔离措施未恢复、人员未撤离造成工作中人身伤害；工器具遗留在操作现场造成设备损坏	1．查看工作票是否终结； 2．检修人员全部撤离； 3．确认安全隔离措施全部恢复到位； 4．操作完毕应检查所有的工器具已收回，确保无遗留物件		
4．照明	现场照明不足造成人身伤害	现场照明应充足，满足操作及监视需要，否则应及时补充或增加		
5．孔洞坑井沟道及障碍物	盖板缺损及平台防护栏杆不全造成高处坠落；设备周围有障碍物影响设备运行和人身安全	1．工作场所的孔、洞、坑、井、沟道，必须覆以与地面齐平的坚固盖板。 2．发现洞口盖板缺失、损坏或未盖好时，必须立即填补、修复盖板并及时盖好。 3．所有升降口、大小孔洞、楼梯和平台，必须装设不低于 1050mm 高栏杆和不低于 100mm 高的脚部护板；离地高度高于 20m 的平台、通道及作业场所的防护栏杆不应低于 1200mm。 4．清除设备周围影响设备运行和人身安全的障碍物		
6．高处落物	工作区域上方高处落物造成人身伤害	1．正确佩戴个人劳保防护用品； 2．进入现场要观察工作环境，发现有高处落物的可能时采取必要措施		
7．工器具	使用不合格工器具或未正确使用工器具造成工作中人身伤害	1．检查符合规定安全工器具； 2．不合格工器具禁止带入操作现场； 3．带全操作所需工器具、防护用品等（如对讲机、手电筒、耳塞等）； 4．操作中正确使用工器具		
8．炉水循环泵系统注水、冲洗不良造成设备损坏	注水前冲洗水质未达标即向电机注水造成电机损坏	1．炉水循环泵系统注水前必须确认系统冲洗合格，按照阀门检查卡检查各阀门位置；开启注水门前应核对阀门名称，防止开错水源。 2．注水时应开启泵体放气阀，保证排尽电机内部的空气；电机排水电导率达到 0.5μS/cm 时方可结束注水；在锅炉上水结束后方可关闭注水手动门停止注水		

续表

危险辨识与风险评估				
危险源	风险产生过程及后果	预控措施	预控情况	确认人
9．高压介质	通过高温高压区域时高温、高压容器或管道突然断裂造成人员伤害	1．不准允许未泄压的设备进入检修状态； 2．不准在高温高压区域设长时间停留； 3．不准在未采取完善安全措施情况下擅自拆除设备上的安全防护设施； 4．操作高温高压系统时应按规定操作，并做好发生泄漏时的防范措施		
10．转动机械	标识缺损、防护罩缺损；断裂、超速、零部件脱落；肢体部位或饰品衣物、用具（包括防护用品）、工具接触转动部位	1．设备的转动部分必须装设防护罩，并标明旋转方向，露出的轴端必须装设护盖；转动设备的防护罩应完好。 2．检查设备的运行状态，保持设备的振动、温度、运行电流等参数符合标准，如发现参数超标及时处理。 3．衣服和袖口应扣好，不得戴围巾领带，长发必须盘在安全帽内；不准将用具、工器具接触设备的转动部位，不准在转动设备附近长时间停留。 4．转动设备试运行时所有人员应先远离，站在转动机械的轴向位置，并有一人站在事故按钮位置		

系统投运前状态确认标准检查卡					
序号	检查内容	标准状态	确认情况（√）	确认人	备注
1	本系统热机、电气、热控检修工作票，缺陷联系单	终结或押回，无影响系统启动的缺陷			
2	与本系统启动相关联系统	无禁止炉水循环泵启动的检修工作			
2.1	锅炉疏放水系统	系统处于正常运行状态，检查疏水箱水位小于1300mm			
2.2	闭式水系统	1．闭式水系统运行正常； 2．压力大于0.5MPa； 3．温度小于45℃			
3	系统常规检查项目				
3.1	热工仪表	投入，就地表计及DCS画面上各测点指示正确。 热工专业确认人：____			
3.2	热工保护和联锁	投入。 热工专业确认人：____			
3.3	阀门	送电、送气正常，传动合格，位置正确（见《远动阀门检查卡》《就地阀门检查卡》）			

续表

系统投运前状态确认标准检查卡					
序号	检查内容	标准状态	确认情况（√）	确认人	备注
3.4	系统外部检查	1．现场卫生清洁，临时设施拆除，无影响转机转动的物品； 2．所有通道保持平整畅通，照明充足，消防设施齐全； 3．各设备平台护栏、盖板、格栅板完好无缺失现象			
3.5	系统整体检查	1．设备及管道外观整洁，保温完整，无泄漏现象； 2．管道外观完整，法兰、伸缩节等部位连接牢固； 3．汽水管道各支吊架完整无松动，液压式阻尼器工作正常，无漏油现象； 4．电动机接线盒完好，接地线牢固； 5．各阀门、设备标识牌无缺失，管道名称、色环、介质流向完整； 6．就地事故按钮已复位，保护罩完好			
4	炉水循环泵泵冷却水系统	高压冷却器和注水冷却器外观完整，高压、低压冷却器已投入			
5	储水罐	1．储水罐外观完整，连接处无泄漏现象； 2．储水罐水位____（MFT 复位后水位≥6m）			
6	锅炉冷态开式清洗合格后，方可启动炉水循环泵进行循环清洗	水质指标： 1．Fe＜500ppb； 2．混浊度≤3ppm； 3．油脂≤1ppm； 4．pH 值≤9.5。 化学专业确认人：____			

远动阀门检查卡							
序号	阀门名称	电源（√）	气源（√）	传动情况（√）	标准状态	确认人	备注
1	炉水循环泵再循环电动门				开		
2	炉水循环泵过冷管路电动门 1				关		
3	炉水循环泵过冷管路电动门 2				关		
4	炉水循环泵过冷管路疏水电动门 1				关		
5	炉水循环泵过冷管路疏水电动门 2				关		
6	炉水循环泵出口电动门				关		
7	再循环管路流量电动调节阀				开		

续表

远动阀门检查卡							
序号	阀门名称	电源（√）	气源（√）	传动情况（√）	标准状态	确认人	备注
8	炉水循环泵出口电动门后疏水 1				关		
9	炉水循环泵出口电动门后疏水 2				关		
10	炉水循环泵出口电动门前疏水 1				关		
11	炉水循环泵出口电动门前疏水 2				关		
12	炉水循环泵入口电动门				开		
13	炉水循环泵进口管道放气电动门				关		
14	361 阀进口电动门				开		
15	1 号 361 阀				调节位		
16	2 号 361 阀				调节位		
17	3 号 361 阀				调节位		
18	储水罐下部出口管道疏水电动门 1				关		
19	储水罐下部出口管道疏水电动门 2				关		
20	361 阀阀前管道疏水电动门 1				关		
21	361 阀阀前管道疏水电动门 2				关		
22	再循环泵及储水罐水位调节阀暖管阀				关		

就地阀门检查卡				
序号	检查内容	标准状态	确认人	备注
1	分离器储水罐至过热器二级减温水手动门	关		
2	储水罐取样一次门	开		
3	储水罐取样二次门	开		
4	炉水循环泵再循环电动门平衡阀	开		
5	炉水循环泵出口就地压力表一次门	开		
6	360 阀前压力表一次门	开		
7	360 阀后压力表一次门	开		
8	炉水循环泵出口电动门平衡阀	关		
9	炉水循环泵出口流量计正压侧一次门	开		
10	炉水循环泵出口流量计负压侧一次门	开		
11	炉水循环泵进口管路放气手动门	开		
12	炉水循环泵入口电动门平衡门	关		

续表

就地阀门检查卡				
序号	检查内容	标准状态	确认人	备注
13	炉水循环泵入口就地压力表一次门	开		
14	361 阀进口电动门平衡阀	关		
15	炉水循环泵暖泵暖管手动门 1	关		
16	炉水循环泵暖泵暖管手动门 2	关		
17	361 暖管暖阀手动门	关		
18	炉水循环泵给水注水门	关		
19	炉水循环泵凝结水注水门	开		
20	炉水循环泵注水滤网前手动门	开		
21	炉水循环泵注水滤网后手动门	开		
22	炉水循环泵注水滤网旁路门	关		
23	炉水循环泵注水滤网放水门 1	关		
24	炉水循环泵注水滤网放水门 2	关		
25	炉水循环泵注水冷却器出口门	开		
26	炉水循环泵注水管道压力表一次门	开		
27	炉水循环泵注水管道放水一次门	关		
28	炉水循环泵注水管道放水二次门	关		
29	炉水循环泵注水一次门	开		
30	炉水循环泵注水二次门	开		
31	炉水循环泵泵体放水一次门	关		
32	炉水循环泵泵体放水二次门	关		
33	闭冷水至炉水循环泵冷却水手动总门	开		
34	炉水循环泵冷却水母管压力表一次门	开		
35	炉水循环泵高压冷却器冷却水放空气门 1	关		
36	炉水循环泵高压冷却器冷却水放空气门 2	关		
37	炉水循环泵高压冷却器冷却水进水门	开		
38	炉水循环泵高压冷却器冷却水回水门	开		
39	炉水循环泵低压冷却器冷却水放空气门 1	关		
40	炉水循环泵低压冷却器冷却水放空气门 2	关		
41	炉水循环泵低压冷却器冷却水进水门	开		
42	炉水循环泵低压冷却器冷却水回水门	开		
43	炉水循环泵高压冷却器冷却水流量计正压侧门	开		
44	炉水循环泵高压冷却器冷却水流量计负压侧门	开		

设备送电确认卡					
序号	设备名称	标准状态	状态（√）	确认人	备注
1	炉水循环泵电机	送电			

检查____号炉炉水循环泵启动条件满足，已按系统投运前状态确认标准检查卡检查设备完毕，系统可以投运。

检查人：________________

执行情况复核（主值）：________ 时间：________

批准（值长）：________________ 时间：________

2.18 锅炉疏水系统投运前状态确认标准检查卡

班组： 编号：

工作任务	____号锅炉疏水系统投运前状态确认检查
工作分工	就地： 盘前： 值长：

危险辨识与风险评估				
危险源	风险产生过程及后果	预控措施	预控情况	确认人
1．人员技能	工作人员技能不能满足系统投运操作要求造成人身伤害、设备损坏	1．检查就地及盘前操作人员具备相应岗位资格； 2．操作人员应熟悉系统、设备及工作原理，清晰理解工作任务； 3．操作人员应具备处理一般事故的能力		
2．人员生理、心理	人员情绪异常、精神不佳造成工作中人身伤害	1．班前会中准确了解人员情况； 2．当班期间值内、部门做好监督； 3．发现人员情绪等异常情况时，严禁操作		
3．人员行为	工作票未终结、隔离措施未恢复、人员未撤离造成工作中人身伤害；工器具遗留在操作现场造成设备损坏	1．查看工作票是否终结； 2．检修人员全部撤离； 3．确认安全隔离措施全部恢复到位； 4．操作完毕应检查所有的工器具已收回，确保无遗留物件		
4．照明	现场照明不足造成人身伤害	现场照明应充足，满足操作及监视需要，否则应及时补充或增加		
5．孔洞坑井沟道及障碍物	盖板缺损及平台防护栏杆不全造成高处坠落；设备周围有障碍物影响设备运行和人身安全	1．工作场所的孔、洞、坑、井、沟道，必须覆以与地面齐平的坚固盖板。 2．发现洞口盖板缺失、损坏或未盖好时，必须立即填补、修复盖板并及时盖好。 3．所有升降口、大小孔洞、楼梯和平台，必须装设不低于1050mm高栏杆和不低于100mm高的脚部护板；离地		

续表

危险辨识与风险评估				
危险源	风险产生过程及后果	预控措施	预控情况	确认人
5．孔洞坑井沟道及障碍物	盖板缺损及平台防护栏杆不全造成高处坠落；设备周围有障碍物影响设备运行和人身安全	高度高于 20m 的平台、通道及作业场所的防护栏杆不应低于 1200mm。 4．清除设备周围影响设备运行和人身安全的障碍物		
6．高处落物	工作区域上方高处落物造成人身伤害	1．正确佩戴个人劳保防护用品； 2．进入现场要观察工作环境，发现有高处落物的可能时采取必要措施		
7．工器具	使用不合格工器具或未正确使用工器具造成工作中人身伤害	1．检查符合规定安全工器具； 2．不合格工器具禁止带入操作现场； 3．带全操作所需工器具、防护用品等（如对讲机、手电筒、耳塞等）； 4．操作中正确使用工器具		
8．触电	控制柜送电过程中人员误碰带电部位触电	1．熟悉控制柜电气回路； 2．电气操作时正确佩戴个人防护用品，正确使用合格的工器具		
9．高压介质	通过高温高压区域时高温、高压容器或管道突然断裂造成人员伤害	1．不准允许未泄压的设备进入检修状态； 2．不准在高温高压区域设长时间停留； 3．不准在未采取完善安全措施情况下擅自拆除设备上的安全防护设施； 4．操作高温高压系统时应按规定操作，并做好发生泄漏时的防范措施		
10．转动机械	标识缺损、防护罩缺损；断裂、超速、零部件脱落；肢体部位或饰品衣物、用具(包括防护用品)、工具接触转动部位	1．设备的转动部分必须装设防护罩，并标明旋转方向，露出的轴端必须装设护盖；转动设备的防护罩应完好。 2．检查设备的运行状态，保持设备的振动、温度、运行电流等参数符合标准，如发现参数超标及时处理。 3．衣服和袖口应扣好，不得戴围巾领带，长发必须盘在安全帽内；不准将用具、工器具接触设备的转动部位，不准在转动设备附近长时间停留。 4．转动设备试运行时所有人员应先远离，站在转动机械的轴向位置，并有一人站在事故按钮位置		
11．系统漏水	疏水泵启动后管道法兰接口不严密处泄漏	管路各部连接完整，法兰连接螺栓无缺失，各管道放水门关闭严密，系统启动后进行全面检查确保系统无漏点		
12．阀门卡涩	系统投入时阀门未做传动试验造成阀门开关不畅或卡涩	1．系统投入前，检查锅炉疏水系统各阀门，确认阀门开关灵活； 2．加强就地检查，确保阀门无锈蚀，无积灰，无破损，无脱扣，发现异常，及时联系检修处理		

系统投运前状态确认标准检查卡					
序号	检查内容	标准状态	确认情况（√）	确认人	备注
1	本系统热机、电气、热控检修工作票，缺陷联系单	终结或押回，无影响系统启动的缺陷			
2	与本系统启动相关联系统	无禁止疏水系统启动的检修工作			
2.1	工业水系统	1．工业水运行正常； 2．工业水母管压力大于 0.16MPa			
3	系统常规检查项目				
3.1	热工仪表	投入，就地表计及 DCS 画面上各测点指示正确。 热工专业确认人：____			
3.2	热工保护和联锁	投入。 热工专业确认人：____			
3.3	阀门	送电、送气正常，传动合格，位置正确（见《远动阀门检查卡》《就地阀门检查卡》）			
3.4	系统外部检查	1．现场周围卫生清洁，临时设施拆除，无影响转机转动的物品； 2．所有通道保持平整畅通，照明充足，消防设施齐全； 3．各设备平台护栏、盖板、格栅板完好无缺失现象			
3.5	系统整体检查	1．设备及管道外观整洁，保温完整，无泄漏现象； 2．管道外观完整，法兰、伸缩节等部位连接牢固； 3．设备各地角螺栓、对轮及防护罩连接完好，无松动现象； 4．各电动机接线盒完好，接地线牢固； 5．各阀门、设备标识牌无缺失，管道名称、色环、介质流向完整； 6．各人孔门、检查孔、看火孔关闭严密； 7．就地事故按钮已复位，保护罩完好			
4	冷凝水箱及疏水扩容器	1．外观完整，各接口处无泄漏现象； 2．冷凝水箱就地水位计投入，水箱水位小于 1300mm			
5	控制柜	疏水泵控制柜外观完整，送电正常，开关及指示正确，切换开关在“远方”位			

远动阀门检查卡							
序号	阀门名称	电源（√）	气源（√）	传动情况（√）	标准状态	确认人	备注
1	一级过热器减温水疏水电动门 1				关		
2	一级过热器减温水疏水电动门 2				关		
3	二级过热器减温水疏水电动门 1				关		
4	二级过热器减温水疏水电动门 2				关		
5	主给水管道疏水电动门 1				关		
6	主给水管道疏水电动门 2				关		
7	高温再热器进口集箱疏水手动门 1				关		
8	高温再热器进口集箱疏水手动门 2				关		
9	高温再热器出口集箱疏水手动门 1				关		
10	高温再热器出口集箱疏水手动门 2				关		
11	低温再热器出口集箱疏水电动门 1				关		
12	低温再热器出口集箱疏水电动门 2				关		
13	低温再热器进口集箱疏水电动门 1				关		
14	低温再热器进口集箱疏水电动门 2				关		
15	再热器减温器疏水电动门 1				关		
16	再热器减温器疏水电动门 2				关		
17	低温过热器进口联箱疏水电动门 1				关		
18	低温过热器进口联箱疏水电动门 2				关		
19	水平烟道底部出口集箱疏水电动门 1				关		
20	水平烟道底部出口集箱疏水电动门 2				关		
21	顶棚出口集箱疏水电动门 1				关		
22	顶棚出口集箱疏水电动门 2				关		
23	过渡段水冷壁出口混合集箱疏水电动门 1				关		
24	过渡段水冷壁出口混合集箱疏水电动门 2				关		
25	高温过热器进口集箱疏水电动门 1				关		
26	高温过热器过进口集箱疏水电动门 2				关		
27	屏式过热器进口集箱疏水电动门 1				关		
28	屏式过热器进口集箱疏水电动门 2				关		
29	高温过热器出口集箱疏水电动门 1				关		
30	高温过热器出口集箱疏水电动门 2				关		
31	屏式过热器出口集箱疏水电动门 1				关		
32	屏式过热器出口集箱疏水电动门 2				关		

续表

远动阀门检查卡							
序号	阀门名称	电源（√）	气源（√）	传动情况（√）	标准状态	确认人	备注
33	包墙出口集箱疏水电动门 1				关		
34	包墙出口集箱疏水电动门 2				关		
35	储水罐下部出口管道疏水电动门 1				关		
36	储水罐下部出口管道疏水电动门 2				关		
37	炉水循环泵出口电动门前疏水电动门 1				关		
38	炉水循环泵出口电动门前疏水电动门 2				关		
39	炉水循环泵出口电动门后疏水电动门 1				关		
40	炉水循环泵出口电动门后疏水电动门 2				关		
41	炉水循环泵过冷水疏水电动门 1				关		
42	炉水循环泵过冷水疏水电动门 2				关		
43	下降管分配集箱疏水电动门 1				关		
44	下降管分配集箱疏水电动门 2				关		
45	1 号启动疏水泵出口电动门				关		
46	2 号启动疏水泵出口电动门				关		
47	锅炉启动疏水至凝汽器电动调节阀				关		
48	锅炉启动疏水至凝汽器电动门				关		
49	锅炉启动疏水至机组排水槽电动门				关		
50	锅炉启动疏水至机组排水槽减温水电动门				关		

就地阀门检查卡				
序号	检查内容	标准状态	确认人	备注
1	1 号启动疏水泵进口门	开		
2	1 号启动疏水泵进口压力表一次门	开		
3	1 号启动疏水泵出口压力表一次门	开		
4	2 号启动疏水泵进口门	开		
5	2 号启动疏水泵进口压力表一次门	开		
6	2 号启动疏水泵出口压力表一次门	开		
7	疏水泵出口母管压力变送器一次门	开		
8	1 号启动疏水泵进口门前放水门	关		
9	2 号启动疏水泵进口门前放水门	关		
10	1 号启动疏水泵出口逆止门后放水门	关		

续表

就地阀门检查卡				
序号	检查内容	标准状态	确认人	备注
11	2 号启动疏水泵出口逆止门后放水门	关		
12	启动疏水泵出口电动门后母管放水门	关		
13	锅炉启动疏水至凝汽器电动门后放水门	关		
14	锅炉启动疏水至机组排水槽电动门后放水门	关		
15	1 号启动疏水泵再循环门	开		
16	2 号启动疏水泵再循环门	开		
17	冷凝水箱放水门	关		
18	冷凝水箱压力表一次门	开		
19	冷凝水箱就地液位计正压门	开		
20	冷凝水箱就地液位计负压门	开		
21	冷凝水箱就地液位计放水门	关		
22	冷凝水箱液位计 1 正压门	开		
23	冷凝水箱液位计 1 负压门	开		
24	冷凝水箱液位计 2 正压门	开		
25	冷凝水箱液位计 2 负压门	开		
26	冷凝水箱液位计 3 正压门	开		
27	冷凝水箱液位计 3 负压门	开		
28	疏扩至冷凝水箱管道放水门	关		
29	炉水循环泵疏水母管放水门 1	关		
30	炉水循环泵疏水母管放水门 2	关		

设备送电确认卡					
序号	设备名称	标准状态	状态（√）	确认人	备注
1	1 号启动疏水泵电机	送电			
2	2 号启动疏水泵电机	送电			

检查____号锅炉疏水系统启动条件满足，已按系统投运前状态确认标准检查卡检查设备完毕，系统可以投运。

检查人：____________

执行情况复核（主值）：____________ 时间：____________

批准（值长）：____________ 时间：____________

2.19 一级低温省煤器系统投运前状态确认标准检查卡

班组： 编号：

工作任务	____号炉一级低温省煤器系统投运前状态确认检查		
工作分工	就地：	盘前：	值长：

危险辨识与风险评估				
危险源	风险产生过程及后果	预控措施	预控情况	确认人
1．人员技能	工作人员技能不能满足系统投运操作要求造成人身伤害、设备损坏	1．检查就地及盘前操作人员具备相应岗位资格； 2．操作人员应熟悉系统、设备及工作原理，清晰理解工作任务； 3．操作人员应具备处理一般事故的能力		
2．人员生理、心理	人员情绪异常、精神不佳造成工作中人身伤害	1．班前会中准确了解人员情况； 2．当班期间值内、部门做好监督； 3．发现人员情绪等异常情况时，严禁操作		
3．人员行为	工作票未终结、隔离措施未恢复、人员未撤离造成工作中人身伤害；工器具遗留在操作现场造成设备损坏	1．查看工作票是否终结； 2．检修人员全部撤离； 3．确认安全隔离措施全部恢复到位； 4．操作完毕应检查所有的工器具已收回，确保无遗留物件		
4．照明	现场照明不足造成人身伤害	现场照明应充足，满足操作及监视需要，否则应及时补充或增加		
5．噪声、粉尘	警示标识不全或进入噪声区域时、使用高噪声工具时未正确使用防护用品造成工作人员职业病	进入噪声、粉尘区域时必须正确使用防护用品		
6．孔洞坑井沟道及障碍物	盖板缺损及平台防护栏杆不全造成高处坠落；设备周围有障碍物影响设备运行和人身安全	1．工作场所的孔、洞、坑、井、沟道，必须覆以与地面齐平的坚固盖板。 2．发现洞口盖板缺失、损坏或未盖好时，必须立即填补、修复盖板并及时盖好。 3．所有升降口、大小孔洞、楼梯和平台，必须装设不低于 1050mm 高栏杆和不低于 100mm 高的脚部护板；离地高度高于 20m 的平台、通道及作业场所的防护栏杆不应低于 1200mm。 4．清除设备周围影响设备运行和人身安全的障碍物		
7．高处落物	工作区域上方高处落物造成人身伤害	1．正确佩戴个人劳保防护用品； 2．进入现场要观察工作环境，发现有高处落物的可能时采取必要措施		

续表

危险辨识与风险评估				
危险源	风险产生过程及后果	预控措施	预控情况	确认人
8．工器具	使用不合格工器具或未正确使用工器具造成工作中人身伤害	1．检查符合规定安全工器具； 2．不合格工器具禁止带入操作现场； 3．带全操作所需工器具、防护用品等（如对讲机、手电筒、耳塞等）； 4．操作中正确使用工器具		
9．触电	控制柜送电过程中人员误碰带电部位触电	1．熟悉控制柜电气回路； 2.电气操作时正确佩戴个人防护用品，正确使用合格的工器具		
10．高压介质	通过高温高压区域时高温、高压容器或管道突然断裂造成人员伤害	1．不准允许未泄压的设备进入检修状态； 2.不准在高温高压区域设长时间停留； 3．不准在未采取完善安全措施情况下擅自拆除设备上的安全防护设施； 4.操作高温高压系统时应按规定操作，并做好发生泄漏时的防范措施		
11．转动机械	标识缺损、防护罩缺损；断裂、超速、零部件脱落；肢体部位或饰品衣物、用具（包括防护用品）、工具接触转动部位	1．设备的转动部分必须装设防护罩，并标明旋转方向，露出的轴端必须装设护盖；转动设备的防护罩应完好。 2．检查设备的运行状态，保持设备的振动、温度、运行电流等参数符合标准，如发现参数超标及时处理。 3．衣服和袖口应扣好，不得戴围巾领带，长发必须盘在安全帽内；不准将用具、工器具接触设备的转动部位，不准在转动设备附近长时间停留。 4．转动设备试运行时所有人员应先远离，站在转动机械的轴向位置，并有一人站在事故按钮位置		

系统投运前状态确认标准检查卡					
序号	检查内容	标准状态	确认情况（√）	确认人	备注
1	一级低温省煤器系统热机、电气、热控检修工作票，缺陷联系单	终结或押回，无影响系统启动的缺陷			
2	一级低温省煤器相关系统	无禁止一级低温省煤器投运的检修工作			
2.1	仪用压缩空气系统	1．系统投运正常； 2．母管空气压力大于0.5MPa			
2.2	凝结水系统	系统处于备用状态，见《汽机凝结水系统投运前状态确认标准检查卡》。 编号：____			

续表

系统投运前状态确认标准检查卡					
序号	检查内容	标准状态	确认情况（√）	确认人	备注
2.3	炉侧辅助蒸汽系统	1．投运正常； 2．压力大于0.6MPa； 3．温度大于300℃			
3	系统常规检查项目				
3.1	热工仪表	投入，就地表计及DCS画面上各测点指示正确。 热工专业确认人：____			
3.2	热工保护和联锁	投入。 热工专业确认人：____			
3.3	阀门	送电、送气正常，传动合格，位置正确（见《远动阀门检查卡》《就地阀门检查卡》）			
3.4	系统外部检查	1．现场周围卫生清洁，临时设施拆除，无影响转机转动的物品； 2．所有通道保持平整畅通，照明充足，消防设施齐全； 3．各设备平台护栏、盖板、格栅板完好无缺失现象			
3.5	系统整体检查	1．设备及管道外观整洁，保温完整，无泄漏现象； 2．管道外观完整，法兰、伸缩节等部位连接牢固； 3．设备各地角螺栓、对轮及防护罩连接完好，无松动现象； 4．一级低温省煤器1、2号升压泵电动机接线盒完好，接地线牢固； 5．各阀门、设备标识牌无缺失，管道名称、色环、介质流向完整； 6．各人孔门、检查孔、看火孔关闭严密； 7．就地事故按钮已复位，保护罩完好			
4	吹灰器	1．检查吹灰器本体、阀门和阀门启闭机构及行程机构完好，跑车传动齿轮与齿条啮合正常； 2．吹灰器限位开关完整无损坏，弹簧门关闭正常，吹灰管无弯曲变形； 3．检查各吹灰器电气接线和就地控制柜完整，控制柜已送电，开关和信号指示正确，切换开关在“远方”位； 4．检查吹灰器均已完全退出			
5	升压泵变频控制柜	控制柜外观完整，送电正常，开关和信号指示正确，切换开关在“远方”位			

远动阀门检查卡							
序号	阀门名称	电源（√）	气源（√）	传动情况（√）	标准状态	确认人	备注
1	一级低温省煤器回水母管电动门				关		
2	一级低省进水冷调阀				关		
3	一级低省进水母管调节阀				关		
4	一级低温省煤器 1 号升压泵出口电动门				关		
5	一级低温省煤器 2 号升压泵出口电动门				关		
6	一级低温省煤器热水再循环调节阀				关		
7	一级低温省煤器前段水侧旁路调节阀				关		
8	低温省煤器吹灰蒸汽进汽电动门				关		
9	低温省煤器吹灰蒸汽母管疏水电动门				关		

就地阀门检查卡				
序号	检查内容	标准状态	确认人	备注
1	1 号一级低温省煤器（前段）差压变送器正压侧一次门	开		
2	1 号一级低温省煤器（前段）差压变送器负压侧一次门	开		
3	1 号一级低温省煤器（前段）1 管道进水门 1	开		
4	1 号一级低温省煤器（前段）1 管道进水门 2	开		
5	1 号一级低温省煤器（前段）1 管道出水门	开		
6	1 号一级低温省煤器（前段）2 管道进水门 1	开		
7	1 号一级低温省煤器（前段）2 管道进水门 2	开		
8	1 号一级低温省煤器（前段）2 管道出水门	开		
9	2 号一级低温省煤器（前段）差压变送器正压侧一次门	开		
10	2 号一级低温省煤器（前段）差压变送器负压侧一次门	开		
11	2 号一级低温省煤器（前段）1 管道进水门 1	开		
12	2 号一级低温省煤器（前段）1 管道进水门 2	开		
13	2 号一级低温省煤器（前段）1 管道出水门	开		
14	2 号一级低温省煤器（前段）2 管道进水门 1	开		
15	2 号一级低温省煤器（前段）2 管道进水门 2	开		
16	2 号一级低温省煤器（前段）2 管道出水门	开		
17	3 号一级低温省煤器（前段）差压变送器正压侧一次门	开		
18	3 号一级低温省煤器（前段）差压变送器负压侧一次门	开		
19	3 号一级低温省煤器（前段）1 管道进水门 1	开		
20	3 号一级低温省煤器（前段）1 管道进水门 2	开		

续表

就地阀门检查卡				
序号	检查内容	标准状态	确认人	备注
21	3号一级低温省煤器（前段）1管道出水门	开		
22	3号一级低温省煤器（前段）2管道进水门1	开		
23	3号一级低温省煤器（前段）2管道进水门2	开		
24	3号一级低温省煤器（前段）2管道出水门	开		
25	4号一级低温省煤器（前段）差压变送器正压侧一次门	开		
26	4号一级低温省煤器（前段）差压变送器负压侧一次门	开		
27	4号一级低温省煤器（前段）1管道进水门1	开		
28	4号一级低温省煤器（前段）1管道进水门2	开		
29	4号一级低温省煤器（前段）1管道出水门	开		
30	4号一级低温省煤器（前段）2管道进水门1	开		
31	4号一级低温省煤器（前段）2管道进水门2	开		
32	4号一级低温省煤器（前段）2管道出水门	开		
33	5号一级低温省煤器（前段）差压变送器正压侧一次门	开		
34	5号一级低温省煤器（前段）差压变送器负压侧一次门	开		
35	5号一级低温省煤器（前段）1管道进水门1	开		
36	5号一级低温省煤器（前段）1管道进水门2	开		
37	5号一级低温省煤器（前段）1管道出水门	开		
38	5号一级低温省煤器（前段）2管道进水门1	开		
39	5号一级低温省煤器（前段）2管道进水门2	开		
40	5号一级低温省煤器（前段）2管道出水门	开		
41	6号一级低温省煤器（前段）差压变送器正压侧一次门	开		
42	6号一级低温省煤器（前段）差压变送器负压侧一次门	开		
43	6号一级低温省煤器（前段）1管道进水门1	开		
44	6号一级低温省煤器（前段）1管道进水门2	开		
45	6号一级低温省煤器（前段）1管道出水门	开		
46	6号一级低温省煤器（前段）2管道进水门1	开		
47	6号一级低温省煤器（前段）2管道进水门2	开		
48	6号一级低温省煤器（前段）2管道出水门	开		
49	一级低温省煤器前段放空气门	开		
50	一级低温省煤器后段放空气门	开		
51	1号一级低温省煤器（后段）差压变送器正压侧一次门	开		

续表

就地阀门检查卡				
序号	检查内容	标准状态	确认人	备注
52	1号一级低温省煤器（后段）差压变送器负压侧一次门	开		
53	1号一级低温省煤器（后段）1管道进水门1	开		
54	1号一级低温省煤器（后段）1管道进水门2	开		
55	1号一级低温省煤器（后段）1管道出水门	开		
56	1号一级低温省煤器（后段）2管道进水门1	开		
57	1号一级低温省煤器（后段）2管道进水门2	开		
58	1号一级低温省煤器（后段）2管道出水门	开		
59	1号一级低温省煤器（后段）3管道进水门1	开		
60	1号一级低温省煤器（后段）3管道进水门2	开		
61	1号一级低温省煤器（后段）3管道出水门	开		
62	1号一级低温省煤器（后段）4管道进水门1	开		
63	1号一级低温省煤器（后段）4管道进水门2	开		
64	1号一级低温省煤器（后段）4管道出水门	开		
65	2号一级低温省煤器（后段）差压变送器正压侧一次门	开		
66	2号一级低温省煤器（后段）差压变送器负压侧一次门	开		
67	2号一级低温省煤器（后段）1管道进水门1	开		
68	2号一级低温省煤器（后段）1管道进水门2	开		
69	2号一级低温省煤器（后段）1管道出水门	开		
70	2号一级低温省煤器（后段）2管道进水门1	开		
71	2号一级低温省煤器（后段）2管道进水门2	开		
72	2号一级低温省煤器（后段）2管道出水门	开		
73	2号一级低温省煤器（后段）3管道进水门1	开		
74	2号一级低温省煤器（后段）3管道进水门2	开		
75	2号一级低温省煤器（后段）3管道出水门	开		
76	2号一级低温省煤器（后段）4管道进水门1	开		
77	2号一级低温省煤器（后段）4管道进水门2	开		
78	2号一级低温省煤器（后段）4管道出水门	开		
79	一级低温省煤器（后段）出水就地压力表一次门	开		
80	一级低温省煤器（后段）出水压力变送器一次门	开		
81	一级低温省煤器1号升压泵进口就地压力表一次门	开		
82	一级低温省煤器1号升压泵进口压力变送器一次门	开		

续表

就地阀门检查卡				
序号	检查内容	标准状态	确认人	备注
83	一级低温省煤器2号升压泵进口就地压力表一次门	开		
84	一级低温省煤器2号升压泵进口压力变送器一次门	开		
85	一级低温省煤器1号升压泵进口手动门	开		
86	一级低温省煤器2号升压泵进口手动门	开		
87	一级低温省煤器升压泵出口就地压力表一次门	开		
88	一级低温省煤器升压泵出口压力变送器一次门	开		
89	一级低温省煤器进水冷调阀前手动门	关		
90	一级低温省煤器进水母管调节阀前手动门	关		
91	一级低温省煤器回水就地压力表一次门	开		
92	一级低温省煤器回水压力变送器一次门	开		
93	一级低温省煤器热水再循环调节阀前手动门	开		
94	一级低温省煤器热水再循环调节阀后手动门	开		
95	一级低温省煤器前段水侧旁路调节阀前手动门	开		
96	一级低温省煤器前段水侧旁路调节阀后手动门	开		
97	低温省煤器吹灰蒸汽进汽手动门	开		
98	低温省煤器蒸汽母管疏水手动门	开		

设备送电确认卡					
序号	设备名称	标准状态	状态（√）	确认人	备注
1	一级低温省煤器1号升压泵电机	送电			
2	一级低温省煤器2号升压泵电机	送电			
3	一级低温省煤器1号升压泵变频柜	送电			
4	一级低温省煤器2号升压泵变频柜	送电			
5	一级低温省煤器前段1～12号吹灰器	送电			
6	一级低温省煤器前段1～12号吹灰器控制柜	送电			
7	一级低温省煤器后段1～8号吹灰器	送电			
8	一级低温省煤器后段1～8号吹灰器控制柜	送电			

检查____号炉一级低温省煤器注水投运条件满足，已按系统投运前状态确认标准检查卡检查设备完毕，系统可以投运。

检查人：____________________

执行情况复核（主值）：__________　　　时间：__________

批准（值长）：______________　　　时间：__________

2.20 二级低温省煤器系统投运前状态确认标准检查卡

班组： 编号：

工作任务	____号炉二级低温省煤器系统投运前状态确认检查
工作分工	就地： 盘前： 值长：

危险辨识与风险评估				
危险源	风险产生过程及后果	预控措施	预控情况	确认人
1．人员技能	工作人员技能不能满足系统投运操作要求造成人身伤害、设备损坏	1．检查就地及盘前操作人员具备相应岗位资格； 2．操作人员应熟悉系统、设备及工作原理，清晰理解工作任务； 3．操作人员应具备处理一般事故的能力		
2．人员生理、心理	人员情绪异常、精神不佳造成工作中人身伤害	1．班前会中准确了解人员情况； 2．当班期间值内、部门做好监督； 3．发现人员情绪等异常情况时，严禁操作		
3．人员行为	工作票未终结、隔离措施未恢复、人员未撤离造成工作中人身伤害；工器具遗留在操作现场造成设备损坏	1．查看工作票是否终结； 2．检修人员全部撤离； 3．确认安全隔离措施全部恢复到位； 4．操作完毕应检查所有的工器具已收回，确保无遗留物件		
4．照明	现场照明不足造成人身伤害	现场照明应充足，满足操作及监视需要，否则应及时补充或增加		
5．噪声、粉尘	警示标识不全或进入噪声区域时、使用高噪声工具时未正确使用防护用品造成工作人员职业病	进入噪声、粉尘区域时必须正确使用防护用品		
6．孔洞坑井沟道及障碍物	盖板缺损及平台防护栏杆不全造成高处坠落；设备周围有障碍物影响设备运行和人身安全	1．工作场所的孔、洞、坑、井、沟道，必须覆以与地面齐平的坚固盖板。 2．发现洞口盖板缺失、损坏或未盖好时，必须立即填补、修复盖板并及时盖好。 3．所有升降口、大小孔洞、楼梯和平台，必须装设不低于1050mm高栏杆和不低于100mm高的脚部护板；离地高度高于20m的平台、通道及作业场所的防护栏杆不应低于1200mm。 4．清除设备周围影响设备运行和人身安全的障碍物		
7．高处落物	工作区域上方高处落物造成人身伤害	1．正确佩戴个人劳保防护用品； 2．进入现场要观察工作环境，发现有高处落物的可能时采取必要措施		

续表

危险辨识与风险评估				
危险源	风险产生过程及后果	预控措施	预控情况	确认人
8．工器具	使用不合格工器具或未正确使用工器具造成工作中人身伤害	1．检查符合规定安全工器具； 2．不合格工器具禁止带入操作现场； 3．带全操作所需工器具、防护用品等（如对讲机、手电筒、耳塞等）； 4．操作中正确使用工器具		
9．触电	控制柜送电过程中人员误碰带电部位触电	1．熟悉控制柜电气回路； 2．电气操作时正确佩戴个人防护用品，正确使用合格的工器具		
10．高压介质	通过高温高压区域时高温、高压容器或管道突然断裂造成人员伤害	1．不准允许未泄压的设备进入检修状态； 2．不准在高温高压区域设长时间停留； 3．不准在未采取完善安全措施情况下擅自拆除设备上的安全防护设施； 4．操作高温高压系统时应按规定操作，并做好发生泄漏时的防范措施		
11．转动机械	标识缺损、防护罩缺损；断裂、超速、零部件脱落；肢体部位或饰品衣物、用具（包括防护用品）、工具接触转动部位	1．设备的转动部分必须装设防护罩，并标明旋转方向，露出的轴端必须装设护盖；转动设备的防护罩应完好。 2．检查设备的运行状态，保持设备的振动、温度、运行电流等参数符合标准，如发现参数超标及时处理。 3．衣服和袖口应扣好，不得戴围巾领带，长发必须盘在安全帽内；不准将用具、工器具接触设备的转动部位，不准在转动设备附近长时间停留。 4．转动设备试运行时所有人员应先远离，站在转动机械的轴向位置，并有一人站在事故按钮位置		

系统投运前状态确认标准检查卡					
序号	检查内容	标准状态	确认情况（√）	确认人	备注
1	二级低温省煤器系统热机、电气、热控检修工作票，缺陷联系单	终结或押回，无影响系统启动的缺陷			
2	二级低温省煤器相关系统	无禁止二级低温省煤器投运的检修工作			
2.1	仪用压缩空气系统	1．系统投运正常； 2．母管空气压力大于0.5MPa			
2.2	凝结水系统	系统处于备用状态，见《汽机凝结水系统投运前状态确认标准检查卡》。 编号：——			

续表

系统投运前状态确认标准检查卡					
序号	检查内容	标准状态	确认情况（√）	确认人	备注
2.3	炉侧辅助蒸汽系统	1．投运正常； 2．压力大于 0.6MPa； 3．温度大于 300℃			
3	系统常规检查项目				
3.1	热工仪表	投入，就地表计及 DCS 画面上各测点指示正确。 热工专业确认人：____			
3.2	热工保护和联锁	投入。 热工专业确认人：____			
3.3	阀门	送电、送气正常，传动合格，位置正确（见《远动阀门检查卡》《就地阀门检查卡》）			
3.4	系统外部检查	1．现场卫生清洁，临时设施拆除，无影响转机转动的物品； 2．所有通道保持平整畅通，照明充足，消防设施齐全； 3．各设备平台护栏、盖板、格栅板完好无缺失现象			
3.5	系统整体检查	1．设备及管道外观整洁，保温完整，无泄漏现象； 2．管道外观完整，法兰、伸缩节等部位连接牢固； 3．设备各地角螺栓、对轮及防护罩连接完好，无松动现象； 4．二级低温省煤器 1、2 号升压泵电动机接线盒完好，接地线牢固； 5．各阀门、设备标识牌无缺失，管道名称、色环、介质流向完整； 6．各人孔门、检查孔、看火孔关闭严密； 7．就地事故按钮已复位，保护罩完			
4	吹灰器	1．检查吹灰器本体、阀门和阀门启闭机构及行程机构完好，跑车传动齿轮与齿条啮合正常； 2．吹灰器限位开关完整无损坏，弹簧门关闭正常，吹灰管无弯曲变形； 3．检查各吹灰器电气接线和就地控制柜完整，控制柜已送电，开关和信号指示正确，切换开关在“远方”位； 4．检查吹灰器均已完全退出			
5	升压泵变频控制柜	控制柜外观完整，送电正常，开关和信号指示正确，切换开关在“远方”位			

远动阀门检查卡							
序号	阀门名称	电源（√）	气源（√）	传动情况（√）	标准状态	确认人	备注
1	二次暖风器回水母管电动门				关		
2	二级低温省煤器进水冷调阀				关		
3	二级低温省煤器进水母管调节阀				关		
4	二级低温省煤器 1 号升压泵出口电动门				关		
5	二级低温省煤器 2 号升压泵出口电动门				关		
6	二次暖风器水侧旁路调节阀				关		
7	低温省煤器吹灰蒸汽进汽电动门				关		
8	低温省煤器吹灰蒸汽母管疏水电动门				关		

就地阀门检查卡				
序号	检查内容	标准状态	确认人	备注
1	1 号二级低温省煤器差压变送器正压侧一次门	开		
2	1 号二级低温省煤器差压变送器负压侧一次门	开		
3	1 号二级低温省煤器 1 管道进水门 1	开		
4	1 号二级低温省煤器 1 管道进水门 2	开		
5	1 号二级低温省煤器 1 管道出水门	开		
6	1 号二级低温省煤器 2 管道进水门 1	开		
7	1 号二级低温省煤器 2 管道进水门 2	开		
8	1 号二级低温省煤器 2 管道出水门	开		
9	1 号二级低温省煤器 3 管道进水门 1	开		
10	1 号二级低温省煤器 3 管道进水门 2	开		
11	1 号二级低温省煤器 3 管道出水门	开		
12	1 号二级低温省煤器 4 管道进水门 1	开		
13	1 号二级低温省煤器 4 管道进水门 2	开		
14	1 号二级低温省煤器 4 管道出水门	开		
15	2 号二级低温省煤器差压变送器正压侧一次门	开		
16	2 号二级低温省煤器差压变送器负压侧一次门	开		
17	2 号二级低温省煤器 1 管道进水门 1	开		
18	2 号二级低温省煤器 1 管道进水门 2	开		
19	2 号二级低温省煤器 1 管道出水门	开		
20	2 号二级低温省煤器 2 管道进水门 1	开		
21	2 号二级低温省煤器 2 管道进水门 2	开		

续表

就地阀门检查卡				
序号	检查内容	标准状态	确认人	备注
22	2号二级低温省煤器2管道出水门	开		
23	2号二级低温省煤器3管道进水门1	开		
24	2号二级低温省煤器3管道进水门2	开		
25	2号二级低温省煤器3管道出水门	开		
26	2号二级低温省煤器4管道进水门1	开		
27	2号二级低温省煤器4管道进水门2	开		
28	2号二级低温省煤器4管道出水门	开		
29	二级低温省煤器出口管道放空气门	开		
30	二级低温省煤器出水就地压力表一次门	开		
31	二级低温省煤器出水压力变送器一次门	开		
32	二级低温省煤器升压泵进口就地压力表一次门	开		
33	二级低温省煤器升压泵进口压力变送器一次门	开		
34	二级低温省煤器升压泵出口就地压力表一次门	开		
35	二级低温省煤器升压泵出口压力变送器一次门	开		
36	二级低温省煤器1号升压泵进口手动门	关		
37	二级低温省煤器2号升压泵进口手动门	关		
38	二级低温省煤器进水母管调节阀前手动门	关		
39	二级低温省煤器进水冷调阀前手动门	关		
40	二次暖风器回水就地压力表一次门	开		
41	二次暖风器回水压力变送器一次门	开		
42	1号二次暖风器差压变送器正压侧一次门	开		
43	1号二次暖风器差压变送器负压侧一次门	开		
44	1号二次暖风器1管道进水门	开		
45	1号二此暖风器1管道出水门	开		
46	1号二次暖风器2管道进水门	开		
47	1号二此暖风器2管道出水门	开		
48	1号二次暖风器3管道进水门	开		
49	1号二次暖风器3管道出水门	开		
50	1号二次暖风器4管道进水门	开		
51	1号二次暖风器4管道出水门	开		
52	2号二次暖风器差压变送器正压侧一次门	开		

续表

就地阀门检查卡				
序号	检查内容	标准状态	确认人	备注
53	2 号二次暖风器差压变送器负压侧一次门	开		
54	2 号二次暖风器 1 管道进水门	开		
55	2 号二次暖风器 1 管道出水门	开		
56	2 号二次暖风器 2 管道进水门	开		
57	2 号二次暖风器 2 管道出水门	开		
58	2 号二次暖风器 3 管道进水门	开		
59	2 号二次暖风器 3 管道出水门	开		
60	2 号二次暖风器 4 管道进水门	开		
61	2 号二次暖风器 4 管道出水门	开		
62	二次暖风器水侧旁路调节阀前手动门	开		
63	二次暖风器水侧旁路调节阀后手动门	开		
64	二次暖风器出水管道放空气门	开		

设备送电确认卡					
序号	设备名称	标准状态	状态（√）	确认人	备注
1	二级低温省煤器 1 号升压泵电机	送电			
2	二级低温省煤器 2 号升压泵电机	送电			
3	二级低温省煤器 1 号升压泵变频柜	送电			
4	二级低温省煤器 2 号升压泵变频柜	送电			
5	二级低温省煤器 1～8 号吹灰器电机	送电			
6	二级低温省煤器 1～8 号吹灰器控制柜	送电			

检查____号炉二级低温省煤器及二次暖风器注水投运条件满足，已按系统投运前状态确认标准检查卡检查设备完毕，系统可以投运。

检查人：____________

执行情况复核（主值）：________　　时间：________

批准（值长）：____________　　时间：________

2.21 锅炉上水前状态确认标准检查卡

班组：　　　　　　　　编号：

工作任务	____号锅炉上水前状态确认检查
工作分工	就地：　　　　盘前：　　　　值长：

危险辨识与风险评估				
危险源	风险产生过程及后果	预控措施	预控情况	确认人
1．人员技能	工作人员技能不能满足系统投运操作要求造成人身伤害、设备损坏	1．检查就地及盘前操作人员具备相应岗位资格； 2．操作人员应熟悉系统、设备及工作原理，清晰理解工作任务； 3．操作人员应具备处理一般事故的能力		
2．人员生理、心理	人员情绪异常、精神不佳造成工作中人身伤害	1．班前会中准确了解人员情况； 2．当班期间值内、部门做好监督； 3．发现人员情绪等异常情况时，严禁操作		
3．人员行为	工作票未终结、隔离措施未恢复、人员未撤离造成工作中人身伤害；工器具遗留在操作现场造成设备损坏	1．查看工作票是否终结； 2．检修人员全部撤离； 3．确认安全隔离措施全部恢复到位； 4．操作完毕应检查所有的工器具已收回，确保无遗留物件		
4．照明	现场照明不足造成人身伤害	现场照明应充足，满足操作及监视需要，否则应及时补充或增加		
5．噪声	警示标识不全或进入噪声区域时、使用高噪声工具时未正确使用防护用品造成工作人员职业病	进入噪声区域时必须正确使用防护用品		
6．孔洞坑井沟道及障碍物	盖板缺损及平台防护栏杆不全造成高处坠落；设备周围有障碍物影响设备运行和人身安全	1．工作场所的孔、洞、坑、井、沟道，必须覆以与地面齐平的坚固盖板。 2．发现洞口盖板缺失、损坏或未盖好时，必须立即填补、修复盖板并及时盖好。 3．所有升降口、大小孔洞、楼梯和平台，必须装设不低于 1050mm 高栏杆和不低于 100mm 高的脚部护板；离地高度高于 20m 的平台、通道及作业场所的防护栏杆不应低于 1200mm。 4．清除设备周围影响设备运行和人身安全的障碍物		
7．高处落物	工作区域上方高处落物造成人身伤害	1．正确佩戴个人劳保防护用品； 2．进入现场要观察工作环境，发现有高处落物的可能时采取必要措施		
8．工器具	使用不合格工器具或未正确使用工器具造成工作中人身伤害	1．检查符合规定安全工器具； 2．不合格工器具禁止带入操作现场； 3．带全操作所需工器具、防护用品等（如对讲机、手电筒、耳塞等）； 4．操作中正确使用工器具		
9．触电	控制柜送电过程中人员误碰带电部位触电	1．熟悉控制柜电气回路； 2．电气操作时正确佩戴个人防护用品，正确使用合格的工器具		

续表

危险辨识与风险评估				
危险源	风险产生过程及后果	预控措施	预控情况	确认人
10．高压介质	通过高温高压区域时高温、高压容器或管道突然断裂造成人员伤害	1．不准允许未泄压的设备进入检修状态； 2．不准在高温高压区域长时间停留； 3．不准在未采取完善安全措施情况下擅自拆除设备上的安全防护设施； 4．操作高温高压系统时应按规定操作，并做好发生泄漏时的防范措施		
11．水质不合格	锅炉上水用水必须进行水处理，用除盐水	用除盐水或冷凝水，并保证除盐水中氯离子含量<25mg/L。锅炉上水后要进行水质化验，水质不合格，要进行冷态清洗直到水质合格		

系统投运前状态确认标准检查卡					
序号	检查内容	标准状态	确认情况（√）	确认人	备注
1	锅炉本体、烟道、受热面、捞渣机组等相关系统热机、电气、热控检修工作票，缺陷联系单	终结或押回，无影响启动的缺陷			
2	与锅炉上水相关的系统	无禁止锅炉上水的检修工作			
2.1	锅炉疏放水系统	系统处于备用状态，见《锅炉疏放水系统确投运前状态确认标准检查卡》，编号：____			
2.2	炉水循环泵系统	1．炉水循环泵泵电机已注水，见《炉水循环泵系统注水操作票》，编号：____ 2．检查炉水循环泵泵低压注水门开启； 3．开启炉水循环泵泵入口管道空气门，检查有连续水流后关闭； 4．炉水循环泵泵冷却水系统运行正常，压力大于0.5MPa，温度小于45℃； 5．储水罐压力小于686kPa； 6．储水罐水位小于12000mm			
2.3	凝结水及高压加热器系统	1．管路冲洗合格，联系化学化验管路水质。 化验人：____ 2．高压加热器系统旁路投入			
2.4	除氧器系统	除氧器已投运，水温大于80℃			
2.5	仪用压缩空气系统	1．系统投运正常； 2．母管空气压力大于0.5MPa			

续表

系统投运前状态确认标准检查卡					
序号	检查内容	标准状态	确认情况（√）	确认人	备注
3	系统常规检查项目				
3.1	热工仪表	投入，就地表计及 DCS 画面上各测点指示正确。 热工专业确认人：____			
3.2	热工保护和联锁	投入。 热工专业确认人：____			
3.3	阀门	1．送电、送气正常，传动合格，位置正确（见《远动阀门检查卡》《就地阀门检查卡》）； 2．所有安全阀完好，试验夹紧装置和水压试验堵阀已拆除			
3.4	系统外部检查	1．现场卫生清洁，临时设施拆除； 2．所有通道保持平整畅通，照明充足，消防设施齐全； 3．各设备平台护栏、盖板、格栅板完好无缺失现象			
3.5	系统整体检查	1．设备及管道外观整洁，保温完整，无泄漏现象； 2．管道外观完整，法兰、伸缩节等部位连接牢固； 3．汽水管道各支吊架完整无松动，液压式阻尼器工作正常，无漏油现象； 4．各膨胀指示器指示正常，并将数值正确录入膨胀指示记录本； 5．各阀门、设备标识牌无缺失，管道名称、色环、介质流向完整； 6．各人孔门、检查孔、看火孔关闭严密			

远动阀门检查卡							
序号	阀门名称	电源（√）	气源（√）	传动情况（√）	标准状态	确认人	备注
1	高温过热器右侧出口 PCV 阀前电动门				开		
2	高温过热器右侧出口 PCV 阀				关		
3	高温过热器左侧出口 PCV 阀前电动门				开		
4	高温过热器左侧出口 PCV 阀				关		
5	过热器减温水右侧总管电动门				关		
6	过热器减温水左侧总管电动门				关		
7	过热器右侧二级减温水调节阀前电动门				关		

续表

远动阀门检查卡							
序号	阀门名称	电源（√）	气源（√）	传动情况（√）	标准状态	确认人	备注
8	过热器左侧二级减温水调节阀前电动门				关		
9	过热器左侧一级减温水调节阀前电动门				关		
10	过热器右侧一级减温水调节阀前电动门				关		
11	过热器右侧二级减温水调节阀				关		
12	过热器左侧二级减温水调节阀				关		
13	过热器左侧一级减温水调节阀				关		
14	过热器右侧一级减温水调节阀				关		
15	过热器右侧二级减温水调节阀后电动门				关		
16	过热器左侧二级减温水调节阀后电动门				关		
17	过热器左侧一级减温水调节阀后电动门				关		
18	过热器右侧一级减温水调节阀后电动门				关		
19	过热器减温水右侧总管电动门				关		
20	过热器减温水右侧总管电动门				关		
21	再热器减温水总管电动门				关		
22	再热器右侧减温水调节阀				关		
23	再热器右侧减温水调节阀后电动门				关		
24	再热器左侧减温水调节阀				关		
25	再热器左侧减温水调节阀后电动门				关		
26	螺旋水冷壁出口混合集箱排气电动门				开		
27	省煤器出口集箱排气电动门				开		
28	包墙吊挂管出口集箱排气电动门				开		
29	低过出口集箱排气电动门				开		
30	低温再热器出口集箱排气电动门				开		
31	高温再热器出口集箱排气电动门				开		
32	过热器右侧一级减温水管道排气电动门				开		
33	高温过热器出口集箱排气电动门				开		
34	过热器左侧一级减温水管道排气电动门				开		
35	过热器右侧二级减温水管道排气电动门				开		
36	过热器左侧二级减温水管道排气电动门				开		
37	汽水分离器出口蒸汽管道排气电动门				开		
38	屏过出口连接管排气电动门				开		

续表

远动阀门检查卡							
序号	阀门名称	电源（√）	气源（√）	传动情况（√）	标准状态	确认人	备注
39	水冷壁出口混合集箱排气电动门				开		
40	分离器储水罐至过热器二级减温水电动门				关		
41	主给水电动门				关		
42	主给水旁路调节阀前电动门				关		
43	主给水旁路调节阀				关		
44	主给水旁路调节阀后电动门				关		
45	再循环管路流量电动调节阀（360 阀）				关		
46	炉水循环泵过冷管路电动门 1				关		
47	炉水循环泵过冷管路电动门 2				关		
48	炉水循环泵泵再循环电动门				关		
49	炉水循环泵出口电动门				关		
50	炉水循环泵入口电动门				关		
51	炉水循环泵进口管路放气电动门				关		
52	炉水循环泵及 361 暖管阀				关		
53	一级过热器减温水疏水电动门 1				开		
54	一级过热器减温水疏水电动门 2				开		
55	二级过热器减温水疏水电动门 1				开		
56	二级过热器减温水疏水电动门 2				开		
57	炉水循环泵过冷管路疏水电动门 1				关		
58	炉水循环泵过冷管路疏水电动门 2				关		
59	高温再热器进口集箱疏水电动门 1				开		
60	高温再热器进口集箱疏水电动门 2				开		
61	高温再热器出口集箱疏水电动门 1				开		
62	高温再热器出口集箱疏水电动门 2				开		
63	低温再热器出口集箱疏水电动门 1				开		
64	低温再热器出口集箱疏水电动门 2				开		
65	低温再热器进口管道疏水电动门 1				开		
66	低温再热器进口管道疏水电动门 2				开		
67	再热器减温水管道疏水电动门 1				开		
68	再热器减温水管道疏水电动门 2				开		
69	低温过热器进口集箱疏水电动门 1				开		

续表

远动阀门检查卡							
序号	阀门名称	电源（√）	气源（√）	传动情况（√）	标准状态	确认人	备注
70	低温过热器进口集箱疏水电动门 2				开		
71	水平烟道底部出口集箱疏水电动门 1				关		
72	水平烟道底部出口集箱疏水电动门 2				关		
73	高温过热器进口集箱疏水电动门 1				开		
74	高温过热器进口集箱疏水电动门 2				开		
75	屏式过热器进口集箱疏水电动门 1				开		
76	屏式过热器进口集箱疏水电动门 2				开		
77	高温过热器出口集箱疏水电动门 1				开		
78	高温过热器出口集箱疏水电动门 2				开		
79	屏式过热器出口集箱疏水电动门 1				开		
80	屏式过热器出口集箱疏水电动门 2				开		
81	顶棚出口集箱疏水电动门 1				开		
82	顶棚出口集箱疏水电动门 2				开		
83	螺旋水冷壁出口混合集箱疏水电动门 1				关		
84	螺旋水冷壁出口混合集箱疏水电动门 2				关		
85	给水管道疏水电动门 1				关		
86	给水管道疏水电动门 2				关		
87	后竖井包墙出口集箱疏水电动门 1				开		
88	后竖井包墙出口集箱疏水电动门 2				开		
89	下降管分配集箱疏水电动门 1				关		
90	下降管分配集箱疏水电动门 2				关		
91	储水罐下部出口管道疏水电动门 1				关		
92	储水罐下部出口管道疏水电动门 2				关		
93	炉水循环泵出口电动门后疏水电动门 1				关		
94	炉水循环泵出口电动门后疏水电动门 2				关		
95	361 阀进口电动门				关		
96	361 阀阀前管道疏水电动门 1				关		
97	1 号 361 阀				关		
98	2 号 361 阀				关		
99	3 号 361 阀				关		
100	1 号启动疏水泵出口电动门				关		

续表

远动阀门检查卡							
序号	阀门名称	电源（√）	气源（√）	传动情况（√）	标准状态	确认人	备注
101	2号启动疏水泵出口电动门				关		
102	锅炉启动疏水至凝汽器电动调节阀				关		
103	锅炉启动疏水至凝汽器电动门				关		
104	锅炉启动疏水至机组排水槽电动门				关		
105	锅炉启动疏水至机组排水槽减温水电动门				关		

就地阀门检查卡				
序号	检查内容	标准状态	确认人	备注
1	高温过热器右侧出口取样一次门	开		
2	高温过热器右侧出口取样二次门	开		
3	高温过热器左侧出口取样一次门	开		
4	高温过热器左侧出口取样二次门	开		
5	高温再热器右侧出口取样一次门	开		
6	高温再热器右侧出口取样二次门	开		
7	高温再热器左侧出口取样一次门	开		
8	高温再热器左侧出口取样二次门	开		
9	高温再热器左侧出口管道压力变送器一次门	开		
10	高温再热器右侧出口管道压力变送器一次门	开		
11	高温再热器左侧出口管道就地压力表一次门	开		
12	高温再热器右侧出口管道就地压力表一次门	开		
13	高温过热器左侧出口就地压力表一次门	开		
14	高温过热器右侧出口就地压力表一次门	开		
15	高温过热器左侧出口压力变送器一次门	开		
16	高温过热器右侧出口压力变送器一次门	开		
17	高温过热器出口压力变送器1一次门	开		
18	高温过热器出口压力变送器2一次门	开		
19	高温过热器出口压力变送器3一次门	开		
20	高温过热器出口压力变送器4一次门	开		
21	高温过热器出口压力变送器5一次门	开		
22	高温过热器出口压力变送器6一次门	开		
23	高温过热器右侧出口安全阀	关		

续表

就地阀门检查卡				
序号	检查内容	标准状态	确认人	备注
24	高温过热器左侧出口安全阀	关		
25	高温再热器左侧出口安全阀	关		
26	高温再热器右侧出口安全阀	关		
27	汽水分离器出口取样一次门	开		
28	汽水分离器出口取样二次门	开		
29	屏式过热器右侧进口安全阀 1	关		
30	屏式过热器右侧进口安全阀 2	关		
31	屏式过热器右侧进口安全阀 3	关		
32	屏式过热器左侧进口安全阀 1	关		
33	屏式过热器左侧进口安全阀 2	关		
34	屏式过热器左侧进口安全阀 3	关		
35	省煤器出口集箱排气手动门	开		
36	省煤器出口集箱充氮手动门	关		
37	螺旋水冷壁出口混合集箱排气手动门	开		
38	水冷壁出口混合集箱排气手动门	开		
39	水冷壁出口混合集箱充氮手动门	关		
40	汽水分离器出口蒸汽管道排气手动门	开		
41	汽水分离器出口蒸汽管道充氮手动门	关		
42	包墙吊挂管出口集箱排气手动门	开		
43	低温过热器出口集箱排气手动门	开		
44	低温过热器出口集箱充氮手动门	关		
45	屏式过热器出口连接管排气手动门	开		
46	高温过热器出口集箱充氮手动门	关		
47	过热器右侧一级减温水管道排气手动门	开		
48	过热器左侧一级减温水管道排气手动门	开		
49	过热器左侧二级减温水管道排气手动门	开		
50	过热器右侧二级减温水管道排气手动门	开		
51	低温再热器出口集箱排气手动门	开		
52	高温再热器出口集箱排气手动门	开		
53	高温再热器出口集箱充氮手动门	关		
54	过热器左侧一级减温水流量变送器正压侧一次门	开		

续表

就地阀门检查卡				
序号	检查内容	标准状态	确认人	备注
55	过热器左侧一级减温水流量变送器正压侧二次门	开		
56	过热器左侧一级减温水流量变送器负压侧一次门	开		
57	过热器左侧一级减温水流量变送器负压侧二次门	开		
58	过热器右侧二级减温水流量变送器正压侧一次门	开		
59	过热器右侧二级减温水流量变送器正压侧二次门	开		
60	过热器右侧二级减温水流量变送器负压侧一次门	开		
61	过热器右侧二级减温水流量变送器负压侧二次门	开		
62	过热器左侧二级减温水流量变送器正压侧一次门	开		
63	过热器左侧二级减温水流量变送器正压侧二次门	开		
64	过热器左侧二级减温水流量变送器负压侧一次门	开		
65	过热器左侧二级减温水流量变送器负压侧二次门	开		
66	过热器右侧一级减温水流量变送器正压侧一次门	开		
67	过热器右侧一级减温水流量变送器正压侧二次门	开		
68	过热器右侧一级减温水流量变送器负压侧一次门	开		
69	过热器右侧一级减温水流量变送器负压侧二次门	开		
70	再热器左侧减温水流量变送器正压侧一次门	开		
71	再热器左侧减温水流量变送器正压侧二次门	开		
72	再热器左侧减温水流量变送器负压侧一次门	开		
73	再热器左侧减温水流量变送器负压侧二次门	开		
74	再热器右侧减温水流量变送器正压侧一次门	开		
75	再热器右侧减温水流量变送器正压侧二次门	开		
76	再热器右侧减温水流量变送器负压侧一次门	开		
77	再热器右侧减温水流量变送器负压侧二次门	开		
78	分离器储水罐至过热器二级减温水手动门	关		
79	分离器储水罐至右侧二级减温水手动门	关		
80	分离器储水罐至左侧二级减温水手动门	关		
81	过热器减温水右侧总管电动门后压力变送器一次门	开		
82	过热器减温水左侧总管电动门后压力变送器一次门	开		
83	汽水分离器出口蒸汽管道压力变送器一次门	开		
84	再热器减温水总管电动门前压力变送器一次门	开		
85	再热器减温水总管电动门前就地压力表一次门	开		

续表

就地阀门检查卡				
序号	检查内容	标准状态	确认人	备注
86	储水罐水位计 LT1 上手动门	开		
87	储水罐水位计 LT1 下手动门	开		
88	储水罐水位计 LT2 上手动门	开		
89	储水罐水位计 LT2 下手动门	开		
90	储水罐水位计 LT3 上手动门	开		
91	储水罐水位计 LT3 下手动门	开		
92	储水罐取样一次门	开		
93	储水罐取样二次门	开		
94	低温再热器右侧进口安全阀 1	关		
95	低温再热器右侧进口安全阀 2	关		
96	低温再热器右侧进口安全阀 3	关		
97	低温再热器右侧进口安全阀 4	关		
98	低温再热器左侧进口安全阀 1	关		
99	低温再热器左侧进口安全阀 2	关		
100	低温再热器左侧进口安全阀 3	关		
101	低温再热器左侧进口安全阀 4	关		
102	低温再热器左侧进口管道压力变送器一次门	开		
103	低温再热器右侧进口管道压力变送器一次门	开		
104	低温再热器左侧进口管道就地压力表一次门	开		
105	低温再热器右侧进口管道就地压力表一次门	开		
106	低温再热器右侧入口取样一次门	开		
107	低温再热器右侧入口取样二次门	开		
108	低温再热器左侧入口取样一次门	开		
109	低温再热器左侧入口取样二次门	开		
110	主给水电动门平衡阀	开		
111	主给水取样一次门	开		
112	主给水取样二次门	开		
113	给水流量变送器正压侧一次门	开		
114	给水流量变送器正压侧二次门	开		
115	给水流量变送器负压侧一次门	开		
116	给水流量变送器负压侧二次门	开		

续表

就地阀门检查卡				
序号	检查内容	标准状态	确认人	备注
117	主给水电动门前压力变送器一次门	开		
118	主给水电动门后就地压力表一次门	开		
119	主给水电动门后压力变送器一次门	开		
120	炉水循环泵再循环电动门后压力表一次门	开		
121	炉水循环泵再循环电动门平衡阀	开		
122	炉水循环泵出口流量变送器正压侧一次门	开		
123	炉水循环泵出口流量变送器正压侧二次门	开		
124	炉水循环泵出口流量变送器负压侧一次门	开		
125	炉水循环泵出口流量变送器负压侧二次门	开		
126	炉水循环泵进出口差压变送器 1 正压侧一次门	开		
127	炉水循环泵进出口差压变送器 1 正压侧二次门	开		
128	炉水循环泵进出口差压变送器 1 负压侧一次门	开		
129	炉水循环泵进出口差压变送器 1 负压侧二次门	开		
130	炉水循环泵进出口差压变送器 2 正压侧一次门	开		
131	炉水循环泵进出口差压变送器 2 正压侧二次门	开		
132	炉水循环泵进出口差压变送器 2 负压侧一次门	开		
133	炉水循环泵进出口差压变送器 2 负压侧二次门	开		
134	炉水循环泵出口电动门平衡门	开		
135	炉水循环泵出口电动门后就地压力表一次门	开		
136	炉水循环泵入口管道就地压力表一次门	开		
137	炉水循环泵入口电动门平衡阀	开		
138	炉水循环泵进口管路放气手动门	关		
139	361 阀进口电动门平衡门	开		
140	炉水循环泵暖泵暖管手动门 1	关		
141	炉水循环泵暖泵暖管手动门 2	关		
142	361 暖管暖阀手动门	关		
143	1 号 361 阀暖阀水进水门	关		
144	2 号 361 阀暖阀水进水门	关		
145	3 号 361 阀暖阀水进水门	关		
146	1 号 361 阀暖阀水出水门	关		
147	2 号 361 阀暖阀水出水门	关		

续表

就地阀门检查卡				
序号	检查内容	标准状态	确认人	备注
148	3 号 361 阀暖阀水出水门	关		
149	炉水循环泵疏水母管放水门 1	关		
150	炉水循环泵疏水母管放水门 2	关		
151	冷凝水箱就地液位计上手动门	开		
152	冷凝水箱就地液位计下手动门	开		
153	冷凝水箱就地压力表一次门	开		
154	冷凝水箱液位变送器 1 一次门	开		
155	冷凝水箱液位变送器 2 一次门	开		
156	冷凝水箱液位变送器 3 一次门	开		
157	1 号启动疏水泵进口就地压力表一次门	开		
158	2 号启动疏水泵进口就地压力表一次门	开		
159	1 号启动疏水泵出口就地压力表一次门	开		
160	2 号启动疏水泵出口就地压力表一次门	开		
161	启动疏水泵出口电动门后母管压力变送器一次门	开		
162	1 号启动疏水泵进口门	开		
163	2 号启动疏水泵进口门	开		
164	1 号启动疏水泵进口门前放水门	关		
165	2 号启动疏水泵进口门前放水门	关		
166	1 号启动疏水泵出口逆止门后放水门	关		
167	2 号启动疏水泵出口逆止门后放水门	关		
168	启动疏水泵出口电动门后母管放水门	关		
169	锅炉启动疏水至凝汽器电动门后放水门	关		
170	锅炉启动疏水至机组排水槽电动门后放水门	关		
171	1 号启动疏水泵再循环门	开		
172	2 号启动疏水泵再循环门	开		
173	冷凝水箱放水门	关		
174	疏扩至冷凝水箱管道放水门	关		

设备送电确认卡					
序号	设备名称	标准状态	状态（√）	确认人	备注
	无				

检查____号炉锅炉上水条件已满足，已按系统投运前状态确认标准检查卡检查设备完毕，系统可以投运。

检查人：______________

执行情况复核（主值）：__________　　　　　　时间：__________

批准（值长）：______________　　　　　　时间：__________

2.22　磨煤机润滑油站投运前状态确认标准检查卡

班组：　　　　　　　　　　　　　　　　　　　　　　　　编号：

工作任务	____号炉____号磨煤机润滑油站投运前状态确认检查
工作分工	就地：　　　　　　盘前：　　　　　　值长：

危险辨识与风险评估				
危险源	风险产生过程及后果	预控措施	预控情况	确认人
1．人员技能	工作人员技能不能满足系统投运操作要求造成人身伤害、设备损坏	1．检查就地及盘前操作人员具备相应岗位资格； 2．操作人员应熟悉系统、设备及工作原理，清晰理解工作任务； 3．操作人员应具备处理一般事故的能力		
2．人员生理、心理	人员情绪异常、精神不佳造成工作中人身伤害	1．班前会中准确了解人员情况； 2．当班期间值内、部门做好监督； 3．发现人员情绪等异常情况时，严禁操作		
3．人员行为	工作票未终结、隔离措施未恢复、人员未撤离造成工作中人身伤害；工器具遗留在操作现场造成设备损坏	1．查看工作票是否终结； 2．检修人员全部撤离； 3．确认安全隔离措施全部恢复到位； 4．操作完毕应检查所有的工器具已收回，确保无遗留物件		
4．照明	现场照明不足造成人身伤害	现场照明应充足，满足操作及监视需要，否则应及时补充或增加		
5．噪声、粉尘	警示标识不全或进入噪声区域时、使用高噪声工具时未正确使用防护用品造成工作人员职业病	进入噪声、粉尘区域时必须正确使用防护用品		
6．孔洞坑井沟道及障碍物	盖板缺损及平台防护栏杆不全造成高处坠落；设备周围有障碍物影响设备运行和人身安全	1．工作场所的孔、洞、坑、井、沟道，必须覆以与地面齐平的坚固盖板。 2．发现洞口盖板缺失、损坏或未盖好时，必须立即填补、修复盖板并及时盖好。 3．所有升降口、大小孔洞、楼梯和平台，必须装设不低于 1050mm 高栏杆和不低于 100mm 高的脚部护板；离地高度高于 20m 的平台、通道及作业场所的防护栏杆不应低于 1200mm。 4．清除设备周围影响设备运行和人身安全的障碍物		

续表

危险辨识与风险评估				
危险源	风险产生过程及后果	预控措施	预控情况	确认人
7．高处落物	工作区域上方高处落物造成人身伤害	1．正确佩戴个人劳保防护用品； 2．进入现场要观察工作环境，发现有高处落物的可能时采取必要措施		
8．工器具	使用不合格工器具或未正确使用工器具造成工作中人身伤害	1．检查符合规定安全工器具； 2．不合格工器具禁止带入操作现场； 3．带全操作所需工器具、防护用品等（如对讲机、手电筒、耳塞等）； 4．操作中正确使用工器具		
9．触电	控制柜送电过程中人员误碰带电部位触电	1．熟悉控制柜电气回路； 2．电气操作时正确佩戴个人防护用品，正确使用合格的工器具		
10．油	油泄漏遇明火或高温物体造成火灾	1．油管道法兰、阀门及可能漏油部位附近不准有明火，必须明火作业时要采取有效措施； 2．尽量避免使用法兰连接，禁止使用铸铁阀门		
11．转动机械	标识缺损、防护罩缺损；断裂、超速、零部件脱落；肢体部位或饰品衣物、用具（包括防护用品）、工具接触转动部位	1．设备的转动部分必须装设防护罩，并标明旋转方向，露出的轴端必须装设护盖；转动设备的防护罩应完好。 2．检查设备的运行状态，保持设备的振动、温度、运行电流等参数符合标准，如发现参数超标及时处理。 3．衣服和袖口应扣好，不得戴围巾领带，长发必须盘在安全帽内；不准将用具、工器具接触设备的转动部位，不准在转动设备附近长时间停留。 4．转动设备试运行时所有人员应先远离，站在转动机械的轴向位置，并有一人站在事故按钮位置		
12．油质劣化	油箱内油质标号错误或油质因进水汽、粉尘等导致劣化	系统投运前联系化学化验油质符合要求，观察油质透明，无乳化和杂质；油面镜上无水汽和水珠		

系统投运前状态确认标准检查卡					
序号	检查内容	标准状态	确认情况（√）	确认人	备注
1	磨煤机润滑油站热机、电气、热控检修工作票，缺陷联系单	终结或押回，无影响系统启动的缺陷			
2	磨煤机润滑油站相关系统	无禁止油站启动的检修工作			
2.1	磨煤机本体	无检修工作，减速机油箱具备进油条件			

续表

系统投运前状态确认标准检查卡					
序号	检查内容	标准状态	确认情况（√）	确认人	备注
2.2	开式冷却水系统	1．系统投运正常； 2．母管供水压力大于 0.4MPa（油站短时试转时除外）			
3	系统常规检查项目				
3.1	热工仪表	投入，就地表计及 DCS 画面上各测点指示正确。 热工专业确认人：____			
3.2	热工保护	投入。 热工专业确认人：____			
3.3	阀门	送电、送气正常，传动合格，位置正确（见《远动阀门检查卡》《就地阀门检查卡》）			
3.4	系统外部检查	1．现场卫生清洁，临时设施拆除，无影响转机转动的物品； 2．所有通道保持平整畅通，照明充足，消防设施齐全			
3.5	系统整体检查	1．设备及管道外观整洁，无泄漏现象； 2．设备各地角螺栓、对轮及防护罩连接完好，无松动现象； 3．各电动机接线盒完好，接地线牢固； 4．管道、冷油器、滤网外观完整，法兰等连接部位连接牢固； 5．回油观察窗表面完整、清洁、透明； 6．各阀门、设备标识牌无缺失，管道名称、色环、介质流向完整			
4	齿轮箱油池检查	1．油箱外观整洁，无漏油现象； 2．注油孔封闭严密； 3．电加热装置接线盒外观完整； 4．下部油位计油位在 1/2～2/3，通过油位计处观察油质透明，无乳化和杂质，油面镜上无水汽和水珠； 5．化学化验润滑油（L-CKD320）油质合格； 化学化验人及分析日期：____ 6．油温大于 15℃（低于 15℃投入电加热）			
5	就地控制柜	送电正常，开关和信号指示正确，油泵启停开关在停止位，油泵远方/就地切换开关在“远方”位			

远动阀门检查卡							
序号	阀门名称	电源（√）	气源（√）	传动情况（√）	标准状态	确认人	备注
	无						

就地阀门检查卡				
序号	检查内容	标准状态	确认人	备注
1	1 号润滑油泵入口门	开		
2	2 号润滑油泵入口门	开		
3	磨煤机润滑油泵出口溢流阀	关		
4	磨煤机润滑油滤网切换阀	切至一侧		
5	磨煤机润滑油冷却器进水门	关		
6	磨煤机润滑油冷却器回水门	关		
7	磨煤机润滑油站供油门	开		
8	磨煤机润滑油泵出口就地压力表一次门	开		
9	磨煤机润滑油滤网差压变送器正压侧一次门	开		
10	磨煤机润滑油滤网差压变送器负压侧一次门	开		
11	磨煤机润滑油滤网差压开关变送器正压侧一次门	开		
12	磨煤机润滑油滤网差压开关变送器负压侧一次门	开		
13	磨煤机润滑油冷油器进水侧就地压力表一次门	开		
14	磨煤机润滑油母管就地压力表一次门	开		
15	磨煤机润滑油母管压力开关 1 一次门	开		
16	磨煤机润滑油母管压力开关 2 一次门	开		
17	磨煤机润滑油母管压力开关 3 一次门	开		
18	磨煤机润滑油母管压力变送器一次门	开		

设备送电确认卡					
序号	设备名称	标准状态	状态（√）	确认人	备注
1	磨煤机润滑油油站控制柜	送电			
2	磨煤机润滑油油站 1 号油泵	送电			
3	磨煤机润滑油站 2 号油泵	送电			
4	磨煤机润滑油油站电加热器	送电			

检查____号炉____号磨煤机润滑油站 1、2 号油泵启动条件满足，已按系统投运前状态确认标准检查卡检查设备完毕，系统可以投运。

检查人：________________

执行情况复核（主值）：__________　　　　时间：__________

批准（值长）：______________　　　　时间：__________

2.23 磨煤机液压油站投运前状态确认标准检查卡

班组： 编号：

工作任务	____号炉____号磨煤机液压油站投运前状态确认检查
工作分工	就地： 盘前： 值长：

危险辨识与风险评估				
危险源	风险产生过程及后果	预控措施	预控情况	确认人
1．人员技能	工作人员技能不能满足系统投运操作要求造成人身伤害、设备损坏	1．检查就地及盘前操作人员具备相应岗位资格； 2．操作人员应熟悉系统、设备及工作原理，清晰理解工作任务； 3．操作人员应具备处理一般事故的能力		
2．人员生理、心理	人员情绪异常、精神不佳造成工作中人身伤害	1．班前会中准确了解人员情况； 2．当班期间值内、部门做好监督； 3．发现人员情绪等异常情况时，严禁操作		
3．人员行为	工作票未终结、隔离措施未恢复、人员未撤离造成工作中人身伤害；工器具遗留在操作现场造成设备损坏	1．查看工作票是否终结； 2．检修人员全部撤离； 3．确认安全隔离措施全部恢复到位； 4．操作完毕应检查所有的工器具已收回，确保无遗留物		
4．照明	现场照明不足造成人身伤害	现场照明应充足，满足操作及监视需要，否则应及时补充或增加		
5．噪声、粉尘	警示标识不全或进入噪声区域时、使用高噪声工具时未正确使用防护用品造成工作人员职业病	进入噪声、粉尘区域时必须正确使用防护用品		
6．孔洞坑井沟道及障碍物	盖板缺损及平台防护栏杆不全造成高处坠落；设备周围有障碍物影响设备运行和人身安全	1．工作场所的孔、洞、坑、井、沟道，必须覆以与地面齐平的坚固盖板。 2．发现洞口盖板缺失、损坏或未盖好时，必须立即填补、修复盖板并及时盖好。 3．所有升降口、大小孔洞、楼梯和平台，必须装设不低于 1050mm 高栏杆和不低于 100mm 高的脚部护板；离地高度高于 20m 的平台、通道及作业场所的防护栏杆不应低于 1200mm。 4．清除设备周围影响设备运行和人身安全的障碍物		
7．高处落物	工作区域上方高处落物造成人身伤害	1．正确佩戴个人劳保防护用品； 2．进入现场要观察工作环境，发现有高处落物的可能时采取必要措施		

续表

危险辨识与风险评估				
危险源	风险产生过程及后果	预控措施	预控情况	确认人
8．工器具	使用不合格工器具或未正确使用工器具造成工作中人身伤害	1．检查符合规定安全工器具； 2．不合格工器具禁止带入操作现场； 3．带全操作所需工器具、防护用品等（如对讲机、手电筒、耳塞等）； 4．操作中正确使用工器具		
9．触电	控制柜送电过程中人员误碰带电部位触电	1．熟悉控制柜电气回路； 2.电气操作时正确佩戴个人防护用品，正确使用合格的工器具		
10．油	油泄漏遇明火或高温物体造成火灾	1．油管道法兰、阀门及可能漏油部位附近不准有明火，必须明火作业时要采取有效措施； 2．尽量避免使用法兰连接，禁止使用铸铁阀门		
11．转动机械	标识缺损、防护罩缺损；断裂、超速、零部件脱落；肢体部位或饰品衣物、用具（包括防护用品）、工具接触转动部位	1．设备的转动部分必须装设防护罩，并标明旋转方向，露出的轴端必须装设护盖；转动设备的防护罩应完好。 2．检查设备的运行状态，保持设备的振动、温度、运行电流等参数符合标准，如发现参数超标及时处理。 3．衣服和袖口应扣好，不得戴围巾领带，长发必须盘在安全帽内；不准将用具、工器具接触设备的转动部位，不准在转动设备附近长时间停留。 4．转动设备试运行时所有人员应先远离，站在转动机械的轴向位置，并有一人站在事故按钮位置		
12．油质劣化	油箱内油质标号错误或油质因进水汽、粉尘等导致劣化	系统投运前联系化学化验油质符合要求，观察油质透明，无乳化和杂质；油面镜上无水汽和水珠		

系统投运前状态确认标准检查卡					
序号	检查内容	标准状态	确认情况（√）	确认人	备注
1	磨煤机液压油站热机、电气、热控检修工作票，缺陷联系单	终结或押回，无影响系统启动的缺陷			
2	磨煤机液压油站相关系统	无禁止油站启动的检修工作			
2.1	磨煤机本体	无检修工作，人孔封闭，磨辊具备升降条件			
2.2	开式冷却水系统	1．系统投运正常。 2．母管供水压力大于0.4MPa（油站短时试转时除外）			

续表

系统投运前状态确认标准检查卡					
序号	检查内容	标准状态	确认情况（√）	确认人	备注
3	系统常规检查项目				
3.1	热工仪表	投入，就地表计及 DCS 画面上各测点指示正确。 热工专业确认人：____			
3.2	热工保护	投入。 热工专业确认人：____			
3.3	阀门	送电、送气正常，传动合格，位置正确（见《远动阀门检查卡》《就地阀门检查卡》）			
3.4	系统外部检查	1．现场卫生清洁，临时设施拆除，无影响转机转动的物品； 2．所有通道保持平整畅通，照明充足，消防设施齐全			
3.5	系统整体检查	1．设备及管道外观整洁，无泄漏现象； 2．设备各地角螺栓、对轮及防护罩连接完好，无松动现象； 3．各电动机接线盒完好，接地线牢固； 4．管道、冷油器、滤网外观完整，法兰等连接部位连接牢固； 5．回油观察窗表面完整、清洁、透明； 6．各阀门、设备标识牌无缺失，管道名称、色环、介质流向完整； 7．液压加载油缸已冲氮正常、密封良好，拉杆连接完好			
4	油箱检查	1．油箱外观整洁，无漏油现象； 2．注油孔封闭严密； 3．电加热接线盒外观完整； 4．油位计油位在 1/2～2/3，通过油位计处观察油质透明，无乳化和杂质，油面镜上无水汽和水珠； 5．化学化验润滑油（L-HM32 低凝抗磨液压液）油质合格； 化学化验人及分析日期：____ 6．油温大于 15℃（低于 15℃投入电加热）			
5	就地控制柜	送电正常，开关和信号指示正确，油泵启停开关在停止位，油泵远方/就地切换开关在“远方”位			

远动阀门检查卡							
序号	阀门名称	电源（√）	气源（√）	传动情况（√）	标准状态	确认人	备注
1	液动换向阀				开		

就地阀门检查卡				
序号	检查内容	标准状态	确认人	备注
1	磨煤机液压油泵出口滤网切换阀	切至一侧		
2	系统旁路阀	关		
3	磨煤机液压油冷却器进水门	关		
4	磨煤机液压油冷却器回水门	关		
5	磨煤机液压油油泵回油滤网切换阀	切至一侧		
6	液动换向阀回油阀	开		
7	加载油罐泄漏油回油阀	开		
8	加载油母管溢流阀	关		
9	定加载溢流阀	关		
10	升辊管路溢流阀	关		
11	磨煤机液压油箱放油门	关		
12	磨煤机液压油站液位开关一次门	开		
13	磨煤机液压油泵出口就地压力表一次门	开		
14	磨辊升降压力就地压力表一次门	开		
15	磨煤机液压油系统回油就地压力表一次门	开		
16	磨煤机液压油变加载就地压力表一次门	开		
17	磨煤机液压油定加载就地压力表一次门	开		
18	液动换向阀控制油就地压力表一次门	开		
19	磨煤机液压油泵出口压力变送器一次门	开		

设备送电确认卡					
序号	设备名称	标准状态	状态（√）	确认人	备注
1	磨煤机液压油站就地控制柜	送电			
2	磨煤机液压油站 1 号油泵	送电			
3	磨煤机液压油站 2 号油泵	送电			
4	磨煤机液压油站电加热器	送电			

检查____号炉____号磨煤机液压油站 1、2 号油泵启动条件满足，已按系统投运前状态确认标准检查卡检查设备完毕，系统可以投运。

检查人：________________

执行情况复核（主值）：________　　　　时间：________

批准（值长）：____________　　　　时间：________

2.24 制粉系统（少油模式）投运前状态确认标准检查卡

班组：　　　　　　　　　　　　　　　　　　　　　　　　　　　　编号：

工作任务	____号炉____号制粉系统（少油模式）投运前状态确认检查
工作分工	就地：　　　　　　盘前：　　　　　　值长：

危险辨识与风险评估				
危险源	风险产生过程及后果	预控措施	预控情况	确认人
1．人员技能	工作人员技能不能满足系统投运操作要求造成人身伤害、设备损坏	1．检查就地及盘前操作人员具备相应岗位资格； 2．操作人员应熟悉系统、设备及工作原理，清晰理解工作任务； 3．操作人员应具备处理一般事故的能力		
2．人员生理、心理	人员情绪异常、精神不佳造成工作中人身伤害	1．班前会中准确了解人员情况； 2．当班期间值内、部门做好监督； 3．发现人员情绪等异常情况时，严禁操作		
3．人员行为	工作票未终结、隔离措施未恢复、人员未撤离造成工作中人身伤害；工器具遗留在操作现场造成设备损坏	1．查看工作票是否终结； 2．检修人员全部撤离； 3．确认安全隔离措施全部恢复到位； 4．操作完毕应检查所有的工器具已收回，确保无遗留物件		
4．照明	现场照明不足造成人身伤害	现场照明应充足，满足操作及监视需要，否则应及时补充或增加		
5．噪声、粉尘	警示标识不全或进入噪声区域时、使用高噪声工具时未正确使用防护用品造成工作人员职业病	进入噪声、粉尘区域时必须正确使用防护用品		
6．孔洞坑井沟道及障碍物	盖板缺损及平台防护栏杆不全造成高处坠落；设备周围有障碍物影响设备运行和人身安全	1．工作场所的孔、洞、坑、井、沟道，必须覆以与地面齐平的坚固盖板。 2．发现洞口盖板缺失、损坏或未盖好时，必须立即填补、修复盖板并及时盖好。 3．所有升降口、大小孔洞、楼梯和平台，必须装设不低于 1050mm 高栏杆和不低于 100mm 高的脚部护板；离地高度高于 20m 的平台、通道及作业场所的防护栏杆不应低于 1200mm。 4．清除设备周围影响设备运行和人身安全的障碍物		
7．高处落物	工作区域上方高处落物造成人身伤害	1．正确佩戴个人劳保防护用品； 2．进入现场要观察工作环境，发现有高处落物的可能时采取必要措施		

续表

危险辨识与风险评估				
危险源	风险产生过程及后果	预控措施	预控情况	确认人
8．工器具	使用不合格工器具或未正确使用工器具造成工作中人身伤害	1．检查符合规定安全工器具； 2．不合格工器具禁止带入操作现场； 3．带全操作所需工器具、防护用品等（如对讲机、手电筒、耳塞等）； 4．操作中正确使用工器具		
9．触电	控制柜送电过程中人员误碰带电部位触电	1．熟悉控制柜电气回路； 2.电气操作时正确佩戴个人防护用品，正确使用合格的工器具		
10．油	油泄漏遇明火或高温物体造成火灾	1．油管道法兰、阀门及可能漏油部位附近不准有明火，必须明火作业时要采取有效措施； 2．尽量避免使用法兰连接，禁止使用铸铁阀门		
11．煤	制粉区域使用明火或积粉自燃造成火灾或爆炸	1．制粉区域、煤粉管道、燃烧器区域不应有煤粉泄漏或积粉，发现漏粉应及时处理并清扫干净； 2．制粉区域严禁明火作业； 3．长时间停运的原煤仓等容器应定期测量煤气浓度，若超标应及时用惰性气体覆盖		
12．高压介质	通过高温高压区域时高温、高压容器或管道突然断裂造成人员伤害	1．不准允许未泄压的设备进入检修状态； 2．不准在高温高压区域长时间停留； 3．不准在未采取完善安全措施情况下擅自拆除设备上的安全防护设施； 4.操作高温高压系统时应按规定操作，并做好发生泄漏时的防范措施		
13．阀门卡涩	系统投入时阀门未做传动试验造成阀门开关不畅或卡涩	1．系统投入前，检查制粉系统各阀门确认风门开关灵活。 2．加强就地检查，确保阀门无锈蚀，无积灰，无破损，无脱扣，发现异常，及时联系检修处理		
14．转动机械	标识缺损、防护罩缺损；断裂、超速、零部件脱落； 肢体部位或饰品衣物、用具（包括防护用品）、工具接触转动部位	1．设备的转动部分必须装设防护罩，并标明旋转方向，露出的轴端必须装设护盖；转动设备的防护罩应完好。 2．检查设备的运行状态，保持设备的振动、温度、运行电流等参数符合标准，如发现参数超标及时处理。 3．衣服和袖口应扣好，不得戴围巾领带，长发必须盘在安全帽内；不准将用具、工器具接触设备的转动部位，不准在转动设备附近长时间停留。 4．转动设备试运行时所有人员应先远离，站在转动机械的轴向位置，并有一人站在事故按钮位置		

系统投运前状态确认标准检查卡					
序号	检查内容	标准状态	确认情况（√）	确认人	备注
1	本系统热机、电气、热控检修工作票，缺陷联系单	终结或押回，无影响系统启动的缺陷			
2	与本系统启动相关联系统	无禁止制粉系统启动的检修工作			
2.1	润滑油系统	润滑油站运行正常，油压大于 0.13MPa			
2.2	液压油系统	液压油站运行正常，油压大于 2MPa			
2.3	密封风系统	密封风机运行正常，母管压力大于 12kPa			
2.4	一次风系统	一次风机运行正常，母管压力大于 7kPa			
2.5	火检冷却风系统	火检冷却风系统运行正常，母管压力大于 6kPa			
2.6	炉侧辅汽系统	辅汽系统投运正常，压力大于 0.5MPa，温度大于 300℃			
2.7	仪用压缩空气系统	系统投运正常，母管压力大于 0.5MPa			
2.8	检修用压缩空气系统	系统投运正常；母管压力大于 0.5MPa			
2.9	少油系统	少油系统管道注油结束，已投运；油枪处于备用状态，母管燃油压力大于 0.8MPa			
2.10	一次风暖风器	投运正常，暖风器出口风温大于 150℃			
3	系统常规检查项目				
3.1	热工仪表	投入，就地表计及 DCS 画面上各测点指示正确。 热工专业确认人：____			
3.2	热工保护和联锁	投入。 热工专业确认人：____			
3.3	阀门	送电、送气正常，传动合格，位置正确（见《远动阀门检查卡》《就地阀门检查卡》）			
3.4	系统外部检查	1．现场卫生清洁，临时设施拆除，无影响转机转动的物品； 2．所有通道保持平整畅通，照明充足，消防设施齐全； 3．各设备平台护栏、步梯、盖板、格栅板完好无缺失现象			
3.5	系统整体检查	1．设备及管道外观整洁，保温完整，无泄漏现象； 2．设备各地角螺栓、对轮及防护罩连接完好，无松动现象； 3．各电动机接线盒完好，接地线牢固；			

续表

系统投运前状态确认标准检查卡					
序号	检查内容	标准状态	确认情况（√）	确认人	备注
3.5	系统整体检查	4．管道外观完整，法兰、伸缩节等部位连接牢固； 5．各阀门、设备标识牌无缺失，管道名称、色环、介质流向完整； 6．各人孔门、检查孔、取样孔关闭严密； 7．就地事故按钮已复位，保护罩完好			
4	给煤机系统检查				
4.1	原煤仓	1．气动振打装置、空气炮外观完整，气源管路畅通，阀门位置正确，无松动漏气现象； 2．给煤机入口液动关断门送电正常，连接管道无漏油现象； 3．空气炮、振打装置与液动关断门控制柜送电正常，开关和信号指示正确，切换开关在“远方”位			
4.2	给煤机本体	1．给煤机本体观察窗清洁，内部照明完好； 2．给煤机皮带无偏斜、破损等现象，断煤和堵煤挡板完整； 3．清扫链完好，无脱轨及链条缺失现象； 4．给煤机和清扫电机减速机油位正常（在油尺刻度内），无渗漏现象； 5．给煤机各轴承端盖密封严密，无缺失现象； 6．给煤机内部无积煤自燃现象，内部温度小于70℃			
4.3	给煤机就地控制柜	就地控制柜送电，各指示灯无故障报警，控制面板显示给煤机处于远方备用状态			
5	磨煤机系统检查				
5.1	石子煤排放装置	1．石子煤转运箱已就位且密封良好，锁紧装置在关闭位； 2．石子煤料位观察窗清洁，料位在料箱1/2以下			
5.2	磨煤机分离器	1．分离器电机变频柜送电，指示正确； 2．分离器外观完整，无渗漏现象； 3．减速机油位在1/2～2/3，通过油位计处观察油质透明，无乳化和杂质，油面镜上无水汽和水珠； 4．化学化验润滑油（L-CKD320）油质合格，化验人及日期：______			
5.3	消防蒸汽	消防蒸汽母管自动疏水器工作正常，就地检查疏水门杆温度大于150℃			

续表

系统投运前状态确认标准检查卡					
序号	检查内容	标准状态	确认情况（√）	确认人	备注
5.4	磨煤机本体	1．检查各液压拉杆下降到位，限位开关位置正确； 2．磨各出口门及入口热风关断门密封风管道及密封部位无漏风现象			
6	燃烧器系统检查	1．各燃烧器及连接的煤粉管道外观完整； 2．各燃烧器煤火检投入正常，冷却风管道无泄漏现象			

远动阀门检查卡							
序号	阀门名称	电源（√）	气源（√）	传动情况（√）	标准状态	确认人	备注
1	磨煤机1～8号燃烧器冷却风门				关		
2	磨煤机1～4号出口气动关断门				关		
3	给煤机入口液压插板门				关		
4	给煤机出口插板门				关		
5	磨煤机入口冷一次风关断门				关		
6	磨煤机入口冷一次风调节门				关		
7	磨煤机入口热一次风关断门				关		
8	磨煤机入口热一次风调节门				关		
9	磨煤机密封风气动插板门				关		
10	磨煤机备用气动排渣门				开		
11	磨煤机气动排渣门				开		
12	磨煤机石子煤箱泄压阀				关		
13	磨煤机消防蒸汽进汽电磁阀				关		
14	磨煤机消防蒸汽管道气动疏水门				关		

就地阀门检查卡				
序号	检查内容	标准状态	确认人	备注
1	磨煤机1～8号燃烧器进粉关断门	开		
2	磨煤机1～8号燃烧器进粉管道可调缩孔	调整位		
3	磨煤机1～4号出口管道可调缩孔	调整位		
4	给煤机密封风门	开		
5	磨煤机入口热一次风关断门密封风门	开		

续表

就地阀门检查卡				
序号	检查内容	标准状态	确认人	备注
6	磨煤机密封风手动门	开		
7	分离器密封风手动门	开		
8	拉杆密封风手动门	开		
9	下架体密封风手动门	开		
10	磨煤机消防蒸汽进汽手动门	开		
11	磨煤机消防蒸汽管道疏水总门	开		
12	磨煤机消防蒸汽管道疏水器前截门	开		
13	磨煤机消防蒸汽管道疏水器后截门	开		
14	磨煤机消防蒸汽管道疏水排地沟门	开		
15	磨煤机石子煤箱压紧装置	压紧		
16	磨煤机密封风母管压力开关一次门	开		
17	磨煤机一次风母管压力变送器一次门	开		
18	磨煤机一次风与密封风差压变送器正压侧手动门	开		
19	磨煤机一次风与密封风差压变送器负压侧手动门	开		
20	磨煤机差压变送器正压侧手动门	开		
21	磨煤机差压变送器负压侧手动门	开		
22	磨煤机压力变送器一次门	开		

设备送电确认卡					
序号	设备名称	标准状态	状态（√）	确认人	备注
1	给煤机控制柜	送电			
2	给煤机变频器	送电			
3	煤斗空气炮控制柜	送电			
4	煤斗振打装置及关断门控制柜	送电			
5	给煤机电机	送电			
6	给煤机清扫链电机	送电			
7	磨煤机分离器变频柜	送电			
8	磨煤机分离器电机	送电			
9	磨煤机分离器电机冷却风扇电机	送电			
10	磨煤机电机	送电			
11	少油油枪 1～4 号控制柜	送电			

检查____号炉____号制粉系统启动条件满足，已按系统投运前状态确认标准检查卡检查设备完毕，系统可以投运。

检查人：____________________

执行情况复核（主值）：__________　　　　时间：____________

批准（值长）：__________　　　　时间：____________

2.25 制粉系统投运前状态确认标准检查卡

班组：　　　　　　　　　　　　　　　　　　　　　　　　编号：

工作任务	____号炉____号制粉系统投运前状态确认检查
工作分工	就地：　　　　盘前：　　　　值长：

危险辨识与风险评估				
危险源	风险产生过程及后果	预控措施	预控情况	确认人
1．人员技能	工作人员技能不能满足系统投运操作要求造成人身伤害、设备损坏	1．检查就地及盘前操作人员具备相应岗位资格； 2．操作人员应熟悉系统、设备及工作原理，清晰理解工作任务； 3．操作人员应具备处理一般事故的能力		
2．人员生理、心理	人员情绪异常、精神不佳造成工作中人身伤害	1．班前会中准确了解人员情况； 2．当班期间值内、部门做好监督； 3．发现人员情绪等异常情况时，严禁操作		
3．人员行为	工作票未终结、隔离措施未恢复、人员未撤离造成工作中人身伤害；工器具遗留在操作现场造成设备损坏	1．查看工作票是否终结； 2．检修人员全部撤离； 3．确认安全隔离措施全部恢复到位； 4．操作完毕应检查所有的工器具已收回，确保无遗留物件		
4．照明	现场照明不足造成人身伤害	现场照明应充足，满足操作及监视需要，否则应及时补充或增加		
5．噪声、粉尘	警示标识不全或进入噪声区域时、使用高噪声工具时未正确使用防护用品造成工作人员职业病	进入噪声、粉尘区域时必须正确使用防护用品		
6．孔洞坑井沟道及障碍物	盖板缺损及平台防护栏杆不全造成高处坠落；设备周围有障碍物影响设备运行和人身安全	1．工作场所的孔、洞、坑、井、沟道，必须覆以与地面齐平的坚固盖板。 2．发现洞口盖板缺失、损坏或未盖好时，必须立即填补、修复盖板并及时盖好。 3．所有升降口、大小孔洞、楼梯和平台，必须装设不低于 1050mm 高栏杆和不低于 100mm 高的脚部护板；离地高度高于 20m 的平台、通道及作业场所的防护栏杆不应低于 1200mm。 4．清除设备周围影响设备运行和人身安全的障碍物		

续表

危险辨识与风险评估				
危险源	风险产生过程及后果	预控措施	预控情况	确认人
7．高处落物	工作区域上方高处落物造成人身伤害	1．正确佩戴个人劳保防护用品； 2．进入现场要观察工作环境，发现有高处落物的可能时采取必要措施		
8．工器具	使用不合格工器具或未正确使用工器具造成工作中人身伤害	1．检查符合规定安全工器具； 2．不合格工器具禁止带入操作现场； 3．带全操作所需工器具、防护用品等（如对讲机、手电筒、耳塞等）； 4．操作中正确使用工器具		
9．触电	控制柜送电过程中人员误碰带电部位触电	1．熟悉控制柜电气回路； 2．电气操作时正确佩戴个人防护用品，正确使用合格的工器具		
10．油	油泄漏遇明火或高温物体造成火灾	1．油管道法兰、阀门及可能漏油部位附近不准有明火，必须明火作业时要采取有效措施； 2．尽量避免使用法兰连接，禁止使用铸铁阀门		
11．煤	制粉区域使用明火或积粉自燃造成火灾或爆炸	1．制粉区域、煤粉管道、燃烧器区域不应有煤粉泄漏或积粉，发现漏粉应及时处理并清扫干净； 2．制粉区域严禁明火作业； 3．长时间停运的原煤仓等容器应定期测量煤气浓度，若超标应及时用惰性气体覆盖		
12．高压介质	通过高温高压区域时高温、高压容器或管道突然断裂造成人员伤害	1．不准允许未泄压的设备进入检修状态； 2．不准在高温高压区域长时间停留； 3．不准在未采取完善安全措施情况下擅自拆除设备上的安全防护设施； 4．操作高温高压系统时应按规定操作，并做好发生泄漏时的防范措施		
13．转动机械	标识缺损、防护罩缺损；断裂、超速、零部件脱落；肢体部位或饰品衣物、用具（包括防护用品）、工具接触转动部位	1．设备的转动部分必须装设防护罩，并标明旋转方向，露出的轴端必须装设护盖；转动设备的防护罩应完好。 2．检查设备的运行状态，保持设备的振动、温度、运行电流等参数符合标准，如发现参数超标及时处理。 3．衣服和袖口应扣好，不得戴围巾领带，长发必须盘在安全帽内；不准将用具、工器具接触设备的转动部位，不准在转动设备附近长时间停留。 4．转动设备试运行时所有人员应先远离，站在转动机械的轴向位置，并有一人站在事故按钮位置		

系统投运前状态确认标准检查卡					
序号	检查内容	标准状态	确认情况（√）	确认人	备注
1	本系统热机、电气、热控检修工作票，缺陷联系单	终结或押回，无影响系统启动的缺陷			
2	与本系统启动相关联系统	无禁止制粉系统启动的检修工作			
2.1	润滑油系统	润滑油站运行正常，油压大于 0.13MPa			
2.2	液压油系统	液压油站运行正常，油压大于 2MPa			
2.3	密封风系统	密封风机运行正常，母管压力大于 12kPa			
2.4	一次风系统	一次风机运行正常，母管压力大于 7kPa			
2.5	火检冷却风系统	火检冷却风系统运行正常，母管压力大于 6kPa			
2.6	炉侧辅汽系统	辅汽系统投运正常，压力大于 0.5MPa，温度大于 300℃			
2.7	仪用压缩空气系统	系统投运正常，母管压力大于 0.5MPa			
2.8	检修用压缩空气系统	系统投运正常，母管压力大于 0.5MPa			
3	系统常规检查项目				
3.1	热工仪表	投入，就地表计及 DCS 画面上各测点指示正确。 热工专业确认人：____			
3.2	热工保护和联锁	投入。 热工确认人：____			
3.3	阀门	送电、送气正常，传动合格，位置正确（见《远动阀门检查卡》《就地阀门检查卡》）			
3.4	系统外部检查	1．现场卫生清洁，临时设施拆除，无影响转机转动的物品； 2．所有通道保持平整畅通，照明充足，消防设施齐全； 3．各设备平台护栏、步梯、盖板、格栅板完好无缺失现象			
3.5	系统整体检查	1．设备及管道外观整洁，保温完整，无泄漏现象； 2．设备各地角螺栓、对轮及防护罩连接完好，无松动现象； 3．各电动机接线盒完好，接地线牢固； 4．管道外观完整，法兰、伸缩节等部位连接牢固； 5．各阀门、设备标识牌无缺失，管道名称、色环、介质流向完整； 6．各人孔门、检查孔、取样孔关闭严密； 7．就地事故按钮已复位，保护罩完好			

续表

系统投运前状态确认标准检查卡					
序号	检查内容	标准状态	确认情况（√）	确认人	备注
4	给煤机系统检查				
4.1	原煤仓	1．气动振打装置、空气炮外观完整，气源管路畅通，阀门位置正确，无松动漏气现象； 2．给煤机入口液动关断门送电正常，连接管道无漏油现象； 3．空气炮、振打装置与液动关断门控制柜送电正常，开关和信号指示正确，切换开关在“远方”位			
4.2	给煤机本体	1．给煤机本体观察窗清洁，内部照明完好； 2．给煤机皮带无偏斜、破损等现象，断煤和堵煤挡板完整； 3．清扫链完好，无脱轨及链条缺失现象； 4．给煤机和清扫电机减速机油位正常（在油尺刻度内），无渗漏现象； 5．给煤机各轴承端盖密封严密，无缺失现象； 6．给煤机内部无积煤自燃现象，内部温度小于70℃			
4.3	给煤机就地控制柜	就地控制柜送电，各指示灯无故障报警，控制面板显示给煤机处于远方备用状态			
5	磨煤机系统检查				
5.1	石子煤排放装置	1．石子煤转运箱已就位且密封良好，锁紧装置在关闭位； 2．石子煤料位观察窗清洁，料位在料箱1/2以下			
5.2	磨煤机分离器	1．分离器电机变频柜送电，指示正确； 2．分离器外观完整，无渗漏现象； 3．减速机油位在1/2～2/3，通过油位计处观察油质透明，无乳化和杂质，油面镜上无水汽和水珠； 4．化学化验润滑油（L-CKD320）油质合格，化验人及分析日期：____			
5.3	消防蒸汽	消防蒸汽母管自动疏水器工作正常，就地检查疏水门杆温度大于150℃			
5.4	磨煤机本体	1．检查各液压拉杆下降到位，限位开关位置正确； 2．磨各出口门及入口热风关断门密封风管道及密封部位无漏风现象			
6	燃烧器系统检查	1．各燃烧器及连接的煤粉管道外观完整； 2．各燃烧器煤火检投入正常，冷却风管道无泄漏现象			

远动阀门检查卡							
序号	阀门名称	电源（√）	气源（√）	传动情况（√）	标准状态	确认人	备注
1	磨煤机 1～8 号燃烧器冷却风门				关		
2	磨煤机 1～4 号出口气动关断门				关		
3	给煤机入口液压插板门				关		
4	给煤机出口插板门				关		
5	磨煤机入口冷一次风关断门				关		
6	磨煤机入口冷一次风调节门				关		
7	磨煤机入口热一次风关断门				关		
8	磨煤机入口热一次风调节门				关		
9	磨煤机密封风气动插板门				关		
10	磨煤机备用气动排渣门				开		
11	磨煤机气动排渣门				开		
12	磨煤机石子煤箱泄压阀				关		
13	磨煤机消防蒸汽进汽电磁阀				关		
14	磨煤机消防蒸汽管道气动疏水门				关		

就地阀门检查卡				
序号	检查内容	标准状态	确认人	备注
1	磨煤机 1～8 号燃烧器进粉关断门	开		
2	磨煤机 1～8 号燃烧器进粉管道可调缩孔	调整位		
3	磨煤机 1～4 号出口管道可调缩孔	调整位		
4	给煤机密封风门	开		
5	磨煤机入口热一次风关断门密封风门	开		
6	磨煤机密封风手动门	开		
7	分离器密封风手动门	开		
8	拉杆密封风手动门	开		
9	下架体密封风手动门	开		
10	磨煤机消防蒸汽进汽手动门	开		
11	磨煤机消防蒸汽管道疏水总门	开		
12	磨煤机消防蒸汽管道疏水器前截门	开		
13	磨煤机消防蒸汽管道疏水器后截门	开		
14	磨煤机消防蒸汽管道疏水排地沟门	开		
15	磨煤机石子煤箱压紧装置	压紧		

续表

就地阀门检查卡				
序号	检查内容	标准状态	确认人	备注
16	磨煤机密封风母管压力开关一次门	开		
17	磨煤机一次风母管压力变送器一次门	开		
18	磨煤机一次风与密封风差压变送器正压侧手动门	开		
19	磨煤机一次风与密封风差压变送器负压侧手动门	开		
20	磨煤机差压变送器正压侧手动门	开		
21	磨煤机差压变送器负压侧手动门	开		
22	磨煤机压力变送器一次门	开		

设备送电确认卡					
序号	设备名称	标准状态	状态（√）	确认人	备注
1	给煤机控制柜	送电			
2	给煤机低电压穿越控制柜	送电			
3	煤斗空气炮控制柜	送电			
4	煤斗振打装置及关断门控制柜	送电			
5	给煤机电机	送电			
6	给煤机清扫链电机	送电			
7	磨煤机分离器变频柜	送电			
8	磨煤机分离器电机	送电			
9	磨煤机分离器电机冷却风扇电机	送电			
10	磨煤机电机	送电			

检查____号炉____号制粉系统启动条件满足，已按系统投运前状态确认标准检查卡检查设备完毕，系统可以投运。

检查人：________________

执行情况复核（主值）：__________ 时间：__________

批准（值长）：______________ 时间：__________

2.26 吹灰系统投运前状态确认标准检查卡

班组： 编号：

工作任务	____号炉吹灰系统投运前状态确认检查
工作分工	就地： 盘前： 值长：

危险辨识与风险评估				
危险源	风险产生过程及后果	预控措施	预控情况	确认人
1. 人员技能	工作人员技能不能满足系统投运操作要求造成人身伤害、设备损坏	1. 检查就地及盘前操作人员具备相应岗位资格； 2. 操作人员应熟悉系统、设备及工作原理，清晰理解工作任务； 3. 操作人员应具备处理一般事故的能力		
2. 人员生理、心理	人员情绪异常、精神不佳造成工作中人身伤害	1. 班前会中准确了解人员情况； 2. 当班期间值内、部门做好监督； 3. 发现人员情绪等异常情况时，严禁操作		
3. 人员行为	工作票未终结、隔离措施未恢复、人员未撤离造成工作中人身伤害；工器具遗留在操作现场造成设备损坏	1. 查看工作票是否终结； 2. 检修人员全部撤离； 3. 确认安全隔离措施全部恢复到位； 4. 操作完毕应检查所有的工器具已收回，确保无遗留物件		
4. 照明	现场照明不足造成人身伤害	现场照明应充足，满足操作及监视需要，否则应及时补充或增加		
5. 孔洞坑井沟道及障碍物	盖板缺损及平台防护栏杆不全造成高处坠落；设备周围有障碍物影响设备运行和人身安全	1. 工作场所的孔、洞、坑、井、沟道，必须覆以与地面齐平的坚固盖板。 2. 发现洞口盖板缺失、损坏或未盖好时，必须立即填补、修复盖板并及时盖好。 3. 所有升降口、大小孔洞、楼梯和平台，必须装设不低于 1050mm 高栏杆和不低于 100mm 高的脚部护板；离地高度高于 20m 的平台、通道及作业场所的防护栏杆不应低于 1200mm。 4. 清除设备周围影响设备运行和人身安全的障碍物		
6. 高处落物	工作区域上方高处落物造成人身伤害	1. 正确佩戴个人劳保防护用品； 2. 进入现场要观察工作环境，发现有高处落物的可能时采取必要措施		
7. 工器具	使用不合格工器具或未正确使用工器具造成工作中人身伤害	1. 检查符合规定安全工器具； 2. 不合格工器具禁止带入操作现场； 3. 带全操作所需工器具、防护用品等（如对讲机、手电筒、耳塞等）； 4. 操作中正确使用工器具		
8. 触电	控制柜送电过程中人员误碰带电部位触电	1. 熟悉控制柜电气回路； 2. 电气操作时正确佩戴个人防护用品，正确使用合格的工器具		
9. 高压介质	通过高温高压区域时高温、高压容器或管道突然断裂造成人员伤害	1. 不准允许未泄压的设备进入检修状态； 2. 不准在高温高压区域处长时间停留； 3. 不准在未采取完善安全措施情况下擅自拆除设备上的安全防护设施； 4. 操作高温高压系统时应按规定操作，并做好发生泄漏时的防范措施		

系统投运前状态确认标准检查卡					
序号	检查内容	标准状态	确认情况（√）	确认人	备注
1	吹灰系统热机、电气、热控检修工作票，缺陷联系单	终结或押回，无影响系统启动的缺陷			
2	吹灰相关系统	无禁止吹灰系统投运的检修工作			
2.1	炉侧辅助蒸汽系统	投运正常，压力大于 0.6MPa，温度大于 300℃			
2.2	锅炉疏放水系统	系统处于备用状态，见《锅炉疏放水系统投运前状态确认标准检查卡》，编号：____			
3	系统常规检查项目				
3.1	热工仪表	投入，就地表计及 DCS 画面上各测点指示正确。 热工专业确认人：____			
3.2	热工保护和联锁	投入。 热工专业确认人：____			
3.3	阀门	1．送电、送气正常，传动合格，位置正确（见《远动阀门检查卡》《就地阀门检查卡》）； 2．吹灰母管安全阀完好			
3.4	系统外部检查	1．现场周围卫生清洁，临时设施拆除； 2．所有通道保持平整畅通，照明充足，消防设施齐全； 3．各设备平台护栏、盖板、格栅板完好无缺失现象； 4．吹灰器本体前部、后部支吊完整无松动			
3.5	系统整体检查	1．设备及管道外观整洁，保温完整，无泄漏现象； 2．管道外观完整，法兰、伸缩节等部位连接牢固； 3．各吹灰管道支吊架完整无松动； 4．各阀门、设备标识牌无缺失，管道名称、色环、介质流向完整			
4	吹灰器	1．检查吹灰器本体、提升阀阀杆和开阀杠杆间隙合适，行程机构完好，跑车传动齿轮与齿条啮合正常；齿轮跑道润滑脂已加注；炉墙接口箱牢固、托轮轴承转动灵活，空气阀喷口向下。 2．吹灰器限位开关完整无损坏，吹灰器内、外枪管无弯曲变形。 3．检查各吹灰器电气接线完整。 4．检查吹灰器枪管均已完全退出			
5	控制柜	控制柜外观完整，送电正常，开关和信号指示正确，切换开关在“远方”位			

远动阀门检查卡							
序号	阀门名称	电源（√）	气源（√）	传动情况（√）	标准状态	确认人	备注
1	锅炉吹灰供汽电动门				关		
2	锅炉吹灰供汽母管压力调整门				关		
3	左侧受热面吹灰疏水电动门				关		
4	右侧受热面吹灰疏水电动门				关		
5	炉膛左侧吹灰疏水电动门				关		
6	炉膛右侧吹灰疏水电动门				关		
7	辅汽至空气预热器吹灰电动门				关		
8	空气预热器吹灰疏水电动门				关		

就地阀门检查卡				
序号	检查内容	标准状态	确认人	备注
1	锅炉吹灰供汽电动门前手动门	关		
2	左侧吹灰供汽门	开		
3	右侧吹灰器供气总门	开		
4	吹灰母管压力表一次门	开		
5	本体吹灰蒸汽至空气预热器吹灰手动门	关		
6	左侧受热面吹灰疏水手动门	关		
7	右侧受热面吹灰疏水手动门	开		
8	炉膛左侧吹灰疏水手动门	关		
9	炉膛右侧吹灰疏水手动门	开		
10	辅汽至空气预热器吹灰手动门	关		
11	空气预热器吹灰疏水手动门	开		

设备送电确认卡					
序号	设备名称	标准状态	状态（√）	确认人	备注
1	V01～V82 号炉膛吹灰器控制柜	送电			
2	V01～V82 号炉膛吹灰器	送电			
3	SL01～SL52 号炉膛吹灰器控制柜	送电			
4	SL01～SL52 号炉膛吹灰器	送电			

检查____号炉____号吹灰系统启动条件满足，已按系统投运前状态确认标准检查卡检查设备完毕，系统可以投运。

检查人：____________________

执行情况复核（主值）：________　　　　　　　时间：__________

批准（值长）：______________　　　　　　　时间：__________

2.27　锅炉投运前状态确认标准检查卡

班组：　　　　　　　　　　　　　　　　　　　　　　　　　　　编号：

工作任务	____号锅炉投运前状态确认检查		
工作分工	就地：	盘前：	值长：

危险辨识与风险评估				
危险源	风险产生过程及后果	预控措施	预控情况	确认人
1．人员技能	工作人员技能不能满足系统投运操作要求造成人身伤害、设备损坏	1．检查就地及盘前操作人员具备相应岗位资格； 2．操作人员应熟悉系统、设备及工作原理，清晰理解工作任务； 3．操作人员应具备处理一般事故的能力		
2. 人员生理、心理	人员情绪异常、精神不佳造成工作中人身伤害	1．班前会中准确了解人员情况； 2．当班期间值内、部门做好监督； 3．发现人员情绪等异常情况时，严禁操作		
3．人员行为	工作票未终结、隔离措施未恢复、人员未撤离造成工作中人身伤害；工器具遗留在操作现场造成设备损坏	1．查看工作票是否终结； 2．检修人员全部撤离； 3．确认安全隔离措施全部恢复到位； 4．操作完毕应检查所有的工器具已收回，确保无遗留物件		
4．照明	现场照明不足造成人身伤害	现场照明应充足，满足操作及监视需要，否则应及时补充或增加		
5．噪声、粉尘	警示标识不全或进入噪声区域时、使用高噪声工具时未正确使用防护用品造成工作人员职业病	进入噪声、粉尘区域时必须正确使用防护用品		
6．孔洞坑井沟道及障碍物	盖板缺损及平台防护栏杆不全造成高处坠落；设备周围有障碍物影响设备运行和人身安全	1．工作场所的孔、洞、坑、井、沟道，必须覆以与地面齐平的坚固盖板。 2．发现洞口盖板缺失、损坏或未盖好时，必须立即填补、修复盖板并及时盖好。 3．所有升降口、大小孔洞、楼梯和平台，必须装设不低于 1050mm 高栏杆和不低于 100mm 高的脚部护板；离地高度高于 20m 的平台、通道及作业场所的防护栏杆不应低于 1200mm。 4．清除设备周围影响设备运行和人身安全的障碍物		

续表

危险辨识与风险评估				
危险源	风险产生过程及后果	预控措施	预控情况	确认人
7. 高处落物	工作区域上方高处落物造成人身伤害	1. 正确佩戴个人劳保防护用品； 2. 进入现场要观察工作环境，发现有高处落物的可能时采取必要措施		
8. 工器具	使用不合格工器具或未正确使用工器具造成工作中人身伤害	1. 检查符合规定安全工器具； 2. 不合格工器具禁止带入操作现场； 3. 带全操作所需工器具、防护用品等（如对讲机、手电筒、耳塞等）； 4. 操作中正确使用工器具		
9. 触电	控制柜送电过程中人员误碰带电部位触电	1. 熟悉控制柜电气回路； 2. 电气操作时正确佩戴个人防护用品，正确使用合格的工器具		
10. 油	油泄漏遇明火或高温物体造成火灾	1. 油管道法兰、阀门及可能漏油部位附近不准有明火，必须明火作业时要采取有效措施； 2. 尽量避免使用法兰连接，禁止使用铸铁阀门		
11. 煤	制粉区域使用明火或积粉自燃造成火灾或爆炸	1. 制粉区域、煤粉管道、燃烧器区域不应有煤粉泄漏或积粉，发现漏粉应及时处理并清扫干净； 2. 制粉区域严禁明火作业； 3. 长时间停运的原煤仓等容器应定期测量煤气浓度，若超标应及时用惰性气体覆盖		
12. 高压介质	通过高温高压区域时高温、高压容器或管道突然断裂造成人员伤害	1. 不准允许未泄压的设备进入检修状态； 2. 不准在高温高压区域长时间停留； 3. 不准在未采取完善安全措施情况下擅自拆除设备上的安全防护设施； 4. 操作高温高压系统时应按规定操作，并做好发生泄漏时的防范措施		
13. 转动机械	标识缺损、防护罩缺损；断裂、超速、零部件脱落；肢体部位或饰品衣物、用具（包括防护用品）、工具接触转动部位	1. 设备的转动部分必须装设防护罩，并标明旋转方向，露出的轴端必须装设护盖；转动设备的防护罩应完好。 2. 检查设备的运行状态，保持设备的振动、温度、运行电流等参数符合标准，如发现参数超标及时处理。 3. 衣服和袖口应扣好，不得戴围巾领带，长发必须盘在安全帽内；不准将用具、工器具接触设备的转动部位，不准在转动设备附近长时间停留。 4. 转动设备试运行时所有人员应先远离，站在转动机械的轴向位置，并有一人站在事故按钮位置		

续表

危险辨识与风险评估				
危险源	风险产生过程及后果	预控措施	预控情况	确认人
14．水质不合格	锅炉上水用水必须进行水处理，用除盐水	用除盐水或冷凝水，并保证除盐水中氯离子含量＜25mg/L。锅炉上水后要进行水质化验，水质不合格，要进行冷态清洗直到水质合格		

系统投运前状态确认标准检查卡					
序号	检查内容	标准状态	确认情况（√）	确认人	备注
1	机组所属汽机、锅炉、电气、除灰、脱硫、脱硝、燃料各岗位相关系统	影响机组启动的所有检修工作结束，工作票已终结；无影响机组启动的缺陷			
1.1	汽水系统，过热器、再热器减温水系统	符合启动条件。已按《锅炉上水投运前状态确认标准检查卡》检查完毕，编号：____			
1.2	锅炉启动系统	符合启动条件。 已按《炉水循环泵系统投运前状态确认标准检查卡》检查完毕，编号：____			
1.3	锅炉疏水放气系统	符合启动条件。 已按《锅炉疏水系统投运前状态确认标准检查卡》检查完毕，编号：____			
1.4	风烟系统： 1．一次风系统； 2．二次风系统； 3．烟气系统（包括空预器及其辅助系统）； 4．各燃烧器内二次风、中心风、贴壁风挡板，外二次风、燃烧器冷却风挡板； 5．燃烬风各喷口挡板	符合启动条件。 1．已按《锅炉空预器投运前状态确认标准检查卡》检查完毕，编号：____ 2．已按《锅炉引风机投运前状态确认标准检查卡》检查完毕，编号：____ 3．已按《锅炉引风机油站投运前状态确认标准检查卡》检查完毕，编号：____ 4．已按《锅炉送风机投运前状态确认标准检查卡》检查完毕，编号：____ 5．已按《锅炉送风机油站投运前状态确认标准检查卡》检查完毕，编号：____ 6．已按《锅炉一次风机投运前状态确认标准检查卡》检查完毕，编号：____ 7．已按《锅炉一次风机油站投运前状态确认标准检查卡》检查完毕，编号：____			
1.5	制粉系统（包括磨煤机密封风系统）	已按《制粉系统少油模式投运前状态确认标准检查卡》检查完毕，编号：____			
1.6	火检系统（包括火检冷却风系统）、炉膛火焰摄像装置	已按《锅炉火检冷却风系统投运前状态确认标准检查卡》检查完毕，编号：____			
1.7	炉膛火焰监视器、锅炉泄漏监测系统	完好可用。 热工专业确认人：____			

续表

系统投运前状态确认标准检查卡					
序号	检查内容	标准状态	确认情况（√）	确认人	备注
1.8	辅汽系统（包括一次风暖风器系统）	1．投运正常； 2．压力大于0.6MPa； 3．温度大于300℃			
1.9	吹灰系统、炉膛烟温探针	已按《锅炉吹灰系统投运前状态确认标准检查卡》检查完毕，编号：____			
1.10	启动锅炉	无临机汽源，保持启动状态，汽压大于0.8MPa；温度大于300℃			
1.11	锅炉仪用压缩空气系统	1．投运正常； 2．压缩空气压力大于0.65MPa			
1.12	炉前燃油系统、油枪（包括少油点火系统）	已按《锅炉炉前油系统投运前状态确认标准检查卡》检查完毕，编号：____			
1.13	低温省煤器系统	1．已按《锅炉一级低省系统投运前状态确认标准检查卡》检查完毕，编号：____ 2．已按《锅炉二级低省系统投运前状态确认标准检查卡》检查完毕，编号：____			
1.14	捞渣机系统	符合启动条件，炉底水封系统投入。 除灰专业确认人：____			
1.15	电袋除尘及灰渣系统	具备投运条件，电除尘瓷轴、瓷套及灰斗加热器在锅炉点火前8h投入。 除灰专业确认人：____			
1.16	脱硫、脱硝系统	具备投运条件，脱硫石灰石粉、脱硝尿素储备充足。 脱硫脱硝专业确认人：____			
1.17	输煤系统	具备投运条件。 输煤专业确认人：____			
1.18	各原煤仓	已按启动前上煤要求上煤，煤位正常；3号仓：____m；6号仓：____m			
1.19	厂区消防设施	正常，消防水压力大于0.3MPa。 消防确认人：____			
1.20	工业水系统	1．完好可投或已投运； 2．工业水母管压力大于0.16MPa			
1.21	厂用采暖系统及空调系统	完好可投或已投运			
1.22	除盐水系统	完好可投，除盐水储存水量不低于6000t。 化学运行确认人：____			
1.23	化学用药量	满足机组启动需要。 大班化验室确认人：____			
1.24	燃煤及燃油储存量	充足，燃煤：____t；燃油：____t			

续表

系统投运前状态确认标准检查卡					
序号	检查内容	标准状态	确认情况（√）	确认人	备注
1.25	煤水、油水处理系统	完好可投。 化学确认人：____			
2	热工仪表	投入，就地表计及 DCS 画面上各测点指示正确。 热工确认人：____			
3	外部检查	1．现场卫生清洁，临时设施拆除； 2．所有通道保持平整畅通，照明充足，消防设施齐全； 3．各设备平台护栏、盖板、格栅板完好无缺失现象			
4	整体检查	1．设备及管道外观整洁，保温完整，无泄漏现象； 2．管道外观完整，法兰、伸缩节等部位连接牢固； 3．汽水管道各支吊架完整无松动； 4．各阀门、设备标识牌无缺失，管道名称、色环、介质流向完整			
5	通信系统及设备	正常可用			
6	计算机系统	正常联网			
7	工业电视及摄像头	完好， 功能正常			
8	集控室和就地各控制盘	完整，内部控制电源均应送上且正常，各指示记录仪表、报警装置、操作、控制开关完好			
9	CCS、BCS、FSS、SCS、FSSS 等调节控制系统	完整投入			
10	机组各相关联锁试验（MFT、ETS、大联锁试验、发电机整组试验等）	合格。 热工确认人：____			

检查____号锅炉启动条件满足，已按投运前状态确认标准检查卡检查设备完毕，系统可以投运。

检查人：____________________

执行情况复核（主值）：________　　　　时间：__________

批准（值长）：____________　　　　时间：__________

3 电气专业

3.1 启动备用变压器投运前状态确认标准检查卡

班组： 编号：

工作任务	启动备用变压器投运前状态确认检查		
工作分工	就地：	盘前：	值长：

危险辨识与风险评估				
危险源	风险产生过程及后果	预控措施	预控情况	确认人
1．人员行为	工作票未终结、隔离措施未恢复、人员未撤离，人身伤害；工器具遗留在操作现场，人身伤害；不熟悉作业区环境出现摔倒、碰撞等意外	1．查看工作票是否终结； 2．检修人员全部撤离； 3．确认安全隔离措施全部恢复到位； 4．检查所有的工器具已收回，确保无遗留物件； 5．熟悉现场环境，遇到湿滑地面及脚手架区域要缓慢慎行		
2．人员生理、心理	人员情绪异常、精神不佳，人身伤害	1．班前会中准确了解人员情况； 2．当班期间值内、部门做好监督； 3．发现人员情绪等异常情况时，严禁操作		
3．测绝缘	变压器测绝缘时未系好安全带，高处坠落；测绝缘前未验电，触电；测绝缘过程操作不正确，触电	1．高处作业必须佩带安全带，并按规定正确使用； 2．测绝缘正确佩戴绝缘手套，对被测设备验明无电后方可测量，并与带电设备保持足够的安全距离，绝缘测量后及时放电		
4．未正确执行两票三制	操作人员对设备不熟悉，操作人员和监护人员未执行唱票、诵票、监护制度，人身伤害；未核对操作设备名称、编号：及位置，设备损坏、人身伤害	1．严格执行操作监护制度，操作人员必须经过培训合格方可操作； 2．检查操作设备名称、编号；位置与操作票一致		
5．工器具	不合格工器具人身伤害	1．检查符合规定安全工器具； 2．不合格工器具禁止带入操作现场； 3．检查绝缘靴、绝缘手套、验电器、绝缘表检验合格证齐全，在有效期，外观检查合格		
6．500kV、10kV、380V、220V 交流电；110V 直流电	倒闸操作前未进行核对性模拟预演，触电；电缆绝缘破损，触电；走错间隔，触电；操作未正确复诵，触电；设备外壳未可靠接地，触电；摇开关前未检查开关状态，人身伤害；运行人员单人操作，人身伤害	1．开始操作前，应先在 NCS 上进行核对性模拟预演，无误后，再进行设备操作； 2．防止尖锐器物扎破、割伤电缆破坏绝缘； 3．工作前核对设备名称及编号，检查电缆外观； 4．保持安全距离； 5．倒闸操作必须根据值班调度员或值班负责人命令，受令人复诵无误后执行；		

续表

危险辨识与风险评估				
危险源	风险产生过程及后果	预控措施	预控情况	确认人
6．500kV、10kV、380V、220V 交流电；110V 直流电	倒闸操作前未进行核对性模拟预演，触电；电缆绝缘破损，触电；走错间隔，触电；操作未正确复诵，触电；设备外壳未可靠接地，触电；摇开关前未检查开关状态，人身伤害；运行人员单人操作，人身伤害	6．发布命令应准确、清晰、使用正规操作术语和设备双重名称，即设备名称和编号； 7．摇开关前检查开关在断开位置； 8．单人不得进行运行作业； 9．必须由两人进行工作，其中一人对设备较为熟悉者作监护； 10．特别重要和复杂的电气操作，由熟练的工作人员操作，主管或主要负责人监护		
7．10kV 开关	断路器质量不合格，真空包泄漏；断路器未送到位、触头接触不良；安全措施未全部拆除，带地线合闸	1．按规定定期对断路器进行性能试验，确保断路器正确动作； 2．10kV 断路器转热备用后检查已送至工作位； 3．送电前检查所有安全措施已全部拆除		
8．SF_6	SF_6 泄漏中毒	检查 5001 开关及两侧隔离开关 SF_6 压力正常（0.65～0.68MPa）		
9．变压器油	油泄漏遇明火或高温物体造成火灾	1．变压器本体无漏油，周围无动火作业； 2．变压器消防水已投运		
10．保护压板	保护压板误投漏投，保护误动拒动；压板投入前未测量压板两端电压，保护误动；通信工具信号干扰，保护误动	1．保护压板按保护投退清单投退，必须两人进行，一人监护，一人操作； 2．压板投入前必须测量出口压板两端电压，两端无压或一端负电、一端无电； 3．继电保护室禁止使用无线通信工具		
11．控制箱、端子箱	金属外壳接地不良触电	1．外观检查接地是否良好； 2．发现松动及时紧固		
12．孔洞坑井沟道	盖板缺损及平台防护栏杆不全，高处坠落	1．工作场所的孔、洞、坑、井、沟道，必须覆以与地面齐平的坚固盖板； 2．发现洞口盖板缺失、损坏或未盖好时，必须立即填补、修复盖板并及时盖好； 3．熟悉现场环境，遇有孔洞及时绕道，禁止沿盖板行走。		

启动备用变压器投运前状态确认标准检查卡					
序号	检查内容	标准状态	确认情况（√）	确认人	备注
一、启动备用变压器投运前本体状态检查					
1	检查启动备用变压器临时安全措施，有关工作票	周围及顶盖无杂物，临时安全措施拆除，恢复常设遮栏及警告牌等安全措施，有关工作票已终结或收回			

续表

启动备用变压器投运前状态确认标准检查卡					
序号	检查内容	标准状态	确认情况（√）	确认人	备注
2	检查启动备用变压器绝缘电阻	绝缘电阻合格，用 2500V 绝缘电阻表测量启动备用变压器绝缘电阻值不得低于出厂试验报告值的 85%，启动备用变压器绝缘电阻的吸收比≥1.3，且经耐压试验合格			
3	查启动备用变压器的预试、保护传动（查检修交代）	预试合格、保护传动正确（查检修交代）			
4	检查启动备用变压器本体、套管	无渗漏油，各瓷瓶、套管清洁，无裂纹及破损			
5	检查启动备用变压器本体和铁芯接地套管	接地套管可靠接地			
6	检查启动备用变压器呼吸器吸附剂	呼吸器吸附剂合格，呼吸畅通			
7	检查启动备用变压器油枕、充油套管	油枕、充油套管的油位指示正常（油位计指示在绿色范围内）			
8	检查启动备用变压器瓦斯继电器，冷却器（散热器）上下联管、油箱管接头处的蝶阀，气体继电器	气体继电器，冷却器（散热器）上下联管、油箱管接头处的蝶阀处于开启位置。气体继电器内充满油，内部无气体			
9	检查启动备用变压器分接开关、有载调压装置	规定位置，有载调压装置灵活好用，指示数值与实际相符			
10	检查启动备用变压器电流互感器端子箱二次接线、端子排	端子接牢，端子箱二次接线良好，端子排无积灰等			
11	检查启动备用变压器温度指示	指示正确（环境温度）			
12	检查启动备用变压器冷却器系统	表面无杂物、本体无渗油			
13	启动备用变压器冷却器两路交流电源	送电且切换试验动作正确			
14	检查启动备用变压器冷却风扇、电机	运行无异音			
二、启动备用变压器投运前配电装置状态检查					
1	检查启动备用变压器有关工作票及安全措施	工作票已全部结束并收回，其他安全措施已全部拆除			
2	检查启动备用变压器高、低压侧断路器外观检查，机构位置、分合闸位置和接地开关位置指示器指示	外观检查无变形损伤，机构位置正确，分合闸位置和接地开关位置指示器指示正确			

续表

启动备用变压器投运前状态确认标准检查卡					
序号	检查内容	标准状态	确认情况（√）	确认人	备注
3	检查10kV母线备用电源进线开关电加热器装置	电加热器装置投入			
4	检查10kV母线备用电源进线开关保护	保护已投入			
5	检查10kV母线备用电源进线开关储能	储能正确（弹簧指示在储能状态）			
6	检查10kV母线备用电源进线开关绝缘	绝缘良好（绝缘电阻≥10MΩ）			
7	检查10kV母线备用电源进线开关柜门	柜门全部锁好			
三、启动备用变压器投运前各断路器状态检查					
1	检查启动备用变压器高压侧5001开关	冷备用状态			
2	检查5001217地刀闸	断开状态			
3	检查10kV工作ⅠA段备用电源进线开关11A0	冷备用状态			
4	检查10kV工作ⅠB段备用电源进线开关11B0	冷备用状态			
5	检查10kV工作ⅡA段备用电源进线开关12A0	冷备用状态			
6	检查10kV工作ⅡB段备用电源进线开关12B0	冷备用状态			
7	检查10kV工作ⅠA段备用电源进线TV	冷备用状态			
8	检查10kV工作ⅠB段备用电源进线TV	冷备用状态			
9	检查10kV工作ⅡA段备用电源进线TV	冷备用状态			
10	检查10kV工作ⅡB段备用电源进线TV	冷备用状态			
四、启动备用变压器投运前保护装置状态检查					
1	检查启动备用变压器保护书面交待	有启动备用变压器保护“可以投运”的书面交待			
2	检查启动备用变压器保护压板、小开关均命名	保护压板、小开关均应有正确、清楚的命名			

续表

启动备用变压器投运前状态确认标准检查卡					
序号	检查内容	标准状态	确认情况（√）	确认人	备注
3	检查启动备用变压器保护端子排及接线，保护信号	保护端子排及接线无异常，保护信号均已复归			
4	检查启动备用变压器保护压板投用或停用状态，小开关状态	保护压板投用或停用状态正确，小开关状态正确			
五、启动备用变压器投运前保护压板状态检查					
（一）启动备用变压器保护A柜压板状态检查					
1	跳高压侧Ⅰ	投入			
2	跳高压侧Ⅱ	投入			
3	跳闸备用	退出			
4	跳闸备用	退出			
5	起动风冷1	投入			
6	起动风冷2	投入			
7	跳A1分支	投入			
8	跳B1分支	投入			
9	跳A2分支	投入			
10	跳B2分支	投入			
11	起动高压侧断路器失灵	投入			
12	起动高压侧断路器失灵	投入			
13	跳闸备用	退出			
14	跳闸备用	退出			
15	投变压器差动保护	投入			
16	备用	退出			
17	投高压侧后备保护	投入			
18	投高压侧接地零序保护	投入			
19	备用	退出			
20	投过励磁保护	投入			
21	投A1分支后备保护	投入			
22	投B1分支后备保护	投入			
23	投A2分支后备保护	投入			

续表

启动备用变压器投运前状态确认标准检查卡					
序号	检查内容	标准状态	确认情况（√）	确认人	备注
24	投B2分支后备保护	投入			
25	投A分支零序保护	投入			
26	投B分支零序保护	投入			
27	投检修状态	退出			
28	跳高压侧Ⅰ	投入			
29	跳高压侧Ⅱ	投入			
30	跳闸备用	退出			
31	跳闸备用	退出			
32	跳A1分支	投入			
33	跳B1分支	投入			
34	跳A2分支	投入			
35	跳B2分支	投入			
36	冷控失电起动跳闸	投入			
37	非电量2起动跳闸	投入			
38	非电量3起动跳闸	投入			
39	非电量4起动跳闸	投入			
40	本体重瓦斯起动跳闸	投入			
41	有载重瓦斯起动跳闸	投入			
42	绕组过温起动跳闸	投入			
43	本体压力释放起动跳闸	投入			
44	压力突变起动跳闸	投入			
45	投非电量延时保护	投入			
46	投检修状态	退出			
（二）启动备用变压器保护B柜压板状态检查					
1	跳高压侧Ⅰ	投入			
2	跳高压侧Ⅱ	投入			
3	跳闸备用	退出			
4	跳闸备用	退出			
5	启动风冷1	投入			
6	启动风冷2	投入			

续表

启动备用变压器投运前状态确认标准检查卡					
序号	检查内容	标准状态	确认情况（√）	确认人	备注
7	跳A1分支	投入			
8	跳B1分支	投入			
9	跳A2分支	投入			
10	跳B2分支	投入			
11	启动高压侧断路器失灵	投入			
12	启动高压侧断路器失灵	投入			
13	跳闸备用	退出			
14	跳闸备用	退出			
15	投变压器差动保护	投入			
16	备用	退出			
17	投高压侧后备保护	投入			
18	投高压侧接地零序保护	投入			
19	备用	退出			
20	投过励磁保护	投入			
21	投A1分支后备保护	投入			
22	投B1分支后备保护	投入			
23	投A2分支后备保护	投入			
24	投B2分支后备保护	投入			
25	投A分支零序保护	投入			
26	投B分支零序保护	投入			
27	投检修状态	退出			
（三）5001断路器保护压板状态检查					
1	A相跳闸	投入			
2	B相跳闸	投入			
3	C相跳闸	投入			
4	重合闸	投入			
5	A相跳闸	投入			
6	B相跳闸	投入			
7	C相跳闸	投入			

续表

启动备用变压器投运前状态确认标准检查卡					
序号	检查内容	标准状态	确认情况（√）	确认人	备注
8	失灵跳闸	投入			
9	失灵跳闸	投入			
10	失灵跳闸	投入			
11	失灵跳闸	投入			
12	失灵跳闸	投入			
13	失灵跳闸	投入			
14	失灵跳闸	投入			
15	失灵跳闸	投入			
16	失灵跳闸	投入			
17	失灵跳闸	投入			
18	充电过流保护投入	投入			
19	停用重合闸	投入			
20	远方操作投入	投入			
21	检修状态投入	退出			
（四）快切保护压板状态检查					
1	1CLP1A 段合工作	投入			
2	1CLP2A 段跳工作	投入			
3	1CLP3A 段合备用低	投入			
4	1CLP4A 段跳备用	投入			
5	1CLP5 A 段合备用高	退出			
6	1CLP6 A 段跳工作 2	投入			
7	2CLP1 B 段合工作	投入			
8	2CLP2B 段跳工作	投入			
9	2CLP3B 段合备用低	投入			
10	2CLP4B 段跳备用	投入			
11	2CLP5B 段合备用高	退出			
12	2CLP6B 段跳工作 2	投入			

检查启动备用变压器启动条件满足，已按投运前状态确认标准检查卡检查设备完毕，系统可以投运。

检查人：__________

执行情况复核（主值）：__________　　时间：__________

批准（值长）：__________　　时间：__________

3.2 背压发电机投运前状态确认标准检查卡

班组：　　　　　　　　　　　　　　　　　　　　　　　　　　　　　　　　编号：

工作任务	背压发电机投运前状态确认检查		
工作分工	就地：	盘前：	值长：

危险辨识与风险评估				
危险源	风险产生过程及后果	预控措施	预控情况	确认人
1. 人员技能	工作人员技能不能满足系统投运操作要求造成人身伤害、设备损坏	1. 检查就地及盘前操作人员具备相应岗位资格； 2. 操作人员应熟悉系统、设备及工作原理，清晰理解工作任务； 3. 操作人员应具备处理一般事故的能力		
2. 人员生理、心理	人员情绪异常、精神不佳造成工作中人身伤害	1. 班前会中准确了解人员情况； 2. 当班期间值内、部门做好监督； 3. 发现人员情绪等异常情况时，严禁操作		
3. 人员行为	工作票未终结、隔离措施未恢复、人员未撤离造成工作中人身伤害；工器具遗留在操作现场造成设备损坏	1. 查看工作票是否终结； 2. 检修人员全部撤离； 3. 确认安全隔离措施全部恢复到位； 4. 操作完毕应检查所有的工器具已收回，确保无遗留物件		
4. 照明	现场照明不足造成人身伤害	现场照明应充足，满足操作及监视需要，否则应及时补充或增加		
5. 孔洞坑井沟道及障碍物	盖板缺损及平台防护栏杆不全造成高处坠落；设备周围有障碍物影响设备运行和人身安全	1. 工作场所的孔、洞、坑、井、沟道，必须覆以与地面齐平的坚固盖板； 2. 发现洞口盖板缺失、损坏或未盖好时，必须立即填补、修复盖板并及时盖好； 3. 清除设备周围影响设备运行和人身安全的障碍物		
6. 高处落物	工作区域上方高处落物造成人身伤害	1. 正确佩戴个人劳保防护用品； 2. 进入现场要观察工作环境，发现有高处落物的可能时采取必要措施		
7. 工器具	使用不合格工器具或未正确使用工器具造成工作中人身伤害	1. 检查符合规定安全工器具； 2. 不合格工器具禁止带入操作现场； 3. 带全操作所需工器具、防护用品（如对讲机、手电筒、耳塞等）； 4. 操作中正确使用工器具		
8. 10kV、380V、220V 交流电；110V 直流电	电缆绝缘破损，触电；走错间隔，触电；操作未正确复诵，触电；设备外壳未可靠接地，触电；摇开关前未检查开关状态，人身伤害；	1. 防止尖锐器物扎破、割伤电缆，破坏绝缘； 2. 工作前核对设备名称及编号，检查电缆外观； 3. 保持安全距离；		

续表

危险辨识与风险评估				
危险源	风险产生过程及后果	预控措施	预控情况	确认人
8．10kV、380V、220V交流电；110V直流电	运行人员单人操作，人身伤害	4．发布命令应准确、清晰，使用正规操作术语和设备双重名称，即设备名称和编号； 5．摇开关前检查开关在断开位置； 6．单人不得进行运行作业； 7．必须由两人进行工作，其中一人对设备较为熟悉者作监护； 8．特别重要和复杂的电气操作，由熟练的工作人员操作，主管或主要负责人监护		
9．未正确执行两票三制	操作人员对设备不熟悉，操作人员和监护人员未执行唱票、诵票、监护制度，人身伤害；未核对操作设备名称、编号及位置，设备损坏、人身伤害	1．严格执行操作监护制度，操作人员必须经过培训合格方可操作； 2．检查操作设备名称、编号、位置与操作票一致		
10．10kV开关	断路器质量不合格，真空包泄漏；断路器未送到位、触头接触不良；安全措施未全部拆除，带地线合闸	1．按规定定期对断路器进行性能试验，确保断路器正确动作； 2．10kV断路器转热备用后检查已送至工作位； 3．送电前检查所有安全措施已全部拆除		
11．控制箱	金属外壳接地不良，触电	1．外观检查接地是否良好； 2．发现松动及时紧固		
12．测绝缘	测绝缘前未验电，触电；测绝缘过程操作不正确，触电	测绝缘时正确佩戴绝缘手套，对被测设备验明无电后方可测量，并与带电设备保持足够的安全距离，绝缘测量后及时放电		
13．保护压板	保护压板误投漏投，保护误动拒动；压板投入前未测量压板两端电压，保护误动；通信工具信号干扰，保护误动	1．保护压板按保护投退清单投退，必须两人进行，一人监护，一人操作。 2．压板投入前必须测量出口压板两端电压，两端无压或一端负电、一端无电。 3．继电保护室禁止使用无线通信工具		

背压发电机投运前状态确认标准检查卡					
序号	检查内容	标准状态	确认情况（√）	确认人	备注
一、背压发电机投运前检查					
1	背压发电机工作票	一、二次系统工作结束，工作票全部终结或押回			
2	背压发电机安全措施	安全措施全部拆除			

续表

背压发电机投运前状态确认标准检查卡					
序号	检查内容	标准状态	确认情况（√）	确认人	备注
3	背压发电机本体	本体周围清洁无杂物，无积油积水现象			
4	背压发电机各部分绝缘电阻	绝缘电阻值应符合规定：相对地绝缘不应低于 10MΩ，转子绕组绝缘不低于 1MΩ			
5	背压发电机滑环、碳刷	1．滑环表面抛光良好，无印痕、锈迹、污物和油渍，滑环通风道畅通； 2．刷握螺栓紧固，碳刷固定良好； 3．碳刷完整无破损现象，在刷握中活动自如，无卡涩现象； 4．碳刷与滑环表面接触良好； 5．碳刷长度合适，大于极限位 1/3			
6	背压发电机大轴接地碳刷	1．与大轴表面接触良好； 2．大轴接地碳刷连接线紧固无松动； 3．大轴接地碳接地良好； 4．大轴接地碳无油污、碳粉及其他杂物			
7	背压发电机出口 TV	1．出口 TV 柜内清洁无异味，柜体接地良好； 2．出口 TV 瓷套管清洁、无裂纹及放电痕迹； 3．出口 TV 各连接线连接完好，二次端子连接紧固无松动现象			
8	1 号背压机进线开关背 11	1．外观检查无变形损伤，机构位置正确，分合闸位置和接地开关位置指示器指示正确； 2．开关一次触头、二次插件完好； 3．投运前已做开关合、跳闸试验，开关合、跳正确； 4．开关各触头间及对地绝缘合格，绝缘电阻≥10MΩ； 5．开关在试验位置，开关柜低压室、开关室、电缆室柜门全部锁好			
9	背压发电机励磁变	1．励磁变本体及周围清洁； 2．励磁变柜门锁好； 3．高低压接头连接牢固； 4．外壳接地良好			
10	背压发电机励磁小间	1．励磁装置柜周围清洁； 2．励磁小间消防设施齐全； 3．励磁装置柜门关好； 4．整流柜风扇滤网清洁			
11	背压发电机保护	1．检查有背压发电机保护“可以投运”的书面交待；			

续表

背压发电机投运前状态确认标准检查卡					
序号	检查内容	标准状态	确认情况（√）	确认人	备注
11	背压发电机保护	2．背压发电机保护压板、小开关均有正确、清楚的命名； 3．背压发电机保护端子排及接线无异常，保护信号均已复归； 4．背压发电机保护压板投用或停用状态正确，小开关状态正确			
二、背压发电机投运前设备状态检查					
1	背压发电机	冷备用状态			
2	背压机进线开关	冷备用状态			
3	背压发电机出口 TV	冷备用状态			
4	背压发电机励磁变	冷备用状态			
5	背压发电机励磁系统	冷备用状态			
三、背压发电机投运前保护压板状态检查					
1	发电机差动保护压板 5RLP	投入			
2	发电机匝间保护压板 5RLP1	投入			
3	复压过流保护压板 5QLP1	投入			
4	定子接地保护压板 5QLP2	投入			
5	转子接地保护压板 5QLP3	投入			
6	定子过负荷保护压板 5QLP4	投入			
7	负序过负荷保护压板 5QLP5	投入			
8	失磁保护压板 5QLP6	投入			
9	程序逆功率保护压板 5QLP7	投入			
10	频率保护压板 5QLP8	投入			
11	过电压保护压板 5QLP9	投入			

续表

背压发电机投运前状态确认标准检查卡					
序号	检查内容	标准状态	确认情况（√）	确认人	备注
12	励磁后备保护压板5QLP10	投入			
13	外部重动保护压板5QLP11	投入			
14	跳灭磁开关压板5C1LP1	投入			
15	跳灭磁开关备用压板5C1LP2	退出			
16	关主汽门压板 5C1LP3	投入			
17	关主汽门压板 5C1LP4	投入			
18	跳发电机出口开关压板 5C1LP5	投入			
19	跳发电机出口开关备用压板 5C1LP6	退出			
20	减励磁压板 5C2LP1	投入			
21	减出力压板 5C2LP2	投入			

检查____号背压发电机投运条件满足，已按背压发电机投运前状态确认标准检查卡检查设备完毕，可以投运。

检查人：____________

执行情况复核（主值）：________　　时间：__________

批准（值长）：____________　　时间：__________

3.3　柴油发电机组投运前状态确认标准检查卡

班组：　　　　　　　　　　　　　　　　编号：

工作任务	柴油发电机组投运前状态确认检查
工作分工	就地：　　　　盘前：　　　　值长：

危险辨识与风险评估				
危险源	风险产生过程及后果	预控措施	预控情况	确认人
1. 人员技能	工作人员技能不能满足系统投运操作要求造成人身伤害、设备损坏	1. 检查就地及盘前操作人员具备相应岗位资格； 2. 操作人员应熟悉系统、设备及工作		

续表

危险辨识与风险评估				
危险源	风险产生过程及后果	预控措施	预控情况	确认人
1．人员技能		原理，清晰理解工作任务； 3．操作人员应具备处理一般事故的能力		
2．人员生理、心理	人员情绪异常、精神不佳造成工作中人身伤害	1．班前会中准确了解人员情况； 2．当班期间值内、部门做好监督； 3．发现人员情绪等异常情况时，严禁操作		
3．人员行为	工作票未终结、隔离措施未恢复、人员未撤离造成工作中人身伤害；工器具遗留在操作现场造成设备损坏	1．查看工作票是否终结； 2．检修人员全部撤离； 3．确认安全隔离措施全部恢复到位； 4．操作完毕应检查所有的工器具已收回，确保无遗留物件		
4．照明	现场照明不足造成人身伤害	现场照明应充足，满足操作及监视需要，否则应及时补充或增加		
5．孔洞坑井沟道及障碍物	盖板缺损及平台防护栏杆不全造成高处坠落；设备周围有障碍物影响设备运行和人身安全	1．工作场所的孔、洞、坑、井、沟道，必须覆以与地面齐平的坚固盖板； 2．发现洞口盖板缺失、损坏或未盖好时，必须立即填补、修复盖板并及时盖好； 3．清除设备周围影响设备运行和人身安全的障碍物		
6．工器具	使用不合格工器具或未正确使用工器具造成工作中人身伤害	1．检查符合规定安全工器具； 2．不合格工器具禁止带入操作现场； 3．带全操作所需工器具、防护用品（如对讲机、手电筒、耳塞等）； 4．操作中正确使用工器具		
7．380V、220V交流电；110V直流电	电缆绝缘破损，触电；走错间隔，触电；操作未正确复诵，触电；设备外壳未可靠接地，触电；摇开关前未检查开关状态，人身伤害；运行人员单人操作，人身伤害	1．防止尖锐器物扎破、割伤电缆破坏绝缘； 2．工作前核对设备名称及编号，检查电缆外观； 3．保持安全距离； 4．发布命令应准确、清晰、使用正规操作术语和设备双重名称，即设备名称和编号； 5．摇开关前检查开关在断开位置； 6．单人不得进行运行作业； 7．必须由两人进行工作，其中一人对设备较为熟悉者作监护； 8．特别重要和复杂的电气操作，由熟练的工作人员操作，主管或主要负责人监护		
8．未正确执行两票三制	操作人员对设备不熟悉，操作人员和监护人员未执行唱票、诵票、监护制度，人身伤害；未核对操作设备名称、编号：及位置，设备损坏、人身伤害	1．严格执行操作监护制度，操作人员必须经过培训合格方可操作； 2．检查操作设备名称、编号；位置与操作票一致		

续表

危险辨识与风险评估				
危险源	风险产生过程及后果	预控措施	预控情况	确认人
9．380V 开关	开关未送到位、触头接触不良；安全措施未全部拆除，带地线合闸	1. 380V 开关转热备用后检查已送至工作位； 2．送电前检查所有安全措施已全部拆除		
10．控制柜	金属外壳接地不良触电	1．外观检查接地是否良好； 2．发现松动及时紧固		
11．测绝缘	测绝缘前未验电，触电；测绝缘过程操作不正确，触电	测绝缘正确佩戴绝缘手套，对被测设备验明无电后方可测量，并与带电设备保持足够的安全距离，绝缘测量后及时放电		
12．保护压板	保护压板误投漏投，保护误动拒动；压板投入前未测量压板两端电压，保护误动	1．保护压板按保护投退清单投退，必须两人进行，一人监护，一人操作； 2．压板投入前必须测量出口压板两端电压，两端无压或一端负电、一端无电		

柴油发电机组投运前状态确认标准检查卡					
序号	检查内容	标准状态	确认情况（√）	确认人	备注
一、柴油发电机组投运前状态检查					
1	柴油发电机组工作票	一、二次系统工作结束，工作票全部终结或押回			
2	柴油发电机组安全措施	安全措施全部拆除			
3	柴油发电机组机房	柴油发电机组机房通风良好，机组本体清洁完整，无其他影响运行的障碍物，无积油积水现象，无易燃易爆炸物品			
4	柴油发电机组电气、控制部分	连接正确、可靠、无老化现象			
5	柴油发电机组紧固件和油门调节系统	各操纵机构灵活、轻便、可靠，水泵皮带、充电机皮带及风扇皮带的预紧良好			
6	柴油发电机组冷却液、燃油、机油回路	无渗漏现象			
7	柴油发电机组机油位	正常（机油油位在最高和最低标记之间，并尽可能靠近上限而不要超出）			
8	柴油发电机燃油箱油位（燃油箱内的燃油量）	大于 1/3			
9	柴油发电机组水箱冷却液位	正常（冷却液液面接近填口盖焊接面下 3cm 处，不要超出）			

续表

柴油发电机组投运前状态确认标准检查卡					
序号	检查内容	标准状态	确认情况（√）	确认人	备注
10	柴油发电机组水箱散热器芯和中间冷却器	外部没有阻塞			
11	柴油发电机组空气滤清器堵塞情况	如空气滤清器阻塞指示器为红色，则应在机组停机后立即更换空气滤清器；更换外后按红色按钮重新复位指示器			
12	蓄电池电量	正常（23～29V），无报警信号			
13	柴油发电机组AB侧水套加热器	投入正常（指示灯亮，水套加热温度40℃）			
14	柴油发电机控制柜	送电正常，发电机控制柜内浮充电源装置指示灯“POWER LAMP”、“CHARGING LAMP”指示灯亮，无报警信号			
15	柴油发电机组绝缘电阻	测量柴油发电机组绝缘电阻值应符合规定：绝缘电阻用500V绝缘电阻表测量，绝缘电阻≥2MΩ			
16	柴油发电机组保护	1．检查有柴油发电机组保护“可以投运”的书面交待； 2．柴油发电机组保护压板、小开关均有正确、清楚的命名； 3．柴油发电机组保护端子排及接线无异常，保护信号均已复归； 4．柴油发电机组保护压板投用或停用状态正确，小开关状态正确			
二、柴油发电机组投运前设备状态检查					
1	柴油发电机组	冷备用状态			
2	柴油发电机启动钥匙	“STOP”关机位置			
3	柴油发电机燃油箱至柴油机供油门	开启			
4	柴油发电机组本体各油、水回路阀门	开启			
5	柴油发电机组AB侧水套加热器	投入			
6	柴油发电机PLC控制柜	送电			
7	柴油发电机差动保护装置	投入			

续表

柴油发电机组投运前状态确认标准检查卡					
序号	检查内容	标准状态	确认情况（√）	确认人	备注
8	柴油发电机出口开关	冷备用状态			
9	保安 PC 段电源进线开关	冷备用状态			
10	保安 PC 段至汽机保安电源开关	冷备用状态			
11	汽机保安 PCA 段电源进线开关	冷备用状态			
12	汽机保安 PCB 段电源进线开关	冷备用状态			
13	保安 PC 段至锅炉保安电源开关	冷备用状态			
14	锅炉保安 PCA 段电源进线开关	冷备用状态			
15	锅炉保安 PCB 段电源进线开关	冷备用状态			
三、柴油发电机组投运前保护压板状态检查					
1	保安 PC 段保安电源进线开关保护跳闸压板	投入			
2	保安 PC 段保安电源进线开关柴发控制柜联合压板	投入			
3	保安 PC 段保安电源进线开关柴发控制柜联跳压板	投入			
4	保安 PC 段至汽机保安电源开关保护跳闸压板	投入			
5	保安 PC 段至汽机保安电源开关柴发控制柜联合压板	投入			
6	保安 PC 段至汽机保安电源开关柴发控制柜联跳压板	投入			
7	保安 PC 段至锅炉保安电源开关保护跳闸压板	投入			

续表

柴油发电机组投运前状态确认标准检查卡					
序号	检查内容	标准状态	确认情况（√）	确认人	备注
8	保安PC段至锅炉保安电源开关柴发控制柜联合压板	投入			
9	保安PC段至锅炉保安电源开关柴发控制柜联跳压板	投入			
10	汽机保安PCA段工作电源进线开关保护跳闸压板	投入			
11	汽机保安PCA段工作电源进线开关柴发控制柜联合压板	投入			
12	汽机保安PCA段工作电源进线开关柴发控制柜联跳压板	投入			
13	汽机保安PCB段工作电源进线开关保护跳闸压板	投入			
14	汽机保安PCB段工作电源进线开关柴发控制柜联合压板	投入			
15	汽机保安PCB段工作电源进线开关柴发控制柜联跳压板	投入			
16	锅炉保安PCA段工作电源进线开关保护跳闸压板	投入			
17	锅炉保安PCA段工作电源进线开关柴发控制柜联合压板	投入			
18	锅炉保安PCA段工作电源进线开关柴发控制柜联跳压板	投入			
19	锅炉保安PCB段工作电源进线开关保护跳闸压板	投入			
20	锅炉保安PCB段工作电源进线开关柴发控制柜联合压板	投入			

续表

柴油发电机组投运前状态确认标准检查卡					
序号	检查内容	标准状态	确认情况（√）	确认人	备注
21	锅炉保安 PCB 段工作电源进线开关柴发控制柜联跳压板	投入			

检查____号柴油发电机组投运条件满足，已按柴油发电机组投运前状态确认标准检查卡检查设备完毕，可以投运。

检查人：____________

执行情况复核（主值）：________　　时间：________

批准（值长）：________　　时间：________

3.4　发变组投运前状态确认标准检查卡

班组：　　　　编号：

工作任务	发变组投运前状态确认检查
工作分工	就地：　　　盘前：　　　值长：

危险辨识与风险评估				
危险源	风险产生过程及后果	预控措施	预控情况	确认人
1．人员行为	工作票未终结、隔离措施未恢复、人员未撤离，人身伤害；工器具遗留在操作现场，人身伤害；不熟悉作业区环境出现摔倒、碰撞等意外	1．查看工作票是否终结； 2．检修人员全部撤离； 3．确认安全隔离措施全部恢复到位； 4．检查所有的工器具已收回，确保无遗留物件； 5．熟悉现场环境，遇到湿滑地面及脚手架区域要缓慢慎行		
2．人员生理、心理	人员情绪异常、精神不佳，人身伤害	1．班前会中准确了解人员情况； 2．当班期间值内、部门做好监督； 3．发现人员情绪等异常情况时，严禁操作		
3．工器具	不合格工器具人身伤害	1．检查符合规定安全工器具； 2．不合格工器具禁止带入操作现场； 3．检查绝缘靴、绝缘手套、验电器、绝缘表检验合格证齐全，在有效期，外观检查合格		
4．孔洞坑井沟道	盖板缺损及平台防护栏杆不全，高空坠落	1．工作场所的孔、洞、坑、井、沟道，必须覆以与地面齐平的坚固盖板； 2．发现洞口盖板缺失、损坏或未盖好时，必须立即填补、修复盖板并及时盖好； 3．熟悉现场环境，遇有孔洞及时绕道，禁止沿盖板行走		

续表

危险辨识与风险评估				
危险源	风险产生过程及后果	预控措施	预控情况	确认人
5．500kV、10kV、380V、220V 交流电；110V 直流电	倒闸操作前未进行核对性模拟预演，触电；电缆绝缘破损，触电；走错间隔，触电；操作未正确复诵，触电；设备外壳未可靠接地，触电；摇开关前未检查开关状态，人身伤害；运行人员单人操作，人身伤害	1．开始操作前，应先在 NCS 上进行核对性模拟预演，无误后，再进行设备操作； 2．防止尖锐器物扎破、割伤电缆破坏绝缘； 3．工作前核对设备名称及编号，检查电缆外观； 4．保持安全距离； 5．倒闸操作必须根据值班调度员或值班负责人命令，受令人复诵无误后执行； 6．发布命令应准确、清晰、使用正规操作术语和设备双重名称，即设备名称和编号； 7．摇开关前检查开关在断开位置； 8．单人不得进行运行作业； 9．必须由两人进行工作，其中一人对设备较为熟悉者作监护； 10．特别重要和复杂的电气操作，由熟练的工作人员操作，主管或主要负责人监护		
6．未正确执行两票三制	操作人员对设备不熟悉，操作人员和监护人员未执行唱票、诵票、监护制度，人身伤害；未核对操作设备名称、编号：及位置，设备损坏、人身伤害	1．严格执行操作监护制度，操作人员必须经过培训合格方可操作； 2．检查操作设备名称、编号；位置与操作票一致		
7．控制箱、端子箱	金属外壳接地不良触电	1．外观检查接地是否良好； 2．发现松动及时紧固		
8．10kV 开关	断路器质量不合格，真空包泄漏；断路器未送到位、触头接触不良；安全措施未全部拆除，带地线合闸	1. 按规定定期对断路器进行性能试验，确保断路器正确完好； 2. 10kV 断路器转热备用后检查已送至工作位； 3．送电前检查所有安全措施已全部拆除		
9．测绝缘	变压器测绝缘时未系好安全带，高处坠落；测绝缘前未验电，触电；测绝缘过程操作不正确，触电	1．高处作业必须佩带安全带，并按规定正确使用； 2．测绝缘正确佩戴绝缘手套，对被测设备验明无电后方可测量，并与带电设备保持足够的安全距离，绝缘测量后及时放电		
10．SF_6	SF_6 泄漏中毒	检查发变组出口隔离开关 SF_6 压力正常		
11．氢气	氢气泄漏遇明火造成火灾爆炸	1．发电机气体置换时汽机房严禁动火作业； 2．动火作业必须检测作业区域可燃气		

续表

危险辨识与风险评估				
危险源	风险产生过程及后果	预控措施	预控情况	确认人
11．氢气		体含量； 3．发现发电机氢压下降时及时开窗通风，并禁止动火； 4．油氢差压在正常范围，碳刷有打火现象及时调整处理		
12．保护压板	保护压板误投漏投，保护误动拒动； 压板投入前未测量压板两端电压，保护误动；通信工具信号干扰，保护误动	1．保护压板按保护投退清单投退，必须两人进行，一人监护，一人操作； 2．压板投入前必须测量出口压板两端电压，两端无压或一端负电、一端无电； 3．继电保护室禁止使用无线通信工具		
13．变压器油	油泄漏遇明火或高温物体造成火灾	1．变压器本体无漏油，周围无动火作业； 2．变压器消防水投运完好		

发变组投运前状态确认标准检查卡					
序号	检查项目	标准状态	确认情况（√）	确认人	备注
一、发电机投运前状态检查					
1	发变组一、二次工作票	1．临时安全措施全部拆除； 2．接地刀闸拉开，常设遮栏及警告牌收回； 3 有关工作票已终结或收回			
2	发变组绝缘电阻	用水内冷专用绝缘电阻表测量，定子绕组绝缘不应低于 27MΩ；转子绕组绝缘用 500V 绝缘电阻表不低于 1MΩ。			
3	发变组的预防性试验、保护传动	1．发变组的短路试验、空载试验、转子通风、励磁建模、假同期试验等试验项目已完成并符合设计值； 2．各项保护传动试验已完成并正确动作			
4	发电机辅助系统	1. 检查发电机已充氢完毕，氢压 0.5MPa； 2．密封油系统投运正常，油氢差压正常（80～120kPa）； 3．定冷水系统投入正常，流量 120t/h； 4．氢冷器投入正常，四组氢冷器出口冷氢温度一致，在 35～46℃之间； 5．氢气干燥装置已投入，绝缘过热装置已投入，局部放电监测装置已投入，油水检测装置无积液			
5	发电机碳刷	1．碳刷与滑环接触良好、清洁，碳刷长度、压力正常； 2．大轴接地碳刷接触良好			

续表

发变组投运前状态确认标准检查卡					
序号	检查项目	标准状态	确认情况（√）	确认人	备注
6	发电机本体及励磁系统	1．本体无杂物，无检修人员工作； 2．氢气干燥装置已投入，绝缘过热装置已投入，局部放电监测装置已投入，油水检测装置无积液； 3．励磁变压器本体无异常，端子箱接线无松动，柜门已关闭，温控器正常投入； 4．励磁配电室冷却装置投入正常，励磁柜风扇已投运，各屏柜无报警； 5．发电机中性点接地变本体良好，刀闸位置正确； 6．封母微正压装置运行正常，热风保养装置投运正常			
7	发电机出口 TV	发电机出口 TV 熔断器完好，二次接线无断线			
8	发电机同期柜	1．控制开关状态正确，电源正常，无故障灯亮； 2．端子排无积灰，无异物			
9	发电机自动电压控制装置 AVC 系统	1．控制开关状态正确，电源正常，无故障灯亮； 2．端子排无积灰，无异物			
二、主变压器投运前状态检查					
1	主变压器本体	1．本体消防水系统投入，水压正常（＞0.5MPa）； 2．主变压器本体、套管、引出线、绝缘子清洁无损坏，无漏油，现场清洁无杂物			
2	主变压器油枕、呼吸器	油枕油位正常，油色透明，呼吸器硅胶颜色蓝色			
3	主变压器本体和铁芯接地套管	中性点、本体外壳、铁芯可靠接地			
4	主变压器瓦斯继电器、冷却器、油箱套管	1．冷却器完好、无渗油，油流指示器指示正确； 2．气体继电器内充满油，无气体； 3．冷却风扇运行正常无异音			
5	主变压器控制箱、端子箱	1．各冷却装置控制柜接线完整，电源正常，无故障灯亮； 2．端子箱二次接线良好，端子排无积灰，无异物			
6	主变压器温度指示	各温度计指示正常（环境温度），与远方显示相同			

续表

发变组投运前状态确认标准检查卡					
序号	检查项目	标准状态	确认情况（√）	确认人	备注
三、高压厂用变压器投运前状态检查					
1	高压厂用变压器本体	1．本体消防水系统投入，水压正常（＞0.5MPa）； 2．主变本体、套管、绝缘子清洁无损坏，无漏油，现场清洁无杂物			
2	高压厂用变压器油枕、呼吸器	油枕油位正常，油色透明，呼吸器硅胶颜色蓝色			
3	高压厂用变压器本体和铁芯接地套管	本体外壳、铁芯可靠接地			
4	高压厂用变压器瓦斯继电器、冷却器、油箱套管	1．冷却器完好、无渗油； 2．瓦斯继电器内充满油，无气体； 3．冷却风扇运行正常无异音			
5	高压厂用变压器控制箱、端子箱	1．各冷却装置控制柜接线完整，电源正常，无故障灯亮； 2．端子箱二次接线良好，端子排无积灰，无异物； 3．中性点接地柜接地电阻完好、无损伤，接地线牢靠			
6	高压厂用变压器温度指示	各温度计指示正常（环境温度），与远方显示相同			
7	机组厂用电快切装置	装置已经投运，接线牢固，各部清洁			
四、发变组投运前设备状态检查					
1	发变组出口开关1	冷备用状态			
2	发变组出口开关2	冷备用状态			
3	发变组出口接地刀闸	拉开状态			
4	发变组出口刀闸	拉开状态			
5	10kVA 段工作电源进线开关	冷备用状态			
6	10kVB 段工作电源进线开关	冷备用状态			
7	检查10kV工作A段工作电源进线TV	冷备用状态			
8	检查10kV工作B段工作电源进线TV	冷备用状态			

续表

发变组投运前状态确认标准检查卡					
序号	检查项目	标准状态	确认情况（√）	确认人	备注
五、发变组保护投运前检查					
1	发变组保护投运书面交待	有发变组保护“可以投运”的书面交待			
2	设备标示	发变组保护压板、小开关均应有正确、清楚的命名			
3	发变组保护端子排及接线	保护端子排及接线无异常，保护信号均已复归			
4	发变组保护压板、小空开状态	保护压板投用或停用状态正确，小开关状态正确			
六、发变组投运前保护压板状态检查					
（一）发变组保护A柜压板					
1	发电机差动保护	投入			
2	发电机匝间保护	投入			
3	95%定子接地保护	投入			
4	100%定子接地保护	投入			
5	转子接地保护	投入			
6	定子过负荷保护	投入			
7	负序过负荷保护	投入			
8	失磁保护	投入			
9	失步保护	投入			
10	过电压保护	投入			
11	过励磁保护	投入			
12	发电机功率保护	投入			
13	频率保护	投入			
14	误上电保护	投入			
15	启停机保护	投入			
16	发电机相间后备保护	投入			
17	励磁差动保护	投入			

续表

发变组投运前状态确认标准检查卡					
序号	检查项目	标准状态	确认情况（√）	确认人	备注
18	励磁后备保护	投入			
19	外部重动 1 投跳	退出			
20	外部重动 2 投跳	退出			
21	外部重动 3 投跳	退出			
22	外部重动 4 投跳	退出			
23	投主变压器差动保护	投入			
24	主变压器高压侧后备保护	投入			
25	主变压器接地零序保护	投入			
26	主变压器间隙零序保护	投入			
27	发变组差动保护	投入			
28	高压厂用变压器差动保护	投入			
29	高压厂用变压器高压侧后备保护	投入			
30	高压厂用变压器 A 分支后备保护	投入			
31	高压厂用变压器 B 分支后备保护	投入			
32	投检修状态	退出			
33	跳灭磁开关	投入			
34	跳灭磁开关备用	退出			
35	关主汽门	投入			
36	关主汽门	投入			
37	关主汽门备用	退出			
38	减出力	投入			
39	减励磁	投入			
40	发变组保护动作（至远动）	投入			
41	保护动作	投入			
42	跳边断路器 I	投入			
43	跳边断路器 II	投入			

续表

发变组投运前状态确认标准检查卡					
序号	检查项目	标准状态	确认情况（√）	确认人	备注
44	跳中断路器Ⅰ	投入			
45	跳中断路器Ⅱ	投入			
46	启动主变压器风冷 A	投入			
47	启动主变压器风冷 B	投入			
48	启动主变压器风冷 C	投入			
49	跳高压厂用变压器 A 分支	投入			
50	跳高压厂用变压器 B 分支	投入			
51	启动高压厂用变压器A分支切换	投入			
52	启动高压厂用变压器B分支切换	投入			
53	闭锁高压厂用变压器A分支切换	投入			
54	闭锁高压厂用变压器B分支切换	投入			
55	跳背压机组	投入			
56	起动边断路器失灵	投入			
67	起动边断路器失灵备用	退出			
58	起动中断路器失灵	投入			
59	起动中断路器失灵备用	退出			
（二）发变组保护 B 柜压板					
1	发电机差动保护	投入			
2	发电机匝间保护	投入			
3	95%定子接地保护	投入			
4	100%定子接地保护	投入			
5	转子接地保护	投入			
6	定子过负荷保护	投入			
7	负序过负荷保护	投入			
8	失磁保护	投入			
9	失步保护	投入			
10	过电压保护	投入			

续表

发变组投运前状态确认标准检查卡					
序号	检查项目	标准状态	确认情况（√）	确认人	备注
11	过励磁保护	投入			
12	发电机功率保护	投入			
13	频率保护	投入			
14	误上电保护	投入			
15	启停机保护	投入			
16	发电机相间后备保护	投入			
17	励磁差动保护	投入			
18	励磁后备保护	投入			
19	外部重动 1 投跳	退出			
20	外部重动 2 投跳	退出			
21	外部重动 3 投跳	退出			
22	外部重动 4 投跳	退出			
23	投主变压器差动保护	投入			
24	主变压器高压侧后备保护	投入			
25	主变压器接地零序保护	投入			
26	主变压器间隙零序保护	投入			
27	发变组差动保护	投入			
28	高压厂用变压器差动保护	投入			
29	高压厂用变压器高压侧后备保护	投入			
30	高压厂用变压器 A 分支后备保护	投入			
31	高压厂用变压器 B 分支后备保护	投入			
32	投检修状态	退出			
33	跳灭磁开关	投入			
34	跳灭磁开关备用	退出			
35	关主汽门	投入			
36	关主汽门	投入			

续表

发变组投运前状态确认标准检查卡					
序号	检查项目	标准状态	确认情况（√）	确认人	备注
37	关主汽门备用	退出			
38	减出力	投入			
39	减励磁	投入			
40	发变组保护动作（至远动）	投入			
41	保护动作	投入			
42	跳边断路器 I	投入			
43	跳边断路器 II	投入			
44	跳中断路器 I	投入			
45	跳中断路器 II	投入			
46	启动主变压器风冷 A	投入			
47	启动主变压器风冷 B	投入			
48	启动主变压器风冷 C	投入			
49	跳高压厂用变压器 A 分支	投入			
50	跳高压厂用变压器 B 分支	投入			
51	启动高压厂用变压器A分支切换	投入			
52	启动高压厂用变压器B分支切换	投入			
53	闭锁高压厂用变压器A分支切换	投入			
54	闭锁高压厂用变压器B分支切换	投入			
55	跳背压机组	投入			
56	起动边断路器失灵	投入			
67	起动边断路器失灵备用	退出			
58	起动中断路器失灵	投入			
59	起动中断路器失灵备用	退出			
（三）发变组保护 C 柜压板					
1	投检修状态	退出			
2	投非电量延时保护	投入			

续表

发变组投运前状态确认标准检查卡					
序号	检查项目	标准状态	确认情况（√）	确认人	备注
3	风冷全停起动跳闸	投入			
4	断水保护1延时起动跳闸	投入			
5	断水保护2延时起动跳闸	投入			
6	断水保护3延时起动跳闸	投入			
7	主变压器重瓦斯起动跳闸	投入			
8	主变压器油温高起动跳闸	投入			
9	主变压器绕组过温起动跳闸	投入			
10	主变压器压力释放起动跳闸	投入			
11	主变压器非电量9起动跳闸	投入			
12	励磁变温度高起动跳闸	投入			
13	A厂用变压器重瓦斯起动跳闸	投入			
14	A厂用变压器绕组温度高起动跳闸	投入			
15	A厂用变压器压力释放起动跳闸	投入			
16	A厂用变压器油温高起动跳闸	投入			
17	备用起动跳闸	退出			
18	备用起动跳闸	退出			
19	备用起动跳闸	退出			
20	备用起动跳闸	退出			
21	跳灭磁开关	投入			
22	跳灭磁开关备用	退出			
23	关主汽门	投入			
24	关主汽门	投入			
25	发变组保护动作（至远动）	投入			

续表

发变组投运前状态确认标准检查卡					
序号	检查项目	标准状态	确认情况（√）	确认人	备注
26	跳闸备用	退出			
27	跳边断路器Ⅰ	投入			
28	跳边断路器Ⅱ	投入			
29	跳中断路器Ⅰ	投入			
30	跳中断路器Ⅱ	投入			
31	跳高压厂用变压器 A 分支	投入			
32	跳高压厂用变压器 B 分支	投入			
33	启动高压厂用变压器A分支切换	投入			
34	启动高压厂用变压器B分支切换	投入			
35	跳背压机组	投入			
（四）500kV 断路器保护柜压板					
1	投检修状态	退出			
2	停用重合闸	投入			
3	投充电保护	退出			
4	一线圈 A 相电流保持出口	投入			
5	一线圈 B 相电流保持出口	投入			
6	一线圈 C 相电流保持出口	投入			
7	二线圈 A 相电流保持出口	投入			
8	二线圈 B 相电流保持出口	投入			
9	二线圈 C 相电流保持出口	投入			
10	重合闸出口	退出			
11	失灵再跳闸本开关 1	投入			
12	失灵再跳闸本开关 2	投入			

续表

发变组投运前状态确认标准检查卡					
序号	检查项目	标准状态	确认情况（√）	确认人	备注
13	失灵出口 3	退出			
14	失灵出口 4	退出			
15	失灵出口 5	退出			
16	失灵出口 6	退出			
17	失灵出口 7	退出			
18	失灵出口 8	退出			
19	失灵出口 9	退出			
20	失灵出口 10	退出			
21	失灵出口 11	退出			
22	失灵出口 12	退出			
23	一线圈 A 相	投入			
24	一线圈 B 相	投入			
25	一线圈 C 相	投入			
26	二线圈 A 相	投入			
27	二线圈 B 相	投入			
28	二线圈 C 相	投入			
29	合闸加速 1	投入			
30	合闸加速 2	投入			
（五）机组快切保护压板					
1	1CLP1 A 段合工作	投入			
2	1CLP2 A 段跳工作	投入			
3	1CLP3 A 段合备用低	投入			
4	1CLP4 A 段跳备用	投入			
5	1CLP5 A 段合备用高	退出			
6	1CLP6 A 段跳工作 2	投入			
7	2CLP1 B 段合工作	投入			

续表

发变组投运前状态确认标准检查卡					
序号	检查项目	标准状态	确认情况（√）	确认人	备注
8	2CLP2B 段跳工作	投入			
9	2CLP3B 段合备用低	投入			
10	2CLP4B 段跳备用	投入			
11	2CLP5B 段合备用高	退出			
12	2CLP6B 段跳工作 2	投入			

检查____号发变组投运条件满足，已按发变组投运前状态确认标准检查卡检查设备完毕，可以执行发变组投运操作。

检查人：____________

执行情况复核（主值）：________　　时间：________

批准（值长）：____________　　时间：________

3.5　110V 直流系统投运前状态确认标准检查卡

班组：　　　　　　　　　　　　　　　　编号：

工作任务	110V 直流系统投运前状态确认检查
工作分工	就地：　　　　盘前：　　　　值长：

危险辨识与风险评估				
危险源	风险产生过程及后果	预控措施	预控情况	确认人
1．人员行为	工作票未终结、隔离措施未恢复、人员未撤离，人身伤害；工器具遗留在操作现场，人身伤害；不熟悉作业区环境出现摔倒、碰撞等意外	1．查看工作票是否终结； 2．检修人员全部撤离； 3．确认安全隔离措施全部恢复到位； 4．检查所有的工器具已收回，确保无遗留物件； 5．熟悉现场环境，遇到湿滑地面及脚手架区域要缓慢慎行		
2．人员生理、心理	人员情绪异常、精神不佳，人身伤害	1．班前会中准确了解人员情况； 2．当班期间值内、部门做好监督； 3．发现人员情绪等异常情况时，严禁操作		
3．工器具	不合格工器具人身伤害	1．检查符合规定安全工器具； 2．不合格工器具禁止带入操作现场； 3．检查绝缘靴、绝缘手套、验电器、绝缘表检验合格证齐全，在有效期，外观检查合格		

续表

危险辨识与风险评估				
危险源	风险产生过程及后果	预控措施	预控情况	确认人
4．380V 交流电；110V 直流电	电缆绝缘破损，触电；走错间隔，触电；操作未正确复诵，触电；设备外壳未可靠接地，触电；倒闸操作未正确复诵，人身伤害；运行人员单人操作，人身伤害	1．防止尖锐器物扎破、割伤电缆破坏绝缘； 2．工作前核对设备名称及编号，检查电缆外观； 3．保持安全距离； 4．发布命令应准确、清晰、使用正规操作术语和设备双重名称，即设备名称和编号； 5．单人不得进行运行作业； 6．必须由两人进行工作，其中一人对设备较为熟悉者作监护		
5．未正确执行两票三制	操作人员对设备不熟悉，操作人员和监护人员未执行唱票、诵票、监护制度，人身伤害； 未核对操作设备名称、编号：及位置，设备损坏、人身伤害	1．严格执行操作监护制度，操作人员必须经过培训合格方可操作； 2．检查操作设备名称、编号；位置与操作票一致		
6．测绝缘	测绝缘前未验电，触电；测绝缘过程操作不正确，触电	1．测绝缘正确佩戴绝缘手套，对被测设备验明无电后方可测量，并与带电设备保持足够的安全距离； 2．绝缘测量后及时放电		

110V 直流系统投运前状态确认标准检查卡					
序号	检查内容	标准状态	确认情况（√）	确认人	备注
一、110V 直流系统Ⅰ段投运前状态检查					
1	110V 直流系统工作票	110V 直流系统工作结束，工作票全部终结或押回			
2	110V 直流系统安全措施	安全措施全部拆除			
3	110V 直流系统配电柜	接地良好			
4	110V 直流 1 号充电屏 1 号交流电源	开关断开			
5	110V 直流 1 号充电屏 2 号交流电源	开关断开			
6	110V 直流 1 号充电屏冷却风扇电源	开关断开			
7	110V 直流 1 号充电屏防雷空开	开关断开			

续表

110V直流系统投运前状态确认标准检查卡					
序号	检查内容	标准状态	确认情况（√）	确认人	备注
8	110V直流1号充电屏1号整流模块交流电源	开关断开			
9	110V直流1号充电屏2号整流模块交流电源	开关断开			
10	110V直流1号充电屏3号整流模块交流电源	开关断开			
11	110V直流1号充电屏4号整流模块交流电源	开关断开			
12	110V直流1号充电屏5号整流模块交流电源	开关断开			
13	110V直流1号充电屏6号整流模块交流电源	开关断开			
14	110V直流1号充电屏7号整流模块交流电源	开关断开			
15	110V直流1号充电屏8号整流模块交流电源	开关断开			
16	110V直流1号充电屏9号整流模块交流电源	开关断开			
17	110V直流1号蓄电池开关	开关断开			
18	110V直流1号充电机输出开关	开关断开			
19	110V直流1号母联开关	开关断开			
20	110V直流1号蓄电池放电开关	开关断开			
21	110V直流馈线开关101Z～143Z开关	开关断开			
22	110V直流馈线开关144Z～151Z开关	开关断开			
23	110V直流放电总开关	开关断开			
24	110V直流放电分开关	开关断开			
25	110V直流放电工作开关	开关断开			
26	机组保安PC段110V直流充电屏交流电源一	开关断开			

续表

110V直流系统投运前状态确认标准检查卡					
序号	检查内容	标准状态	确认情况（√）	确认人	备注
27	机组保安 PC 段 110V 直流充电屏交流电源二	开关断开			
28	110V 直流 1 组蓄电池熔断器	熔丝完好			
29	110V 直流 1 号充电机熔断器	熔丝完好			
二、110V直流系统II段投运前检查					
1	110V 直流 2 号充电屏 1 号交流电源	开关断开			
2	110V 直流 2 号充电屏 2 号交流电源	开关断开			
3	110V 直流 2 号充电屏冷却风扇电源	开关断开			
4	110V 直流 2 号充电屏防雷空开	开关断开			
5	110V 直流 2 号充电屏 1 号整流模块交流电源	开关断开			
6	110V 直流 2 号充电屏 2 号整流模块交流电源	开关断开			
7	110V 直流 2 号充电屏 3 号整流模块交流电源	开关断开			
8	110V 直流 2 号充电屏 #4 整流模块交流电源	开关断开			
9	110V 直流 2 号充电屏 #5 整流模块交流电源	开关断开			
10	110V 直流 2 号充电屏 #6 整流模块交流电源	开关断开			
11	110V 直流 2 号充电屏 #7 整流模块交流电源	开关断开			
12	110V 直流 2 号充电屏 #8 整流模块交流电源	开关断开			
13	110V 直流 2 号充电屏 #9 整流模块交流电源	开关断开			
14	110V 直流 2 号蓄电池开关	开关断开			
15	110V 直流 2 号充电机输出开关	开关断开			

续表

110V 直流系统投运前状态确认标准检查卡					
序号	检查内容	标准状态	确认情况（√）	确认人	备注
16	110V 直流 2 号母联开关	开关断开			
17	110V 直流 2 号蓄电池放电开关	开关断开			
18	110V 直流馈线开关 201Z～243Z 开关	开关断开			
19	110V 直流馈线开关 244Z～251Z 开关	开关断开			
20	机组保安 PC 段 2 号 110V 直流充电屏交流电源一	开关断开			
21	机组保安 PC 段 2 号 110V 直流充电屏交流电源二	开关断开			
22	110V 直流 2 组蓄电池熔断器	熔丝完好			
23	110V 直流 2 号充电机熔断器	熔丝完好			

检查____号机 110V 直流系统投运条件满足，已按 110V 直流系统投运前状态确认标准检查卡检查设备完毕，可以执行 110V 直流投运操作。

检查人：________

执行情况复核（主值）：________　　　　时间：________

批准（值长）：________　　　　时间：________

3.6　220V 直流系统投运前状态确认标准检查卡

班组：　　　　　　　　　　　　　　　　　　　　编号：

工作任务	220V 直流系统投运前状态确认检查		
工作分工	就地：	盘前：	值长：

危险辨识与风险评估				
危险源	风险产生过程及后果	预控措施	预控情况	确认人
1．人员行为	工作票未终结、隔离措施未恢复、人员未撤离，人身伤害；工器具遗留在操作现场，人身伤害；不熟悉作业	1．查看工作票是否终结； 2．检修人员全部撤离； 3．确认安全隔离措施全部恢复到位； 4．检查所有的工器具已收回，确保无		

续表

危险辨识与风险评估				
危险源	风险产生过程及后果	预控措施	预控情况	确认人
1．人员行为	区环境出现摔倒、碰撞等意外	遗留物件； 5．熟悉现场环境，遇到湿滑地面及脚手架区域要缓慢慎行		
2．人员生理、心理	人员情绪异常、精神不佳，人身伤害	1．班前会中准确了解人员情况； 2．当班期间值内、部门做好监督； 3．发现人员情绪等异常情况时，严禁操作		
3．工器具	不合格工器具人身伤害	1．检查符合规定安全工器具； 2．不合格工器具禁止带入操作现场； 3．检查绝缘靴、绝缘手套、验电器、绝缘表检验合格证齐全，在有效期，外观检查合格		
4．380V 交流电；220V 直流电	电缆绝缘破损，触电；走错间隔，触电；操作未正确复诵，触电；设备外壳未可靠接地，触电；倒闸操作未正确复诵，人身伤害；运行人员单人操作，人身伤害	1．防止尖锐器物扎破、割伤电缆破坏绝缘； 2．工作前核对设备名称及编号，检查电缆外观； 3．保持安全距离； 4．发布命令应准确、清晰、使用正规操作术语和设备双重名称，即设备名称和编号； 5．单人不得进行运行作业； 6．必须由两人进行工作，其中一人对设备较为熟悉者作监护		
5．未正确执行两票三制	操作人员对设备不熟悉，操作人员和监护人员未执行唱票、诵票、监护制度，人身伤害；未核对操作设备名称、编号：及位置，设备损坏、人身伤害	1．严格执行操作监护制度，操作人员必须经过培训合格方可操作； 2．检查操作设备名称、编号；位置与操作票一致		
6．测绝缘	测绝缘前未验电，触电；测绝缘过程操作不正确，触电	1．测绝缘正确佩戴绝缘手套，对被测设备验明无电后方可测量，并与带电设备保持足够的安全距离； 2．绝缘测量后及时放电		

220V 直流系统投运前状态确认标准检查卡					
序号	检查内容	标准状态	确认情况（√）	确认人	备注
1	220V 直流系统工作票	220V 直流系统工作结束，工作票全部终结或押回			
2	220V 直流系统安全措施	安全措施全部拆除			
3	220V 直流系统配电柜	接地良好			

续表

220V直流系统投运前状态确认标准检查卡					
序号	检查内容	标准状态	确认情况（√）	确认人	备注
4	220V直流1号充电屏1号交流电源	开关断开			
5	220V直流1号充电屏2号交流电源	开关断开			
6	220V直流1号充电屏冷却风扇电源	开关断开			
7	220V直流1号充电屏防雷空开	开关断开			
8	220V直流1号充电屏1号整流模块交流电源	开关断开			
9	220V直流1号充电屏2号整流模块交流电源	开关断开			
10	220V直流1号充电屏3号整流模块交流电源	开关断开			
11	220V直流1号充电屏4号整流模块交流电源	开关断开			
12	220V直流1号充电屏5号整流模块交流电源	开关断开			
13	220V直流1号充电屏6号整流模块交流电源	开关断开			
14	220V直流1号充电屏7号整流模块交流电源	开关断开			
15	220V直流1号充电屏8号整流模块交流电源	开关断开			
16	220V直流母联开关	开关断开			
17	220V直流1号蓄电池开关	开关断开			
18	220V直流1号充电机输出开关	开关断开			
19	220V直流3号充电机开关	开关断开			
20	220V直流馈线开关101Z～118Z开关	开关断开			
21	220V直流馈线开关119Z～125Z开关	开关断开			
22	220V直流放电总开关	开关断开			

续表

220V 直流系统投运前状态确认标准检查卡					
序号	检查内容	标准状态	确认情况（√）	确认人	备注
23	220V 直流放电分开关	开关断开			
24	220V 直流放电工作开关	开关断开			
25	220V 直流备用充电屏1号交流电源	开关断开			
26	220V 直流备用充电屏2号交流电源	开关断开			
27	220V 直流备用充电屏冷却风扇电源	开关断开			
28	220V 直流备用充电屏防雷空开	开关断开			
29	220V 直流备用充电屏1号整流模块交流电源	开关断开			
30	220V 直流备用充电屏2号整流模块交流电源	开关断开			
31	220V 直流备用充电屏3号整流模块交流电源	开关断开			
32	220V 直流备用充电屏4号整流模块交流电源	开关断开			
33	220V 直流备用充电屏5号整流模块交流电源	开关断开			
34	220V 直流备用充电屏6号整流模块交流电源	开关断开			
35	220V 直流备用充电屏7号整流模块交流电源	开关断开			
36	220V 直流备用充电屏8号整流模块交流电源	开关断开			
37	机组保安 PC 段 220V 直流充电屏交流电源一	开关断开			
38	机组保安 PC 段 220V 直流充电屏交流电源二	开关断开			
39	机组保安 PC 段备用 220V 直流充电屏交流电源一	开关断开			
40	机组保安 PC 段备用 220V 直流充电屏交流电源二	开关断开			

续表

220V 直流系统投运前状态确认标准检查卡					
序号	检查内容	标准状态	确认情况（√）	确认人	备注
41	220V 直流 1 组蓄电池熔断器	熔丝完好			
42	220V 直流 1 号充电机熔断器	熔丝完好			
43	220V 直流 3 号充电机熔断器	熔丝完好			
44	220V 直流母联熔断器	熔丝完好			

检查____号机 220V 直流系统投运条件满足，已按 220V 直流系统投运前状态确认标准检查卡检查设备完毕，可以执行 220V 直流投运操作。

检查人：____________

执行情况复核（主值）：________　　时间：________

批准（值长）：____________　　时间：________

3.7 机组 UPS 投运前状态确认标准检查卡

班组：　　　　　　　　　　　　　　　　　　　　编号：

工作任务	机组 UPS 投运前状态确认检查
工作分工	就地：　　　　盘前：　　　　值长：

危险辨识与风险评估				
危险源	风险产生过程及后果	预控措施	预控情况	确认人
1．人员行为	工作票未终结、隔离措施未恢复、人员未撤离，人身伤害；工器具遗留在操作现场，人身伤害；不熟悉作业区环境出现摔倒、碰撞等意外	1．查看工作票是否终结； 2．检修人员全部撤离； 3．确认安全隔离措施全部恢复到位； 4．检查所有的工器具已收回，确保无遗留物件； 5．熟悉现场环境，遇到湿滑地面及脚手架区域要缓慢慎行		
2. 人员生理、心理	人员情绪异常、精神不佳，人身伤害	1．班前会中准确了解人员情况； 2．当班期间值内、部门做好监督； 3．发现人员情绪等异常情况时，严禁操作		
3．工器具	不合格工器具人身伤害	1．检查符合规定安全工器具； 2．不合格工器具禁止带入操作现场； 3．检查绝缘靴、绝缘手套、验电器、绝缘表检验合格证齐全，在有效期，外观检查合格		

续表

危险辨识与风险评估				
危险源	风险产生过程及后果	预控措施	预控情况	确认人
4．380V 交流电；220V 直流电	电缆绝缘破损，触电； 走错间隔，触电；操作未正确复诵，触电； 设备外壳未可靠接地，触电；倒闸操作未正确复诵，人身伤害；运行人员单人操作，人身伤害	1．防止尖锐器物扎破、割伤电缆破坏绝缘； 2．工作前核对设备名称及编号，检查电缆外观； 3．保持安全距离； 4．发布命令应准确、清晰、使用正规操作术语和设备双重名称，即设备名称和编号； 5．单人不得进行运行作业； 6．必须由两人进行工作，其中一人对设备较为熟悉者作监护		
5．未正确执行两票三制	操作人员对设备不熟悉，操作人员和监护人员未执行唱票、诵票、监护制度，人身伤害；未核对操作设备名称、编号：及位置，设备损坏、人身伤害	1．严格执行操作监护制度，操作人员必须经过培训合格方可操作； 2．检查操作设备名称、编号；位置与操作票一致		

机组 UPS 系统投运前状态确认标准检查卡					
序号	检查内容	标准状态	确认情况（√）	确认人	备注
1	机组 UPS 系统工作票	1 号机组 UPS 系统工作结束，工作票全部终结或押回			
2	机组 UPS 系统安全措施	安全措施全部拆除			
3	机组 UPS 系统配电柜	接地良好			
4	机组 1 号 UPS 工作电源 S3	开关断开			
5	机组 1 号 UPS 电池开关 S4	开关断开			
6	机组 1 号 UPS 旁路电源 S2	开关断开			
7	机组 1 号 UPS 电池缓启开关 S1	开关断开			
8	机组 1 号 UPS 输出开关 S5	开关断开			
9	机组 1 号 UPS 手动维修旁路开关 S6	开关断开			
10	机组 2 号 UPS 工作电源 S3	开关断开			

续表

机组UPS系统投运前状态确认标准检查卡					
序号	检查内容	标准状态	确认情况（√）	确认人	备注
11	机组2号UPS电池开关S4	开关断开			
12	机组2号UPS旁路电源S2	开关断开			
13	机组2号UPS电池缓启开关S1	开关断开			
14	机组2号UPS输出开关S5	开关断开			
15	机组2号UPS手动维修旁路开关S6	开关断开			
16	机组UPS旁路柜输入开关	开关断开			
17	机组UPS旁路柜输出开关	开关断开			
18	机组保安PC段1号UPS电源	开关断开			
19	机组保安PC段2号UPS电源	开关断开			
20	机组保安PC段UPS旁路柜电源	开关断开			
21	机组UPS馈线总开关	开关断开			
22	机组UPS馈线开关1号～48号	开关断开			
23	机组UPS旁路柜内切换开关	检修位置			
24	220V直流馈线至1号UPS主机电源	开关断开			
25	220V直流馈线至2号UPS主机电源	开关断开			

已按____号机组UPS系统投运前状态确认标准检查卡检查设备完毕，可以执行机组UPS系统投运操作。

检查人：____________

执行情况复核（主值）：________ 时间：__________

批准（值长）：________ 时间：__________

3.8 10kV 母线投运前状态确认标准检查卡

班组：　　　　　　　　　　　　　　　　　　　　　　　　　　　　　　编号：

工作任务	10kV 母线投运前状态确认检查
工作分工	就地：　　　　　　　盘前：　　　　　　　值长：

危险辨识与风险评估				
危险源	风险产生过程及后果	预控措施	预控情况	确认人
1．人员技能	工作人员技能不能满足系统投运操作要求造成人身伤害、设备损坏	1．检查就地及盘前操作人员具备相应岗位资格； 2．操作人员应熟悉系统、设备及工作原理，清晰理解工作任务； 3．操作人员应具备处理一般事故的能力		
2．人员生理、心理	人员情绪异常、精神不佳造成工作中人身伤害	1．班前会中准确了解人员情况； 2．当班期间值内、部门做好监督； 3．发现人员情绪等异常情况时，严禁操作		
3．人员行为	工作票未终结、隔离措施未恢复、人员未撤离造成工作中人身伤害；工器具遗留在操作现场造成设备损坏	1．查看工作票是否终结； 2．检修人员全部撤离； 3．确认安全隔离措施全部恢复到位； 4．操作完毕应检查所有的工器具已收回，确保无遗留物件		
4．照明	现场照明不足造成人身伤害	现场照明应充足，满足操作及监视需要，否则应及时补充或增加		
5．孔洞坑井沟道及障碍物	盖板缺损及平台防护栏杆不全造成高处坠落；设备周围有障碍物影响设备运行和人身安全	1．工作场所的孔、洞、坑、井、沟道，必须覆以与地面齐平的坚固盖板； 2．发现洞口盖板缺失、损坏或未盖好时，必须立即填补、修复盖板并及时盖好； 3．清除设备周围影响设备运行和人身安全的障碍物		
6．工器具	使用不合格工器具或未正确使用工器具造成工作中人身伤害	1．检查符合规定安全工器具； 2．不合格工器具禁止带入操作现场； 3．带全操作所需工器具、防护用品等（如对讲机、手电筒、耳塞等）； 4．操作中正确使用工器具		
7．10kV、220V 交流电；110V 直流电	电缆绝缘破损，触电； 走错间隔，触电；操作未正确复诵，触电； 摇开关前未检查开关状态，人身伤害；运行人员单人操作，人身伤害	1．防止尖锐器物扎破、割伤电缆破坏绝缘； 2．工作前核对设备名称及编号，检查电缆外观； 3．保持安全距离； 4．发布命令应准确、清晰、使用正规操作术语和设备双重名称，即设备名称和编号； 5．摇开关前检查开关在断开位置；		

续表

危险辨识与风险评估				
危险源	风险产生过程及后果	预控措施	预控情况	确认人
7．10kV、220V交流电；110V直流电		6．单人不得进行运行作业； 7．必须由两人进行工作，其中一人对设备较为熟悉者作监护		
8．未正确执行两票三制	操作人员对设备不熟悉，操作人员和监护人员未执行唱票、诵票、监护制度，人身伤害； 未核对操作设备名称、编号：及位置，设备损坏、人身伤害	1．严格执行操作监护制度，操作人员必须经过培训合格方可操作； 2．检查操作设备名称、编号；位置与操作票一致		
9．10kV开关	断路器质量不合格，真空包泄漏；断路器未送到位、触头接触不良； 安全措施未全部拆除，带地线合闸	1.按规定定期对断路器进行性能试验，确保断路器正确完好； 2.10kV断路器转热备用后检查已送至工作位； 3．送电前检查所有安全措施已全部拆除		
10．测绝缘	测绝缘前未验电，触电；测绝缘过程操作不正确，触电	测绝缘正确佩戴绝缘手套，对被测设备验明无电后方可测量，并与带电设备保持足够的安全距离，绝缘测量后及时放电		

10kV母线投运前检查确认卡					
序号	检查内容	标准状态	确认情况（√）	确认人	备注
一、10kV母线投运前状态检查					
1	10kV母线工作票	一、二次系统工作结束，工作票全部终结或押回			
2	10kV母线安全措施	安全措施全部拆除			
3	10kV母线配电盘、配电柜	接地良好			
4	10kV母线	各部清洁，无明显的接地、短路现象			
5	10kV母线绝缘	绝缘电阻合格，用2500V绝缘电阻表测量母线绝缘应大于50MΩ			
6	10kV母线所有开关	试验位置			
7	10kV母线各开关柜门	关闭并锁紧			
8	10kV母线耐压试验报告	查检修交待：有母线耐压试验报告			
9	10kV母线互感器的变比和极性	查检修交待：互感器的变比和极性正确			

续表

10kV 母线投运前检查确认卡					
序号	检查内容	标准状态	确认情况（√）	确认人	备注
10	10kV 母线各保护自动装置	已投入			
11	10kV 母线 TV、工作和备用电源进线开关及测控设备	已投入			
二、10kV 母线投运前电源开关状态检查					
1	10kV 母线所有电源开关工作票	一、二次系统工作结束，工作票全部终结或押回			
2	10kV 母线所有电源开关安全措施	安全措施全部拆除			
3	10kV 母线所有电源开关外观	外观检查正常，机构位置正确，分合闸位置和接地开关位置指示器指示正确			
4	10kV 母线所有电源开关电加热器装置	提前 48h 投入			
5	10kV 母线所有电源开关一次触头、二次插件	完好			
6	10kV 母线所有电源开关各触头间及对地绝缘	绝缘合格，绝缘电阻≥10MΩ			
7	10kV 母线所有电源开关所带电缆的绝缘	绝缘合格，绝缘电阻≥10MΩ			
8	10kV 母线所有电源开关储能状态	已储能			
9	10kV 母线所有电源开关	投运前已做开关合、跳闸试验，开关合、跳正常			
10	10kV 母线所有开关	试验位置，开关柜低压室、开关室、电缆室柜门全部锁好			
三、10kV 母线投运前设备状态检查					
1	10kV 母线工作电源进线开关	冷备用状态			
2	10kV 母线备用电源进线开关	冷备用状态			
3	10kV 母线 TV	冷备用状态			
4	循环水泵开关	冷备用状态			
5	电动给水泵开关	冷备用状态			
6	凝结水泵开关	冷备用状态			
7	一次风机开关	冷备用状态			

续表

10kV 母线投运前检查确认卡					
序号	检查内容	标准状态	确认情况（√）	确认人	备注
8	送风机开关	冷备用状态			
9	引风机开关	冷备用状态			
10	浆液循环泵开关	冷备用状态			
11	汽轮机变压器高压侧开关	冷备用状态			
12	锅炉变压器高压侧开关	冷备用状态			
13	电除尘变压器高压侧开关	冷备用状态			
14	公用变压器高压侧开关	冷备用状态			
15	脱硫公辅变压器高压侧开关	冷备用状态			
16	化水变压器高压侧开关	冷备用状态			
17	10kV 输煤段电源开关	冷备用状态			
18	背压机进线开关	冷备用状态			
19	低压加热器疏水泵开关	冷备用状态			
20	开式冷却水泵开关	冷备用状态			
21	磨煤机开关	冷备用状态			
22	量氧化风机开关	冷备用状态			
23	真空泵开关	冷备用状态			
24	压缩机开关	冷备用状态			
25	仪用空气压缩机开关	冷备用状态			
26	除灰空气压缩机开关	冷备用状态			
27	带式输送机开关	冷备用状态			
四、10kV 母线投运前开关保护压板状态检查					
1	10kV 母线工作电源进线开关弧光保护跳闸压板	投入			
2	10kV 母线工作电源进线开关弧光保护联跳备用进线开关压板	投入			
3	10kV 母线工作电源进线开关弧光保护联跳背压机进线压板	投入			
4	10kV 母线工作电源进线开关分闸联跳背压机进线压板	投入			

续表

10kV 母线投运前检查确认卡					
序号	检查内容	标准状态	确认情况（√）	确认人	备注
5	10kV 母线备用电源进线开关弧光保护跳闸压板	投入			
6	10kV 母线备用电源进线开关弧光保护联跳工作进线开关压板	投入			
7	10kV 母线备用电源进线开关弧光保护联跳背压机进线压板	投入			
8	10kV 母线备用电源进线开关分闸联跳背压机进线压板	投入			

检查____号机 10kV 段母线投运条件满足，已按 10kV 母线投运前状态确认标准检查卡检查设备完毕，可以投运。

检查人：__________________

执行情况复核（主值）：__________　　　　　　时间：__________

批准（值长）：__________　　　　　　时间：__________

3.9　380V 母线投运前状态确认标准检查卡

班组：　　　　　　　　　　　　　　　　　　　　编号：

工作任务	380V 母线投运前状态确认检查
工作分工	就地：　　　　盘前：　　　　值长：

危险辨识与风险评估				
危险源	风险产生过程及后果	预控措施	预控情况	确认人
1．人员行为	工作票未终结、隔离措施未恢复、人员未撤离，人身伤害；工器具遗留在操作现场，人身伤害；不熟悉作业区环境出现摔倒、碰撞等意外	1．查看工作票是否终结； 2．检修人员全部撤离； 3．确认安全隔离措施全部恢复到位； 4．检查所有的工器具已收回，确保无遗留物件； 5．熟悉现场环境，遇到湿滑地面及脚手架区域要缓慢慎行		
2．人员生理、心理	人员情绪异常、精神不佳，人身伤害	1．班前会中准确了解人员情况； 2．当班期间值内、部门做好监督； 3．发现人员情绪等异常情况时，严禁操作		

续表

危险辨识与风险评估				
危险源	风险产生过程及后果	预控措施	预控情况	确认人
3．工器具	不合格工器具人身伤害	1．检查符合规定安全工器具； 2．不合格工器具禁止带入操作现场； 3．检查绝缘靴、绝缘手套、验电器、绝缘表检验合格证齐全，在有效期，外观检查合格		
4．孔洞坑井沟道	盖板缺损及平台防护栏杆不全，高处坠落	1．工作场所的孔、洞、坑、井、沟道，必须覆以与地面齐平的坚固盖板； 2．发现洞口盖板缺失、损坏或未盖好时，必须立即填补、修复盖板并及时盖好； 3．熟悉现场环境，遇有孔洞及时绕道，禁止沿盖板行走		
5．380V、220V交流电；110V直流电	电缆绝缘破损，触电；走错间隔，触电；操作未正确复诵，触电；设备外壳未可靠接地，触电；摇开关前未检查开关状态，人身伤害；运行人员单人操作，人身伤害	1．防止尖锐器物扎破、割伤电缆破坏绝缘； 2．工作前核对设备名称及编号，检查电缆外观； 3．保持安全距离； 4．倒闸操作必须根据值班调度员或值班负责人命令，受令人复诵无误后执行； 5．发布命令应准确、清晰、使用正规操作术语和设备双重名称，即设备名称和编号； 6．摇开关前检查开关在断开位置； 7．单人不得进行运行作业； 8．必须由两人进行工作，其中一人对设备较为熟悉者作监护		
6．控制箱、端子箱	金属外壳接地不良触电	1．外观检查接地是否良好； 2．发现松动及时紧固		
7．未正确执行两票三制	操作人员对设备不熟悉，操作人员和监护人员未执行唱票、诵票、监护制度，人身伤害；未核对操作设备名称、编号：及位置，设备损坏、人身伤害	1．严格执行操作监护制度，操作人员必须经过培训合格方可操作； 2．检查操作设备名称、编号；位置与操作票一致		
8．测绝缘	测绝缘前未验电，触电；测绝缘过程操作不正确，触电	测绝缘正确佩戴绝缘手套，对被测设备验明无电后方可测量，并与带电设备保持足够的安全距离，绝缘测量后及时放电		

380V母线投运前状态确认标准检查卡					
序号	检查内容	标准状态	确认情况（√）	确认人	备注
一、380V母线投运前状态检查					
1	380V母线工作票	一、二次系统工作结束，工作票全部终结或押回			

续表

380V 母线投运前状态确认标准检查卡					
序号	检查内容	标准状态	确认情况（√）	确认人	备注
2	380V 母线安全措施	安全措施全部拆除			
3	380V 母线配电盘、配电柜	接地良好			
4	380V 母线	各部清洁，无明显的接地、短路现象			
5	380V 母线所有开关	冷备用位置			
6	380V 母线绝缘	绝缘电阻合格，用 500V 绝缘电阻表测量母线绝缘应大于 10MΩ			
7	380V 母线各开关柜门	关闭并锁紧			
8	380V 母线电压互感器的变比和极性	查检修交代，互感器的变比和极性正确			
9	380V 母线各保护自动装置	已投入			
10	380V 母线 TV、电源进线开关及测控设备	已投入			
11	380V 母线 TV 及浪涌保护器保险	正常			
二、380V 母线电源开关投运前状态检查					
1	380V 母线所有电源开关工作票	一、二次系统工作结束，工作票全部终结或押回			
2	380V 母线所有电源开关安全措施	安全措施全部拆除			
3	380V 母线所有电源开关外观	外观检查正常，机构位置正确，分合闸位置指示正确			
4	380V 母线电源开关	完好			
5	380V 母线工作进线电源开关	投运前已做开关合、跳闸试验，开关合、跳正常			
6	380V 母线所有开关	冷备用位置，柜门全部锁好			
三、380V 母线投运前设备状态检查					
1	380V 母线工作电源进线开关	冷备用状态			
2	380V 母线备用电源联络开关	冷备用状态			

续表

380V 母线投运前状态确认标准检查卡					
序号	检查内容	标准状态	确认情况（√）	确认人	备注
3	380V 母线 TV	冷备用状态			
4	机组保安段电源开关	冷备用状态			
5	水环式真空泵开关	冷备用状态			
6	汽轮机 MCC 电源开关	冷备用状态			
7	给水泵汽轮机 MCC 电源开关	冷备用状态			
8	背压机励磁电源可控硅整流器开关	冷备用状态			
9	主厂房实验电源屏电源开关	冷备用状态			
10	主厂房保护柜电源开关	冷备用状态			
11	机励磁调节柜电源开关	冷备用状态			
12	发电机碳粉收集装置电源开关	冷备用状态			
13	主变压器风冷柜电源开关	冷备用状态			
14	背压机阀门柜电源开关	冷备用状态			
15	汽轮机阀门柜电源开关	冷备用状态			
16	循环水泵房 MCC 电源开关	冷备用状态			
四、380V 母线投运前开关保护压板状态检查					
1	380V 母线工作电源进线开关保护跳闸压板	投入			

检查____号机____段 380V 母线投运条件满足，已按 380V 母线投运前状态确认标准检查卡检查设备完毕，可以执行 380V 母线投运操作。

检查人：____________

执行情况复核（主值）：____________　　时间：____________

批准（值长）：____________　　时间：____________

3.10 500kV 母线投运前状态确认标准检查卡

班组：　　　　编号：

工作任务	500kV 母线投运前状态检查
工作分工	就地：　　盘前：　　值长：

危险辨识与风险评估				
危险源	风险产生过程及后果	预控措施	预控情况	确认人
1．人员行为	工作票未终结、隔离措施未恢复、人员未撤离，人身伤害；工器具遗留在操作现场，人身伤害；不熟悉作业区环境出现摔倒、碰撞等意外	1．查看工作票是否终结； 2．检修人员全部撤离； 3．确认安全隔离措施全部恢复到位； 4．检查所有的工器具已收回，确保无遗留物件； 5．熟悉现场环境，遇到湿滑地面及脚手架区域要缓慢慎行		
2．人员生理、心理	人员情绪异常、精神不佳，人身伤害	1．班前会中准确了解人员情况； 2．当班期间值内、部门做好监督； 3．发现人员情绪等异常情况时，严禁操作		
3．未正确执行两票三制	操作人员对设备不熟悉，操作人员和监护人员未执行唱票、诵票、监护制度，人身伤害； 未核对操作设备名称、编号：及位置，设备损坏、人身伤害	1．严格执行操作监护制度，操作人员必须经过培训合格方可操作； 2．检查操作设备名称、编号；位置与操作票一致		
4．工器具	不合格工器具人身伤害	1．检查符合规定安全工器具； 2．不合格工器具禁止带入操作现场； 3．检查绝缘靴、绝缘手套、验电器、绝缘表检验合格证齐全，在有效期，外观检查合格		
5．测绝缘	测绝缘前未验电，触电；测绝缘过程操作不正确，触电	1．高处作业必须佩带安全带，并按规定正确使用； 2．测绝缘正确佩戴绝缘手套，对被测设备验明无电后方可测量，并与带电设备保持足够的安全距离，绝缘测量后及时放电		
6．保护压板	保护压板误投漏投，保护误动拒动；压板投入前未测量压板两端电压，保护误动；通信工具信号干扰，保护误动	1．保护压板按保护投退清单投退，必须两人进行，一人监护，一人操作； 2．压板投入前必须测量出口压板两端电压，两端无压或一端负电、一端无电； 3．继电保护室禁止使用无线通信工具		
7．孔洞坑井沟道	盖板缺损及平台防护栏杆不全，高处坠落	1．工作场所的孔、洞、坑、井、沟道，必须覆以与地面齐平的坚固盖板； 2．发现洞口盖板缺失、损坏或未盖好时，必须立即填补、修复盖板并及时盖好； 3．熟悉现场环境，遇有孔洞及时绕道，禁止沿盖板行走		
8．500kV、380V 交流电；110V 直流电	倒闸操作前未进行核对性模拟预演，触电； 电缆绝缘破损，触电； 走错间隔，触电；操作未正确复诵，触电；	1．开始操作前，应先在 NCS 上进行核对性模拟预演，无误后，再进行设备操作； 2．防止尖锐器物扎破、割伤电缆破坏绝缘； 3．工作前核对设备名称及编号，检查		

续表

危险辨识与风险评估				
危险源	风险产生过程及后果	预控措施	预控情况	确认人
8．500kV、380V交流电；110V直流电	设备外壳未可靠接地，触电； 摇开关前未检查开关状态，人身伤害； 运行人员单人操作，人身伤害	电缆外观； 4．保持安全距离； 5．倒闸操作必须根据值班调度员或值班负责人命令，受令人复诵无误后执行； 6．发布命令应准确、清晰、使用正规操作术语和设备双重名称，即设备名称和编号； 7．摇开关前检查开关在断开位置； 8．单人不得进行运行作业； 9．必须由两人进行工作，其中一人对设备较为熟悉者作监护； 10．特别重要和复杂的电气操作，由熟练的工作人员操作，主管或主要负责人监护		
9．SF_6	SF_6泄漏中毒	检查500kV母线及断路器SF_6压力正常		
10．控制箱、端子箱	金属外壳接地不良触电	1．外观检查接地是否良好； 2．发现松动及时紧固		

500kV母线投运前状态确认标准检查卡					
序号	检查内容	标准状态	确认情况（√）	确认人	备注
一、500kV母线投运前状态检查					
1	500kV母线工作票	一、二次系统工作结束，相关工作票全部终结或押回			
2	500kV母线安全措施	安全措施全部拆除			
3	500kV母线配电盘、配电柜	接地良好			
4	500kV母线	各部清洁，无明显的接地、短路现象			
5	500kV母线绝缘	绝缘电阻合格			
6	500kV母线SF_6压力	压力正常无报警（额定0.68MPa）			
7	500kV母线耐压试验	母线耐压试验已做，并有耐压试验报告			
8	500kV母线互感器的变比和极性	检验互感器的变比和极性正确			
9	500kV母线各保护自动装置	已投入			

续表

500kV 母线投运前状态确认标准检查卡					
序号	检查内容	标准状态	确认情况（√）	确认人	备注
10	500kV 母线 TV、各开关及测控设备	已投入			
二、500kV 母线投运前设备状态检查					
1	5011 开关	冷备用状态			
2	5021 开关	冷备用状态			
3	5001 开关	冷备用状态			
4	5117 接地刀闸	断开位置			
5	500KV 母线 TV	运行状态			
三、500kV 母线投运前断路器保护压板状态检查					
（一）500kV 母线保护柜 I 保护压板状态检查					
1	支路 1 跳闸压板	投入			
2	支路 2 跳闸压板	投入			
3	支路 3 跳闸压板	投入			
4	支路 4 跳闸压板	投入			
5	支路 5 跳闸压板	投入			
6	支路 6 跳闸压板	投入			
7	支路 7 跳闸压板	投入			
8	支路 8 跳闸压板	投入			
9	支路 9 跳闸压板	投入			
10	差动保护投入压板	投入			
11	失灵经母线保护跳闸投入压板	投入			
12	远方操作投入压板	投入			
（二）500kV 母线保护柜 II 保护压板状态检查					
1	1C1LP1L1 跳闸 1	投入			
2	1C2LP1L2 跳闸 1	投入			
3	1C3LP1L3 跳闸 1	投入			

续表

500kV 母线投运前状态确认标准检查卡					
序号	检查内容	标准状态	确认情况（√）	确认人	备注
4	1C4LP1L4 跳闸 1	投入			
5	1C5LP1L5 跳闸 1	投入			
6	1C6LP1L6 跳闸 1	投入			
7	1C7LP1L7 跳闸 1	投入			
8	1C8LP1L8 跳闸 1	投入			
9	1C9LP1L9 跳闸 1	投入			
10	1C10LP1L10 跳闸 1	投入			
11	1C11LP1L11 跳闸 1	投入			
12	1C12LP1L12 跳闸 1	投入			
13	1C1LP1L1 跳闸 2	投入			
14	1C2LP1L2 跳闸 2	投入			
15	1C3LP1L3 跳闸 2	投入			
16	1C4LP1L4 跳闸 2	投入			
17	1C5LP1L5 跳闸 2	投入			
18	1C6LP1L6 跳闸 2	投入			
19	1C7LP1L7 跳闸 2	投入			
20	1C8LP1L8 跳闸 2	投入			
21	1C9LP1L9 跳闸 2	投入			
22	1C10LP1L10 跳闸 2	投入			
23	1C11LP1L11 跳闸 2	投入			
24	1C12LP1L12 跳闸 2	投入			
25	1KLP1 投差动保护	投入			
26	1KLP2 投失灵经母差跳闸	投入			
27	1KLP3 投远方操作	投入			

检查 500kV 母线投运条件满足，已按 500kV 母线投运前状态确认标准检查卡检查设备完毕，可以执行 500kV 母线投运操作。

检查人：________________

执行情况复核（主值）：________　　时间：________

批准（值长）：________　　时间：________

3.11　500kV 断路器投运前状态确认标准检查卡

班组：　　　　　　　　　　　　　　　　　　　　　　编号：

工作任务	500kV 断路器投运前状态确认检查		
工作分工	就地：	盘前：	值长：

危险辨识与风险评估				
危险源	风险产生过程及后果	预控措施	预控情况	确认人
1．人员行为	工作票未终结、隔离措施未恢复、人员未撤离，人身伤害；工器具遗留在操作现场，人身伤害；不熟悉作业区环境出现摔倒、碰撞等意外	1．查看工作票是否终结； 2．检修人员全部撤离； 3．确认安全隔离措施全部恢复到位； 4．检查所有的工器具已收回，确保无遗留物件； 5．熟悉现场环境，遇到湿滑地面及脚手架区域要缓慢慎行		
2．人员生理、心理	人员情绪异常、精神不佳，人身伤害	1．班前会中准确了解人员情况； 2．当班期间值内、部门做好监督； 3．发现人员情绪等异常情况时，严禁操作		
3．未正确执行两票三制	操作人员对设备不熟悉，操作人员和监护人员未执行唱票、诵票、监护制度，人身伤害； 未核对操作设备名称、编号：及位置，设备损坏、人身伤害	1．严格执行操作监护制度，操作人员必须经过培训合格方可操作； 2．检查操作设备名称、编号；位置与操作票一致		
4．工器具	不合格工器具人身伤害	1．检查符合规定安全工器具； 2．不合格工器具禁止带入操作现场； 3．检查绝缘靴、绝缘手套、验电器、绝缘表检验合格证齐全，在有效期，外观检查合格		
5．测绝缘	测绝缘前未验电，触电；测绝缘过程操作不正确，触电	1．高处作业必须佩带安全带，并按规定正确使用； 2．测绝缘正确佩戴绝缘手套，对被测设备验明无电后方可测量，并与带电设备保持足够的安全距离，绝缘测量后及时放电		
6．保护压板	保护压板误投漏投，保护误动拒动；压板投入前未测量压板两端电压，保护误动；通信工具信号干扰，保护误动	1．保护压板按保护投退清单投退，必须两人进行，一人监护，一人操作； 2．压板投入前必须测量出口压板两端电压，两端无压或一端负电、一端无电； 3．继电保护室禁止使用无线通信工具		

续表

危险辨识与风险评估				
危险源	风险产生过程及后果	预控措施	预控情况	确认人
7．孔洞坑井沟道	盖板缺损及平台防护栏杆不全，高处坠落	1．工作场所的孔、洞、坑、井、沟道，必须覆以与地面齐平的坚固盖板； 2．发现洞口盖板缺失、损坏或未盖好时，必须立即填补、修复盖板并及时盖好； 3．熟悉现场环境，遇有孔洞及时绕道，禁止沿盖板行走。		
8．500kV、380V 交流电；110V 直流电	倒闸操作前未进行核对性模拟预演，触电； 电缆绝缘破损，触电； 走错间隔，触电；操作未正确复诵，触电； 设备外壳未可靠接地，触电；摇开关前未检查开关状态，人身伤害； 运行人员单人操作，人身伤害	1．开始操作前，应先在 NCS 上进行核对性模拟预演，无误后，再进行设备操作； 2．防止尖锐器物扎破、割伤电缆破坏绝缘； 3．工作前核对设备名称及编号，检查电缆外观； 4．保持安全距离； 5．倒闸操作必须根据值班调度员或值班负责人命令，受令人复诵无误后执行； 6．发布命令应准确、清晰、使用正规操作术语和设备双重名称，即设备名称和编号； 7．摇开关前检查开关在断开位置； 8．单人不得进行运行作业； 9．必须由两人进行工作，其中一人对设备较为熟悉者作监护； 10．特别重要和复杂的电气操作，由熟练的工作人员操作，主管或主要负责人监护		
9．SF_6	SF_6 泄漏中毒	检查 500kV 开关 SF_6 压力正常		
10．控制箱、端子箱	金属外壳接地不良触电	1．外观检查接地是否良好； 2．发现松动及时紧固		

500kV 断路器投运前状态确认标准检查卡					
序号	检查内容	标准状态	确认情况（√）	确认人	备注
一、500kV 断路器投运前状态检查					
1	500kV 断路器工作票	一、二次系统工作结束，相关工作票全部终结或押回			
2	500kV 断路器安全措施	安全措施全部拆除			
3	500kV 断路器配电盘、配电柜	接地良好			
4	500kV 断路器	各部清洁，无明显的接地、短路现象			

续表

500kV 断路器投运前状态确认标准检查卡					
序号	检查内容	标准状态	确认情况（√）	确认人	备注
5	500kV 断路器 SF_6 压力	压力表在绿色范围内（额定 0.68MPa）			
6	500kV 断路器油位	指示在绿色油标范围内，无漏油			
7	500kV 断路器油压	油压正常，油泵启停正常			
8	500kV 断路器储能	储能弹簧显示正常			
9	各执行机构	动作正常			
10	500kV 断路器耐压试验报告	查检修交代；有母线耐压试验报告			
11	500kV 断路器互感器的变比和极性	查检修交待：互感器的变比和极性正确			
12	500kV 断路器各保护自动装置	已投入			
13	500kV 断路器测控设备	已投入			
二、500kV 断路器投运前设备状态检查					
1	500kV 断路器	断开位置			
2	母线侧隔离开关	拉开位置			
3	线路侧隔离开关	拉开位置			
4	母线侧接地刀闸	拉开位置			
5	线路侧接地刀闸	拉开位置			
三、500kV 断路器投运前断路器保护压板状态检查					
1	A 相跳闸压板	投入			
2	B 相跳闸压板	投入			
3	C 相跳闸压板	投入			
4	重合闸压板	投入			
5	A 相跳闸压板	投入			
6	B 相跳闸压板	投入			
7	C 相跳闸压板	投入			
8	失灵跳闸压板	投入			

续表

500kV 断路器投运前状态确认标准检查卡					
序号	检查内容	标准状态	确认情况（√）	确认人	备注
9	失灵跳闸压板	投入			
10	失灵跳闸压板	投入			
11	失灵跳闸压板	投入			
12	失灵跳闸压板	投入			
13	失灵跳闸压板	投入			
14	失灵跳闸压板	投入			
15	失灵跳闸压板	投入			
16	失灵跳闸压板	投入			
17	失灵跳闸压板	投入			
18	充电过流保护投入压板	投入			
19	停用重合闸压板	投入			
20	远方操作投入压板	投入			
21	三跳起重合起失灵备用压板	退出			
22	三跳不起重合起失灵压板	投入			

检查 500kV 断路器投运条件满足，已按 500kV 断路器投运前状态确认标准检查卡检查设备完毕，可以执行 500kV 断路器投运操作。

检查人：__________

执行情况复核（主值）：__________　　时间：__________

批准（值长）：__________　　时间：__________

3.12 干式变压器投运前状态确认标准检查卡

班组：　　　　编号：

工作任务	变压器投运前转态确认检查
工作分工	就地：　　盘前：　　值长：

危险辨识与风险评估				
危险源	风险产生过程及后果	预控措施	预控情况	确认人
1. 人员行为	工作票未终结、隔离措施未恢复、人员未撤离，人身伤害；工器具遗留在操作现场，人身伤害；不熟悉作业区环境出现摔倒、碰撞等意外	1. 查看工作票是否终结； 2. 检修人员全部撤离； 3. 确认安全隔离措施全部恢复到位； 4. 检查所有的工器具已回收，确保无遗留物件； 5. 熟悉现场环境，遇到湿滑地面及脚手架区域要缓慢慎行		
2. 人员生理、心理	人员情绪异常、精神不佳，人身伤害	1. 班前会中准确了解人员情况； 2. 当班期间值内、部门做好监督； 3. 发现人员情绪等异常情况时，严禁操作		
3. 未正确执行两票三制	操作人员对设备不熟悉，操作人员和监护人员未执行唱票、诵票、监护制度，人身伤害；未核对操作设备名称、编号：及位置，设备损坏、人身伤害	1. 严格执行操作监护制度，操作人员必须经过培训合格方可操作； 2. 检查操作设备名称、编号；位置与操作票一致		
4. 工器具	不合格工器具人身伤害	1. 检查符合规定安全工器具； 2. 不合格工器具禁止带入操作现场； 3. 检查绝缘靴、绝缘手套、验电器、绝缘表检验合格证齐全，在有效期，外观检查合格		
5. 测绝缘	测绝缘前未验电，触电；测绝缘过程操作不正确，触电	测绝缘正确佩戴绝缘手套，对被测设备验明无电后方可测量，并与带电设备保持足够的安全距离，绝缘测量后及时放电		
6. 保护压板	保护压板误投漏投，保护误动拒动； 压板投入前未测量压板两端电压，保护误动；通信工具信号干扰，保护误动	1. 保护压板按保护投退清单投退，必须两人进行，一人监护，一人操作； 2. 压板投入前必须测量出口压板两端电压，两端无压或一端负电、一端无电； 3. 继电保护室禁止使用无线通信工具		
7. 孔洞坑井沟道	盖板缺损及平台防护栏杆不全，高处坠落	1. 工作场所的孔、洞、坑、井、沟道，必须覆以与地面齐平的坚固盖板； 2. 发现洞口盖板缺失、损坏或未盖好时，必须立即填补、修复盖板并及时盖好； 3. 熟悉现场环境，遇有孔洞及时绕道，禁止沿盖板行走		
8. 10kV、380V 交流电；110V 直流电	电缆绝缘破损，触电；走错间隔，触电；操作未正确复诵，触电；设备外壳未可靠接地，触电；摇开关前未检查开关状态，人身伤害；运行人员单人操作，人身伤害	1. 防止尖锐器物扎破、割伤电缆破坏绝缘； 2. 工作前核对设备名称及编号，检查电缆外观； 3. 保持安全距离； 4. 倒闸操作必须根据值班调度员或值班负责人命令，受令人复诵无误后执行； 5. 发布命令应准确、清晰、使用正规操作术语和设备双重名称，即设备名称和		

续表

危险辨识与风险评估				
危险源	风险产生过程及后果	预控措施	预控情况	确认人
8．10kV、380V 交流电；110V 直流电		编号； 6．摇开关前检查开关在断开位置； 7．单人不得进行运行作业； 8．必须由两人进行工作，其中一人对设备较为熟悉者作监护		

干式变压器投运前状态确认标准检查卡					
序号	检查内容	标准状态	确认情况（√）	确认人	备注
一、变压器本体投运前状态检查					
1	变压器及高、低压侧开关工作票	一、二次系统工作结束，相关工作票全部终结或押回			
2	变压器及高、低压侧开关安全措施	安全措施全部拆除			
3	变压器柜体	接地良好			
4	变压器及高、低压侧开关本体	各部清洁，无明显的接地、短路现象，投运前已做开关合、跳闸试验，开关合、跳正常			
5	变压器绝缘	绝缘电阻合格，变压器高、低压侧分别用2500V、500V 绝缘电阻表测绝缘，分别大于 300MΩ 和 100MΩ，吸收比大于 1.3			
6	变压器低压侧中性点	接地良好			
7	变压器耐压试验报告	查检修交代；有母线耐压试验报告			
8	变压器互感器的变比和极性	查检修交代；互感器的变比和极性正确			
9	变压器各保护自动装置	已投入			
10	变压器铁芯套管，绕组分接头	铁芯接地套管可靠接地，绕组分接头在规定位置			
11	变压器冷却风扇、温度控制器	冷却风扇及控制器完好，冷却风扇电机绝缘值大于 0.5MΩ			
二、变压器各断路器投运前设备状态检查					
1	变压器高压侧断路器	冷备用状态			

续表

干式变压器投运前状态确认标准检查卡					
序号	检查内容	标准状态	确认情况（√）	确认人	备注
2	变压器低压侧断路器	冷备用状态			
三、变压器投运前断路器保护压板状态检查					
1	检查变压器高压侧断路器保护跳闸压板	投入			
2	检查变压器高压侧断路器差动保护跳闸压板	投入			
3	检查变压器低压侧断路器保护跳闸压板	投入			
4	检查变压器保护测控装置过流一段保护软压板	投入			
5	检查变压器保护测控装置过流二段保护软压板	投入			
6	检查变压器保护测控装置负序一段保护软压板	投入			
7	检查变压器保护测控装置负序二段保护软压板	投入			
8	检查变压器保护测控装置过负荷保护软压板	投入			
9	检查变压器保护测控装置接地保护一段软压板	投入			
10	检查变压器保护测控装置低侧零序二段保护软压板	投入			
11	检查变压器保护测控装置开关量保护一软压板	投入			
12	检查变压器保护测控装置开关量保护二软压板	退出			
13	检查变压器保护测控装置开关量保护三软压板	退出			
14	检查变压器保护测控装置 TA 断线告警软压板	投入			
15	检查变压器保护测控装置 TV 断线告警软压板	投入			

检查变压器投运条件满足，已按变压器投运前状态确认标准检查卡检查设备完毕，可以执行变压器投运操作。

检查人：________________

执行情况复核（主值）：________　　　　　　　时间：________

批准（值长）：____________　　　　　　　时间：________

除灰专业

4.1 捞渣机系统投运前状态确认标准检查卡

班组：　　　　　　　　　　　　　　　　　　　　　　　　　　　　　编号：

工作任务	___号炉捞渣机系统投运前状态确认检查		
工作分工	就地：	盘前：	值长：

危险辨识与风险评估				
危险源	风险产生过程及后果	预控措施	预控情况	确认人
1. 人员技能	工作人员技能不能满足系统投运操作要求造成人身伤害、设备损坏	1. 检查就地及盘前操作人员具备相应岗位资格； 2. 操作人员应熟悉系统、设备及工作原理，清晰理解工作任务； 3. 操作人员应有处理一般事故的能力		
2. 人员生理、心理	人员情绪异常、精神不佳造成工作中人身伤害	1. 班前会中准确了解人员情况； 2. 当班期间值内、部门做好监督； 3. 发现人员情绪异常情况时，严禁操作		
3. 人员行为	工作票未终结、隔离措施未恢复、人员未撤离造成工作中人身伤害、工器具遗留在操作现场造成设备损坏	1. 查看工作票是否终结； 2. 检修人员全部撤离； 3. 确认安全隔离措施全部恢复到位； 4. 操作完毕应检查所有的工器具已收回，确保无遗留物件		
4. 照明	现场照明不足造成人身伤害	现场照明应充足，满足操作及监视需要，否则应及时补充或增加		
5. 噪声、粉尘	警示标识不全或进入噪声区域时、使用高噪声工具时未正确使用防护用品造成工作人员职业病	进入噪声、粉尘区域时必须正确使用防护用品		
6. 孔洞坑井沟道及障碍物	盖板缺损及平台防护栏杆不全造成高处坠落 设备周围有障碍物影响设备运行和人身安全	1. 工作场所的孔、洞、坑、井、沟道，必须覆以与地面齐平的坚固盖板。 2. 发现洞口盖板缺失、损坏或未盖好时，必须立即填补、修复盖板并及时盖好。 3. 所有升降口、大小孔洞、楼梯和平台，必须装设不低于1050mm高栏杆和不低于100mm高的脚部护板；离地高度高于20m的平台、通道及作业场所的防护栏杆不应低于1200mm。 4. 清除设备周围影响设备运行和人身安全的障碍物		
7. 高空落物	工作区域上方高空落物造成人身伤害	1. 正确佩戴个人劳保防护用品； 2. 进入现场要观察工作环境，发现有高空落物的可能时采取必要措施		
8. 工器具	使用不合格工器具或未正确使用工器具造成工作中人身伤害	1. 检查符合规定安全工器具； 2. 不合格工器具禁止带入操作现场； 3. 带全操作所需工器具、防护用品（如对讲机、手电筒、耳塞等）； 4. 操作中正确使用工器具		

续表

危险辨识与风险评估				
危险源	风险产生过程及后果	预控措施	预控情况	确认人
9．触电	控制柜送电过程中人员误碰带电部位触电	1．熟悉控制柜电气回路； 2．电气操作时正确佩戴个人防护用品，正确使用合格的工器具		
10．火灾	油泄漏遇明火或高温物体造成火灾	1．油管道法兰、阀门及可能漏油部位附近不准有明火，必须明火作业时要采取有效措施； 2．尽量避免使用法兰连接，禁止使用铸铁阀门		
11．转动机械	1．标识缺损、防护罩缺损 2．断裂、超速、零部件脱落 3．肢体部位或饰品衣物、用具（包括防护用品）、工具接触转动部位	1．设备的转动部分必须装设防护罩，并标明旋转方向；露出的轴端必须装设护盖，转动设备的防护罩应完好。 2．检查设备的运行状态，保持设备的振动、温度、运行电流等参数符合标准，如发现参数超标及时处理。 3．衣服和袖口应扣好，不得戴围巾领带，长发必须盘在安全帽内；不准将用具、工器具接触设备的转动部位，不准在转动设备附近长时间停留。 4．转动设备试运行时所有人员应先远离，站在转动机械的轴向位置，并有一人站在事故按钮位置		
12．油质劣化	油箱内油质标号错误或油质因进水汽、粉尘等导致劣化	系统投运前联系化学化验油质符合要求，观察油质透明，无乳化和杂质，油面镜上无水汽和水珠		

系统投运前状态确认标准检查卡					
序号	检查内容	标准状态	确认情况（√）	确认人	备注
1	本系统热机、电气、热控检修工作票、缺陷联系单	1．捞渣机本体热机、电气、热控检修工作票、缺陷联系单终结或押回； 2．捞渣机液压动力油站、捞渣机张紧油站、液压关断门油站、渣仓、溢流水泵检修工作票终结或押回			
2	现场检查	1．捞渣机现场卫生清洁，临时设施拆除，无影响转机转动的物件； 2．各个设备附近照明充足，消防设施齐全； 3．检查所有设备部件齐全，设备标牌、标志清楚正确			
3	系统整体检查	1．管道外观整洁，无泄漏现象； 2．设备各地角螺栓、对轮及防护罩连接完好，无松动现象； 3．电动机接线盒完好，地线牢固；			

续表

系统投运前状态确认标准检查卡					
序号	检查内容	标准状态	确认情况（√）	确认人	备注
3	系统整体检查	4．油泵、水泵各地脚螺栓，电动机接线完好，接地线牢固； 5．管道、冷油器、滤网外观完整，法兰等连接部位连接牢固； 6．各阀门、设备标识牌齐全，管道名称、色环、介质流向完整			
4	捞渣机本体	1．检查捞渣机干、湿箱体无变形，内部无积渣、积水现象，人孔门、检修孔关闭、紧固； 2．刮板无偏斜、断裂，链条完好，无松弛、过紧或卡涩现象； 3．水封板无变形、破损、脱落现象，槽内无积灰； 4．放水手动门关闭，将捞渣机注水至正常水位，箱体无渗水、漏水现象			
5	链条、惰轮	1．链条在尾部惰轮中间，尾部惰轮支撑架无变形； 2．捞渣机各惰轮在加油周期内，无渗油现象			
6	水管	1．补充水各管路连接严密无漏水、渗水现象； 2．捞渣机各补水手动门开度适当，气动门试开关灵活，处于关闭位置； 3．链条喷水电磁阀接线正确牢固，链喷水手动门开度适当			
7	张紧装置	1．张紧装置前后刻度指示一致、张紧限位开关安装牢固，接线正确； 2．确定油泵电机旋转方向； 3．油位正常（工作油路液位应保持在油箱高度的85%左右），化学化验润滑油（抗磨46号）油质合格；化验人及分析日期：____； 4．高压蓄能器压力正常（4～6MPa）； 5．回油滤器无差压报警			
8	液压驱动装置	1．捞渣机液压驱动马达外形完好，安装牢固，联轴器无破损，防护罩安装牢固，链轮驱动轴承在加油周期内，无渗油现象，链条与链轮啮合良好。 2．各地脚螺栓紧固。 3．电机接线正确，接地线牢固；风扇无破损，罩内无杂物。 4．油温测点、滤网差压测点及各电磁阀接线正确牢固。 5．油泵出口压力表指示为零，滤网在清洗周期内。			

续表

系统投运前状态确认标准检查卡					
序号	检查内容	标准状态	确认情况（√）	确认人	备注
8		6．捞渣机动力油站风冷却器符合投运条件。 7．油位正常（低于油箱顶部250mm时，发“油位低报警”信号；当油位低于油箱顶部320mm时，发“油位低故障”信号）。 8．油温在20～55℃。 9．油质良好，外观检查淡黄、透明无杂物，化学化验润滑油（N68号抗磨液压油）油质合格。 化验人及分析日期：____			
9	液压关断装置	1．油站检查、油泵试运正常； 2．关断门内衬耐磨蚀隔热层完整无脱落； 3．关断门采用液压锁和机械止回锁完好无缺； 4．溢流阀压力正常（8MPa）			
10	渣仓	1．捞渣机渣仓相关系统无禁止放渣门开关的检修工作； 2．外形完好、内壁防腐层无脱落； 3．仓壁振动器安装牢固，渣仓料位计显示正常； 4．析水元件出口手动门开启，析水元件出口至渣仓管道完好； 5．反冲洗装置手动门关闭，无渗水、漏水； 6．检查气源罐压力正常（0.6～0.8MPa）			
11	溢流水泵	1．溢流水泵电机测绝缘合格，电机转向正确； 2．溢流水泵人工盘动，检查转动灵活； 3．各表计、开关完好，压力表完好，仪表阀门开足； 4．溢流水泵出口手动阀打开			
12	热工仪表、保护	1．联系热工确认____号炉捞渣机系统设备所有热工仪表投入； 2．就地表计及DCS画面上各测点指示一致； 3．所有热工联锁保护试验合格，已投入。 热工专业确认人：____			
13	就地控制柜	送电正常，开关和信号指示正确，油泵启停开关在停止位，油泵“远方/就地”切换开关在“远方”位			
14	捞渣机水位、油站检查	1．检查捞渣机液位、液温、渣仓料位计、张紧蓄能压力等正常； 2．油箱油位正常，无低油位报警故障； 3．通过油位计处观察油质透明，无乳化和杂质，油面镜上无水汽和水珠			

续表

系统投运前状态确认标准检查卡					
序号	检查内容	标准状态	确认情况（√）	确认人	备注
15	捞渣机各辅助设备阀门操作合格，状态正确	见《阀门检查卡》			

远动阀门检查卡							
序号	阀门名称	电源（√）	气源（√）	传动情况（√）	标准状态	确认人	备注
1	捞渣机电动补水门				关		
2	渣井补水电动门				关		

就地阀门检查卡				
序号	检查内容	标准状态	确认人	备注
1	动力油站油箱放油门	关		
2	动力油站油泵出口滤网入口三通阀	中间位		
3	动力油站冷油器进、出口门	开		
4	动力油站电液比例换向阀、供油母管压力调节阀	调节位		
5	动力油站油泵出口母管就地压力表、变送器一次门	开		
6	动力油站油泵出口滤网差压变送器正、负压侧一次门	开		
7	动力油站控制油压力开关、压力表一次门	开		
8	动力油站油泵出口压力开关、压力表一次门	开		
9	张紧油站油箱放油堵头	关		
10	张紧油站二通球阀（高压球阀）	开		
11	张紧油站电磁换向阀组、板式调速阀	调节位		
12	液压关断门油站油箱放油堵头	关		
13	液压关断门油站调节溢流阀	开		
14	液压关断门油站供油母管压力调节阀	调节位		
15	捞渣机补水总门	开		
16	水封槽补水门	中间位		
17	水封槽环形喷淋补水门	开		

续表

就地阀门检查卡				
序号	检查内容	标准状态	确认人	备注
18	溢流水泵出口关断门	开		
19	渣仓析水元件出口手动门	开		
20	渣仓反冲洗装置手动门	开		
21	渣仓气动排渣门	关		
22	渣仓气控箱减压阀	适当开度		
23	渣仓储气罐至排渣门来气门	开		
24	渣仓储气罐来气门	开		
25	渣仓储气罐放水门	关		

设备送电确认卡					
序号	设备名称	标准状态	状态（√）	确认人	备注
1	捞渣机液压动力油站油泵	送电			
2	捞渣机液压动力油站电加热器	送电			
3	捞渣机液压动力油站风却风机	送电			
4	捞渣机液压关断门油站油泵	送电			
5	捞渣机液压涨紧油泵	送电			
6	捞渣机溢流水泵	送电			
7	仓壁振打器	送电			

检查号炉捞渣机系统启动条件满足，已按系统投运前状态确认标准检查卡检查设备完毕，系统可以投运。

检查人：________

执行情况复核（主值）：________　　时间：________

批准（值长）：________　　时间：________

4.2 除灰系统投运前状态确认标准检查卡

班组：　　　　编号：

工作任务	____号炉除灰系统投运前状态确认检查
工作分工	就地：　　盘前：　　值长：

危险辨识与风险评估				
危险源	风险产生过程及后果	预控措施	预控情况	确认人
1．人员技能	工作人员技能不能满足系统投运操作要求造成人身伤害、设备损坏	1．检查就地及盘前操作人员具备相应岗位资格； 2．操作人员应熟悉系统、设备及工作原理，清晰理解工作任务； 3．操作人员应具备处理一般事故的能力		
2．人员生理、心理	人员情绪异常、精神不佳造成工作中人身伤害	1．班前会中准确了解人员情况； 2．当班期间值内、部门做好监督； 3．发现人员情绪等异常情况时，严禁操作		
3．人员行为	工作票未终结、隔离措施未恢复、人员未撤离造成工作中人身伤害；工器具遗留在操作现场造成设备损坏	1．查看工作票是否终结； 2．检修人员全部撤离； 3．确认安全隔离措施全部恢复到位； 4．操作完毕应检查所有的工器具已收回，确保无遗留物件		
4．照明	现场照明不足造成人身伤害	现场照明应充足，满足操作及监视需要，否则应及时补充或增加		
5．噪声、粉尘	警示标识不全或进入噪声区域时、使用高噪声工具时未正确使用防护用品造成工作人员职业病	进入噪声、粉尘区域时必须正确使用防护用品		
6．孔洞坑井沟道及障碍物	盖板缺损及平台防护栏杆不全造成高处坠落；设备周围有障碍物影响设备运行和人身安全	1．工作场所的孔、洞、坑、井、沟道，必须覆以与地面齐平的坚固盖板。 2．发现洞口盖板缺失、损坏或未盖好时，必须立即填补、修复盖板并及时盖好。 3．所有升降口、大小孔洞、楼梯和平台，必须装设不低于1050mm高栏杆和不低于100mm高的脚部护板；离地高度高于20m的平台、通道及作业场所的防护栏杆不应低于1200mm。 4．清除设备周围影响设备运行和人身安全的障碍物		
7．高空落物	工作区域上方高处落物造成人身伤害	1．正确佩戴个人劳保防护用品； 2．进入现场要观察工作环境，发现有高处落物的可能时采取必要措施		
8．工器具	使用不合格工器具或未正确使用工器具造成工作中人身伤害	1．检查符合规定安全工器具； 2．不合格工器具禁止带入操作现场； 3．带全操作所需工器具、防护用品（如对讲机、手电筒、耳塞等）； 4．操作中正确使用工器具		

系统投运前状态确认标准检查卡					
序号	检查内容	标准状态	确认情况（√）	确认人	备注
1	热机、电气、热控检修工作票、缺陷联系单	1．检查确认除灰系统中各设备检修工作结束，工作票终结； 2．就地检查无危害人身、设备安全的情况			
2	系统内部检查	1．电除尘器内阴极线无断线、锈迹、偏斜、脱落、短接现象，阴极线与阳极板间无杂物，间距符合要求，做电气试验时无闪络击穿现象； 2．悬挂装置、防摆装置正常； 3．布袋无破损泄漏情况			
3	现场检查	1．现场卫生清洁，无杂物； 2．检查现场设备、孔洞盖板、围栏回装完毕，照明充足； 3．检查所有设备部件齐全，设备标牌、标志清楚正确； 4．各人孔门、检查门关闭并上锁，各部结合面严密不漏风； 5．消防设施齐全			
4	压缩空气	1．检查压缩空气管路、阀门是否有泄漏； 2．检查储气罐本体压力表指示正常，手动排污门开关正常； 3．检查压缩空气系统压力（大于0.5MPa）； 4．检查压缩空气管路排水、排油阀的通畅性，泄去喷吹管道、气包、储气罐中的凝结水			
5	清灰气源检查	1．检查清灰用气端压力在0.2～0.35MPa之间； 2．电磁脉冲阀单阀强制清灰和顺序清灰动作灵活可靠； 3．清灰系统能可靠运行，清灰力度和清灰气量能满足各种运行工况下的清灰需求			
6	振打清灰装置	1．检查阴阳极振打装置设备齐全，无杂物及影响正常运行的因素； 2．逐个调试振打装置正常； 3．设置振打时间间隔合理； 4．就地振打控制柜内切换至“自动”位置			
7	仪用气源检查	仪用空压机供气压力大于0.6MPa			
8	高、低压设备	1．所有高压间隔室、箱等门的闭锁装置或机械锁良好，处于闭锁位置或上好锁； 2．低压配电盘内所有开关、刀闸应完好，所有电源及操作保险完好			

续表

系统投运前状态确认标准检查卡					
序号	检查内容	标准状态	确认情况（√）	确认人	备注
9	绝缘检测	1．检查设备是否已按规定可靠接地，接地电阻应同系统高压电网表接地要求一致； 2．用 2500V 绝缘电阻表测定高压网络的绝缘电阻（大于 1000MΩ）； 3．测定高压电场对地（即阴极对阳极）的绝缘电阻值（不低于 500MΩ）； 4. 测整流变压器低压侧对地绝缘电阻（大于 300MΩ）； 5．如果绝缘电阻值低，加热器要投入使用，对绝缘子加热 30min 后，再测定，合格为止； 6．电场除尘本体接地电阻不大于 2Ω			
10	电源柜	1．除灰系统确认各屏、盘、柜、设备完好，清洁无杂物； 2．电气部件连接良好，熔断器完好，指示灯完整			
11	电气控制设备	1．检查电气隔离开关、高压开关室、人孔门安全联锁及闭锁正常； 2．高压硅整流控制柜处于备用状态，低压控制柜处于备用状态； 3．控制柜电流表、电压表指示在零位			
12	试验	1．整流变压器送电升压试验正常； 2．振打、电加热等各种操作开关手动、自动两种控制方式正常好用； 3．电加热装置完好，电压、电流、温度符合要求，接触器动作正常			
13	变压器检查	电缆，出线套管及信号反馈线与屏蔽接地、工作接地情况正常			
14	气化风机	检查管道出口安全阀、压力表、止回阀正常			
15	预涂灰	1．在锅炉点火 12～48h 前进行滤袋预涂灰； 2．预涂灰操作前保证引风机、送风机及挡板试运正常			
16	热工设备	1．各热工仪表电源开关、保护装置、压力、差压、温度、报警信号、指示灯及程控正常可靠投入； 2．所有热工仪表、料位计、浊度仪投入正常。 热工专业确认人：____			

续表

系统投运前状态确认标准检查卡					
序号	检查内容	标准状态	确认情况（√）	确认人	备注
17	电加热	1. 检查各电加热器是否完好，温度接触器有无动作； 2. 在锅炉点火12h前投入灰斗电加热； 3. 在锅炉点火4h前投入绝缘子电加热			
18	阀门	1. 灰斗手动插板门开关灵活，料位指示正确； 2. 各手动阀门、气动阀门开关灵活且位置正确； 3. 灰库系统、飞灰输送系统正常投运			
19	除系统各阀门位置	见《阀门检查卡》			

远动阀门检查卡							
序号	阀门名称	电源（√）	气源（√）	传动情况（√）	标准状态	确认人	备注
1	脉冲喷吹电磁阀				关		

就地阀门检查卡				
序号	检查内容	标准状态	确认人	备注
1	清灰储气罐至脉冲清灰手动门	开		
2	气化风机出口门	开		
3	脉冲清灰汽包进气门	开		
4	气化风机出口管道压力表一次门	开		
5	烟道压力变送器一次门	开		6个
6	烟道差压变送器一次门	开		12个
7	脉冲清灰汽包压力变送器一次门	开		6个

设备送电确认卡					
序号	设备名称	标准状态	状态（√）	确认人	备注
1	浊度仪风机	送电			
2	电除尘器绝缘子室加热	送电			
3	电除尘器阳极振打	送电			

续表

设备送电确认卡					
序号	设备名称	标准状态	状态（√）	确认人	备注
4	电除尘器阴极振打	送电			
5	电除尘器高压硅整流变	送电			
6	喷吹电磁阀	送电			
7	气化风机电机	送电			

检查____号炉除灰系统启动条件满足，已按系统投运前状态确认标准检查卡检查设备完毕，系统可以投运。

检查人：____________

执行情况复核（主值）：________　　时间：________

批准（值长）：____________　　时间：________

4.3 输灰系统投运前状态确认标准检查卡

班组：　　编号：

工作任务	____号炉输灰系统投运前状态确认检查		
工作分工	就地：	盘前：	值长：

危险辨识与风险评估				
危险源	风险产生过程及后果	预控措施	预控情况	确认人
1．人员技能	工作人员技能不能满足系统投运操作要求造成人身伤害、设备损坏	1．检查就地及盘前操作人员具备相应岗位资格； 2．操作人员应熟悉系统、设备及工作原理，清晰理解工作任务； 3．操作人员应有处理一般事故的能力		
2．人员行为	工作票未终结、隔离措施未恢复、人员未撤离造成工作中人身伤害；工器具留在操作现场造成设备损坏	1．查看工作票是否终结； 2．检修人员全部撤离； 3．确认安全隔离措施全部恢复到位； 4．操作完毕应检查所有的工器具已收回，确保无遗留物件		
3．照明	现场照明不足造成人身伤害	现场照明应充足，满足操作及监视需要，否则应及时补充或增加		
4．噪声、粉尘	警示标识不全或进入噪声区域时、使用高噪声工具时未正确使用防护用品造成工作人员职业病	进入噪声、粉尘区域时必须正确使用防护用品		

续表

危险辨识与风险评估				
危险源	风险产生过程及后果	预控措施	预控情况	确认人
5．孔洞坑井沟道及障碍物	盖板缺损及平台防护栏杆不全造成高处坠落；设备周围有障碍物影响设备运行和人身安全	1．工作场所的孔、洞、坑、井、沟道，必须覆以与地面齐平的坚固盖板。 2．发现洞口盖板缺失、损坏或未盖好时，必须填补、修复盖板并及时盖好。 3．所有升降口、大小孔洞、楼梯和平台，必须装设不低于1050mm高栏杆和不低于100mm高的脚部护板；离地高度高于20m的平台、通道及作业场所的防护栏杆不应低于1200mm。 4．清除设备周围影响设备运行和人身安全的障碍物		
6．工器具	使用不合格工器具或未正确使用工器具造成工作中人身伤害	1．检查符合规定安全工器具； 2．不合格工器具禁止带入操作现场； 3．带全操作所需工器具、防护用品等（如对讲机、手电筒、耳塞等）； 4．操作中正确使用工器具		
7．触电	控制柜送电过程中人员误碰带电部位触电	1．熟悉控制柜电气回路； 2．电气操作时正确佩戴个人防护用品，正确使用合格的工器具		

系统投运前状态确认标准检查卡					
序号	检查内容	标准状态	确认情况（√）	确认人	备注
1	输灰系统热机、电气、热控检修工作票、缺陷联系单	1．无影响系统无禁止启动的检修工作，工作票； 2．缺陷联系单终结或押回无影响系统启动的缺陷			
2	现场检查	1．现场卫生清洁，无杂物； 2．检查现场设备、孔洞盖板、围栏回装完毕，照明充足； 3．检查所有设备部件齐全，设备标牌、标志清楚正确； 4．各人孔门、检查门关闭并上锁，各部结合面严密不漏风； 5．灰斗气化风机、灰库气化风机各地脚螺栓，电动机接线完好，接地线牢固； 6．消防设施齐全			
3	灰库输灰检查	1．灰库布袋除尘器运行良好，无影响系统、禁止启动的检修工作； 2．所选灰库无高料位信号； 3．灰库脉冲袋式除尘器运行良好，排气正常，脉冲反吹正常			

续表

系统投运前状态确认标准检查卡					
序号	检查内容	标准状态	确认情况（√）	确认人	备注
4	储气罐、输灰气源	1．检查除灰空压机系统已运行，运行正常系统阀门在开启位置； 2．系统投运正常，母管空气压力大于0.5MPa，管路系统连接处严密无泄漏； 3．储气罐压力大于 0.75MPa，排污电磁阀输水正常			
5	仪用气源	1．检查开启除灰仪用气供气总门，仪用气压力大于 0.60MPa； 2．气控箱内管路严密，无漏气现象			
6	热工仪表	1．检查输灰系统各表计投入并指示正确； 2．系统工作电源已送上，PLC 运行正常； 3．灰斗、仓泵料位计、温度计指示准确，报警信号及程控正常投入； 4．联系热工确认输灰系统所有热工仪表、料位计投入。 热工专业确认人：____			
7	灰斗气化风机	1．检查气化风系统已投入，气化风机运行正常，风压正常（68kPa）； 2．气化风机至电除尘灰斗手动气化风阀开启			
8	灰斗电加热器	1．按要求投入正常； 2．各灰斗壁温大于 110℃			
9	气动执行机构	1．对各种气动执行机构做开关试验； 2．检查各气控箱执行机构，应开关灵活、到位，无卡涩现象，上位机各反馈信号指示正确无误			
10	输灰参数	各输灰参数设置正常			
11	阀门	1．输灰储气罐进出口阀、各气控箱进气总阀、气力输送泵（仓泵）上部的手动闸板阀、灰斗气化风、输灰进气手动阀、仓泵加压阀、流化阀开启； 2．输灰管手动排堵阀、储气罐（气源管）排污阀在关闭位置，系统各气动阀在关闭位置			
12	输灰系统各阀门状态	见《阀门检查卡》			

远动阀门检查卡							
序号	阀门名称	电源（√）	气源（√）	传动情况（√）	标准状态	确认人	备注
1	平衡阀				关		28 个

续表

远动阀门检查卡							
序号	阀门名称	电源（√）	气源（√）	传动情况（√）	标准状态	确认人	备注
2	进料阀				关		64 个
3	出料阀				关		14 个
4	进气阀				关		14 个
5	补气阀				关		8 个
6	库顶切换阀				开		6 个

就地阀门检查卡				
序号	检查内容	标准状态	确认人	备注
1	仓泵进料手动插板门	开		64 个
2	气化风手动门	开		4 个
3	仓泵加压阀	开		24 个
4	仓泵流化阀	开		64 个
5	输灰管进气手动阀	开		4 个
6	排堵阀	关		12 个
7	输灰气源母管低位放水门手动	关		
8	储气罐排污阀	关		
9	气控箱进气门	开		
10	输灰输送气源就地压力表一次门	开		
11	输灰输送气源压力变送器一次门	开		
12	除灰仪用控制气源压力表一次门	开		
13	除灰仪用控制气源压力变送器一次门	开		
14	输灰母管就地压力表一次门	开		14 个
15	输灰母管压力变送器一次门	开		14 个
16	气化风机出口压力表一次门	开		

设备送电确认卡					
序号	设备名称	标准状态	状态（√）	确认人	备注
1	灰斗气化风机电机	送电			
2	灰斗气化风机加热器	送电			

续表

设备送电确认卡					
序号	设备名称	标准状态	状态（√）	确认人	备注
3	灰斗加热器	送电			
4	热控电源	送电			

检查____号炉输灰系统启动条件满足，已按系统投运前状态确认标准检查卡检查设备完毕，系统可以投运。

检查人：____________

执行情况复核（主值）：________ 时间：__________

批准（值长）：__________ 时间：__________

4.4 输灰离心空气压缩机投运前状态确认标准检查卡

班组： 编号：

工作任务	___号输灰离心空气压缩机投运前状态确认检查		
工作分工	就地：	盘前：	值长：

危险辨识与风险评估				
危险源	风险产生过程及后果	预控措施	预控情况	确认人
1. 人员行为	工作票未终结、隔离措施未恢复、人员未撤离造成工作中人身伤害；工器具留在操作现场造成设备损坏	1. 查看工作票是否终结； 2. 检修人员全部撤离； 3. 确认安全隔离措施全部恢复到位； 4. 操作完毕应检查所有的工器具已收回，确保无遗留物件		
2. 照明	现场照明不足造成人身伤害	现场照明应充足，满足操作及监视需要，否则应及时补充或增加		
3. 噪声	警示标识不全或进入噪声区域时、使用高噪声工具时未正确使用防护用品造成工作人员职业病	进入噪声区域时必须正确使用防护用品		
4. 孔洞坑井沟道及障碍物	盖板缺损及平台防护栏杆不全造成高处坠落；设备周围有障碍物影响设备运行和人身安全	1. 工作场所的孔、洞、坑、井、沟道，必须覆以与地面齐平的坚固盖板。 2. 发现洞口盖板缺失、损坏或未盖好时，必须填补、修复盖板并及时盖好。 3. 所有升降口、大小孔洞、楼梯和平台，必须装设不低于1050mm高栏杆和不低于100mm高的脚部护板；离地高度高于20m的平台、通道及作业场所的防护栏杆不应低于1200mm。 4. 清除设备周围影响设备运行和人身安全的障碍物		

续表

危险辨识与风险评估				
危险源	风险产生过程及后果	预控措施	预控情况	确认人
5．工器具	使用不合格工器具或未正确使用工器具造成工作中人身伤害	1．检查符合规定安全工器具； 2．不合格工器具禁止带入操作现场； 3．带全操作所需工器具、防护用品（如对讲机、手电筒、耳塞等）； 4．操作中正确使用工器具		
6．触电	控制柜送电过程中人员误碰带电部位触电	1．熟悉控制柜电气回路； 2．电气操作时正确佩戴个人防护用品，正确使用合格的工器具		
7．火灾	油泄漏遇明火或高温物体造成火灾	1．油管道法兰、阀门及可能漏油部位附近不准有明火，必须明火作业时要采取有效措施； 2．尽量避免使用法兰连接，禁止使用铸铁阀门		
8．转动机械	1.标识缺损、防护罩缺损； 2．断裂、超速、零部件脱落； 3．肢体部位或饰品衣物、用具（包括防护用品）、工具接触转动部位	1．设备的转动部分必须装设防护罩，并标明旋转方向，露出的轴端必须装设护盖；转动设备的防护罩应完好。 2．检查设备的运行状态，保持设备的振动、温度、运行电流等参数符合标准，如发现参数超标及时处理。 3．衣服和袖口应扣好，不得戴围巾领带，长发必须盘在安全帽内；不准将用具、工器具接触设备的转动部位，不准在转动设备附近长时间停留。 4．转动设备试运行时所有人员应先远离，站在转动机械的轴向位置，并有一人站在事故按钮位置		
9．油质劣化	油箱内油质标号错误或油质因进水汽、粉尘等导致劣化	系统投运前联系化学化验油质符合要求，观察油质透明，无乳化和杂质；油面镜上无水汽和水珠		

系统投运前状态确认标准检查卡					
序号	检查内容	标准状态	确认情况（√）	确认人	备注
1	本系统热机、电气、热控检修工作票、缺陷联系单	1．确认除灰离心空气压缩机、干燥机检修工作已结束； 2．检修工作票已终结，安全措施已拆除			
2	设备外部环境检查	1．检查除灰离心空气压缩机、干燥机外观良好完整； 2．现场照明充足，周围无杂物，临时设施拆除，无影响转机转动的物品； 3．所有通道保持平整畅通，照明充足，消防设施齐全			

续表

系统投运前状态确认标准检查卡					
序号	检查内容	标准状态	确认情况（√）	确认人	备注
3	系统设备外观检查	1．设备及管道外观整洁，无泄漏现象； 2．设备各地角螺栓、对轮及防护罩连接完好，无松动现象； 3．各电动机接线盒完好，接地线牢固； 4．管道、冷油器、滤网外观完整，法兰等连接部位连接牢固； 5．检查所有设备部件齐全，设备标牌、标志清楚正确； 6．管道名称、色环、介质流向完整			
4	除灰储气罐	1．无检修工作，具备进气条件； 2．储气罐上压力表显示正确			
5	工业水系统	系统投运正常，母管供水压力大于0.2MPa			
6	空气压缩机电机、干燥机绝缘	电气检测空压机电机、干燥机绝缘大于10MΩ			
7	控制柜	外观完整，送电正常，PLC屏幕无故障信号，控制方式在远方状态			
8	热工仪表、保护	1．联系热工确认离心空气压缩机、干燥机所有自动控制各设定值已设定并符合要求； 2．安全阀无故障，就地控制面板显示正常，无故障报警； 3．热工仪表、保护投入； 4. 就地表计及DCS画面上各测点指示一致； 5．所有热工联锁保护试验合格，已投入。 热工专业确认人：__			
9	冷却水、润滑油检查	1．检查空压机一、二级冷却器及冷油器投运正常，进出口冷却水差压差正常（0.08～0.15MPa），进口水温正常（5～35℃），冷却水压力正常（0.2～0.4MPa），畅通无阻。 2．油位正常，无低油位报警故障；通过油位计处观察油质透明，无乳化和杂质，油面镜上无水汽和水珠。 3．化学化验润滑油油质合格。 化验人及分析日期：__			
10	辅助油泵	辅助油泵及管道连接正常，启动后无漏油现象，油压正常（0.17～0.23MPa）			

续表

系统投运前状态确认标准检查卡					
序号	检查内容	标准状态	确认情况（√）	确认人	备注
11	管路畅通、清洁	1. 检查除灰离心空气压缩机、干燥机空气管道是否正常，空气进口压力小于1.0MPa； 2. 开机前必须对压缩空气管道系统进行吹扫； 3. 汽水分离器手动排污阀、冷干机出口阀开启			
12	远方、就地	1. 检查除灰离心空气压缩机液晶屏上显示“联机”才允许远方启动； 2. 如果需要就地启动，液晶屏切换到“旁联”状态			
13	除灰离心空气压缩机、干燥机设备阀门操作合格、状态正确	见《阀门检查卡》			

远动阀门检查卡							
序号	阀门名称	电源（√）	气源（√）	传动情况（√）	标准状态	确认人	备注
1	____号除灰离心空气压缩机出口电动门				开		
2	____号除灰离心空气压缩机本体出口气动阀				开		
3	____号除灰余热再生吸附式干燥机进气电动门				开		
4	____号除灰余热再生吸附式干燥机排气电动门				关		

就地阀门检查卡				
序号	检查内容	标准状态	确认人	备注
1	入口蝶阀	关		
2	空气压缩机冷却水进水管截止阀	开		
3	空气压缩机冷却水回水管截止阀	开		
4	余热再生吸附式干燥机冷却水进水手动门	开		
5	余热再生吸附式干燥机冷却水回水手动门	开		
6	余热再生吸附式干燥机出口母管放水门	关		
7	余热再生吸附式干燥机出口母管放气门	关		
8	____号除灰离心空气压缩机排污阀1	关		

续表

就地阀门检查卡				
序号	检查内容	标准状态	确认人	备注
9	____号除灰离心空气压缩机排污管 2	关		
10	____号除灰离心空气压缩机冷却水进水管截止阀 1	开		
11	____号除灰离心空气压缩机冷却水回水管截止阀 1	开		
12	____号除灰离心空气压缩机冷却水进水管截止阀 2	开		
13	____号除灰离心空气压缩机冷却水回水管截止阀 2	开		
14	____号除灰离心空气压缩机冷却水进水管截止阀 3	开		
15	____号除灰离心空气压缩机冷却水回水管截止阀 3	开		
16	____号余热再生吸附式干燥机出口母管放水门	关		
17	汽水分离器手动排污阀	开		
18	冷干机出口阀	开		

设备送电确认卡					
序号	设备名称	标准状态	状态（√）	确认人	备注
1	____号除灰离心空气压缩机主机电机	送电			
2	____号余热再生吸附式干燥机	送电			
3	____号除灰离心空气压缩机辅助油泵电机	送电			
4	除灰空气压缩机房 1 号冷却水升压泵电机	送电			
5	除灰空气压缩机房 2 号冷却水升压泵电机	送电			

检查____号输灰离心空气压缩机启动条件满足，已按系统投运前状态确认标准检查卡检查设备完毕，系统可以投运。

检查人：____________

执行情况复核（主值）：__________　　　　时间：__________

批准（值长）：____________　　　　时间：__________

4.5 输灰螺杆空气压缩机投运前状态确认标准检查卡

班组：　　　　　　　　　　　　　　　　编号：

工作任务	____号输灰螺杆空气压缩机投运前状态确认检查		
工作分工	就地：	盘前：	值长：

危险辨识与风险评估				
危险源	风险产生过程及后果	预控措施	预控情况	确认人
1. 人员技能	工作人员技能不能满足系统投运操作要求造成人身伤害、设备损坏	1. 检查就地及盘前操作人员具备相应岗位资格； 2. 操作人员应熟悉系统、设备及工作原理，清晰理解工作任务； 3. 操作人员应有处理一般事故的能力		
2. 人员行为	工作票未终结、隔离措施未恢复、人员未撤离造成工作中人身伤害；工器具留在操作现场造成设备损坏	1. 查看工作票是否终结； 2. 检修人员全部撤离； 3. 确认安全隔离措施全部恢复到位； 4. 操作完毕应检查所有的工器具已收回，确保无遗留物件		
3. 照明	现场照明不足造成人身伤害	现场照明应充足，满足操作及监视需要，否则应及时补充或增加		
4. 噪声	警示标识不全或进入噪声区域时、使用高噪声工具时未正确使用防护用品造成工作人员职业病	进入噪声区域时必须正确使用防护用品		
5. 孔洞坑井沟道及障碍物	盖板缺损及平台防护栏杆不全造成高处坠落；设备周围有障碍物影响设备运行和人身安全	1. 工作场所的孔、洞、坑、井、沟道，必须覆以与地面齐平的坚固盖板。 2. 发现洞口盖板缺失、损坏或未盖好时，必须填补、修复盖板并及时盖好。 3. 所有升降口、大小孔洞、楼梯和平台，必须装设不低于 1050mm 高栏杆和不低于 100mm 高的脚部护板；离地高度高于 20m 的平台、通道及作业场所的防护栏杆不应低于 1200mm。 4. 清除设备周围影响设备运行和人身安全的障碍物		
6. 工器具	使用不合格工器具或未正确使用工器具造成工作中人身伤害	1. 检查符合规定安全工器具； 2. 不合格工器具禁止带入操作现场； 3. 带全操作所需工器具、防护用品（如对讲机、手电筒、耳塞等）； 4. 操作中正确使用工器具		
7. 触电	控制柜送电过程中人员误碰带电部位触电	1. 熟悉控制柜电气回路； 2. 电气操作时正确佩戴个人防护用品，正确使用合格的工器具		
8. 火灾	油泄漏遇明火或高温物体造成火灾	1. 油管道法兰、阀门及可能漏油部位附近不准有明火，必须明火作业时要采取有效措施； 2. 尽量避免使用法兰连接，禁止使用铸铁阀门		
9. 转动机械	标识缺损、防护罩缺损；断裂、超速、零部件脱落；肢体部位或饰品衣物、用具（包括防护用品）、工具接触转动部位	1. 设备的转动部分必须装设防护罩，并标明旋转方向，露出的轴端必须装设护盖；转动设备的防护罩应完好。 2. 检查设备的运行状态，保持设备的振动、温度、运行电流等参数符合标准，如发现参数超标及时处理。		

续表

危险辨识与风险评估				
危险源	风险产生过程及后果	预控措施	预控情况	确认人
9．转动机械	标识缺损、防护罩缺损；断裂、超速、零部件脱落；肢体部位或饰品衣物、用具（包括防护用品）、工具接触转动部位	3．衣服和袖口应扣好，不得戴围巾领带，长发必须盘在安全帽内；不准将用具、工器具接触设备的转动部位，不准在转动设备附近长时间停留。 4．转动设备试运行时所有人员应先远离，站在转动机械的轴向位置，并有一人站在事故按钮位置		
10．油质劣化	油箱内油质标号错误或油质因进水汽、粉尘等导致劣化	系统投运前联系化学化验油质符合要求，观察油质透明，无乳化和杂质，油面镜上无水汽和水珠		

系统投运前状态确认标准检查卡					
序号	检查内容	标准状态	确认情况（√）	确认人	备注
1	本系统热机、电气、热控检修工作票、缺陷联系单	1．确认除灰螺杆空气压缩机、干燥机检修工作已结束； 2．检修工作票已终结，安全措施已拆除			
2	设备外部环境检查	1．检查除灰螺杆空气压缩机、干燥机外观良好完整； 2．现场照明充足，周围无杂物，临时设施拆除，无影响转机转动的物品； 3．所有通道保持平整畅通，消防设施齐全			
3	系统整体检查	1．设备及管道外观整洁，无泄漏现象； 2．设备各地角螺栓、对轮及防护罩连接完好，无松动现象； 3．各电动机接线盒完好，接地线牢固； 4．管道、冷油器、滤网外观完整，法兰等连接部位连接牢固； 5．检查所有设备部件齐全，设备标牌、标志清楚正确； 6．管道名称、色环、介质流向完整			
4	除灰储气罐	1．无检修工作，具备进气条件； 2．储气罐上压力表显示正确			
5	工业水系统	系统投运正常，母管供水压力大于0.1MPa			
6	空气压缩机电机、干燥机绝缘	电气检测空气压缩机电机、干燥机绝缘合格			
7	空气压缩机本体	1．外观整洁，无漏油现象； 2．油气分离器油位正常（1/2～2/3），通过油位计处观察油质透明，无乳化和杂质，油面镜上无水汽和水珠；			

续表

系统投运前状态确认标准检查卡					
序号	检查内容	标准状态	确认情况（√）	确认人	备注
7	空气压缩机本体	3．化学化验润滑油（KPI-8000）油质合格； 化验人及分析日期：____ 4．入口滤网清理干净，风道畅通； 5．出口气水分离装置工作正常，分离器内无存水			
8	控制柜	外观完整，送电正常，PLC 屏幕无故障信号，控制方式在远方状态			
9	热工仪表、保护	1．联系热工确认螺杆空压机、干燥机所有自动控制各设定值已设定并符合要求，安全阀无故障，就地控制面板显示正常，无故障报警； 2．热工仪表、保护投入； 3．就地表计及 DCS 画面上各测点指示一致； 4．所有热工联锁保护试验合格，已投入。 热工专业确认人：____			
10	冷却水、润滑油检查	1．检查空气压缩机一、二级冷却器及冷油器投运正常，进出口冷却水差压差正常（0.08～0.15MPa），进口水温正常（5～35℃），冷却水压力大于 0.18MPa。 2．油位正常，无低油位报警故障；通过油位计处观察油质透明，无乳化和杂质，油面镜上无水汽和水珠。 3．化学化验润滑油油质合格。 化验人及分析日期：____			
11	管路检查	1．检查除灰螺杆空气压缩机、干燥机空气管道是否正常，空气进口压力小于 1.0MPa； 2．开机前必须对压缩空气管道系统进行吹扫			
12	远方、就地位置确认	1．检查除灰螺杆空气压缩机液晶屏上显示“联机”，才允许远方启动； 2．如果需要就地启动，液晶屏切换到“旁联”状态			
13	除灰螺杆空气压缩机、干燥机设备阀门操作合格，状态正确	见《阀门检查卡》			

远动阀门检查卡							
序号	阀门名称	电源（√）	气源（√）	传动情况（√）	标准状态	确认人	备注
1	空气压缩机出口电动门				关		

续表

远动阀门检查卡							
序号	阀门名称	电源（√）	气源（√）	传动情况（√）	标准状态	确认人	备注
2	组合式干燥机进气电动门				关		
3	组合式干燥机排气电动门				关		
4	组合式干燥机至储气罐电动门				关		

就地阀门检查卡				
序号	检查内容	标准状态	确认人	备注
1	入口蝶阀	关		
2	空气压缩机冷却水进水管截止阀	开		
3	空气压缩机冷却水回水管截止阀	开		
4	组合式干燥机冷却水进水手动门	开		
5	组合式干燥机冷却水回水手动门	开		
6	组合式干燥机出口母管放水门	关		
7	组合式干燥机出口母管放气门	关		
8	螺杆空气压缩机冷却水母管压力表一次门	开		
9	螺杆空气压缩机冷却水进水压力表一次门	开		
10	螺杆空气压缩机出口手动门	开		
11	螺杆空气压缩机出口母管压力变送器一次门	开		
12	螺杆空气压缩机出口母管压力表一次门	开		

设备送电确认卡					
序号	设备名称	标准状态	状态（√）	确认人	备注
1	____号除灰螺杆空气压缩机主机电机	送电			
2	____号组合式干燥机压缩机	送电			
3	螺杆空气压缩机冷却风扇	送电			
4	螺杆空气压缩机控制柜	送电			

检查____号输灰螺杆空气压缩机启动条件满足，已按系统投运前状态确认标准检查卡检查设备完毕，系统可以投运。

检查人：____________

执行情况复核（主值）：________　　时间：________

批准（值长）：____________　　时间：________

5 化学专业

5.1 机械加速澄清池设备投运前状态确认标准检查卡

班组：　　　　　　　　　　　　　　　　　　　　　　　　　编号：

工作任务	____号机械加速澄清池设备投运前状态确认检查
工作分工	就地：　　　　盘前：　　　　值长：

危险辨识与风险评估				
危险源	风险产生过程及后果	预控措施	预控情况	确认人
1．石灰伤害	熟石灰加药系统泄漏、溅入眼内和皮肤上	现场洗眼器检查无故障，随时可以使用，冲洗水源检查可随时冲洗；防止酸碱伤害药品充足		
2．人员技能	工作人员技能不能满足系统投运操作要求造成人身伤害、设备损坏	1．检查就地及盘前操作人员具备相应岗位资格； 2．操作人员应熟悉系统、设备及工作原理，清晰理解工作任务； 3．操作人员应处理一般事故的能力		
3．人员生理、心理	人员情绪异常、精神不佳造成工作中人身伤害	1．班前会中准确了解人员情况； 2．当班期间值内、部门做好监督； 3．发现人员情绪等异常情况时，严禁操作		
4．人员行为	工作票未终结、隔离措施未恢复、人员未撤离造成工作中人身伤害；工器具留在操作现场造成设备损坏	1．查看工作票是否终结； 2．检修人员全部撤离； 3．确认安全隔离措施全部恢复到位； 4．操作完毕应检查所有的工器具已收回，确保无遗留物件		
5．照明	现场照明不足造成人身伤害	现场照明应充足，满足操作及监视需要，否则应及时补充或增加		
6．噪声、粉尘	警示标识不全或进入噪声区域时、使用高噪声工具时未正确使用防护用品造成工作人员职业病	进入噪声、粉尘区域时必须正确使用防护用品		
7．孔洞坑井沟道及障碍物	盖板缺损及平台防护栏杆不全造成高处坠落；设备周围有障碍物影响设备运行和人身安全	1．工作场所的孔、洞、坑、井、沟道，必须覆以与地面齐平的坚固盖板。 2．发现洞口盖板缺失、损坏或未盖好时，必须立即填补、修复盖板并及时盖好。 3．所有升降口、大小孔洞、楼梯和平台，必须装设不低于1050mm高栏杆和不低于100mm高的脚部护板；离地高度高于20m的平台、通道及作业场所的防护栏杆不应低于1200mm。 4．清除设备周围影响设备运行和人身安全的障碍物		
8．高空落物	工作区域上方高处落物造成人身伤害	1．正确佩戴个人劳保防护用品； 2．进入现场要观察工作环境，发现有高处落物的可能时采取必要措施		

续表

危险辨识与风险评估				
危险源	风险产生过程及后果	预控措施	预控情况	确认人
9．工器具	使用不合格工器具或未正确使用工器具造成工作中人身伤害	1．检查符合规定安全工器具； 2．不合格工器具禁止带入操作现场； 3．带全操作所需工器具、防护用品等（如对讲机、手电筒、耳塞等）； 4．操作中正确使用工器具		
10．触电	控制柜送电过程中人员误碰带电部位触电	1．熟悉控制柜电气回路； 2．电气操作时正确佩戴个人防护用品，正确使用合格的工器具		
11．转动机械	标识缺损、防护罩缺损；断裂、超速、零部件脱落；肢体部位或饰品衣物、用具（包括防护用品）、工具接触转动部位	1．设备的转动部分必须装设防护罩，并标明旋转方向，露出的轴端必须装设护盖；转动设备的防护罩应完好。 2．检查设备的运行状态，保持设备的振动、温度、运行电流等参数符合标准，如发现参数超标及时处理。 3．衣服和袖口应扣好、不得戴围巾领带、长发必须盘在安全帽内，不准将用具、工器具接触设备的转动部位，不准在转动设备附近长时间停留。 4．转动设备试运行时所有人员应先远离，站在转动机械的轴向位置，并有一人站在事故按钮位置		
12．酸、碱、杀菌剂	酸、碱、杀菌剂加药管道泄漏，造成人员伤害和设备损坏，环境污染	现场照明充足，加药管道法兰接口无泄漏，螺栓无缺失。启动时应在远处检查设备，防止喷溅，平稳后就近检查		

系统投运前状态确认标准检查卡					
序号	检查内容	标准状态	确认情况（√）	确认人	备注
1	____号机械加速澄清池热机、电气、热控检修工作票	____号机械加速澄清池热机、电气、热控检修工作票终结或押回			
2	____号机械加速澄清池相关系统	____号机械加速澄清池相关系统无检修工作			
3	____号机械加速澄清池	____号机械加速澄清池水已放空			
4	补充水池液位、原水升压泵	综合水泵房补充水池液位正常，原水升压泵备用状态，随时可以启动补水			
5	____号机械加速澄清池搅拌机	____号机械加速澄清池搅拌机空池运行正常			
6	____号机械加速澄清池刮泥机	____号机械加速澄清池刮泥机空池运行正常			
7	____号机械加速澄清池涡轮箱油位	____号机械加速澄清池涡轮箱油位正常，无漏油			

续表

系统投运前状态确认标准检查卡					
序号	检查内容	标准状态	确认情况（√）	确认人	备注
8	____号机械加速澄清池阀门送电、送气传动	____号机械加速澄清池阀门送电、送气正常，传动合格，见《远动阀门检查卡》			
9	____号机械加速澄清池热工联锁保护试验	____号机械加速澄清池热工联锁保护试验合格，并全部投入。 热工专业确认人：____			
10	加药的石灰石仓料位	加药的石灰石仓料位 2.2～9.3m			
11	硫酸贮存罐液位	硫酸贮存罐液位 0.1～2.9m			
12	聚合硫酸铁贮存罐液位	聚合硫酸铁贮存罐液位 0.1～2.9m			
13	助凝剂加药装置	助凝剂加药装置正常，药箱内药液充足			
14	二氧化氯加药装置	二氧化氯加药装置正常，可随时启动加药；二氧化氯储罐已制备充足的药液			
15	____号机械加速澄清池池内部	____号机械加速澄清池池内无杂物			
16	现场	现场卫生清洁，临时设施拆除，无影响转机转动的物件；附近所有通道保持平整畅通，照明充足，消防设施齐全，各地角螺栓、对轮及防护罩连接完好，电动机接线完好，接地线牢固			
17	就地盘柜、仪表	就地盘柜无异常，pH 表检查无异常			
18	就地启动按钮	就地启动按钮无异常			

远动阀门检查卡							
序号	阀门名称	电源（√）	气源（√）	传动情况（√）	标准状态	确认人	备注
1	____号机械加速澄清池进水调整门				关		
2	____号机械加速澄清池底部排泥门				关		
3	____号自用水泵至冲洗水门				关		

就地阀门检查卡				
序号	阀门名称	阀门状态	确认人	备注
1	进水调整门前手动门	调节位		
2	进水调整门后手动门	调节位		
3	底部排泥门	关		
4	聚合硫酸铁加药门	开		

续表

就地阀门检查卡				
序号	阀门名称	阀门状态	确认人	备注
5	助凝剂加药门	开		
6	进石灰加药门	开		
7	现场放水门	关		
8	现场冲洗水门	关		
9	下部冲洗门	关		
10	上部冲洗门	关		

设备送电确认卡					
序号	设备名称	标准状态	状态（√）	确认人	备注
1	加药设备	送电			
2	搅拌器	送电			
3	刮泥机	送电			

检查____号机械加速澄清池投运启动条件满足，已按系统投运前状态确认标准检查卡检查设备完毕，系统可以投运。

检查人：____________

执行情况复核（主值）：________　　　　时间：________

批准（值长）：____________　　　　时间：________

5.2　超滤设备投运前状态确认标准检查卡

班组：　　　　　　　　　　　　　　　　　　　　　　　编号：

工作任务	____号超滤设备投运前状态确认检查
工作分工	就地：　　　　盘前：　　　　值长：

危险辨识与风险评估				
危险源	风险产生过程及后果	预控措施	预控情况	确认人
1. 人员技能	工作人员技能不能满足系统投运操作要求，造成人身伤害、设备损坏	1. 检查就地及盘前操作人员具备相应岗位资格； 2. 操作人员应熟悉系统、设备及工作原理，清晰理解工作任务； 3. 操作人员应具备处理一般事故的能力		
2. 人员生理、心理	人员情绪异常、精神不佳造成工作中人身伤害	1. 班前会中准确了解人员情况； 2. 当班期间值内、部门做好监督； 3. 发现人员情绪异常时，严禁操作		

续表

危险辨识与风险评估				
危险源	风险产生过程及后果	预控措施	预控情况	确认人
3．人员行为	工作票未终结、隔离措施未恢复、人员未撤离造成工作中人身伤害；工器具留在操作现场造成设备损坏	1．查看工作票是否终结； 2．检修人员全部撤离； 3．确认安全隔离措施全部恢复到位； 4．操作完毕应检查所有的工器具已收回，确保无遗留物件		
4．照明	现场照明不足造成人身伤害	现场照明应充足，满足操作及监视需要，否则应及时补充或增加		
5．噪声粉尘	警示标识不全或进入噪声区域时、使用高噪声工具时未正确使用防护用品造成工作人员职业病	进入噪声、粉尘区域时必须正确使用防护用品		
6．孔洞坑井沟道及障碍物	盖板缺损及平台防护栏杆不全造成高处坠落；设备周围有障碍物影响设备运行和人身安全	1．工作场所的孔、洞、坑、井、沟道，必须覆以与地面齐平的坚固盖板。 2．发现洞口盖板缺失、损坏或未盖好时，必须立即填补、修复盖板并及时盖好。 3．所有升降口、大小孔洞、楼梯和平台，必须装设不低于1050mm高栏杆和不低于100mm高的脚部护板；离地高度高于20m的平台、通道及作业场所的防护栏杆不应低于1200mm。 4．清除设备周围影响设备运行和人身安全的障碍物		
7．高处落物	工作区域上方高处落物造成人身伤害	1．正确佩戴个人劳保防护用品； 2．进入现场要观察工作环境，发现有高处落物的可能时采取必要措施		
8．工器具	使用不合格工器具或未正确使用工器具造成工作中人身伤害	1．检查符合规定安全工器具； 2．不合格工器具禁止带入操作现场； 3．带全操作所需工器具、防护用品（如对讲机、手电筒、耳塞等）； 4．操作中正确使用工器具		
9．触电	控制柜送电过程中人员误碰带电部位触电	1．熟悉控制柜电气回路； 2．电气操作时正确佩戴个人防护用品，正确使用合格的工器具		
10．转动机械	标识缺损、防护罩缺损；断裂、超速、零部件脱落；肢体部位或饰品衣物、用具（包括防护用品）、工具接触转动部位	1．设备的转动部分必须装设防护罩，并标明旋转方向，露出的轴端必须装设护盖；转动设备的防护罩应完好。 2．检查设备的运行状态，保持设备的振动、温度、运行电流等参数符合标准，如发现参数超标及时处理。 3．衣服和袖口应扣好，不得戴围巾领带，长发必须盘在安全帽内；不准将用具、工器具接触设备的转动部位，不准在转动设备附近长时间停留。 4．转动设备试运行时所有人员应先远离，站在转动机械的轴向位置，并有一人站在事故按钮位置		

续表

危险辨识与风险评估				
危险源	风险产生过程及后果	预控措施	预控情况	确认人
11. 酸、碱、杀菌剂	酸、碱、杀菌剂加药管道泄漏，造成人员伤害和设备损坏、环境污染	现场照明充足，加药管道法兰接口无泄漏，螺栓无缺失；启动时应在远处检查设备，防止喷溅，平稳后就近检查		

超滤设备投运前状态确认标准检查卡					
序号	检查内容	标准状态	确认情况（√）	确认人	备注
1	____号超滤装置热机、电气、热控检修工作票	____号超滤装置热机、电气、热控检修工作票终结或押回			
2	____号超滤装置相关系统检修	____号超滤装置相关系统无检修工作			
3	加药装置	加药装置备用状态，可随时启动加药			
4	杀菌剂储蓄罐	杀菌剂储蓄罐已制备充足的药液			
5	清水箱	清水箱水位正常			
6	清水泵	清水泵正常状态，备用状态随时可以启动补水			
7	超滤装置气源电源	超滤装置阀门送电送气正常，传动合格			
8	现场	现场卫生清洁，临时设施拆除，无影响转机转动的物件；附近所有通道保持平整畅通，照明充足，消防设施齐全，各地角螺栓、对轮及防护罩连接完好，电动机接线完好，接地线牢固			
9	就地盘柜	就地盘柜无异常			
10	就地启动按钮	就地启动按钮无异常			

远动阀门检查卡							
序号	阀门名称	电源（√）	气源（√）	传动情况（√）	标准状态	确认人	备注
1	保安过滤器出水气动阀				关		
2	上部进水气动门				关		
3	下部进水气动门				关		
4	上部浓水排放门				关		
5	下部浓水排放门				关		

续表

远动阀门检查卡							
序号	阀门名称	电源（√）	气源（√）	传动情况（√）	标准状态	确认人	备注
6	上部出水气动门				关		
7	下部出水气动门				关		
8	反洗进水气动门				关		
9	清洗水进水门				关		
10	正洗进水气动门				关		
11	反洗上部排水门				关		
12	反洗下部排水门				关		
13	保安过滤器上部排气阀				关		
14	出水气动总门				关		

就地阀门检查卡				
序号	阀门名称	标准状态	确认人	备注
1	超滤保安过滤器进水手动门	开		
2	超滤装置进水门前放水门	关		
3	超滤装置出水手动门	开		
4	超滤装置正洗进水手动门	开		
5	超滤装置浓水排放手动门	调节位		
6	超滤装置反洗进水手动门	开		
7	超滤装置加酸碱门	开		
8	超滤装置加杀菌剂门	开		

设备送电确认卡					
序号	设备名称	标准状态	状态（√）	确认人	备注
1	加药设备	送电			
2	超滤装置	送电			

检查____号超滤启动条件满足，已按系统投运前状态确认标准检查卡检查设备完毕，系统可以投运。

检查人：____________

执行情况复核（主值）：________　　时间：________

批准（值长）：____________　　时间：________

5.3 反渗透设备投运前状态确认标准检查卡

班组：　　　　　　　　　　　　　　　　　　　　　　　　　　　　　编号：

工作任务	____号反渗透设备投运前状态确认检查		
工作分工	就地：	盘前：	值长：

危险辨识与风险评估				
危险源	风险产生过程及后果	预控措施	预控情况	确认人
1．人员技能	工作人员技能不能满足系统投运操作要求，造成人身伤害、设备损坏	1．检查就地及盘前操作人员具备相应岗位资格； 2．操作人员应熟悉系统、设备及工作原理，清晰理解工作任务； 3．操作人员应有处理一般事故的能力		
2．人员生理、心理	人员情绪异常、精神不佳造成工作中人身伤害	1．班前会中准确了解人员情况； 2．当班期间值内、部门做好监督； 3．发现人员情绪异常时，严禁操作		
3．人员行为	工作票未终结、隔离措施未恢复、人员未撤离造成工作中人身伤害；工器具留在操作现场造成设备损坏	1．查看工作票是否终结； 2．检修人员全部撤离； 3．确认安全隔离措施全部恢复到位； 4．操作完毕应检查所有的工器具已收回，确保无遗留物件		
4．照明	现场照明不足造成人身伤害	现场照明应充足，满足操作及监视需要，否则应及时补充或增加		
5．孔洞坑井沟道及障碍物	盖板缺损及平台防护栏杆不全造成高处坠落；设备周围有障碍物影响设备运行和人身安全	1．工作场所的孔、洞、坑、井、沟道，必须覆以与地面齐平的坚固盖板。 2．发现洞口盖板缺失、损坏或未盖好时，必须立即填补、修复盖板并及时盖好。 3．所有升降口、大小孔洞、楼梯和平台，必须装设不低于1050mm高栏杆和不低于100mm高的脚部护板；离地高度高于20m的平台、通道及作业场所的防护栏杆不应低于1200mm。 4．清除设备周围影响设备运行和人身安全的障碍物		
6．工器具	使用不合格工器具或未正确使用工器具造成工作中人身伤害	1．检查符合规定安全工器具； 2．不合格工器具禁止带入操作现场； 3．带全操作所需工器具、防护用品（如对讲机、手电筒、耳塞等）； 4．操作中正确使用工器具		
7．触电	控制柜送电过程中人员误碰带电部位触电	1．熟悉控制柜电气回路； 2．电气操作时正确佩戴个人防护用品，正确使用合格的工器具		

续表

危险辨识与风险评估				
危险源	风险产生过程及后果	预控措施	预控情况	确认人
8．转动机械	标识缺损、防护罩缺损；断裂、超速、零部件脱落；肢体部位或饰品衣物、用具（包括防护用品）、工具接触转动部位	1．设备的转动部分必须装设防护罩，并标明旋转方向，露出的轴端必须装设护盖；转动设备的防护罩应完好。 2．检查设备的运行状态，保持设备的振动、温度、运行电流等参数符合标准，如发现参数超标及时处理。 3．衣服和袖口应扣好，不得戴围巾领带，长发必须盘在安全帽内；不准将用具、工器具接触设备的转动部位，不准在转动设备附近长时间停留。 4．转动设备试运行时所有人员应先远离，站在转动机械的轴向位置，并有一人站在事故按钮位置		
9．酸伤害	加酸系统泄漏、溅入眼内和皮肤上	现场洗眼器检查无故障，随时可以使用，冲洗水源检查可随时冲洗；酸伤害药品充足，启动时应在远处检查设备，防止喷溅，平稳后就近检查		
10．还原剂、阻垢剂	还原剂、阻垢剂加药管道泄漏，造成人员伤害和设备损坏，环境污染	1．现场照明充足； 2．加药管道法兰接口无泄漏，螺栓无缺失		

系统投运前状态确认标准检查卡					
序号	检查内容	标准状态	确认情况（√）	确认人	备注
1	____号反渗透热机、电气、热控检修工作票	____号反渗透热机、电气、热控检修工作票终结或押回			
2	____号反渗透相关系统检修	____号反渗透相关系统无检修工作			
3	满水保护	____号反渗透已满水保护状态			
4	超滤水箱液位	超滤水箱液位正常，具备启动条件			
5	高压泵	高压泵备用状态，随时可以启动			
6	____号反渗透状态	____号反渗透备用状态			
7	各加药泵、高压泵、淡水泵状态	各加药泵、高压泵、淡水泵备用状态			
8	加药泵、高压泵、淡水泵油位	各加药泵、高压泵、淡水泵油位正常，无漏油			
9	____号反渗透阀门送电、送气，传动	____号反渗透阀门送电、送气正常，传动合格，见《远动阀门检查卡》			

续表

系统投运前状态确认标准检查卡					
序号	检查内容	标准状态	确认情况（√）	确认人	备注
10	____号反渗透热工联锁保护	____号反渗透热工联锁保护试验合格，并全部投入。 热工专业确认人：____			
11	阻垢剂计量箱液位	阻垢剂计量箱液位高于 0.2m			
12	还原剂计量箱液位	还原剂计量箱液位高于 0.2m			
13	酸计量箱液位	酸计量箱液位高于 0.5m			
14	加药装置	加药装置各部件、容器、药箱正常			
15	各加药泵	各加药泵正常，可随时启动加药			
16	现场	反渗透周围整洁干净无杂物；现场卫生清洁，临时设施拆除，无影响转机转动的物件；附近所有通道保持平整畅通，照明充足，消防设施齐全，各泵地角螺栓、对轮及防护罩连接完好，电动机接线完好，接地线牢固			
17	就地盘柜	就地盘柜无异常			
18	就地启动按钮	就地启动按钮无异常。			

远动阀门检查卡							
序号	阀门名称	电源（√）	气源（√）	传动情况（√）	阀门状态	确认人	备注
1	反渗透进水气动门				关		
2	反渗透产水气动门				关		
3	反渗透浓水排放气动门				关		
4	反渗透高压泵电动慢开门				关		
5	反渗透冲洗水气动门				关		
6	反渗透产水排放气动门				关		
7	反渗透至阳床母管气动调节阀				关		

就地阀门检查卡				
序号	阀门名称	标准状态	确认人	备注
1	反渗透进水手动门	开		
2	反渗透产水手动门	开		
3	反渗透浓水排放手动门	调节位		
4	反渗透产水排放手动门	关		

续表

就地阀门检查卡				
序号	阀门名称	标准状态	确认人	备注
5	酸、还原剂管道混合器前手工取样门	开		
6	SDI 接口门	开		
7	管道混合器后不合格水排放门	关		
8	反渗透保安过滤器进水手动门	开		
9	反渗透保安过滤器出水手动门	开		
10	反渗透一段清洗进药门	关		
11	反渗透一段出水取样门	开		
12	反渗透一段清洗出药门	关		
13	反渗透二段进水手动门	开		
14	反渗透二段清洗进药门	关		
15	反渗透二段清洗出药门	关		
16	反渗透出水母管放水手动门	关		
17	反渗透保安过滤器顶部排气门	关		
18	反渗透保安过滤器底部排水门	关		
19	反渗透保安过滤器出水门后取样门	开		
20	反渗透浓水排放管道取样门	开		
21	反渗透出水取样门	开		
22	酸、还原剂管道混合器加药手动门	开		
23	阻垢剂管道混合器加药手动门	开		
24	反渗透淡水箱进水手动门	开		
25	反渗透淡水箱出水手动门	开		
26	反渗透淡水泵进水手动门	开		
27	反渗透淡水泵出水手动门	开		

设备送电确认卡					
序号	设备名称	标准状态	状态（√）	确认人	备注
1	加药箱搅拌器	送电			
2	阻垢剂加药泵	送电			
3	酸加药泵	送电			
4	还原剂加药泵	送电			
5	反渗透电磁阀箱	送电			

续表

设备送电确认卡					
序号	设备名称	标准状态	状态（√）	确认人	备注
6	高压泵	送电			
7	超滤出水升压泵	送电			
8	淡水泵	送电			

检查____号反渗透设备启动条件满足，已按系统投运前状态确认标准检查卡检查设备完毕，系统可以投运。

检查人：________________

执行情况复核（主值）：__________　　　时间：__________

批准（值长）：________________　　　时间：__________

5.4 阳床投运前状态确认标准检查卡

班组：　　　　　　　　　　　　　　　　　　　　　　　　　编号：

工作任务	____号阳床投运前状态确认检查		
工作分工	就地：	盘前：	值长：

危险辨识与风险评估				
危险源	风险产生过程及后果	预控措施	预控情况	确认人
1．人员技能	工作人员技能不能满足系统投运操作要求，造成人身伤害、设备损坏	1．检查就地及盘前操作人员具备相应岗位资格； 2．操作人员应熟悉系统、设备及工作原理，清晰理解工作任务； 3．操作人员应有处理一般事故的能力		
2．人员生理、心理	人员情绪异常、精神不佳造成工作中人身伤害	1．班前会中准确了解人员情况； 2．当班期间值内、部门做好监督； 3．发现人员情绪异常情况，严禁操作		
3．人员行为	工作票未终结、隔离措施未恢复、人员未撤离造成工作中人身伤害；工器具留在操作现场造成设备损坏	1．查看工作票是否终结； 2．检修人员全部撤离； 3．确认安全隔离措施全部恢复到位； 4．操作完毕应检查所有的工器具已收回，确保无遗留物件		
4．照明	现场照明不足造成人身伤害	现场照明应充足，满足操作及监视需要，否则应及时补充或增加		
5．噪声、粉尘	警示标识不全或进入噪声区域时、使用高噪声音工具时未正确使用防护用品造成工作人员职业病	进入噪声、粉尘区域时必须正确使用防护用品		

续表

危险辨识与风险评估				
危险源	风险产生过程及后果	预控措施	预控情况	确认人
6．孔洞坑井沟道及障碍物	盖板缺损及平台防护栏杆不全造成高处坠落；设备周围有障碍物影响设备运行和人身安全	1．工作场所的孔、洞、坑、井、沟道，必须覆以与地面齐平的坚固盖板。 2．发现洞口盖板缺失、损坏或未盖好时，必须填补、修复盖板并及时盖好。 3．所有升降口、大小孔洞、楼梯和平台，必须装设不低于 1050mm 高栏杆和不低于 100mm 高的脚部护板；离地高度高于 20m 的平台、通道及作业场所的防护栏杆不应低于 1200mm。 4．清除设备周围影响设备运行和人身安全的障碍物		
7．高处落物	工作区域上方高处落物造成人身伤害	1．正确佩戴个人劳保防护用品； 2．进入现场要观察工作环境，发现有高处落物的可能时采取必要措施		
8．工器具	使用不合格工器具或未正确使用工器具造成工作中人身伤害	1．检查符合规定安全工器具； 2．不合格工器具禁止带入操作现场； 3．带全操作所需工器具、防护用品（如对讲机、手电筒、耳塞等）； 4．操作中正确使用工器具		
9．触电	控制柜送电过程中人员误碰带电部位触电	1．熟悉控制柜电气回路； 2．电气操作时正确佩戴个人防护用品，正确使用合格的工器具		
10．转动机械	标识缺损、防护罩缺损；断裂、超速、零部件脱落；肢体部位或饰品衣物、用具（包括防护用品）、工具接触转动部位	1．设备的转动部分必须装设防护罩，并标明旋转方向，露出的轴端必须装设护盖；转动设备的防护罩应完好。 2．检查设备的运行状态，保持设备的振动、温度、运行电流等参数符合标准，如发现参数超标及时处理。 3．衣服和袖口应扣好，不得戴围巾领带，长发必须盘在安全帽内；不准将用具、工器具接触设备的转动部位，不准在转动设备附近长时间停留。 4．转动设备试运行时所有人员应先远离，站在转动机械的轴向位置，并有一人站在事故按钮位置		
11．酸	酸加药管道泄漏，造成人员伤害和设备损坏，环境污染	现场照明充足，加药管道法兰接口无泄漏，螺栓无缺失，启动时应在远处检查设备，防止喷溅，平稳后就近检查		

阳床投运前状态确认标准检查卡					
序号	检查内容	标准状态	确认情况（√）	确认人	备注
1	____号阳床，电气，热控检修工作票	____号阳床，电气，热控检修工作票终结或押回			

续表

阳床投运前状态确认标准检查卡					
序号	检查内容	标准状态	确认情况（√）	确认人	备注
2	____号阳床相关系统检修	____号阳床相关系统无检修工作			
3	____号阳床阀门送电、送气，传动	____号阳床阀门送电、送气正常，传动合格，见《阳床阀门检查卡》			
4	____号阳床热工联锁保护试验	____号阳床热工联锁保护试验合格，并全部投入。 热工专业确认人：____			
5	酸计量箱液位	酸计量箱液位正常			
6	酸储罐	酸加药装置正常，可随时启动加药、酸储罐有充足的药液			
7	现场	____号阳床周围无杂物；现场卫生清洁，临时设施拆除，无影响转机转动的物件；附近所有通道保持平整畅通，照明充足，消防设施齐全，各地角螺栓、对轮及防护罩连接完好，电动机接线完好，接地线牢固			
8	就地盘柜	就地盘柜无异常			
9	就地启动按钮	就地启动按钮无异常			

远动阀门检查卡							
序号	阀门名称	电源（√）	气源（√）	传动情况（√）	标准状态	确认人	备注
1	阳床正洗进水气动门				关		
2	阳床反洗进水气动门				关		
3	阳床反洗排水气动门				关		
4	阳床出水气动门				关		
5	阳床正洗排水气动门				关		
6	阳床进酸门				关		
7	阳床排气门				关		
8	阳床底部排空门				关		
9	阳床电导率变送器进水门				关		

就地阀门检查卡				
序号	阀门名称	阀门状态	确认人	备注
1	阳床反洗进水手动门	调节位		

续表

就地阀门检查卡				
序号	阀门名称	阀门状态	确认人	备注
2	阳床反洗排水手动门	调节位		
3	阳床出水手动门	开		
4	阳床正洗排水手动门	开		

设备送电确认卡					
序号	设备名称	标准状态	状态（√）	确认人	备注
1	加药装置	送电			
2	阳床电磁阀箱	送电			
3	淡水泵	送电			

检查____号阳床投运启动条件满足，已按系统投运前状态确认标准检查卡检查设备完毕，系统可以投运。

检查人：____________

执行情况复核（主值）：__________　　时间：__________

批准（值长）：____________　　时间：__________

5.5 阴床投运前状态确认标准检查卡

班组：　　　　　　　　　　　　　　　　　　　　编号：

工作任务	___号阴床投运前状态确认检查		
工作分工	就地：	盘前：	值长：

危险辨识与风险评估				
危险源	风险产生过程及后果	预控措施	预控情况	确认人
1. 人员技能	工作人员技能不能满足系统投运操作要求，造成人身伤害、设备损坏	1. 检查就地及盘前操作人员具备相应岗位资格； 2. 操作人员应熟悉系统、设备及工作原理，清晰理解工作任务； 3. 操作人员应处理一般事故的能力		
2. 人员生理、心理	人员情绪异常、精神不佳造成工作中人身伤害	1. 班前会中准确了解人员情况； 2. 当班期间值内、部门做好监督； 3. 发现人员情绪异常时，严禁操作		
3. 人员行为	工作票未终结、隔离措施未恢复、人员未撤离造成工作中人身伤害；工器具遗留在操作现场造成设备损坏	1. 查看工作票是否终结； 2. 检修人员全部撤离； 3. 确认安全隔离措施全部恢复到位； 4. 操作完毕应检查所有的工器具已收回，确保无遗留物件		

续表

危险辨识与风险评估				
危险源	风险产生过程及后果	预控措施	预控情况	确认人
4．照明	现场照明不足造成人身伤害	现场照明应充足，满足操作及监视需要，否则应及时补充或增加		
5．噪声、粉尘	警示标识不全或进入噪声区域时、使用高噪声工具时未正确使用防护用品造成工作人员职业病	进入噪声、粉尘区域时必须正确使用防护用品		
6．孔洞坑井沟道及障碍物	盖板缺损及平台防护栏杆不全造成高处坠落； 设备周围有障碍物影响设备运行和人身安全	1．工作场所的孔、洞、坑、井、沟道，必须覆以与地面齐平的坚固盖板。 2．发现洞口盖板缺失、损坏或未盖好时，必须立即填补、修复盖板并及时盖好。 3．所有升降口、大小孔洞、楼梯和平台，必须装设不低于1050mm高栏杆和不低于100mm高的脚部护板；离地高度高于20m的平台、通道及作业场所的防护栏杆不应低于1200mm。 4．清除设备周围影响设备运行和人身安全的障碍物		
7．高处落物	工作区域上方高处落物造成人身伤害	1．正确佩戴个人劳保防护用品； 2．进入现场要观察工作环境，发现有高处落物的可能时采取必要措施		
8．工器具	使用不合格工器具或未正确使用工器具造成工作中人身伤害	1．检查符合规定安全工器具； 2．不合格工器具禁止带入操作现场； 3．带全操作所需工器具、防护用品（如对讲机、手电筒、耳塞等）； 4．操作中正确使用工器具		
9．触电	控制柜送电过程中人员误碰带电部位触电	1．熟悉控制柜电气回路； 2．电气操作时正确佩戴个人防护用品，正确使用合格的工器具		
10．转动机械	标识缺损、防护罩缺损；断裂、超速、零部件脱落；肢体部位或饰品衣物、用具（包括防护用品）、工具接触转动部位	1．设备的转动部分必须装设防护罩，并标明旋转方向，露出的轴端必须装设护盖；转动设备的防护罩应完好。 2．检查设备的运行状态，保持设备的振动、温度、运行电流等参数符合标准，如发现参数超标及时处理。 3．衣服和袖口应扣好，不得戴围巾领带，长发必须盘在安全帽内；不准将用具、工器具接触设备的转动部位，不准在转动设备附近长时间停留。 4．转动设备试运行时所有人员应先远离，站在转动机械的轴向位置，并有一人站在事故按钮位置		
11．碱伤害	碱加药系统泄漏、溅入眼内和皮肤上	冲洗水源检查可随时冲洗；碱伤害药品充足，启动时应在远处检查设备，防止喷溅，平稳后就近检查		

系统投运前状态确认标准检查卡					
序号	检查内容	标准状态	确认情况（√）	确认人	备注
1	____号阴床，电气，热控检修工作票	____号阴床，电气，热控检修工作票终结或押回			
2	____号阴床相关系统检修	____号阴床相关系统无检修工作			
3	____号阴床阀门送电、送气，传动	____号阴床阀门送电、送气正常，传动合格，见《阴床阀门检查卡》			
4	____号阴床热工联锁保护试验	____号阴床热工联锁保护试验合格，并全部投入。 热工专业确认人：____			
5	碱计量箱液位	碱计量箱液位正常			
6	碱储罐	酸加药装置正常，可随时启动加药、碱储罐有充足的药液			
7	现场	____号阴床周围无杂物；现场卫生清洁，临时设施拆除，无影响转机转动的物件；附近所有通道保持平整畅通，照明充足，消防设施齐全，各地角螺栓、对轮及防护罩连接完好，电动机接线完好，接地线牢固			
8	就地盘柜	就地盘柜无异常			
9	就地启动按钮	就地启动按钮无异常			

远动阀门检查卡							
序号	阀门名称	电源（√）	气源（√）	传动情况（√）	标准状态	确认人	备注
1	阴床正洗进水气动门（阳床出水气动门）				关		
2	阴床反洗进水气动门				关		
3	阴床反洗排水气动门				关		
4	阴床出水气动门				关		
5	阴床正洗排水气动门				关		
6	阴床进碱门				关		
7	阴床排气门				关		
8	阴床底部排空门				关		
9	阴床电导率变送器进水门				开		

就地阀门检查卡				
序号	阀门名称	阀门状态	确认人	备注
1	阴床反洗进水手动门	调节位		

续表

就地阀门检查卡				
序号	阀门名称	阀门状态	确认人	备注
2	阴床反洗排水手动门	调节位		
3	阴床出水手动门	开		
4	阴床正洗排水手动门	开		

设备送电确认卡					
序号	设备名称	标准状态	状态（√）	确认人	备注
1	加药设备	送电			
2	阴床	送电			
3	就地电磁阀箱	送电			

检查____号阴床投运启动条件满足，已按系统投运前状态确认标准检查卡检查设备完毕，系统可以投运。

检查人：____________

执行情况复核（主值）：________　　时间：________

批准（值长）：____________　　时间：________

5.6 酸碱加药系统投运前状态确认标准检查卡

班组：　　　　　　　　　　　　　　　　　　　编号：

工作任务	酸碱加药系统投运前状态确认检查		
工作分工	就地：	盘前：	值长：

危险辨识与风险评估				
危险源	风险产生过程及后果	预控措施	预控情况	确认人
1．人员技能	工作人员技能不能满足系统投运操作要求，造成人身伤害、设备损坏	1．检查就地及盘前操作人员具备相应岗位资格； 2．操作人员应熟悉系统、设备及工作原理，清晰理解工作任务； 3．操作人员应有处理一般事故的能力		
2．人员生理、心理	人员情绪异常、精神不佳造成工作中人身伤害	1．班前会中准确了解人员情况； 2．当班期间值内、部门做好监督； 3．发现人员情绪异常情况时，严禁操作		
3．人员行为	工作票未终结、隔离措施未恢复、人员未撤离造成工作中人身伤害；工器具遗留在操作现场造成设备损坏	1．查看工作票是否终结； 2．检修人员全部撤离； 3．确认安全隔离措施全部恢复到位； 4．操作完毕应检查所有的工器具已收回，确保无遗留物件		

续表

危险辨识与风险评估				
危险源	风险产生过程及后果	预控措施	预控情况	确认人
4. 照明	现场照明不足造成人身伤害	现场照明应充足，满足操作及监视需要，否则应及时补充或增加		
5. 噪声、粉尘	警示标识不全或进入噪声区域时、使用高噪声工具时未正确使用防护用品造成工作人员职业病	进入噪声、粉尘区域时必须正确使用防护用品		
6. 孔洞坑井沟道及障碍物	盖板缺损及平台防护栏杆不全造成高处坠落；设备周围有障碍物影响设备运行和人身安全	1. 工作场所的孔、洞、坑、井、沟道，必须覆以与地面齐平的坚固盖板。 2. 发现洞口盖板缺失、损坏或未盖好时，必须立即填补、修复盖板并及时盖好。 3. 所有升降口、大小孔洞、楼梯和平台，必须装设不低于 1050mm 高栏杆和不低于 100mm 高的脚部护板；离地高度高于 20m 的平台、通道及作业场所的防护栏杆不应低于 1200mm。 4. 清除设备周围影响设备运行和人身安全的障碍物		
7. 高处落物	工作区域上方高处落物造成人身伤害	1. 正确佩戴个人劳保防护用品； 2. 进入现场要观察工作环境，发现有高处落物的可能时采取必要措施		
8. 工器具	使用不合格工器具或未正确使用工器具造成工作中人身伤害	1. 检查符合规定安全工器具； 2. 不合格工器具禁止带入操作现场； 3. 带全操作所需工器具、防护用品（如对讲机、手电筒、耳塞等）； 4. 操作中正确使用工器具		
9. 触电	控制柜送电过程中人员误碰带电部位触电	1. 熟悉控制柜电气回路； 2. 电气操作时正确佩戴个人防护用品，正确使用合格的工器具		
10. 转动机械	标识缺损、防护罩缺损；断裂、超速、零部件脱落；肢体部位或饰品衣物、用具（包括防护用品）、工具接触转动部位	1. 设备的转动部分必须装设防护罩，并标明旋转方向，露出的轴端必须装设护盖；转动设备的防护罩应完好。 2. 检查设备的运行状态，保持设备的振动、温度、运行电流等参数符合标准，如发现参数超标及时处理。 3. 衣服和袖口应扣好，不得戴围巾领带，长发必须盘在安全帽内；不准将用具、工器具接触设备的转动部位，不准在转动设备附近长时间停留。 4. 转动设备试运行时所有人员应先远离，站在转动机械的轴向位置，并有一人站在事故按钮位置		
11. 酸、碱伤害	加药系统泄漏、溅入眼内和皮肤上	现场洗眼器检查无故障，随时可以使用，冲洗水源检查可随时冲洗；酸碱伤害药品充足，启动时应在远处检查设备，防止喷溅，平稳后就近检查		

系统投运前状态确认标准检查卡					
序号	检查内容	标准状态	确认情况（√）	确认人	备注
1	酸碱系统热机、电气、热控检修工作票	____号酸碱系统热机、电气、热控检修工作票终结或押回			
2	酸碱系统检修	____号酸碱系统无检修工作			
3	废水池	____号废水池水已放空			
4	酸、碱储存罐液位、卸酸泵	酸、碱储存罐液位正常，卸酸泵备用状态，随时可以启动			
5	酸碱计量	____号酸碱计量箱液位正常			
6	酸、碱再生泵	____号酸、碱再生泵正常备用			
7	酸、碱再生泵油	____号酸、碱再生泵油位正常，无漏油			
8	酸、碱系统各气动门送电、送气、传动	____号酸、碱系统各气动门送电、送气正常，传动合格，见《远动阀门检查卡》			
9	酸、碱联锁保护试	____号酸、碱系统热工联锁保护试验合格，并全部投入。 热工专业确认人：____			
10	酸计量箱液位	酸计量箱液位＞1.4m			
11	碱计量箱液位	碱计量箱液位＞1.4m			
12	号酸、碱计量箱内部	____号酸、碱计量箱内无杂物			
13	现场	现场卫生清洁，临时设施拆除，无影响转机转动的物件；附近所有通道保持平整畅通，照明充足，消防设施齐全，酸碱再生泵地角螺栓、对轮及防护罩连接完好，电动机接线完好，接地线牢固			
14	就地盘柜	就地盘柜无异常			
15	就地启动按钮	就地启动按钮无异常			

远动阀门检查卡							
序号	阀门名称	电源（√）	气源（√）	传动情况（√）	标准状态	确认人	备注
1	混床酸喷射器进酸气动门				关		
2	阳床酸喷射器进酸气动门				关		
3	混床酸喷射器进碱气动门				关		
4	阴床酸喷射器进碱气动门				关		

就地阀门检查卡				
序号	阀门名称	阀门状态	确认人	备注
1	酸贮罐进水门	关		

续表

就地阀门检查卡				
序号	阀门名称	阀门状态	确认人	备注
2	酸贮罐排污门 1	关		
3	酸贮罐排污门 2	关		
4	酸贮罐进酸门	开		
5	酸贮罐出酸门 1	开		
6	酸贮罐出酸门 2	开		
7	卸酸泵进口手动门 1	关		
8	卸酸泵进口手动门 2	关		
9	卸酸泵出口手动门	关		
10	酸贮罐用酸雾吸收器进水门	开		
11	酸贮罐用酸雾吸收器底部排污门	关		
12	酸计量箱用酸雾吸收器进水门	开		
13	酸计量箱用酸雾吸收器底部排污门	关		
14	酸计量箱出口至混床酸喷射器前手动门	开		
15	酸计量箱出口至阳床碱喷射器前手动门	开		
16	酸计量箱进水门	关		
17	酸计量箱排污门	关		
18	酸计量箱进酸手动门	开		
19	阳床酸喷射器进酸手动门	开		
20	混床酸喷射器进酸手动门	开		
21	去超滤、反渗透加酸系统手动门	开		
22	去废水加酸系统手动门	开		
23	去二氧化氯装置手动门	开		
24	再生泵至阳床酸喷射器手动门	开		
25	再生泵至混床酸喷射器手动门	开		
26	混床、阳床喷射器出口母管取样门	关		
27	碱贮罐进水门	关		
28	碱贮罐排污门 1	关		
29	碱贮罐排污门 2	关		
30	碱贮罐进碱门	开		
31	碱贮罐出碱门 1	开		

续表

就地阀门检查卡				
序号	阀门名称	阀门状态	确认人	备注
32	碱贮罐出碱门 2	开		
33	卸碱泵进口手动门 1	开		
34	卸碱泵进口手动门 2	开		
35	卸碱泵出口手动门	开		
36	碱计量箱进水门	关		
37	碱计量箱排污门	关		
38	碱计量箱进碱手动门	开		
39	阴床碱喷射器进碱手动门	开		
40	混床碱喷射器进碱手动门	开		
41	去超滤加碱系统手动门	开		
42	去废水加碱系统手动门	开		
43	再生泵至阴床碱喷射器手动门	开		
44	再生泵至混床碱喷射器手动门	开		
45	混床喷射器出口母管取样门	关		
46	阴床喷射器出口母管取样门	关		
47	碱计量箱出口至混床碱喷射器前手动门	开		
48	碱计量箱出口至阴床碱喷射器前手动门	开		

设备送电确认卡					
序号	设备名称	标准状态	状态（√）	确认人	备注
1	卸酸泵	送电			
2	酸碱再生泵	送电			
3	酸碱浓度计	送电			
4	就地盘柜	送电			

检查酸（碱）系统投运启动条件满足，已按系统投运前状态确认标准检查卡检查设备完毕，系统可以投运。

检查人：____________

执行情况复核（主值）：____________　　时间：____________

批准（值长）：____________　　时间：____________

5.7 工业废水系统投运前状态确认标准检查卡

班组：　　　　　　　　　　　　　　　　　　　　　　　　　　　　编号：

工作任务	工业废水系统投运前状态确认检查
工作分工	就地：　　　　盘前：　　　　值长：

危险辨识与风险评估				
危险源	风险产生过程及后果	预控措施	预控情况	确认人
1．药品伤害	酸碱、二氧化氯加药管道泄漏造成人员伤害和设备损坏，环境污染	加药管道法兰接口无泄漏，螺栓完整，管道禁止踩踏，启动时应在远处检查设备，防止喷溅，平稳后就近检查		
2．人员技能	工作人员技能不能满足系统投运操作要求造成人身伤害、设备损坏	1．检查就地及盘前操作人员具备相应岗位资格； 2．操作人员应熟悉系统、设备及工作原理，清晰理解工作任务； 3．操作人员应具备处理一般事故的能力		
3．人员生理、心理	人员情绪异常、精神不佳造成工作中人身伤害	1．班前会中准确了解人员情况； 2．当班期间值内、部门做好监督； 3．发现人员情绪异常情况，严禁操作		
4．人员行为	工作票未终结、隔离措施未恢复、人员未撤离造成工作中人身伤害；工器具遗留在操作现场造成设备损坏	1．查看工作票是否终结； 2．检修人员全部撤离； 3．确认安全隔离措施全部恢复到位； 4．操作完毕应检查所有的工器具已收回，确保无遗留物件		
5．照明	现场照明不足造成人身伤害	现场照明应充足，满足操作及监视需要，否则应及时补充或增加		
6．噪声、粉尘	警示标识不全或进入噪声区域时、使用高噪声工具时未正确使用防护用品造成工作人员职业病	进入噪声、粉尘区域时必须正确使用防护用品		
7．孔洞坑井沟道及障碍物	盖板缺损及平台防护栏杆不全造成高处坠落；设备周围有障碍物影响设备运行和人身安全	1．工作场所的孔、洞、坑、井、沟道，必须覆以与地面齐平的坚固盖板。 2．发现洞口盖板缺失、损坏或未盖好时，必须立即填补、修复盖板并及时盖好。 3．所有升降口、大小孔洞、楼梯和平台，必须装设不低于1050mm高栏杆和不低于100mm高的脚部护板；离地高度高于20m的平台、通道及作业场所的防护栏杆不应低于1200mm。 4．清除设备周围影响设备运行和人身安全的障碍物		
8．高处落物	工作区域上方高处落物造成人身伤害	1．正确佩戴个人劳保防护用品； 2．进入现场要观察工作环境，发现有高处落物的可能时采取必要措施		

续表

危险辨识与风险评估				
危险源	风险产生过程及后果	预控措施	预控情况	确认人
9．工器具	使用不合格工器具或未正确使用工器具造成工作中人身伤害	1．检查符合规定安全工器具； 2．不合格工器具禁止带入操作现场； 3．带全操作所需工器具、防护用品（如对讲机、手电筒、耳塞等）； 4．操作中正确使用工器具		
10．触电	控制柜送电过程中人员误碰带电部位触电	1．熟悉控制柜电气回路； 2．电气操作时正确佩戴个人防护用品，正确使用合格的工器具		
11．转动机械	标识缺损、防护罩缺损；断裂、超速、零部件脱落；肢体部位或饰品衣物、用具（包括防护用品）、工具接触转动部位	1．设备的转动部分必须装设防护罩，并标明旋转方向，露出的轴端必须装设护盖；转动设备的防护罩应完好。 2．检查设备的运行状态，保持设备的振动、温度、运行电流等参数符合标准，如发现参数超标及时处理。 3．衣服和袖口应扣好，不得戴围巾领带，长发必须盘在安全帽内；不准将用具、工器具接触设备的转动部位，不准在转动设备附近长时间停留。 4．转动设备试运行时所有人员应先远离，站在转动机械的轴向位置，并有一人站在事故按钮位置		

系统投运前状态确认标准检查卡					
序号	检查内容	标准状态	确认情况（√）	确认人	备注
1	工业废水系统	工业废水系统无检修工作			
2	水泵	水泵备用状态			
3	加药泵	水泵备用状态			
4	电机	电动机接地线牢固，试转正常			
5	工业废水系统远动阀门	工业废水系统远动阀门（风机、泵）送电送气正常，传动合格			
6	现场卫生	现场卫生清洁，无影响转动的物体			
7	现场照明	照明充足，无照明死角和缺陷			
8	各药箱液位	各药箱液位正常，足够			
9	废水池液位	废水池液位达到排放标准			
10	罗茨风机	罗茨风机试运正常，备用			
11	加酸泵	加酸泵试运正常，备用			
12	废水泵	废水泵试运正常，备用			

续表

系统投运前状态确认标准检查卡					
序号	检查内容	标准状态	确认情况（√）	确认人	备注
13	加碱泵	加碱泵试运正常，备用			
14	清净水泵	清净水泵试运正常			
15	混凝剂加药泵	混凝剂加药泵试运正常，备用			
16	手动门	手动门开关灵活，无卡涩现象			
17	就地盘柜	就地盘柜无异常			
18	就地启动按钮	就地启动按钮无异常			

远动阀门检查卡							
序号	阀门名称	电源（√）	气源（√）	传动情况（√）	阀门状态	确认人	备注
1	曝气塔进水气动门				关		
2	曝气塔出口气动门				关		
3	罗茨风机至曝气塔进气气动门				关		
4	废水泵至小机加池进水气动门				关		
5	小机加池左侧底部冲洗气动门				关		

就地阀门检查卡				
序号	阀门名称	阀门状态	确认人	备注
1	二氧化氯至曝气塔进口门	开		
2	曝气塔进碱手动门	开		
3	曝气塔出口手动门	开		
4	曝气塔进碱泵出口手动门	开		
5	工业水至罗茨风机进水手动门	开		
6	罗茨风机出口手动门	开		
7	罗茨风机至曝气塔进气手动门	开		
8	废水泵进口门手动门	开		
9	废水泵出口门手动门	开		
10	废水泵至小机加池进水手动门	开		
11	小机加池右侧排水至浓缩池进水手动门	开		
12	小机加池左侧排水至浓缩池进水手动门	开		
13	小机加池底部放水接排空手动门	开		

续表

就地阀门检查卡				
序号	阀门名称	阀门状态	确认人	备注
14	加酸泵进口手动门	开		
15	加酸泵出口手动门	开		
16	加碱计量泵进口手动门	开		
17	加碱计量泵出口手动门	开		
18	混凝剂加药泵进口手动门	开		
19	混凝剂加药泵出口手动门	开		

设备送电确认卡					
序号	设备名称	标准状态	状态（√）	确认人	备注
1	罗茨风机	送电			
2	加药系统	送电			
3	水泵	送电			
4	机加池搅拌器	送电			
5	就地盘柜	送电			

检查工业废水系统启动条件满足，已按系统投运前状态确认标准检查卡检查设备完毕，系统可以投运。

检查人：________________

执行情况复核（主值）：__________　　　　时间：__________

批准（值长）：________________　　　　时间：__________

5.8　给水加氨设备投运前状态确认标准检查卡

班组：　　　　　　　　　　　　　　　　　　　　　　　　编号：

工作任务	____号给水加氨设备投运前状态确认检查
工作分工	就地：　　　　　盘前：　　　　　值长：

危险辨识与风险评估				
危险源	风险产生过程及后果	预控措施	预控情况	确认人
1．人员技能	工作人员技能不能满足系统投运操作要求，造成人身伤害、设备损坏	1．检查就地及盘前操作人员具备相应岗位资格； 2．操作人员应熟悉系统、设备及工作原理，清晰理解工作任务； 3．操作人员应有处理一般事故的能力		

续表

危险辨识与风险评估				
危险源	风险产生过程及后果	预控措施	预控情况	确认人
2．人员生理、心理	人员情绪异常、精神不佳造成工作中人身伤害	1．班前会中准确了解人员情况； 2．当班期间值内、部门做好监督； 3．发现人员情绪异常时，严禁操作		
3．人员行为	工作票未终结、隔离措施未恢复、人员未撤离造成工作中人身伤害；工器具留在操作现场造成设备损坏	1．查看工作票是否终结； 2．检修人员全部撤离； 3．确认安全隔离措施全部恢复到位； 4．操作完毕应检查所有的工器具已收回，确保无遗留物件		
4．照明	现场照明不足造成人身伤害	现场照明应充足，满足操作及监视需要，否则应及时补充或增加		
5．噪声、粉尘	警示标识不全或进入噪声区域时、使用高噪声工具时未正确使用防护用品造成工作人员职业病	进入噪声、粉尘区域时必须正确使用防护用品		
6．孔洞坑井沟道及障碍物	盖板缺损及平台防护栏杆不全造成高处坠落；设备周围有障碍物影响设备运行和人身安全	1．工作场所的孔、洞、坑、井、沟道，必须覆以与地面齐平的坚固盖板。 2．发现洞口盖板缺失、损坏或未盖好时，必须立即填补、修复盖板并及时盖好。 3．所有升降口、大小孔洞、楼梯和平台，必须装设不低于1050mm高栏杆和不低于100mm高的脚部护板；离地高度高于20m的平台、通道及作业场所的防护栏杆不应低于1200mm。 4．清除设备周围影响设备运行和人身安全的障碍物		
7．高处落物	工作区域上方高处落物造成人身伤害	1．正确佩戴个人劳保防护用品； 2．进入现场要观察工作环境，发现有高处落物的可能时采取必要措施		
8．工器具	使用不合格工器具或未正确使用工器具造成工作中人身伤害	1．检查符合规定安全工器具； 2．不合格工器具禁止带入操作现场； 3．带全操作所需工器具、防护用品（如对讲机、手电筒、耳塞等）； 4．操作中正确使用工器具		
9．触电	控制柜送电过程中人员误碰带电部位触电	1．熟悉控制柜电气回路； 2．电气操作时正确佩戴个人防护用品，正确使用合格的工器具		
10．转动机械	标识缺损、防护罩缺损；断裂、超速、零部件脱落；肢体部位或饰品衣物、用具（包括防护用品）、工具接触转动部位	1．设备的转动部分必须装设防护罩，并标明旋转方向，露出的轴端必须装设护盖；转动设备的防护罩应完好。 2．检查设备的运行状态，保持设备的振动、温度、运行电流等参数符合标准，如发现参数超标及时处理。		

续表

危险辨识与风险评估				
危险源	风险产生过程及后果	预控措施	预控情况	确认人
10．转动机械	标识缺损、防护罩缺损；断裂、超速、零部件脱落；肢体部位或饰品衣物、用具（包括防护用品）、工具接触转动部位	3．衣服和袖口应扣好，不得戴围巾领带，长发必须盘在安全帽内；不准将用具、工器具接触设备的转动部位，不准在转动设备附近长时间停留。 4．转动设备试运行时所有人员应先远离，站在转动机械的轴向位置，并有一人站在事故按钮位置		
11．药品伤害	检查、运行、配药过程中的氨气中毒	增加排风扇，强制排风，避免人物中毒；启动时应在远处检查设备，防止喷溅，平稳后就近检查		
12．环境污染	配药时不溢流	检查管道连接处是否严密，专人配药，防止洒落，造成环境污染		

系统投运前状态确认标准检查卡					
序号	检查内容	标准状态	确认情况（√）	确认人	备注
1	____号给水加氨计量	____号给水加氨计量泵热机，电气工作票终结			
2	____号给水加氨计量泵	____号给水加氨计量泵系统无检修工作			
3	____号给水加氨计量泵进出口	____号给水加氨计量泵进出口已开启			
4	现场卫生	现场卫生清洁，临时设备拆除			
5	通道、照明	所有加药通道保持通畅，照明充足			
6	消防设施齐	消防设施齐全，地触螺栓链接完好			
7	____号给水加氨计量泵	____号给水加氨泵试运正常，备用			
8	设备电源	设备已送电可正常启动			
9	设备气源	设备已送气，气源可以随时启停			
10	药箱液位	药箱液位在 0.5m 以上			
11	就地盘柜	就地盘柜无异常			
12	就地启动按钮	就地启动按钮无异常			

远动阀门检查卡							
序号	阀门名称	电源（√）	气源（√）	传动情况（√）	阀门状态	确认人	备注
	无						

就地阀门检查卡				
序号	阀门名称	标准状态	确认人	备注
1	给水计量泵入口门	调节位		
2	给水计量泵出口门	调节位		
3	给水计量泵出口逆止门	开		
4	给水计量泵安全门	开		
5	给水计量泵至机组除氧器下降管手动门 1	开		
6	给水计量泵至机组除氧器下降管手动门 2	开		
7	给水计量泵逆止门	正常		

设备送电确认卡					
序号	设备名称	标准状态	状态（√）	确认人	备注
1	给水计量泵	送电			
2	就地盘柜	送电			

检查____号给水计量泵系统启动条件满足，已按系统投运前状态确认标准检查卡检查设备完毕，系统可以投运。

检查人：____________

执行情况复核（主值）：________　　时间：________

批准（值长）：________　　时间：________

5.9 凝结水加氨设备投运前状态确认标准检查卡

班组：　　编号：

工作任务	____号凝结水加氨设备投运前状态确认检查		
工作分工	就地：	盘前：	值长：

危险辨识与风险评估				
危险源	风险产生过程及后果	预控措施	预控情况	确认人
1. 氨水伤害	氨具有强烈的刺激性，吸入后对鼻、喉和肺具有刺激性，引起气短和哮喘	在氨水加药间工作时佩戴口罩、防化学品手套，尽量避免长时间逗留；启动时应在远处检查设备，防止喷溅，平稳后就近检查		

续表

危险辨识与风险评估				
危险源	风险产生过程及后果	预控措施	预控情况	确认人
2．氨水泄漏	氨水加药区域产生污染	发现氨水泄漏，要及时用清水进行冲洗		
3．火灾爆炸	有燃烧爆炸危险	氨水区域禁止明火作业，加装防火警示牌		
4．人员技能	工作人员技能不能满足系统投运操作要求，造成人身伤害、设备损坏	1．检查就地及盘前操作人员具备相应岗位资格； 2．操作人员应熟悉系统、设备及工作原理，清晰理解工作任务； 3．操作人员应具备处理一般事故的能力		
5．人员生理、心理	人员情绪异常、精神不佳造成工作中人身伤害	1．班前会中准确了解人员情况； 2．当班期间值内、部门做好监督； 3．发现人员情绪异常时，严禁操作		
6．人员行为	工作票未终结、隔离措施未恢复、人员未撤离造成工作中人身伤害；工器具留在操作现场造成设备损坏	1．查看工作票是否终结； 2．检修人员全部撤离； 3．确认安全隔离措施全部恢复到位； 4．操作完毕应检查所有的工器具已收回，确保无遗留物件		
7．照明	现场照明不足造成人身伤害	现场照明应充足，满足操作及监视需要，否则应及时补充或增加		
8．噪声、粉尘	警示标识不全或进入噪声区域时、使用高噪声工具时未正确使用防护用品造成工作人员职业病	进入噪声、粉尘区域时必须正确使用防护用品		
9．孔洞坑井沟道及障碍物	盖板缺损及平台防护栏杆不全造成高处坠落；设备周围有障碍物影响设备运行和人身安全	1．工作场所的孔、洞、坑、井、沟道，必须覆以与地面齐平的坚固盖板。 2．发现洞口盖板缺失、损坏或未盖好时，必须填补、修复盖板并及时盖好。 3．所有升降口、大小孔洞、楼梯和平台，必须装设不低于1050mm高栏杆和不低于100mm高的脚部护板；离地高度高于20m的平台、通道及作业场所的防护栏杆不应低于1200mm。 4．清除设备周围影响设备运行和人身安全的障碍物		
10．高处落物	工作区域上方高处落物造成人身伤害	1．正确佩戴个人劳保防护用品； 2．进入现场要观察工作环境，发现有高处落物的可能时采取必要措施		
11．工器具	使用不合格工器具或未正确使用工器具造成工作中人身伤害	1．检查符合规定安全工器具； 2．不合格工器具禁止带入操作现场； 3．带全操作所需工器具、防护用品（如对讲机、手电筒、耳塞等）； 4．操作中正确使用工器具		

续表

危险辨识与风险评估				
危险源	风险产生过程及后果	预控措施	预控情况	确认人
12．触电	控制柜送电过程中人员误碰带电部位触电	1．熟悉控制柜电气回路； 2．电气操作时正确佩戴个人防护用品，正确使用合格的工器具		
13．转动机械	标识缺损、防护罩缺损；断裂、超速、零部件脱落；肢体部位或饰品衣物、用具（包括防护用品）、工具接触转动部位	1．设备的转动部分必须装设防护罩，并标明旋转方向，露出的轴端必须装设护盖；转动设备的防护罩应完好。 2．检查设备的运行状态，保持设备的振动、温度、运行电流等参数符合标准，如发现参数超标及时处理。 3．衣服和袖口应扣好，不得戴围巾领带，长发必须盘在安全帽内；不准将用具、工器具接触设备的转动部位，不准在转动设备附近长时间停留。 4．转动设备试运行时所有人员应先远离，站在转动机械的轴向位置，并有一人站在事故按钮位置		

系统投运前状态确认标准检查卡					
序号	检查内容	标准状态	确认情况（√）	确认人	备注
1	现场照明	现场照明充足			
2	工作票	无影响系统正常投运的工作票			
3	氨计量箱液位	氨计量箱液位充足			
4	氨计量箱液位计	氨计量箱液位计指示正常			
5	氨吸收器	氨吸收器处于投运状态			
6	泄漏	系统无泄漏			
7	氨水	氨水储备充足			
8	氨计量泵送电	氨计量泵已送电，处于良好备用状态，计量泵位移在规定范围内			
9	系统阀门	系统阀门在正常备用状态			
10	就地盘柜	就地盘柜无异常			
11	就地启动按钮	就地启动按钮无异常			

远动阀门检查卡							
序号	阀门名称	电源（√）	气源（√）	传动情况（√）	标准状态	确认人	备注
	无						

就地阀门检查卡				
序号	阀门名称	阀门状态	确认人	备注
1	氨计量箱来水门	关		
2	氨计量箱出口门	开		
3	氨计量箱排污门	关		
4	氨吸收器进水门	开		
5	氨吸收器进口门（吸收氨气门）	开		
6	氨计量箱排污门	关		
7	凝结水加氨计量泵进口门	开		
8	凝结水加氨计量泵出口门	开		
9	凝结水加氨计量泵出口联络门	开		
10	凝结水加氨计量泵至凝结水精处理出水总门	开		

设备送电确认卡					
序号	设备名称	标准状态	状态（√）	确认人	备注
1	加药设备	送电			
2	氨计量泵	送电			
3	就地盘柜	送电			

检查凝结水加氨系统投运启动条件满足，已按系统投运前状态确认标准检查卡检查设备完毕，系统可以投运。

检查人：________

执行情况复核（主值）：________ 时间：________

批准（值长）：________ 时间：________

5.10 高速混床投运前状态确认标准检查卡

班组： 编号：

工作任务	____号高速混床投运前状态确认检查
工作分工	就地： 盘前： 值长：

危险辨识与风险评估				
危险源	风险产生过程及后果	预控措施	预控情况	确认人
1．人员技能	工作人员技能不能满足系统投运操作要求造成人身伤害、设备损坏	1．检查就地及盘前操作人员具备相应岗位资格； 2．操作人员应熟悉系统、设备及工作原理，清晰理解工作任务； 3．操作人员应有处理一般事故的能力		

续表

危险辨识与风险评估				
危险源	风险产生过程及后果	预控措施	预控情况	确认人
2．人员生理、心理	人员情绪异常、精神不佳造成工作中人身伤害	1．班前会中准确了解人员情况； 2．当班期间值内、部门做好监督； 3．发现人员情绪异常情况时，严禁操作		
3.人员行为	工作票未终结、隔离措施未恢复、人员未撤离造成工作中人身伤害；工器具留在操作现场造成设备损坏	1．查看工作票是否终结； 2．检修人员全部撤离； 3．确认安全隔离措施全部恢复到位； 4．操作完毕应检查所有的工器具已收回，确保无遗留物件		
4．照明	现场照明不足造成人身伤害	现场照明应充足，满足操作及监视需要，否则应及时补充或增加		
5．噪声、粉尘	警示标识不全或进入噪声区域时、使用高噪声工具时未正确使用防护用品造成工作人员职业病	进入噪声、粉尘区域时必须正确使用防护用品		
6．孔洞坑井沟道及障碍物	盖板缺损及平台防护栏杆不全造成高处坠落；设备周围有障碍物影响设备运行和人身安全	1．工作场所的孔、洞、坑、井、沟道，必须覆以与地面齐平的坚固盖板。 2．发现洞口盖板缺失、损坏或未盖好时，必须立即填补、修复盖板并及时盖好。 3．所有升降口、大小孔洞、楼梯和平台，必须装设不低于 1050mm 高栏杆和不低于 100mm 高的脚部护板；离地高度高于 20m 的平台、通道及作业场所的防护栏杆不应低于 1200mm。 4．清除设备周围影响设备运行和人身安全的障碍物		
7．高处落物	工作区域上方高处落物造成人身伤害	1．正确佩戴个人劳保防护用品； 2．进入现场要观察工作环境，发现有高处落物的可能时采取必要措施		
8．工器具	使用不合格工器具或未正确使用工器具造成工作中人身伤害	1．检查符合规定安全工器具； 2．不合格工器具禁止带入操作现场； 3．带全操作所需工器具、防护用品（如对讲机、手电筒、耳塞等）； 4．操作中正确使用工器具		
9．触电	控制柜送电过程中人员误碰带电部位触电	1．熟悉控制柜电气回路； 2. 电气操作时正确佩戴个人防护用品，正确使用合格的工器具		
10．转动机械	标识缺损、防护罩缺损；断裂、超速、零部件脱落；肢体部位或饰品衣物、用具（包括防护用品）、工具接触转动部位	1．设备的转动部分必须装设防护罩，并标明旋转方向，露出的轴端必须装设护盖；转动设备的防护罩应完好。 2．检查设备的运行状态，保持设备的振动、温度、运行电流等参数符合标准，如发现参数超标及时处理。		

续表

危险辨识与风险评估				
危险源	风险产生过程及后果	预控措施	预控情况	确认人
10．转动机械		3．衣服和袖口应扣好，不得戴围巾领带，长发必须盘在安全帽内；不准将用具、工器具接触设备的转动部位，不准在转动设备附近长时间停留。 4．转动设备试运行时所有人员应先远离，站在转动机械的轴向位置，并有一人站在事故按钮位置		
11．酸、碱	酸，碱加药管道泄漏，造成人员伤害和设备损坏，环境污染	现场照明充足，加药管道法兰接口无泄漏，螺栓无缺失；启动时应在远处检查设备，防止喷溅，平稳后就近检查		

高速混床投运前状态确认标准检查卡					
序号	检查内容	标准状态	确认情况（√）	确认人	备注
1	本系统热机、电气、热控检修工作票	终结或押回，无影响系统启动的缺陷			
2	与本系统启动相关联系统	无禁系统启动的检修工作			
3	储气罐压力	储气罐压力 0.6～0.8MPa			
4	电磁阀箱	电磁阀箱送电、送气			
5	高速混床所有阀门	高速混床所有阀门应处于良好的备用状态			
6	高混进出口母管管道	高混进出口母管道排气，排水排尽			
7	高混内树脂层高度	高混内树脂层高度适中			
8	再循环泵及电机	再循环泵及电机良好的备用状态			
9	所有分析仪器、仪表	所有分析仪器、仪表齐全良好			
10	树脂捕捉器	树脂捕捉器无堵塞现象			
11	取样架冷却水	取样架冷却水开启			
12	检查投运设备	检查投运设备运行正常，参数正常			
13	就地盘柜	就地盘柜无异常			
14	就地启动按钮	就地启动按钮无异常			

远动阀门检查卡							
序号	阀门名称	电源（√）	气源（√）	传动情况（√）	标准状态	确认人	备注
1	____号高混进水气动门				关		

续表

远动阀门检查卡							
序号	阀门名称	电源（√）	气源（√）	传动情况（√）	标准状态	确认人	备注
2	____号高混生压门				关		
3	____号高混排气门				关		
4	____号高混进，出脂门				关		
5	____号高混出水气动门				关		
6	____号再循环泵进水门				关		
7	____号高混出水再循环门				关		

就地阀门检查卡				
序号	阀门名称	标准状态	确认人	备注
1	____号高混进水手动门	开		
2	____号高混出水手动门	开		
3	____号树脂捕捉器排污门	关		
4	____号树脂捕捉器冲洗门	关		
5	高速混床旁路手动门	关		
6	高速混床旁路电动门前手动门	开		
7	高速混床旁路电动门后手动门	开		
8	再循环泵出水门	开		
9	再循环泵出口逆止门	正常		

设备送电确认卡					
序号	设备名称	标准状态	状态（√）	确认人	备注
1	____号高速混床	送电			
2	再循环泵	送电			
3	电磁阀箱	送电			

检查____号高速混床系统启动条件满足，已按系统投运前状态确认标准检查卡检查设备完毕，系统可以投运。

检查人：____________

执行情况复核（主值）：________ 时间：________

批准（值长）：____________ 时间：________

5.11 高速混床系统树脂再生投运前状态确认标准检查卡

班组：　　　　　　　　　　　　　　　　　　　　　　　　　　　　　编号：

工作任务	____号高速混床系统树脂再生投运前状态确认检查		
工作分工	就地：	盘前：	值长：

危险辨识与风险评估				
危险源	风险产生过程及后果	预控措施	预控情况	确认人
1. 再生剂品质	再生效果差，或不合格	盐酸浓度＞31%，氢氧化钠＞32.5%		
2. 再生液浓度	再生效果差或不合格	阳树脂盐酸 5%，阴树脂氢氧化钠 5%		
3. 再生液温度	再生效果差或不合格	盐酸溶液 20℃，氢氧化钠溶液 40℃		
4. 树脂分层情况	树脂分层不均、再生效果差	空气擦洗，反洗分层明显，输送树脂及空气擦洗时应就地观察树脂情况		
5. 漂洗效果	漂洗效果差，树脂再生效果差	阴阳再生塔中树脂漂洗至 DD＜5，阳再生塔中混合树脂漂洗至 DD＜0.2		
6. 人员技能	工作人员技能不能满足系统投运操作要求造成人身伤害、设备损坏	1．检查就地及盘前操作人员具备相应岗位资格； 2．操作人员应熟悉系统、设备及工作原理，清晰理解工作任务； 3．操作人员应具备处理一般事故的能力		
7．人员生理、心理	人员情绪异常、精神不佳造成工作中人身伤害	1．班前会中准确了解人员情况； 2．当班期间值内、部门做好监督； 3．发现人员情绪等异常情况时，严禁操作		
8．人员行为	工作票未终结、隔离措施未恢复、人员未撤离造成工作中人身伤害；工器具遗留在操作现场造成设备损坏	1．查看工作票是否终结； 2．检修人员全部撤离； 3．确认安全隔离措施全部恢复到位； 4．操作完毕应检查所有的工器具已收回，确保无遗留物件		
9．照明	现场照明不足造成人身伤害	现场照明应充足，满足操作及监视需要，否则应及时补充或增加		
10．噪声、粉尘	警示标识不全或进入噪声区域时、使用高噪声工具时未正确使用防护用品造成工作人员职业病	进入噪声、粉尘区域时必须正确使用防护用品		
11．孔洞坑井沟道及障碍物	盖板缺损及平台防护栏杆不全造成高处坠落；设备周围有障碍物影响设备运行和人身安全	1．工作场所的孔、洞、坑、井、沟道，必须覆以与地面齐平的坚固盖板。 2．发现洞口盖板缺失、损坏或未盖好时，必须立即填补、修复盖板并及时盖好。		

续表

危险辨识与风险评估				
危险源	风险产生过程及后果	预控措施	预控情况	确认人
11．孔洞坑井沟道及障碍物		3．所有升降口、大小孔洞、楼梯和平台，必须装设不低于1050mm高栏杆和不低于100mm高的脚部护板；离地高度高于20m的平台、通道及作业场所的防护栏杆不应低于1200mm。 4．清除设备周围影响设备运行和人身安全的障碍物		
12．高处落物	工作区域上方高处落物造成人身伤害	1．正确佩戴个人劳保防护用品； 2．进入现场要观察工作环境，发现有高处落物的可能时采取必要措施		
13．工器具	使用不合格工器具或未正确使用工器具造成工作中人身伤害	1．检查符合规定安全工器具； 2．不合格工器具禁止带入操作现场； 3．带全操作所需工器具、防护用品（如对讲机、手电筒、耳塞等）； 4．操作中正确使用工器具		
14．触电	控制柜送电过程中人员误碰带电部位触电	1．熟悉控制柜电气回路； 2．电气操作时正确佩戴个人防护用品，正确使用合格的工器具		
15．转动机械	标识缺损、防护罩缺损；断裂、超速、零部件脱落；肢体部位或饰品衣物、用具（包括防护用品）、工具接触转动部位	1．设备的转动部分必须装设防护罩，并标明旋转方向，露出的轴端必须装设护盖；转动设备的防护罩应完好。 2．检查设备的运行状态，保持设备的振动、温度、运行电流等参数符合标准，如发现参数超标及时处理。 3．衣服和袖口应扣好，不得戴围巾领带，长发必须盘在安全帽内；不准将用具、工器具接触设备的转动部位，不准在转动设备附近长时间停留。 4．转动设备试运行时所有人员应先远离，站在转动机械的轴向位置，并有一人站在事故按钮位置		
16．酸、碱	酸，碱加药管道泄漏，造成人员伤害和设备损坏，环境污染	现场照明充足，加药管道法兰接口无泄漏，螺栓无缺失；启动时应在远处检查设备，防止喷溅，平稳后就近检查		

高速混床树脂再生系统投运前状态确认标准检查卡					
序号	检查内容	标准状态	确认情况（√）	确认人	备注
1	____号混床系统停运	____号混床系统树脂再生			
2	检修或工作票	系统无检修或工作票已回收			
3	混床状态	混床已处于离线状态			

续表

高速混床树脂再生系统投运前状态确认标准检查卡					
序号	检查内容	标准状态	确认情况（√）	确认人	备注
4	再生系统	再生系统已启动			
5	压缩空气	压缩空气压力在 0.6MPa 以上			
6	程控装置	程控装置具备运行条件，热工信号正常			
7	再生设备系统阀门	再生设备系统阀门处于备用状态			
8	各热工仪表	各热工仪表处于备用状态			
9	罗茨风机	罗茨风机试运正常，备用			
10	冲洗水泵	冲洗水泵试运正常，备用			
11	酸碱计量箱	酸碱计量箱液位正常			
12	加热罐温度	加热罐温度正常			
13	就地盘柜	就地盘柜无异常			
14	就地启动按钮	就地启动按钮无异常			

远动阀门检查卡							
序号	阀门名称	电源（√）	气源（√）	传动情况（√）	标准状态	确认人	备注
1	应急失效树脂存罐失效树脂气动门				关		
2	上部进水气动门				关		
3	下部进水气动门				关		
4	输出气动门				关		
5	进压缩空气下部排水气动门				关		
6	进再生树脂气动门				关		
7	进压缩空气门				关		
8	底部进罗茨风机树脂输出门				关		

就地阀门检查卡				
序号	阀门名称	标准状态	确认人	备注
1	树脂添加斗进树脂门	开		
2	树脂添加斗进冲洗水门	开		
3	废水树脂捕捉器排水门	开		

设备送电确认卡					
序号	设备名称	标准状态	状态（√）	确认人	备注
1	罗茨风机	送电			
2	树脂输送泵	送电			
3	就地盘柜	送电			

检查____号混床系统树脂再生启动条件满足，已按系统投运前状态确认标准检查卡检查设备完毕，系统可以投运。

检查人：________________

执行情况复核（主值）：__________　　　　　时间：__________

批准（值长）：______________　　　　　时间：__________

5.12　水汽取样装置投运前状态确认标准检查卡

班组：　　　　　　　　　　　　　　　　　　　　　　　　　　　　编号：

工作任务	____号水汽取样装置投运前状态确认检查
工作分工	就地：　　　　　　盘前：　　　　　　值长：

危险辨识与风险评估				
危险源	风险产生过程及后果	预控措施	预控情况	确认人
1．取样设备损坏	冷却水系统未正常投运或恒温装置未正确投运，造成取样设备损坏	投运前确认冷却水系统、恒温装置完好		
2．烧伤、烫伤	未正常投运冷却水系统、操作不规范、未使用防护设备，造成烧伤、烫伤	确认冷却水系统投运正常，按照规范进行相关操作，正确使用防护设备避免烧伤烫伤		
3．冷却器样品管损坏	冷却水进口母管压力不正常或温度高，造成样品管气蚀、结垢损坏	冷却水进口母管压力 0.2～1.0MPa，温度≤30℃，冷却水流量≥35t/h		
4．管路泄漏	管路泄漏或连接处不严，造成水气泄漏威胁设备及人身安全	加强巡检，及时发现泄漏点，及时汇报		
5．材料堵塞或失效	阳树脂、高压过滤器滤芯、低压过滤器滤芯、塑料软管失效、老化或堵塞	阳树脂 45 天再生更换一次，高压过滤器滤芯每月清洗一次，低压过滤器滤芯每周清洗一次，塑料软管每两年更换一次		
6．人员技能	工作人员技能不能满足系统投运操作要求造成人身伤害、设备损坏	1．检查就地及盘前操作人员具备相应岗位资格； 2．操作人员应熟悉系统、设备及工作原理，清晰理解工作任务； 3．操作人员应具备处理一般事故的能力		

续表

危险辨识与风险评估				
危险源	风险产生过程及后果	预控措施	预控情况	确认人
7．人员生理、心理	人员情绪异常、精神不佳造成工作中人身伤害	1．班前会中准确了解人员情况； 2．当班期间值内、部门做好监督； 3．发现人员情绪等异常情况时，严禁操作		
8．人员行为	工作票未终结、隔离措施未恢复、人员未撤离造成工作中人身伤害；工器具遗留在操作现场造成设备损坏	1．查看工作票是否终结； 2．检修人员全部撤离； 3．确认安全隔离措施全部恢复到位； 4．操作完毕应检查所有的工器具已收回，确保无遗留物件		
9．照明	现场照明不足造成人身伤害	现场照明应充足，满足操作及监视需要，否则应及时补充或增加		
10．噪声、粉尘	警示标识不全或进入噪声区域时、使用高噪声工具时未正确使用防护用品造成工作人员职业病	进入噪声、粉尘区域时必须正确使用防护用品		
11．孔洞坑井沟道及障碍物	盖板缺损及平台防护栏杆不全造成高处坠落； 设备周围有障碍物影响设备运行和人身安全	1．工作场所的孔、洞、坑、井、沟道，必须覆以与地面齐平的坚固盖板。 2．发现洞口盖板缺失、损坏或未盖好时，必须填补、修复盖板并及时盖好。 3．所有升降口、大小孔洞、楼梯和平台，必须装设不低于1050mm高栏杆和不低于100mm高的脚部护板；离地高度高于20m的平台、通道及作业场所的防护栏杆不应低于1200mm。 4．清除设备周围影响设备运行和人身安全的障碍物		
12．高处落物	工作区域上方高处落物造成人身伤害	1．正确佩戴个人劳保防护用品； 2．进入现场要观察工作环境，发现有高处落物的可能时采取必要措施		
13．工器具	使用不合格工器具或未正确使用工器具造成工作中人身伤害	1．检查符合规定安全工器具； 2．不合格工器具禁止带入操作现场； 3．带全操作所需工器具、防护用品（如对讲机、手电筒、耳塞等）； 4．操作中正确使用工器具		
14．触电	控制柜送电过程中人员误碰带电部位触电	1．熟悉控制柜电气回路； 2．电气操作时正确佩戴个人防护用品，正确使用合格的工器具		
15．转动机械	标识缺损、防护罩缺损；断裂、超速、零部件脱落；肢体部位或饰品衣物、用具（包括防护用品）、工具接触转动部位	1．设备的转动部分必须装设防护罩，并标明旋转方向，露出的轴端必须装设护盖，转动设备的防护罩应完好。 2．检查设备的运行状态，保持设备的振动、温度、运行电流等参数符合标准，如发现参数超标及时处理。		

续表

危险辨识与风险评估				
危险源	风险产生过程及后果	预控措施	预控情况	确认人
15．转动机械		3．衣服和袖口应扣好，不得戴围巾领带，长发必须盘在安全帽内；不准将用具、工器具接触设备的转动部位，不准在转动设备附近长时间停留。 4．转动设备试运行时所有人员应先远离，站在转动机械的轴向位置，并有一人站在事故按钮位置		

水汽取样装置系统投运前状态确认标准检查卡					
序号	检查内容	标准状态	确认情况（√）	确认人	备注
1	检修、工作票	系统无检修及工作票终结			
2	管路、部件	各管路接口完好，部件齐全			
3	恒温装置	冷却水系统完好、恒温装置完好			
4	外部管路	外部管路已全部接好			
5	电源	线路完整，电源接好			
6	仪表仪器	各仪表仪器正常，电器设备接好			
7	铭牌	仪表按铭牌指示安装好			
8	接地	检查装置各处接地良好			
9	管路连接	拧紧连接件			
10	装置一次门	全部关闭装置一次门			
11	装置二次门	全部关闭装置二次门			
12	装置排污门	全部关闭装置排污门			
13	冷却水母管	全开冷却水母管上阀门及冷却器进、出口支管球阀			
14	压力	观察冷却水进口母管的压力			
15	温度	观察冷却水进口母管的温度			
16	减压阀	将减压阀调节至半开状态			
17	节流阀	将节流阀调制全开状态			
18	限流阀	全部开启限流阀			
19	进仪表的阀门	全部关闭进仪表的阀门			
20	取样一次阀门	通知集控人员将热力系统中取样一次阀门全部开启			
21	高温高压取样一次门	高温架上高温高压取样一次门由化学运行人员操作			
22	高温高压取样二次门	高温架上高温高压取样二次门由化学运行人员操作			

续表

水汽取样装置系统投运前状态确认标准检查卡					
序号	检查内容	标准状态	确认情况（√）	确认人	备注
23	就地盘柜	就地盘柜无异常			
24	就地启动按钮	就地启动按钮无异常			

远动阀门检查卡							
序号	阀门名称	电源（√）	气源（√）	传动情况（√）	阀门状态	确认人	备注
	无						

就地阀门检查卡				
序号	阀门名称	阀门状态	确认人	备注
1	预冷装置除盐冷却水出口门	开		
2	预冷装置除盐冷却水入口门	开		
3	一号回收水泵进口门	开		
4	一号回收水泵出口门	开		
5	二号回收水泵进口门	开		
6	二号回收水泵出口门	开		
7	回收水箱排污门	关		
8	恒温装置除盐冷却水出口门	开		
9	恒温装置除盐冷却水进口门	开		
10	各取样出入口一次门	开		
11	各取样出入口二次门	开		

设备送电确认卡					
序号	设备名称	标准状态	状态（√）	确认人	备注
1	1号回收水泵	送电			
2	2号回收水泵	送电			
3	就地盘柜	送电			

检查____号水汽取样装置投运启动条件满足，已按系统投运前状态确认标准检查卡检查设备完毕，系统可以投运。

检查人：____________

执行情况复核（主值）：__________　　时间：__________

批准（值长）：______________　　时间：__________

5.13 生活污水系统投运前状态确认标准检查卡

班组：　　　　　　　　　　　　　　　　　　　　　　　　　　　　　编号：

工作任务	生活污水系统投运前状态确认检查
工作分工	就地：　　　　　　　盘前：　　　　　　　值长：

危险辨识与风险评估				
危险源	风险产生过程及后果	预控措施	预控情况	确认人
1．人员技能	工作人员技能不能满足系统投运操作要求，造成人身伤害、设备损坏	1．检查就地及盘前操作人员具备相应岗位资格； 2．操作人员应熟悉系统、设备及工作原理，清晰理解工作任务； 3．操作人员应有处理一般事故的能力		
2．人员生理、心理	人员情绪异常、精神不佳造成工作中人身伤害	1．班前会中准确了解人员情况； 2．当班期间值内、部门做好监督； 3．发现人员情绪异常情况，严禁操作		
3．人员行为	工作票未终结、隔离措施未恢复、人员未撤离造成工作中人身伤害；工器具遗留在操作现场造成设备损坏	1．查看工作票是否终结； 2．检修人员全部撤离； 3．确认安全隔离措施全部恢复到位； 4．操作完毕应检查所有的工器具已收回，确保无遗留物件		
4．照明	现场照明不足造成人身伤害	现场照明应充足，满足操作及监视需要，否则应及时补充或增加		
5．噪声、粉尘	警示标识不全或进入噪声区域时、使用高噪声工具时未正确使用防护用品造成工作人员职业病	进入噪声、粉尘区域时必须正确使用防护用品		
6．孔洞坑井沟道及障碍物	盖板缺损及平台防护栏杆不全造成高处坠落；设备周围有障碍物影响设备运行和人身安全	1．工作场所的孔、洞、坑、井、沟道，必须覆以与地面齐平的坚固盖板。 2．发现洞口盖板缺失、损坏或未盖好时，必须立即填补、修复盖板并及时盖好。 3．所有升降口、大小孔洞、楼梯和平台，必须装设不低于1050mm高栏杆和不低于100mm高的脚部护板；离地高度高于20m的平台、通道及作业场所的防护栏杆不应低于1200mm。 4．清除设备周围影响设备运行和人身安全的障碍物		
7．高处落物	工作区域上方高处落物造成人身伤害	1．正确佩戴个人劳保防护用品； 2．进入现场要观察工作环境，发现有高处落物的可能时采取必要措施		
8．工器具	使用不合格工器具或未正确使用工器具造成工作中人身伤害	1．检查符合规定安全工器具； 2．不合格工器具禁止带入操作现场； 3．带全操作所需工器具、防护用品（如对讲机、手电筒、耳塞等）； 4．操作中正确使用工器具		

续表

危险辨识与风险评估				
危险源	风险产生过程及后果	预控措施	预控情况	确认人
9．触电	控制柜送电过程中人员误碰带电部位触电	1．熟悉控制柜电气回路； 2．电气操作时正确佩戴个人防护用品，正确使用合格的工器具		
10．转动机械	标识缺损、防护罩缺损；断裂、超速、零部件脱落；肢体部位或饰品衣物、用具（包括防护用品）、工具接触转动部位	1．设备的转动部分必须装设防护罩，并标明旋转方向，露出的轴端必须装设护盖，转动设备的防护罩应完好。 2．检查设备的运行状态，保持设备的振动、温度、运行电流等参数符合标准，如发现参数超标及时处理。 3．衣服和袖口应扣好，不得戴围巾领带，长发必须盘在安全帽内；不准将用具、工器具接触设备的转动部位，不准在转动设备附近长时间停留。 4．转动设备试运行时所有人员应先远离，站在转动机械的轴向位置，并有一人站在事故按钮位置		

生活污水系统投运前状态确认标准检查卡					
序号	检查内容	标准状态	确认情况（√）	确认人	备注
1	生活污水系统热机、电气、热控检修工作票	生活污水系统热机、电气、热控检修工作票终结或押回			
2	生活污水相关系统检修	生活污水相关系统无检修工作			
3	生活污水各水池水	生活污水各水池水位正常			
4	各水泵	各水泵试运正常，备用			
5	系统阀门	系统阀门在正常位置			
6	生活污水系统气源	生活污水系统气源压力正常			
7	污水系统控制仪表	污水系统控制仪表及测点处于开启状态			
8	生活污水系统阀门送电、送气、传动	生活污水系统阀门送电、送气正常，传动合格，见《远动阀门检查卡》			
9	生活污水系统控制柜	生活污水系统控制柜上旋钮在正确位置，热工联锁保护试验合格，并全部投入。 热工专业确认人：____			
10	风机	风机试运正常，备用			
11	进水温度	检查进水温度不低于10℃			
12	转动机械油	转动机械油位正常			
13	转动机械和风机转向	确认转动机械和风机转向正确			

续表

生活污水系统投运前状态确认标准检查卡					
序号	检查内容	标准状态	确认情况（√）	确认人	备注
14	池内部	池内无杂物			
15	现场	现场卫生清洁，临时设施拆除，无影响转机转动的物件；附近所有通道保持平整畅通，消防设施齐全，各泵地角螺栓、对轮及防护罩连接完好，电动机接线完好，接地线牢固			
16	就地盘柜	就地盘柜无异常			
17	就地启动按钮	就地启动按钮无异常			

远动阀门检查卡							
序号	阀门名称	电源（√）	气源（√）	传动情况（√）	阀门状态	确认人	备注
1	PLC全自动控制阀门				关		

就地阀门检查卡				
序号	阀门名称	阀门状态	确认人	备注
1	污水提升泵出口门	开		
2	流量计	开		
3	浊度仪	开		
4	溶氧仪	开		
5	压力表进水门	开		
6	回用水泵出口门	开		
7	曝气风机出口门	开		

设备送电确认卡					
序号	设备名称	标准状态	状态（√）	确认人	备注
1	污水提升泵	送电			
2	回用水泵	送电			
3	污泥泵	送电			
4	污泥回流泵	送电			

续表

设备送电确认卡					
序号	设备名称	标准状态	状态（√）	确认人	备注
5	曝气风机	送电			
6	就地盘柜	送电			

检查____号生活污水系统投运启动条件满足，已按系统投运前状态确认标准检查卡检查设备完毕，系统可以投运。

检查人：________________

执行情况复核（主值）：________　　　　时间：________

批准（值长）：____________　　　　时间：________

5.14　含煤废水处理系统投运前状态确认标准检查卡

班组：　　　　　　　　　　　　　　　　　　　　　　　　编号：

工作任务	____号含煤废水处理系统投运前状态确认检查		
工作分工	就地：	盘前：	值长：

危险辨识与风险评估				
危险源	风险产生过程及后果	预控措施	预控情况	确认人
1．高处坠落溺水	巡检过程中下雨路滑或栏杆不牢固导致高处坠落溺水	巡检过程中提高注意力，及时排查安全隐患		
2．出水水质差	滤元分布不合理，反洗不干净不彻底导致出水水质差	设备应分布合理，确保反洗干净彻底		
3．进水水质差	煤水来自栈桥冲洗及煤场前期雨水，水质劣化导致进水水质差	控制进水 SS≤5000mg/L		
4．人员技能	工作人员技能不能满足系统投运操作要求造成人身伤害、设备损坏	1．检查就地及盘前操作人员具备相应岗位资格； 2．操作人员应熟悉系统、设备及工作原理，清晰理解工作任务； 3．操作人员应具备处理一般事故的能力		
5．人员生理、心理	人员情绪异常、精神不佳造成工作中人身伤害	1．班前会中准确了解人员情况； 2．当班期间值内、部门做好监督； 3．发现人员情绪等异常情况时，严禁操作		
6．人员行为	工作票未终结、隔离措施未恢复、人员未撤离造成工作中人身伤害；工器具遗留在操作现场造成设备损坏	1．查看工作票是否终结； 2．检修人员全部撤离； 3．确认安全隔离措施全部恢复到位； 4．操作完毕应检查所有的工器具已收回，确保无遗留物件		

续表

危险辨识与风险评估				
危险源	风险产生过程及后果	预控措施	预控情况	确认人
7．照明	现场照明不足造成人身伤害	现场照明应充足，满足操作及监视需要，否则应及时补充或增加		
8．噪声、粉尘	警示标识不全或进入噪声区域时、使用高噪声工具时未正确使用防护用品造成工作人员职业病	进入噪声、粉尘区域时必须正确使用防护用品		
9．孔洞坑井沟道及障碍物	盖板缺损及平台防护栏杆不全造成高处坠落； 设备周围有障碍物影响设备运行和人身安全	1．工作场所的孔、洞、坑、井、沟道，必须覆以与地面齐平的坚固盖板。 2．发现洞口盖板缺失、损坏或未盖好时，必须立即填补、修复盖板并及时盖好。 3．所有升降口、大小孔洞、楼梯和平台，必须装设不低于 1050mm 高栏杆和不低于 100mm 高的脚部护板；离地高度高于 20m 的平台、通道及作业场所的防护栏杆不应低于 1200mm。 4．清除设备周围影响设备运行和人身安全的障碍物		
10．高处落物	工作区域上方高处落物造成人身伤害	1．正确佩戴个人劳保防护用品； 2．进入现场要观察工作环境，发现有高处落物的可能时采取必要措施		
11．工器具	使用不合格工器具或未正确使用工器具造成工作中人身伤害	1．检查符合规定安全工器具； 2．不合格工器具禁止带入操作现场； 3．带全操作所需工器具、防护用品（如对讲机、手电筒、耳塞等）； 4．操作中正确使用工器具		
12．触电	控制柜送电过程中人员误碰带电部位触电	1．熟悉控制柜电气回路； 2．电气操作时正确佩戴个人防护用品，正确使用合格的工器具		
13．转动机械	标识缺损、防护罩缺损；断裂、超速、零部件脱落；肢体部位或饰品衣物、用具（包括防护用品）、工具接触转动部位	1．设备的转动部分必须装设防护罩，并标明旋转方向，露出的轴端必须装设护盖；转动设备的防护罩应完好。 2．检查设备的运行状态，保持设备的振动、温度、运行电流等参数符合标准，如发现参数超标及时处理。 3．衣服和袖口应扣好，得戴围巾领带，发必须盘在安全帽内；准将用具、工器具接触设备的转动部位，不准在转动设备附近长时间停留。 4．转动设备试运行时所有人员应先远离，站在转动机械的轴向位置，并有一人站在事故按钮位置		

含煤废水系统投运前状态确认标准检查卡					
序号	检查内容	标准状态	确认情况（√）	确认人	备注
1	沉淀池、微孔过滤池、中间沉淀池、回用水池	检查沉淀池、微孔过滤池、中间沉淀池、回用水池清洁无污物			
2	管路、部件	检查各装置就位情况，各管路接口完好，部件齐全			
3	各仪表仪器	各仪表仪器正常，拧紧连接件			
4	沉淀池、微孔过滤器水位	检查沉淀池、微孔过滤器水位正常			
5	工艺进口水质	确认工艺进口 SS≤5000mg/L			
6	含煤废水提升泵	____号含煤废水提升泵外观完好，接地良好，送电正常			
7	无机膜过滤器进出口	____号无机膜过滤器进出口门打开			
8	无机膜过滤器进出口压力	____号无机膜过滤器进出口压力表正常			
9	无机膜过滤器状况	根据无机膜过滤器状况进行反冲洗			
10	电磁流量计、超声波液位计、浊度仪	电磁流量计、超声波液位计、浊度仪工作正常			
11	冲洗水泵、反冲洗水泵外观、接地、送电	____号冲洗水泵、____号反冲洗水泵外观完好，接地良好，送电正常			
12	抓斗起重机	抓斗起重机状态良好，送电正常			
13	就地盘柜	就地盘柜无异			
14	就地启动按钮	就地启动按钮无异常			

远动阀门检查卡							
序号	阀门名称	电源（√）	气源（√）	传动情况（√）	标准状态	确认人	备注
1	____号 MF 无机膜过滤器进水门				关		
2	____号 MF 无机膜过滤器出水门				关		
3	____号反冲洗水泵出口门				关		
4	____号 MF 无机膜过滤器反洗进水电动门				关		

就地阀门检查卡				
序号	阀门名称	阀门状态	确认人	备注
1	____号含煤废水提升泵出口逆止门	正常		
2	____号含煤废水提升泵出口手动门	开		

续表

就地阀门检查卡				
序号	阀门名称	阀门状态	确认人	备注
3	1、2号含煤废水提升泵联通门	开		
4	____号MF无机膜过滤器底部排水门	关		
5	____号反冲洗水泵出口逆止门	正常		
6	____号MF无机膜过滤器反洗进水手动门	开		
7	____号MF无机膜过滤器反洗出水门	开		
8	____号厂区冲洗水泵逆止门	正常		
9	____号厂区冲洗水泵出口手动门	开		
10	____号提升泵压力表一次门	开		

设备送电确认卡					
序号	设备名称	标准状态	状态（√）	确认人	备注
1	抓斗起重机	送电			
2	____号含煤废水提升泵	送电			
3	____号无机膜过滤器	送电			
4	____号冲洗水泵	送电			
5	____号反冲洗水泵	送电			

检查____号含煤废水处理装置启动条件满足，已按系统投运前状态确认标准检查卡检查设备完毕，系统可以投运。

检查人：____________

执行情况复核（主值）：____________　　时间：____________

批准（值长）：____________　　时间：____________

5.15　油水处理系统投运前状态确认标准检查卡

班组：　　　　编号：

工作任务	油水处理系统投运前状态确认检查
工作分工	就地：　　　　盘前：　　　　值长：

危险辨识与风险评估				
危险源	风险产生过程及后果	预控措施	预控情况	确认人
1. 人员技能	工作人员技能不能满足系统投运操作要求，造成人身伤害、设备损坏	1. 检查就地及盘前操作人员具备相应岗位资格； 2. 操作人员应熟悉系统、设备及工作原理，清晰理解工作任务；		

续表

危险辨识与风险评估				
危险源	风险产生过程及后果	预控措施	预控情况	确认人
1．人员技能		3．操作人员应具备处理一般事故的能力		
2．人员生理、心理	人员情绪异常、精神不佳造成工作中人身伤害	1．班前会中准确了解人员情况； 2．当班期间值内、部门做好监督； 3．发现人员情绪等异常情况时，严禁操作		
3．人员行为	工作票未终结、隔离措施未恢复、人员未撤离造成工作中人身伤害；工器具留在操作现场造成设备损坏	1．查看工作票是否终结； 2．检修人员全部撤离； 3．确认安全隔离措施全部恢复到位； 4．操作完毕应检查所有的工器具已收回，确保无遗留物件		
4．照明	现场照明不足造成人身伤害	现场照明应充足，满足操作及监视需要，否则应及时补充或增加		
5．噪声、粉尘	警示标识不全或进入噪声区域时、使用高噪声工具时未正确使用防护用品造成工作人员职业病	进入噪声、粉尘区域时必须正确使用防护用品		
6．孔洞坑井沟道及障碍物	盖板缺损及平台防护栏杆不全造成高处坠落；设备周围有障碍物影响设备运行和人身安全	1．工作场所的孔、洞、坑、井、沟道，必须覆以与地面齐平的坚固盖板。 2．发现洞口盖板缺失、损坏或未盖好时，必须立即填补、修复盖板并及时盖好。 3．所有升降口、大小孔洞、楼梯和平台，必须装设不低于1050mm高栏杆和不低于100mm高的脚部护板；离地高度高于20m的平台、通道及作业场所的防护栏杆不应低于1200mm。 4．清除设备周围影响设备运行和人身安全的障碍物		
7．高处落物	工作区域上方高处落物造成人身伤害	1．正确佩戴个人劳保防护用品； 2．进入现场要观察工作环境，发现有高处落物的可能时采取必要措施		
8．工器具	使用不合格工器具或未正确使用工器具造成工作中人身伤害	1．检查符合规定安全工器具； 2．不合格工器具禁止带入操作现场； 3．带全操作所需工器具、防护用品（如对讲机、手电筒、耳塞等）； 4．操作中正确使用工器具		
9．触电	控制柜送电过程中人员误碰带电部位触电	1．熟悉控制柜电气回路； 2．电气操作时正确佩戴个人防护用品，正确使用合格的工器具		

续表

危险辨识与风险评估				
危险源	风险产生过程及后果	预控措施	预控情况	确认人
10．转动机械	标识缺损、防护罩缺损；断裂、超速、零部件脱落；肢体部位或饰品衣物、用具（包括防护用品）、工具接触转动部位	1．设备的转动部分必须装设防护罩，并标明旋转方向，露出的轴端必须装设护盖；转动设备的防护罩应完好。 2．检查设备的运行状态，保持设备的振动、温度、运行电流等参数符合标准，如发现参数超标及时处理。 3．衣服和袖口应扣好，不得戴围巾领带，长发必须盘在安全帽内；不准将用具、工器具接触设备的转动部位，不准在转动设备附近长时间停留。 4．转动设备试运行时所有人员应先远离，站在转动机械的轴向位置，并有一人站在事故按钮位置		

油水处理系统投运前状态确认标准检查卡					
序号	检查内容	标准状态	确认情况（√）	确认人	备注
1	油水系统电气，热控检修工作票	油水系统电气，热控检修工作票终结或押回			
2	油水系统相关系统检修	油水系统相关系统检修工作结束			
3	泵	各泵处于良好的备用状态，可随时启动			
4	液位计	各液位计指示正常			
5	压力表	各压力表指示正常			
6	就地盘柜	就地盘柜无异常			
7	就地启动按钮	就地启动按钮无异常			

远动阀门检查卡							
序号	阀门名称	电源（√）	气源（√）	传动情况（√）	标准状态	确认人	备注
1	1号回用水泵出口门				关		
2	2号回用水泵出口门				关		

就地阀门检查卡				
序号	阀门名称	阀门状态	确认人	备注
1	高分子吸附室检修放水门	关闭		
2	1号回用水泵出口逆止门	正常		

续表

就地阀门检查卡				
序号	阀门名称	阀门状态	确认人	备注
3	2号用水泵出口逆止门	正常		
4	真空分离净化机进口门	开		
5	回流电磁阀	正常		
6	关断电磁阀	正常		
7	出口压力调节阀	正常		
8	集油室排气阀	开		
9	污油箱出油口手动门	关		
10	抽水泵出口门	开		
11	冲洗水总门	关		
12	污油箱回流门	开		
13	浮油收集器浮筒出口逆止门	正常		

设备送电确认卡					
序号	设备名称	标准状态	状态（√）	确认人	备注
1	就地盘柜	送电			
2	电机	送电			

检查油水处理系统投运启动条件满足，已按系统投运前状态确认标准检查卡检查设备完毕，系统可以投运。

检查人：＿＿＿＿＿＿

执行情况复核（主值）：＿＿＿＿　　时间：＿＿＿＿

批准（值长）：＿＿＿＿＿＿　　时间：＿＿＿＿

5.16 循环水加药系统投运前状态确认标准检查卡

班组：　　　　　　编号：

工作任务	循环水加药系统投运前状态确认检查
工作分工	就地：　　盘前：　　值长：

危险辨识与风险评估				
危险源	风险产生过程及后果	预控措施	预控情况	确认人
1．石灰伤害	熟石灰加药系统泄漏，溅入眼内和皮肤上	现场洗眼器检查无故障，冲洗水源检查可随时冲洗，酸碱药品充足		

续表

危险辨识与风险评估				
危险源	风险产生过程及后果	预控措施	预控情况	确认人
2. 二氧化氯伤害	二氧化氯加药管道泄漏，造成人员伤害和设备损坏，造成环境污染	1. 现场照明充足； 2. 加药管道法兰接口无泄漏，螺栓无缺失		
3. 人员技能	工作人员技能不能满足系统投运操作要求，造成人身伤害、设备损坏	1. 检查就地及盘前操作人员具备相应岗位资格； 2. 操作人员应熟悉系统、设备及工作原理，清晰理解工作任务； 3. 操作人员应有处理一般事故的能力		
4. 人员生理、心理	人员情绪异常、精神不佳造成工作中人身伤害	1. 班前会中准确了解人员情况； 2. 当班期间值内、部门做好监督； 3. 发现人员情绪异常时，严禁操作		
5. 人员行为	工作票未终结、隔离措施未恢复、人员未撤离造成工作中人身伤害；工器具留在操作现场造成设备损坏	1. 查看工作票是否终结； 2. 检修人员全部撤离； 3. 确认安全隔离措施全部恢复到位； 4. 操作完毕应检查所有的工器具已收回，确保无遗留物件		
6. 照明	现场照明不足造成人身伤害	现场照明应充足，满足操作及监视需要，否则应及时补充或增加		
7. 噪声、粉尘	警示标识不全或进入噪声区域时、使用高噪声工具时未正确使用防护用品造成工作人员职业病	进入噪声、粉尘区域时必须正确使用防护用品		
8. 孔洞坑井沟道及障碍物	盖板缺损及平台防护栏杆不全造成高处坠落；设备周围有障碍物影响设备运行和人身安全	1. 工作场所的孔、洞、坑、井、沟道，必须覆以与地面齐平的坚固盖板。 2. 发现洞口盖板缺失、损坏或未盖好时，必须立即填补、修复盖板并及时盖好。 3. 所有升降口、大小孔洞、楼梯和平台，必须装设不低于1050mm高栏杆和不低于100mm高的脚部护板；离地高度高于20m的平台、通道及作业场所的防护栏杆不应低于1200mm。 4. 清除设备周围影响设备运行和人身安全的障碍物		
9. 高处落物	工作区域上方高处落物造成人身伤害	1. 正确佩戴个人劳保防护用品； 2. 进入现场要观察工作环境，发现有高处落物的可能时采取必要措施		
10. 工器具	使用不合格工器具或未正确使用工器具造成工作中人身伤害	1. 检查符合规定安全工器具； 2. 不合格工器具禁止带入操作现场； 3. 带全操作所需工器具、防护用品（如对讲机、手电筒、耳塞等）； 4. 操作中正确使用工器具		

续表

危险辨识与风险评估				
危险源	风险产生过程及后果	预控措施	预控情况	确认人
11．触电	控制柜送电过程中人员误碰带电部位触电	1．熟悉控制柜电气回路； 2.电气操作时正确佩戴个人防护用品，正确使用合格的工器具		
12．转动机械	标识缺损、防护罩缺损；断裂、超速、零部件脱落；肢体部位或饰品衣物、用具（包括防护用品）、工具接触转动部位	1．设备的转动部分必须装设防护罩，并标明旋转方向，露出的轴端必须装设护盖；转动设备的防护罩应完好。 2．检查设备的运行状态，保持设备的振动、温度、运行电流等参数符合标准，如发现参数超标及时处理。 3．衣服和袖口应扣好，不得戴围巾领带，长发必须盘在安全帽内；不准将用具、工器具接触设备的转动部位，不准在转动设备附近长时间停留。 4．转动设备试运行时所有人员应先远离，站在转动机械的轴向位置，并有一人站在事故按钮位置		
13．酸、碱、杀菌剂	酸，碱，杀菌剂加药管道泄漏，造成人员伤害和设备损坏，环境污染	现场照明充足，加药管道法兰接口无泄漏，螺栓无缺失；启动时应在远处检查设备，防止喷溅，平稳后就近检查		

循环水加药系统投运前状态确认标准检查卡					
序号	检查内容	标准状态	确认情况（√）	确认人	备注
1	本系统热机、电气、热控检修工作票、缺陷联系单	工作票终结或押回，无影响系统启动的缺陷			
2	与本系统启动相关联系统	无禁系统启动的检修工作			
3	石灰乳计量泵	石灰乳计量泵试运正常，备用			
4	聚合硫酸铁计量泵	聚合硫酸铁计量泵试运正常，备用			
5	循环水硫酸加药泵	循环水硫酸加药泵试运正常，备用			
6	助凝剂计量泵	助凝剂计量泵试运正常，备用			
7	二氧化氯计量泵	二氧化氯计量泵试运正常，备用			
8	消泡剂计量泵	消泡剂计量泵试运正常，备用			
9	稳定剂计量泵	稳定剂计量泵试运正常，备用			
10	石灰乳搅拌箱	石灰乳搅拌箱清洁无杂物，液位正常			
11	石灰乳辅助箱	石灰乳辅助箱清洁无杂物，液位正常			
12	硫酸输送泵	硫酸输送泵试运正常，备用			

续表

循环水加药系统投运前状态确认标准检查卡					
序号	检查内容	标准状态	确认情况（√）	确认人	备注
13	助凝剂加药箱	助凝剂箱清洁无杂物，液位正常			
14	稳定剂加药箱	稳定剂加药箱清洁无杂物，液位正常			
15	消泡剂加药箱	消泡剂加药箱清洁无杂物，液位正常			
16	聚合硫酸铁储存罐	聚合硫酸铁储存罐清洁，液位正常			
17	硫酸储存罐	硫酸储存罐清洁无杂物，液位正常			
18	阀门	转动正常，无卡涩			
19	螺旋输粉机	螺旋输粉机试运正常，备用			
20	星型给料机	星型给料机试运正常，备用			
21	机械振动器	机械振动器试运正常，备用			
22	液位计	各药箱液位计应准确，液位变化灵敏			
23	搅拌器	各药箱搅拌器试运正常，备用。在配药及运行期间，搅拌器不得停运			
24	配药	在整个配置过程中，操作人员不得离开现场做其他工作			
25	气源压力	气源压力在 0.4MPa 以上			
26	就地盘柜	就地盘柜无异常			
27	就地启动按钮	就地启动按钮无异常			
28	布袋除尘器	布袋除尘器试运正常，备用			
29	校验柱	无缺陷			
30	Y 型过滤器	无堵塞			

远动阀门检查卡							
序号	阀门名称	电源（√）	气源（√）	传动情况（√）	标准状态	确认人	备注
1	石灰乳泵出口气动门				关		
2	石灰乳搅拌箱排水门 1				关		
3	石灰乳搅拌箱排水门 2				关		
4	石灰乳搅拌箱排水管冲洗门				关		
5	石灰乳泵管道冲洗门				关		

就地阀门检查卡				
序号	阀门名称	阀门状态	确认人	备注
1	石灰乳泵进口手动门	开		
2	石灰乳泵出口逆止门	正常		
3	石灰筒仓进石灰门	开		
4	石灰筒仓安全阀门	开		
5	聚合硫酸铁加药泵进口门	开		
6	聚合硫酸铁加药泵出口门	开		
7	聚合硫酸铁加药泵出口逆止门	正常		
8	聚合硫酸铁加药泵联通门 1	关		
9	聚合硫酸铁加药泵联通门 2	关		
10	聚合硫酸铁储存罐出口一次门	开		
11	聚合硫酸铁储存罐出口二次门	开		
12	硫酸储存罐出口一次门	开		
13	硫酸储存罐出口二次门	开		
14	硫酸储存罐排污一次门	关		
15	硫酸储存罐排污二次门	关		
16	硫酸储存罐进口门	开		
17	聚合硫酸铁储存罐进口门	开		
18	卸酸泵进口一次门	开		
19	卸酸泵进口二次门	开		
20	卸酸泵出口门	开		
21	卸酸泵出口逆止门	正常		
22	聚合硫酸铁输送泵进口一次门	开		
23	聚合硫酸铁输送泵进口二次门	开		
24	聚合硫酸铁输送泵出口门	开		
25	聚合硫酸铁输送泵出口逆止门	正常		
26	聚合硫酸铁计量泵进口门	开		
27	聚合硫酸铁计量泵出口门	开		
28	聚合硫酸铁计量泵出口逆止门	正常		
29	循环水加硫酸计量泵进口门	开		
30	循环水加硫酸计量泵出口门	开		
31	循环水加硫酸计量泵出口逆止门	正常		
32	循环水加硫酸计量泵联络门 1	关		

续表

就地阀门检查卡				
序号	阀门名称	阀门状态	确认人	备注
33	循环水加硫酸计量泵联络门 2	关		
34	助凝剂搅拌计量箱补水门	关		
35	助凝剂搅拌计量箱排污门	关		
36	助凝剂搅拌计量箱出口门	开		
37	助凝剂计量泵进口门	开		
38	助凝剂计量泵出口门	开		
39	助凝剂计量泵出口逆止门	正常		
40	助凝剂计量泵出口联通门 1	关		
41	助凝剂计量泵出口联通门 2	关		
42	稳定剂搅拌计量箱补水门	关		
43	稳定剂搅拌计量箱排污门	关		
44	稳定剂搅拌计量箱出口门	开		
45	稳定剂计量泵进口门	开		
46	稳定剂计量泵出口门	开		
47	稳定剂计量泵出口逆止门	正常		
48	稳定剂计量泵出口联通门 1	关		
49	稳定剂计量泵出口联通门 2	关		
50	消泡剂搅拌计量箱补水门	关		
51	消泡剂搅拌计量箱排污门	关		
52	消泡剂搅拌计量箱出口门	开		
53	消泡剂计量泵进口门	开		
54	消泡剂计量泵出口门	开		
55	消泡剂计量泵出口逆止门	正常		
56	消泡剂计量泵出口联通门 1	关		
57	消泡剂计量泵出口联通门 2	关		
58	二氧化氯计量泵进口门	开		
59	二氧化氯计量泵出口门	开		
60	二氧化氯计量泵出口逆止门	正常		
61	二氧化氯计量泵出口联通门 1	关		
62	二氧化氯计量泵出口联通门 2	关		
63	校验柱进口门	关		
64	二氧化氯储存罐来二氧化氯总门	开		

设备送电确认卡					
序号	设备名称	标准状态	状态（√）	确认人	备注
1	循环水加药泵	送电			
2	就地盘柜	送电			

检查循环水加药系统启动条件满足，已按系统投运前状态确认标准检查卡检查设备完毕，系统可以投运。

检查人：____________

执行情况复核（主值）：________　　时间：________

批准（值长）：________　　时间：________

5.17　双室过滤器投运前状态确认标准检查卡

班组：　　　　　　　　　　　　　　　　　　　　　　编号：

工作任务	____号双室过滤器投运前状态确认检查
工作分工	就地：　　　　盘前：　　　　值长：

危险辨识与风险评估				
危险源	风险产生过程及后果	预控措施	预控情况	确认人
1. 人员技能	工作人员技能不能满足系统投运操作要求，造成人身伤害、设备损坏	1. 就地及盘前操作人员具备岗位资格； 2. 操作人员应熟悉系统、设备及工作原理，清晰理解工作任务； 3. 操作人员应处理一般事故的能力		
2. 人员生理、心理	人员情绪异常、精神不佳造成工作中人身伤害	1. 班前会中准确了解人员情况； 2. 当班期间值内、部门做好监督； 3. 发现人员情绪等异常情况时，严禁操作		
3. 人员行为	工作票未终结、隔离措施未恢复、人员未撤离造成工作中人身伤害；工器具留在操作现场造成设备损坏	1. 查看工作票是否终结； 2. 检修人员全部撤离； 3. 确认安全隔离措施全部恢复到位； 4. 操作完毕应检查所有的工器具已收回，确保无遗留物件		
4. 照明	现场照明不足造成人身伤害	现场照明应充足，满足操作及监视需要，否则应及时补充或增加		
5. 噪声、粉尘	警示标识不全或进入噪声区域时、使用高噪声工具时未正确使用防护用品造成工作人员职业病	进入噪声、粉尘区域时必须正确使用防护用品		
6. 孔洞坑井沟道及障碍物	盖板缺损及平台防护栏杆不全造成高处坠落；设备周围有障碍物影响设备运行和人身安全	1. 工作场所的孔、洞、坑、井、沟道，必须覆以与地面齐平的坚固盖板。 2. 发现洞口盖板缺失、损坏或未盖好时，必须立即填补、修复盖板并及时盖好。		

续表

危险辨识与风险评估				
危险源	风险产生过程及后果	预控措施	预控情况	确认人
6．孔洞坑井沟道及障碍物		3．所有升降口、大小孔洞、楼梯和平台，必须装设不低于1050mm高栏杆和不低于100mm高的脚部护板；离地高度高于20m的平台、通道及作业场所的防护栏杆不应低于1200mm。 4．清除设备周围影响设备运行和人身安全的障碍物		
7．高处落物	工作区域上方高处落物造成人身伤害	1．正确佩戴个人劳保防护用品； 2．进入现场要观察工作环境，发现有高处落物的可能时采取必要措施		
8．工器具	使用不合格工器具或未正确使用工器具造成工作中人身伤害	1．检查符合规定安全工器具； 2．不合格工器具禁止带入操作现场； 3．带全操作所需工器具、防护用品（如对讲机、手电筒、耳塞等）； 4．操作中正确使用工器具		
9．触电	控制柜送电过程中人员误碰带电部位触电	1．熟悉控制柜电气回路； 2．电气操作时正确佩戴个人防护用品，正确使用合格的工器具		
10．转动机械	标识缺损、防护罩缺损；断裂、超速、零部件脱落；肢体部位或饰品衣物、用具（包括防护用品）、工具接触转动部位	1．设备的转动部分必须装设防护罩，并标明旋转方向，露出的轴端必须装设护盖；转动设备的防护罩应完好。 2．检查设备的运行状态，保持设备的振动、温度、运行电流等参数符合标准，如发现参数超标及时处理。 3．衣服和袖口应扣好，不得戴围巾领带，长发必须盘在安全帽内；不准将用具、工器具接触设备的转动部位，不准在转动设备附近长时间停留。 4．转动设备试运行时所有人员应先远离，站在转动机械的轴向位置，并有一人站在事故按钮位置		

双室过滤器系统投运前状态确认标准检查卡					
序号	检查内容	标准状态	确认情况（√）	确认人	备注
1	双室过滤器热机、电气工作票	双室过滤器热机，电气工作票终结			
2	双室过滤器系统检修工作	双室过滤器系统无检修工作			
3	双室过滤器远动阀门	双室过滤器远动阀门开启正常，无卡涩，信号传递正常			

续表

双室过滤器系统投运前状态确认标准检查卡					
序号	检查内容	标准状态	确认情况（√）	确认人	备注
4	现场卫生	现场卫生清洁，临时设备拆除			
5	通道、照明	所有通道保持平整畅通，照明充足			
6	消防设施	消防设施齐全，地脚螺栓连接完好			
7	机械加速澄清池设备	机械加速澄清池设备运行正常，无检修工作			
8	设备送电	设备已送电，可以正常启动			
9	设备送气	设备已送气，可以正常启动			
10	罗茨风机	罗茨风机试运正常，备用			
11	反洗水泵	反洗水泵试运正常，备用			
12	就地手动门	手动门开关灵活，无卡涩现象			
13	就地盘柜	就地盘柜无异常			
14	就地启动按钮	就地启动按钮无异常			

远动阀门检查卡							
序号	阀门名称	电源（√）	气源（√）	传动情况（√）	标准状态	确认人	备注
1	双室过滤器上水室出口气动门				关		
2	双室过滤器上水室反洗进口气动门				关		
3	双室过滤器上水室进口气动门				关		
4	双室过滤器下水室进口气动门				关		
5	双室过滤器下水室出口气动门				关		

就地阀门检查卡				
序号	阀门名称	阀门状态	确认人	备注
1	双室过滤器上水室进口蝶阀	开		
2	双室过滤器上水室出口蝶阀	开		
3	双室过滤器上水室压缩空气进口门	开		
4	双室过滤器上水室正冲排放门	关		
5	双室过滤器上水室反洗进口蝶阀	开		
6	双室过滤器上水室反洗排放门	关		
7	双室过滤器上水室放空气门	开		
8	双室过滤器上水室底部放水门	关		

续表

就地阀门检查卡				
序号	阀门名称	阀门状态	确认人	备注
9	双室过滤器下水室进口蝶阀	开		
10	双室过滤器下水室出口蝶阀	开		
11	双室过滤器下水室正冲排放门	关		
12	双室过滤器下水室反洗进口蝶阀	关		
13	双室过滤器下水室反洗排放门	关		
14	双室过滤器下水室底部放水门	关		

设备送电确认卡					
序号	设备名称	标准状态	状态（√）	确认人	备注
1	双室过滤器反洗水泵	送电			
2	就地盘柜	送电			

检查____号双室过滤器启动条件满足，已按系统投运前状态确认标准检查卡检查设备完毕，系统可以投运。

检查人：____________

执行情况复核（主值）：__________　　时间：__________

批准（值长）：__________　　时间：__________

5.18 前置过滤器投运前状态确认标准检查卡

班组：　　　　编号：

工作任务	___号前置过滤器投运前状态确认检查		
工作分工	就地：	盘前：	值长：

危险辨识与风险评估				
危险源	风险产生过程及后果	预控措施	预控情况	确认人
1. 系统升压问题	操作失误造成升压问题	过滤器运行前需要转至备用状态		
2. 反洗失败	过滤器未在规定状态导致反洗失败	备用或离线状态下能对过滤器进行反洗		
3. 管道泄漏	管道及连接处泄漏产生漏水泄压	加强巡检，及时发现漏点		
4. 人员技能	工作人员技能不能满足系统投运操作要求造成人身伤害、设备损坏	1. 检查就地及盘前操作人员具备相应岗位资格； 2. 操作人员应熟悉系统、设备及工作原理，清晰理解工作任务；		

续表

危险辨识与风险评估				
危险源	风险产生过程及后果	预控措施	预控情况	确认人
4. 人员技能		3. 操作人员应具备处理一般事故的能力		
5. 人员生理、心理	人员情绪异常、精神不佳造成工作中人身伤害	1. 班前会中准确了解人员情况； 2. 当班期间值内、部门做好监督； 3. 发现人员情绪异常，严禁操作		
6. 人员行为	工作票未终结、隔离措施未恢复、人员未撤离造成工作中人身伤害；工器具遗留在操作现场造成设备损坏	1. 查看工作票是否终结； 2. 检修人员全部撤离； 3. 确认安全隔离措施恢复到位； 4. 操作完毕应检查所有的工器具已收回，确保无遗留物件		
7. 照明	现场照明不足造成人身伤害	现场照明应充足，满足操作及监视需要，否则应及时补充或增加		
8. 噪声、粉尘	警示标识不全或进入噪声区域时、使用高噪声工具时未正确使用防护用品造成人员职业病	进入噪声、粉尘区域时必须正确使用防护用品		
9. 孔洞坑井沟道及障碍物	盖板缺损及平台防护栏杆不全造成高处坠落； 设备周围有障碍物影响设备运行和人身安全	1. 工作场所的孔、洞、坑、井、沟道，必须覆以与地面齐平的坚固盖板。 2. 发现洞口盖板缺失、损坏或未盖好时，必须立即填补、修复盖板并及时盖好。 3. 所有升降口、大小孔洞、楼梯和平台，必须装设不低于1050mm高栏杆和不低于100mm高的脚部护板；离地高度高于20m的平台、通道及作业场所的防护栏杆不应低于1200mm。 4. 清除设备周围影响设备运行和人身安全的障碍物		
10. 高处落物	工作区域上方高处落物造成人身伤害	1. 正确佩戴个人劳保防护用品； 2. 进入现场要观察工作环境，发现有高处落物的可能时采取必要措施		
11. 工器具	使用不合格工器具或未正确使用工器具造成工作中人身伤害	1. 检查符合规定安全工器具； 2. 不合格工器具禁止带入操作现场； 3. 带全操作所需工器具、防护用品（如对讲机、手电筒、耳塞等）； 4. 操作中正确使用工器具		
12. 触电	控制柜送电过程中人员误碰带电部位触电	1. 熟悉控制柜电气回路； 2. 电气操作时正确佩戴个人防护用品，正确使用合格的工器具		

续表

危险辨识与风险评估				
危险源	风险产生过程及后果	预控措施	预控情况	确认人
13．转动机械	标识缺损、防护罩缺损；断裂、超速、零部件脱落；肢体部位或饰品衣物、用具（包括防护用品）、工具接触转动部位	1．设备的转动部分必须装设防护罩，并标明旋转方向，露出的轴端必须装设护盖；转动设备的防护罩应完好。 2．检查设备的运行状态，保持设备的振动、温度、运行电流等参数符合标准，如发现参数超标及时处理。 3．衣服和袖口应扣好，不得戴围巾领带，长发必须盘在安全帽内；不准将用具、工器具接触设备的转动部位，不准在转动设备附近长时间停留。 4．转动设备试运行时所有人员应先远离，站在转动机械的轴向位置，并有一人站在事故按钮位置		

系统投运前状态确认标准检查卡					
序号	检查内容	标准状态	确认情况（√）	确认人	备注
1	接令	接班长令投运前置过滤器			
2	检修工作票	检修工作票要收回			
3	电磁阀箱	电磁阀箱应送电送气，具备操作条件			
4	仪表	所有仪表均处于备用状态			
5	阀门	所有阀门应处于备用状态			
6	在线仪表	所有在线仪表投运正常			
7	现场照明	控制室，现场照明良好，无漏水			
8	现场卫生	现场干净整洁无杂物			
9	程控系统	程控系统工作正常，画面无异常			
10	前置过滤器自动投运	前置过滤器自动投运正常			
11	前置过滤器手动投运	前置过滤器手动投运正常			
12	升压，进水母管	升压，进水母管压力小于0.1MPa			
13	进出水阀	进出水阀开启，进水阀开到右再开出水阀			
14	就地盘柜	就地盘柜无异常			
15	就地启动按钮	就地启动按钮无异常			

远动阀门检查卡							
序号	阀门名称	电源（√）	气源（√）	传动情况（√）	标准状态	确认人	备注
1	1号前置过滤器进口气动门				关		

续表

远动阀门检查卡							
序号	阀门名称	电源（√）	气源（√）	传动情况（√）	标准状态	确认人	备注
2	1 号前置过滤器反洗排水门				关		
3	1 号前置过滤器反洗进水门				关		
4	1 号前置过滤器气动进气门				关		
5	1 号前置过滤器排气门				关		
6	1 号前置过滤器进水气动门				关		
7	1 号前置过滤器旁路电动门				关		

就地阀门检查卡				
序号	阀门名称	阀门状态	确认人	备注
1	凝结水至____号前置过滤器进口手动门	打开		
2	凝结水至____号前置过滤器出水手动门	打开		
3	前置过滤器旁路电动门前手动门	打开		
4	前置过滤器旁路手动门	关闭		
5	前置过滤器旁路电动门后手动门	打开		
6	凝结水精处理前置过滤器反洗水母管逆止门	正常		
7	凝结水精处理前置过滤器反洗水母管安全门	正常		
8	凝结水精处理 1 号前置过滤器出水取样门	关闭		

设备送电确认卡					
序号	设备名称	标准状态	状态（√）	确认人	备注
1	前置过滤器控制柜	送电			
2	反洗水泵	送电			
3	就地盘柜	送电			

检查____号前置过滤器投运启动条件满足，已按系统投运前状态确认标准检查卡检查设备完毕，系统可以投运。

检查人：____________

执行情况复核（主值）：________　　时间：________

批准（值长）：____________　　时间：________

5.19 贮氢系统投运前状态确认标准检查卡

班组：　　　　　　　　　　　　　　　　　　　　　　　　　　　　　　编号：

工作任务	贮氢系统投运前状态确认检查		
工作分工	就地：	盘前：	值长：

危险辨识与风险评估				
危险源	风险产生过程及后果	预控措施	预控情况	确认人
1．漏氢爆炸	系统泄漏达到一定程度产生爆炸伤害	明火作业时必须填写动火工作票，必须测现场氢含量，经值长批准后方可开工；操作时用铜扳手		
2．人员技能	工作人员技能不能满足系统投运操作要求造成人身伤害、设备损坏	1．检查就地及盘前操作人员具备相应岗位资格； 2．操作人员应熟悉系统、设备及工作原理，清晰理解工作任务； 3．操作人员应有处理一般事故的能力		
3．人员生理、心理	人员情绪异常、精神不佳造成工作中人身伤害	1．班前会中准确了解人员情况； 2．当班期间值内、部门做好监督； 3．发现人员情绪异常，严禁操作		
4．人员行为	工作票未终结、隔离措施未恢复、人员未撤离造成工作中人身伤害；工器具遗留在操作现场造成设备损坏	1．查看工作票是否终结； 2．检修人员全部撤离； 3．确认安全隔离措施全部恢复到位； 4．操作完毕应检查所有的工器具已收回，确保无遗留物件		
5．照明	现场照明不足造成人身伤害	现场照明应充足，满足操作及监视需要，否则应及时补充或增加		
6．孔洞坑井沟道及障碍物	盖板缺损及平台防护栏杆不全造成高处坠落；设备周围有障碍物影响设备运行和人身安全	1．工作场所的孔、洞、坑、井、沟道，必须覆以与地面齐平的坚固盖板。 2．发现洞口盖板缺失、损坏或未盖好时，必须填补、修复盖板并及时盖好。 3．所有升降口、大小孔洞、楼梯和平台，必须装设不低于 1050mm 高栏杆和不低于 100mm 高的脚部护板；离地高度高于 20m 的平台、通道及作业场所的防护栏杆不应低于 1200mm。 4．清除设备周围影响设备运行和人身安全的障碍物		
7．工器具	使用不合格工器具或未正确使用工器具造成工作中人身伤害	1．检查符合规定安全工器具； 2．不合格工器具禁止带入操作现场； 3．带全操作所需工器具、防护用品（如对讲机、手电筒、耳塞等）； 4．操作中正确使用工器具		
8．触电	控制柜送电过程中人员误碰带电部位触电	1．熟悉控制柜电气回路； 2．电气操作时正确佩戴个人防护用品，正确使用合格的工器具		

续表

危险辨识与风险评估				
危险源	风险产生过程及后果	预控措施	预控情况	确认人
9．转动机械	标识缺损、防护罩缺损；断裂、超速、零部件脱落；肢体部位或饰品衣物、用具（包括防护用品）、工具接触转动部位	1．设备的转动部分必须装设防护罩，并标明旋转方向，露出的轴端必须装设护盖；转动设备的防护罩应完好。 2．检查设备的运行状态，保持设备的振动、温度、运行电流等参数符合标准，如发现参数超标及时处理。 3．衣服和袖口应扣好，不得戴围巾领带，长发必须盘在安全帽内；不准将用具、工器具接触设备的转动部位，不准在转动设备附近长时间停留。 4．转动设备试运行时所有人员应先远离，站在转动机械的轴向位置，并有一人站在事故按钮位置		

系统投运前状态确认标准检查卡					
序号	检查内容	标准状态	确认情况（√）	确认人	备注
1	供氢气系统工作票	工作票终结或押回			
2	供氢气系检修	无检修工作			
3	照明	照明正常			
4	氢贮气瓶压力	氢贮气瓶压力 12～15MPa			
5	氢气系统	无泄漏			
6	氢气系统阀门	在正常投运状态			
7	氢气系统仪表	相关仪表正常			
8	单元母管	贮氢单元母管出口截止阀软管连接正常			
9	安全措施	按照公司储氢库管理规定执行			
10	工具	选用铜制或铜合金工具			
11	服装	穿棉质工作服和防静电鞋			
12	现场卫生	现场卫生清洁，临时设施拆除，附近所有通道保持平整畅通			
13	现场照明	照明充足，消防设施齐全			
14	就地盘柜	就地盘柜无异常			
15	就地启动按钮	就地启动按钮无异常			

远动阀门检查卡							
序号	阀门名称	电源（√）	气源（√）	传动情况（√）	阀门状态	确认人	备注
1	无						

就地阀门检查卡				
序号	阀门名称	阀门状态	确认人	备注
1	____号氢气汇流排输氢软管接贮氢单元减压阀 1	开		
2	____号氢气汇流排输氢软管接贮氢单元减压阀 2	开		
3	____号氢气汇流排安全阀前隔离阀	开		
4	____号氢气汇流排安全阀	开		
5	____号氢气汇流排手动取样阀前隔离阀	开		
6	____号氢气汇流排手动取样阀	关		
7	____号氢气汇流排出口球阀 1 次门	开		
8	____号氢气汇流排出口球阀 2 次门	开		
9	____号氢气汇流排放气阀	开		
10	____号氢气汇流排惰性气体减压阀	关		
11	____号氢气汇流排惰性气体减压器前阀	关		
12	____号氢气汇流排软管接贮氢单元手动门	开		
13	____号氢气汇流排安全阀丝网阻火器	开		
14	____号氢气汇流排气阀后丝网阻火器	开		
15	____号贮氢单元出口气瓶阀	开		
16	____号贮氢单元氢气减压阀	开		
17	____号贮氢单元氢气减压阀出口小截止阀	开		
18	____号贮氢单元母管出口截止阀	开		
19	____号贮氢单元母管出口调节阀	开		
20	____号贮氢单元母管端头截止阀	开		

设备送电确认卡					
序号	设备名称	标准状态	状态（√）	确认人	备注
1	氢气纯度仪在线表	送电			
2	氢气湿度仪在线表	送电			
3	氢气检漏仪在线表	送电			
4	就地控制箱	送电			

检查贮氢系统投运启动条件满足，已按系统投运前状态确认标准检查卡检查设备完毕，系统可以投运。

检查人：____________

执行情况复核（主值）：________　　　　时间：____________

批准（值长）：____________　　　　时间：____________

6 燃料专业

6.1 皮带机投运前状态确认标准检查卡

班组：　　　　　　　　　　　　　　　　　　　　　　　　　　编号：

工作任务	____段____号皮带机投运前状态确认检查
工作分工	就地：　　　　盘前：　　　　主值：　　　　值长：

危险辨识与风险评估				
危险源	风险产生过程及后果	预控措施	预控情况	确认人
1. 人员技能	工作人员技能不能满足系统投运操作要求造成人身伤害、设备损坏	1. 检查就地及盘前操作人员具备相应岗位资格； 2. 操作人员应熟悉系统、设备及工作原理，清晰理解工作任务； 3. 操作人员具备处理一般事故的能力		
2. 人员生理、心理	人员情绪异常、精神不佳造成工作中人身伤害	1. 班前会中准确了解人员情况； 2. 当班期间值内、部门做好监督； 3. 发现人员情绪异常情况时，严禁操作		
3. 人员行为	工作票未终结、隔离措施未恢复、人员未撤离造成工作中人身伤害；工器具留在操作现场造成设备损坏	1. 查看工作票是否终结； 2. 检修人员全部撤离； 3. 确认安全隔离措施全部恢复到位； 4. 操作完毕应检查所有的工器具已收回，确保无遗留物件		
4. 孔洞坑井沟道及障碍物	盖板缺损及平台防护栏杆不全造成高处坠落；设备周围有障碍物影响设备运行和人身安全	1. 工作场所的孔、洞、坑、井、沟道，必须覆以与地面齐平的坚固盖板。 2. 发现洞口盖板缺失、损坏或未盖好时，必须立即填补、修复盖板并及时盖好。 3. 所有升降口、大小孔洞、楼梯和平台，必须装设不低于1050mm高栏杆和不低于100mm高的脚部护板；离地高度高于20m的平台、通道及作业场所的防护栏杆不应低于1200mm。 4. 清除设备周围影响设备运行和人身安全的障碍物		
5. 高处落物	工作区域上方高处落物造成人身伤害	1. 正确佩戴个人劳保防护用品； 2. 进入现场要观察工作环境，发现有高处落物的可能时采取必要措施		
6. 人身伤害	工作人员对所辖设备区间环境不熟悉造成人身伤害；工作人员的着装不符合安规要求；现场地面湿滑冬季结冰易造成滑倒摔伤	1. 工作人员进入生产现场严格按照安规要求着装，正确使用合格的个人劳保防护用品； 2. 现场照明充足； 3. 输煤系统区间人行通道应保持畅通，皮带机两侧均应装防护栏杆； 4. 现场积水和结冰要及时清理		

续表

危险辨识与风险评估				
危险源	风险产生过程及后果	预控措施	预控情况	确认人
7．转动机械	标识缺损、防护罩缺损；肢体部位或饰品衣物、用具（包括防护用品）、工具接触转动部位	1．设备的转动部分必须装设防护罩，并标明旋转方向，露出的轴端必须装设护盖；转动设备的防护罩应完好。 2．检查设备的运行状态，保持设备的振动、温度、运行电流等参数符合标准，如发现参数超标及时处理。 3．衣服和袖口应扣好、不得戴围巾领带、长发必须盘在安全帽内，不准将用具、工器具接触设备的转动部位，不准在转动设备附近长时间停留。 4．转动设备试运行时所有人员应先远离，站在转动机械的轴向位置，并有一人站在事故按钮位置		
8．触电	运行人员巡检过程中人员误碰带电部位触电；电机接地线伤害、绝缘损坏	1．运行人员应熟悉一般电气安全知识，不准靠近和接触任何有电设备的带电部分，严禁湿手去触摸电源开关和其他电气设备； 2．电源开关外壳和电线绝缘有破损不完整或带电部分外露时，应立即通知电气人员维修； 3．电机接地线完好，定期测电机绝缘		

系统投运前状态确认标准检查卡					
序号	检查内容	标准状态	确认情况（√）	确认人	备注
1	____段____号皮带机热机、电气、热控检修工作票，缺陷联系单	终结或押回，无影响系统启动的缺陷			
2	____段____号皮带机相关系统	无禁止皮带机启动的检修工作			
3	热工仪表	投入，就地表计及 DCS 画面上各测点指示正确。 热工专业确认人：____			
4	热工保护	投入。 热工专业确认人：____			
5	电气保护、联锁	投入。 热工专业确认人：____			
6	外部检查	1．现场卫生清洁，临时设施拆除； 2．所有通道保持平整畅通，照明充足，消防设施齐全； 3．平台护栏、盖板、格栅板、步梯完好无缺失现象			

续表

系统投运前状态确认标准检查卡					
序号	检查内容	标准状态	确认情况（√）	确认人	备注
7	整体检查	1．设备及管道外观整洁，保温完整，无泄漏现象； 2．设备各地角螺栓、对轮及防护罩连接完好，无松动现象； 3．电动机接线盒完好，接地线牢固； 4．各人孔门、检查孔关闭严密； 5．就地事故拉绳开关已复位； 6．皮带机皮带接口完好； 7．减速机润滑油充足，油质良好，无杂质和乳化现象； 8．皮带拉紧装置完好、活动灵活； 9．各部托辊、滚筒完好、无缺失			

设备送电确认卡					
序号	阀门或设备名称	标准状态	状态（√）	确认人	备注
1	____段____号皮带机	送电			

检查____段____号皮带机启动条件满足，已按系统投运前状态确认标准检查卡检查设备完毕，系统可以投运。

检查人：____________________

执行情况复核（主值）：__________　　　　　　时间：____________

批准（值长）：________________　　　　　　时间：____________

6.2 碎煤机投运前状态确认标准检查卡

班组：　　　　　　　　　　　　　　　　　　　　　　　　编号：

工作任务	____号碎煤机投运前状态确认检查			
工作分工	就地：	盘前：	主值：	值长：

危险辨识与风险评估				
危险源	风险产生过程及后果	预控措施	预控情况	确认人
1．人员技能	工作人员技能不能满足系统投运操作要求造成人身伤害、设备损坏	1．检查就地及盘前操作人员具备相应岗位资格； 2．操作人员应熟悉系统、设备及工作原理，清晰理解工作任务； 3．操作人员应具备处理事故的能力		
2．人员生理、心理	人员情绪异常、精神不佳造成工作中人身伤害	1．班前会中准确了解人员情况； 2．当班期间值内、部门做好监督； 3．发现人员情绪异常情况时，严禁操作		

续表

危险辨识与风险评估				
危险源	风险产生过程及后果	预控措施	预控情况	确认人
3．人员行为	工作票未终结、隔离措施未恢复、人员未撤离造成工作中人身伤害；工器具留在操作现场造成设备损坏	1．查看工作票是否终结； 2．检修人员全部撤离； 3．确认安全隔离措施全部恢复到位； 4．操作完毕应检查所有的工器具已收回，确保无遗留物件		
4．孔洞坑井沟道及障碍物	盖板缺损及平台防护栏杆不全造成高处坠落；设备周围有障碍物影响设备运行和人身安全	1．工作场所的孔、洞、坑、井、沟道，必须覆以与地面齐平的坚固盖板。 2．发现洞口盖板缺失、损坏或未盖好时，必须立即填补、修复盖板并及时盖好。 3．所有升降口、大小孔洞、楼梯和平台，必须装设不低于 1050mm 高栏杆和不低于 100mm 高的脚部护板；离地高度高于 20m 的平台、通道及作业场所的防护栏杆不应低于 1200mm。 4．清除设备周围影响设备运行和人身安全的障碍物		
5．高处落物	工作区域上方高处落物造成人身伤害	1．正确佩戴个人劳保防护用品； 2．进入现场要观察工作环境，发现有高处落物的可能时采取必要措施		
6．人身伤害	工作人员对所辖设备区间环境不熟悉造成人身伤害；工作人员的着装不符合安规要求；现场地面湿滑冬季结冰易造成滑倒摔伤	1．工作人员进入生产现场严格按照安规要求着装，正确使用合格的个人劳保防护用品； 2．现场照明充足； 3．输煤系统区间人行通道应保持畅通，皮带机两侧均应装防护栏杆； 4．现场积水和结冰要及时清理		
7．转动机械	标识缺损、防护罩缺损；肢体部位或饰品衣物、用具（包括防护用品）、工具接触转动部位	1．设备的转动部分必须装设防护罩，并标明旋转方向，露出的轴端必须装设护盖；转动设备的防护罩应完好。 2．检查设备的运行状态，保持设备的振动、温度、运行电流等参数符合标准，如发现参数超标及时处理。 3．衣服和袖口应扣好，不得戴围巾领带，长发必须盘在安全帽内；不准将用具、工器具接触设备的转动部位，不准在转动设备附近长时间停留。 4．转动设备试运行时所有人员应先远离，站在转动机械的轴向位置，并有一人站在事故按钮位置		
8．触电	运行人员巡检过程中人员误碰带电部位触电；电机接地线伤害、绝缘损坏	1．运行人员应熟悉一般电气安全知识，不准靠近和接触任何有电设备的带电部分，严禁湿手去触摸电源开关和其他电气设备；		

续表

危险辨识与风险评估				
危险源	风险产生过程及后果	预控措施	预控情况	确认人
8．触电	运行人员巡检过程中人员误碰带电部位触电；电机接地线伤害、绝缘损坏	2．电源开关外壳和电线绝缘有破损不完整或带电部分外露时，应立即通知电气人员维修； 3．电机接地线完好，定期测电机绝缘		

系统投运前状态确认标准检查卡					
序号	项目	标准状态	确认情况（√）	确认人	备注
1	碎煤机热机、电气热控检修工作票，缺陷联系单	终结或押回，无影响系统启动的缺陷			
2	滚轴筛相关系统	无禁止碎煤机启动的检修工作			
3	热工仪表	投入，就地表计及 DCS 画面上各测点指示正确。 热工专业确认人：____			
4	热工保护	投入。 热工专业确认人：____			
5	电气保护、联锁	投入。 电气专业确认人：____			
6	外部检查	1．现场卫生清洁，临时设施拆除； 2．所有通道保持平整畅通，照明充足，消防设施齐全； 3．平台护栏、盖板、格栅板、步梯完好无缺失现象			
7	整体检查	1．设备及管道外观整洁，保温完整，无泄漏现象； 2．设备各地角螺栓、对轮及防护罩连接完好，无松动现象； 3．电动机接线盒完好，接地线牢固； 4．各人孔门、检查孔关闭严密； 5．机体内部无杂物； 6．碎煤机液力耦合器油质合格，无乳化和杂质			

设备送电确认卡					
序号	阀门或设备名称	标准状态	状态（√）	确认人	备注
1	____号碎煤机	送电			

检查输煤系统____号碎煤机启动条件满足，已按系统投运前状态确认标准检查卡检查设备完毕，系统可以投运。

检查人：________________

执行情况复核（主值）：________ 时间：____________

批准（值长）：____________ 时间：____________

6.3 滚轴筛投运前状态确认标准检查卡

班组：　　　　　　　　　　　　　　　　　　　　　　　　　　编号：

工作任务	____号滚轴筛投运前状态确认检查
工作分工	就地：　　　　盘前：　　　　主值：　　　　值长：

危险辨识与风险评估				
危险源	风险产生过程及后果	预控措施	预控情况	确认人
1．人员技能	工作人员技能不能满足系统投运操作要求造成人身伤害、设备损坏	1．检查就地及盘前操作人员具备相应岗位资格； 2．操作人员应熟悉系统、设备及工作原理，清晰理解工作任务； 3．操作人员具备处理一般事故的能力		
2．人员生理、心理	人员情绪异常、精神不佳造成工作中人身伤害	1．班前会中准确了解人员情况； 2．当班期间值内、部门做好监督； 3．发现人员情绪异常时，严禁操作		
3．人员行为	工作票未终结、隔离措施未恢复、人员未撤离造成工作中人身伤害；工器具留在操作现场造成设备损坏	1．查看工作票是否终结； 2．检修人员全部撤离； 3．确认安全隔离措施全部恢复到位； 4．操作完毕应检查所有的工器具已收回，确保无遗留物件		
4．孔洞坑井沟道及障碍物	盖板缺损及平台防护栏杆不全造成高处坠落；设备周围有障碍物影响设备运行和人身安全	1．工作场所的孔、洞、坑、井、沟道，必须覆以与地面齐平的坚固盖板。 2．发现洞口盖板缺失、损坏或未盖好时，必须立即填补、修复盖板并及时盖好。 3．所有升降口、大小孔洞、楼梯和平台，必须装设不低于1050mm高栏杆和不低于100mm高的脚部护板；离地高度高于20m的平台、通道及作业场所的防护栏杆不应低于1200mm。 4．清除设备周围影响设备运行和人身安全的障碍物		
5．高处落物	工作区域上方高处落物造成人身伤害	1．正确佩戴个人劳保防护用品； 2．进入现场要观察工作环境，发现有高处落物的可能时采取必要措施		
6．人身伤害	工作人员对所辖设备区间环境不熟悉造成人身伤害；工作人员的着装不符合安规要求；现场地面湿滑冬季结冰造成滑倒摔伤	1．工作人员进入生产现场严格按照安规要求着装，正确使用合格的个人劳保防护用品； 2．现场照明充足； 3.输煤系统区间人行通道应保持畅通，皮带机两侧均应装防护栏杆； 4．现场积水和结冰要及时清理		

续表

危险辨识与风险评估				
危险源	风险产生过程及后果	预控措施	预控情况	确认人
7．转动机械	标识缺损、防护罩缺损；肢体部位或饰品衣物、用具（包括防护用品）、工具接触转动部位	1．设备的转动部分必须装设防护罩，并标明旋转方向，露出的轴端必须装设护盖；转动设备的防护罩应完好。 2．检查设备的运行状态，保持设备的振动、温度、运行电流等参数符合标准，如发现参数超标及时处理。 3．衣服和袖口应扣好，不得戴围巾领带，长发必须盘在安全帽内；不准将用具、工器具接触设备的转动部位，不准在转动设备附近长时间停留。 4．转动设备试运行时所有人员应先远离，站在转动机械的轴向位置，并有一人站在事故按钮位置		
8．触电	运行人员巡检过程中人员误碰带电部位触电；电机接地线伤害、绝缘损坏	1.运行人员应熟悉一般电气安全知识，不准靠近和接触任何有电设备的带电部分，严禁湿手去触摸电源开关和其他电气设备； 2．电源开关外壳和电线绝缘有破损不完整或带电部分外露时，应立即通知电气人员维修； 3．电机接地线完好，定期测电机绝缘		

系统投运前状态确认标准检查卡					
序号	项目	标准状态	确认情况（√）	确认人	备注
1	滚轴筛热机、电气、热控检修工作票，缺陷联系单	终结或押回，无影响系统启动的缺陷			
2	滚轴筛相关系统	无禁止滚轴筛启动的检修工作			
3	热工仪表	投入，就地表计及 DCS 画面上各测点指示正确。 热工确认人：____			
4	热工保护	投入。 热工确认人：____			
5	电气保护、联锁	投入。 电气确认人：____			
6	外部检查	1．现场卫生清洁，临时设施拆除； 2．所有通道保持平整畅通，照明充足，消防设施齐全； 3．平台护栏、盖板、格栅板、步梯完好无缺失现象			

续表

系统投运前状态确认标准检查卡					
序号	项目	标准状态	确认情况（√）	确认人	备注
7	整体检查	1．设备及管道外观整洁，保温完整，无泄漏现象； 2．设备各地角螺栓、对轮及防护罩连接完好，无松动现象； 3．电动机接线盒完好，接地线牢固； 4．各人孔门、检查孔关闭严密； 5．机体内部无杂物； 6．滚轴筛减速器通过油位计处观察油质透明，无乳化和杂质，油面镜上无水汽和水珠			

设备送电确认卡					
序号	阀门或设备名称	标准状态	状态（√）	确认人	备注
1	____号滚轴筛	送电			

检查输煤系统____号滚轴筛启动条件满足，已按系统投运前状态确认标准检查卡检查设备完毕，系统可以投运。

检查人：____________

执行情况复核（主值）：________　　时间：________

批准（值长）：____________　　时间：________

6.4　除杂物机投运前状态确认标准检查卡

班组：　　　　编号：

工作任务	____号除杂物机投运前状态确认检查			
工作分工	就地：	盘前：	主值：	值长：

危险辨识与风险评估				
危险源	风险产生过程及后果	预控措施	预控情况	确认人
1．人员技能	工作人员技能不能满足系统投运操作要求造成人身伤害、设备损坏	1．检查就地及盘前操作人员具备相应岗位资格； 2．操作人员应熟悉系统、设备及工作原理，清晰理解工作任务； 3．操作人员应具备处理一般事故的能力		
2．人员生理心理	人员情绪异常、精神不佳造成工作人身伤害	1．班前会中准确了解人员情况； 2．当班期间值内、部门做好监督； 3．发现人员情绪异常时，严禁操作		

续表

危险辨识与风险评估				
危险源	风险产生过程及后果	预控措施	预控情况	确认人
3．人员行为	工作票未终结、隔离措施未恢复、人员未撤离造成工作中人身伤害；工器具遗留在操作现场造成设备损坏	1．查看工作票是否终结； 2．检修人员全部撤离； 3．确认安全隔离措施全部恢复到位； 4．操作完毕应检查所有的工器具已收回，确保无遗留物件		
4．孔洞坑井沟道及障碍物	盖板缺损及平台防护栏杆不全造成高处坠落；设备周围有障碍物影响设备运行和人身安全	1．工作场所的孔、洞、坑、井、沟道，必须覆以与地面齐平的坚固盖板。 2．发现洞口盖板缺失、损坏或未盖好时，必须立即填补、修复盖板并及时盖好。 3．所有升降口、大小孔洞、楼梯和平台，必须装设不低于1050mm高栏杆和不低于100mm高的脚部护板；离地高度高于20m的平台、通道及作业场所的防护栏杆不应低于1200mm。 4．清除设备周围影响设备运行和人身安全的障碍物		
5．高处落物	工作区域上方高处落物造成人身伤害	1．正确佩戴个人劳保防护用品； 2．进入现场要观察工作环境，发现有高处落物的可能时采取必要措施		
6．人身伤害	工作人员对所辖设备区间环境不熟悉造成人身伤害；工作人员的着装不符合安规要求；现场地面湿滑、冬季结冰易造成滑倒摔伤	1．工作人员进入生产现场严格按照安规要求着装，正确使用合格的个人劳保防护用品； 2．现场照明充足； 3. 输煤系统区间人行通道应保持畅通，皮带机两侧均应装防护栏杆； 4．现场积水和结冰要及时清理		
7．转动机械	标识缺损、防护罩缺损；肢体部位或饰品衣物、用具（包括防护用品）、工具接触转动部位	1．设备的转动部分必须装设防护罩，并标明旋转方向，露出的轴端必须装设护盖；转动设备的防护罩应完好。 2．检查设备的运行状态，保持设备的振动、温度、运行电流等参数符合标准，如发现参数超标及时处理。 3．衣服和袖口应扣好，不得戴围巾领带，长发必须盘在安全帽内；不准将用具、工器具接触设备的转动部位，不准在转动设备附近长时间停留。 4．转动设备试运行时所有人员应先远离，站在转动机械的轴向位置，并有一人站在事故按钮位置		
8．触电	运行人员巡检 过程中人员误碰带电部位触电；电机接地线伤害、绝缘损坏	1．运行人员应熟悉一般电气安全知识，不准靠近和接触任何有电设备的带电部分，严禁湿手去触摸电源开关和其他电气设备； 2．电源开关外壳和电线绝缘有破损不完整或带电部分外露时，应立即通知电气人员维修； 3．电机接地线完好，测电机绝缘合格		

系统投运前状态确认标准检查卡					
序号	项目	标准状态	确认情况（√）	确认人	备注
1	除杂物机热机、电气、热控检修工作票，缺陷联系单	终结或押回，无影响系统启动的缺陷			
2	除杂物机相关系统	无禁止除杂物机启动的检修工作			
3	热工仪表	投入，就地表计及 DCS 画面上各测点指示正确。 热工专业确认人：____			
4	热工保护	投入。 热工专业确认人：____			
5	电气保护、联锁	投入。 电气专业确认人：____			
6	外部检查	1．现场卫生清洁，临时设施拆除； 2．所有通道保持平整畅通，照明充足，消防设施齐全； 3．平台护栏、盖板、步梯完好无缺失现象			
7	整体检查	1．设备及管道外观整洁，保温完整，无泄漏现象； 2．设备各地角螺栓、对轮及防护罩连接完好，无松动现象； 3．电动机接线盒完好，接地线牢固； 4．各人孔门、检查孔关闭严密； 5．机体内部无杂物； 6．除杂物机减速器通过油位计处观察油质透明，无乳化和杂质，油面镜上无水汽和水珠			

设备送电确认卡					
序号	阀门或设备名称	标准状态	状态（√）	确认人	备注
1	____号除杂物机	送电			

检查____号除杂物机启动条件满足，已按系统投运前状态确认标准检查卡检查设备完毕，系统可以投运。

检查人：____________

执行情况复核（主值）：____________　　时间：____________

批准（值长）：____________　　时间：____________

6.5　除大块机投运前状态确认标准检查卡

班组：　　　　编号：

工作任务	____号除大块机投运前状态确认检查
工作分工	就地：　　盘前：　　主值：　　值长：

危险辨识与风险评估				
危险源	风险产生过程及后果	预控措施	预控情况	确认人
1．人员技能	工作人员技能不能满足系统投运操作要求造成人身伤害、设备损坏	1．检查就地及盘前操作人员具备相应岗位资格； 2．操作人员应熟悉系统、设备及工作原理，清晰理解工作任务； 3．操作人员应有处理一般事故的能力		
2．人员生理、心理	人员情绪异常、精神不佳造成工作中人身伤害	1．班前会中准确了解人员情况； 2．当班期间值内、部门做好监督； 3．发现人员情绪等异常时，严禁操作		
3．人员行为	工作票未终结、隔离措施未恢复、人员未撤离造成工作中人身伤害；工器具留在操作现场造成设备损坏	1．查看工作票是否终结； 2．检修人员全部撤离； 3．确认安全隔离措施全部恢复到位； 4．操作完毕应检查所有的工器具已收回，确保无遗留物件		
4．孔洞坑井沟道及障碍物	盖板缺损及平台防护栏杆不全造成高处坠落；设备周围有障碍物影响设备运行和人身安全	1．工作场所的孔、洞、坑、井、沟道，必须覆以与地面齐平的坚固盖板。 2．发现洞口盖板缺失、损坏或未盖好时，必须立即填补、修复盖板并及时盖好。 3．所有升降口、大小孔洞、楼梯和平台，必须装设不低于1050mm高栏杆和不低于100mm高的脚部护板；离地高度高于20m的平台、通道及作业场所的防护栏杆不应低于1200mm。 4．清除设备周围影响设备运行和人身安全的障碍物		
5．高处落物	工作区域上方高处落物造成人身伤害	1．正确佩戴个人劳保防护用品； 2．进入现场要观察工作环境，发现有高处落物的可能时采取必要措施		
6．人身伤害	工作人员对所辖设备区间环境不熟悉造成人身伤害；工作人员的着装不符合安规要求；现场地面湿滑冬季结冰易造成摔伤	1．工作人员进入生产现场严格按照安规要求着装，正确使用合格的个人劳保防护用品； 2．现场照明充足； 3．输煤系统区间人行通道应保持畅通，皮带机两侧均应装防护栏杆； 4．现场积水和结冰要及时清理		
7．转动机械	标识缺损、防护罩缺损；肢体部位或饰品衣物、用具（包括防护用品）、工具接触转动部位	1．设备的转动部分必须装设防护罩，并标明旋转方向，露出的轴端必须装设护盖；转动设备的防护罩应完好。 2．检查设备的运行状态，保持设备的振动、温度、运行电流等参数符合标准，如发现参数超标及时处理。 3．衣服和袖口应扣好，不得戴围巾领带，长发必须盘在安全帽内；不准将用具、工器具接触设备的转动部位，不准在转动设备附近长时间停留。		

续表

危险辨识与风险评估				
危险源	风险产生过程及后果	预控措施	预控情况	确认人
7．转动机械		4．转动设备试运行时所有人员应先远离，站在转动机械的轴向位置，并有一人站在事故按钮位置		
8．触电	运行人员巡检过程中人员误碰带电部位触电；电机接地线伤害、绝缘损坏	1．运行人员应熟悉一般电气安全知识，不准靠近和接触任何有电设备的带电部分，严禁湿手去触摸电源开关和其他电气设备； 2．电源开关外壳和电线绝缘有破损不完整或带电部分外露时，应立即通知电气人员维修； 3．电机接地线完好，测电机绝缘合格		

系统投运前状态确认标准检查卡					
序号	项目	标准状态	确认情况（√）	确认人	备注
1	除大块机热机、电气、热控检修工作票，缺陷联系单	终结或押回，无影响系统启动的缺陷			
2	除大块机相关系统	无禁止除大块机启动的检修工作			
3	热工仪表	投入，就地表计及DCS画面上各测点指示正确。 热工确认人：____			
4	热工保护	投入。热工确认人：____			
5	电气保护、联锁	投入。电气确认人：____			
6	外部检查	1．现场卫生清洁，临时设施拆除； 2．所有通道保持平整畅通，照明充足，消防设施齐全； 3．平台护栏、盖板、步梯完好无缺失现象			
7	整体检查	1．设备及管道外观整洁，保温完整，无泄漏现象； 2．设备各地角螺栓、对轮及防护罩连接完好，无松动现象； 3．电动机接线盒完好，接地线牢固； 4．各人孔门、检查孔关闭严密； 5．机体内部无杂物； 6．除大块机减速器通过油位计处观察油质透明，无乳化和杂质，油面镜上无水汽和水珠			

设备送电确认卡					
序号	阀门或设备名称	标准状态	状态（√）	确认人	备注
1	____号除大块机	送电			

检查输煤系统____号除大块机启动条件满足，已按系统投运前状态确认标准检查卡检查设备完毕，系统可以投运。

检查人：____________

执行情况复核（主值）：________　　时间：________

批准（值长）：____________　　时间：________

6.6 叶轮给煤机投运前状态确认标准检查卡

班组：　　　　　　　　　　　　　　　　　　　　　　　　编号：

工作任务	____号叶轮给煤机投运前状态确认检查
工作分工	就地：　　盘前：　　主值：　　值长：

危险辨识与风险评估				
危险源	风险产生过程及后果	预控措施	预控情况	确认人
1．人员技能	工作人员技能不能满足系统投运操作要求造成人身伤害、设备损坏	1．检查就地及盘前操作人员具备相应岗位资格； 2．操作人员应熟悉系统、设备及工作原理，清晰理解工作任务； 3．操作人员有处理一般事故的能力		
2．人员生理、心理	人员情绪异常、精神不佳造成工作中人身伤害	1．班前会中准确了解人员情况； 2．当班期间值内、部门做好监督； 3．发现人员情绪异常时，严禁操作		
3．人员行为	工作票未终结、隔离措施未恢复、人员未撤离造成工作中人身伤害；工器具遗留在操作现场造成设备损坏	1．查看工作票是否终结； 2．检修人员全部撤离； 3．确认安全隔离措施全部恢复到位； 4．操作完毕应检查所有的工器具已收回，确保无遗留物件		
4．照明	现场照明不足造成人身伤害	现场照明应充足，满足操作及监视需要，否则应及时补充或增加		
5．噪声、粉尘	警示标识不全或进入噪声区域时、使用高噪声工具时未正确使用防护用品造成工作人员职业病	进入噪声、粉尘区域时必须正确使用防护用品		
6．孔洞坑井沟道及障碍物	盖板缺损及平台防护栏杆不全造成高处坠落；设备周围有障碍物影响设备运行和人身安全	1．工作场所的孔、洞、坑、井、沟道，必须覆以与地面齐平的坚固盖板。 2．发现洞口盖板缺失、损坏或未盖好时，必须立即填补、修复盖板并及时盖好。		

续表

危险辨识与风险评估				
危险源	风险产生过程及后果	预控措施	预控情况	确认人
6．孔洞坑井沟道及障碍物		3．所有升降口、大小孔洞、楼梯和平台，必须装设不低于1050mm高栏杆和不低于100mm高的脚部护板；离地高度高于20m的平台、通道及作业场所的防护栏杆不应低于1200mm。 4．清除设备周围影响设备运行和人身安全的障碍物		
7．高处落物	工作区域上方高处落物造成人身伤害	1．正确佩戴个人劳保防护用品； 2．进入现场要观察工作环境，发现有高处落物的可能时采取必要措施		
8．工器具	使用不合格工器具或未正确使用工器具造成工作中人身伤害	1．检查符合规定安全工器具； 2．不合格工器具禁止带入操作现场； 3．带全操作所需工器具、防护用品（如对讲机、手电筒、耳塞等）； 4．操作中正确使用工器具		
9．触电	控制柜送电过程中人员误碰带电部位触电	1．熟悉控制柜电气回路； 2．电气操作时正确佩戴个人防护用品，正确使用合格的工器具		
10．转动机械	标识缺损、防护罩缺损；断裂、超速、零部件脱落；肢体部位或饰品衣物、用具（包括防护用品）、工具接触转动部位	1．设备的转动部分必须装设防护罩，并标明旋转方向，露出的轴端必须装设护盖；转动设备的防护罩应完好。 2．检查设备的运行状态，保持设备的振动、温度、运行电流等参数符合标准，如发现参数超标及时处理。 3．衣服和袖口应扣好，不得戴围巾领带，长发必须盘在安全帽内；不准将用具、工器具接触设备的转动部位，不准在转动设备附近长时间停留。 4．转动设备试运行时所有人员应先远离，站在转动机械的轴向位置，并有一人站在事故按钮位置		

系统投运前状态确认标准检查卡					
序号	检查内容	标准状态	确认情况（√）	确认人	备注
1	叶轮给煤机系统热机、电气、热控检修工作票，缺陷联系单	终结或押回，无影响系统启动的缺陷			
2	与本系统启动相关联系统	无禁止叶轮给煤机系统启动的检修工作			
3	热工仪表	投入，就地表计及DCS画面上各测点指示正确。 热工确认人：____			

续表

系统投运前状态确认标准检查卡					
序号	检查内容	标准状态	确认情况（√）	确认人	备注
4	热工保护和联锁	投入。 热工确认人：____			
5	外部检查	1．现场卫生清洁，临时设施拆除； 2．所有通道保持平整畅通，照明充足，消防设施齐全； 3．各设备平台护栏、盖板、格栅板完好无缺失现象			
6	整体检查	1．设备及管道外观整洁，保温完整，无泄漏现象； 2．检查煤沟煤位分布情况及叶轮给煤机停放位置； 3．检查轨道无变形及对应的皮带上应无杂物； 4．检查各电机、减速机正常； 5．检查动力电缆、滑线连接良好； 6．检查各行程开关，保护装置应完整齐全，动作灵活； 7．检查叶轮爪上应无杂物缠绕，平台无积煤，落料斗无堵煤； 8．检查操作箱应完整清洁，操作开关应灵活好用、标志清晰、信号指示正确； 9．检查除尘水箱无漏水、系统正常； 10.设备及工作场所的卫生、照明应良好； 11．就地事故按钮已复位，保护罩完好			
7	通信系统及设备；计算机系统；工业电视及摄像头	1．正常可用； 2．正常联网； 3．完好，功能正常			
8	集控室和就地各控制盘	完整，内部控制电源均应送上且正常，各指示记录仪表、报警装置、操作、控制开关完好			

设备送电确认卡					
序号	设备名称	标准状态	状态（√）	确认人	备注
1	____号叶轮给煤机	送电			
2	____号叶轮给煤机控制柜	送电			

检查____号叶轮给煤机启动条件满足，已按系统投运前状态确认标准检查卡检查设备完毕，系统可以投运。

检查人：________________

执行情况复核（主值）：________　　　　时间：________

批准（值长）：________________　　　　时间：________

6.7 活化给煤机投运前状态确认标准检查卡

班组： 编号：

工作任务	____号活化给煤机投运前状态确认检查
工作分工	就地： 盘前： 主值： 值长：

危险辨识与风险评估				
危险源	风险产生过程及后果	预控措施	预控情况	确认人
1．人员技能	工作人员技能不能满足系统投运操作要求造成人身伤害、设备损坏	1．检查就地及盘前操作人员具备相应岗位资格； 2．操作人员应熟悉系统、设备及工作原理，清晰理解工作任务； 3．操作人员应具备处理一般事故的能力		
2．人员生理、心理	人员情绪异常、精神不佳造成工作中人身伤害	1．班前会中准确了解人员情况； 2．当班期间值内、部门做好监督； 3．发现人员情绪异常时，严禁操作		
3．人员行为	工作票未终结、隔离措施未恢复、人员未撤离造成工作中人身伤害；工器具留在操作现场造成设备损坏	1．查看工作票是否终结； 2．检修人员全部撤离； 3．确认安全隔离措施全部恢复到位； 4．操作完毕应检查所有的工器具已收回，确保无遗留物件		
4．照明	现场照明不足造成人身伤害	现场照明应充足，满足操作及监视需要，否则应及时补充或增加		
5．孔洞坑井沟道及障碍物	盖板缺损及平台防护栏杆不全造成高处坠落；设备周围有障碍物影响设备运行和人身安全	1．工作场所的孔、洞、坑、井、沟道，必须覆以与地面齐平的坚固盖板。 2．发现洞口盖板缺失、损坏或未盖好时，必须立即填补、修复盖板并及时盖好。 3．所有升降口、大小孔洞、楼梯和平台，必须装设不低于1050mm高栏杆和不低于100mm高的脚部护板；离地高度高于20m的平台、通道及作业场所的防护栏杆不应低于1200mm。 4．清除设备周围影响设备运行和人身安全的障碍物		
6．工器具	使用不合格工器具或未正确使用工器具造成工作中人身伤害	1．检查符合规定安全工器具； 2．不合格工器具禁止带入操作现场； 3．带全操作所需工器具、防护用品（如对讲机、手电筒、耳塞等）； 4．操作中正确使用工器具		
7．触电	控制柜送电过程中人员误碰带电部位触电	1．熟悉控制柜电气回路； 2．电气操作时正确佩戴个人防护用品，正确使用合格的工器具		

续表

危险辨识与风险评估				
危险源	风险产生过程及后果	预控措施	预控情况	确认人
8. 转动机械	标识缺损、防护罩缺损；断裂、超速、零部件脱落；肢体部位或饰品衣物、用具（包括防护用品）、工具接触转动部位	1. 设备的转动部分必须装设防护罩，并标明旋转方向，露出的轴端必须装设护盖；转动设备的防护罩应完好。 2. 检查设备的运行状态，保持设备的振动、温度、运行电流等参数符合标准，如发现参数超标及时处理。 3. 衣服和袖口应扣好、不得戴围巾领带、长发必须盘在安全帽内，不准将用具、工器具接触设备的转动部位，不准在转动设备附近长时间停留。 4. 转动设备试运行时所有人员应先远离，站在转动机械的轴向位置，并有一人站在开关箱位置		

系统投运前状态确认标准检查卡					
序号	检查内容	标准状态	确认情况（√）	确认人	备注
1	活化给煤机热机、电气、热控检修工作票，缺陷联系单	终结或押回，无影响系统启动的缺陷			
2	活化给煤机相关系统	无禁止活化给煤机启动的检修工作			
3	热工仪表	投入。 热工专业确认人：____			
4	热工保护和联锁	投入。 热工专业确认人：____			
5	系统外部检查	1. 现场卫生清洁，临时设施拆除； 2. 所有通道保持平整畅通，照明充足，消防设施齐全			
6	系统整体检查	1. 本体紧固螺栓无松动、无开焊，密封良好； 2. 弹簧无脱落及断裂、移位、扭曲； 3. 激振电机接线牢固，接线与支架无摩擦； 4. 机内无杂物卡阻，观察门关闭严密； 5. 就地控制箱各按钮齐全，指示正确； 6. 各人孔门、检查孔、取样孔关闭严密； 7. 就地事故按钮已复位，保护罩完好			
7	集控室和就地各控制盘	完整，内部控制电源均应送上且正常，各指示记录仪表、报警装置、操作、控制开关完好			

设备送电确认卡					
序号	设备名称	标准状态	状态（√）	确认人	备注
1	____号活化给煤机	送电			
2	____号活化给煤机控制柜	送电			

检查____号活化给煤机启动条件满足，已按系统投运前状态确认标准检查卡检查设备完毕，系统可以投运。

检查人：____________

执行情况复核（主值）：________ 时间：__________

批准（值长）：________ 时间：__________

6.8 入炉煤采制样装置投运前状态确认标准检查卡

班组： 编号：

工作任务	____号入炉煤采制样装置投运前状态确认检查
工作分工	就地： 盘前： 主值： 值长：

危险辨识与风险评估				
危险源	风险产生过程及后果	预控措施	预控情况	确认人
1．人员技能	工作人员技能不能满足系统投运操作要求造成人身伤害、设备损坏	1．检查就地及盘前操作人员具备相应岗位资格； 2．操作人员应熟悉系统、设备及工作原理，清晰理解工作任务； 3．操作人员应具备处理一般事故的能力		
2．人员生理、心理	人员情绪异常、精神不佳造成工作中人身伤害	1．班前会中准确了解人员情况； 2．当班期间值内、部门做好监督； 3．发现人员情绪异常，严禁操作		
3．人员行为	工作票未终结、隔离措施未恢复、人员未撤离造成工作中人身伤害；工器具遗留在操作现场造成设备损坏	1．查看工作票是否终结； 2．检修人员全部撤离； 3．确认安全隔离措施全部恢复到位； 4．操作完毕应检查所有的工器具已收回，确保无遗留物件		
4．照明	现场照明不足造成人身伤害	现场照明应充足，满足操作及监视需要，否则应及时补充或增加		
5．噪声、粉尘	警示标识不全或进入噪声音区域时、使用高噪声工具时未正确使用防护用品造成工作人员职业病	进入噪声、粉尘区域时必须正确使用防护用品		
6．孔洞坑井沟道及障碍物	盖板缺损及平台防护栏杆不全造成高处坠落；设备周围有障碍物影响设备运行和人身安全	1．工作场所的孔、洞、坑、井、沟道，必须覆以与地面齐平的坚固盖板。 2．发现洞口盖板缺失、损坏或未盖好时，必须立即填补、修复盖板并及时盖好。		

续表

危险辨识与风险评估				
危险源	风险产生过程及后果	预控措施	预控情况	确认人
6．孔洞坑井沟道及障碍物		3．所有升降口、大小孔洞、楼梯和平台，必须装设不低于1050mm高栏杆和不低于100mm高的脚部护板；离地高度高于20m的平台、通道及作业场所的防护栏杆不应低于1200mm。 4．清除设备周围影响设备运行和人身安全的障碍物		
7．高处落物	工作区域上方高处落物造成人身伤害	1．正确佩戴个人劳保防护用品； 2．进入现场要观察工作环境，发现有高处落物的可能采取必要措施		
8．工器具	使用不合格工器具或未正确使用工器具造成工作中人身伤害	1．检查符合规定安全工器具； 2．不合格工器具禁止带入操作现场； 3．带全操作所需工器具、防护用品（如对讲机、手电筒、耳塞等）； 4．操作中正确使用工器具		
9．触电	控制柜送电过程中人员误碰带电部位触电	1．熟悉控制柜电气回路； 2．电气操作时正确佩戴个人防护用品，正确使用合格的工器具		
10．转动机械	标识缺损、防护罩缺损；断裂、超速、零部件脱落；肢体部位或饰品衣物、用具（包括防护用品）、工具接触转动部位	1．设备的转动部分必须装设防护罩，并标明旋转方向，露出的轴端必须装设护盖；转动设备的防护罩应完好。 2．检查设备的运行状态，保持设备的振动、温度、运行电流等参数符合标准，如发现参数超标及时处理。 3．衣服和袖口应扣好，不得戴围巾领带，长发必须盘在安全帽内；不准将用具、工器具接触设备的转动部位，不准在转动设备附近长时间停留。 4．转动设备试运行时所有人员应先远离，站在转动机械的轴向位置，并有一人站在事故按钮位置		

系统投运前状态确认标准检查卡					
序号	检查内容	标准状态	确认情况（√）	确认人	备注
1	入炉煤采制样装置热机、电气、热控检修工作票，缺陷联系单	终结或押回，无影响系统启动的缺陷			
2	与本系统启动相关联系统	无禁止入炉煤采制样装置系统启动的检修工作			
3	热工仪表	投入，就地表计及DCS画面上各测点指示正确。 热工专业确认人：____			

续表

系统投运前状态确认标准检查卡					
序号	检查内容	标准状态	确认情况（√）	确认人	备注
4	热工保护和联锁	投入。 热工专业确认人：____			
5	外部检查	1．现场卫生清洁，临时设施拆除； 2．所有通道保持平整畅通，照明充足，消防设施齐全； 3．各设备平台护栏、盖板、格栅板完好无缺失现象			
6	整体检查	1．检查各电机、减速机、皮带给料机、破碎机、缩分器、集样器、斗式提升机及其他各组成部分的基础应牢固；电机接线及接地线应良好，各限位开关完好，位置正确。 2．各部位螺栓无松动，各安全防护装置完好。 3．各落煤管无漏点，各减速机无漏油。 4．采样头处于原始位置，刮板无破损，与皮带表面无碰擦现象。 5．检查皮带给料机、破碎机、缩分器、集样器、斗式提升机及取样管无积煤、堵煤。 6．检查皮带给料机皮带无损坏，斗式提升机传动链条无断裂，破碎机传动胶带完好。 7．皮带给料机及刮扫式缩分机的挡料板高度合适。 8．检查集样器旋转应灵活，集样瓶安放到位。 9．就地控制箱电源指示正常，按钮完好，各急停按钮已复位			
7	集控室和就地各控制盘	完整，内部控制电源均应送上且正常，各指示记录仪表、报警装置、操作、控制开关完好			

设备送电确认卡					
序号	设备名称	标准状态	状态（√）	确认人	备注
1	____号入炉煤采制样装置	送电			
2	____号入炉煤采制样装置控制柜	送电			

检查____号入炉煤采制样装置启动条件满足，已按系统投运前状态确认标准检查卡检查设备完毕，系统可以投运。

检查人：____________

执行情况复核（主值）：____________　　时间：____________

批准（值长）：____________　　时间：____________

6.9 火车煤采制样装置投运前状态确认标准检查卡

班组：　　　　　　　　　　　　　　　　　　　　　　　　　　编号：

工作任务	____号火车煤采制样装置投运前状态确认检查
工作分工	就地：　　　　盘前：　　　　主值：　　　　值长：

危险辨识与风险评估				
危险源	风险产生过程及后果	预控措施	预控情况	确认人
1．人员技能	工作人员技能不能满足系统投运操作要求造成人身伤害、设备损坏	1．检查就地及盘前操作人员具备相应岗位资格； 2．操作人员应熟悉系统、设备及工作原理，清晰理解工作任务； 3．操作人员应具备处理一般事故的能力		
2．人员生理、心理	人员情绪异常、精神不佳造成工作中人身伤害	1．班前会中准确了解人员情况； 2．当班期间值内、部门做好监督； 3．发现人员情绪异常情况，严禁操作		
3．人员行为	工作票未终结、隔离措施未恢复、人员未撤离造成工作中人身伤害；工器具留在操作现场造成设备损坏	1．查看工作票是否终结； 2．检修人员全部撤离； 3．确认安全隔离措施全部恢复到位； 4．操作完毕应检查所有的工器具已收回，确保无遗留物件		
4．照明	现场照明不足造成人身伤害	现场照明应充足，满足操作及监视需要，否则应及时补充或增加		
5．噪声、粉尘	警示标识不全或进入噪声区域时、使用高噪声工具时未正确使用防护用品造成工作人员职业病	进入噪声、粉尘区域时必须正确使用防护用品		
6．孔洞坑井沟道及障碍物	盖板缺损及平台防护栏杆不全造成高处坠落；设备周围有障碍物影响设备运行和人身安全	1．工作场所的孔、洞、坑、井、沟道，必须覆以与地面齐平的坚固盖板。 2．发现洞口盖板缺失、损坏或未盖好时，必须立即填补、修复盖板并及时盖好。 3．所有升降口、大小孔洞、楼梯和平台，必须装设不低于 1050mm 高栏杆和不低于 100mm 高的脚部护板；离地高度高于 20m 的平台、通道及作业场所的防护栏杆不应低于 1200mm。 4．清除设备周围影响设备运行和人身安全的障碍物		
7．高处落物	工作区域上方高处落物造成人身伤害	1．正确佩戴个人劳保防护用品； 2．进入现场要观察工作环境，发现有高处落物的可能时采取必要措施		
8．工器具	使用不合格工器具或未正确使用工器具造成工作中人身伤害	1．检查符合规定安全工器具； 2．不合格工器具禁止带入操作现场； 3．带全操作所需工器具、防护用品（如对讲机、手电筒、耳塞等）； 4．操作中正确使用工器具		

续表

危险辨识与风险评估				
危险源	风险产生过程及后果	预控措施	预控情况	确认人
9．触电	控制柜送电过程中人员误碰带电部位触电	1．熟悉控制柜电气回路； 2．电气操作时正确佩戴个人防护用品，正确使用合格的工器具		
10．转动机械	标识缺损、防护罩缺损；断裂、超速、零部件脱落；肢体部位或饰品衣物、用具（包括防护用品）、工具接触转动部位	1．设备的转动部分必须装设防护罩，并标明旋转方向，露出的轴端必须装设护盖；转动设备的防护罩应完好。 2．检查设备的运行状态，保持设备的振动、温度、运行电流等参数符合标准，如发现参数超标及时处理。 3．衣服和袖口应扣好，不得戴围巾领带，长发必须盘在安全帽内；不准将用具、工器具接触设备的转动部位，不准在转动设备附近长时间停留。 4．转动设备试运行时所有人员应先远离，站在转动机械的轴向位置，并有一人站在启停按钮位置		

系统投运前状态确认标准检查卡					
序号	检查内容	标准状态	确认情况（√）	确认人	备注
1	入炉煤采制样装置热机、电气、热控检修工作票，缺陷联系单	终结或押回，无影响系统启动的缺陷			
2	与本系统启动相关联系统	无禁止火车煤采制样装置系统启动的检修工作			
3	热工仪表	投入，就地表计及 DCS 画面上各测点指示正确。 热工确认人：____			
4	热工保护和联锁	投入。 热工确认人：____			
5	外部检查	1．现场卫生清洁，临时设施拆除； 2．所有通道保持平整畅通，照明充足，消防设施齐全； 3．各设备平台护栏、盖板、格栅板完好无缺失现象			
6	整体检查	1．检查各电机、减速机、皮带给料机、破碎机、缩分器、集样器、斗式提升机及其他各组成部分的基础应牢固；电机接线及接地线应良好；各限位开关完好，位置正确。 2．各部位螺栓无松动，各安全防护装置完好。 3．各落煤管无漏点，各减速机无漏油。			

续表

系统投运前状态确认标准检查卡					
序号	检查内容	标准状态	确认情况（√）	确认人	备注
6	整体检查	4．采样头处于原始位置，刮板无破损，与皮带表面无碰擦现象。 5．检查皮带给料机、破碎机、缩分器、集样器、斗式提升机及取样管无积煤、堵煤。 6．检查皮带给料机皮带无损坏，斗式提升机传动链条无断裂，破碎机传动胶带完好。 7．皮带给料机及刮扫式缩分机的挡料板高度合适。 8．检查集样器旋转应灵活，集样瓶安放到位。 9．就地控制箱电源指示正常，按钮完好，各急停按钮已复位			
7	集控室和就地各控制盘	完整，内部控制电源均应送上且正常，各指示记录仪表、报警装置、操作、控制开关完好			

设备送电确认卡					
序号	设备名称	标准状态	状态（√）	确认人	备注
1	____号火车煤采制样装置	送电			
2	____号火车煤采制样装置控制柜	送电			

检查____号火车煤采制样装置启动条件满足，已按系统投运前状态确认标准检查卡检查设备完毕，系统可以投运。

检查人：______________

执行情况复核（主值）：________　　时间：__________

批准（值长）：____________　　时间：__________

6.10　带式除铁器投运前状态确认标准检查卡

班组：　　　　　　　　　　　　　　　　　　　　编号：

工作任务	____段皮带机____号带式除铁器投运前状态确认检查
工作分工	就地：　　　盘前：　　　主值：　　　值长：

危险辨识与风险评估				
危险源	风险产生过程及后果	预控措施	预控情况	确认人
1．人员技能	工作人员技能不能满足系统投运操作要求，造成人身伤害、设备损坏	1．检查就地及盘前操作人员具备相应岗位资格；		

续表

危险辨识与风险评估				
危险源	风险产生过程及后果	预控措施	预控情况	确认人
1．人员技能		2．操作人员应熟悉系统、设备及工作原理，清晰理解工作任务； 3．操作人员有处理一般事故的能力		
2．人员生理、心理	人员情绪异常、精神不佳造成工作中人身伤害	1．班前会中准确了解人员情况； 2．当班期间值内、部门做好监督； 3．发现人员情绪异常，严禁操作		
3．人员行为	工作票未终结、隔离措施未恢复、人员未撤离造成工作中人身伤害；工器具遗留在操作现场造成设备损坏	1．查看工作票是否终结； 2．检修人员全部撤离； 3．确认安全隔离措施全部恢复到位； 4．操作完毕应检查所有的工器具已收回，确保无遗留物件		
4．照明	现场照明不足造成人身伤害	现场照明应充足，满足操作及监视需要，否则应及时补充或增加		
5．孔洞坑井沟道及障碍物	盖板缺损及平台防护栏杆不全造成高处坠落；设备周围有障碍物影响设备运行和人身安全	1．工作场所的孔、洞、坑、井、沟道，必须覆以与地面齐平的坚固盖板。 2．发现洞口盖板缺失、损坏或未盖好时，必须立即填补、修复盖板并及时盖好。 3．所有升降口、大小孔洞、楼梯和平台，必须装设不低于 1050mm 高栏杆和不低于 100mm 高的脚部护板；离地高度高于 20m 的平台、通道及作业场所的防护栏杆不应低于 1200mm。 4．清除设备周围影响设备运行和人身安全的障碍物		
6．高处落物	工作区域上方高处落物造成人身伤害	1．正确佩戴个人劳保防护用品； 2．进入现场要观察工作环境，发现有高处落物的可能时采取必要措施		
7．工器具	使用不合格工器具或未正确使用工器具造成工作中人身伤害	1．检查符合规定安全工器具； 2．不合格工器具禁止带入操作现场； 3．带全操作所需工器具、防护用品（如对讲机、手电筒、耳塞等）； 4．操作中正确使用工器具		
8．触电	控制柜送电过程中人员误碰带电部位触电	1．熟悉控制柜电气回路； 2．电气操作时正确佩戴个人防护用品，正确使用合格的工器具		
9．转动机械	标识缺损、防护罩缺损；断裂、超速、零部件脱落；肢体部位或饰品衣物、用具（包括防护用品）、工具接触转动部位	1．设备的转动部分必须装设防护罩，并标明旋转方向，露出的轴端必须装设护盖；转动设备的防护罩应完好。 2．检查设备的运行状态，保持设备的振动、温度、运行电流等参数符合标准，如发现参数超标及时处理。		

续表

危险辨识与风险评估				
危险源	风险产生过程及后果	预控措施	预控情况	确认人
9．转动机械		3．衣服和袖口应扣好，不得戴围巾领带，长发必须盘在安全帽内；不准将用具、工器具接触设备的转动部位，不准在转动设备附近长时间停留。 4．转动设备试运行时所有人员应先远离，站在转动机械的轴向位置，并有一人站在操作开关箱位置		

系统投运前状态确认标准检查卡					
序号	项目	标准状态	确认情况（√）	确认人	备注
1	____段____号带式除铁器热机、电气、热控检修工作票，缺陷联系单	终结或押回，无影响设备启动的缺陷			
2	电气保护和联锁	投入。 电气专业确认人：____			
3	设备外部检查	1．现场卫生清洁，临时设施拆除，无影响转机转动的物品； 2．所有通道保持平整畅通，照明充足，消防设施齐全			
4	设备整体检查	1．检查除铁器各部螺栓无松动、脱落； 2．悬挂吊杆应完好无损； 3．弃铁皮带无破损、跑偏，刮板无松动变形； 4．除铁器的电动机电缆及接线无损坏； 5．检查传动链条无损坏，防护罩完好； 6．减速机油位正常，不漏油； 7．各表计按钮完好，指示正常； 8．程控操作时将转换开关打到“远程”位			

设备送电确认卡					
序号	阀门或设备名称	标准状态	状态（√）	确认人	备注
1	____段____号带式除铁器	送电			

检查____段____号带式除铁器启动条件满足，已按系统投运前状态确认标准检查卡检查设备完毕，系统可以投运。

检查人：____________

执行情况复核（主值）：________　　时间：________

批准（值长）：____________　　时间：________

6.11 盘式除铁器投运前状态确认标准检查卡

班组：　　　　　　　　　　　　　　　　　　　　　　　　　　　　　　编号：

工作任务	____段皮带机____号盘式除铁器投运前状态确认检查
工作分工	就地：　　　　盘前：　　　　主值：　　　　值长：

危险辨识与风险评估				
危险源	风险产生过程及后果	预控措施	预控情况	确认人
1．人员技能	工作人员技能不能满足系统投运操作要求造成人身伤害、设备损坏	1．检查就地及盘前操作人员具备相应岗位资格； 2．操作人员应熟悉系统、设备及工作原理，清晰理解工作任务； 3．操作人员应具备处理一般事故的能力		
2．人员生理、心理	人员情绪异常、精神不佳造成工作中人身伤害	1．班前会中准确了解人员情况； 2．当班期间值内、部门做好监督； 3．发现人员情绪等异常情况时，严禁操作		
3．人员行为	工作票未终结、隔离措施未恢复、人员未撤离造成工作中人身伤害；工器具遗留在操作现场造成设备损坏	1．查看工作票是否终结； 2．检修人员全部撤离； 3．确认安全隔离措施全部恢复到位； 4．操作完毕应检查所有的工器具已收回，确保无遗留物件		
4．照明	现场照明不足造成人身伤害	现场照明应充足，满足操作及监视需要，否则应及时补充或增加		
5．孔洞坑井沟道及障碍物	盖板缺损及平台防护栏杆不全造成高处坠落； 设备周围有障碍物影响设备运行和人身安全	1．工作场所的孔、洞、坑、井、沟道，必须覆以与地面齐平的坚固盖板。 2．发现洞口盖板缺失、损坏或未盖好时，必须立即填补、修复盖板并及时盖好。 3．所有升降口、大小孔洞、楼梯和平台，必须装设不低于 1050mm 高栏杆和不低于 100mm 高的脚部护板；离地高度高于 20m 的平台、通道及作业场所的防护栏杆不应低于 1200mm。 4．清除设备周围影响设备运行和人身安全的障碍物		
6．高处落物	工作区域上方高处落物造成人身伤害	1．正确佩戴个人劳保防护用品； 2．进入现场要观察工作环境，发现有高处落物的可能时采取必要措施		
7．工器具	使用不合格工器具或未正确使用工器具造成工作中人身伤害	1．检查符合规定安全工器具； 2．不合格工器具禁止带入操作现场； 3．带全操作所需工器具、防护用品（如对讲机、手电筒、耳塞等）； 4．操作中正确使用工器具		

续表

危险辨识与风险评估				
危险源	风险产生过程及后果	预控措施	预控情况	确认人
8．触电	控制柜送电过程中人员误碰带电部位触电	1．熟悉控制柜电气回路； 2．电气操作时正确佩戴个人防护用品，正确使用合格的工器具		

系统投运前状态确认标准检查卡					
序号	项目	标准状态	确认情况（√）	确认人	备注
1	____段____号盘式除铁器热机、电气、热控检修工作票，缺陷联系单	终结或押回，无影响系统启动的缺陷			
2	热工仪表	投入，就地表计及DCS画面上各测点指示正确。 热工专业确认人：____			
3	热工保护和联锁	投入。 热工确认人：____			
4	设备外部检查	1．现场卫生清洁，临时设施拆除，无影响转机转动的物品； 2．所有通道保持平整畅通，照明充足，消防设施齐全			
5	设备整体检查	1．检查操作箱各开关，表计、指示灯完好； 2．检查电气接线开关无松动及脱离现象； 3．检查吊挂装置牢固可靠； 4．检查供电电缆无扯挂，托缆滚轮无出轨或卡阻； 5．检查轨道行走限位止挡完好，无脱落、开焊； 6．如程控操作，将转换开关置“远程”位置			

设备送电确认卡					
序号	阀门或设备名称	标准状态	状态（√）	确认人	备注
1	____段____号盘式除铁器	送电			

检查____段____号盘式除铁器启动条件满足，已按系统投运前状态确认标准检查卡检查设备完毕，系统可以投运。

检查人：____________

执行情况复核（主值）：________　　时间：________

批准（值长）：____________　　时间：________

6.12 犁煤器投运前状态确认标准检查卡

班组：　　　　　　　　　　　　　　　　　　　　　　　　　　　　　　编号：

工作任务	____号皮带机____号犁煤器投运前状态确认检查
工作分工	就地：　　　　盘前：　　　　主值：　　　　值长：

危险辨识与风险评估				
危险源	风险产生过程及后果	预控措施	预控情况	确认人
1．人员技能	工作人员技能不能满足系统投运操作要求造成人身伤害、设备损坏	1．检查就地及盘前操作人员具备相应岗位资格； 2．操作人员应熟悉系统、设备及工作原理，清晰理解工作任务； 3．操作人员应具备处理一般事故的能力		
2．人员生理、心理	人员情绪异常、精神不佳造成工作中人身伤害	1．班前会中准确了解人员情况； 2．当班期间值内、部门做好监督； 3．发现人员情绪等异常情况时，严禁操作		
3．人员行为	工作票未终结、隔离措施未恢复、人员未撤离造成工作中人身伤害；工器具遗留在操作现场造成设备损坏	1．查看工作票是否终结； 2．检修人员全部撤离； 3．确认安全隔离措施全部恢复到位； 4．操作完毕应检查所有的工器具已收回，确保无遗留物件		
4．照明	现场照明不足造成人身伤害	现场照明应充足，满足操作及监视需要，否则应及时补充或增加		
5．孔洞坑井沟道及障碍物	盖板缺损及平台防护栏杆不全造成高处坠落； 设备周围有障碍物影响设备运行和人身安全	1．工作场所的孔、洞、坑、井、沟道，必须覆以与地面齐平的坚固盖板。 2．发现洞口盖板缺失、损坏或未盖好时，必须立即填补、修复盖板并及时盖好。 3．所有升降口、大小孔洞、楼梯和平台，必须装设不低于1050mm高栏杆和不低于100mm高的脚部护板；离地高度高于20m的平台、通道及作业场所的防护栏杆不应低于1200mm。 4．清除设备周围影响设备运行和人身安全的障碍物		
6．高处落物	工作区域上方高处落物造成人身伤害	1．正确佩戴个人劳保防护用品； 2．进入现场要观察工作环境，发现有高处落物的可能时采取必要措施		
7．工器具	使用不合格工器具或未正确使用工器具造成工作中人身伤害	1．检查符合规定安全工器具； 2．不合格工器具禁止带入操作现场； 3．带全操作所需工器具、防护用品（如对讲机、手电筒、耳塞等）； 4．操作中正确使用工器具		

续表

危险辨识与风险评估				
危险源	风险产生过程及后果	预控措施	预控情况	确认人
8．触电	控制柜送电过程中人员误碰带电部位触电。	1．熟悉控制柜电气回路； 2．电气操作时正确佩戴个人防护用品，正确使用合格的工器具		

系统投运前状态确认标准检查卡					
序号	项目	标准状态	确认情况（√）	确认人	备注
1	____号皮带机____号犁煤器热机、电气、热控检修工作票，缺陷联系单	终结或押回，无影响系统启动的缺陷			
2	热工仪表	投入，就地表计及 DCS 画面上各测点指示正确。 热工专业确认人：____			
3	热工保护和联锁	投入。 热工专业确认人：____			
4	设备外部检查	1．现场卫生清洁，临时设施拆除，无影响转机转动的物品； 2．所有通道保持平整畅通，照明充足，消防设施齐全			
5	设备整体检查	1．电液推杆支座及犁煤器各部位固定螺丝无松动，各焊接部位无开焊，裂纹等现象，犁煤器刀口平滑无尖锐毛刺； 2．原煤仓口应无粘煤、堵煤； 3．电液推杆良好无漏油，电机接线、操作按钮完好； 4．推杆及犁煤器之间连接销子无脱落损坏现象； 5．犁煤器接触开关固定牢固、无位移，接线完好； 6．检查 8 段 2 号皮带犁煤器和皮带头部三通挡板工作位置正确			

设备送电确认卡					
序号	阀门或设备名称	标准状态	状态（√）	确认人	备注
1	____号皮带机____号犁煤器	送电			

检查____号皮带机____号犁煤器启动条件满足，已按系统投运前状态确认标准检查卡检查设备完毕，系统可以投运。

检查人：________________

执行情况复核（主值）：________　　　　时间：________

批准（值长）：____________　　　　时间：________

6.13 布袋除尘器投运前状态确认标准检查卡

班组：　　　　　　　　　　　　　　　　　　　　　　　　　　　　编号：

工作任务	____号转运站____号布袋除尘器投运前状态确认检查
工作分工	就地：　　　　盘前：　　　　主值：　　　　值长：

危险辨识与风险评估				
危险源	风险产生过程及后果	预控措施	预控情况	确认人
1．人员技能	工作人员技能不能满足系统投运操作要求造成人身伤害、设备损坏	1．检查就地及盘前操作人员具备相应岗位资格； 2．操作人员应熟悉系统、设备及工作原理，清晰理解工作任务； 3．操作人员有处理一般事故的能力		
2．人员生理、心理	人员情绪异常、精神不佳造成工作中人身伤害	1．班前会中准确了解人员情况； 2．当班期间值内、部门做好监督； 3．发现人员情绪异常时，严禁操作		
3．人员行为	工作票未终结、隔离措施未恢复、人员未撤离造成工作中人身伤害；工器具留在操作现场造成设备损坏	1．查看工作票是否终结； 2．检修人员全部撤离； 3．确认安全隔离措施全部恢复到位； 4．操作完毕应检查所有的工器具已收回，确保无遗留物件		
4．照明	现场照明不足造成人身伤害	现场照明应充足，满足操作及监视需要，否则应及时补充或增加		
5．噪声、粉尘	警示标识不全或进入噪声区域时、使用高噪声工具时未正确使用防护用品造成工作人员职业病	进入噪声、粉尘区域时必须正确使用防护用品		
6．孔洞坑井沟道及障碍物	盖板缺损及平台防护栏杆不全造成高处坠落；设备周围有障碍物影响设备运行和人身安全	1．工作场所的孔、洞、坑、井、沟道，必须覆以与地面齐平的坚固盖板。 2．发现洞口盖板缺失、损坏或未盖好时，必须立即填补、修复盖板并及时盖好。 3．所有升降口、大小孔洞、楼梯和平台，必须装设不低于1050mm高栏杆和不低于100mm高的脚部护板；离地高度高于20m的平台、通道及作业场所的防护栏杆不应低于1200mm。 4．清除设备周围影响设备运行和人身安全的障碍物		
7．高处落物	工作区域上方高处落物造成人身伤害	1．正确佩戴个人劳保防护用品； 2．进入现场要观察工作环境，发现有高处落物的可能时采取必要措施		

续表

危险辨识与风险评估				
危险源	风险产生过程及后果	预控措施	预控情况	确认人
8．工器具	使用不合格工器具或未正确使用工器具造成工作中人身伤害	1．检查符合规定安全工器具； 2．不合格工器具禁止带入操作现场； 3．带全操作所需工器具、防护用品（如对讲机、手电筒、耳塞等）； 4．操作中正确使用工器具		
9．触电	控制柜送电过程中人员误碰带电部位触电	1．熟悉控制柜电气回路； 2．电气操作时正确佩戴个人防护用品，正确使用合格的工器具		
10．系统漏灰	除尘器启动后，管道法兰接口不严密、滤袋损坏造成泄漏	管路各部连接完整，法兰连接螺栓无缺失，滤袋完好；系统启动后进行全面检查确保系统无漏点		

系统投运前状态确认标准检查卡					
序号	检查内容	标准状态	确认情况（√）	确认人	备注
1	____号转运站____号布袋除尘器本体无变形、无松动、螺栓无缺失；人孔门关闭；卸灰阀动作正常	终结或押回，无影响系统启动的缺陷			
2	设备整体检查	1．布袋除尘器电机防护罩连接完好，电动机接线完好，接地线牢固。 2．吸尘管道、落煤管道、压缩空气管道及阀门密封良好；震打器正常			
3	联系电气人员，____号转运站____号布袋除尘器电气设备联锁投入正常	投入。 电气专业确认人：____			
4	联系热工，____号转运站____号布袋除尘器热工元件信____号投入正常	投入。 热工专业确认人：____			
5	设备外部检查	____号转运站____号布袋除尘器现场卫生清洁，临时设施拆除，无影响转机转动的物件；附近所有通道保持平整畅通，照明充足，消防设施齐全			

就地阀门检查卡				
序号	阀门名称	标准状态	确认人	备注
1	卸灰阀	关闭		

设备送电确认卡					
序号	阀门或设备名称	标准状态	状态（√）	确认人	备注
1	____号转运站____号布袋除尘器	送电			

检查____号转运站____号布袋除尘器启动条件满足，已按系统投运前状态确认标准检查卡检查设备完毕，系统可以投运。

检查人：____________

执行情况复核（主值）：________　　时间：________

批准（值长）：____________　　时间：________

6.14 转运站干雾除尘系统投运前状态确认标准检查卡

班组：　　　　编号：

工作任务	____号转运站干雾除尘系统投运前状态确认检查
工作分工	就地：　　盘前：　　主值：　　值长：

危险辨识与风险评估				
危险源	风险产生过程及后果	预控措施	预控情况	确认人
1．人员技能	工作人员技能不能满足系统投运操作要求造成人身伤害、设备损坏	1．检查就地及盘前操作人员具备相应岗位资格。 2．操作人员应熟悉系统、设备及工作原理，清晰理解工作任务。 3．操作人员有处理一般事故的能力		
2．人员生理、心理	人员情绪异常、精神不佳造成工作中人身伤害	1．班前会中准确了解人员情况； 2．当班期间值内、部门做好监督； 3．发现人员情绪等异常时，严禁操作		
3．人员行为	工作票未终结、隔离措施未恢复、人员未撤离造成工作中人身伤害；工器具遗留在操作现场造成设备损坏	1．查看工作票是否终结； 2．检修人员全部撤离； 3．确认安全隔离措施全部恢复到位； 4．操作完毕应检查所有的工器具已收回，确保无遗留物件		
4．照明	现场照明不足造成人身伤害	现场照明应充足，满足操作及监视需要，否则应及时补充或增加		
5．噪声、粉尘	警示标识不全或进入噪声区域时、使用高噪声工具时未正确使用防护用品造成工作人员职业病	进入噪声、粉尘区域时必须正确使用防护用品		
6．孔洞坑井沟道及障碍物	盖板缺损及平台防护栏杆不全造成高处坠落；设备周围有障碍物影响设备运行和人身安全	1．工作场所的孔、洞、坑、井、沟道，必须覆以与地面齐平的坚固盖板。 2．发现洞口盖板缺失、损坏或未盖好时，立即填补、修复盖板并及时盖好。		

续表

危险辨识与风险评估				
危险源	风险产生过程及后果	预控措施	预控情况	确认人
6. 孔洞坑井沟道及障碍物		3. 所有升降口、大小孔洞、楼梯和平台，必须装设不低于 1050mm 高栏杆和不低于 100mm 高的脚部护板；离地高度高于 20m 的平台、通道及作业场所的防护栏杆不应低于 1200mm。 4. 清除设备周围影响设备运行和人身安全的障碍物		
7. 高处落物	工作区域上方高处落物造成人身伤害	1. 正确佩戴个人劳保防护用品； 2. 进入现场要观察工作环境，发现有高处落物的可能时采取必要措施		
8. 工器具	使用不合格工器具或未正确使用工器具造成工作中人身伤害	1. 检查符合规定安全工器具； 2. 不合格工器具禁止带入操作现场； 3. 带全操作所需工器具、防护用品（如对讲机、手电筒、耳塞等）； 4. 操作中正确使用工器具		
9. 触电	控制柜送电过程中人员误碰带电部位触电	熟悉控制柜电气回路		

系统投运前状态确认标准检查卡					
序号	检查内容	标准状态	确认情况（√）	确认人	备注
1	转运站干雾机无检修工作，控制箱电气设备接地线完好	终结或押回，无影响系统启动的缺陷；电气设备正常投入			
2	系统压力	转运站储气罐压力 0.8MPa			
3	系统水质	转运站干雾机反冲洗器、精密过滤器正常投入			
4	转运站射雾器离心式增压泵、过滤器正常投入，电气控制箱接地线正常	泵体无异音、无漏点。震动在规定值			
5	转运站干雾除尘系统电气设备联锁投入正常	电气专业确认人：——			
6	转运站干雾除尘系统热工元件信号投入正常，输煤系统有效喷雾信号（由皮带机上的煤流检测信号决定），犁煤器处干雾系统（由煤流信号和犁煤器电动推杆的信号综合决定）	热工专业确认人：——			

续表

系统投运前状态确认标准检查卡					
序号	检查内容	标准状态	确认情况（√）	确认人	备注
7	设备外部检查	转运站干雾除尘系统现场卫生清洁，临时设施拆除，无影响转机转动的物件；附近所有通道保持平整畅通，照明充足，消防设施齐全			
8	设备整体检查	1．所有设备必须可靠接地，以免造成控制柜内元气件的损坏； 2．电缆和电磁阀相应的接线端子连接牢固； 3．系统各阀门、接头应无漏水、漏气； 4．检查各喷头的雾化情况，如有异常，联系进行处理			

就地阀门检查卡				
序号	阀门名称	标准状态	确认人	备注
1	____段____号皮带气路手动球阀	开		
2	____段____号皮带水路手动球阀	开		
3	____段____号皮带气路手动球阀	开		
4	____段____号皮带水路手动球阀	开		

设备送电确认卡					
序号	阀门或设备名称	标准状态	状态（√）	确认人	备注
1	____号转运站射雾器	送电			
2	____号转运站干雾机	送电			

检查____号转运站干雾除尘系统启动条件满足，已按系统投运前状态确认标准检查卡检查设备完毕，系统可以投运。

检查人：____________

执行情况复核（主值）：________　　时间：________

批准（值长）：________　　时间：________

6.15 输煤系统设备投运前状态确认标准检查卡

班组：　　　　编号：

工作任务	输煤系统侧设备投运前状态确认检查
工作分工	就地：　　盘前：　　主值：　　值长：

危险辨识与风险评估				
危险源	风险产生过程及后果	预控措施	预控情况	确认人
1．人员技能	工作人员技能不能满足系统投运操作要求造成人身伤害、设备损坏	1．检查就地及盘前操作人员具备相应岗位资格。 2．操作人员应熟悉系统、设备及工作原理，清晰理解工作任务。 3．操作人员处理一般事故的能力		
2．人员生理、心理	人员情绪异常、精神不佳造成工作中人身伤害	1．班前会中准确了解人员情况； 2．当班期间值内、部门做好监督； 3．发现人员情绪异常时，严禁操作		
3．人员行为	工作票未终结、隔离措施未恢复、人员未撤离造成工作中人身伤害；工器具留在操作现场造成设备损坏	1．查看工作票是否终结； 2．检修人员全部撤离； 3．确认安全隔离措施全部恢复到位； 4．操作完毕应检查所有的工器具已收回，确保无遗留物件		
4．照明	现场照明不足造成人身伤害	现场照明应充足，满足操作及监视需要，否则应及时补充或增加		
5．噪声、粉尘	警示标识不全或进入噪声区域时、使用高噪声工具时未正确使用防护用品造成工作人员职业病	进入噪声、粉尘区域时必须正确使用防护用品		
6．孔洞坑井沟道及障碍物	盖板缺损及平台防护栏杆不全造成高处坠落；设备周围有障碍物影响设备运行和人身安全	1．工作场所的孔、洞、坑、井、沟道，必须覆以与地面齐平的坚固盖板。 2．发现洞口盖板缺失、损坏或未盖好时，必须填补、修复盖板并及时盖好。 3．所有升降口、大小孔洞、楼梯和平台，必须装设不低于1050mm高栏杆和不低于100mm高的脚部护板；离地高度高于20m的平台、通道及作业场所的防护栏杆不应低于1200mm。 4．清除设备周围影响设备运行和人身安全的障碍物		
7．高处落物	工作区域上方高处落物造成人身伤害	1．正确佩戴个人劳保防护用品； 2．进入现场要观察工作环境，发现有高处落物的可能时采取必要措施		
8．工器具	使用不合格工器具或未正确使用工器具造成工作中人身伤害	1．检查符合规定安全工器具； 2．不合格工器具禁止带入操作现场； 3．带全操作所需工器具、防护用品（如对讲机、手电筒、耳塞等）； 4．操作中正确使用工器具		
9．触电	控制柜送电过程中人员误碰带电部位触电	1．熟悉控制柜电气回路； 2. 电气操作时正确佩戴个人防护用品，正确使用合格的工器具		

续表

危险辨识与风险评估				
危险源	风险产生过程及后果	预控措施	预控情况	确认人
10．转动机械	标识缺损、防护罩缺损；断裂、超速、零部件脱落；肢体部位或饰品衣物、用具（包括防护用品）、工具接触转动部位	1．设备的转动部分必须装设防护罩，并标明旋转方向，露出的轴端必须装设护盖；转动设备的防护罩应完好。 2．检查设备的运行状态，保持设备的振动、温度、运行电流等参数符合标准，如发现参数超标及时处理。 3．衣服和袖口应扣好，不得戴围巾领带，长发必须盘在安全帽内；不准将用具、工器具接触设备的转动部位，不准在转动设备附近长时间停留。 4．转动设备试运行时所有人员应先远离，站在转动机械的轴向位置，并有一人站在事故拉绳开关位置		

系统投运前状态确认标准检查卡					
序号	检查内容	标准状态	确认情况（√）	确认人	备注
1	本系统热机、电气、热控检修工作票，缺陷联系单	终结或押回，无影响系统启动的缺陷			
2	热工仪表	投入，就地表计及 DCS 画面上各测点指示正确。 热工专业确认人：____			
3	热工保护和联锁	投入。 热工专业确认人：____			
4	系统外部检查	1．现场卫生清洁，临时设施拆除，无影响转机转动的物品； 2．所有通道保持平整畅通，照明充足，消防设施齐全； 3．各设备平台护栏、步梯、盖板、格栅板完好无缺失现象			
5	系统整体检查	1．各设备外观整洁； 2．各设备各地角螺栓、对轮及防护罩连接完好，无松动现象； 3．各电动机接线盒完好，接地线牢固； 4．各设备标识牌无缺失； 5．各人孔门、检查孔关闭严密； 6．就地事故拉绳开关已复位，保护罩完好； 7．各皮带机皮带接口完好； 8．各设备减速机润滑油充足，油质良好，无杂质和乳化现象； 9．各皮带拉紧装置完好、活动灵活			

设备送电确认卡					
序号	阀门或设备名称	标准状态	状态（√）	确认人	备注
1	____段____号皮带机及其附属设备（包括除尘器、除铁器）	送电			
2	____段____号皮带机及其附属设备（包括除尘器、除铁器等）	送电			
3	____段____号皮带机及其附属设备（包括除尘器、除铁器、火车煤采样等）	送电			
4	____段____号皮带机及其附属设备（包括除尘器、除铁器等）	送电			
5	____段____号皮带机及其附属设备（包括除尘器、除铁器等）	送电			
6	____段____号皮带机及其附属设备（包括除尘器、除铁器、皮带秤、入炉煤采制样等）	送电			
7	____段____号皮带机及其附属设备（包括除尘器等）	送电			
8	____段____号皮带机及其附属设备（包括除尘器、犁煤器等）	送电			
9	____段____号皮带机及其附属设备（包括除尘器、除铁器、刮水器等）	送电			
10	____段____号皮带机及其附属设备（包括除尘器、除铁器、刮水器等）	送电			
11	____号碎煤机	送电			
12	____号滚轴筛	送电			
13	____号除杂物机	送电			
14	____号除大块机	送电			
15	____号叶轮给煤机	送电			
16	____号活化给料机	送电			

检查输煤系统侧设备启动条件满足，已按系统投运前状态确认标准检查卡检查设备完毕，系统可以投运。

检查人：____________________

执行情况复核（主值）：__________　　　　时间：__________

批准（值长）：______________　　　　时间：__________

6.16 斗轮堆取料机投运前状态确认标准检查卡

班组：　　　　　　　　　　　　　　　　　　　　　编号：

工作任务	____号斗轮堆取料机投运前状态确认检查
工作分工	就地：　　　盘前：　　　主值：　　　值长：

危险辨识与风险评估				
危险源	风险产生过程及后果	预控措施	预控情况	确认人
1．人员技能	工作人员技能不能满足系统投运操作要求造成人身伤害、设备损坏	1．检查就地及盘前操作人员具备相应岗位资格； 2．操作人员应熟悉系统、设备及工作原理，清晰理解工作任务； 3．操作人员应有处理一般事故的能力		
2．人员生理、心理	人员情绪异常、精神不佳造成工作中人身伤害	1．班前会中准确了解人员情况； 2．当班期间值内、部门做好监督； 3．发现人员情绪异常时，严禁操作		
3．人员行为	工作票未终结、隔离措施未恢复、人员未撤离造成工作中人身伤害；工器具留在操作现场造成设备损坏	1．查看工作票是否终结； 2．检修人员全部撤离； 3．确认安全隔离措施全部恢复到位； 4．操作完毕应检查所有的工器具已收回，确保无遗留物件		
4．照明	现场照明不足造成人身伤害	现场照明应充足，满足操作及监视需要，否则应及时补充或增加		
5．噪声、粉尘	警示标识不全或进入噪声区域时、使用高噪声工具时未正确使用防护用品造成工作人员职业病	进入噪声、粉尘区域时必须正确使用防护用品		
6．孔洞坑井沟道及障碍物	盖板缺损及平台防护栏杆不全造成高处坠落；设备周围有障碍物影响设备运行和人身安全	1．工作场所的孔、洞、坑、井、沟道，必须覆以与地面齐平的坚固盖板。 2．发现洞口盖板缺失、损坏或未盖好时，必须立即填补、修复盖板并及时盖好。 3．所有升降口、大小孔洞、楼梯和平台，必须装设不低于 1050mm 高栏杆和不低于 100mm 高的脚部护板；离地高度高于 20m 的平台、通道及作业场所的防护栏杆不应低于 1200mm。 4．清除设备周围影响设备运行和人身安全的障碍物		
7．高处落物	工作区域上方高处落物造成人身伤害	1．正确佩戴个人劳保防护用品； 2．进入现场要观察工作环境，发现有高处落物的可能时采取必要措施		
8．工器具	使用不合格工器具或未正确使用工器具造成工作中人身伤害	1．检查符合规定安全工器具； 2．不合格工器具禁止带入操作现场； 3．带全操作所需工器具、防护用品（如对讲机、手电筒、耳塞等）； 4．操作中正确使用工器具		
9．触电	控制柜送电过程中人员误碰带电部位触电	1．熟悉控制柜电气回路； 2．电气操作时正确佩戴个人防护用品，正确使用合格的工器具		
10．润滑系统漏油	油泵启动后压力油管道法兰接口不严密泄漏，或滤网投入时由排气孔处漏油	油站油管路各部连接完整，法兰连接螺栓无缺失，油箱、油管放油门、排气孔应关闭严密，系统启动后进行全面检查确保系统无漏点		

续表

危险辨识与风险评估				
危险源	风险产生过程及后果	预控措施	预控情况	确认人
11．集中润滑油箱油质问题	油箱内油质标号错误或油质劣化	系统投运前联系化学化验油质符合要求，通过油位计处观察油质透明，无乳化、无杂质		
12．液压油箱油质问题	油箱内油质标号错误或油质劣化	系统投运前联系化学专业化验油质符合要求，通过油位计处观察油质透明，无杂质，无乳化现象		
13．液压系统漏油	油泵启动后检查液压元件及管路是否存在泄漏问题；漏油造成油箱油位过低，无法提供液压系统压力	油站油管路各部连接完整，法兰连接螺栓无缺失，系统启动后进行全面检查确保系统无漏点		

系统投运前状态确认标准检查卡					
序号	检查内容	标准状态	确认情况（√）	确认人	备注
1	斗轮机无检修工作	终结或押回，无影响系统启动的缺陷			
2	斗轮机大车行走机构	1．驱动装置、夹轨器、锚定装置、缓冲器、清扫器完好； 2．主动台车组中间轴、车轮组完好； 3．各机械部件转动灵活，无卡涩、无异音、动作到位			
3	斗轮机大车行走灯光信号	灯光信号完好			
4	斗轮机俯仰机构	1．液压油站相关系统无禁止油站启动的检修工作，液压装置工作正常； 2．各机械部件转动灵活，无卡涩、无异音、动作到位			
5	斗轮机回转机构	1．齿轮、回转轴承保护罩完整； 2．各机械部件转动灵活，无卡涩、无异音、动作到位			
6	斗轮机限位装置	悬臂防撞装置、回转角度及变幅、大车行走限位、悬臂俯仰限位、副尾车变幅限位、副尾车补油限位、回转锚定限位正常投入，反馈信号准确。 热工专业确认人：____			
7	斗轮机尾车机构	1．主副尾车清扫器、托辊、垂直张紧、胶带完好； 2．各机械部件转动灵活，无卡涩、无异音、动作到位； 3．主尾车胶带保护装置（跑偏装置、拉绳开关、料流检测、速度检测、纵向撕裂）正常投入，反馈信号准确，保护动作正常。 热工专业确认人：____			

续表

系统投运前状态确认标准检查卡					
序号	检查内容	标准状态	确认情况（√）	确认人	备注
8	斗轮机悬臂胶带机	1．清扫器、托辊、胶带、滚筒完好； 2．悬臂胶带机保护装置（跑偏装置、拉绳开关、速度检测、纵向撕裂）正常投入，反馈信号准确，保护动作正常。 热工专业确认人：____			
9	斗轮机斗轮集中润滑装置	1．润滑装置投入后检测无漏油，各部件润滑良好无异常； 2．润滑油泵、滤油器、分配器正常投入			
10	斗轮机中部分流挡板	切换挡板切换灵活，无卡涩			
11	斗轮堆取料机电气设备联锁	投入正常。 电气确认人：____			
12	斗轮堆取料机热工元件信号	投入正常。 热工确认人：____			
13	设备外部检查	斗轮堆取料机现场卫生清洁，临时设施拆除，无影响转机转动的物件；附近所有通道保持平整畅通，照明充足，消防设施齐全；电机各地角螺栓、对轮及防护罩连接完好，电动机接线完好，接地线牢固			

就地阀门检查卡				
序号	阀门名称	阀门状态	确认人	备注
1	斗轮机液压油溢流阀	投入		
2	斗轮机液压油液控单向阀	开		
3	斗轮机液压油闸阀	开		
4	斗轮机液压油放油阀	关		
5	斗轮机液压油进油阀	开		
6	斗轮机液压油回油阀	开		
7	斗轮机液压油单向阀	开		
8	斗轮机液压油卸荷阀	投入		
9	斗轮机液压油换向阀	切换到位		
10	斗轮机液压油电磁控制阀	投入		

设备送电确认卡					
序号	阀门或设备名称	标准状态	状态（√）	确认人	备注
1	____号斗轮机斗轮机构	送电			

续表

设备送电确认卡					
序号	阀门或设备名称	标准状态	状态（√）	确认人	备注
2	____号斗轮机大车行走机构	送电			
3	____号斗轮机俯仰机构	送电			
4	____号斗轮机回转机构	送电			
5	____号斗轮机全功能尾车	送电			
6	____号斗轮机悬臂胶带机系统	送电			
7	____号斗轮机集中润滑	送电			

检查____号斗轮堆取料机启动条件满足，已按系统投运前状态确认标准检查卡检查设备完毕，系统可以投运。

检查人：____________

执行情况复核（主值）：________ 时间：__________

批准（值长）：____________ 时间：__________

6.17 翻车机系统投运前状态确认标准检查卡

班组： 编号：

工作任务	____号翻车机系统投运前状态确认检查
工作分工	就地： 盘前： 主值： 值长：

危险辨识与风险评估				
危险源	风险产生过程及后果	预控措施	预控情况	确认人
1．人员技能	工作人员技能不能满足系统投运操作要求造成人身伤害、设备损坏	1．检查就地及盘前操作人员具备相应岗位资格。 2．操作人员应熟悉系统、设备及工作原理，清晰理解工作任务。 3．操作人员应有处理一般事故的能力		
2. 人员生理、心理	人员情绪异常、精神不佳造成工作中人身伤害	1．班前会中准确了解人员情况； 2．当班期间值内、部门做好监督； 3．发现人员情绪异常时，严禁操作		
3．人员行为	工作票未终结、隔离措施未恢复、人员未撤离造成工作中人身伤害；工器具遗留在操作现场造成设备损坏	1．查看工作票是否终结； 2．检修人员全部撤离； 3．确认安全隔离措施全部恢复到位； 4．操作完毕应检查所有的工器具已收回，确保无遗留物件		
4．照明	现场照明不足造成人身伤害	现场照明应充足，满足操作及监视需要，否则应及时补充或增加		

续表

危险辨识与风险评估				
危险源	风险产生过程及后果	预控措施	预控情况	确认人
5. 噪声、粉尘	警示标识不全或进入噪声区域时、使用高噪声工具时未正确使用防护用品造成工作人员职业病	进入噪声、粉尘区域时必须正确使用防护用品		
6. 孔洞坑井沟道及障碍物	盖板缺损及平台防护栏杆不全造成高处坠落；设备周围有障碍物影响设备运行和人身安全	1. 工作场所的孔、洞、坑、井、沟道，必须覆以与地面齐平的坚固盖板。 2. 发现洞口盖板缺失、损坏或未盖好时，必须立即填补、修复盖板并及时盖好。 3. 所有升降口、大小孔洞、楼梯和平台，必须装设不低于 1050mm 高栏杆和不低于 100mm 高的脚部护板；离地高度高于 20m 的平台、通道及作业场所的防护栏杆不应低于 1200mm。 4. 清除设备周围影响设备运行和人身安全的障碍物		
7. 高处落物	工作区域上方高处落物造成人身伤害	1. 正确佩戴个人劳保防护用品； 2. 进入现场要观察工作环境，发现有高处落物的可能时采取必要措施		
8. 工器具	使用不合格工器具或未正确使用工器具造成工作中人身伤害	1. 检查符合规定安全工器具； 2. 不合格工器具禁止带入操作现场； 3. 带全操作所需工器具、防护用品（如对讲机、手电筒、耳塞等）； 4. 操作中正确使用工器具		
9. 触电	控制柜送电过程中人员误碰带电部位触电	1. 熟悉控制柜电气回路； 2. 电气操作时正确佩戴个人防护用品，正确使用合格的工器具		
10. 液压油箱油质问题	油箱内油质标号错误或油质劣化	系统投运前联系化学化验油质符合要求；通过油位计处观察油质透明，无杂质，无乳化现象		
11. 液压系统漏油	油泵启动后检查液压元件及管路是否存在泄漏问题。漏油造成油箱油位过低，无法提供液压系统压力	油站油管路各部连接完整，法兰连接螺栓无缺失，系统启动后进行全面检查确保系统无漏点		
12. 转动机械	标识缺损、防护罩缺损；断裂、超速、零部件脱落；肢体部位或饰品衣物、用具（包括防护用品）、工具接触转动部位	1. 设备的转动部分必须装设防护罩，并标明旋转方向，露出的轴端必须装设护盖；转动设备的防护罩应完好。 2. 检查设备的运行状态，保持设备的振动、温度、运行电流等参数符合标准，如发现参数超标及时处理。 3. 衣服和袖口应扣好，不得戴围巾领带，长发必须盘在安全帽内；不准将用具、工器具接触设备的转动部位，不准在转动设备附近长时间停留。		

续表

危险辨识与风险评估				
危险源	风险产生过程及后果	预控措施	预控情况	确认人
12. 转动机械		4. 转动设备试运行时所有人员应先远离，站在转动机械的轴向位置，并有一人站在开关箱位置		

系统投运前状态确认标准检查卡					
序号	检查内容	标准状态	确认情况（√）	确认人	备注
1	翻车机液压油站相关系统	无禁止液压油站启动的检修工作，液压装置工作正常，启动后无泄漏			
2	重调机液压油站相关系统	无禁止液压油站启动的检修工作，液压装置工作正常，启动后无泄漏			
3	夹轮器液压油站相关系统	无禁止液压油站启动的检修工作，液压装置工作正常，启动后无泄漏			
4	空调机液压油站相关系统	无禁止液压油站启动的检修工作，液压装置工作正常，启动后无泄漏			
5	重调机无检修工作，驱动装置、润滑装置具备启动条件	无禁止启动的检修工作，润滑装置工作正常，启动后无泄漏			
6	翻车机无检修工作，控制系统、驱动装置、转子机构、夹车机构、靠板系统具备启动条件	各机械部件转动灵活，无卡涩、无异音、动作到位			
7	迁车台无检修工作，驱动装置、润滑装置、止档器具备启动条件	各机械部件转动灵活，无卡涩、无异音、动作到位。			
8	夹轮器无检修工作，液压装置、夹板器具备启动条件	液压装置工作正常，启动后无泄漏			
9	空调机无检修工作，行走传动装置具备启动条件	各机械部件转动灵活，无卡涩、无异音、动作到位			
10	翻车机、重调机、迁车台液压系统油箱油位正常；通过油位计处观察油质透明，无乳化和杂质；化学化验液压油油质合格	油箱油位正常（容积 890L，注油量 864L） 液压油标号：L-HM46			

续表

系统投运前状态确认标准检查卡					
序号	检查内容	标准状态	确认情况（√）	确认人	备注
11	翻夹轮器液压系统油箱油位正常；通过油位计处观察油质透明，无乳化和杂质；化学化验液压油油质合格	液压油箱注油量：313L； 液压油标号：YB-N46； 化验日期：____			
12	联系电气人员，确认翻车机电气设备联锁投入正常	电气专业确认人：____			
13	联系热工人员，确认翻车机热工元件信号投入正常	热工专业确认人：____			
14	外部检查	翻车机系统现场卫生清洁，临时设施拆除，无影响转机转动的物件；油站附近所有通道保持平整畅通，照明充足，消防设施齐全			

就地阀门检查卡				
序号	阀门名称	标准状态	确认人	备注
1	翻车机液压油单向阀	开		
2	翻车机液压油换向阀	切换到位		
3	翻车机液压溢流阀	开		
4	翻车机液压油进油球阀	开		
5	翻车机液压油出油球阀	开		
6	翻车机液压油变送器截止阀	开		
7	翻车机液压油截流阀	开		
8	翻车机液压油叠加阀	投入		
9	翻车机液压油卸荷阀	投入		
10	重调机液压油单向阀	开		
11	重调机压油电磁换向阀	切换到位		
12	重调机液压溢流阀	投入		
13	重调机液压油进油截止阀	开		
14	重调机液压油回油截止阀	开		
15	重调机液压油变送器截止阀	开		
16	重调机液压油截流阀	开		

续表

就地阀门检查卡				
序号	阀门名称	标准状态	确认人	备注
17	重调机液压油卸荷阀	投入		
18	迁车台液压油单向阀	开		
19	迁车台压油换向阀	切换到位		
20	迁车台液压溢流阀	投入		
21	迁车台液压油进油阀	开		
22	迁车台液压油回油阀	开		
23	迁车台液压油变送器截止阀	开		
24	迁车台液压油截流阀	开		
25	迁车台液压油叠加阀	投入		
26	迁车台液压油卸荷阀	投入		
27	迁车台液压油电液换向阀	切换到位		
28	夹轮器液压油单向阀	开		
29	夹轮器压油换向阀	切换到位		
30	夹轮器液压溢流阀	投入		
31	夹轮器液压油进油球阀	开		
32	夹轮器液压油回油球阀	开		
33	夹轮器液压油变送器截止阀	开		
34	夹轮器液压油截流阀	开		
35	夹轮器液压油叠加阀	投入		
36	夹轮器液压油卸荷阀	投入		

设备送电确认卡					
序号	阀门或设备名称	标准状态	状态（√）	确认人	备注
1	____号翻车机	送电			
2	____号重调机	送电			
3	____号空调机	送电			
4	____号迁车台	送电			
5	____号夹轮器	送电			

检查____号翻车机系统启动条件满足，已按系统投运前状态确认标准检查卡检查设备完毕，系统可以投运。

检查人：____________

执行情况复核（主值）：________　　时间：________

批准（值长）：____________　　时间：________

6.18 翻车机干雾除尘系统投运前状态确认标准检查卡

班组：　　　　　　　　　　　　　　　　　　　　　　　　　　　　编号：

工作任务	____号翻车机干雾除尘系统投运前状态确认检查
工作分工	就地：　　　　盘前：　　　　主值：　　　　值长：

危险辨识与风险评估				
危险源	风险产生过程及后果	预控措施	预控情况	确认人
1．人员技能	工作人员技能不能满足系统投运操作要求造成人身伤害、设备损坏	1．检查就地及盘前操作人员具备相应岗位资格。 2．操作人员应熟悉系统、设备及工作原理，清晰理解工作任务。 3．操作人员应有处理一般事故的能力		
2．人员生理、心理	人员情绪异常、精神不佳造成工作中人身伤害	1．班前会中准确了解人员情况； 2．当班期间值内、部门做好监督； 3．发现人员情绪等异常情况时，严禁操作		
3．人员行为	工作票未终结、隔离措施未恢复、人员未撤离造成工作中人身伤害；工器具留在操作现场造成设备损坏	1．查看工作票是否终结； 2．检修人员全部撤离； 3．确认安全隔离措施全部恢复到位； 4．操作完毕应检查所有的工器具已收回，确保无遗留物件		
4．照明	现场照明不足造成人身伤害	现场照明应充足，满足操作及监视需要，否则应及时补充或增加		
5．噪声、粉尘	警示标识不全或进入噪声区域时、使用高噪声工具时未正确使用防护用品造成工作人员职业病	进入噪声、粉尘区域时必须正确使用防护用品		
6．孔洞坑井沟道及障碍物	盖板缺损及平台防护栏杆不全造成高处坠落；设备周围有障碍物影响设备运行和人身安全	1．工作场所的孔、洞、坑、井、沟道，必须覆以与地面齐平的坚固盖板。 2．发现洞口盖板缺失、损坏或未盖好时，必须立即填补、修复盖板并及时盖好。 3．所有升降口、大小孔洞、楼梯和平台，必须装设不低于1050mm高栏杆和不低于100mm高的脚部护板；离地高度高于20m的平台、通道及作业场所的防护栏杆不应低于1200mm。 4．清除设备周围影响设备运行和人身安全的障碍物		
7．高处落物	工作区域上方高处落物造成人身伤害	1．正确佩戴个人劳保防护用品； 2．进入现场要观察工作环境，发现有高处落物的可能时采取必要措施		

续表

危险辨识与风险评估				
危险源	风险产生过程及后果	预控措施	预控情况	确认人
8．工器具	使用不合格工器具或未正确使用工器具造成工作中人身伤害	1．检查符合规定安全工器具； 2．不合格工器具禁止带入操作现场； 3．带全操作所需工器具、防护用品（如对讲机、手电筒、耳塞等）； 4．操作中正确使用工器具		
9．触电	控制柜送电过程中人员误碰带电部位触电	1．熟悉控制柜电气回路； 2．电气操作时正确佩戴个人防护用品，正确使用合格的工器具		

系统投运前状态确认标准检查卡					
序号	项目	标准状态	确认情况（√）	确认人	备注
1	翻车机干雾除尘系统热机、电气、热控检修工作票，缺陷联系单	终结或押回，无影响系统启动的缺陷			
2	热工保护和联锁	投入。 热工专业确认人：____			
3	系统外部检查	1．现场卫生清洁，临时设施拆除，无影响转机转动的物品； 2．所有通道保持平整畅通，照明充足，消防设施齐全			
4	系统整体检查	1．所有设备必须可靠接地，以免造成控制柜内元气件的损坏； 2．电缆和电磁阀相应的接线端子连接牢固； 3．系统各阀门、接头应无漏水、漏气； 4．干雾抑尘机的工作电压、电流在正常范围内； 5．空压机工作电压、电流、气压在正常范围内			

就地阀门检查卡				
序号	阀门名称	标准状态	确认人	备注
1	____号翻车机干雾除尘系统气路手动球阀	开		
2	____号翻车机干雾除尘系统水路手动球阀	开		

设备送电确认卡					
序号	阀门或设备名称	标准状态	状态（√）	确认人	备注
1	____号翻车机干雾除尘系统干雾	送电			

续表

设备送电确认卡					
序号	阀门或设备名称	标准状态	状态（√）	确认人	备注
2	____号翻车机干雾除尘系统干雾除尘空气压缩机	送电			

检查____号翻车机干雾除尘系统启动条件满足，已按系统投运前状态确认标准检查卡检查设备完毕，系统可以投运。

检查人：______________________

执行情况复核（主值）：__________　　　　　　　　时间：____________

批准（值长）：________________　　　　　　　　时间：____________